国防科技图书出版基金

火炸药技术系列专著

固体推进剂燃烧催化剂

Combustion Catalysts for Solid Propellant

赵凤起　仪建华　安　亭　汪营磊　洪伟良　著

国防工业出版社

·北京·

图书在版编目(CIP)数据

固体推进剂燃烧催化剂/赵凤起等著.—北京:国防工业出版社,2016.4
ISBN 978-7-118-10729-6

Ⅰ.①固… Ⅱ.①赵… Ⅲ.①固体推进剂-推进剂燃烧催化剂 Ⅳ.①V512

中国版本图书馆 CIP 数据核字(2016)第 003281 号

※

*国防工业出版社*出版发行

(北京市海淀区紫竹院南路 23 号 邮政编码 100048)
北京嘉恒彩色印刷有限责任公司
新华书店经售

*

开本 710×1000 1/16 印张 34 字数 648 千字
2016 年 4 月第 1 版第 1 次印刷 印数 1—2000 册 定价 168.00 元

(本书如有印装错误,我社负责调换)

国防书店:(010)88540777 发行邮购:(010)88540776
发行传真:(010)88540755 发行业务:(010)88540717

致 读 者

本书由国防科技图书出版基金资助出版。

国防科技图书出版工作是国防科技事业的一个重要方面。优秀的国防科技图书既是国防科技成果的一部分,又是国防科技水平的重要标志。为了促进国防科技和武器装备建设事业的发展,加强社会主义物质文明和精神文明建设,培养优秀科技人才,确保国防科技优秀图书的出版,原国防科工委于1988年初决定每年拨出专款,设立国防科技图书出版基金,成立评审委员会,扶持、审定出版国防科技优秀图书。

国防科技图书出版基金资助的对象是:

1. 在国防科学技术领域中,学术水平高,内容有创见,在学科上居领先地位的基础科学理论图书;在工程技术理论方面有突破的应用科学专著。

2. 学术思想新颖,内容具体、实用,对国防科技和武器装备发展具有较大推动作用的专著;密切结合国防现代化和武器装备现代化需要的高新技术内容的专著。

3. 有重要发展前景和有重大开拓使用价值,密切结合国防现代化和武器装备现代化需要的新工艺、新材料内容的专著。

4. 填补目前我国科技领域空白并具有军事应用前景的薄弱学科和边缘学科的科技图书。

国防科技图书出版基金评审委员会在总装备部的领导下开展工作,负责掌握出版基金的使用方向,评审受理的图书选题,决定资助的图书选题和资助金额,以及决定中断或取消资助等。经评审给予资助的图书,由总装备部国防工业出版社列选出版。

国防科技事业已经取得了举世瞩目的成就。国防科技图书承担着记载和弘扬这些成就,积累和传播科技知识的使命。在改革开放的新形势下,原国防科工委率先设立出版基金,扶持出版科技图书,这是一项具有深远意义的创举。此举势必促使国防科技图书的出版随着国防科技事业的发展更加兴旺。

设立出版基金是一件新生事物,是对出版工作的一项改革。因而,评审工作需要不断地摸索、认真地总结和及时地改进,这样,才能使有限的基金发挥出巨大的效能。评审工作更需要国防科技和武器装备建设战线广大科技工作者、专家、教授,以及社会各界朋友的热情支持。

让我们携起手来,为祖国昌盛、科技腾飞、出版繁荣而共同奋斗!

国防科技图书出版基金
评审委员会

V

序

  固体推进剂是战略导弹、战术导弹、空间飞行器和动能拦截弹等武器的主要动力能源,其性能优劣直接影响了武器的生存能力和作战效能。当前,空空导弹、空地导弹、高速动能弹等战术武器亟需换装新型高能、低特征信号、燃烧性能优良的固体推进剂,但这些新型推进剂面临着燃烧压力指数高且难调节、燃烧二次火焰大、不稳定燃烧严重等诸多燃烧难题。固体推进剂的燃烧特性是推进技术的核心,使用燃烧催化剂是调节固体推进剂燃烧性能的有效途径之一。

  赵风起研究员及其研究团队对固体推进剂燃烧性能调节进行了数十年的研究,应用现代催化燃烧、化学热力学和动力学等新理论和新技术,从固体推进剂应用的角度,设计、制备了系列燃烧催化剂,揭示了燃烧催化剂结构与燃烧性能的关系,建立了固体推进剂燃烧性能调节方法,实现了双基系推进剂在一定压力范围内燃速可调。研究成果丰富了固体推进剂催化燃烧的理论和实践内容,为满足综合性能不断提高的固体推进剂技术的发展提供了重要的理论依据和技术手段。

  编著者的这些创新性的研究成果在工程实践中得到了应用。由国防科技图书出版基金资助出版的《固体推进剂燃烧催化剂》著作,系统全面介绍了国内外尤其是编著者及其研究团队在燃烧催化剂及其对固体推进剂燃烧性能调节等方面的研究成果,具有理论意义和实践价值。该书的出版将对固体推进剂催化燃烧理论与技术的发展发挥重要作用。

南京理工大学教授
中国工程院院士 2015 年 11 月 12 日

王泽山,火炸药专家。

前　言

　　固体推进剂作为动力源,是实现火箭导弹远程攻击、高效毁伤的前提条件,具有结构简单、加工方便、发射迅速、可靠性高、成本较低等优点,在国防军事领域的武器装备中占有支配地位。大多数战略导弹、地空导弹及炮兵战术火箭和全部的火箭炮、反坦克导弹以及火箭增程弹使用的都是固体推进剂。推进剂通过在发动机燃烧室内燃烧释放出能量,从而控制火箭导弹的飞行速度和射程。与能量性能、力学性能和安定性相比,燃烧性能是固体推进剂技术的核心,其不仅影响到推进剂能量释放的规律,还对发动机工作可靠性、火箭武器射击精度和射程起着决定性的作用。

　　燃烧性能调节是现代固体推进剂研究的关键技术之一,使用燃烧催化剂是调节固体推进剂燃烧性能的最佳途径。燃烧催化剂是指以化学方法改变固体推进剂燃烧性能的化合物,是固体推进剂必不可少的重要组分,其作用主要是:①改变推进剂在低压燃烧时的化学反应速度;②降低推进剂燃速受压力、温度影响的敏感程度;③改善推进剂的点火性能;④提高推进剂的燃烧稳定性;⑤调节推进剂燃速,实现发动机设计的不同推力方案。因此,系统深入研究固体推进剂燃烧催化剂,对于掌握调控固体推进剂燃烧性能的新途径,提高推进剂的综合性能具有重要的理论意义和应用价值,同时也对推动军用火箭导弹和航天航空工程火箭推进剂的发展有着重要的意义。

　　全书共分8章。第1章主要介绍了燃烧催化剂的概念和内涵、分类和特性、主要表征方法和未来发展趋势,并概述了开展固体推进剂燃烧催化剂研究的重要意义;第2章重点介绍了几类含单金属的新型燃烧催化剂,同时对燃烧催化剂的应用及其作用效果进行了示例介绍;第3章介绍了双金属有机化合物燃烧催化剂的合成表征、应用研究及作用效果,如金属铋基、锆基双金属配合物等,该部分内容为燃烧与爆炸技术重点实验室的重要创新成果;第4章详细介绍了当前固体推进剂领域研究较热的纳米燃烧催化剂,包括纳米金属氧化物、纳米金属复合物、纳米有机金属盐、超级铝热剂型燃烧催化剂,并对催化剂的应用效果进行了示例介绍;第5章围绕新型轻质碳材料负载型燃烧催化剂的制备、表征进行了详细介绍,包括碳纳米管负载型催化剂和石墨烯负载型催化剂,并对催化剂的应用效果进行了示例介绍;第 6 章从 NTO 金属盐、吡啶类化合物、唑类化合物、硝基苯类化合物等含能燃烧催化剂的合成、表征出发,介绍了其基础特性和应用研究的进展;第 7 章阐述了多个有关双基系推进剂的催化燃烧机理,并论述了催化燃烧中的化学反应本质;第 8 章详细叙述了有关复合推进剂的催化燃烧机理,并讨论了燃烧催化剂在复合推进剂燃烧中的作用机理。

　　本书中的大部分内容为作者在固体推进剂及燃烧领域研究的重要成果,是作者及其研究团队多年研究工作的结晶,同时也梳理介绍了国内外同行们的相关研究成果。本书的撰写工作由赵凤起、仪建华、安亭、汪营磊和洪伟良合作完成。赵凤起参与了全书各章的撰写,仪建华负责了第 4 和第 5 章的撰写,安亭负责了第 2 和第 8 章的撰写,汪营磊负责了第 3 和第 6 章的撰写,深圳大学洪伟良教授也参与了部分章节的撰写工作。全书由赵凤起和安亭统稿。

　　值此书稿完稿之际,适逢燃烧与爆炸技术重点实验室成立 22 周年,特著此书以表纪念。实验室成立之初,即开始了与推进剂燃烧相关的实验平台建设工作,通过不断搭建完善稳态燃烧、不稳定燃烧、羽流特性、激光光谱燃烧诊断、钝感特性、点传火等实验系统,逐渐形成了用于固体推进剂燃烧研究的综合实验平台。

　　本书的完成得到了各方面的支持及悉心帮助。在此,作者特别感谢总装备部国防科技重点实验室基金和国家国防科工局的项目资助,感谢南京理工大学王泽山院士为本书作序。同时感谢国防科工局李红副巡视员,高绿化处长,中国兵器工业集团公司科技部黄辉处长、冯雪艳副处长,北京理工大学谭惠民、罗运军、王宁飞和张同来等教授,南京理工大学李凤生、宋洪昌、芮筱亭、廖昕、何卫东和姜炜等教授,中北大学肖忠良教授,国防科学技术大学张炜教授,深圳大学田德余教授,西北大学谢钢、马海霞和徐抗震等教授,陕西师范大学张国防、陈新兵和陈沛等教授,西安近代化学研究所李上文、胡荣祖、郝仲璋、张晓宏、樊学忠、刘子如、王江宁、高红旭、胥会祥和姬月萍等研究员,罗阳、轩春雷、宋秀铎、徐司雨、王晗、党永战、李吉祯、丁黎、张衡、郝海霞、裴庆、肖立柏、裴江峰和袁志峰等副研究员,以及西安近代化学研究所所领导对本书撰写的大力支持和悉心帮助。作者还要感谢谭艺、杨燕京和姚二岗在本书编辑和打印方面的协助。本书的出版离不开国防工业出版社肖志力编辑付出的辛勤劳动,在此表示衷心感谢。

　　由于本书范围广且内容多,作者能力有限,不足之处在所难免,敬请指正。

著　者
2015 年 11 月
于西安近代化学研究所

目　录

XV

Contents

第1章 绪 论

1.1 概 述

固体推进剂是含能材料的重要组成部分,是战略导弹、战术导弹、空间飞行器各类固体发动机及动能拦截弹等武器的主要动力源,其性能优劣直接影响了战略、战术导弹武器的生存能力和作战效能。固体推进剂是化学推进剂的一种类型[1-3],包括均质推进剂(双基系推进剂)和异质推进剂(即复合推进剂及部分改性双基推进剂),其组成主要有黏合剂、氧化剂、燃料、增塑剂和各种功能助剂。从发明黑火药到现在的高能固体推进剂,固体推进剂体系已经经历了数百年的发展,但真正使得固体推进剂体系产生翻天覆地变化的仅仅是第二次世界大战后的数十年时间,在这期间,多种固体推进剂不断涌现。其中,复合改性双基(CMDB)推进剂、端羟基聚丁二烯(HTPB)推进剂和硝酸酯增塑聚醚(NEPE)推进剂的研发成功,更是具有划时代意义的里程碑。图1-1显示了固体推进剂的发展历程,从中可对固体推进剂发展和种类有一个清楚的了解。

固体推进剂通过燃烧释放出本身所具有的化学潜能,通过火箭发动机转化为做功的动能,因此固体推进剂的燃烧性能是直接影响火箭发动机弹道性能的重要因素。固体推进剂的燃烧性能包括诸多方面,如点火性能、稳态燃烧、不稳态燃烧、侵蚀燃烧、燃烧效率以及熄火性能等。稳态燃烧是固体火箭发动机工作的核心过程,稳态燃烧性能参数主要有燃速(u)、燃速压力指数(n)、燃速(或压力)温度敏感系数(σ_p 或 π_K)等。

在固体推进剂的组成含量和工艺确定时,则推进剂的燃烧主要受到外界环境条件如压力和初温的影响。燃速对压力的变化规律服从下列的指数公式:

$$u = u_1 p^n \qquad\qquad (1-1)$$

式中:u 为燃速;u_1 为燃速系数;p 为压力;n 为燃速压力指数。

固体推进剂的燃速是固体火箭发动机装药设计的重要参数。由于固体推进剂燃烧过程是一个相当复杂的物理化学过程,因此至今尚未有精确的理论预估燃速的方法。人们主要依靠试验来获得固体推进剂的燃速数据,并通过处理该数据得到 n、σ_p 和 π_K。σ_p 和 π_K 的定义如下:

1

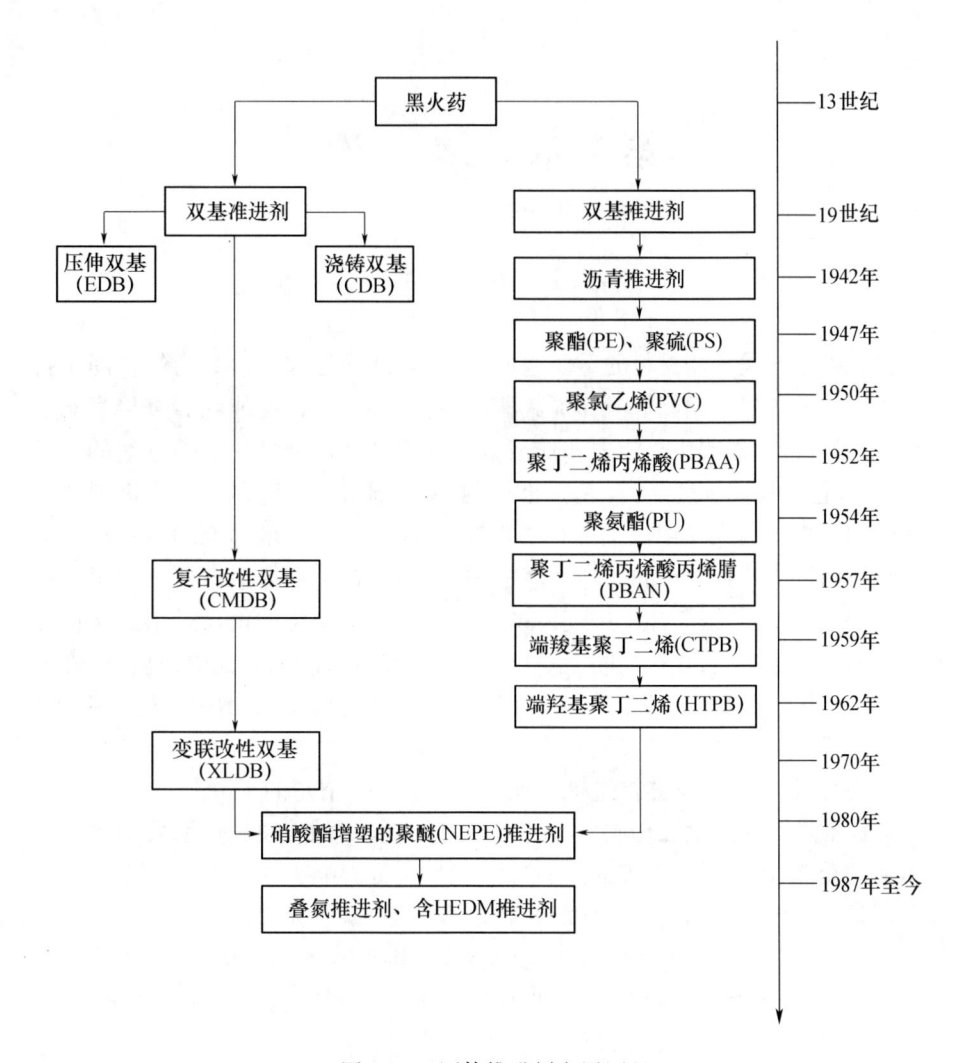

图 1-1　固体推进剂发展历程

在一定的压力下,某个初温范围内,推进剂温度变化 1K 时所引起的燃速相对变化量称为燃速温度敏感系数,用 σ_p 表示,其数学表达式为

$$\sigma_p = \left[\frac{\partial \ln u}{\partial T}\right]_p \qquad (1-2)$$

式中:u 为燃速;T 为初温;p 为压力。

在一定的面喉比 K_N 条件下,在某一初温范围内推进剂初温变化 1K 时,燃烧室压力相对变化量称为压力温度敏感系数,用 π_K 表示,其数学表达式为

$$\pi_K = \left[\frac{\partial \ln p}{\partial T}\right] K_N \qquad (1-3)$$

式中:p 为压力;T 为初温;K_N 为面喉比,即装药燃烧面(S_0)与发动机喷喉截面积(σ_K)的比值(S_0/σ_K)。

两个温度敏感系数之间有如下关系:

$$\pi_K = \frac{\sigma_p}{1-n} \qquad (1-4)$$

式(1-4)说明,初温对燃烧室压力的影响比对燃速的影响大,而且 n 越大,影响越大。只有当 $n=0$ 时,这种影响才降低到最低值。初温变化引起的燃速变化最终反映到固体火箭发动机的压力 - 时间($p-t$)和推力 - 时间($F-t$)曲线的变化上,这种现象称为固体火箭发动机的温度敏感性。

对于给定的推进剂,在 0 ~ 15MPa 范围内,压力指数的典型值一般为 0.5 ~ 0.7。1948 年发现了铅化合物对双基火药燃速的增速作用以后,人们开始研究铅化合物对推进剂燃速的影响,发现在火箭发动机使用的压力范围内,不含铅化合物的基本配方其燃速和压力指数的对数关系基本为一直线,压力指数约为0.7。加入铅化合物后,$u-p$ 关系曲线发生了变化,在低压范围内,推进剂燃速显著提高,产生所谓的超速燃烧($n=0.8 \sim 2.0$),当压力继续升高时,在一定的压力范围内,燃速对压力变化不敏感,产生所谓的平台燃烧($n=0 \sim 0.2$);有的铅化合物,在产生超速燃烧后,在某一定的压力范围内,燃速随压力的变化则产生负的压力指数效应,即产生所谓的麦撒燃烧效应($n<0$)。图 1-2 表示了双基推进剂的平台和麦撒燃烧的示意图。应当指出的是,图中所表示的平台和麦撒效应,不是在出现"平台"后又要再出现"麦撒",即不是两种效应一定要出现

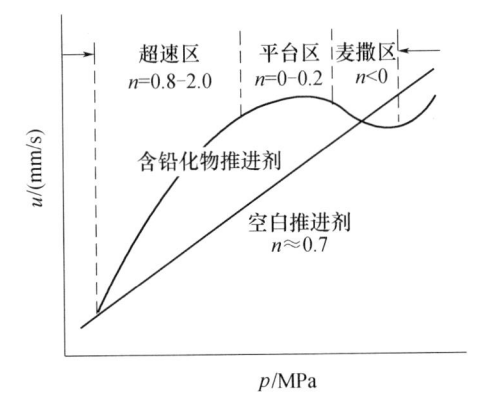

图 1-2 双基推进剂的平台效应和麦撒效应

在一种催化双基推进剂中。所谓"plateau"（平台）和"mesa"（峡）是英语地理学上的名词，主要用它们来形象地表示 $u-p$ 曲线的形状。

铅化合物的应用，给双基推进剂的燃烧性能带来了质的改变，使得推进剂的燃烧性能变得可调节且能够满足不同火箭发动机的工作需要。之后，人们又对能够改变推进剂燃速和压力指数的物质进行了广泛研究，将那些能够明显有益于改变固体推进剂燃烧性能的物质称为燃烧催化剂。

燃烧催化剂，有时称为燃速调节剂，国外有文献也称弹道改良剂（Ballistic Modifier）。根据提高和降低推进剂燃速的作用，燃烧催化剂可以分为正催化剂和负催化剂，它们的作用机理主要是通过改变推进剂的燃烧波结构来改变燃速。与工业催化剂不同，固体推进剂燃烧催化剂是指以化学方法改变推进剂燃速的物质，在催化燃烧过程中，其化学结构可以发生改变，它的主要作用为：①改变推进剂在低压燃烧时的化学反应速度；②降低推进剂燃速受压力、温度影响的敏感程度；③改善推进剂的点火性能；④提高推进剂的燃烧稳定性；⑤调节推进剂燃速，实现发动机设计的不同推力方案。

当固体推进剂品种和基本配方体系确定之后，燃烧催化剂的选择和使用便成为配方研究的技术关键，因而燃烧催化剂是当今固体推进剂配方中不可或缺的功能组分。近几十年来，固体推进剂燃烧催化剂引起了国内外的重点关注和广泛研究，并得到了较大发展，已由单一的金属氧化物发展到复合纳米催化剂，由惰性催化剂发展到含能催化剂，由单金属有机配合物发展到具有多功能的复合金属有机配合物，量化计算和分子模拟手段也在燃烧催化剂研究中得到应用。

鉴于固体推进剂配方的多样性和成分的复杂性，因而燃烧催化剂也具有选择性的特点，即某一种催化剂只对某一个（或某一类）推进剂有较好的催化作用，同一种催化剂在不同的燃烧体系中表现出不同的催化效果。另外，催化剂的种类和结构是影响其催化作用的主要因素。因此在设计燃烧催化剂时要综合权衡，针对所研究的推进剂，一方面认真考虑所选择催化剂的种类，另一方面根据发动机装药工作压力范围和燃速大小的要求，选择研究燃烧催化剂的结构和加入量。新配方的推进剂需要研究新的催化剂，为此持续研究推进剂中燃烧催化剂是科技工作者必须要面对和解决的问题。

1.2　燃烧催化剂的分类和特性

燃烧催化剂虽已应用近 70 年，但是并没有研究者对其类别和特性进行梳理和划分。因此，现在的燃烧催化剂还没有形成系列化。燃烧催化剂的种类和结构是影响其催化作用的主要因素之一，故而，必须对催化剂的种类有一个清楚的认识。固体推进剂燃烧催化剂的品种繁多,但从国内外研究现状来看,可以归纳出以下几大类[4-6]。

1.2.1 金属氧化物、金属复合氧化物和无机金属盐

金属氧化物催化剂是传统的燃烧催化剂,研究人员在20世纪90年代前就对其进行了广泛而深入的研究,其催化原理一般认为是由于金属氧化物表面的吸附性及酸碱性对推进剂本身或其分解产物起到了吸附和催化作用,进而催化了推进剂的分解与燃烧。此类金属氧化物主要有 PbO、Pb_3O_4、CuO、Cu_2O、Cr_2O_3、Fe_2O_3、Fe_3O_4、Co_2O_3、Al_2O_3、ZrO_2、Bi_2O_3、MgO、La_2O_3、TiO_2、CeO_2、SiO_2、Ni_2O_3、SnO_2、CaO 等。

金属复合氧化物,是指两种以上金属(包括有两种以上氧化态的同种金属)共存的氧化物。该种催化剂在催化过程中因存在着协同催化作用,其催化活性往往比同种的单一金属氧化物及混合氧化物的催化活性更高。这类催化剂主要有 $PbSnO_3$、$CuSnO_3$、$PbTiO_3$、$CuCrO_4$、$CuCr_2O_4$、$CuFeO_3$、PbO·CuO、PbO·SnO_2、CuO·Bi_2O_3、CuO·Fe_2O_3、CuO·NiO 等。另外,近年来稀土钙钛矿型复合氧化物及稀土与金属形成的钙钛矿复合氧化物也引起了有关研究者的关注,如 $LaFeO_3$、$LaMnO_3$、$LaCoO_3$、$La_{0.8}Sr_{0.2}MnO_3$、$La_{0.8}Sr_{0.2}CoO_{3-8}$ 等。

无机金属盐作为燃烧催化剂主要是碳酸盐和草酸盐,如 $PbCO_3$、$CuCO_3$、$CaCO_3$、$MgCO_3$、BaC_2O_4、MgC_2O_4、CuC_2O_4 等。

金属氧化物、金属复合氧化物和无机金属盐作为燃烧催化剂现已由传统的催化剂发展成为纳米尺度的催化剂。纳米尺度的燃烧催化剂由于具有表面效应、量子尺寸效应、小尺寸效应和宏观量子效应等特性,从而具有较高的化学活性,可作为高效燃烧催化剂。但是,由于纳米粒子比表面积大,表面活性高,且纳米粉体极易形成团聚而影响分散均匀性。因此,纳米催化剂要非常注意贮存条件和分散均匀性问题,否则将影响其应用。

1.2.2 金属有机化合物燃烧催化剂

金属有机化合物燃烧催化剂是指没有含能基团的金属有机盐及配合物,其催化的本质是:金属盐或配合物在燃烧过程中分解,原位产生对反应体系有催化作用的相应纳米或微米级金属氧化物或金属,从而起到催化作用。

金属有机催化剂种类众多,如水杨酸、雷索辛酸、没食子酸、酒石酸、柠檬酸、3,4-二羟基苯甲酸等都可以作为配体或有机阴离子形成金属有机化合物。有较好催化作用的金属元素主要是 Pb、Cu、Bi、Fe、Co、Ni、Ba、Mg 等。近年来,有较多关于双金属有机化合物的报道,如没食子酸铋铜、没食子酸铋锆、酒石酸铅铜、

酒石酸铜锆、β-雷索辛酸铅铜、甲撑双水杨酸铅铜等。

环戊二烯基铁(又称二茂铁)是最重要的金属茂基配合物,包含两个环戊二烯负离子以 π 电子与铁原子成键。二茂铁及其衍生物是一类可较大幅度提高端羟聚丁二烯(HTPB)推进剂燃速,并获广泛应用的燃烧催化剂。但是,二茂铁本身在推进剂燃烧过程中存在易迁移、易挥发的问题,一般通过合成其衍生物来解决这些问题,一是通过增长茂环上取代基的碳链或引入极性基团增大分子极性,以期增加催化剂与推进剂各组分之间的范德华力,降低挥发性和迁移;二是引入羟基、氮杂环等活性基团,其可参与推进剂固化系统,进入黏合剂基体网格中,从而降低挥发性和迁移性;三是合成双核二茂铁衍生物,既降低挥发性和迁移量,又使铁含量增高,增强了燃烧催化活性。

1.2.3　含能燃烧催化剂

含能燃烧催化剂一般是在有机金属基催化剂分子中引入含能基团($=N-NO_2$、$-O-NO_2$、$-N_3$、$-N=N-$、$≡C-NO_2$ 等)制备而得到的含能盐或配合物。由于含有大量生成焓较高的 $N=N$、$C-N$ 键和较高的密度及氧平衡,导致其生成焓较高,从而具有很高的能量,其催化的原理与金属有机催化剂相同,起催化作用的物质仍是原位分解出的相应纳米或微米金属氧化物或金属。

含能催化剂的品种日益增多,研究日趋广泛。从含能基团上区分,目前含能化合物的主要种类有唑类、呋咱类、吡啶类、嗪类、二茂铁含能衍生物和富氮直链化合物及其衍生物等。从结构上看,含能化合物可分为含能配合物和含能离子盐,含能配合物以金属离子为中心离子,以具有含能基团的有机物作为配位体,从而结合形成配合物;含能离子盐是由金属离子与无机/有机阴离子形成的含能离子化合物。

1.2.3.1　唑类含能化合物

五元环中含两个或两个以上杂原子(至少有一个氮原子)的体系称为唑,其中 2 个氮原子的是咪唑,3 个氮原子的称为三唑,4 个氮原子的称为四唑。

在唑类含能催化剂中,研究最多且获得应用的是 3-硝基-1,2,4-三唑-5-酮(NTO)的金属盐,如 Pb(NTO)$_2$、Cu(NTO)$_2$、Fe(NTO)$_3$、Bi(NTO)$_3$ 等。它们是一类高能、耐热、致密、钝感的炸药,加入推进剂中,不仅大大提高了其燃速和比冲,而且可使压力指数降低。报道的咪唑类含能催化剂主要有 4-硝基咪唑铅、4-硝基咪唑铜、2,4-二硝基咪唑铅、5(乙)-氨基-2-苯基-1H-咪唑-5(2H)-酮-3-氧化物为配体的系列金属(Cu、Ni、Cr、Fe、Pb)含能配合物、1-二茂铁基甲基-2-二茂铁基-3-甲烷基苯并咪唑六氟磷酸盐等。四唑类化合物有含氮量高、能量密度高、机械感度低、环境友好等特点,是含能催化剂研究的热点之一。这类催化剂主要有5-苯基四唑铅、5-亚二甲基四唑铜、四唑配合物[Cu(tza)$_2$]$_n$、[Bi(tza)$_3$]$_n$ 和四唑类衍生物 NTT$_2^-$ 为阴离子的系列金属(Cs、Cu、Ag)盐。

1.2.3.2　吖嗪类含能化合物

吖嗪是含一个或几个氮原子的不饱和六元杂环化合物的总称,六元环中含有1个氮原子的称为吡啶,4个氮原子的称为四嗪。目前关于吖嗪类含能化合物用作燃烧催化剂以吡啶类和四嗪类化合物居多。

吡啶类含能催化剂主要有4-羟基-3,5-二硝基吡啶铅盐或铜盐、2-羟基-3,5-二硝基吡啶铅盐或铜盐、4-羟基-3,5-二硝基吡啶氮氧化物铜盐或铅盐、以2,6-二氨基-3,5-二硝基吡啶-1-氧化物(ANPYO)为配体的金属(Cu、Fe、Pb、Co、Ni)含能配合物。目前研究的四嗪类含能催化剂主要是3,6-双(1-氢-1,2,3,4-四唑-5-氨基)-1,2,4,5-四嗪(BTATz)的铅盐、铜盐、镁盐、钡盐、钴盐等。

1.2.3.3　富氮直链含能化合物及其衍生物

富氮直链含能化合物及其衍生物是近几年开发的新型化合物,用它们作燃烧催化剂才刚刚起步。涉及的催化剂主要有1-氨基-1-肼基-2,2-二硝基乙烯(AHDNE)的铅盐、铜盐、铋盐和锶盐,硝酸碳酰肼类配合物,如 Co(CHZ)$_3$(NO$_3$)$_2$、Ni(CHZ)$_3$(NO$_3$)$_2$、Cu(CHZ)$_3$(NO$_3$)$_2$ 等。

1.2.4　碳材料燃烧催化剂

碳材料是一类具有大比表面积的碳物质。单独的碳材料加入到推进剂中,并不能提高燃速并降低压力指数,它只有和其他催化剂配合使用,才能发挥其催化作用。因此,从这一角度看,碳材料属助燃烧催化剂。可用于推进剂的碳材料包括炭黑(CB)、富勒烯(C$_{60}$或 C$_{70}$)、碳纤维(CF)、碳纳米管(CNTs)以及石墨烯(GE)等。碳物质的作用机理是:燃烧过程形成的碳构体是富集金属铅、铜等的催化床,有阻滞金属凝聚的作用;碳构体可抑制醛、NO、NO$_2$ 等气体的逸出,使其在凝聚相充分反应;同时,碳是 NO、NO$_2$ 和 PbO 等物质的高效还原剂。

1.2.4.1　炭黑

炭黑(CB)是一种无定形碳,是含碳物质(煤、天然气、重油、燃料油等)在空气不足的条件下经不完全燃烧或受热分解而得到的产物,具有非常大的表面积,因此具有吸附性和催化性。CB 是较早应用于推进剂的碳物质,将其与金属类催化剂复合使用可获得更好的催化效果。炭黑的种类繁多,如色素炭黑、橡胶用炭黑及乙炔炭黑等。目前在推进剂中应用较多的炭黑主要是通用炭黑、中超炭黑、半补强炭黑、乙炔炭黑等。

1.2.4.2　富勒烯

富勒烯(C_{60}或 C_{70})是单纯由碳原子结合形成的稳定分子,是一种人工合成的碳的同素异形体,由 12 个正边形和 20 个正六边形组合而成的球体。燃烧时碳笼结构破坏,释放出一定的能量。在制备富勒烯的过程中,获得的富勒烯和碳灰复合物,又称富勒烯烟灸(FS),该物质较之富勒烯成本低廉,且已表现出较好的助催化效果。

1.2.4.3　碳纤维

碳纤维(CF)是一种含碳量在 95％ 以上,由片状石墨微晶等有机纤维沿纤维轴向方向堆砌而成,经碳化及石墨化处理而得到的微晶石墨材料。碳纤维"外柔内刚",质量比金属铝轻,但强度却高于钢铁,并且具有耐腐蚀、高模量的特性。碳纤维在推进剂中的应用特别要注意碳纤维的长度,以及碳纤维在药浆流变过程中的取向性。

1.2.4.4　碳纳米管(CNT)

碳纳米管(CNT)是多孔径的一维纳米级材料,具有类石墨结构管壁、纳米级孔道、大的比表面、高机械强度、良好的热学和电学性能,既是良好的导热材料,又是良好的载体。所以既可以将其直接作为燃烧催化剂,又可将其作为催化剂的载体,把纳米催化剂负载在 CNT 上,从而改善纳米粒子的分散性,促进反应时电子转移,达到增加催化作用的效果。将纳米催化剂负载到 CNT 上用于双基系推进剂已展示出良好的应用前景,是未来值得关注的一类催化剂。

1.2.4.5　石墨烯(GE)

石墨烯(GE)是单原子厚度的二维碳原子晶体,被认为是富勒烯、碳纳米管和石墨的基本结构单元。理论上完美的石墨烯是指碳原子六边形网格形成的单层石墨片层,多层石墨烯按一定次序平行排列就可构成三维石墨结构。在石墨烯中碳原子以 sp^2 杂化轨道与其他原子通过强 σ 键相连接,这些高强度的 σ 键使石墨烯具有优异的结构刚性,平行片层方向具有很高的强度。石墨烯具有突出的导热性能和导电性能。石墨烯可以作为助燃烧催化剂,也可以将其表面氧化生成氧化石墨烯(GO),在其表面产生较多的功能基团,然后将其负载金属化合物形成负载型氧化石墨烯催化剂。

1.2.5 纳米金属粉、纳米复合金属粉和功能化纳米金属粉

金属粉作为燃料在含能材料体系中已得到广泛应用,是提高体系能量性能的重要途径之一。理论上可用于固体推进剂中的活性金属粉主要有铍、铝、锆、镁、镍等。近年来,研究者发现某些纳米金属粉具有很好的燃烧催化性能,如纳米铝粉、纳米镍粉、纳米铁粉、纳米铜粉、纳米钴粉等。这些纳米金属粉与推进剂常用催化剂共同使用,可以促进推进剂组分的快速放热分解,显著提高推进剂的燃速,是很好的助燃烧催化剂。

由于单一的纳米金属粉体较难均匀分散,易团聚,研究者提出了纳米复合金属粉的概念。即将纳米金属进行复合处理,这不仅有效改善了纳米粒子分散性,而且大大提高了其实际使用效果,还能协同多种金属的性能,从而在某些方面表现出比单一金属粉更好的性能特点。这类复合金属粉有 Ni–Cu、Co–Ni、Ni–B/Al、Ag–Cu–Ni、Al–Cu–Fe、Mg–Ni–B、Fe–Zr–B、Al–Cu–Fe、Fe–Ni–B、Fe–Ni–Co 等。

功能化纳米金属粉是将纳米金属粉与其他功能化材料进行复合或组装,使之更好地发挥纳米粒子的大比表面、高表面能、高表面活性的优点。这些材料主要有超级铝热剂(如 Al/PbO、Al/Bi_2O_3、Al/CuO、Al/Fe_2O_3 等)、纳米金属粉/碳纳米管(如 $Ag/CNTs$、$Ni/CNTs$、$Cu/CNTs$ 等)和纳米金属粉/石墨烯(Ni/石墨烯纳米复合催化剂、Pd/氧化石墨烯复合催化剂、Cu/氧化石墨烯复合催化剂等)。

总之,燃烧催化剂种类繁多,准确分类确实不易。但无论如何,通过系统梳理,可以看出催化剂的研发不断更新,新的催化剂不断被发现、被研究、被应用。

1.3 燃烧催化剂某些宏观参量的表征

1.3.1 催化剂的表面积和密度[7]

因为固体推进剂的催化燃烧多为多相催化反应过程,多相催化反应往往发生在催化剂表面上。一般来说,催化剂表面积越大,其上所含有的活性中心越多,因而催化剂的活性越高。表面积是表征催化剂,特别是金属氧化物、碳材料等燃烧催化剂性质的重要指标,其测定对催化剂的研究也具有重

要意义。

1.3.1.1 表面积的测定

测定表面积有许多方法,如气体吸附法、X 射线小角度衍射法、直接测量法等。不同的样品采用不同的方法,通用的方法是气体吸附法。

对气体吸附法测定表面积的可能性进行过许多理论研究,其中以 Brunauer、Emmett 和 Teller 建议的模型和计算公式最为著名,BET 方法(根据作者姓名的第一个字母)被公认为测量固体表面积的标准方法。

BET 理论的吸附模型接受了 Langmuir 吸附模型的一些假设,即认为固体表面是均匀的,分子在吸附和脱附时不受周围分子的影响。但与 Langmuir 吸附模型不同的是,BET 理论同时认为固体表面可以靠范德华力吸附分子,形成第一层吸附层,而吸附的分子还可以依靠范德华力再吸附更多的分子,形成第二层、第三层、……,以至无限多层吸附层,并且不一定第一层吸附满后才开始进行多层吸附,而是可以同时进行。在第一层未覆盖部分的吸附和第一层的脱附之间有一个动态平衡,同样,第一层与第二层,第二层与第三层,……,也都存在着这样的动态平衡。设想吸附是按图 1 − 3 所示的模式进行。

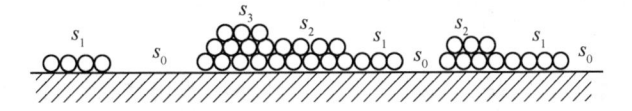

图 1 − 3 多分子层吸附模型

设 s_0、s_1、…、s_i、…分别为覆盖第 0、1、…、i、…层暴露的表面积,下标 i 表示吸附层数。在平衡时,各层面积的增加和减少相等,各 s 都为定值。以下用数学式表示这种平衡关系。

对第 0 层,吸附的速率等于脱附的速率

$$a_1 p S_0 = b_1 S_1 \exp\left(\frac{-q_1}{RT}\right) \tag{1−5}$$

式中:p 为平衡压力;q_1 为第一层的吸附热;a_1、b_1 分别为常数。

同样,对第一层,平衡关系可以表示为

$$a_1 p S_0 + b_2 S_2 \exp\left(\frac{-q_2}{RT}\right) = b_1 S_1 \exp\left(\frac{-q_1}{RT}\right) + a_2 p S_1$$

利用式(1−5),可以写成

$$a_2 p S_1 = b_2 S_2 \exp\left(\frac{-q_2}{RT}\right)$$

……

同理,对第$(i-1)$层,有

$$a_i p S_{i-1} = b_i S_i \exp\left(\frac{-q_i}{RT}\right)$$

假定第二层及以上各层分子吸附的性质与在液体中凝聚性质一样,

$$q_2 = q_3 = \cdots = q_i = \cdots = q_1$$

$$\frac{b_2}{a_2} = \frac{b_3}{a_3} = \cdots = \frac{b_i}{a_i} = \cdots = g$$

式中:q_1为吸附质的液化热。这样,可以用上面的平衡关系式把s_1、s_1、$\cdots$、s_i、$\cdots$用s_0表示出来。

令$y = \frac{a_1}{b_1} P \exp\left(\frac{q_l}{RT}\right)$,则

$$s_1 = y s_0$$

同理,令$x = \frac{p}{g} P \exp\left(\frac{q_l}{RT}\right)$,有

$$s_2 = x s_1 = xy s_0$$
$$s_3 = x s_2 = x^2 y s_0$$

……

令$c = \frac{y}{x} = \frac{a_1 g}{b_1} \exp\left(\frac{q_1 - q_l}{RT}\right)$,则

$$s_i = x s_{i-1} = x^{i-1} y s_0 = c x^i s_0 \qquad (1-6)$$

现将模型参量与实验量联系起来。若催化剂的总面积为S,则

$$S = \sum_{i=0}^{\infty} S_i \qquad (1-7)$$

若令吸附气体的总体积为V,则

$$V = \sum_{i=0}^{\infty} V_0 i s_i = V_0 \sum_{i=0}^{\infty} i s_i \qquad (1-8)$$

式中:V_0为单位表面积催化剂吸附单层分子气体的体积。

式$(1-8)$除以式$(1-7)$得

$$\frac{V}{V_m} = \frac{\sum_{i=0}^{\infty} i s_i}{\sum_{i=0}^{\infty} s_i} \qquad (1-9)$$

式中:$V_m = V_0 S$，V_m为催化剂表面吸附一单层分子所需的气体体积。

将式(1-6)代入式(1-9)，得

$$\frac{V}{V_m} = \frac{cs_0 \sum\limits_{i=0}^{\infty} ix^i}{s_0 \left(1 + c \sum\limits_{i=0}^{\infty} x^i\right)} \qquad (1-10)$$

借助以下两个数学式

$$\sum_{i=0}^{\infty} x^i = \frac{x}{1-x}$$

$$\sum_{i=0}^{\infty} ix^i = \frac{x}{(1-x)^2}$$

式(1-10)又可以写成

$$\frac{V}{V_m} = \frac{cx}{(1-x)(1-x+cx)} \qquad (1-11)$$

吸附是在自由表面上进行的，当 $x = 1$ 时，上式为无穷大，$V = \infty$。当吸附质压力为饱和蒸汽压时，即当 $p = p_0$ 时，将发生凝聚，$V = \infty$。因此，$x = 1$ 与 $p = p_0$ 相对应，故 $x = (p/p_0)$，并代入上式得

$$\begin{cases} \dfrac{V}{V_m} = \dfrac{c(p/p_0)}{\left(1 - \dfrac{p}{p_0}\right)\left[1 + (c-1)\dfrac{p}{p_0}\right]} \\[4mm] \dfrac{p}{V(p_0 - p)} = \dfrac{1}{cV_m} + \dfrac{c-1}{cV_m}\dfrac{p}{p_0} \end{cases} \qquad (1-12)$$

式(1-12)即一般形式的 BET 等温方程，亦称为无穷大型 BET 等温方程，用以描述多分子层物理吸附。BET 等温方程最重要的应用是求催化剂的表面积。方法步骤是:通过实验测得等温线，如果是非孔性样品，则得到 II 型等温线;如果是孔性样品，一般若是孔径大小在中等范围的细孔固体，则得到 IV 型等温线。从等温线上取对应的 p 和 V 的值，算出 $p/V(p_0 - p)$ 和 p/p_0，再作它们的对画图，图中直线的斜率为 $(c-1)/cV_m$，截距为 $1/cV_m$，它们分别以 I 和 L 表示，则

$$V_m = \frac{1}{1+L}$$

每克催化剂具有的表面积称为比表面积，即

$$S_g = \frac{S}{W} = \frac{V_m}{V} N_A S_m \frac{1}{W} \qquad (1-13)$$

式中:$\overline{V}$ 为吸附质的摩尔体积;N_A 为阿佛加德罗(Avogadro)常数;S_m 为一个吸附质分子的截面积,W 为催化剂质量。

吸附质常为惰性气体,最常用的吸附质是氮,其 $S_m = 16.2\text{Å}^2$,吸附温度在其液化点 77.2K 附近。低温可以避免化学吸附。当相对压力低于 0.05 时不易建立起多层吸附平衡,高于 0.35 时,易发生毛细管凝聚作用。实验表明,对于多数体系,相对压力在 0.05 ~ 0.35 间的数据与 BET 方程有较好的吻合。图 1 - 4 是用 BET 方程处理实验的一例,描述氮于 77K 时在非孔 SiO$_2$ 上的吸附,其中,图 1 - 4(a)表示吸附量与相对压力的关系,图 1 - 4(b)为经 BET 方程直线化处理图。

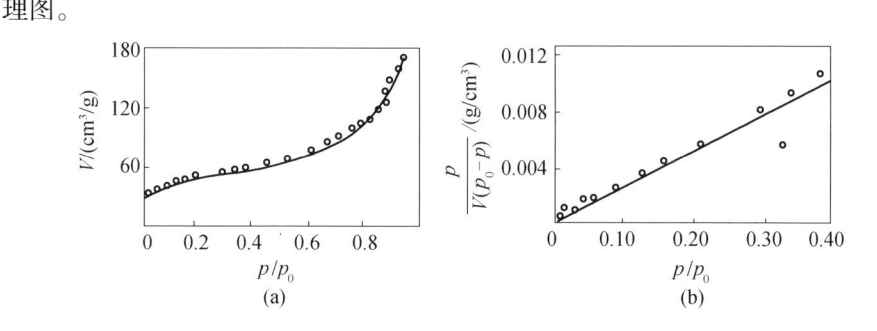

图 1 - 4   77K 时氮在非孔 SiO$_2$ 上吸附的等温线及直线化处理图

在 Ⅱ 型等温线上,常可观察到有相当一段接近于直线(图 1 - 5)。这段准直线的始点,文献中称为"B"点,它被认为对应着第一层吸附达到饱和。B 点对应的吸附量 V_B 近似等于 V_m,因此从 V_B 也可以求出比表面积的近似值。这种方法称为 B 点法。

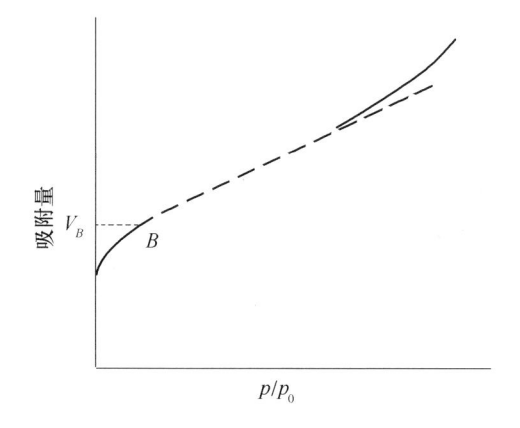

图 1 - 5   显示 B 点的 Ⅱ 型等温线

1.3.1.2 催化剂密度的测定

催化剂的密度是单位体积内含有的催化剂质量,以 $\rho = m/V$ 表示。对于孔性催化剂,它的表观体积 V_B 由三部分组成:颗粒之间的空隙 V_i,颗粒内部的孔体积 V_k 和催化剂的骨架实体积 V_f,即 $V_B = V_i + V_k + V_f$。在实际应用中根据 V_B 所含内容不同,定义了下面几种不同含义的密度。

1. 堆密度或表观密度

若催化剂质量为 m,堆体积为 V_B,则堆密度为

$$\rho_B = \frac{m}{V_B} \tag{1-14}$$

V_B 通常是将催化剂放入量筒中拍打,至体积不变时测得的值。

2. 颗粒密度

其定义为

$$\rho_p = \frac{m}{V_p} \tag{1-15}$$

颗粒体积 V_p 由颗粒内的孔以及颗粒骨架两部分体积组成,即 $V_p = V_k + V_f$。常压下,汞只能填充颗粒之间的间隙,故可用填充汞的方法求出 V_i,从 V_B 中减去 V_i 得 V_p,由此值求算的密度也称为汞置换密度。

3. 真密度

其定义为

$$\rho_f = \frac{m}{V_f} \tag{1-16}$$

通常,将装填满催化剂颗粒的容器(体积为 V_B)抽空,然后引入氦,充入的氦量代表了 $V_i + V_k$,由此算出 V_f,以此值求得的密度也称氦置换密度。

4. 视密度

当用某种溶剂去填充催化剂中骨架之外的各种空间,然后算出 V_f,这样得到的密度称为视密度,或称溶剂置换密度。因为溶剂分子不能全部进入并充满骨架之外的所有空间(比如很细的孔),因而得到的 V_f 是近似值。当然,如果溶剂选得好,使溶剂分子几乎完全充满骨架之外的所有空间,视密度就相当接近真密度,所以常常也用视密度代替真密度。

1.3.2 颗粒大小及其分布

催化剂颗粒的大小一般是指其成型(如片、圆球、圆柱、微球等)后的外形尺

寸。在材料学中讨论颗粒,通常是指从原子尺寸(10^{-10}m)到宏观尺寸(10^{-3}m)范围内的任何小的固体颗粒。然而,就催化剂而言,常常涉及的范围是 10^{-9} ~ 10^{-5}m,包括分子筛、碳粒、Raney 金属这些较大($>10^{-6}$m)的颗粒(grains);所谓金属团聚体(aggregate)或金属、氧化物簇(cluster)这些较小(<2nm)的颗粒;单晶晶粒及由一个或多个晶粒构成的颗粒。

催化剂的颗粒度一般用平均粒径和颗粒度分布来表示,它是催化剂一个十分重要的表征参量。两种平均直径值常用来反映晶粒的大小。

1. 长度 – 数平均直径

$$d_{LN} = \frac{\sum n_i d_i}{\sum n_i} \qquad (1-17)$$

2. 体积 – 面积平均直径

$$d_{VA} = \frac{\sum n_i d_i^3}{\sum n_i d_i^2} \qquad (1-18)$$

式中:d_i 和 n_i 分别表示第 i 种粒子的直径和数目。由于粒子的形状和分布十分复杂,所以常常把颗粒当做球形处理。假定考虑的体系是由直径为 d_i、面积为 $A_i(\pi d_i^2)$、体积为 $V_i(\pi d_i^3/6)$ 的 n_i 个球形颗粒的集合,由于假定粒子都是非孔的,这里所说的表面积均指的是外表面。这样对球形颗粒,上面的体积 – 面积平均直径又可以写成

$$d_{VA} = 6\left[\frac{\sum n_i V_i}{\sum n_i A_i}\right] \qquad (1-19)$$

d_{VA} 与比表面积有关,比表面积可用化学吸附等方法测得。d_{VA} 也可以直接从电子显微镜颗粒度的测量中得到。因为 d_{VA} 在试验中可测,它是一个更有用的参数。

晶粒大小的分布可以方便地使用直方图表示,主要有两种表示方式:数分布,即以 n_i 对 d_i 作图;面积分布,即以 $n_i d_i^2$ 对 d_i 作图。图 1 – 6 给出了电子显微镜对铂在 Al_2O_3 上的平均粒径和晶粒大小分布的测量结果,长度平均直径为 4.1nm,体积 – 面积平均直径为 5.6nm,图 1 – 6(a)为数分布,图 1 – 6(b)为面积分布。从图中也可以清楚地看出,面积分布对粒径组合之于总表面积和催化性质的主要贡献作出了更好的说明。

与晶粒大小有关的另一个参量是金属的分散度 D,其定义为表面上金属原子数目与总的金属原子数目之比,即

$$D = \frac{N_s}{N_T} \qquad\qquad (1-20)$$

化学吸附能给出其中表面原子数的直接测量。

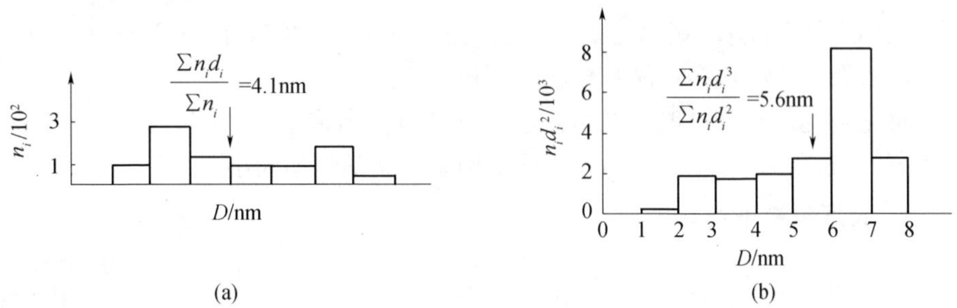

图1-6　在 Al_2O_3 上 Pt 的粒径分布和平均粒径

对球形颗粒,可以求出 D 与平均颗粒直径及比表面积与平均颗粒直径的关系。

对球形颗粒,体积 – 面积平均直径的关系式(1-19)也可以写成

$$d_{VA} = 6\left(\frac{V_M N_T}{A_M N_s}\right) \text{或} D = 6\left(\frac{V_M}{A_M}\right)/d_{VA} \qquad (1-21)$$

式中: V_M 为体相中每个金属原子的体积; A_M 为表面上一个金属原子所占的平均面积。假定多晶面的各低指数面暴露的比例是相等的。

这样,从晶体数据能容易地算出在这些面上单位表面的原子数和平均原子数 n_s。有了 n_s,可进一步求出多晶表面上一个原子占据的表面积, $A_M = 1/n_s$。利用 $V_M = M/\rho N_A$ 关系,可求出 V_M,其中 M 和 ρ 分别为原子质量和密度, N_A 为 Avogadro 常数。

比表面积和颗粒度之间有如下关系

$$S_g = \sum n_i A_i/\rho \sum n_i V_i \qquad\qquad (1-22)$$

因为 $A_i = \pi d_i^2, V_i = \pi d_i^3/6$,则

$$S_g = (6/\rho) \sum n_i d_i^2/ \sum n_i d_i^3 \qquad (1-23)$$

又因 $d_{VA} = \sum n_i d_i^3/ \sum n_i d_i^3$,得

$$S_g = 6/(\rho d_{VA}) \qquad\qquad (1-24)$$

如果 d_{VA} 的单位为 nm, ρ 的单位为 g/cm^3, S_g 的单位为 m^2/g,则式(1-23)变为 $S_g = 6/(\rho d_{VA})$。实验测得比表面积 S_g 后,则通过上式可以求得体积 – 面积平均直径 d_{VA}。

16

有许多测定颗粒大小的方法,如电子显微镜法、X射线线宽法、小角X射线散射法等。

1.3.3　燃烧催化剂热行为分析方法

催化剂在受热和冷却时会发生各种转变及反应,如脱水、相变、熔融、分解、晶型转变和氧化还原反应等[8-10]。热分析技术是在过程控制温度下,研究催化剂上述各种物理变化和热分解反应过程的一种十分重要的分析测试手段。热分析方法可根据其测量的物理量分类,如质量、温度、热量、电学量、磁学量等,最常用的热分析技术有热重–微商热重法(TG-DTG)、差热分析法(DTA)和差示扫描量热法(DSC)。

1.3.3.1　热重–微商热重法

1. 热重–微商热重法的原理

热重法(thermogravimetry,TG)是在程序控温下,测量物质的质量随温度(或时间)的变化关系。检测质量变化最常用的方法就是用热天平(图1-7),测量的原理有两种,可分为变位法和零位法。变位法是根据天平梁倾斜度与质量变化成比例的关系,用差动变压器等检知倾斜度,并自动记录。零位法是采用差动变压器法、光学法测定天平梁的倾斜度,然后调整安装在天平系统和磁场中线圈的电流,使线圈转动恢复天平梁的倾斜。由于线圈转动所施加的力与质量变化成比例,这个力又与线圈中的电流成比例,因此只需测量并记录电流的变化,便可得到质量变化的曲线。

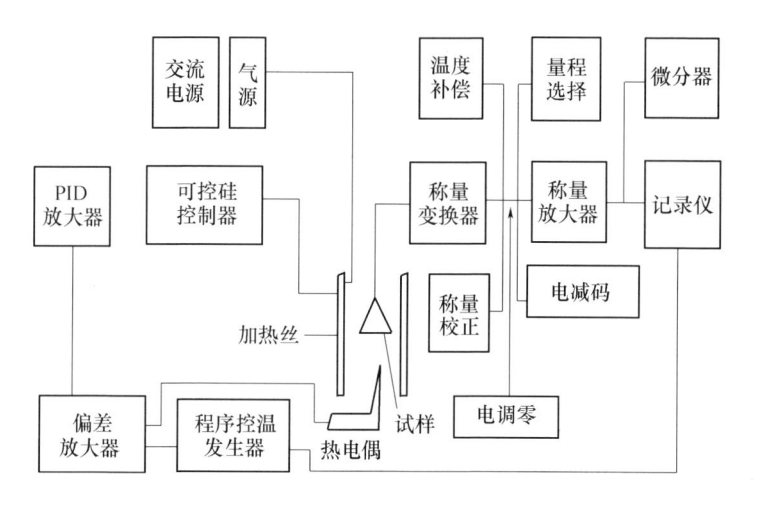

图1-7　热天平原理示意图

热重法的数学表达式为

$$m = f(T) \qquad (1-25)$$

典型的 TG 曲线如图 1-8 所示,质量 m 为纵坐标,温度 T 为横坐标,T_0 表示起始温度,T_e 表示终止温度,两者之差表示反应区间。曲线中 ab 和 cd 部分质量基本保持不变,称为平台,bc 部分可称为台阶。对 TG 曲线进行一次微分,就能得到微商热重(derivative thermogravimetry,DTG)曲线(图 1-9),它反映的是催化剂质量变化率与温度或时间的关系。DTG 曲线峰与 TG 曲线质量变化台阶是一一对应的。DTG 峰面积与催化剂样品质量损失成正比,由 DTG 峰面积可求出质量损失量。微商热重法的数学表达式为

$$dm/dt = f(T) \qquad (1-26)$$

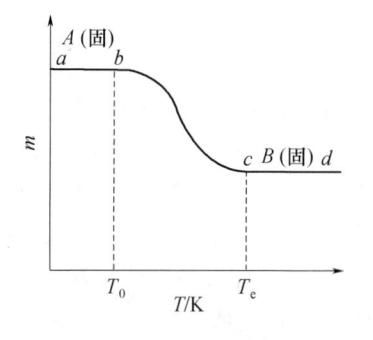

图 1-8 典型的 TG 曲线

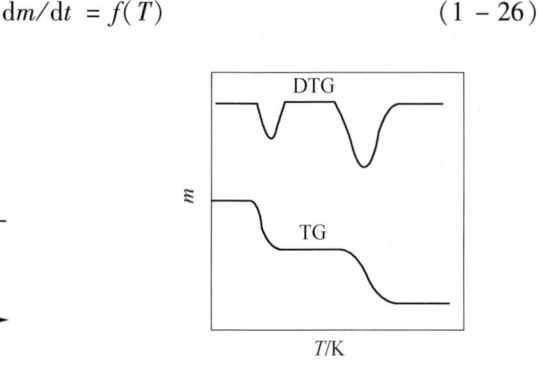

图 1-9 典型的 TG-DTG 曲线

2. TG-DTG 曲线提供的信息

只要燃烧催化剂受热时能发生质量变化,就可以根据 TG-DTG 曲线研究其变化过程。其主要应用有:分析鉴定催化剂样品的物质组成、结构,如样品组成中结晶水的数量、产生的挥发性组分的量等;研究催化剂的热解反应行为,判断其热稳定性,推测其热分解机理,为其制备、贮存提供依据;研究固体与气体之间的反应;测定催化剂的熔点、沸点。

只有获得一条好的 TG-DTG 曲线,才能正确获得上面的信息,做出正确的判断。应该注意实验的影响条件:试样量、粒度和试样皿,升温速率(升温速率太快,会使曲线的分辨率下降,丢失某些中间产物的信息),气氛的影响,挥发物的冷凝,浮力校正等。另外,必须分析分解过程的中间产物和最终产物的物相,可采用原位红外、气相色谱联用鉴定,或采取"反应突然终止法"获得样品进行多种方法鉴定。只用质量损失判断分解过程显然是不够充分的。

1.3.3.2　差热分析法

1. 差热分析法原理

差热分析法(differential thermal analysis,DTA)是在程序控温下,测量未知物质与参比物(常用 $\alpha - Al_2O_3$)之间温度差随温度或时间变化的一种技术。根据国际热分析协会(International Confederation for Thermal Analysis,ICTA)规定,DTA 曲线放热峰向上,吸热峰向下,灵敏度单位为微伏(μV)。差热分析中物理量之间的数学关系式为

$$\Delta T = f(T \text{ 或 } t) \qquad\qquad (1-27)$$

差热分析仪主要由温度控制系统和差热信号测量系统组成,辅之以气氛和冷却水通道,测量结果由记录仪或计算机数据处理系统处理。图 1-10 给出了差热仪的工作原理示意图。

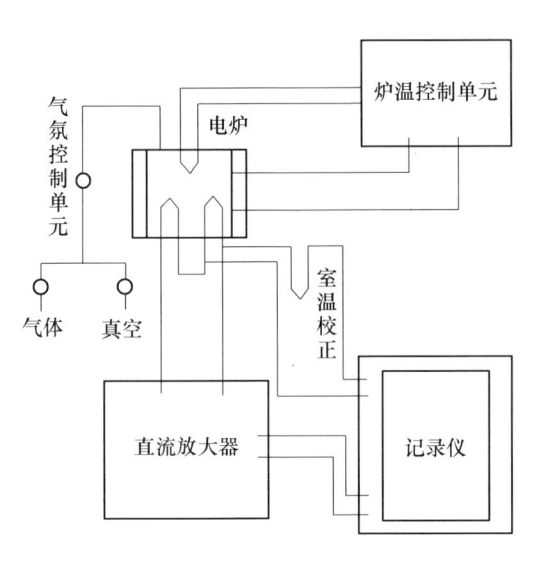

图 1-10　差热仪工作原理示意图

体系在程序控温下,不断加热或冷却降温,催化剂样品将按照其固有的运动规律发生量变或质变,从而产生吸热或放热。如果试样在升温过程中没有热反应(吸热或放热),则其与参比物之间的温差 $\Delta T = 0$;如果试样产生相变或汽化则吸热,产生氧化分解则放热,从而产生温差 ΔT,将 ΔT 所对应的电势差(电位)放大并记录,便得到差热曲线。各种催化剂样品因物理特性不同,表现出其特有的差热曲线。根据 DTA 曲线便可判定催化剂内在性质的变化,如晶型转变、融

化、升华、挥发、还原、分解、脱水或降解等。

2. DTA 曲线提供的信息

差热图中峰的数目、位置、峰面积、方向、高度、宽度、对称性反映了试样在测温范围内发生的物理变化和化学变化的次数、发生转变的温度范围、热效应的大小和正负。明确 DTA 曲线的术语很重要,它可以帮助我们准确地使用 DTA 曲线提供的各种信息。图 1-11 为一段典型的 DTA 曲线。从图中可说明 DTA 曲线的术语:基线,ΔT 近似于 0 的区段(AB、DE 段);峰,离开基线又返回基线的区段(如 BCD);吸热峰、放热峰,由向上或向下的方向确定;峰宽,离开基线后又返回基线的温度间隔(或时间间隔)($B'D'$);峰高,垂直于温度(或时间)轴的峰顶到内切基线的距离(CF);峰面积,峰与内切基线所围的面积($BCDB$),表示热量大小;外推起始点(出峰点)或结束点(收峰点),峰前沿最大斜率点切线与基线延长线的交点(G 或 G')。DTA 曲线峰与 TG-DTG 曲线类似,其峰形、高度、宽度、对称性除与测试条件有关外,还与催化剂样品变化过程中的动力学因素有关,所测得的差热图比理想的差热图复杂得多。

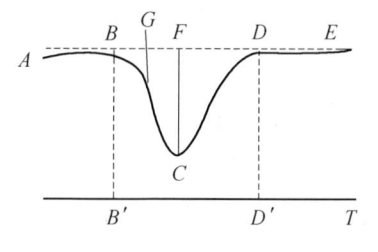

图 1-11   一段典型的 DTA 曲线

1.3.3.3   差示扫描量热法

1. 差示扫描量热法原理

差示扫描量热法(differential scanning calorimetry,DSC)是指在程序控制温度下,测量输入试样和参比物的功率差(如以热的形式)与温度的关系。DSC 仪器(图 1-12)和 DTA 仪器装置相似,不同的是在试样和参比物容器下装有两组补偿加热丝。当催化剂样品在加热过程中由于热效应与参比物之间出现温差 ΔT 时,通过差热放大电路和差动热量补偿放大器,使流入补偿电热丝的电流发生变化。当试样吸热时,补偿放大器使试样一边的电流立即增大;反之,当试样放热时则使参比物一边的电流增大,直到两边热量平衡,温差 ΔT 消失。换句话说,催化剂样品在热反应时发生的热量变化,由于及时输入电功率而得到补偿,所以实际记录的是试样和参比物下面两支电热补偿的热功率之差随实验时间的变化关系。如果升温速率恒定,记录的就是热功率之差随温度的变化关系。DSC 仪器记录的曲线称 DSC 曲线,它以样品吸/放热的速率即热流率 dH/dt(单位 mJ/s)为纵坐标,以温度 T 或时间 t 为横坐标。

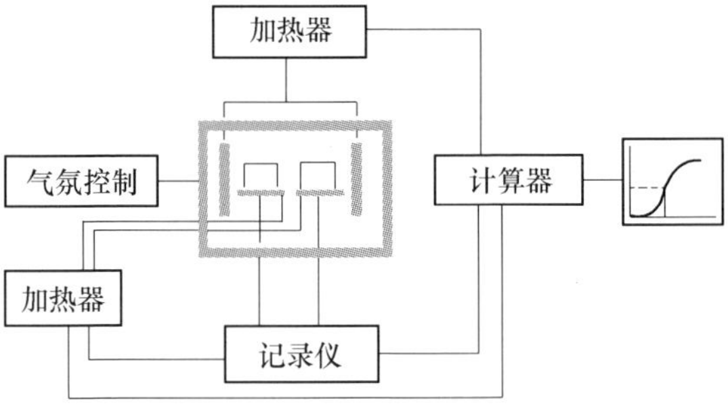

图 1-12　DSC 工作原理示意图

2. DSC 曲线提供的信息

DSC 可以测定多种热力学和动力学参数,如比热容、反应热、转变热、相图、反应速率、结晶速率、高聚物结晶度、样品纯度等。该法使用温度范围宽($-175 \sim 725℃$)、分辨率高、试样用量少,几乎适用于所有含能材料及无机、有机燃烧催化剂的热分析。

1.3.3.4　热分析动力学

热分析动力学的研究目的在于定量表征反应(或相变)过程,确定其遵循的最可几机理函数 $f(a)$,求出动力学参数 E 和 A ,算出速率常数 k ,提出模拟热分析曲线的反应速率 da/dt 表达式,为新型材料稳定性和配伍性的评定,有效使用寿命和最佳生产工艺条件的确定,反应过程速率的定量描述和机理的推断,石油和含能材料等易燃、易爆物质危险性的评定,以及自发火温度、热爆炸临界温度的计算和燃烧初始阶段的定量描述等提供科学依据。

利用上面提及的各种热分析曲线都可以进行多种方法的热分析动力学研究。胡荣祖等人的著作《热分析动力学》(第二版),内容丰富:第一部分包括热分析动力学理论、方法和技术的回顾,两类动力学方程和三类温度积分式的数学推导,最可几机理函数的推断;第二部分系统地总结了近 60 年发展起来的用微积分法处理热分析曲线的成果;第三部分设计动力学补偿效应的研究,热爆炸临界温度的估算,动力学参数的数值模拟,诱导温度与诱导时间的关系,等温热分析曲线分析法。该书第二版已改写成教材形式,非常适合于科研生产部门的科技工作者、从事热分析的专业人员及大专院校相关专业师生参考。

1.3.4　催化剂的催化作用评价

为了便于比较不同催化剂的催化或平台化效果,更好地认识催化剂的催化本质,根据推进剂中添加或未添加催化剂获得的燃速数据,可得到如下评价参数。

1. 催化效率(Z)

催化效率的定义为

$$Z = \frac{u_{\text{cat}}}{u_0} \tag{1-28}$$

式中:u_{cat}为含催化剂的推进剂燃速(mm/s);u_0为不含催化剂的推进剂燃速,有时也称为空白推进剂(control propellant)的燃速(mm/s)。

2. 平台化效果(p_t)

衡量一种推进剂平台效应的优劣,不仅看其低 n 区压力指数的大小,而且还要看其平台范围。显然,平台区越宽,压力指数较小,平台化效果越好。于是定义 p_t 为

$$p_t = (1-n)\Delta p = (1-n)(p_2 - p_1) \tag{1-29}$$

式中:$\Delta p = (p_2 - p_1)$,表示平台或麦撒区两端的压力差;p_2 为高端压力(MPa);p_1 为低端压力(MPa)。

3. 催化平台化效果(C_h)

由于催化剂的催化作用,使推进剂的燃速发生了改变,为综合燃速和平台化效果,定义催化平台化效果 C_h 为

$$C_h = p_t \bar{u} = (1-n)\Delta p \bar{u} \tag{1-30}$$

式中:$\bar{u}$ 为平台区或麦撒区的平均燃速(mm/s);C_h 为催化平台化效果(MPa·mm/s)。

由式(1-30)可明显看出,n 越小,Δp 越大,$\bar{u}$ 越高,则 p_t 和 C_h 值越大,即催化剂的催化与平台化效果越好。

1.4　燃烧催化剂研究新进展

普通金属氧化物、惰性有机金属配合物和普通金属复合物等三类传统催化剂的研究较为广泛和深入,而纳米催化剂、含能催化剂及双金属催化剂由于各自具有独特的性能,使其成为当前燃烧催化剂研究的热点。以下从燃烧催化剂的

形态、种类和结构方面系统总结了国内外研究较为活跃的纳米燃烧催化剂、含能燃烧催化剂和双金属燃烧催化剂的制备及应用现状,指出了燃烧催化剂的发展趋势[11]。

1.4.1 纳米燃烧催化剂[12-25]

纳米燃烧催化剂粒径小、比表面积大、表面原子多、晶粒的微观结构复杂且存在各种点阵缺陷,因此具有很高的催化活性,已成为火炸药领域研究的热点之一。目前,所研究的纳米催化剂主要为纳米金属氧化物、纳米金属复合物、纳米有机金属盐和碳纳米管类催化剂。

1.4.1.1 纳米金属氧化物

美国 MACHI 公司采用气相氧化法研制出纳米级超细 Fe_2O_3,比表面积达 $250m^2/g$,粒径约为 3nm,每个粒子含 600 个 Fe 原子和 900 个 O 原子,可使丁羟复合推进剂燃速提高 25%,压力指数从 0.5 降到 0.46。这种催化剂与二茂铁类催化剂相比,有更好的安全性和老化稳定性,且价格便宜,不迁移,不挥发。Thomas 等人报道的纳米 Fe_2O_3 在加入 0.1% 时可使复合推进剂的燃速提高 60% 左右,压力指数从 0.62 降至 0.48。Hagihara Y 等用各种粒度的 $\alpha-Fe_2O_3$、$\beta-Fe_2O_3$ 和 Fe_3O_4 作为 AP/HTPB 的燃烧催化剂,发现当催化剂粒径越小时,推进剂燃烧速率越高。Taylor 将纳米的 TiO_2、ZrO_2、SiO_2 和 Al_2O_3 分别加入丁羟推进剂得到了平台燃烧效应。

国内在这方面也取得了一些成果。邓鹏图研究了纳米 Cr_2O_3、Cu_2O、Fe_2O_3、$CaCO_3$ 对 HTPB/AP/Al 推进剂燃烧性能的影响,并与相应普通催化剂的催化燃烧性能进行了比较,发现纳米 Cr_2O_3、Cu_2O、Fe_2O_3 较相应普通催化剂具有更好的催化效果,且高压下催化剂的催化效率增幅更大,随着含量的增加,粒度效应相应增强。马振叶等研究了非晶态纳米 Fe_2O_3 对高氯酸铵的催化热分解特性,并改善了 Fe_2O_3 在高氯酸铵中分散不均匀的问题。洪伟良等人采用室温固相法制备了纳米 CuO、PbO 和 Bi_2O_3,并研究了其对双基系推进剂燃烧性能的影响,发现纳米 PbO 在高压区域内使推进剂燃速提高较显著,纳米 Bi_2O_3 和纳米 CuO 具有降低推进剂压力指数的作用。马凤国等人研究了纳米 PbO 燃烧催化剂,得出采用纳米氧化铅使 NEPE 推进剂燃速压力指数显著降低的结果,分析其原因可能为:一方面,催化剂在推进剂中分散均匀,纳米氧化铅粒径小,比表面积大,催化活性点多;另一方面,与同样用量的碳酸铅相比,氧化铅的铅含量高,所以催化效率提高。徐宏等人对纳米氧化钕的制备及催化性能进行研究,结果表明,纳米氧化钕能有效催化 RDX 和 NC/NG 的热分解。张晓宏研究了纳米 PbO 以及它和铜盐、适量炭黑复合作为燃速催化剂在双基推进剂中的作用效果。研究发现,与普通 PbO 相比,纳米 PbO 的催化作用区间向低压范围移动,且在 4~10 MPa 内压力指数由普通 PbO 的 0.42 降至 0.33,若与铜盐复配则压力指数进一步降低至 0.1 左右。

将金属氧化物制备成纳米级燃烧催化剂,应用于固体推进剂中取得了一定的研究效果。其中纳米 Fe_2O_3、CuO、PbO 和 Bi_2O_3 燃烧催化剂与常态金属氧化物相比,可在一定程度上降低固体推进剂的压力指数。从该类催化剂的研究中可以看出,若用此类纳米催化剂将固体推进剂的燃速提高较多和压力指数降至较低,具有较大的难度。通过研究纳米金属氧化物与常态金属氧化物对推进剂及其各组分催化过程的不同,进而寻求纳米金属氧化物的独特催化机理,可能有助于开展该类催化剂的筛选及应用研究。但是,纳米金属氧化物的性能不但取决于其化学元素组成,而且纳米粒子的尺寸大小、生长形貌等微观结构对其性能也有较大影响,因此纳米材料的结构、尺寸和形貌等微结构控制研究以及材料的微结构对材料性能的影响规律成为当今材料学及其相关领域的研究热点之一,但纳米金属氧化物有关此方面的研究还较少。

1.4.1.2 纳米金属复合物

纳米催化剂正向多元复合催化剂发展,因为组成复合物的各种单元组分在纳米尺度上复合,能产生较强的"协同效应",同时又具有纳米粒子的特性。纳米多元复合催化剂多种成分互相掺杂,易引起晶格畸变,导致纳米晶粒中存在更多缺陷,活性中心显著增多,可望具有比单一催化剂更高的催化活性。

洪伟良等人研究了制备出的纳米 $CuO \cdot Cr_2O_3$ 复合物、纳米 $CuFe_2O_4$ 粉体和纳米 $Bi_2O_3 \cdot SnO_2$ 粉体对 RDX 热分解的催化作用,指出纳米 $CuFe_2O_4$ 粉体以铜、铁摩尔质量比为 1:1 时,其催化效果最好,纳米 $CuFe_2O_4$ 用量增加对 RDX 热分解的催化效果显著增大;纳米 $CuO \cdot Cr_2O_3$ 复合物对 RDX 热分解特性的影响明显大于纳米 Cr_2O_3 和纳米 CuO 粉以及两者的混合物。张汝冰等采用溶剂 - 非溶剂法,制备了纳米亚铬酸铜/高氯酸铵复合粒子,较好地解决了纳米亚铬酸铜微粒在高氯酸铵中的分散问题,大大提高了对高氯酸铵的催化效果,使高氯酸铵的热分解反应温度区间明显前移,热分解反应的激烈程度大大提高。

著者及其团队研究了 10 种纳米催化剂对推进剂燃烧性能的影响,研究发现,在双基推进剂中,纳米复合物(n - PCC)显示了较好的燃烧催化作用和显著降低压力指数的能力;纳米复合物(n - TPCC)是一种非常有效的纳米催化剂,它使双基推进剂在 6~10MPa 呈现"麦撒"燃烧特征,8~10MPa 的压力指数小于 -0.5;在 RDX - CMDB 推进剂中,n - TPCC 在低压下具有极好的催化效率,且使推进剂在 4~8MPa 出现了"麦撒"燃烧效应。

高红旭对一系列纳米复合氧化物 PbO·CuO、CuO·SnO$_2$、PbO·SnO$_2$、PbO·CuO·SnO$_2$ 的制备、表征及对双基推进剂燃烧性能的影响进行了深入研究，结果表明，纳米复合氧化物 PbO·CuO 使双基推进剂在 2~6MPa 产生超速燃烧，在 6~10MPa 出现"麦撒"燃烧效应，在 2MPa 时催化效率为 3.35，显示出低压区强烈的燃烧催化作用和显著降低压力指数的能力。纳米复合氧化物 CuO·SnO$_2$ 和 PbO·SnO$_2$ 使双基推进剂在 2~20MPa 压力范围内燃速均明显提高，含纳米复合物 PbO·SnO$_2$ 的双基推进剂在 10~18MPa 压力指数为 0.26，而含纳米复合物 PbO·CuO·SnO$_2$ 的双基推进剂在 12~20MPa 在压力指数为 0.15，表现出在较宽压力范围内降低压力指数的能力，形成高压段较宽的平台燃烧效应。

从目前纳米金属复合物的制备及应用研究可以看出，纳米金属氧化物无论是在对单一含能化合物的热分解催化还是应用于固体推进剂中的燃烧催化，均能表现出较好的效果。纳米金属复合物与炭黑能够在推进剂中更为均匀地混合，在推进剂燃烧过程中更易形成"金属-金属-炭"协同催化效应，使推进剂在较宽压力范围内表现出平台或"麦撒"燃烧效应及大幅度提高燃速的能力。因此，将传统的金属复合物燃烧催化剂纳米化是提高其催化活性和改善固体推进剂燃烧性能的主要途径之一。

虽有较多文献报道了对金属复合物纳米化方法及纳米粒子性能，且将其制成复合纳米粒子，在一定程度上改善了其分散性，能够催化 AP 或 RDX 的热分解，并将其加入复合推进剂或双基系推进剂中表现出较好的燃烧效果，但该类化合物的纳米化制备技术及纳米粒子的应用研究尚处于初期探索阶段。利用现有的纳米化技术可以制备出纳米级金属复合物，但如何使其制备工艺稳定、性能稳定、成本降低、工业化程度提高及不发生团聚，并能均匀添加至固体推进剂配方中是目前从事纳米燃烧催化剂研究者要解决的关键技术。因此，在纳米复合物研究方面，亟待开展有应用前景的纳米金属复合物（如 PbO·SnO$_2$、CuO·Cr$_2$O$_3$ 复合物）的研究，并将其成功应用于固体推进剂中，实现推进剂的超高燃速和"麦撒"燃烧。

1.4.1.3　纳米有机金属盐

洪伟良等制备了纳米没食子酸铅、纳米硬脂酸铅、纳米 2,4-二羟基苯甲酸铅和纳米鞣酸铅燃烧催化剂，并将纳米没食子酸铅应于改性双基推进剂中，发现与不含纳米没食子酸铅的配方相比，能使燃速提高 88%，压力指数降至 0.25，明显改善推进剂的燃烧性能。另外，纳米硬脂酸铅使吸收药（NC/NG）分解峰温降低了6℃,分解热增加了1130J/g,其催化作用明显优于普通的硬脂酸铅;纳米2,4-二羟基苯甲酸铅使吸收药的热分解峰温降低了5.6℃,分解热增加了918J/g,这有利于提高双基或改性双基推进剂的燃速和燃烧效率;将纳米鞣酸铅作为燃烧催化剂用于改性双基推进剂中,与不含纳米鞣酸铅的配方相比,能使4MPa下的推进剂燃速提高148%,6~18MPa范围内推进剂出现平台燃烧区,压力指数降低了85%,说明纳米鞣酸铅是一种高效的宽平台燃烧催化剂。

王晗等制备了纳米邻苯二甲酸铅,并研究了其对双基推进剂燃烧的催化作用,发现纳米邻苯二甲酸铅能提高双基推进剂在2~22MPa范围内的燃速,且使双基推进剂在6~10MPa范围内出现较强的麦撒燃烧效应,含纳米邻苯二甲酸铅双基推进剂的燃速明显高于含普通邻苯二甲酸铅的双基推进剂。李裕等制备了纳米2,4-二羟基苯甲酸铜,并研究了其对双基推进剂热分解的催化效果,发现纳米2,4-二羟基苯甲酸铜能使NC-NG分解峰温度降低3℃,分解热增加735J/g,催化性能明显提高。

从资料报道可以看出,目前纳米金属有机盐催化剂的制备主要集中在苯环类金属化合物。将此类纳米粒子作为燃烧催化剂加入推进剂,与其常规金属盐相比,推进剂的燃烧性能有一定改善,其原因在于此类催化剂的主要作用是分解出的金属或金属氧化物为主催化成分。推进剂在燃烧过程中,金属盐经燃烧,分解出的可能是纳米化金属或金属氧化物,与纳米有机金属盐分解出的物质没有太大的区别。在实际应用中,将其微米化或均匀分散可能与纳米化能达到同样的效果。

1.4.1.4 碳纳米管类催化剂

碳纳米管(CNT)作为碳家族新的成员,其优异的物理、化学性质倍受各领域研究者的关注,并做了大量相关研究。由于其具有类石墨结构的管壁、纳米级孔道、大的比表面积、良好的热学和电学性能以及高的机械强度,其用途之一被认为是一种良好的燃烧催化剂载体,预计将纳米催化剂负载在碳纳米管上制得复合催化剂,可以使纳米粒子的分散问题得到一定改善,这种复合催化剂可促进反应进行时电子的转移,增加催化效果。同时由于碳纳米管具有优良的导热导电性能,与常添加在固体推进剂中的碳纤维具有类似的形貌和更为优异的性能,预计将碳纳米管基复合催化剂加入到固体推进剂中能起到更好的催化效果,对推进剂的燃烧性能起到更好的调节作用。因此,碳纳米管在推进剂中的应用受到越来越多的关注。

胡润芝等研究了CNT对高能NEPE推进剂在中低压范围燃烧的影响。结果表明,CNT在中低压范围内可有效降低压力指数和提高燃速,在高压下(15~

18MPa)燃烧催化效果更好。杨荣杰等人研究发现,添加 CNT 的丁羟推进剂在 5~9MPa 时燃速可提高 20%,但压力指数变化不大。他们认为,CNT 的片状石墨烯构成的圆筒,具有极优良的传热性能,可加强推进剂燃面的热传导,有利于提高燃速;另外,CNT 之间、CNT 各层之间的空腔,也有利于燃速提高。

张维和于宪峰分别研究了碳纳米管对 CL－20 的热分解特性的影响,结果发现,CNT 可降低 CL－20 的起始分解温度、分解峰温以及活化能,而且随着纳米碳管含量的增加效果更加明显。他们认为,碳纳米管管壁碳原子中扭曲的 sp^2 杂化状态使管壁的碳有相对较强的反应活性,尤其是在碳管的两端。CNT 有利于 CL－20 中的 $N－NO_2$ 的均裂反应,促进了 NO 自由基的生成,而且 CNT 加到 CL－20 中,也起到了阻隔的物理作用,所以使起始分解温度、分解峰峰温降低。焦清介等制备了碳纳米管/硝酸钾(CNT/KNO_3)纳米复合粒子,对其进行了表征,发现能够使 KNO_3 的热分解温度降低,对其热分解过程具有催化作用。刘建勋等以 CNT 为载体,制备了纳米 NiO/CNT、Co_3O_4/CNT 复合物,并研究了其对 HTPB/AP 推进剂热分解的催化作用,发现这些纳米复合物能够降低推进剂的高温热分解峰温、增加表观分解热,表现出良好的催化效果。

CNT 被认为是一种良好的催化剂载体。把纳米催化剂负载在 CNT 上即能形成新型的以 CNT 为载体的复合燃烧催化剂,可以使纳米粒子的分散问题得到改善,促进反应时电子的转移,增加催化效果,改善固体推进剂的燃烧性能,增加其燃烧速度,降低其压力指数。但是 CNT 负载纳米催化剂应用于固体推进剂中尚处于初步探索阶段,其制备和应用成为燃烧催化剂的发展方向之一,不过在 CNT 负载催化剂的过程中,如何计算其负载催化剂的量及纳米燃烧催化剂在其空腔中负载的均匀性是制约该类催化剂应用的关键技术。另外,CNT 制备成本较高,降低 CNT 的制备成本也成为该类催化剂能否被推广应用的重要因素。

1.4.2　含能燃烧催化剂[26－37]

提高能量是固体推进剂发展过程中一直追求的主要目标之一。含能燃烧催化剂在推进剂中的应用,不但提高了催化活性,达到调节固体推进剂燃烧性能的目的,同时在推进剂配方中添加 3% 的含能燃烧催化剂取代不含能的惰性燃烧催化剂可以使推进剂的比冲提高 1~3s,在一定程度上解决了惰性催化剂加入时引起的推进剂能量降低问题。含能燃烧催化剂为研制高能固体推进剂提供了必要的技术支持,其研究及应用在国内外已得到普遍的重视,是固体推进剂用燃烧催化剂的一个主要发展方向。目前所研究的含能催化剂主要集中在 3－硝基－1,2,4－三唑－5－酮(NTO)类、硝基吡啶类、硝基咪唑类和硝基苯类燃烧催化剂,下面将这几类燃烧催化剂分别进行介绍。

1.4.2.1　NTO 金属盐燃烧催化剂

3－硝基－1,2,4－三唑－5－酮(NTO)是一种密度高、热安定性好的高能低易损炸药,具有各种优良的性能,其爆轰性能与黑索今(RDX)相当,感度接近于1,3,5－三氨基－2,4,6－三硝基苯(TATB)。因此,美、俄、法、德等国竞相开展关于 NTO 的研究。该化合物结构上的－NH 呈酸性,可形成金属盐作为含能催化剂。

张同来合成出 NTO 的 26 种金属盐,进行了结构表征,并阐明了其热分解机理,同时,研究了有关 NTO 的铜盐、铅盐和锰盐的晶体结构。李上文等人将 NTO铅盐和铜盐作为含能燃烧催化剂用于无烟改性双基推进剂和 GAP 推进剂中,将其全部或部分取代传统的芳香酸铅、铜盐,对推进剂配方的燃烧特性进行对比研究,发现 NTO 铅盐、铜盐在不同能量的 RDX－CMDB 推进剂中有燃烧催化作用且催化性能接近芳香酸铅盐、铜盐,可用作高压平台燃烧催化剂;当以等质量NTO 铅盐、铜盐取代芳香酸铅盐、铜盐作燃烧催化剂时,可使所得配方爆热增加47.7 kJ/kg,有利于配方能量的提高。关大林等研究了几种 NTO 盐在不同压力下的热分解特性,同时测定了以 NTO 盐为催化剂的固体推进剂的燃速特性,发现 NTO 钡盐(BNTO)分解后可产生新生态的 Ba 或 BaO,具有一定的催化活性,当 NTO 分解时会释放大量的热量,引起周围物质的分解,而 BNTO 的热分解过程在压力升高时反而有所减弱,可能会导致所催化的反应速度减弱,表现在压力－燃速关系上,将会造成平台或负压力指数效应。樊学忠等将 NTO 铅盐、铜盐和 NTO 铜正盐作为 AP－CMDB 推进剂的燃烧催化剂,研究了其对 AP－CMDB推进剂燃烧性能的影响,并利用高压 DSC 分析了其影响机理,发现 NTO 铅铜衍生物均可促进 AP－CMDB 推进剂中双基黏合剂体系 NC/NG 的受热分解,使AP/CMDB 推进剂在较低压力(1～7MPa)下的燃速提高,较高压力(10～20MPa)下的燃速降低,并使推进剂的燃速压力指数降低。刘所恩等对含能催化剂在高能低特征信号推进剂(高含量 RDX)中的应用进行了研究,其中 NTO 的铅铜复合盐(NPC)的催化效果最佳。

国外在 NTO 铅盐方面也进行了一定的研究,Singh 等对 NTO 过渡金属配合物的合成、晶体结构、热分解过程、热分解机理以及对推进剂的燃速调节作用进行了系统的研究。其中,由 Ag^+、Hg^{2+}、Cd^{2+}、Cr^{3+}、Fe^{3+} 形成的配合物的撞击和摩擦感度都低;而将 Mn^{2+}、Fe^{2+}、Fe^{3+}、Co^{2+}、Ni^{2+}、Cu^{2+} 和 Zn^{2+} 所形成的 NTO 配合物分别加入到 HTPB/AN(端羟基聚丁二烯/硝酸铵)固体推进剂中时,推进剂的安定性和燃速都有一定程度的提高,不同 NTO 金属配合物对 HTPB/AN 固体推进剂的燃速作用效果排序为：$Zn(NTO)_2 > Fe(NTO)_3 > Cu(NTO)_2 > Co(NTO)_2 > Ni(NTO)_2 > Mn(NTO)_2$，其中 $Zn(NTO)_2$ 的催化效果最好。Singh 还研究了 $Cu(NTO)_2$、$Fe(NTO)_3$ 对 HTPB/AP 固体推进剂的燃速调节作用，并将它们的催化效果与氧化物（CuO 和 Fe_2O_3）的催化效果进行了比较，发现 NTO 及其盐加速了 AP 的分解，$Cu(NTO)_2$ 和 $Fe(NTO)_3$ 能对 HTPB/AP 固体推进剂的稳态燃烧起到催化作用，$Cu(NTO)_2$ 和 $Fe(NTO)_3$ 燃烧产生了新鲜的 CuO 和 Fe_2O_3，比直接使用氧化物的催化效果更好。

NTO 金属盐作为燃烧催化剂备受国内外研究者的关注，且在固体推进剂中得到应用，表现出优异的催化效果。不过 NTO 铅盐存在感度较高的问题，若 NTO 铅盐感度得到降低且不影响其燃烧催化效果，那么 NTO 金属盐将会在固体推进剂中得到更为广阔的应用空间。

1.4.2.2 吡啶类含能催化剂

吡啶类燃烧催化剂作为一种含能钝感燃烧催化剂，备受研究者的青睐。著者合成了偶氮四唑吡啶铅盐，并研究了其对双基推进剂的燃烧催化作用，发现该化合物可有效提高双基推进剂的燃速。郑玉梅等合成了 4 - 羟基 3,5 - 二硝基吡啶氮氧化物的铅盐和铜盐，并采用 DSC 及 TG 研究了该类化合物对黑索今（RDX）、高氯酸铵（AP）和吸收药（NC/NG）等的热分解催化作用，发现它们表现出良好的热分解催化效果。著者还研究了 2(4) - 羟基 3,5 - 二硝基吡啶铅（2HDNPPb、4HDNPPb）、铜盐（2HDNPCu、4HDNPCu）作为含能催化剂在CMDB推进剂中的催化作用，发现 2HDNPPb 与 4HDNPPb 的催化作用是不一样的，尽管二者是同分异构体，但是由于其热分解行为存在差异，导致其对推进剂的催化效果不同；若将其铅铜盐复合使用，则比单一使用时催化效率更高，其中 4HDNPPb/2HDNPCu 催化效率最高，能使推进剂在 12~16MPa 压强范围内产生平台燃烧，压力指数为 0.15。

羟基硝基吡啶类金属盐燃烧催化剂在固体推进剂中能表现出较好的应用效果，主要原因在于结构中存在芳香性六元环，使其燃烧时能产生较多的碳物质，促使推进剂进行催化分解。但由于其能量较低，加入固体推进剂中很难增加体系能量。因此，鉴于吡啶类金属盐表现出的优异催化作用，故可在吡啶环上引入更多的含能基团，这样既不影响其催化作用，还能为固体推进剂配方贡献能量。

1.4.2.3 其他含能燃烧催化剂

除了 NTO 金属盐和吡啶类金属盐等含能催化剂之外，其他类型的含能催化剂在这一领域也有着广泛的研究,其中包括四唑、硝基咪唑、硝基吡唑等小分子氮杂环含能催化剂和硝基苯类含能催化剂。

邓敏智等合成了5-苯基四唑、5-亚甲基二四唑的铜、铅、锶盐,表征了其结构,探索了其在改性双基推进剂配方中的应用,发现四唑类金属盐类可以作为复合改性双基推进剂的有效含能燃烧催化剂,能提高推进剂的燃速,并产生一低压力指数区。由于该类富氮含能化合物的高性能、环境友好,因而有很好的应用前景。郑晓东等合成了一种2,4-二硝基咪唑铅(PDNI)含能燃烧催化剂,其感度远低于NTO铅盐,热稳定性优于NTO铅盐,将其用于固体推进剂中,能在较宽压力范围内提高双基和改性双基推进剂的燃速,使推进剂产生平台燃烧效应;在螺压改性双基推进剂配方中,PDNI的燃烧催化作用与惰性的2,4-二羟基苯甲酸铅相当。但是,2,4-二硝基咪唑合成过程中存在人员对中间体严重过敏的现象,给其生产及应用带来了极大的困扰,导致该化合物合成难以放大。著者制备了4-氨基-3,5-二硝基吡唑铅含能催化剂,该燃烧催化剂具有能量高、感度低、热安定好等优点,应用于推进剂中,能使双基或改性双基推进剂在6~10MPa压力范围内呈现平台燃烧。

宋秀铎等合成了5-(2,4-硝基苯胺基)-水杨酸铅(DNA-Pb)含能催化剂,并研究了其对双基推进剂燃烧性能的影响,发现DNA-Pb对双基推进剂燃烧有良好的催化作用,在6MPa以下,产生明显的超速燃烧过程,在6~10MPa压力范围内,产生平台燃烧,压力指数 $n=0.03$,燃速约为13.2mm/s;在10~14MPa范围内产生麦撒燃烧,压力指数 $n=-0.35$。国外 Pundlik 等研究发现4-(2,4,6-三硝基苯胺)苯甲酸金属盐在3.43~8.82MPa压力范围内,可显著提高双基推进剂燃速,其中铅盐尤为突出,可使低压范围内的燃速提高50%~60%。张衡等制备了3-硝基邻苯二甲酸锆型含能燃烧催化剂,发现3-硝基邻苯二甲酸锆在低压下可较好地提高双基和改性双基推进剂的燃速,在中高压段可明显降低双基推进剂的燃速压力指数,与铜盐复合后,提高双基推进剂燃速和降低其燃速压力指数的效果更为明显;此催化剂在推进剂燃烧过程中分解产生 ZrO_2,其作为催化活性组分对推进剂燃烧起到了催化作用;而与铜盐复合以后,可产生类似铅盐和铜盐的"协同作用",从而使催化效果大幅提高。

四唑、硝基咪唑、硝基吡唑及硝基苯类物质都是含能燃烧催化剂领域关注的重点,它们作为燃速催化剂在安定性、相容性方面会有独特优势。在这类含能催化剂的研制和应用中,应注重与推进剂组成相配合,这样会得到与推进剂性能相适应的催化剂和良好的催化效果。

在含能催化剂方面,除NTO和硝基吡啶金属盐的研究较为全面外,其他含能燃烧催化剂方面的研究较为零散,且所研究的母体中能量最高的为4-氨基-3,5-二硝基吡唑,其能量为奥克托金(HMX)的90%,其余含能催化剂母体能量均相对较低。另外,关于含能催化剂对固体推进剂的催化作用机理研究较少。在今后含能催化剂研究方面,结合推进剂对绿色、高能、低特征信号的要求,应寻求能量较高且感度较低的酸性母体,制备其非铅绿色燃烧催化剂,加强其在推进剂配方中的应用研究。

1.4.3 双金属燃烧催化剂

1. 含铋双金属绿色燃烧催化剂[38]

宋秀铎等制备了没食子酸铋系列绿色双金属盐,主要包括没食子酸铋铜(Gal-BiCu)、没食子酸铋镁(Gal-BiMg)、没食子酸铋钡(Gal-BiBa)、没食子酸铋钴(Gal-BiCo)、没食子酸铋铝(Gal-BiAl)和没食子酸铋镍(Gal-BiNi)等,表征了其结构,并将其作为燃烧催化剂应用于双基和RDX-CMDB推进剂中,考察其对双基系推进剂燃烧性能的影响,发现该类催化剂对双基和RDX-CMDB推进剂燃烧有良好的催化作用,能快速提高推进剂的燃速,同时明显降低推进剂的压力指数;与少量炭黑复合催化效果更优,燃速提高幅度更大,并使推进剂在高压下产生平台燃烧。有机铋非铅双金属化合物对双基推进剂有优异的催化效果,在6MPa以下能够迅速提高推进剂燃速,在6MPa以上可明显降低压力指数,并使双基推进剂在较宽的压力范围内产生平台燃烧效应。Gal-BiMg使推进剂在8~22MPa范围内产生平台燃烧,平均燃速为14.4mm/s,压力指数为0.17;Gal-BiCu使推进剂在10~22MPa范围内产生平台燃烧,平均燃速为12.6mm/s,压力指数为0.10;Gal-BiCo使推进剂在8~18MPa范围内产生平台燃烧,平均燃速为11.7mm/s,压力指数为0.17;而Gal-BiNi使双基推进剂的燃速降低,起负催化作用,可为低燃速推进剂提供良好的催化剂。Gal-BiCu与炭黑复合可以大大提高RDX-CMDB推进剂的燃速,并降低压力指数,调节Gal-BiCu与炭黑加入量比例,可使RDX-CMDB推进剂在12~16MPa压力范围内产生平台燃烧,平均燃速为17.48mm/s。分析认为,由于不同金属元素间的"协同作用",没食子酸双金属盐的催化作用要优于单金属化合物,也优于两种单金属盐复合使用的效果,主要表现在降低压力指数和平台燃烧方面。

2. 含锆双金属燃烧催化剂[39]

国内外应用最多的不稳定燃烧抑制剂为铝粉和Al_2O_3,虽然铝粉的加入解决了推进剂能量低、高频振荡不稳定燃烧等问题,但是铝粉在推进剂燃烧时参与了燃烧反应,生成的Al_2O_3易在发动机喷管尾部产生较浓的羽烟。而Al_2O_3由于其熔点较低,燃烧过程中易与催化剂 PbO、CuO 等凝聚成大粒子,既影响了催化剂的催化效率,也影响了不稳定燃烧的抑制效率。国外最新研究表明,利用 ZrO_2 替代铝粉和 Al_2O_3,不但能很好地抑制双基系推进剂的不稳定燃烧,而且对发动机弹道性能无不利影响。

著者及其团队制备了酒石酸铅锆、没食子酸铋锆、没食子酸铅锆、没食子酸铜锆、柠檬酸铅锆双金属盐,并将其作为固体推进剂燃烧催化剂和不稳定燃烧抑制剂的双功能弹道改良剂使用,发现酒石酸铅锆双功能弹道改良剂能使双基推进剂在 12 ~ 16MPa 范围内压力指数为 0.24,使 RDX - CMDB 推进剂在 12 ~ 16MPa 范围内压力指数为 0.25,表现出良好的催化效果,且对 RDX - CMDB 推进剂不稳定燃烧有明显的抑制作用;没食子酸铋锆绿色双功能弹道改良剂,该弹道改良剂分解出的 Bi_2O_3 和 ZrO_2 不但大大降低了推进剂的毒性,有利于导弹的制导和隐身,而且能很好地抑制双基系推进剂的不稳定燃烧,对发动机弹道性能无不利影响。

含锆双金属燃烧催化剂是为解决双基系推进剂声振荡不稳定燃烧及燃速调节的问题而提出的,该类化合物燃烧过程中既能分解出催化活性组分如 Pb、PbO、CuO 等,又能产生高熔点的氧化物或碳化物如 ZrO_2、ZrC 等,集燃速调节剂和燃烧稳定剂于一体,可满足综合性能不断提高的固体推进剂发展的需求。

1.4.4　发展展望

纳米催化剂作为新一代固体推进剂用燃烧催化剂,其发挥着常规催化剂不可替代的作用。但是,纳米催化剂在制备及固体推进剂的应用中,存在着粒径分布宽、团聚、在推进剂中难均匀分散及对推进剂的催化机理不清等问题。因此,如何利用新方法制备出粒径分布均匀、分散性好的纳米材料和利用先进技术解决纳米粒子的团聚问题成为从事纳米催化剂研究急需解决的问题。另外,还要考虑研究纳米催化剂的协同催化规律和协同催化机理与常规催化剂的区别。因此,在纳米催化剂材料选择方面,应选择在固体推进剂中有应用前景的铅铜复合物、锡铅复合物和铬铜复合物等无机类催化剂,开展其新型纳米化技术和团聚抑制技术研究;开展纳米催化剂在固体推进剂中的分散技术研究,使其在固体推进剂中仍以非团聚纳米形式均匀存在;开展纳米催化剂的催化作用规律及在固体推进剂中的作用机理研究。

含能催化剂一直是固体推进剂燃烧催化剂研究的热点之一,国内外公开报道的文献也较多,但大多属于实验型研究,并且所选择的含能母体大多是属于能量适中或能量较低的母体,若选择高能的母体,制备出的催化剂感度又较高,如何实现含能催化剂高能与钝感的统一是其要解决的问题之一。另外,在含能催化剂能量释放、催化机理及作用效果等理论方面研究较少,并没有形成统一的认识。未来应设计并制备绿色、高能、钝感含能催化剂,并研究其在固体推进剂中的催化机理。

双金属燃烧催化剂是近年来新兴的一个领域,目前研究较少,主要集中在铋铜、锆铜、锆铅等双金属结构,将其用于双基推进剂中,能表现出常规催化剂不能达到的效果,其母体化合物结构中大多含有羧基和羟基,由于没有晶体结构报道,尚不清楚其具体组成。将来应通过单晶培养,弄清楚其结构,研究双金属作用机理且开发含能双金属燃烧催化剂。

参 考 文 献

[1] 李上文, 赵凤起, 徐司雨. 低特征信号固体推进剂技术[M]. 北京: 国防工业出版社, 2013.

[2] 庞爱民. 固体火箭推进剂理论与工程[M]. 北京: 中国宇航出版社, 2014.

[3] 赵凤起, 徐司雨, 李猛, 等. 改性双基推进剂计算模拟[M]. 北京: 国防工业出版社, 2015.

[4] 王雅乐, 卫之贤, 康丽. 固体推进剂用燃烧催化剂的研究进展[J]. 含能材料, 2015, 23(1): 89 – 98.

[5] 裴江峰, 赵凤起, 宋秀铎, 等. 轻质碳材料及其复合物在固体推进剂中的应用研究进展[J]. 火炸药学报, 2014, 37(2): 1 – 6.

[6] 姜蔺雨, 李鑫, 姚二岗, 等. 固体推进剂用高活性纳米(非)金属粉的研究进展[J]. 化学推进剂与高分子材料, 2014, 12(6): 58 – 65.

[7] 甄开吉, 王国甲, 毕颖丽, 等. 催化作用基础(第三版)[M]. 北京: 科学出版社, 2005.

[8] 刘子如. 含能材料热分析[M]. 北京: 国防工业出版社, 2008.

[9] 高胜利, 陈三平. 无机合成化学简明教程[M]. 北京: 科学出版社, 2010.

[10] 胡荣祖, 高胜利, 赵凤起, 等. 热分析动力学(第二版)[M]. 北京: 科学出版社, 2008.

[11] 汪营磊, 赵凤起, 仪建华. 固体火箭推进剂用燃烧催化剂研究新进展[J]. 火炸药学报, 2012, 35(5): 1 – 8.

[12] 赵凤起, 覃光明, 蔡炳源. 纳米材料在火炸药中的应用研究现状及发展方向[J]. 火炸药学报, 2001(4): 61 – 65.

[13] Taylor R H Jr. Solid propellant formations with controlled burn rate and reduced smoke [P]. USP 5334270.

[14] 邓鹏图. 纳米过渡金属氧化物的制备及其在固体推进剂催化燃烧中的应用[D]. 长沙: 国防科学技术大学, 1997.

[15] 洪伟良, 赵凤起, 刘剑洪, 等. 纳米 PbO 和 Bi_2O_3 粉的制备及对推进剂燃烧性能的影响[J]. 火炸药学报, 2001, 24(3): 7 – 9.

[16] 张晓宏, 龙村, 王铁成. 纳米级氧化铅对双基推进剂燃烧性能影响的研究[J]. 火炸药学报, 2002, 25(2): 39 – 41.

[17] 洪伟良, 赵凤起, 刘剑洪, 等. 纳米 $Bi_2O_3 \cdot SnO_2$ 的制备及对 RDX 热分解特性的影响[J]. 火炸药学报, 2003, 26(1): 37 – 39.

[18] 赵凤起,洪伟良,陈沛,等. 纳米催化剂对双基系推进剂燃烧性能的影响[J]. 火炸药学报,2004,27(3):13-16.

[19] 高红旭. 纳米催化剂的制备及其在微烟推进剂中的应用研究[D]. 西安:西安近代化学研究所,2004.

[20] 洪伟良,刘剑洪,赵凤起,等. 纳米 Pb(Ⅱ)-没食子酸配合物的合成及燃烧催化性能[J]. 化学学报,2005,63(3):249-253.

[21] 洪伟良,赵凤起,刘剑洪,等. 纳米硬脂酸铅 Pb(Ⅱ)配合物的合成和性能研究[J]. 无机化学学报,2005,21(2):197-201.

[22] 洪伟良,刘剑洪,邱超儿,等. 纳米 2,4-二羟基苯酸铅(Ⅱ)配合物的合成及其燃烧催化性能研究[J]. 高等学校化学学报,2005,26(5):889-893.

[23] 洪伟良,李琳琳,赵凤起,等. 纳米鞣酸铅 Pb(Ⅱ)配合物的合成及其燃烧性能研究[J]. 固体火箭技术,2007,30(2):135-137.

[24] 王晗,赵凤起,高红旭,等. 纳米邻苯二甲酸铅的制备及其对双基推进剂燃烧催化的研究[J]. 含能材料,2006,14(1):45-48.

[25] 刘建勋,李凤生,姜炜,等. 纳米 NiO/CNT 和 Co₃O₄/CNT 对 AP 及 HTPB/AP 推进剂热分解的影响[J]. 固体火箭技术,2007,30(3):243-247.

[26] 张同来. NTO 金属盐的制备、结构表征、热分解机理和非等温反应动力学研究[D]. 南京:南京理工大学,1993.

[27] 李上文,王江宁,付霞云,等. 某些 NTO 盐作为含能燃烧催化剂的探索[J]. 含能材料,1993,1(3):22-27.

[28] Singh G, Felix S P. Studies on energetic compounds 25. An overview of preparation, therm olysis and applications of the salts of 5-nitro-2,4-dihydro-3H-1,2,4-triazol-3-one(NTO)[J]. Journal of Hazardous Materials, 2002, A90:1-17.

[29] Singh G, Felix S P. Studies of energetic compounds part 29:Effect of NTO and its salts on the combustion and condensed phase thermolysis of composite solid propellants, HTPB-AP[J]. Combustion and Flame, 2003, 132:422-432.

[30] Singh G, Felix S P. Studies on energetic compounds part 36:Evaluation of transition metal salts of NTO as burning rate modifiers for HTPB-AN composite solid propellants[J]. Combustion and Flame, 2003, 135:145-150.

[31] 赵凤起,陈三平,范广,等. 含能配合物[Pb(AZTZ)(bpy)(H2O)·2H2O]n 合成、结构及燃烧催化性能[J]. 高等学校化学学报,2008,29(8):1519-1522.

[32] 赵凤起,高红旭,胡荣祖,等. 4-羟基3,5-二硝基吡啶铅在固体推进剂剂燃烧中的催化作用[J]. 含能材料,2006,14(2):86-88.

[33] 赵凤起,陈沛,罗阳,等. 含能羟基吡啶铅铜盐用作 RDX-CMDB 推进剂燃烧催化剂[J]. 火炸药学报,2003,26(3):1-4.

[34] 赵凤起,陈沛,李上文,等. 四唑类化合物的金属盐作为微烟推进剂燃烧催化剂的研究[J]. 兵工学报,2004,25(1):30-33.

[35] 郑晓东,崔荣,李洪丽,等. 2,4-DNI 的合成及性能[J]. 火炸药学报,2006,29(6):23-26.

[36] 宋秀铎,赵凤起,王江宁,等. 5-(2,4-二硝基苯胺基)-水杨酸铅的合成及其对双基推进剂的催化作用[J]. 含能材料,2007,15(4):310-312.

[37] Pundlik S M,Palaiah R S,Nair J K,et al. Influence of metal salts of 4 – (2,4,6 – trinitroanilino) benzoic acid on the burning rate of double base propellants[J]. Journal of Energetic Materials, 2001, 19(4): 339 –347.

[38] 宋秀铎. 绿色有机铋盐的合成及其在双基系固体推进剂中的应用[D]. 西安:西安近代化学研究所, 2005.

[39] 张衡. 双功能弹道改良剂的制备及其在微烟推进剂中的应用研究[D]. 西安:西安近代化学研究所, 2009.

第 2 章　含单金属的新型燃烧催化剂

对于各种类型的推进剂,均可通过加入燃烧催化剂来调节燃速,而且效果显著,因此可以认为,为得到能量和燃烧性能理想的推进剂,采用"加入催化剂的方法"是最有前途的重要途径。当固体推进剂品种和基本配方初步确定之后,燃烧催化剂的选择与使用便成为配方研究的技术关键。对于双基、改性双基或复合推进剂配方来说,经常使用的燃烧催化剂主要是无机铅、铜、铁氧化物或无机/有机金属化合物,包括一元及复合金属氧化物,甚至发展到二元氧化物与炭粉组成的三元复合催化体系,如 Pb – Cu – C 体系[1,2],它们大多是不含能的惰性化合物。

伴随着武器装备性能的提升和高性能推进剂的发展需求,目前,在新型燃烧催化剂的开发过程中,催化剂的含能化、超细化和绿色化已成为非常重要的研究方向[2,3]。本章主要介绍含单金属的新型燃烧催化剂,重点是催化剂的制备、表征及在推进剂中的应用和其作用效果。关于含能燃烧催化剂和纳米燃烧催化剂将在后续章节详细介绍。

2.1　含金属铅的燃烧催化剂

自从 20 世纪 40 年代发现铅化合物对推进剂燃烧有着可利用的重大影响之后,其基础特性、应用和作用机理研究与非铅催化剂的寻找几乎同时展开,但很长一段时间内铅基化合物仍然几乎是固体推进剂唯一实用的燃烧催化剂。这一方面固然因为燃烧问题极端复杂,难以得到明晰的理论指导研究,另一方面也说明传统的铅基催化剂对推进剂的作用确实是优良的,基本能满足武器技术战术要求。

经过七十余年的发展,含金属铅的燃烧催化剂品种已从单纯的无机铅氧化物、铅盐发展到脂肪酸铅盐、芳香酸铅盐,最后使用铅盐/铜盐/炭黑复合的催化剂。含金属铅的非含能燃烧催化剂通常又分为如下三类:①铅、铅的氧化物及无机铅盐,如铅粉、PbO、PbO_2、Pb_3O_4、钼酸铅、硫化铅等;②脂肪族铅盐,如二乙酰丙酮基铅、2 – 乙基己酸铅、硬脂酸铅、四乙基铅、甲氧基丙酸铅、2 – 氧基醋酸铅等;③芳香族铅盐,如 2,4 – 二羟基苯甲酸铅、苯甲酸铅、水杨酸铅、苯均三酸铅、乙酰水杨酸铅等。

当前,含硝酸酯组分的双基系和 NEPE 推进剂常采用铅盐作为燃烧催化剂以调节燃速。特别是在双基系的双基和 RDX - CMDB 推进剂中,更是常常使用铅盐/铜盐/炭黑三者复合的催化剂的协同作用,发挥了良好的燃烧催化效果,在低压(2~8MPa)和中高压(10~22MPa)压力范围内出现平台或麦撒燃烧现象,燃速调节范围在 3~40mm/s 之间。含金属铅的燃烧催化剂在推进剂中的加入量为 2%~5%。

传统的含铅燃烧催化剂,如邻苯二甲酸铅(Φ - Pb)、2,4 - 二羟基苯甲酸铅(β - Pb)和己二酸铅等制备工艺非常成熟,已实现了商品化。多年来,著者及其团队设计、合成出了系列含金属铅的燃烧催化剂,但多集中于纳米化或含能化的铅化合物,这部分内容将在本书后续章节中详细介绍。本节介绍 3 种应用效果较好的含铅燃烧催化剂合成方面的工作。

2.1.1 2,2′,4,4′-四羟基二苯甲酮铅(Ⅱ)配合物(TPL)

2.1.1.1 2,2′,4,4′-四羟基二苯甲酮合成及表征

2.1.1.1.1 制备过程

在装配有搅拌器、冷凝回流装置和 HCl 吸收系统的 150mL 三口烧瓶中,加入 2,4 - 二羟基苯甲酸、间苯二酚、无水 $ZnCl_2$,然后加入 $POCl_3$ 和氯苯。启动搅拌,使其混合均匀,加热升温至 65℃时,保温反应 2h。然后向反应瓶内缓慢加水搅拌至全部溶解,再倒入冰水中,经充分搅拌、静置、抽滤、水洗得粗产品。粗产品用水作溶剂重结晶得黄色针状晶体。

2,4 - 二羟基苯甲酸与间苯二酚在催化剂的作用下生成 2,2′,4,4′ - 四羟基二苯甲酮,属于 Friedel - Crafts 酰基化反应。反应式如图 2 - 1 所示。

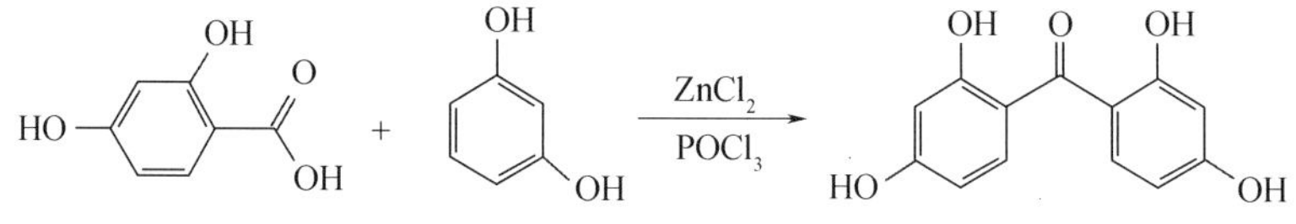

图 2 - 1 2,2′,4,4′-四羟基二苯甲酮的合成示意图

2.1.1.1.2 结构表征

1. 红外光谱

图 2 - 2 为配体 2,2′,4,4′ - 四羟基二苯甲酮的红外谱图。可以看出,$3400~3200cm^{-1}$ 和 $1124cm^{-1}$、$1075cm^{-1}$ 的强吸收证明了—OH 的存在;

1629cm^{-1}为 C=O 的伸缩振动吸收,其比普通羰基的吸收频率要低,是因两侧苯环结构的共轭效应所致;1588cm^{-1}、1510cm^{-1}、1450cm^{-1}的吸收峰证实了苯环骨架的存在;856cm^{-1}、690cm^{-1}的吸收峰为苯环上 H 的弯曲振动。

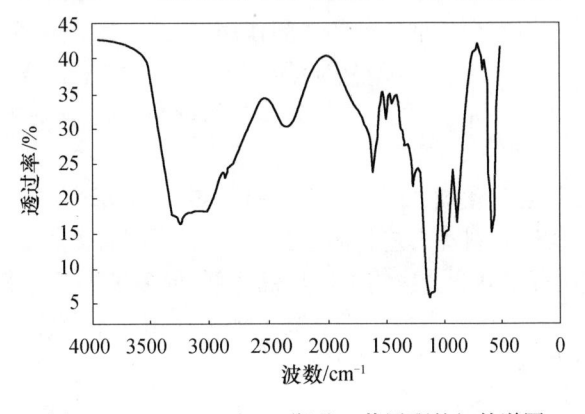

图 2-2 2,2′,4,4′-四羟基二苯甲酮的红外谱图

2. 核磁共振谱

图 2-3 为配体 2,2′,4,4′-四羟基二苯甲酮的 ^{1}HNMR 谱图(DMSO 为溶剂)。其中 $\delta = 3.35$ 处的单重峰和 $\delta = 2.52$ 处的五重峰为溶剂 CD$_3$SOCD$_3$ 的杂质峰;谱图上共有四组峰,由低场至高场的积分简比为 1:1:1:2,配体分子中总共有 10 个 H,因此相对应的 H 原子数分别为 2、2、2、4,$\delta = 11.3$ 处的单重峰归属为 a 位上的 2

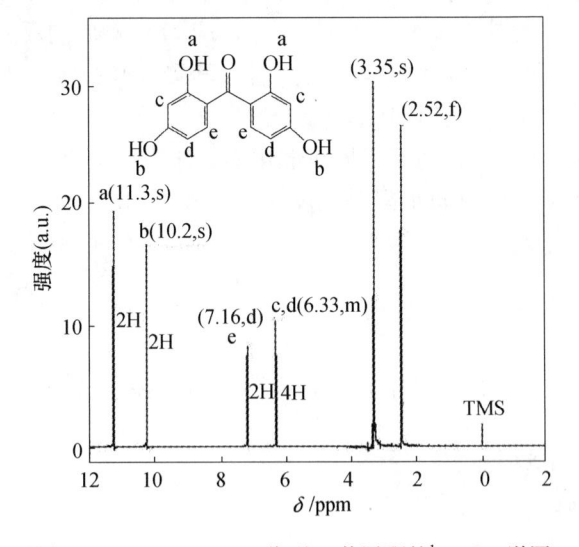

图 2-3 2,2′,4,4′-四羟基二苯甲酮的 ^{1}HNMR 谱图

个酚羟基,其受邻位 C=O 的影响使化学位移值移向低场;$\delta = 10.2$ 处的单重峰归属为 b 位上的 2 个酚羟基;$\delta = 7.16$ 处的双重峰归属为苯环 e 位上的 2 个 H,被邻位 d 上的 H 裂分成两重峰;$\delta = 6.33$ 处的多重峰归属为苯环上 c 和 d 位上的 4 个 H,其 $\delta < 7$ppm,表明苯环与推电子基团相连,因其处于—OH 的邻对位及 C=O 的间位,要比 e 位上的 2 个 H 更富集电子,相应的 δ 值也向高场移动。

综上分析,该化合物结构分析与图 2-1 中目标产物的结构一致。

2.1.1.1.3 最佳工艺条件

1. 反应温度对合成产率的影响

其他反应条件不变,考察了不同反应温度对 C-酰化反应的影响,结果如表 2-1 所示。

表 2-1 反应温度对产率的影响

温度/℃	55	60	65	70	75	80	85	90
产率/%	12.0	23.9	24.3	42.6	48.9	43.8	14.7	产物结焦

由表 2-1 可以看出,较低温度时,反应收率较低,随着温度的上升,反应收率有所提高,达到 75℃ 左右时,产率达最高;再继续升高温度,合成产率又有所下降;当升至 90℃ 时,反应液为黑褐色的焦油状黏性液体,无法获得产物。因此,该酰化反应的最佳反应温度为 75℃。

2. 原料配比对合成产率的影响

该反应的主体原料是间苯二酚与 2,4-二羟基苯甲酸,由于后者的价格较贵,所以为使 C-酰化反应进行彻底,采用过量的间苯二酚与 2,4-二羟基苯甲酸反应来考察原料配比与收率的关系。保持间苯二酚的量不变,改变 2,4-二羟基苯甲酸的摩尔量,控制反应温度在 75℃,研究物料比对合成产率的影响,结果见表 2-2。

表 2-2 原料配比对产率的影响

$n_{间苯二酚} : n_{2,4-二羟基苯甲酸}$	1:0.5	1:0.6	1:0.7	1:0.8	1:0.9	1:1
产率/%	47.4	73.6	69.4	68.9	64.1	56.8

由表 2-2 可见,当 $n_{酚} : n_{酸} = 1:0.6$ 时产率最高,继续增加二者的比例,反而使产率下降。由此可确定二者的最佳摩尔比为 1:0.6。

3. 反应时间对合成产率的影响

其他反应条件不变,控制反应温度在 75℃,且 $n_{酚} : n_{酸} = 1:0.6$ 的条件下,探究反应时间对合成产率的影响,结果见表 2 – 3。

表 2 – 3　反应时间对产率的影响

反应时间/h	1	1.5	2	2.5	3	3.5
产率/%	49.0	67.5	73.9	63.1	52.4	42.7

由表 2 – 3 可见,随着反应时间的延长,产率逐步上升;当反应时间大约为 2h 时,C – 酰化的收率最高;再延长反应时间,产率又开始下降。因此确定最佳反应时间为 2h。

2.1.1.2　2,2′,4,4′ – 四羟基二苯甲酮铅(Ⅱ)配合物合成及表征

2.1.1.2.1　制备过程

按 $n_{Pb^{2+}}$: $n_{配体}$ = 1 : 2 的比例分别称取 Pb(NO$_3$)$_2$ 和 2,2′,4,4′ – 四羟基二苯甲酮于烧杯中,其中 Pb(NO$_3$)$_2$ 用蒸馏水溶解;配体用 2% 的 NaOH 充分溶解,形成的配体溶液的 pH = 9 ~ 10。二者混合后,在 70℃ 下回流搅拌 1h 后停止反应,静置冷却,待出现大量黄色沉淀后抽滤,并用蒸馏水多次洗涤沉淀固体,干燥后即得淡黄色固体。

2.1.1.2.2　结构表征

1. 红外光谱

图 2 – 4 为 2,2′,4,4′ – 四羟基二苯甲酮 Pb(Ⅱ)配合物的红外谱图。与配体相比,C=O 由 1629cm^{-1} 低移至 1618cm^{-1},Pb—O 的伸缩振动由 1272cm^{-1} 移至 1252cm^{-1},可推测 C=O 和邻位酚氧参与配位,配体的 δ_{O-H} 在形成配合物之

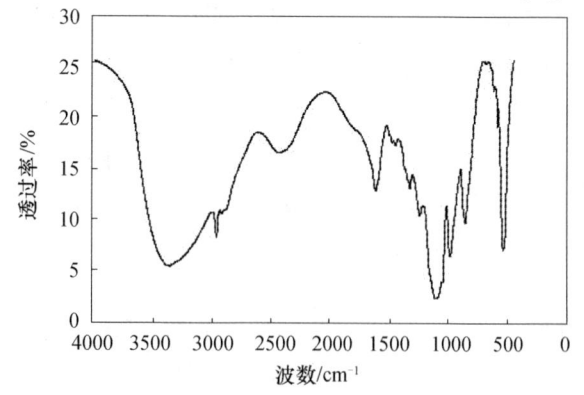

图 2 – 4　2,2′,4,4′ – 四羟基二苯甲酮 Pb(Ⅱ)配合物的红外谱图

后有一处消失,仅在 1105cm^{-1} 有一个峰,可知有—OH 发生离解;而 590cm^{-1} 出现的新峰可视为 Pb—O 键的吸收峰,3380cm^{-1} 附近的宽峰说明—OH 依然存在,初步确定 Pb(II) 与 C=O 和酚氧配合形成了配合物。

2. TG – DSC 分析

图 2 – 5 给出了 $2,2',4,4'$ – 四羟基二苯甲酮 Pb(II) 配合物的 TG – DSC 曲线。由图 2 – 5 可知配合物经历了两次质量损失,最终残留物为 PbO,其含量为 35.8%,换算成 $m_{\mathrm{Pb}} = 33.2\%$,初步断定配合物结构中配体与 Pb(II) 的摩尔比为 2:1。160℃以前发生第一次质量损失,DSC 曲线上表现为很弱的吸热峰,质量损失率 $m_1 = 12\%$,相当于失去 5 个结晶水;第二次质量损失发生在 225 ~ 380℃之间,在 DSC 曲线上表现为较强的放热峰,配合物发生快速的氧化分解,至 380℃左右保持恒定,其间的质量损失率 $m_2 = 52\%$,分子量减少 362,相当于失去 $C_{21}H_{14}O_6$。

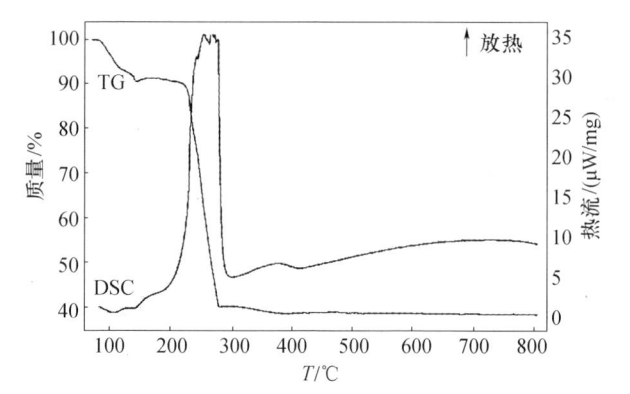

图 2 – 5　$2,2',4,4'$ – 四羟基二苯甲酮 Pb(II) 配合物的 TG – DSC 曲线

综上分析,初步确定配合物化学式为 $(C_{13}H_9O_5)_2Pb \cdot 5H_2O$,$2,2',4,4'$ – 四羟基二苯甲酮 Pb(II) 配合物的结构推测为

2.1.1.2.3 最佳工艺条件

1. 反应温度对合成产率的影响

不改变其他反应条件,考察回流温度对该配位反应的影响,结果如表2-4所示。

表2-4 反应温度对产率的影响

反应温度/℃	60	70	80	90	100
产率/%	28.2	32.6	36.5	42.7	38.8

由表2-4可见,在90℃下反应的合成产率达到较高的42.7%,确定较佳的反应温度条件为90℃。

2. NaOH浓度对合成产率的影响

不改变其他反应条件,在90℃下研究不同NaOH浓度对配合物合成产率的影响,结果见表2-5。

表2-5 NaOH浓度对产率的影响

NaOH浓度/w%	1%	2%	3%	4%	5%
加入NaOH的体积/mL	60	30	20	15	12
产率/%	39.5	42.2	45.6	41.7	31.4

由表2-5可看出,使用3%的NaOH溶液溶解配体,并控制pH=9~10的范围内,能使配合物产率最高。因此,确定NaOH溶液的质量浓度为3%。

3. 反应时间对合成产率的影响

不改变其他反应条件,确定NaOH溶液的质量浓度为3%,在90℃下研究不同反应时间对合成产率的影响,结果见表2-6。

表2-6 反应时间对产率的影响

反应时间/h	1	1.5	2	2.5	3
产率/%	42.4	43.6	41.7	38.9	37.2

由表2-6可看出,延长反应时间反而会使产率降低,所以较佳反应时间为1.5h。

因此,合成2,2',4,4'-四羟基二苯甲酮铅(Ⅱ)配合物的最佳工艺条件:反应温度为90℃,NaOH溶液的质量浓度为3%,反应时间为1.5h。

2.1.2 2,2′,3,4,4′-五羟基二苯甲酮铅(Ⅱ)配合物(PPL)

2.1.2.1 2,2′,3,4,4′-五羟基二苯甲酮合成及表征

2.1.2.1.1 制备过程

在装配有搅拌器、冷凝装置和 HCl 吸收系统的 150mL 三口烧瓶中,加入 2,4 - 二羟基苯甲酸、焦没食子酸、无水 $ZnCl_2$,然后加入 $POCl_3$ 和环丁砜。启动搅拌,使其混合均匀,加热升温至 70℃时,保温反应 2h。然后向反应瓶内缓慢加水搅拌至全部溶解,再倒入冰水中,经充分搅拌。静置、抽滤、水洗得粗产品。粗产品用水作溶剂重结晶得黄绿色针状晶体,产率 62.9%,熔点 178.3～179.1℃。

2,4 - 二羟基苯甲酸与焦没食子酸在催化剂作用下反应生成 2,2′,3,4,4′-五羟基二苯甲酮是典型的苯环上引入酰基的 Friedal - Crafts 反应。反应式如图 2 - 6 所示。

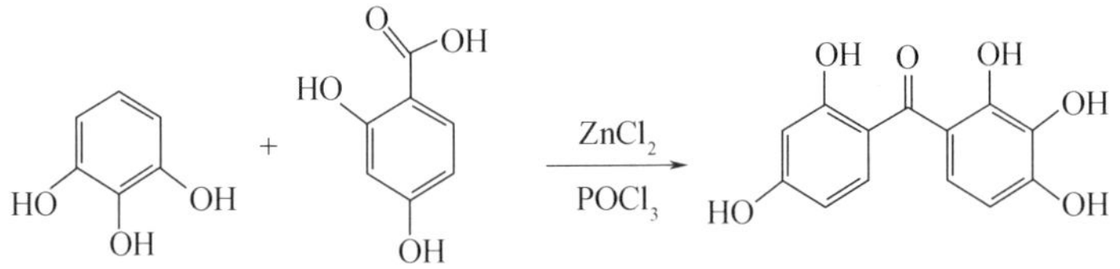

图 2 - 6 2,2′,3,4,4′-五羟基二苯甲酮的合成示意图

2.1.2.1.2 结构表征

1. 红外谱图

2,2′,3,4,4′-五羟基二苯甲酮的红外谱图见图 2 - 7。由图 2 - 7 可知,3434～3200cm^{-1} 的宽峰为缔合酚—OH 的伸缩振动,1615cm^{-1} 的吸收为 C=O 伸缩振动,1595cm^{-1}、1507cm^{-1}、1454cm^{-1} 为苯环的骨架振动,1259cm^{-1}、1224cm^{-1} 的强吸收峰为 C—O 伸缩振动产生。

2. 核磁共振谱

图 2 - 8 为 2,2′,3,4,4′-五羟基二苯甲酮的 ^{1}HNMR 谱图(DMSO 为溶剂)。可以看出,^{1}HNMR 谱图中 δ = 2.5 和 δ = 3.2 处的两组峰为氘代溶剂 CD_3SOCD_3 的干扰峰;δ 值 11.2～8.6 的五个单峰归属为苯环上 5 个酚氧基上 H 的峰,H_d 与 H_e 位于 C=O 的邻对位,化学环境接近故其化学位移也相近,δ = 11.2 处的峰归属于 H_d,H_d 处在拉电子基团 C=O 的邻位,电子云密度降低向化学位移高的方向移动;δ = 10.9 处的峰归属于 H_e,因为它处于 C=O 的间位但离 C=O 稍微

43

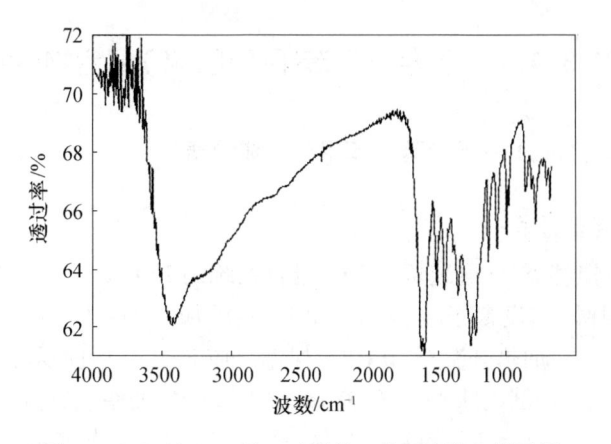

图 2 - 7　2,2′,3,4,4′ - 五羟基二苯甲酮的红外谱图

较远,使得 $\delta(\mathrm{H_e}) < \delta(\mathrm{H_d})$。而另一苯环上 C═O 邻对位酚—OH 上的 $\mathrm{H_c}$ 与 $\mathrm{H_a}$ 的化学环境接近使其化学位移也接近,邻位的酚羟基氢即 $\mathrm{H_c}$ 离 C═O 较近故电子云密度较低,所以 $\delta(\mathrm{H_c}) > \delta(\mathrm{H_a})$;$\delta(\mathrm{H_c}) = 10.3$,$\delta(\mathrm{H_a}) = 9.8$。$\delta = 8.6$ 处的峰归属于 $\mathrm{H_b}$,因其处于间位且邻位有两个共轭羟基,电子云密度提高向化学位移低的方向移动。由低场(高频)至高场(低频),积分简比为 1∶1∶1∶1∶1,其数字之和与分子式中酚氧基上的氢原子数目一致,故积分比等于质子数目之比。

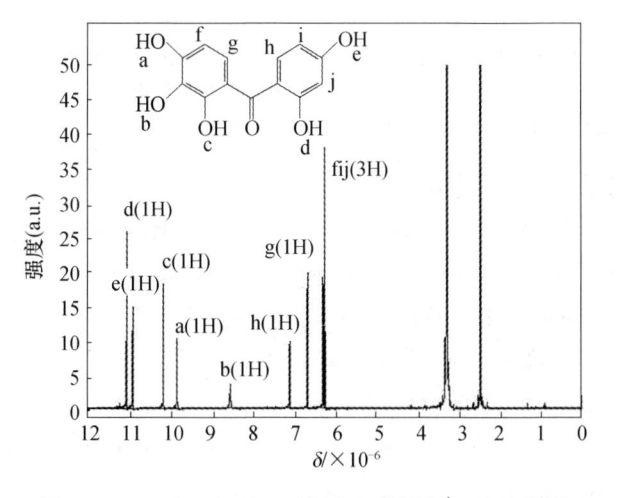

图 2 - 8　2,2′,3,4,4′ - 五羟基二苯甲酮 ^{1}HNMR 谱图

δ 值 7.2～6.4 上的三组峰归属为苯环上 5 个 H 的峰,$\delta = 6.4$ 处的一组峰为多重峰,归属为羰基间位的 3 个苯环上的 H(即 f、i、j),它们的化学环境相似故其化学位移接近并形成多重峰,其积分值为 3。$\delta = 7.2$ 处的峰归属为 $\mathrm{H_h}$,它受

C=O影响电子云密度降低,移至低场,化学位移值增高,其积分值为1。而 H_g 虽然也受 C=O 拉电子的影响但其对位有—OH 故其电子云密度稍微比 H_h 高,$\delta = 6.5$,其积分值为1。三组峰由低场(高频)至高场(低频),积分简比1:1:3,其数字之和与分子式中酚氧基上的氢原子数目一致,故积分比等于质子数目之比。

综上分析,该化合物结构符合图 2-6 所示的目标产物结构。

2.1.2.1.3 最佳工艺条件

1. 反应温度对合成产率的影响

其他反应条件不变,考察了不同反应温度对合成产率的影响,结果见表 2-7。

表 2-7 反应温度对产率的影响

温度/℃	55	60	65	70	75	80	85
产率/%	42.4	60.4	66.9	75.8	59.8	45.6	产物结焦

由表 2-7 可以看出,较低温度时,反应收率较低;随着温度的上升,反应收率有所提高;达到70℃左右时,收率达最高;再继续升高温度,反应产率又有所下降;当升至85℃时,温度太高,副反应增多,反应液为一团深黑褐色的焦油状黏性液体,无法获得产物。因此,该酰化反应的最佳反应温度确定为70℃。

2. 原料配比对合成产率的影响

其他反应条件不变,在最佳温度70℃的条件下,考察不同原料配比 $n_{\text{焦没食子酸}}$:$n_{2,4-\text{二羟基苯甲酸}}$ 对合成产率的影响。结果如表 2-8。

表 2-8 原料配比对产率的影响

$n_{\text{焦没食子酸}}$:$n_{2,4-\text{二羟基苯甲酸}}$	1:0.5	1:0.6	1:0.7	1:0.8	1:0.9	1:1	1:1.1	1:1.2
产率/%	80.4	80.5	79.3	75.5	73.8	62.7	60.7	46.6

从表 2-8 可以看出,随着反应体系中2,4-二羟基苯甲酸的增加,产物产率呈下降趋势,当 $n_{\text{焦没食子酸}}$:$n_{2,4-\text{二羟基苯甲酸}}$ =1:0.6 时收率达到最高,所以,可确定最佳原料配比为1:0.6。

3. 反应时间对合成产率的影响

反应时间对 C-酰化反应的影响较大,时间太短反应不完全,时间过长副反应增多。为此,依照上述实验方法,其他反应条件不变,控制反应温度为70℃,在最佳物料比1:0.6的条件下(焦没食子酸3.78g,2,4-二羟基苯甲酸2.77g),研究不同反应时间对合成产率的影响。实验结果如表 2-9 所示。

表 2-9 反应时间对产率的影响

反应时间/h	1	1.5	2	2.5	3	3.5
产率/%	52.1	64.0	81.1	77.5	60.4	52.3

由表 2-9 可以看出,随着反应时间的增加,开始时收率逐渐上升,当反应时间为 2h 时,收率达到最高;继续延长反应时间,收率又开始下降;当反应到 3.5h 时,开始出现结焦现象,副反应增多,同时产物不易提纯。由此确定最佳反应时间为 2h。

4. 溶剂用量对合成产率的影响

溶剂用量对产率也有一定的影响,用量太少,不能很好溶解反应物,体系提早固化,使搅拌困难,物料难以混合均匀,造成反应不完全;用量太多,一方面过于浪费,另一方面会使反应物料的浓度降低,分子间碰撞的几率减少,反应速率下降。其他反应条件不变,在原料配比 1:0.6,反应温度 70℃ 和反应时间 2h 条件下,考察不同溶剂用量对合成产率的影响,结果见表 2-10。

表 2-10 溶剂用量对产率的影响

环丁砜用量/mL	0	2	4	6	8	10	12
收率/%	46.8	74.2	82.2	81.1	80.5	75.4	63.3

由表 2-10 可见,收率随溶剂量的增加呈现先增后降的趋势,当超过 4mL 以后,产率开始下降,环丁砜的最佳用量为 4mL(0.04mol)。焦没食子酸 3.78g (0.03mol),2,4-二羟基苯甲酸 2.77g(0.024mol),二者摩尔比为 1:0.6,环丁砜 4mL,POCl₃8mL(0.09mol),ZnCl₂5g(0.04mol),在 70℃ 下保温 2h,该条件下重复了 3 次实验,产品收率分别是 81.4%、82.0%、82.6%,重复性较好。

因此,2,2′,3,4,4′-五羟基二苯甲酮的最佳工艺条件:在 $ZnCl_2$ 和 $POCl_3$ 的催化下,$n_{焦没食子酸}:n_{2,4-二羟基苯甲酸}$ 为 1:0.6,$m_{环丁砜}:m_{原料总质量}$ 为 0.77:1,在 70℃ 下保温 2h,产物收率在 82% 左右。

2.1.2.2　2,2′,3,4,4′-五羟基二苯甲酮铅(Ⅱ)配合物合成及表征

2.1.2.2.1　制备过程

按 $n_{Pb^{2+}}:n_{配体}=1:1$ 的比例分别称取 $Pb(NO_3)_2$ 和 2,2′,3,4,4′-五羟基二苯甲酮于烧杯中,在常温下用 2% NaOH 溶液将 2,2′,3,4,4′-五羟基二苯甲酮充分溶解,控制溶液 pH=9~10,与 $Pb(NO_3)_2$ 水溶液混合,恒温 90℃ 条件下搅拌加热回流 1h,反应结束后冷却、静置,待出现大量沉淀后抽滤,滤饼用蒸馏水

洗涤数次,干燥得黄绿色粉末。

探索出合成 2,2′,3,4,4′-五羟基二苯甲酮铅(Ⅱ)配合物的最佳工艺条件:原料配比 $n_{配体}:n_{Pb(NO_3)_2}$ 为 1:1,在 70℃下保温 1h,用 3% NaOH 溶液充分溶解配体,产物收率在 74% 左右。

2.1.2.2.2 结构表征

1. 红外光谱

2,2′,3,4,4′-五羟基二苯甲酮 Pb(Ⅱ)配合物的红外谱图见图 2-9。从图 2-9 分析可知,配合物形成后,配体的 $\upsilon_{C=O}$ 由 1615cm^{-1} 移至 1583cm^{-1},υ_{ph-O} 由 1259cm^{-1} 移至 1133cm^{-1},表明配体上酚氧和羰基氧参与配位成键。配合物形成后在 1268cm^{-1} 处的吸收峰归属为配体苯环上的酚羟基,621cm^{-1} 处的吸收峰归属为配体苯环上的酚羟基的弯曲振动,表明配体有羟基参与配位,也还有游离的酚羟基存在于配合物中。在配体中新发现 534cm^{-1} 处的吸收峰可归属为 υ_{Pb-O},配合物中 3379~3134cm^{-1} 的宽吸收峰可归属为配合物中酚羟基和结合水分子的组合峰,500cm^{-1} 附近未出现配位水吸收峰,说明水分子未参与配位,这与 TG 结果分析一致。结合上述分析,初步推测配体上的邻位酚氧和羰基氧与 Pb(Ⅱ)配位。

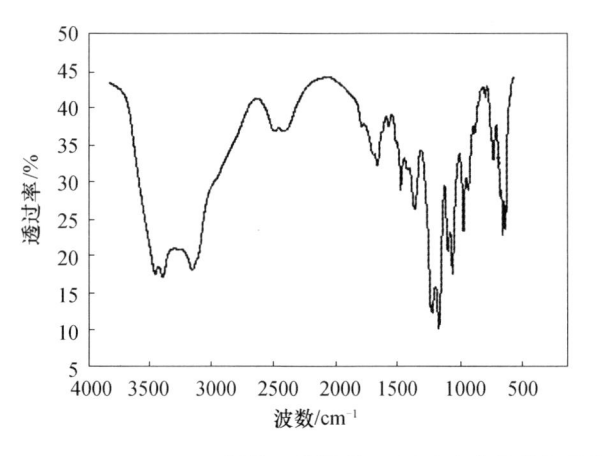

图 2-9 2,2′,3,4,4′-五羟基二苯甲酮 Pb(Ⅱ)配合物的红外谱图

2. TG-DSC 分析

2,2′,3,4,4′-五羟基二苯甲酮 Pb(Ⅱ)配合物的 TG-DSC 曲线见图 2-10。由图 2-10 可以看出,2,2′,3,4,4′-五羟基二苯甲酮 Pb(Ⅱ)配合物总质量损失率为 53.0%,反应最后生成 PbO,可初步推测该配合物配体与金属的物质的量的配比为 1:1(理论质量损失 54.8%),则配体配位数为 4,已从红外分析图谱初

步推测配体上的邻位酚氧和羰基氧与 Pb(Ⅱ)配位,同时另一个配体的两个相邻—OH 可能与 Pb(Ⅱ)配位,即配体上的邻位酚氧、羰基氧、另一配体的两个邻位—OH 与 Pb(Ⅱ)配位。

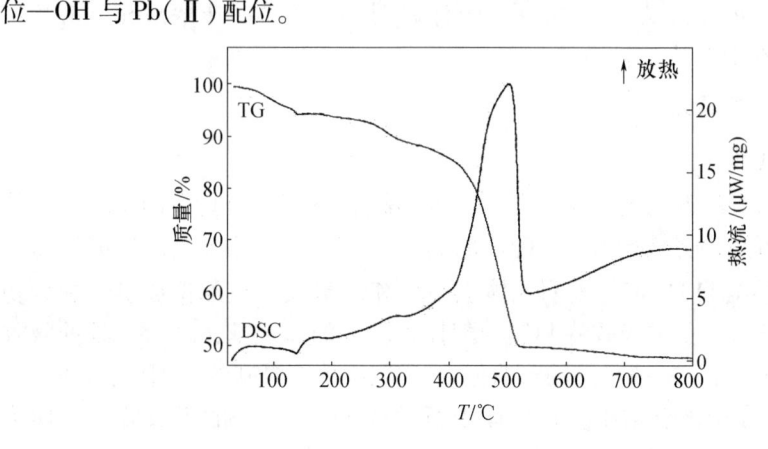

图 2 - 10　2,2′,3,4,4′ – 五羟基二苯甲酮 Pb(Ⅱ)配合物的 TG – DSC 曲线

　　其热分解过程分三步。在 154.3℃ 以前,质量损失率为 5.75% ,而 DSC 曲线无明显变化,说明配体表面吸附的自由水失去,相当于失去 3 分子结晶水(理论值为 5.5%);当温度升到 349.0℃ 时,TG 下滑,质量损失率为 5.98% ,相当于 4 个—OH 脱落(理论值为 6.9%);当温度升到 503.7℃ 时,DSC 曲线出现了一个明显的放热峰,TG 曲线表现为一次连续的快速质量损失,当温度上升至899.1℃ 质量恒定,质量损失率为 41.3% ,相当于失去 2 个 $C_6H_5CC_6H_5$(理论质量损失42.4%)。

　　综上分析,2,2′,3,4,4′ – 五羟基二苯甲酮与 $Pb(NO_3)_2$ 溶液形成配合物的化学式为 $Pb_2(C_{13}H_7O_6)_2 \cdot 3H_2O$,配位数为 4,初步推测配合物的结构为

48

2.1.3 2,3,3′,4,4′,5′-六羟基二苯甲酮铅(Ⅱ)配合物(HPL)

2.1.3.1 2,3,3′,4,4′,5′-六羟基二苯甲酮合成及表征

2.1.3.1.1 制备过程

在装配有搅拌器、冷凝器和尾气吸收装置的150mL三颈瓶中加入没食子酸、焦没食子酸、$ZnCl_2$、环丁砜、$POCl_3$,然后启动搅拌,将温度控制在70℃条件下反应2h,直到吸收装置很少有气体放出为止。往三颈瓶中加入10mL水,使未反应完全的$POCl_3$充分水解,然后将其倒入冰水中,静置、抽滤得粗产品。粗产品用水作溶剂重结晶得结晶产物,产率为46.8%。熔点为277.9~278.5℃。

没食子酸与焦没食子酸在催化剂作用下反应生成2,3,3′,4,4′,5′-六羟基二苯甲酮也属于典型的Friedal-Crafts酰基化反应。反应式如图2-11所示。

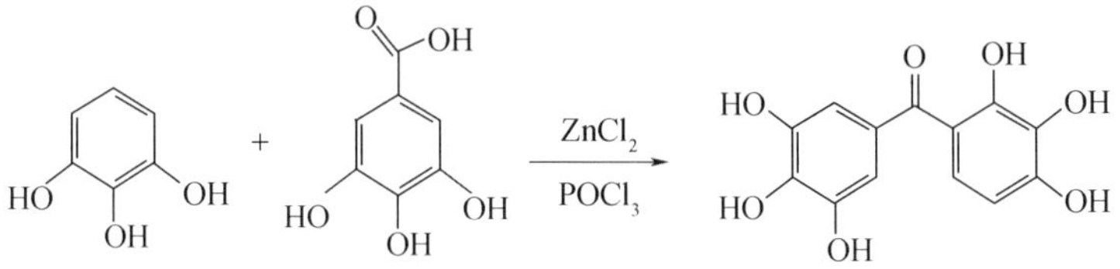

图2-11 2,3,3′,4,4′,5′-六羟基二苯甲酮的合成示意图

2.1.3.1.2 结构表征

1. 红外谱图

测定了2,3,3′,4,4′,5′-六羟基二苯甲酮红外谱图。从红外谱图可知,$3200~3500cm^{-1}$的宽峰为缔合—OH及结晶水的组合峰,$1620cm^{-1}$的吸收为C═O伸缩振动,$1516cm^{-1}$、$1484cm^{-1}$、$1445cm^{-1}$为苯环的骨架振动,$1294cm^{-1}$的强吸收峰为酚羟基伸缩振动产生。

2. 核磁共振谱(^{1}HNMR)

采用DMSO为溶剂,测定了产物的^{1}HNMR谱图,从其^{1}HNMR谱图可以看出,图中$\delta=2.4$处的五重峰和$\delta=3.3$处的单峰为氘代溶剂CD_3SOCD_3的干扰峰;$\delta=12.1~8.5$的5个单峰归属为苯环上的酚氧基峰,由低场(高频)至高场(低频),积分简比1:1:2:1:1,其数字之和与分子式中酚氧基上的氢原子数目6一致,故积分比等于质子数目之比;$\delta=12.2$处的峰归属于H_c,H_c处在拉电子基团羰基的邻位,电子云密度降低向化学位移高的方向移动;$\delta=10.03$处的峰归属于H_a,因为其处于羰基的对位且邻位共轭的羟基只有一个,而另一苯环上对

位的羟基氢即 H_e 邻位有两个共轭羟基,电子云密度较高,因此 $H_a > H_e$;$\delta = 9.3$ 处的 2 个氢归属于 H_f 和 H_d,因为它们所处的化学环境相同;$\delta = 8.6$ 归属于 H_b,因其处于间位且邻位有 2 个共轭羟基。

$\delta = 7 \sim 6.2$ 的峰为苯环上的 4 个酚羟基峰,由低场(高频)至高场(低频),积分简比 1∶2∶1,其数字之和与分子式中酚氧基上的氢原子数目 4 一致,故积分比等于质子数目之比。$\delta = 7.0$ 归属于 H_h,因其处于羰基的邻位;而 $\delta = 6.6$ 归属于 H_j 和 H_i,其化学环境相同,但受两个共轭羟基的影响化学位移向处于较低的位置;$\delta = 6.4$ 归属于 H_g。

综上分析,该化合物结构符合图 2-11 中目标产物的结构,为 2,3,3′,4,4′,5′-六羟基二苯甲酮。

2.1.3.1.3 最佳工艺条件

1. 反应温度对合成产率的影响

其他反应条件不变,考察了不同反应温度对合成产率的影响,结果见表 2-11。

表 2-11　反应温度对产率的影响

反应温度/℃	60	65	70	75	80	85
产率/%	24.8	32.0	47.2	43.0	35.6	33.6

由表 2-11 可见,温度对反应的影响比较大,温度太低或太高都会使产率下降,其中在 70℃ 时有最高收率,因此确定反应最佳温度为 70℃。

2. 反应时间对合成产率的影响

按同样的实验方法,在最佳反应温度 70℃ 条件下,探究不同反应时间对合成产率的影响,实验结果见表 2-12。

表 2-12　反应时间对产率的影响

反应时间/h	1.5	2	2.5	3	3.5
产率/%	29.4	47.2	51.2	43.8	不能得到产物

由表 2-12 可见,当反应时间为 2.5h 时,有较好的收率,而在继续延长时间到 3.5h 时,瓶内反应液呈一团焦黑色的黏状液体,得不到产品。由此选择较佳的反应时间为 2.5h。

3. 物料配比对合成产率的影响

其他反应条件不变,在最佳反应温度 70℃ 和反应时间 2.5h 的条件下,探究不同物料配比对合成产率的影响,结果见表 2-13。

表 2 - 13　物料配比对产率的影响

物料比	1:0.4	1:0.5	1:0.6	1:0.7	1:0.8	1:0.9	1:1	1:1.1
产率/%	56.0	62.1	51.2	50.5	43.7	38.2	26.3	25.1

由表 2 - 13 可见,随着原料中焦没食子酸比例的增大,产率呈增加趋势,表明没食子酸的转化率越高,其中在 $n_{焦没食子酸}:n_{没食子酸}=1:0.5$ 时,转化率最大,故确定最佳物料比例为 1:0.5。

通过对反应温度、时间和原料比例三因素的考察,确定了较优制备工艺,进行了 3 次重复验证实验,三次产率分别为 60.9%、62.4% 和 63.5%,平均产率为 62.3%。

综上分析,2,3,3′,4,4′,5′ - 六羟基二苯甲酮的最佳工艺条件:利用 $ZnCl_2$ 和 $POCl_3$ 作催化剂,环丁砜作溶剂,$n_{焦没食子酸}:n_{没食子酸}=1:0.5$,反应温度 70℃ 条件下保温反应 2.5h,可获得 62.3% 的较高产率。

2.1.3.2　2,3,3′,4,4′,5′ - 六羟基二苯甲酮铅(Ⅱ)配合物合成及表征

2.1.3.2.1　制备过程

按 $n_{Pb^{2+}}:n_{配体}=2:1$ 的比例分别称取固体质量,在常温下用 2% NaOH 溶液将 2,3,3′,4,4′,5′ - 六羟基二苯甲酮充分溶解,控制溶液 pH = 9 ~ 10,与 $Pb(NO_3)_2$ 溶液混合,恒温 70℃,搅拌加热回流 1h,反应结束后冷却、静置,待出现大量沉淀后抽滤,将滤饼多次用去离子水洗涤,过滤、干燥后得黑色粉末。

2.1.3.2.2　结构表征

1. 红外光谱

2,3,3′,4,4′,5′ - 六羟基二苯甲酮铅(Ⅱ)的红外谱图见图 2 - 12。如图 2 - 12 可知,配合物形成后,配体的 $\upsilon_{C=O}$ 由 1613cm^{-1} 移至 1574cm^{-1},1248 ~ 779cm^{-1} 即在指纹区的各吸收峰相应地向低波数的方向移动,表明配体上酚氧和羰氧基参与配位成键,在配体中新发现 650cm^{-1} 处的吸收峰可归属为 υ_{Cu-O},配合物中 3432cm^{-1} 附近出现较宽的吸收归属为水分子的伸缩振动和羟基的存在,而 500cm^{-1} 附近未出现配位水吸收峰,说明水分子未参与配位。结合上述分析,可初步推测配体上的邻位酚氧和羰基氧与 Pb(Ⅱ)配位。

2. TG - DSC 分析

2,3,3′,4,4′,5′ - 六羟基二苯甲酮铅(Ⅱ)配合物的 TG - DSC 曲线见图 2 - 13。由图 2 - 13 可以看出,2,3,3′,4,4′,5′ - 六羟基二苯甲酮铅(Ⅱ)配合

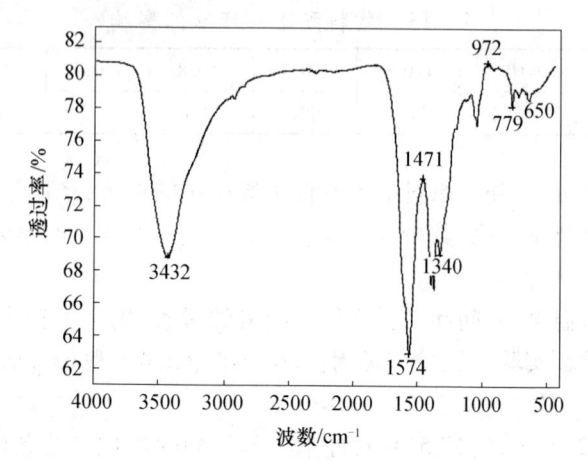

图2-12 2,3,3',4,4',5'-六羟基二苯甲酮铅(Ⅱ)配合物的红外谱图

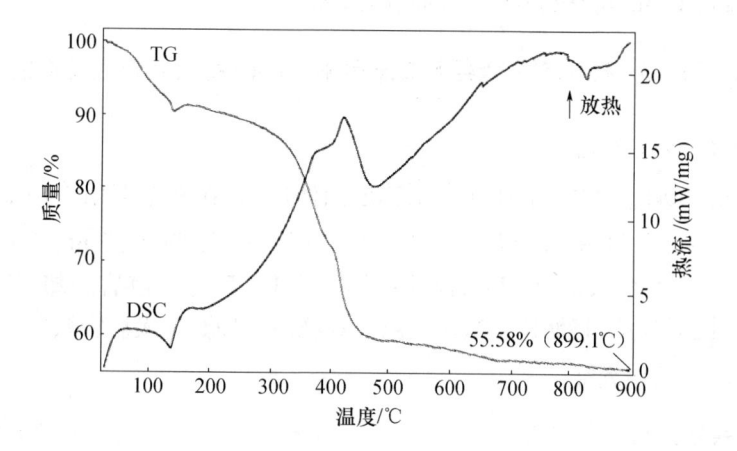

图2-13 2,3,3',4,4',5'-六羟基二苯甲酮铅(Ⅱ)配合物的TG-DSC曲线

物总质量损失率为44.42%,残余物质为PbO,可大概推测该配合物配体与金属的物质的量的配比为1∶2(理论失重值41.62%)。其过程中有两次质量损失,第一次发生在140℃之前,质量损失率大约是10%,相当于是4个结晶水的质量;第二次质量损失在160~800℃之间,质量损失率为34.5%,分子量减少264,相当于失去2个—C_6H_5,5个—OH和1个C,同时DSC伴随有强的放热峰,说明此时配合物进行快速的氧化分解,至800℃质量恒定。

结合红外分析图谱已初步推测配体上的邻位酚氧和羰基氧与Pb(Ⅱ)配位,同时另外两个相邻—OH可能与Pb(Ⅱ)配位。综上分析,2,3,3',4,4',5'-六羟基二苯甲酮与Pb(NO_3)$_2$溶液形成配合物的化学式为$Pb_2(C_{13}H_{10}O_7)$

· $4H_2O$。

2.1.3.2.3　最佳工艺条件

通过对反应温度、NaOH 浓度、反应时间等条件对产率影响的研究,探索出了合成 2,3,3′,4,4′,5′ - 六羟基二苯甲酮铅(Ⅱ)配合物的最佳工艺条件:原料配比 $n_{配体}:n_{Pb(NO_3)_2}$ 为 2:1,在 80℃ 下保温 2h,用 2% NaOH 溶液充分溶解配体,产物收率在 74% 左右。

2.2　含金属铋的燃烧催化剂

铅化物是双基系固体推进剂极为重要的燃烧催化剂,它们的加入,不仅能够使推进剂的燃速增加,压力指数降低,而且也可使某一温度范围内的燃速温度敏感系数降低。但是,在世界各国日益注重环境保护、防止生态污染的今天,铅化合物的毒性问题已引起了广泛关注[4-7]。铅化合物对人的神经系统、消化系统、血液系统、呼吸系统以及泌尿系统都有危害,对皮肤有刺激作用,某些铅化合物还有致癌作用,对哺乳动物有致畸性,在制备、实验、使用以及推进剂药柱的处理和火箭发动机排气等环节给工作人员和环境留下直接或潜在的危害。另外,铅化物也是一种烟源,铅盐燃烧分解生成的氧化铅或直接加入配方中的铅氧化物在发动机排气中为白色或浅蓝色(青色)烟,不利于导弹的制导及武器系统的隐身。

这种对铅化物毒性和烟特征信号的关心已经成为发展非铅燃烧催化剂的动力。国内外先后开展了非铅催化剂的研究[6-18],主要涉及以下四个方面:①用铜、锌、锡、钡等金属化合物作催化剂;②以碳纤维作燃速催化剂;③以稀土化合物作催化剂;④用铋化合物作催化剂。除上述四方面外,还有一些其他方法[19-23]。俄罗斯研究者认为铋化合物是一种生态极为安全的燃烧催化剂,它们的低毒性和与铅化物类似的催化作用特性使其取代铅化物具有光明的前景,这在我们的研究中也得以证实。

多年来,著者及其团队选择并设计、合成出系列含金属铋的环境友好型燃烧催化剂,在结构表征、热分解特性研究的基础上,将其应用于双基和 RDX - CM-DB 推进剂中,深入研究了燃烧催化作用、催化效果和催化燃烧机理。本节结合国内外(尤其是俄罗斯)同行的研究,重点介绍由著者所在的燃烧与爆炸技术重点实验室研究团队自主研制、应用效果较好的含铋燃烧催化剂合成方面的工作。

2.2.1　铋化合物燃烧催化剂研究概况

俄罗斯专家从生态安全的角度阐述了摒弃铅化物作为固体推进剂燃烧催化

剂的重要性,并说明了某些物质在工作区的空气中允许的最大浓度(MPC)和危险性等级,见表 2-14。从表中可以看出,铜类和铋类化合物在工作区间的最大允许浓度较高,比铅化合物的最大允许浓度高 50~100 倍,属低毒性化合物,对环境和人体危害较小。因此,俄罗斯着重研究了铋氧化物作为推进剂燃烧催化剂及其催化作用效果。

表 2-14　化合物在工作区间的最大允许浓度

化合物	最大允许浓度/(mg/m³)	危害性等级
Pb 及其化合物	0.01	1
Cu	1.00	3
CuO	0.1	2
铜盐	0.3~0.5	2
Cd 及其化合物	0.01	1
Bi 及其化合物	0.5	2
Cr(3 价)化合物	1.0	3
Cr(4 价)化合物	–	2
Cr(6 价)化合物	0.01	1

Anatoly P. Denisjuk[24]将一些无机铋化合物应用于推进剂中,在含 1.2% 二苯胺(DPA)安定剂的双基推进剂中,粒度约为 5μm 的 Bi_2O_4(Bi_2O_3 和 Bi_2O_5 的混合物)被用做催化剂。研究表明,不同含量的 Bi_2O_4 对推进剂燃烧性能的影响不一样,在 4MPa 下,当 Bi_2O_4 的含量从 0 增加到 3% 再到 5% 时,推进剂的燃速从 7.2mm/s 增加到 10.0mm/s,再到 12.4mm/s。催化剂增加到 6%,它使推进剂的燃速有所降低。随着压力增加,Bi_2O_4 的催化效率 Z 值下降,结果导致压力指数在 4MPa 以上从 0.77 降到 0.5 再到 0.4。添加少量的炭黑(CB)就能够大大加强 Bi_2O_4 的催化效果,如在 2MPa 时,加入 1% 的炭黑,可使 Z 值从 1.35 增加到 2。这说明,炭黑对铋化合物催化推进剂燃烧有重要的辅助作用。此外,有机铋盐和炭黑混合物也有类似的影响。

俄罗斯专家研究了铋化合物对 RDX-CMDB 推进剂燃烧性能的影响,选用的 RDX-CMDB 推进剂配方为:37% NC,33% NG,28% RDX,2% 工艺添加剂。结果表明,Bi_2O_4 和 $Bi(OH)_3$ 实际上对该种推进剂的燃烧过程影响不大。加入炭黑后,铋化合物对 RDX-CMDB 推进剂的燃烧产生了明显的催化作用,即使在较高压力的情况下亦是如此,如 1.5% 的 $Bi(OH)_3$ 与 0.7% 的炭黑混合后加入到推进剂中,在 2MPa 和 12MPa 压力下 Z 值分别是 2.7 和 2.1,Z 随着炭黑加入量的变化有其极大值。铋化合物和炭黑复合除了增加燃速之外,也极大地降低了燃速压力指数。

对铋化合物和铅化合物催化作用进行比较可发现,铋化合物对双基和改性双基推进剂燃烧性能的影响,与铅化合物催化剂类似。在不少于 3% ~ 5% 的增塑剂(二硝基甲苯(DNT),邻苯二甲酸二丁酯(DBP)等)的推进剂中,两种催化剂体系均能加速推进剂的燃烧,降低某压力范围的燃速压力指数。如对配方为57% NC,28% NG,11% DNT,4% 工艺附加物的双基推进剂,铋和铅的氧化物的催化作用如表 2 - 15 所示。

表 2 - 15　铋和铅的氧化物对推进剂燃烧性能的影响

添加剂	Z			n
	2MPa	4MPa	8MPa	(2 ~ 10MPa)
无	1.0	1.0	1.0	0.7
1.5% PbO_2	2.2	1.4	1.0	0.2
1.5% Bi_2O_4	2.2	1.0	1.0	0.3

从表 2 - 15 可以看出,1.5% 的 Bi_2O_4(粒度小于 1μm)对推进剂燃烧性能的影响与高分散性的氧化铅有同样的效果。它们的催化效率 Z 都随着压力增加而降低,燃速压力指数是空白配方的 1/4 ~ 1/3。将铋化合物的催化作用效果和铅化合物催化效果的有关文献[5-7]结果进行比较可发现,铋化合物催化剂与铅化合物催化剂有类似的催化作用。

西方国家将有机铋盐用于固体推进剂中取得了一些成绩。美国 Larry C. Warren[25]研究了柠檬酸铋、水杨酸铋与炭黑复合催化剂在复合推进剂中的应用,配方见表 2 - 16。研究表明,在压力为 6.9 ~ 20.7MPa 范围内,燃速在 17.8 ~ 20.3mm/s,比冲大于 2401N · s/kg(245s),具有低特征信号,燃烧性能、力学性能、弹道性能和老化性能等优良,而且这类推进剂中不含硝化甘油,大大提高了制备过程中的安全性,在未来战术导弹中具有很高的应用价值和广阔的应用前景。此外,Warren 还将 β - 间羟苯甲酸铋在固体推进剂中进行了应用,并研究了其燃烧催化作用。

表 2 - 16　含铋盐复合推进剂典型配方

成分	质量分数/%
①聚合物	6.00 ~ 7.00
②增塑剂	28.00 ~ 29.00
CB	0.50 ~ 0.60

成分	质量分数/%
NC	0.15~0.25
③氧化剂	58.00~63.00
ZrC	1.00~1.50
MNA	0.50~0.75
④弹道改良剂	2.00~4.00
N100	1.50~1.80

注：①ORP－2 或 9DT－NIDA；②1,2,4－丁三乙醇三硝酸酯（BTTN）或三羟甲基乙烷三硝酸酯（TMETN）；③RDX，HMX，CL－20 及它们的复合物；④水杨酸铋或柠檬酸铋

英国 Gerard Berteleau[26]合成了 β－雷索辛酸铋和 γ－雷索辛酸铋（γ－Bi），并将它们与炭黑、铜盐复合，用于双基和改性双基推进剂中，取得非常好的效果。推进剂配方为：NC(12.6% N) 49.1%，TMETN 38.4%，二缩三乙二醇二硝酸酯（TEGDN）7.5%，2－α－硝基二苯胺（NDPA）1.5%，β－雷索辛酸铋或 γ－Bi 3%，CB 1%。该配方在 17~27MPa 压力范围内产生良好的平台燃烧效应，燃速约为 19mm/s，若加入 2% 的水杨酸铜，平台效应的压力范围扩大为 15~28MPa，但是燃速有所降低，约为 17mm/s。当减少炭黑用量，加入少量铝粉后，在 13~26MPa 压力范围内产生非常明显的麦撒效应。对于 RDX－CMDB 推进剂，其配方为 NC(12.6% N) 17%，NG 20%，2－NDPA 1%，RDX 57%，β－雷索辛酸铋 3%，水杨酸铜 2%，CB 1.5%。该推进剂在 14~26MPa 压力范围内产生平台燃烧效应，燃速稳定在 22mm/s。

国外与著者的研究均证实了铋化合物可有效改善推进剂的燃烧性能，降低对环境的污染，是一种非常有前途的新型绿色催化剂。因此，燃烧与爆炸技术重点实验室研究团队开展了这方面的研究，制备了系列新型有机铋盐，探索了它们对推进剂燃烧性能的影响规律。

2.2.2 次没食子酸铋(s－Gal－Bi)合成及表征

2.2.2.1 制备过程

在装有搅拌器和温度计的三口烧瓶中加入适量的水，称取一定量的没食子酸加入三口烧瓶中，搅拌溶解升温到 90℃；称取一定量（与没食子酸的摩尔比 1：1.1，没食子酸稍过量）的五水硝酸铋，加适量的水搅拌至无大颗粒，水解为硝酸氧铋，加入到三口烧瓶中，立即产生黄色沉淀，保温 90℃搅拌 1h；出料，趁热过

滤,滤饼用热水洗涤 5 次,然后用乙醇洗涤 2 次。滤饼真空烘干,得到产品没食子酸铋(s – Gal – Bi)。

2.2.2.2　结构表征

1. 有机元素分析

s – Gal – Bi 的分子式为 $C_7H_5O_6Bi$,相对分子质量 394.09,各元素的理论计算含量(%):C 21.33,H 1.279,O 24.36, Bi 53.03;测量值:C 21.19,H 1.060。

2. XRF 分析

分析结果为 Bi 含量 53.2%,与理论计算值相差 0.3%。

3. IR 分析

原料没食子酸(gallic acid)和产物 s – Gal – Bi 的红外谱图如图 2 – 14 所示。

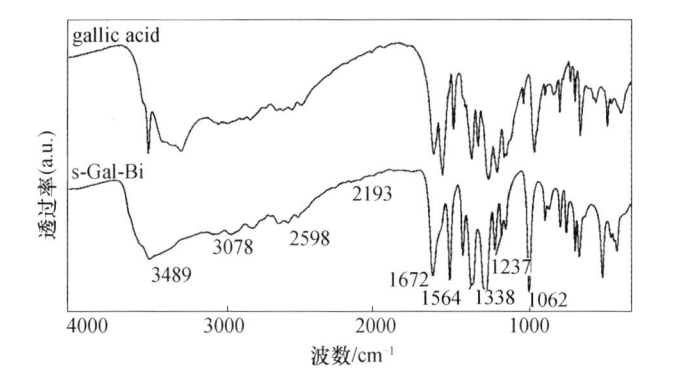

图 2 – 14　没食子酸和 s – Gal – Bi 的红外谱图

图 2 – 14 中,3489cm^{-1}为 C—OH 的羟基伸缩振动,1237cm^{-1}是 C—O 键的伸缩振动,1672cm^{-1}是羧酸 C=O 双键的伸缩振动,1062cm^{-1}是羧酸 C—O 键的伸缩振动,1564cm^{-1}是苯环的振动吸收,1338cm^{-1}是 C–OBi 的 C—O 键伸缩振动。

因此,可推断没食子酸铋的结构示意图如图 2 – 15 所示。

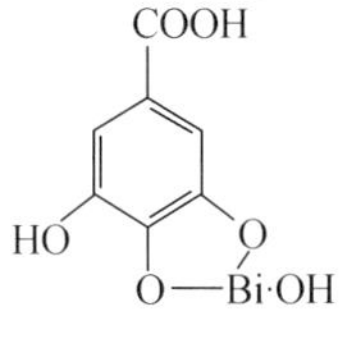

图 2 – 15　s – Gal – Bi 的结构示意图

57

2.2.3 柠檬酸铋(Cit-Bi)合成及表征

1. 制备过程

在装有搅拌器和温度计的三口烧瓶中加入适量的水,称取一定量的柠檬酸加入三口烧瓶中,搅拌溶解升温;称取一定量(与柠檬酸的摩尔比1∶1.2,柠檬酸稍过量)的 Bi_2O_3,研磨细;待三口烧瓶内温度升到60℃左右,慢慢加入 Bi_2O_3,20min 左右加完;升温到85℃,恒温搅拌 6~10h,停止反应,出料过滤;滤饼用水洗涤多次,除去极少量未反应的 Bi_2O_3,然后用乙醇洗涤 2 次,真空烘干,得到柠檬酸铋。

2. 结构表征

Cit-Bi 的分子式为 $C_6H_5O_7Bi$,相对分子质量398.08,各元素的理论计算含量(%):C 18.10,H 1.266,O 28.13,Bi 52.50;测量值:C 18.35,H 1.164。Bi 元素的分析结果为 Bi 含量53.6%,与理论计算值相对误差为 2.1%,在仪器测量误差范围内。

对 Cit-Bi 进行 TG 分析时,分解最终剩余量为58.6%,对分解产物进行红外分析和 X 荧光衍射分析,确定最终产物为 Bi_2O_3。由此可计算出 Bi 的含量为

$$Bi\% = 58.6\% \times \frac{208.98 \times 2}{208.98 \times 2 + 15.999 \times 3} = 52.56\%$$

这与 Cit-Bi 中 Bi 的理论含量52.50%非常吻合。

红外分析获得的原料柠檬酸(citric acid)和产物 Cit-Bi 的红外谱图如图 2-16所示。图中,v^{as}(C=O) 1752.84cm^{-1} 和 1696.88cm^{-1} 是—COOH 的 C=O反对称伸缩振动吸收峰,Cit-Bi 的红外光谱与柠檬酸的谱图相比,—COO$^-$ 的 C=O 双键特征峰发生红移,它的伸缩振动吸收峰从 1752.84cm^{-1} 和 1696.88cm^{-1}移至 1593.56cm^{-1} 和 1516.07cm^{-1},同时 2500~3000cm^{-1} 范围内一组弱 v(—COOH)谱带消失,这是—COOH 成盐后红外谱图的显著特征,可以看出柠檬酸与 Bi_2O_3 发生了反应并生成羧酸盐。

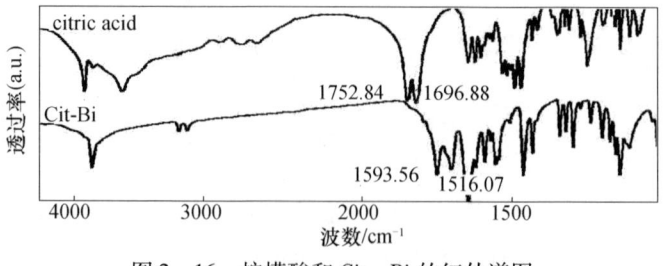

图 2-16 柠檬酸和 Cit-Bi 的红外谱图

因此,可推断柠檬酸铋的结构示意图如图 2 – 17 所示。

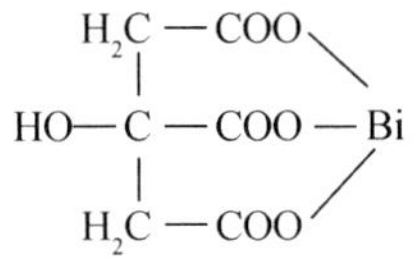

$$
\begin{array}{l}
H_2C \!-\! COO \\
\quad | \\
HO \!-\! C \!-\! COO \!-\! Bi \\
\quad | \\
H_2C \!-\! COO
\end{array}
$$

图 2 – 17 Cit – Bi 的结构示意图

2.2.4 苦味酸铋(PA – Bi)合成及表征

1. 制备过程

(1) 在装有搅拌器和温度计的三口烧瓶中将一定量的苦味酸加入去离子水中,升温至 80℃,搅拌使之完全溶解。

(2) 称取一定量的 $Bi(NO_3)_3 \cdot 5H_2O$,并分散于去离子水中,加入到上述溶液中,出现白色未溶物。

(3) 用 NaOH 调节上述料液 pH = 3 附近,白色未溶物转化为黄色,反应 1 ~ 2h。

(4) 反应结束后趁热过滤,滤饼用 5 倍的热水洗涤 3 次,接着用 2 倍的无水乙醇洗涤 2 次,滤饼在 80℃下真空烘干,即得橘色产物。

2. 结构表征

通过有机元素分析和 XRF 分析可知,样品中 C、H、N、Bi 元素的实测值(%)为:C 7.88,H 0.51,N 4.73,Bi 68.54。计算值(%)为:C 7.95,H 0.44,N 4.64,Bi 69.28。可定性说明产物与 $C_6N_3O_6Bi_3$ – 4OH 的组成模型基本一致。

PA – Bi 及 PA 的红外谱图如图 2 – 18 所示。PA – Bi 的结构示意图如图 2 – 19所示。

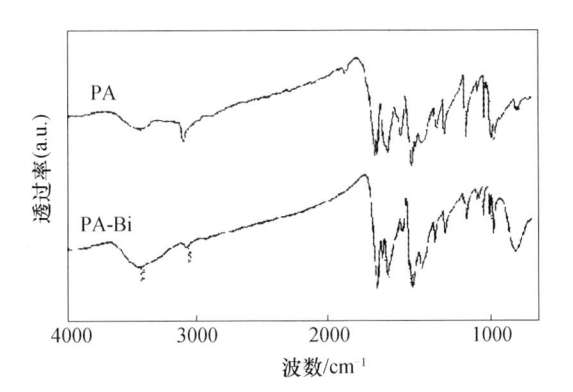

图 2 – 18 苦味酸和苦味酸铋的红外谱图

59

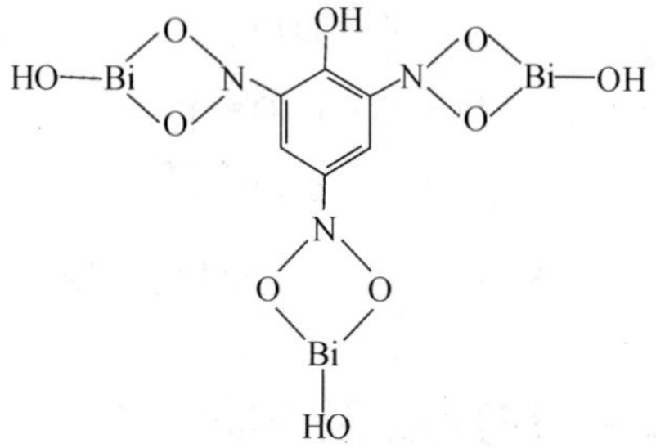

图 2 - 19　苦味酸铋的结构示意图

2.2.5　2,4 - 二羟基苯甲酸铋(β - Bi)合成及表征

1. 制备过程

在装有搅拌器和温度计的三口烧瓶中加入适量的水,称取一定量的 2,4 - 二羟基苯甲酸(β - 酸)加入三口烧瓶中,搅拌溶解,升温;称取一定量(与 β - 酸的摩尔比 1∶1.2,β - 酸过量)的 Bi_2O_3,研磨细;待三口烧瓶内温度升到 60℃ 左右,慢慢加入 Bi_2O_3,20 min 左右加完;升温到 80℃,恒温搅拌 2～3h,加入一定量的水,使反应悬浮物分散;升温并保持温度在 80℃ 继续反应 5～8h,待悬浮物颜色变为白色停止反应,过滤;滤饼用水洗涤多次,除去极少量未反应的 Bi_2O_3,然后用乙醇洗涤 2 次,真空烘干,得到 2,4 - 二羟基苯甲酸铋。

2. 结构表征

由元素分析知 β - Bi 各元素理论计算含量(%):C 22.24,H 1.333,O 21.16,Bi 55.27;测量值:C 22.17,H 1.581。分子式为 $C_7H_5O_5Bi$,相对分子质量 378.09。

XRF 分析结果为 Bi 含量 55.4%,与理论计算值相差 0.2%。

IR 分析:3375cm^{-1} 和 3368cm^{-1} 分别是 β - 酸和 β - Bi 的羟基吸收峰,1634cm^{-1} 是—COOH 的 C=O 反对称伸缩振动吸收峰,β - Bi 的红外光谱与 β - 酸的谱图相比,—COO⁻ 基团的 C=O 双键特征峰发生红移,它的伸缩振动从 1634cm^{-1} 移至 1515cm^{-1},同时 2500～3000cm^{-1} 范围内一组弱谱带(—COOH 的特征谱带)消失。这是—COOH 成盐后红外谱图的显著特征,表明 β - 酸与 Bi_2O_3 发生了反应并生成羧酸盐。

原料 β - 酸和产物 β - Bi 的红外谱图如图 2 - 20 所示。β - Bi 的结构示意图如图 2 - 21 所示。

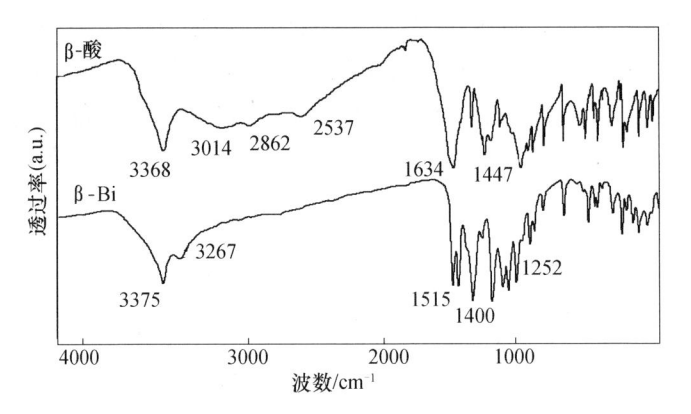

图2-20 原料β-酸和产物β-Bi的红外谱图

图2-21 β-Bi的结构示意图

2.2.6 2,2′,4,4′-四羟基二苯甲酮铋(Ⅲ)配合物(TPB)合成及表征

2.2.6.1 制备过程

2,2′,4,4′-四羟基二苯甲酮的合成参照2.1.1.1节。

按 $n_{Bi^{3+}} : n_{配体} = 1:1$ 的比例分别称取 Bi(NO₃)₃·5H₂O,2,2′,4,4′-四羟基二苯甲酮于烧杯中,其中 Bi(NO₃)₃·5H₂O 用蒸馏水溶解;配体用2%的 NaOH 充分溶解,形成的配体溶液的 pH = 9~10,抽滤,取其清液,将清液与上述 Bi³⁺ 溶液混合,在70℃下回流搅拌1h后,停止反应,静置冷却,待出现大量沉淀后抽滤,并用蒸馏水多次洗涤沉淀固体,干燥,得黄色固体。

通过对反应温度、NaOH 浓度、反应时间等条件对产率影响的研究,探索出了合成 2,2′,4,4′-四羟基二苯甲酮铋(Ⅲ)配合物的最佳工艺条件:NaOH 溶液的质量浓度为3%,反应温度为100℃,反应时间为1h。

2.2.6.2 结构表征

1. 红外光谱

从 Bi(Ⅲ)配合物的红外谱图(图2-22)可以看出,1588cm⁻¹、1499cm⁻¹、

1450cm⁻¹为苯环的骨架振动,3427cm⁻¹附近的强吸收为缔合—OH 的伸缩振动,与配体相比又有所不同,C=O 的伸缩振动峰往低波数移至 1618cm⁻¹,ν_{Ph-O} 由 1272cm⁻¹移至 1222cm⁻¹,说明 C=O 和邻位—OH 上的氧可能参与了配位,在 589cm⁻¹、550cm⁻¹两处新出现的弱峰可能是 Bi – O 的吸收峰,初步确定 Bi 与 C=O 和邻位酚氧配位。

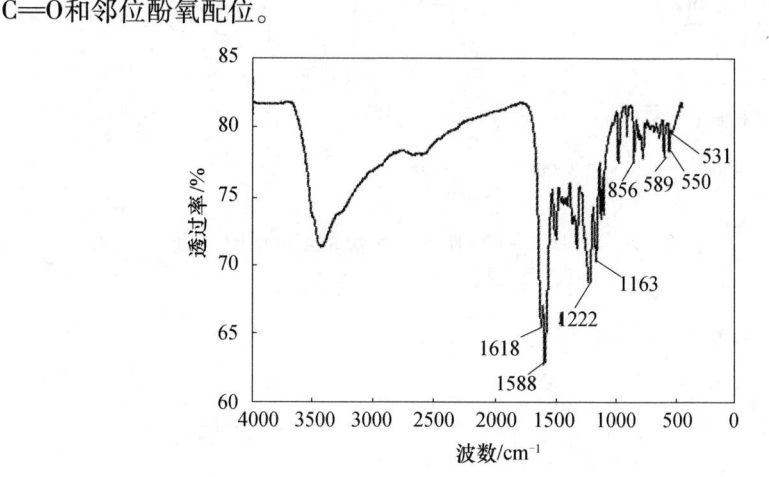

图 2 – 22 2,2′,4,4′ – 四羟基二苯甲酮 Bi(Ⅲ)配合物的红外谱图

2. TG – DTA 分析

图 2 – 23 给出了 Bi(Ⅲ)配合物的 TG – DTA 曲线。经 XRD 分析,确定热分解最终残留物为 Bi₂O₃,由 TG 曲线知 $m_{Bi_2O_3} = 48.5\%$,换算为 Bi 的含量为 $m_{Bi} = 43.5\%$,初步确定配合物中配体与 Bi(Ⅲ)的摩尔比为 1:1。TG 曲线共有 5 次质量损失,150℃之前为第一次质量损失,DTA 曲线上体现为一吸热峰,质量损失

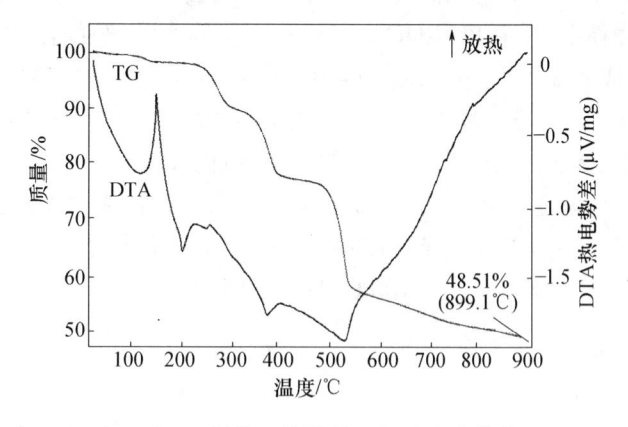

图 2 – 23 2,2′,4,4′ – 四羟基二苯甲酮 Bi(Ⅲ)配合物的 TG – DTA 曲线

率 $m_1 = 2.5\%$,接近于 2 个结晶水的含量;在 238～390℃之间表现为 2 次连续的质量损失,在 238℃和 262℃处 DTA 上出现两次较弱的放热峰,配合物开始氧化分解,总质量损失率 $m_2 + m_3 = 19.5\%$,分子量减少 265,相当于失去 3 个—C_6H_5 和 2 个—OH;在 400～540℃间出现第 4 次快速质量损失,质量损失率 $m_4 = 20.1\%$,分子量减少 272,相当于结构中失去 $C_{18}H_{24}O_2$,大于 540℃的部分为剩余残体的氧化分解。初步推测 Bi(Ⅲ)配合物的分子式为 $(C_{13}H_8O_5Bi)_3 \cdot 2H_2O$,该分子式中 Bi 的理论含量 44.9%,TG 测得 $m_{Bi} = 43.5\%$。

2.2.7 2,2′,3,4,4′-五羟基二苯甲酮铋(Ⅲ)配合物(PPB)合成及表征

2.2.7.1 制备过程

2,2′,3,4,4′-五羟基二苯甲酮的合成参照 2.1.2.1 节。

按 $n_{Bi^{3+}} : n_{配体} = 1:1$ 的比例分别称取固体质量,在常温下用 2% NaOH 溶液将 2,2′,3,4,4′-五羟基二苯甲酮充分溶解,控制溶液 pH = 9～10,与 Bi(NO$_3$)$_3$ 溶液混合,恒温 90℃,搅拌加热回流 1h,反应结束后冷却、静置,待出现大量沉淀后抽滤,将滤饼多次用去离子水洗涤,过滤、干燥得黑色粉末。

通过对原料配比、反应温度、NaOH 浓度、反应时间等条件对产率影响的研究,探索出了合成 2,2′,3,4,4′-五羟基二苯甲酮铋(Ⅲ)配合物的最佳工艺条件:原料配比 $n_{配体} : n_{Bi(NO_3)_3}$ 为 1:1,在 80℃下保温 1.5h,用 2% NaOH 溶液充分溶解配体,产物收率在 64% 左右。

2.2.7.2 结构表征

1. 红外光谱

2,2′,3,4,4′-五羟基二苯甲酮铋(Ⅲ)红外谱图见图 2-24。从图 2-24 分析可知,配合物形成后,配体的 $\upsilon_{C=O}$ 由 1615cm^{-1} 移至 1594cm^{-1},υ_{ph-O} 由 1259cm^{-1} 移至 112cm^{-1},表明配体上酚氧和羰氧基参与配位成键。配合物形成后在 1279cm^{-1} 处的吸收峰归属为配体苯环上的酚羟基,627cm^{-1} 处的吸收峰归属为配体苯环上的酚羟基的弯曲振动,表明配体有羟基参与配位,也还有游离的酚羟基存在配合物中。在配体中新发现 534cm^{-1} 处的吸收峰可归属为 υ_{Bi-O},配合物中 3380～3139cm^{-1} 的宽吸收峰可归属为配合物中酚羟基和结合水分子的组合峰,500cm^{-1} 附近未出现配位水吸收峰,说明水分子未参与配位,这与 TG 结果分析一致。结合上述分析初步推测配体上的邻位酚氧和羰基氧与 Bi(Ⅲ)配位。

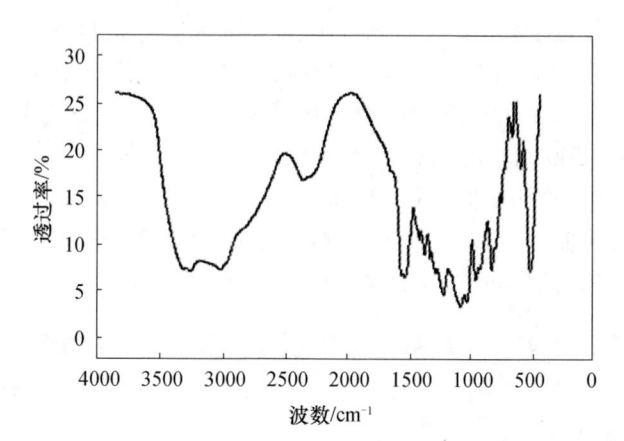

图 2 – 24 2,2′,3,4,4′ – 五羟基二苯甲酮铋(Ⅲ)配合物的红外谱图

2. TG – DSC 分析

2,2′,3,4,4′ – 五羟基二苯甲酮铋(Ⅲ)配合物的 TG – DSC 曲线见图 2 – 25。由图 2 – 25 可以看出,2,2′,3,4,4′ – 五羟基二苯甲酮铋(Ⅲ)配合物总质量损失率为 52.86%,反应最后生成 Bi_2O_3,可初步推测该配合物配体与金属的物质的量的配比为 1∶1(理论质量损失率为 55.36%),则配体配位数为 4,从红外分析图谱已初步推测配体上的邻位酚氧和羰基氧与 Bi(Ⅲ)配位,同时另一个配体的两个相邻—OH 可能与 Bi(Ⅲ)配位,即配体上的邻位酚氧、羰基氧、另一配体的两个邻位—OH 均与 Bi(Ⅲ)配位。

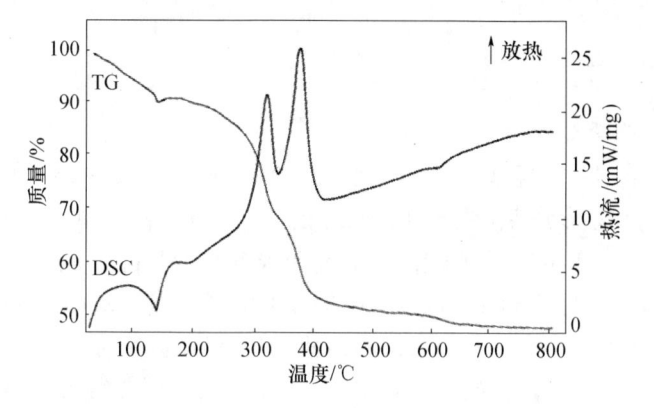

图 2 – 25 2,2′,3,4,4′ – 五羟基二苯甲酮铋(Ⅲ)配合物的 TG – DSC 曲线

其热分解过程分三步。在 151.0℃ 以前,质量损失率为 9.81%,配体表面吸附的自由水失去,相当于失去 6 分子结晶水(理论值为 10.34%);随后在 DSC 曲

线上出现了两个明显的放热峰,TG 曲线表现为两次快速的连续质量损失,在 $151.0\sim341.3℃$,质量损失 21.80%(理论值为 21.26%),峰温 324.1℃,表明配体开始被离解,相当于失去两个—C_6H_5OH 和两个—OH;在 341.3℃ 后 TG 曲线快速质量损失至 899.1℃ 质量恒定,峰温为 379.5℃,表明与铋(Ⅲ)配位的残存有机体架构快速氧化分解。热分解残余物经 XRD 分析,确定最终产物为 Bi_2O_3。

综上所述,$2,2',3,4,4'$-五羟基二苯甲酮与 $Bi(NO_3)_3$ 溶液形成配合物的化学式为 $Bi_2(C_{13}H_7O_6)_2 \cdot 6H_2O$,配位数为 4,初步推测配合物的结构见图 2-26。

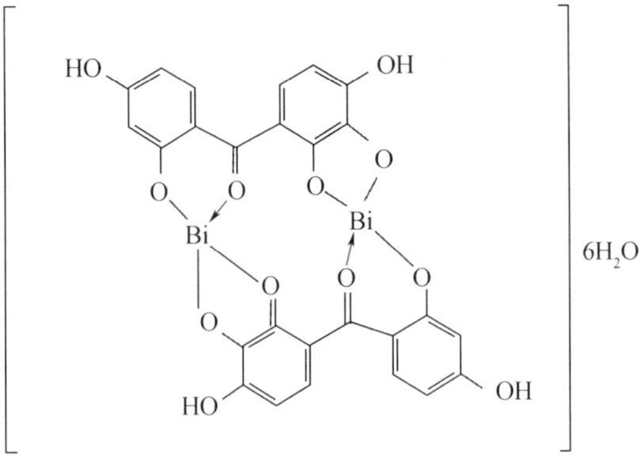

图 2-26 $2,2',3,4,4'$-五羟基二苯甲酮铋(Ⅲ)配合物的结构示意图

2.2.8 $2,3,3',4,4',5'$-六羟基二苯甲酮铋(Ⅲ)配合物(HPB)合成及表征

2.2.8.1 制备过程

$2,3,3',4,4',5'$-六羟基二苯甲酮的合成参照 2.1.3.1 节。

按 $n_{Bi^{3+}} : n_{配体} = 2:1$ 的比例分别称取固体质量,在常温下用 2% NaOH 溶液将 $2,3,3',4,4',5'$-六羟基二苯甲酮充分溶解,控制溶液 pH = $9\sim10$,与 $Bi(NO_3)_3$ 溶液混合,恒温 70℃,搅拌加热回流 1h,反应结束后冷却、静置,待出现大量沉淀,抽滤,将沉淀多次用去离子水洗涤,过滤,干燥得黑色粉末。而后寻找反应的最佳工艺条件,探讨反应时间、反应温度、溶液 pH 值等对产物产率的影响。

通过对原料配比、反应温度、NaOH 浓度、反应时间等条件对产率影响的研究,探索出了合成 $2,3,3',4,4',5'$-六羟基二苯甲酮铋(Ⅲ)配合物的最佳工艺条件:原料配比 $n_{配体} : n_{Bi(NO_3)_3}$ 为 1:2,在 70℃ 下保温 1.5h,用 2% NaOH 溶液充分溶解配体,产物收率在 76% 左右。

2.2.8.2　结构表征

1. 红外光谱

2,3,3′,4,4′,5′-六羟基二苯甲酮铋(Ⅲ)红外谱图见图2-27。如图2-27可知,配合物形成后,配体的 $\upsilon_{C=O}$ 由 1613cm^{-1} 移至 1575cm^{-1},1248~845cm^{-1} 即在指纹区的各吸收峰相应地向低波数的方向移动,表明配体上酚氧和羰氧基参与配位成键,在配体中新发现 657cm^{-1} 处的吸收峰可归属为 υ_{Cu-O},配合物中3435cm^{-1} 附近出现较宽的吸收峰归属为水分子的伸缩振动和羟基的存在,而500cm^{-1} 附近未出现配位水吸收峰,说明水分子未参与配位。结合上述分析可初步推测配体上的邻位酚氧和羰基氧与 Bi(Ⅲ)配位。

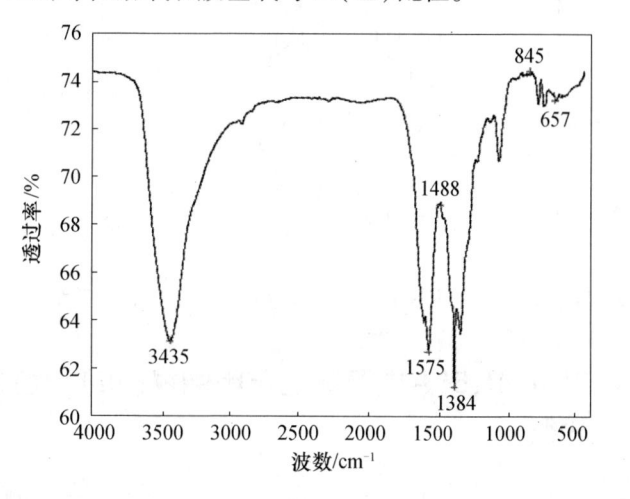

图2-27　2,3,3′,4,4′,5′-六羟基二苯甲酮铋(Ⅲ)配合物的红外谱图

2. TG-DSC 分析

2,3,3′,4,4′,5′-六羟基二苯甲酮铋(Ⅲ)配合物的 TG-DSC 曲线见图2-28。由图2-28可看出,2,3,3′,4,4′,5′-六羟基二苯甲酮铋(Ⅲ)配合物总质量损失率为41.58%,反应最后生成 Bi$_2$O$_3$,可大概推测该配合物配体与金属的物质的量的配比为1:2(理论质量损失率39.32%)。其过程中有两次质量损失,第一次发生在120℃之前,质量损失率大约是10%,相当于4个结晶水的质量;第二次质量损失在160~640℃,质量损失率为30%,分子量减少230,相当于失去2个—C$_6$H$_5$、4个—OH 和1个C,同时DSC伴随有强的放热峰,说明此时配合物进行快速的氧化分解,至800℃质量恒定。

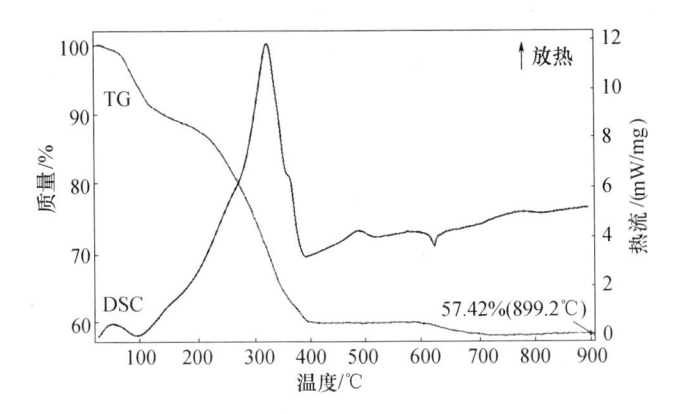

图 2-28 2,3,3′,4,4′,5′-六羟基二苯甲酮铋(Ⅲ)配合物的 TG-DSC 曲线

结合红外分析图谱已初步推测配体上的邻位酚氧和羰基氧与 Bi(Ⅲ)配位,同时另外两个相邻—OH 可能与 Bi(Ⅲ)配位。综上所述,2,3,3′,4,4′,5′-六羟基二苯甲酮与 Bi(NO₃)₃溶液形成配合物的化学式为 $Bi_2(C_{13}H_{10}O_7)_3 \cdot 4H_2O$。

2.3 含金属铜的燃烧催化剂

关于铅化物作为燃烧催化剂带来的危害在上节中已有介绍,这里不再赘述。铜化合物也是一种生态安全性极佳的燃烧催化剂,铜及其衍生物的工作区最大允许浓度比铅化物高 10~100 倍。德、美等国最先开展了铜化合物作为燃烧催化剂在推进剂中的应用研究,如文献[27]列出了在挤压双基推进剂中添加不同铜盐的催化效果,证实一元水杨酸铜、苯乙酮铜、一元甘氨酸铜加二苯丙酮、氧化铜等是性能优异的催化剂,能使推进剂产生麦撒或平台燃烧效应。

早在 20 世纪 80 年代,著者及其研究团队就开展了单独铜盐作为燃烧催化剂的应用研究,随后将铜盐与铅盐、铋盐等复合使用于推进剂中进行了系统深入的研究,探索了它们应用的规律性,取得了一些有意义的成果。研究发现,铋化合物和铜化合物复合后一起加入到双基和改性双基推进剂中,可极大地提高推进剂的燃速,较好地降低压力指数,并且和 Pb-Cu 催化有类似的调节燃烧性能的规律。铜化合物和炭黑一起加入双基和改性双基推进剂中产生了极好的增速作用,它们的作用效果与炭黑的含量有关,且有一极大值,这也可从铅化物和炭黑对 RDX-CMDB 推进剂燃烧性能的影响中观察到。

传统的含金属铜的燃烧催化剂,如铜的氧化物、2,4-二羟基苯甲酸铜(β-Cu)、邻苯二甲酸铜(Φ-Cu)、水杨酸铜(Sal-Cu)、己二酸铜(A-Cu)、草酸铜等,它们的制备工艺都非常成熟,且均已实现了批量生产和商品化。燃烧与爆炸技术重点实验室研究团队设计合成了大量新型铜盐燃烧催化剂,并开展了其应用于推进剂中的研究,但多集中于含能有机铜盐和铜化合物纳米化方面,这些均在后续章节进行详细介绍。本节仅介绍几种不含能的新型铜盐燃烧催化剂。

2.3.1 铜化合物燃烧催化剂研究概况

早在 1974 年,Camp 等人曾介绍了当时美国正在研究的一种无铅、无硝化甘油和无烟的平台推进剂 NOSIH AA – 10,而从 1980 年解密的专利上得知,他们所用的燃烧催化剂为铜盐(β – 雷索辛酸铜)。据称,这种 NOSIH AA – 10 推进剂在长期贮存后,弹道性能几乎保持不变,安定性比著名的 N – 5 推进剂还要好,且铜盐的用量少,推进剂燃气无烟性能好。

Rudy 等人[28]将金属铜离子和螯合剂(草酸、乙二胺四乙酸四钠、巯基乙酸)在不溶解催化剂的溶剂中进行反应,制备得到有机金属化合物燃烧催化剂;并优化了制备工艺,以使产物中的金属离子尽量去除尽,以提高催化剂的纯度。Dunigan 等人[29]采用有机金属盐 β – 间(二)羟基苯甲酸铅和乙酰水杨酸单碱铜盐作为弹道改良剂,配合含水 NC、NG、稳定剂、增塑剂,经交联、固化、包覆、挤压、脱水等工序制得高性能固体推进剂,研究表明该推进剂在燃烧性能、力学性能和安全性能方面具有一定优势;此外,他们还尝试了水杨酸铜作为燃烧催化剂。Downes 等人[30]以硬脂酸、邻苯二甲酸、β – 间(二)羟基苯甲酸铜、碱式水杨酸铜作为燃烧催化剂,其使推进剂燃烧在较大压力范围内呈现较好的平台燃烧效应。

Kawamoto 等人[31]采用两种方法制备了亚铬酸铜($CuCr_2O_4$)。

(1)陶瓷法:将铜(Ⅱ)和铬(Ⅲ)的氧化物以三种配比混合:Cu/Cr = 0.61(试样 1);Cu/Cr = 1.0(试样 2);Cu/Cr = 1.5(试样 3)。氧化物的混合物均匀分散于丙酮中,然后在 900℃煅烧 6h。化学反应式如下:

$$CuO_{(s)} + Cr_2O_{3(s)} \xrightarrow{900℃,6h} CuCr_2O_{4(s)}$$

(2)共沉淀法:在氨水中加入 $K_2Cr_2O_7$ 和 $CuSO_4 \cdot 5H_2O$ 溶液,Cu/Cr 摩尔比为 0.3(试样 4)和 0.5(试样 5)进行反应。将 $CuCr_2O_4$ 的初级超细沉淀物过滤出来,蒸馏水洗涤,110℃干燥,250 目筛分后,500℃煅烧 2h。化学反应式如下:

$$2CuSO_{4(aq)} + K_2Cr_2O_{7(aq)} + 4NH_3 + 3H_2O \rightarrow$$
$$2Cu(OH)NH_4CrO_{4(s)} + K_2SO_{4(aq)} + (NH_4)_2SO_{4(aq)}$$

$$2Cu(OH)NH_4CrO_{4(s)} \xrightarrow{110 \sim 500℃} CuO_{(s)} + CuCr_2O_{4(s)} + 5H_2O$$

试样 1 颗粒平均粒径为 20 μm,试样 2 和 3 出现凝聚态。试样 4 粒度为

55.1μm,试样 5 粒度达 35.6μm。应用研究发现,含方法(1)制备的 $CuCr_2O_4$ 的推进剂的燃速最低,甚至比含 Fe_2O_3 的推进剂的燃速还低,尽管其压力指数较小。含方法(2)制备的两种 $CuCr_2O_4$ 的推进剂与含方法(1)制备的 $CuCr_2O_4$ 的推进剂和含 Fe_2O_3 的推进剂相比,其燃速和压力指数最高。

美国的专利[32]报道了一种可制备无铅平台或麦撒型双基推进剂的新型复合燃烧催化剂——羟基苯甲酸铋盐和铜盐的混合物。单独使用有机铋盐或有机酸铜盐降低了燃速,不产生平台效应或麦撒效应;而使用碱式 2,4 - 二羟基苯甲酸铜,在中高压(6.9 ~ 20.7MPa)范围内产生平台效应或麦撒效应。通过使用有机铋盐和有机铜盐混合物,使双基推进剂在高于 20.7MPa 的压力范围内产生了平台效应和麦撒效应,其中最佳的推进剂配方(AA - 7)为:NC(12.6% N) 51.52%,NG 40.40%,己二酸二丙酯 6.06%,2 - 硝基二苯胺 2.02%,燃烧催化剂——碱式水杨酸铋 2.0%、碱式水杨酸铜 1.5%、β - 雷索辛酸铜 0.5%。AA - 7 推进剂在 20.7 ~ 35.0MPa 之间呈现了平台燃烧效应和麦撒燃烧效应。

使用 1 ~ 2μm 的草酸铜与铋化合物复合并加入到 NC - NG - DNT - DPA 推进剂中,催化剂总含量为 5%。结果表明,草酸铜引入代替部分 Bi_2O_4,使得较低压力范围内的燃速增加,在 2MPa 时燃速增加了 80% ~ 100%,在 6MPa 以上燃速降低,其结果导致压力指数显著降低。

对于 NC - NG - DNT - DBP 推进剂,5% Bi_2O_4 在所研究的压力范围内(2 ~ 10MPa)使推进剂燃速增加,同时降低压力指数到 0.4。草酸铜单独加入配方后,导致燃速降低,Bi_2O_4 和草酸铜以某一比例加入推进剂后,可以在低压范围内提高燃速,如在 2MPa 下,燃速从 3.4mm/s 增加到 7.2mm/s,再到 7.7mm/s;加入 1.5% Bi_2O_4 和 3.5% CuC_2O_4,6MPa 以上推进剂产生平台效应($n = 0$);2% 的 Bi_2O_4 和 3% 的 CuC_2O_4,在 4MPa 以上燃速对压力的依赖性很弱。当催化剂总量降低为 3%,催化剂间比例为 2∶3 时,在所研究的压力范围内,催化剂具有催化的高效性。

由此看来,含铜的燃烧催化剂与其他金属盐复配使用后,具有较好的"协同效应",将会对固体推进剂燃烧起到更加有益的作用,尤其是铋化合物和铜盐的复合对双基系推进剂的催化效果更为明显。

2.3.2 2,2′,4,4′ - 四羟基二苯甲酮铜(Ⅱ)配合物(TPC)合成及表征

2.3.2.1 制备过程

2,2′,4,4′ - 四羟基二苯甲酮的合成参照 2.1.1.1 节。

按 $n_{Cu^{2+}} : n_{配体} = 1:2$ 的比例分别称取 $Cu(NO_3)_2 \cdot 3H_2O$ 和 $2,2',4,4'-$四羟基二苯甲酮于烧杯中,其中 $Cu(NO_3)_2 \cdot 3H_2O$ 用蒸馏水溶解;配体用质量浓度 2% 的 NaOH 溶液充分溶解,形成的配体溶液的 pH = 9~10,抽滤,取其清液,将清液与上述 Cu^{2+} 溶液混合,在 70℃ 下回流搅拌 1h 后,停止反应,静置冷却,待出现大量黄色沉淀后抽滤,滤饼用蒸馏水洗涤数次,干燥得淡黄色固体。

2.3.2.2 结构表征

1. 红外光谱

图 2-29 为 $2,2',4,4'-$四羟基二苯甲酮 Cu(Ⅱ)配合物的红外谱图。$\upsilon_{C=O}$ 由 $1629cm^{-1}$ 移至 $1608cm^{-1}$,υ_{Ph-O} 由 $1272cm^{-1}$ 移至 $1233cm^{-1}$,表明配体中的羰基氧与邻位酚氧参与了配位,致使吸收频率降低。图 2-28 的 Cu(Ⅱ)配合物中于 $589cm^{-1}$ 处出现了新的弱吸收峰,而在配体中该峰不存在,可将其归属为 υ_{Cu-O}。配体中 δ_{O-H} 为 $1124cm^{-1}$、$1075cm^{-1}$,Cu(Ⅱ)配合物 δ_{O-H} 仅为 $1124cm^{-1}$,有一处消失,说明配体中有酚羟基发生离解。$3400~3100cm^{-1}$ 的吸收峰证明了缔合—OH 仍然存在,初步确定羰基氧和邻位酚氧与 Cu(Ⅱ)配位,4,4'位上的—OH 仍然保留。

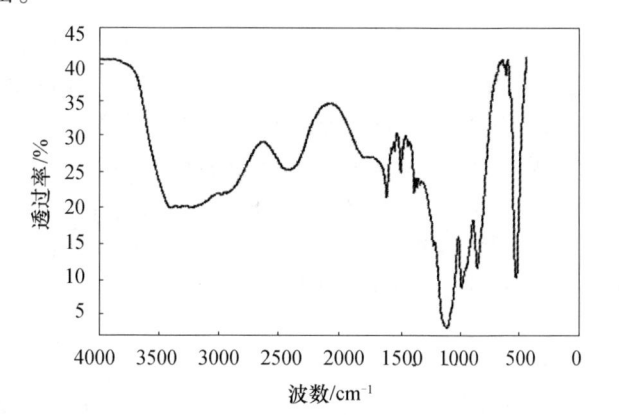

图 2-29 $2,2',4,4'-$四羟基二苯甲酮 Cu(Ⅱ)配合物的红外谱图

2. TG-DTA 分析

图 2-30 为 Cu(Ⅱ)配合物的 TG-DTA 曲线。可以看出,共有 4 次质量损失,最终残留物为 CuO,其含量为 14.4%,折算成 Cu 的含量为 11.5%,由此可初步确定配合物结构中配体与 Cu(Ⅱ)的比例为 2:1。第一次质量损失发生在 105~135℃ 之间,所对应的 DTA 曲线为一吸热峰,质量损失率为 2% 左右,相当于 0.6 个结晶水的质量;第二次质量损失出现在 238~300℃ 之间,在 238℃ 处

DTA 曲线上表现为弱的放热峰,质量损失为 19.5%,分子量减少 110,相当于失去 1 个—C_6H_5 和 2 个—OH 的质量;第三次质量损失发生在 300 ~ 471℃ 之间,在 300℃ 和 413℃ 时分别出现了弱的放热峰,配合物进行快速的氧化分解,至 470℃ 质量恒定,质量损失率为 58.7%,分子量减少 332,相当于失去一个—$C_{20}H_{12}O_5$,大于 470℃ 的部分为剩余有机残体的分解。由此初步确定该 Cu(Ⅱ)配合物的分子式为($C_{13}H_9O_5$)$_2$Cu·0.6H$_2$O,其中 Cu 的含量为 m_{Cu} = 11.3%,TG 实测为 11.5%,相对误差为 1.77%。

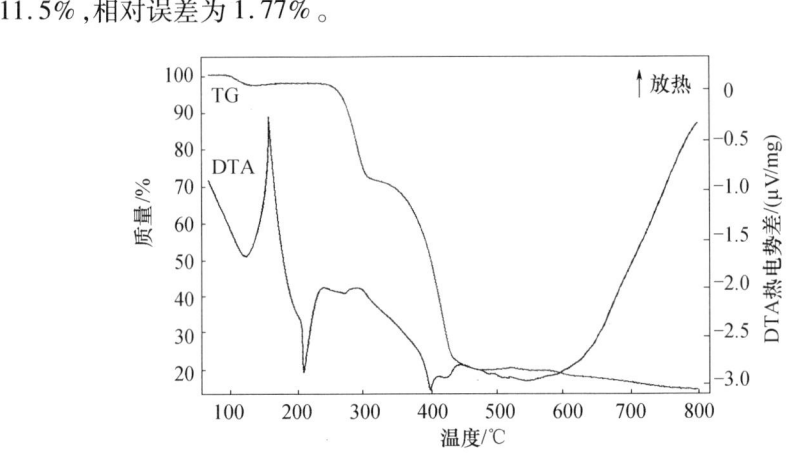

图 2 - 30　2,2′,4,4′ - 四羟基二苯甲酮 Cu(Ⅱ)配合物的 TG - DTA 曲线

因此,2,2′,4,4′ - 四羟基二苯甲酮 Cu(Ⅱ)配合物的结构推测为

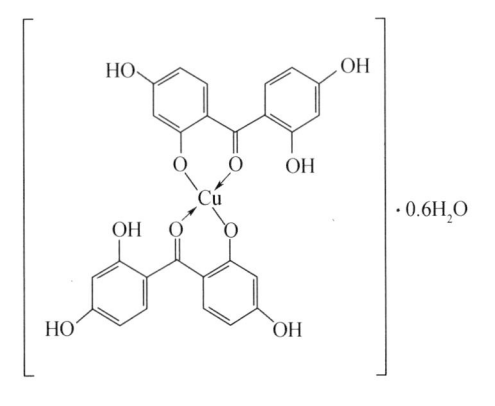

2.3.2.3　最佳工艺条件

1. 反应温度对合成产率的影响

不改变其他反应条件,考察不同的回流温度对该配位反应及合成产率的影

响,结果如表 2-17 所示。

表 2-17　反应温度对产率的影响

反应温度/℃	60	70	80	90	100
产率/%	23.1	24.9	27.4	36.8	40.8

由表 2-17 可知,在 100℃ 下反应合成产率较高,确定较佳的温度条件为 100℃。

2. NaOH 浓度对合成产率的影响

不改变其他反应条件,在最佳反应温度 100℃ 的条件下,研究不同 NaOH 浓度对合成产率的影响,结果见表 2-18。

表 2-18　NaOH 浓度对产率的影响

NaOH 浓度/w%	1%	2%	3%	4%	5%
加入 NaOH 的体积/mL	60	30	20	15	12
产率/%	38.6	40.7	41.9	36.7	25.1

由表 2-18 可看出,使用 3% 的 NaOH 溶液溶解配体,并控制 pH 在 9~10 的范围内,能使配合物收率最好。因此,确定 NaOH 溶液的最佳质量浓度为 3%。

3. 反应时间对合成产率的影响

不改变其他反应条件,在反应温度 100℃ 和 NaOH 浓度 3% 的条件下,研究不同反应时间对产率的影响,结果见表 2-19。

表 2-19　反应时间对产率的影响

反应时间/h	1	1.5	2	2.5	3
产率/%	41.8	40.4	39.4	36.8	36.1

由表 2-19 可看出,延长反应时间会使收率降低,所以较佳反应时间为 1h。

因此,合成 2,2′,4,4′-四羟基二苯甲酮 Cu(Ⅱ)配合物的最佳工艺条件:NaOH 溶液的质量浓度为 3%,反应温度为 100℃,反应时间为 1h。

2.3.3　2,2′,3,4,4′-五羟基二苯甲酮铜(Ⅱ)配合物(PPC)合成及表征

2.3.3.1　制备过程

2,2′,3,4,4′-五羟基二苯甲酮的合成参照 2.1.2.1 节。

按 $n_{Cu^{2+}} : n_{配体} = 1 : 1$ 的比例分别称取 $Cu(NO_3)_2$ 和 2,2′,3,4,4′ - 五羟基二苯甲酮于烧杯中,在常温下用 2% 质量浓度的 NaOH 溶液将 2,2′,3,4,4′ - 五羟基二苯甲酮充分溶解,控制溶液 pH = 9 ~ 10,与 $Cu(NO_3)_2$ 水溶液混合,恒温 90℃,搅拌加热回流 1h,反应结束后冷却、静置,待出现大量沉淀后抽滤,滤饼用蒸馏水洗涤数次,干燥得亮黑色粉末。

2.3.3.2 结构表征

1. 红外光谱

2,2′,3,4,4′ - 五羟基二苯甲酮 $Cu(II)$ 的红外谱图见图 2 - 31。由图 2 - 31 分析可知,配合物形成后,配体的 $v_{C=O}$ 由 $1615cm^{-1}$ 移至 $1595cm^{-1}$,v_{ph-O} 由 $1259cm^{-1}$ 移至 $1135cm^{-1}$,表明配体上酚氧和羰氧基参与配位成键。配合物形成后在 $1279cm^{-1}$ 处的吸收峰归属为配体苯环上的酚羟基,$617cm^{-1}$ 处的吸收峰归属为配体苯环上的酚羟基的弯曲振动,表明配体有羟基参与配位,也还有游离的酚羟基存在于配合物中。在配体中新发现 $543cm^{-1}$ 处的吸收峰可归属为 v_{Cu-O},配合物中 $3400 \sim 3141cm^{-1}$ 的宽吸收峰可归属为配合物中酚羟基和结合水分子的组合峰,$500cm^{-1}$ 附近未出现配位水吸收峰,说明水分子未参与配位,这与 TG 结果分析一致。结合上述分析初步推测配体上的邻位酚氧和羰基氧与 $Cu(II)$ 配位。

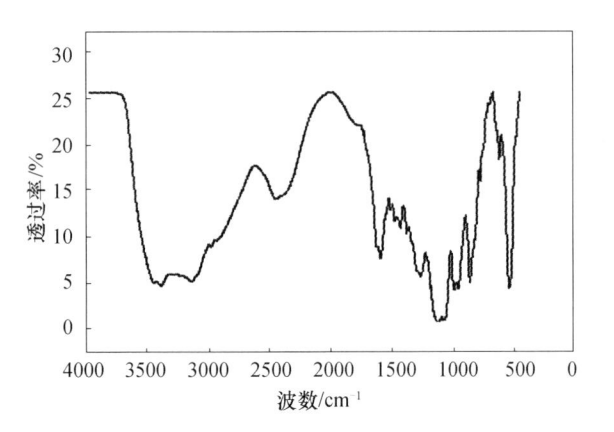

图 2 - 31　2,2′,3,4,4′ - 五羟基二苯甲酮 $Cu(II)$ 配合物的红外谱图

2. TG - DSC 分析

2,2′,3,4,4′ - 五羟基二苯甲酮 $Cu(II)$ 配合物的 TG - DSC 曲线见图 2 - 32。由图 2 - 32 可以看出,2,2′,3,4,4′ - 五羟基二苯甲酮 $Cu(II)$ 配合物总质量损失率为 75.4%,反应最后生成 CuO,可初步推测该配合物配体与金属的物

质的量的配比为 1:1(理论质量损失 77.7%),则配体配位数为 4,已从红外分析图谱初步推测配体上的邻位酚氧和羰基氧与 Cu(Ⅱ)配位,同时另一个配体的两个相邻—OH 可能与 Cu(Ⅱ)配位,即配体上的邻位酚氧、羰基氧、另一配体的两个邻位—OH 均与 Cu(Ⅱ)配位。

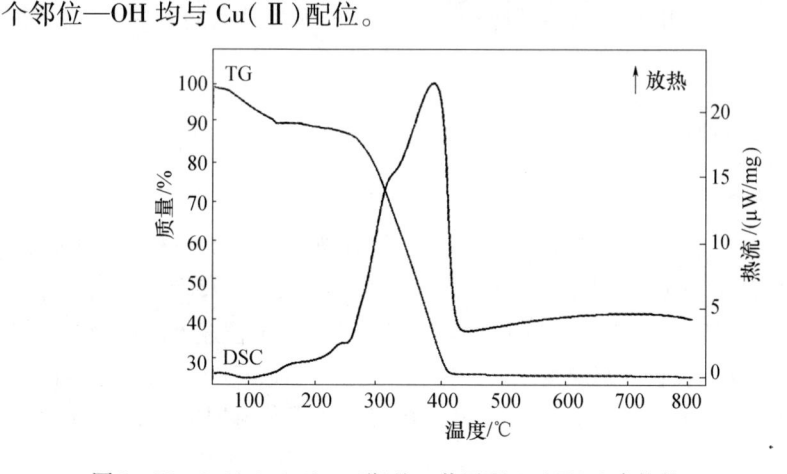

图 2-32 2,2′,3,4,4′-五羟基二苯甲酮 Cu(Ⅱ)配合物的 TG-DSC 曲线

其热分解过程分两步,在 152.0℃ 以前,质量损失率为 10.18%,而 DSC 曲线无明显变化,说明配体表面吸附的自由水失去,相当于失去 4 分子结晶水(理论值为 10.1%);当温度升到 391.3℃ 时,DSC 曲线出现了一个明显的放热峰,TG 曲线表现为一次连续的快速质量损失,表明配合物开始分解,当温度上升至 850.0℃ 质量恒定,质量损失率为 65.2%,相当于失去 2 个 $HOC_6H_5CC_6H_5OH$(理论值为 67.6%)。

综上所述,2,2′,3,4,4′-五羟基二苯甲酮与 $Cu(NO_3)_2$ 溶液形成配合物的化学式为 $Cu_2(C_{13}H_7O_6)_2 \cdot 4H_2O$,配位数为 4。推测配合物的结构为

74

2.3.3.3 最佳工艺条件

1. 反应时间对合成产率的影响

按 $n_{Cu^{2+}} : n_{配体} = 1:1$ 的比例分别称取固体质量,在常温下用 NaOH 溶液将 2, 2′,3,4,4′－五羟基二苯甲酮充分溶解,控制溶液 pH = 9～10,与 $Cu(NO_3)_2$ 溶液混合,恒温 90℃。考察搅拌加热回流反应时间对合成产率的影响,结果见表 2-20。

表 2-20 反应时间对产率的影响

时间/h	0.5	1	1.5	2	2.5
产率/%	61.2	67.5	59.6	52.6	46.9

由表 2-20 可以看出,随反应时间的增大,开始时收率逐渐上升。当反应时间为 1h 时,收率达到最高。继续延长反应时间,收率又开始下降。由此确定最佳反应时间为 1h。

2. 反应温度对合成产率的影响

保持原料配比 1:1,在最佳反应时间 1h 的条件下,考察不同反应温度对合成产率的影响,结果如表 2-21 所示。

表 2-21 反应温度对产率的影响

温度/℃	60	70	80	90	100
产率/%	63.6	70.3	68.6	67.5	61.3

由表 2-21 可以看出,较低温度时,反应收率较低;随着温度的上升,反应收率有所提高;达到 70℃ 左右时,收率达最高;再继续升高温度,收率又有所下降。因此,该反应的最佳反应温度确定为 70℃。

3. NaOH 浓度对合成产率的影响

在原料配比 1:1、最佳反应时间 1h、反应温度 70℃ 的条件下,考察 NaOH 溶液浓度对产率的影响,结果如表 2-22 所示。

表 2-22 NaOH 浓度对产率的影响

NaOH 浓度/w%	1	2	3	4	5
产率/%	65.3	70.3	31.0	30.3	28.4

由表 2-22 可以看出,NaOH 浓度为 2% 时,反应收率较低;随着浓度的上

升,反应收率有所提高;NaOH浓度达到2%左右时,收率达最高;再继续提高浓度,收率又有所下降。因此,该反应的最佳NaOH溶液质量浓度确定为2%。

因此,合成2,2′,3,4,4′-五羟基二苯甲酮Cu(Ⅱ)配合物的最佳工艺条件:原料配比$n_{配体}:n_{Cu(NO_3)_2}$为1:1,在70℃下保温1h,用2%质量浓度的NaOH溶液充分溶解配体,产物收率在70%左右。

2.3.4　2,3,3′,4,4′,5′-六羟基二苯甲酮铜(Ⅱ)配合物(HPC)合成及表征

2.3.4.1　制备过程

2,3,3′,4,4′,5′-六羟基二苯甲酮的合成参照2.1.3.1节。

按$n_{Cu^{2+}}:n_{配体}=2:1$的比例分别称取固体质量,在常温下用2%质量浓度的NaOH溶液将2,3,3′,4,4′,5′-六羟基二苯甲酮充分溶解,控制溶液pH=9~10,与Cu(NO₃)₂溶液混合,恒温70℃,搅拌加热回流1h,反应结束后冷却、静置,待出现大量沉淀后抽滤,将滤饼多次用去离子水洗涤,过滤、干燥后得亮黑色粉末。

2.3.4.2　结构表征

1. 红外光谱

2,3,3′,4,4′,5′-六羟基二苯甲酮合铜(Ⅱ)的红外谱图见图2-33。由图2-33分析可知,配合物形成后,配体的$\upsilon_{C=O}$由1613cm^{-1}移至1581cm^{-1},1248~855cm^{-1}即在指纹区的各吸收峰相应地向低波数的方向移动,表明配体上酚氧

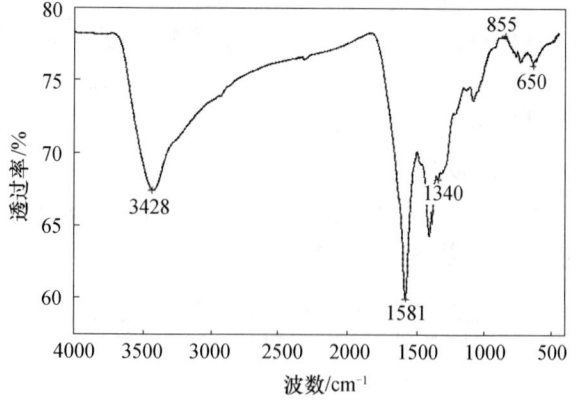

图2-33　2,3,3′,4,4′,5′-六羟基二苯甲酮铜(Ⅱ)配合物的红外谱图

和羰氧基参与配位成键,在配体中新发现 650cm^{-1} 处的吸收峰可归属为 υ_{Cu-O},配合物中 3428cm^{-1} 附近出现较宽的吸收峰归属为水分子的伸缩振动和缔合羟基的存在,而 500cm^{-1} 附近未出现配位水吸收峰,说明水分子未参与配位。结合上述分析可初步推测配体上的邻位酚氧和羰基氧与 Cu(Ⅱ)配位。

2. TG – DSC 分析

2,3,3′,4,4′,5′ – 六羟基二苯甲酮铜(Ⅱ)配合物的 TG – DSC 曲线见图 2 – 34。由图 2 – 34 可以看出,2,3,3′,4,4′,5′ – 六羟基二苯甲酮铜(Ⅱ)配合物总质量损失率为 63.07%,残余是 CuO,可推测该配合物配体与金属的物质的量的配比为 1:2(理论值为 65.22%)。其过程中有三次质量损失,第一次发生在 110℃ 之前,质量损失率大约是 12%,相当于 3 个结晶水的质量,同时 DSC 表明此时是吸热;第二次质量损失在 220~325℃ 之间,质量损失率为 28%,分子量减少 117,相当于失去 1 个—C$_6$H$_5$ 和 3 个—OH 的质量,同时 DSC 伴随有弱的放热;第三次在 325~440℃ 之间,质量损失率大约 28%,分子量减少 117,相当于失去 1 个—C$_6$H$_5$ 和 3 个—OH 的质量,同时 DSC 伴随有强的放热峰,说明此时配合物进行快速的氧化分解,至 740℃ 恒重。

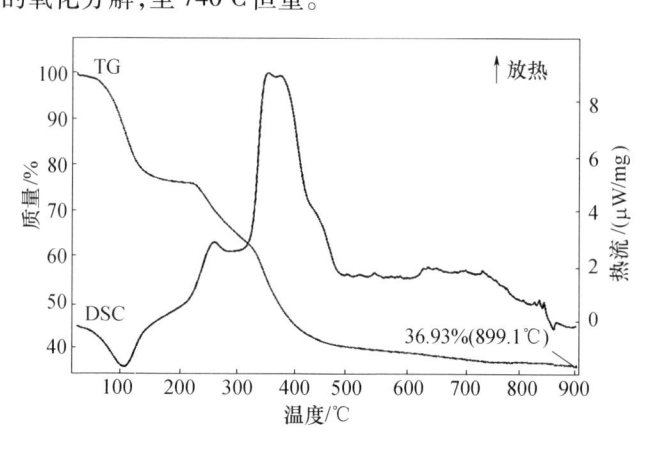

图 2 – 34　2,3,3′,4,4′,5′ – 六羟基二苯甲酮铜(Ⅱ)配合物的 TG – DSC 曲线

结合红外分析已初步推测配体上的邻位酚氧和羰基氧与 Cu(Ⅱ)配位,同时另外两个相邻—OH 可能与 Cu(Ⅱ)配位。综上所述,2,3,3′,4,4′,5′ – 六羟基二苯甲酮与 Cu(NO$_3$)$_2$ 溶液形成配合物的化学式为 Cu$_2$(C$_{13}$H$_{10}$O$_7$)·3H$_2$O。

2.3.4.3　最佳工艺条件

通过对原料配比、反应温度、NaOH 溶液浓度、反应时间等条件对产率影响的研究,探索出了合成 2,3,3′,4,4′,5′ – 六羟基二苯甲酮铜(Ⅱ)配合物的最佳工艺条件:原料配比 $n_{cu^{2+}} : n_{配体} = 2 : 1$,在 70℃下保温 2h,用 2% 质量浓度的 NaOH 溶液充分溶解配体,产物收率在 66% 左右。

2.4　含金属铁的燃烧催化剂

2.4.1　金属铁催化剂存在的问题

复合推进剂端面燃烧可增加其在火箭发动机中的装药量,因此固体火箭冲压发动机常采用端面燃烧的方式,这就需要推进剂具有较高的燃速。高氯酸铵(AP)是目前最常用的复合推进剂用氧化剂,部分原因是因为通过调节 AP 的粒度可对推进剂燃速进行自由调节。但对于端面燃烧推进剂而言,单凭调节 AP 粒度无法满足推进剂高燃速等燃烧性能的需求,需要使用燃烧催化剂进行性能调控。

当前,复合推进剂常用的燃烧催化剂为过渡金属氧化物及二茂铁类衍生物,其中二茂铁及其衍生物由于燃烧催化效果很好、提高推进剂燃速幅度较大,因而成为广泛使用的复合推进剂燃烧催化剂[3,33],并在弹道导弹、机载战术导弹、反导高速动能导弹及海基水雷、鱼雷多个武器系统中发挥了巨大的作用。

目前主要使用的二茂铁衍生物燃烧催化剂有正丁基二茂铁(NBF)、叔丁基二茂铁(TBF)和卡托辛(Catocene)等。但是,由于目前这些二茂铁类燃烧催化剂的易迁移、易挥发等问题尚未得到根本解决,影响了我国各类导弹中推进剂装药的贮存寿命、使用可靠性及环境适应性。此外,易挥发的二茂铁衍生物蒸气和超细高氯酸铵粉尘的混合物对静电十分敏感,在推进剂加工过程中有潜在的危险性。

2.4.2　二茂铁类衍生物的研究

依据二茂铁类燃烧催化剂分子中取代基团的特征,大致分为四种类型:①增塑型二茂铁衍生物;②黏合剂型二茂铁衍生物;③共固化型二茂铁衍生物;④含能二茂铁衍生物。

增塑型二茂铁衍生物主要包括二茂铁的烷基、酯基或酰基等的单双取代衍生物,如 NBF、TBF 就属于这一类。这类二茂铁衍生物,不但能提高推进剂的燃速,还能改善推进剂的力学性能和工艺性能。但此类衍生物碳链较短,在推进剂的贮存过程存在明显的迁移和挥发现象。为了克服增塑型单核二茂铁衍生物的缺点,人们合成了多种双核二茂铁类化合物。由于其分子量大、含铁量高,具有低挥发性和低迁移性的特点,正逐步取代单核二茂铁类化合物。典型的有德国威巴集团公司(VEBAGROUP)下属的威巴石油有限公司(VEBAOELAG)布鲁多厂(PLUTo)生产的复合固体推进剂的高效燃烧催化剂双核二茂铁衍生物卡托辛(Catocene, 2,2-双(乙基二茂铁)丙烷),BBFPr (2,2-双(丁基二茂铁)丙烷)和 BBFPe (1,1-双(丁基二茂铁)戊烷)(图 2-35)等。Catocene,BBFPr,BBFPe和法国火炸药协会开发的 Butacene(图 2-36)是 4 种公认的高效二茂铁衍生物。其中 Catocene 是商品化的广泛使用的二茂铁类燃烧催化剂,室温下为液体,铁含量高,能较大地提高推进剂的综合性能。但 Catocene 也不能完全解决这类催化剂易迁移、易氧化及推进剂使用寿命短的问题。

BBFPe

BBFPr

Catocene

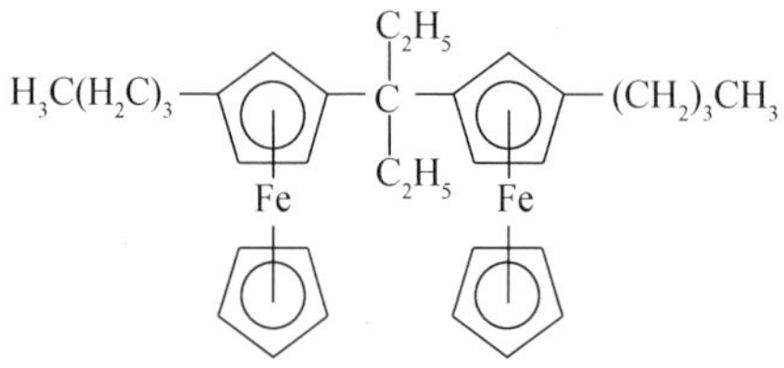

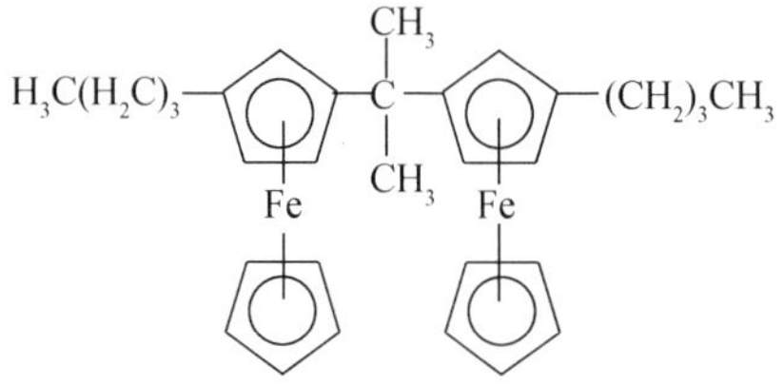

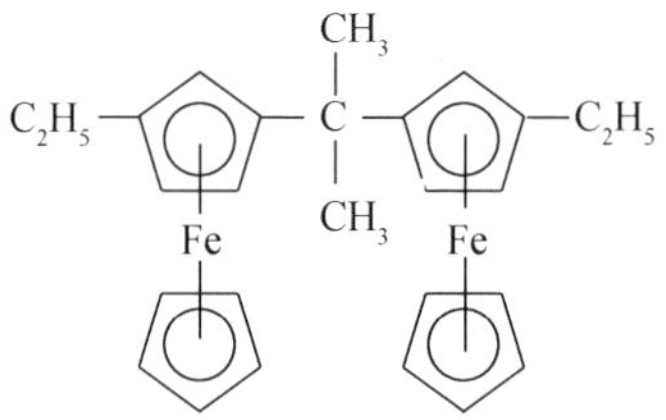

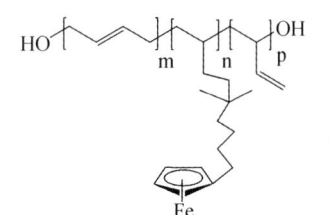

图 2-35　一些增塑型二茂铁类燃烧催化剂的分子结构

图 2-36　Butacene 的分子结构式

为了推动我国丁羟推进剂的发展,使其燃速调节系列化,我国在 20 世纪 80 年代研制了 4 种新的增塑型高效燃烧催化剂,即二茂铁类的 RF,FBB 和 GFP,以及碳硼烷类的 NHC。它们可使丁羟推进剂的燃速在 10～100mm/s（6.86～9.8MPa）任意调节，并且具有良好的综合性能。在二茂铁类催化剂中，GFP、FBB 和 RF 具有比叔丁基二茂铁 TBF 低得多的挥发性和迁移性，可替代后者而用于工程化推进剂配方中。特别是 GFP 的理化性质完全达到美国军标 MILC 85493（AS）的规格要求，其性能类似于国外的卡托辛催化剂，适用于研制 30～76mm/s（6.86MPa）高燃速丁羟推进剂，而且具有较低的压力指数。RF 和 FBB 适用于研制 30mm/s 以下的丁羟推进剂。此外，它们合成较简便，价格较便宜。

　　李战雄等合成的 1,2 - 亚乙基双二茂铁衍生物铁含量高，原料易得。李保国等人以二茂铁基 -1,1 - 二烷基二茂铁甲醇为原料，合成了 N - 取代的二茂铁产物（图 2 - 37）。

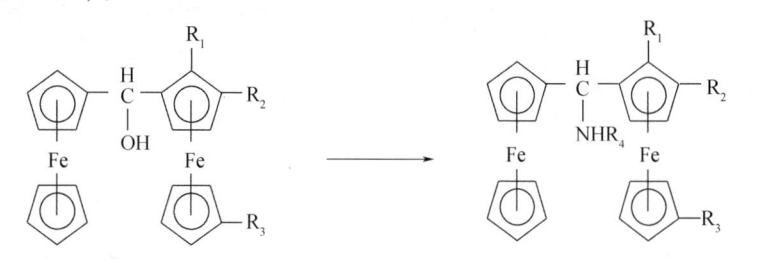

图 2 - 37　N - 取代的二茂铁衍生物（R_1，R_2，R_3 为碳数 1 - 4 的烷基）

　　袁耀峰等设计合成了 3 种结构含氮杂环类多核二茂铁类燃烧催化剂，希望提高它们的燃烧催化效果（图 2 - 38）。

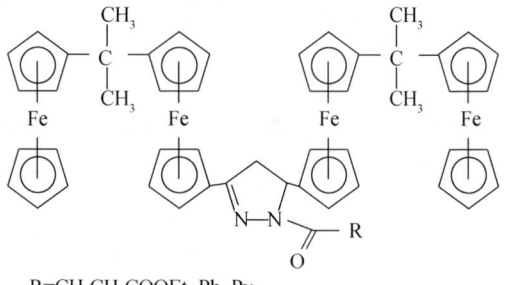

R=CH₂CH₂COOEt, Ph, Py

图 2 - 38　含氮杂环类多核二茂铁类燃烧催化剂

　　李凤生等人把二茂铁通过缩合反应接枝到 SBA - 15 上（图 2 - 39），制备了一种低迁移性的催化剂。但这种催化剂含铁量低，而且引入了不含能的硅氧化物，催化效果不是很好。

　　黏合剂型二茂铁衍生物指的是将二茂铁连接在黏合剂的大分子上形成的含二茂铁的聚合物。法国火炸药公司首创 Butacene，就是二茂铁衍生物与低分子

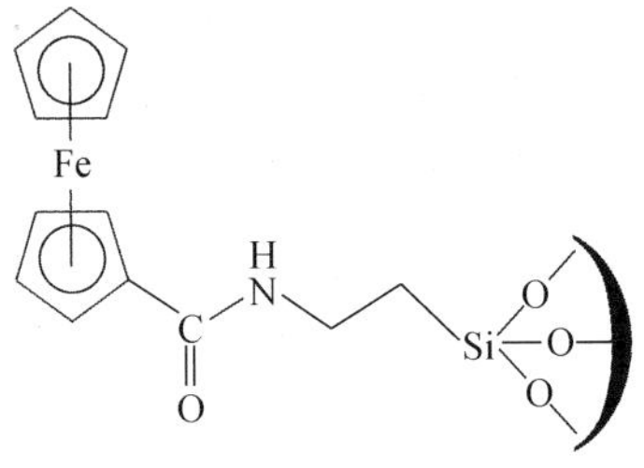

图 2 – 39 SBA – 15 接枝的二茂铁燃烧催化剂

量端羟基聚丁二烯接枝共聚物。制备推进剂时,它可以部分替代复合推进剂中的普通黏合剂(如端羟基聚丁二烯(HTPB)或端羧基聚丁二烯(CTPB))。在推进剂固化过程中,它能进入固化网络,彻底解决迁移问题。但此类衍生物制造工艺复杂,对氧化剂敏感,铁含量少,催化效率不高,而且铁的存在会引起丁羟黏合剂在存放过程中的降解反应,降低丁羟黏合剂的性能。

北京理工大学的罗运军等人也合成了树枝状和高聚物链接的二茂铁类燃烧催化剂,表现出了较好的对 AP 热分解的催化作用,迁移性比二茂铁和 TBF 的迁移性大幅度降低,但与 Catocene 的迁移性相比结果如何不得而知,而且合成工艺比较复杂。

共固化型二茂铁衍生物就是将活性基团(如羟基、异氰酸酯基、乙烯基等)引入二茂铁分子中形成的化合物(图 2 – 40)。它们会参与推进剂固化系统反应,进入黏合剂基本网络,是解决二茂铁类燃烧催化剂迁移问题的一个主要研究方向。

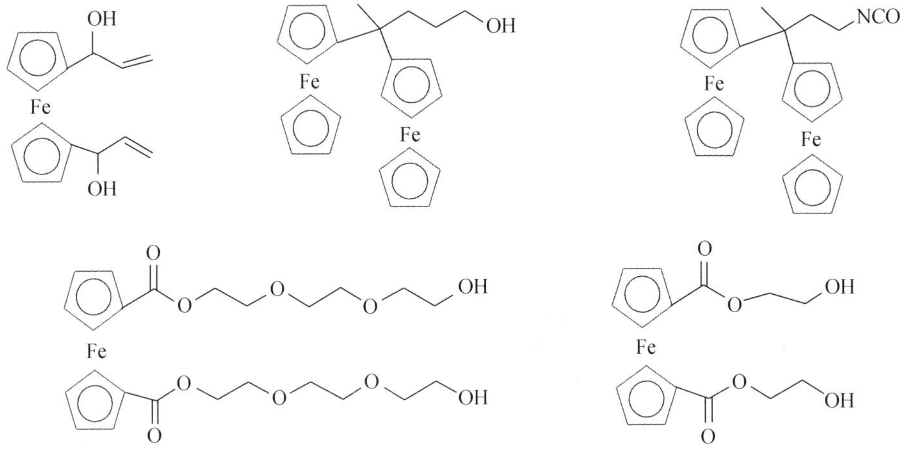

图 2 –40 部分共固化型二茂铁衍生物的分子结构

20世纪70年代初,Huskins等人合成了液体含烯丙醇结构单元的二茂铁衍生物,克服了迁移和低温结晶的问题。随后,又有人合成了双二茂铁含丁基异氰酸酯单元的燃烧催化剂,其催化活性高,但力学性能下降。此外,也出现了多种含有环氧乙基、巯基、氮杂基等多种活性官能团的二茂铁衍生物,并在固体推进剂中进行了应用及性能评价,它们能够部分解决迁移的问题,但都无法取得力学性能、工艺性能和燃烧性能的完美组合。二茂铁二羧酸羟基酯类是一类新出现的共固化型二茂铁类燃烧催化剂,研究表明其特有的酯羟基单元,为解决迁移性和推进剂综合性能提供了较好的保证。此类化合物制备相对简单,有一定的应用前景。

含能二茂铁衍生物是把含能单元(例如叠氮基、硝基、高氯酸根等)引入到二茂铁分子上形成的,能赋予燃烧催化剂更好的催化性能,这样可以显著提高推进剂的综合性能。Sayle等[34]研制了三(二茂铁基)甲基高氯酸盐,将其部分或全部取代AP应用于CTPB复合推进剂。研究结果表明,此种二茂铁类催化剂没有迁移现象,同时还可以改进推进剂的工艺性能和力学性能。Willia等研制了1-异丙烯基-2-碳硼烷基二茂铁,结果表明这种二茂铁衍生物可提高AP/HTPB推进剂的燃速。此外,甲基碳硼烷单元也被引入二茂铁类衍生物,将其在推进剂中进行了应用,获得了高燃速高比冲的结果。

特别要强调的是,从高能角度来考虑,催化剂应尽可能提高其能量水平。含能催化剂的研究应用在国内外已得到普遍重视,应是今后燃烧催化剂主要研究方向之一。但目前在含能催化剂方面的研究热点主要是铅铜铋等含能金属盐,而对于将含能单元与二茂铁类衍生物组合获得含能的二茂铁类燃烧催化剂的报道很少。离子型含能的二茂铁类催化剂与常见的含能离子化合物结构类似,具有挥发性低、易于修饰、热稳定好等特点,可以克服Catocene等中性二茂铁类催化剂易迁移易挥发的问题,而且高含氮量会提高推进剂的能量水平。

2012年开始,陕西师范大学张国防教授课题组和燃烧与爆炸技术重点实验室联合研究,合成出了多种离子型二茂铁衍生物。这些化合物均表现出了对推进剂主组分AP、RDX和HMX热分解很高的燃烧催化性能。其中某些化合物在催化AP分解时,AP的分解峰温大幅提前和更加集中,而且可使AP的表观分解热大大增加,某些甚至比Catocene高,具有广阔的应用前景。此外,还对合成的离子化合物的迁移性进行了分析,并与Catocene的迁移性做了对比,发现这些离子化合物的迁移性明显低于Catocene的迁移性。图2-41和图2-42给出了公开报道的两个离子型二茂铁类燃烧催化剂的结构式。

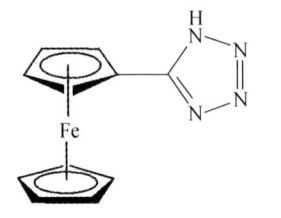 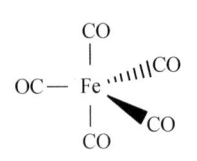

图 2-41   二茂铁四氮唑的分子结构式   图 2-42   五羰基铁的分子结构式

综上来看,世界各国纷纷开展了二茂铁类化合物的改性研究,重点是在不影响催化效能的前提下,研制出新型低迁移、低挥发、高性能燃烧催化剂,在对其相关特性进行评估后,开展了基础特性和于推进剂中的应用研究,获得了燃烧催化规律等许多有指导意义的结论。

2.5   过渡金属氧化物燃烧催化剂

过渡金属元素由于其本身特有的电子结构,在特定的环境下可发生电子转移,因而广泛地在各种催化领域中得以研究和应用。在复合固体推进剂中,常用的燃烧催化剂除过渡金属元素的有机化合物(如二茂铁及其衍生物等)之外,过渡金属氧化物(Transition Metal Oxide,TMO),包括 Fe_2O_3、CuO、Co_2O_3、Cr_2O_3 等,也是一类非常重要的燃烧催化剂。

张炜等人[35]表征了 TMO 的催化作用,发现 TMO 燃烧催化剂对 AP 和 AP/Al/HTPB 推进剂有相同的催化作用。即研究 AP/TMO 的热分解反应,可预估 TMO 燃烧催化剂对含 Al 推进剂燃速的催化作用。Kishore 等人研究了 Ni_2O_3、Fe_2O_3、MnO_2 和 Co_2O_3 对 AP 的热分解反应,发现这些过渡金属氧化物可促进 AP 分解中的电子转移过程。研究表明,多数 TMO 可催化 AP 的热分解,因此可不同程度地催化 PBAA 推进剂、CTPB 推进剂和 HTPB 推进剂的燃烧,使推进剂燃速增加。其中,Fe_2O_3 提高燃速效果较明显。

徐浩星等人[36]对含 T27(一种二茂铁衍生物)、卡托辛、Fe_2O_3 三种燃烧催化剂的 HTPB/AP/Al 推进剂在 16~22MPa 下的燃速和燃速压力指数进行了研究。结果表明,二茂铁衍生物能大幅度提高 HTPB/AP/Al 推进剂的燃速,同时可使高压下的燃速压力指数大幅度下降;Fe_2O_3 对 HTPB/AP/Al 推进剂有着显著的燃速催化效果,但其推进剂压力指数较高;Fe_2O_3 的催化效率较 T27 高,但不及卡托辛;Fe_2O_3 和二茂铁衍生物组合使用能进一步提高 HTPB/AP/Al 推进剂的燃速,并使推进剂具有较低的燃速压力指数。

过渡金属氧化物燃烧催化剂虽然价格低、无迁移,但从国内外文献公开报道的结果显示,目前所制得的样品提高燃速的幅度较小,催化性能均不够理想。因此,国内外专家学者通过对过渡金属氧化物的改性或 TMO 组合催化剂的研究,希望借此能提升其于推进剂中的燃烧催化作用。

过渡金属氧化物的改性研究方面,多数集中于 TMO 的纳米化。邓鹏图等人[37]研究了纳米 Cr_2O_3、Cu_2O、Fe_2O_3 对 HTPB/AP/Al 推进剂燃烧性能的影响,并与普通催化剂的催化燃烧性能进行了比较。结果表明,纳米 Cr_2O_3、Cu_2O、Fe_2O_3 较相应普通催化剂的催化效率高,且高压下催化效率增幅更大,含量增加粒度效应增强,纳米 Cu_2O 含量较低时,在 9 MPa 下的催化效率已接近辛基二茂铁,催化剂含量增大,推进剂燃速升高。

洪伟良等人采用 DSC 法考察了室温固相反应制备的平均粒径 10 nm 的 CuO(团聚严重)对 RDX 热分解的催化作用。结果表明,普通 CuO 粉使 RDX 分解放热峰温度向低温方向移动了 2.8℃,分解峰宽增大(RDX 的分解速度降低),而纳米 CuO 粉使其向低温方向移动了 6.3℃,增大了 RDX 的分解速度,使 RDX 的分解放热更加集中,说明纳米 CuO 有利于含 RDX 推进剂燃速的提高。

罗元香等人[38]用热分析法研究了纳米级过渡金属氧化物对 AP 系推进剂主要组分高氯酸铵的催化分解作用。结果表明,纳米级 Fe_2O_3、PbO、Bi_2O_3 和 CuO 均能较强地催化 AP 的分解,其中纳米 CuO 的催化效果最明显,而且纳米 CuO 对 AP 的催化活性与其制备方法和微结构有关,采用改进沉淀法制备的分散性较好的球形纳米 CuO 的催化活性最高,可使 AP 的高温分解峰温前移 93.19℃,分解放热量增至 1420 J/g。掺杂 5% Cu^{2+} 的纳米 Fe_2O_3 可使 AP 分解的催化活性大大增强,使 AP 的高温分解峰温进一步前移 43℃之多,分解放热量由掺杂前的 980.50J/g 增至 1230J/g。

张汝冰等人用喷雾热解法制备了纳米亚铬酸铜和平均粒径 30~50nm 的针状 CuO,并用高能球磨法使纳米级 CuO 嵌入或粘附于氧化剂 AP 晶体表面而形成复合粒子,从而使 AP 分解反应的温度大大提前,分解速度加快,分解总放热量增加 774.01 J/g。

此外,将不同过渡金属氧化物进行组合,形成 TMO 组合催化剂,可以使各组分功能互补、产生"协同效应",进而发挥更大的催化作用。文献[39]系统研究了 TMO 催化剂(CuO、Fe_2O_3、Co_2O_3、Cr_2O_3)及其等质量比的 6 种组合催化剂对 AP/HTPB 和 AP/Al/HTPB 两类复合推进剂燃烧性能的影响,认为 TMO 组合催化剂对丁羟推进剂燃速影响可分为正协同效应、无协同效应和负协同效应 3 种,具有正协同效应的 TMO 组合催化剂提高燃速效果最佳。

张炜[40]研究了过渡金属氧化物及其复配物对非壅塞固体火箭冲压发动机

铝镁贫氧推进剂燃烧特性的影响。研究发现,氧化铁对提高铝镁贫氧推进剂燃速的作用显著。过渡金属氧化物组合(氧化钴/氧化铬和氧化铜/氧化铬)对提高铝镁贫氧推进剂的燃速催化作用显著,且含组合催化剂(氧化钴/氧化铬、氧化铜/氧化铬和氧化铁/氧化铜)的贫氧推进剂具有高的燃速压力指数。

2.6 稀土金属化合物燃烧催化剂

包括钪、钇和镧系(钷除外)在内的16种稀土金属及其化合物是一类在光、电、磁等方面都有优异特性和广泛用途的高科技材料,是各国都很重视的战略物资。

稀土元素在周期表中属ⅢB族,由于有9个正常价电子轨道(6s6p5d)和7个后备价电子轨道(4f),因此可具有很高的配位数(6~12),形成有空间结构的多面体配合物。4f轨道居于内层,通常不易成键,但在某种配位场影响下可发生能级劈裂、电子跃迁及能量转移等变化,从而产生催化作用。其历程被认为是利用4f轨道剩余电价与反应分子结合形成活化中间体,转变为产物后又与之脱离,使催化反应持续进行。

在汽车尾气和电厂排气处理中,常利用稀土化合物的某些构型能催化 $NO + CO \rightarrow N_2 + CO_2$ 氧化还原反应,从而有效控制大气污染;而推进剂燃气气氛与汽车尾气相似,基于以上考虑,有必要对稀土化合物于推进剂中的应用作进一步的研究。国外对于稀土在推进剂燃烧中的应用几乎没有研究报道,仅有一篇美国专利[41]含糊其辞地指出了镧化合物的可用性。

著者及其研究团队从20世纪90年代起,就进行了稀土化合物的设计、制备和表征工作,并将其应用于双基系推进剂中开展了应用研究。获得了许多有价值的研究结论[2, 13-15, 42],发现了一些能有效提高双基系推进剂燃烧性能、增强燃气红外透过率的 La、Ce 化合物,本节将对该类化合物的设计制备和表征进行介绍。

2.6.1 稀土的正常价态化合物

稀土正常价态离子为 RE^{3+} ($RE = La \sim Nd, Sm \sim Lu, Sc, Y$),根据分离过程中性质上的差异,有轻稀土($Sc, La \sim Eu$))和重稀土($Y, Gd \sim Lu$)之分。Y^{3+} 因所谓"镧系收缩"其性质介于 Er^{3+}、Tm^{3+} 之间。人们还发现,镧系元素化合物常可依某个性质上的不同依次分为四组,称为"四分组效应"。这些特性是实验工作中选择催化剂的一个依据。

稀土氧化物熔点均很高(表2-23),它们在作为燃烧催化剂的同时,对抑制推进剂在发动机中的不稳定燃烧也是很有利的。

表2-23 稀土氧化物及其他难熔氧化物熔点对比

氧化物	熔点/K	氧化物	熔点/K	氧化物	熔点/K	氧化物	熔点/K
La_2O_3	2573	Tb_2O_3	2663	Sc_2O_3	3373	MgO	3125
Ce_2O_3	1965	Dy_2O_3	2664	Al_2O_3	2318	CaO	2887
Pr_2O_3	2569	Ho_2O_3	2669	Cr_2O_3	2539	BaO	2191
Nd_2O_3	2583	Er_2O_3	2673	Fe_2O_3	1838	ZnO	2248
Sm_2O_3	2593	Tm_2O_3	2673	CeO_2	2873		
Eu_2O_3	2603	Yb_2O_3	2684	TiO_2	2113		
Gd_2O_3	2668	Lu_2O_3	2673	ZrO_2	2973		

徐光宪等对稀土羧酸盐结构做了深入研究,并获得了$Y(n-C_5H_{11}COO)_3 \cdot 2H_2O$及$NdA_2NO_3(C_2H_5OH)_2$(A为2-乙基己酸)的单晶衍射数据,从其结论看,羧基配位形式有4种(图2-43),且双核或多核现象较普遍(图2-44)。

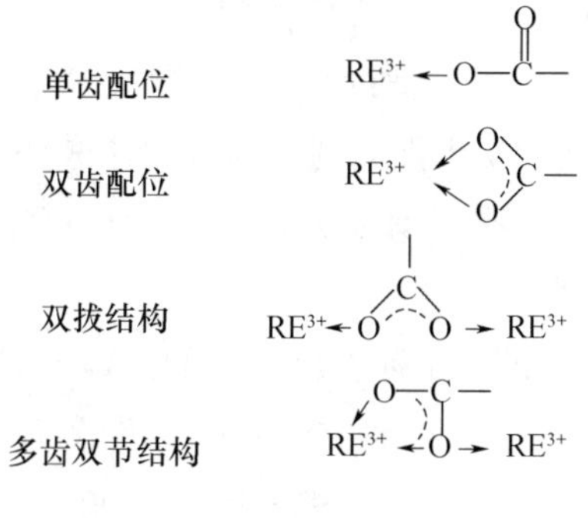

图2-43 羧基的配位形式

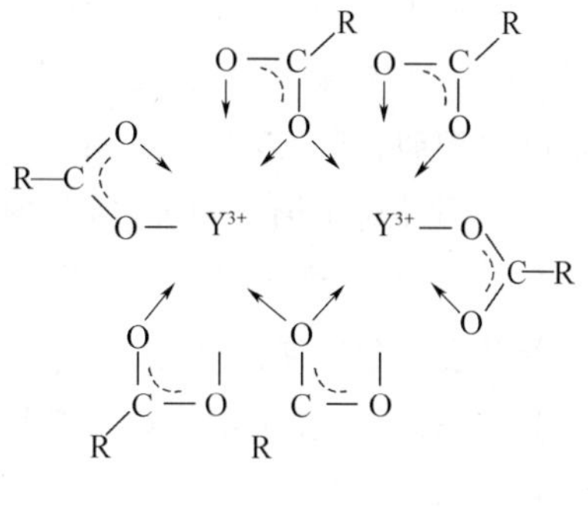

图2-44 $Y(n-C_5H_{11}COO)_3 \cdot 2H_2O$的双核结构简图

稀土羧酸盐热解机理及动力学方面的研究较为活跃,这亦是与其催化燃烧机理相关的一个领域。对稀土水杨酸盐,有如下的不同反应历程:

$$Tb[C_6H_4(OH)COO]_3 \cdot 3H_2O \rightarrow Tb[C_6H_4(OH)COO]_3 \cdot H_2O$$
$$\rightarrow Tb_2O_2CO_3 \rightarrow Tb_4O_2$$
$$Tb[C_6H_4(OH)COO]_3 \rightarrow Tb_2[C_6H_4(O)COO]_2O$$
$$\rightarrow Tb_2O_2CO_3 \rightarrow Tb_4O_7$$

86

$$\text{Tb}\left[\text{C}_6\text{H}_4(\text{OH})\text{COO}\right]_3 \cdot 4\text{H}_2\text{O} \xrightarrow{80℃} \text{Tb}\left[\text{C}_6\text{H}_4(\text{OH})\text{COO}\right]_3 \cdot 2\text{H}_2\text{O}$$

$$\xrightarrow{130℃} \text{Tb}\left[\text{C}_6\text{H}_4(\text{OH})\text{COO}\right]_3$$

$$\xrightarrow{260℃} \text{Tb}\left[\text{C}_6\text{H}_4(\text{OH})\text{COO}\right]_6\text{O}_3$$

$$\xrightarrow{350℃} \text{Tb}\left[\text{C}_6\text{H}_4(\text{OH})\text{COO}\right]\text{O}$$

$$\xrightarrow{440℃} \text{Tb}_4\text{O}_7$$

上述反应中,苯环上的吸电子基有利于提高稀土苯甲酸盐的热稳定性,而斥电子基则降低其稳定性。

稀土草酸盐热解过程研究较为成熟,轻稀土(Eu 除外)元素的反应历程如下:

$$\text{RE}_2(\text{C}_2\text{O}_4) \rightarrow \text{RE}_2(\text{C}_2\text{O}_4)(\text{CO}_3)_2 \rightarrow \text{RE}_2(\text{CO}_3)_3 \rightarrow \text{RE}_2\text{O}(\text{CO}_2)_2 \rightarrow \text{RE}_2\text{O}_3$$

对于 $\text{Eu}_2(\text{C}_2\text{O}_4)_3$,历程稍有不同,因其二价离子稳定性较高,故经历一个二价中间体:

$$\text{Eu}_2(\text{C}_2\text{O}_4)_3 \rightarrow \text{EuC}_2\text{O}_4 \rightarrow (\text{EuC}_2\text{O}_4)_2\text{O} \rightarrow (\text{EuCO}_3)_2\text{O} \rightarrow (\text{EuO})_2\text{CO}_3 \rightarrow \text{Eu}_2\text{O}_3$$

重稀土元素的反应历程如下:

$$\text{RE}_2(\text{C}_2\text{O}_4)_3 \rightarrow \text{RE}_2(\text{CO}_3)_3 \rightarrow \text{RE}_2\text{O}_3 (\text{RE} = \text{Er}, \text{Lu})$$

$$\text{Yb}_2(\text{C}_2\text{O}_4)_3 \rightarrow (\text{YbO})_2\text{CO}_3 \rightarrow \text{Yb}_2\text{O}_3$$

2.6.2 稀土的非正常价态化合物

稀土非正常价态为 +2 和 +4 价。

稀土的 +4 价态氧化活性很高,比较稳定的有 Ce(Ⅳ),Pr(Ⅳ)和 Tb(Ⅳ)等。氧化活性 Pr(Ⅳ) > Tb(Ⅳ) > Ce(Ⅳ)。Pr(Ⅳ)是氧化性最强的金属离子之一($E^o_{\text{Pr}^{4+}/\text{Pr}^{3+}} = +2.86\text{V}$),甚至 Ce(Ⅳ)的氧化性($E^o_{\text{Ce}^{4+}/\text{Ce}^{3+}} = +1.61\text{V}$)也强于 Pb(Ⅳ)($E^o_{\text{Pb}^{4+}/\text{Pb}^{2+}} = +1.46\text{V}$)。四价稀土离子价态高,半径小,与 O、N 等原子亲和力很强。

稀土的 +2 价离子均有强还原性,比较稳定的有 Sm^{2+}、Yb^{2+}、Eu^{2+},还原性 $\text{Sm}^{2+} > \text{Yb}^{2+} > \text{Eu}^{2+}$,稳定次序相反。它们与 NO_3^-、NO_2^-、N_2O 和 Cu(Ⅱ)等氧化性物种均有较高的反应速率,有报道它们能活化 CO,参与多种还原催化作用。

2.6.3 稀土催化剂的设计选择

由于要考虑成本和时间限制,不可能也没有必要对全部 16 种稀土元素均作考察;另一方面,为保证研究的系统性,实验又必须有典型价值,这是设计稀土催化剂的原则。

对正常价稀土化合物依其内在规律性来选择金属离子,主要是参考轻重稀土的划分及四组分效应;对非正常价稀土由于稳定性要求,首先要考虑与配方和工艺过程的相容性。经过比较和权衡,选取以下 6 种元素的 9 种离子予以考察。

正常价:La^{3+},Ce^{3+},Pr^{3+},Eu^{3+},Dy^{3+},Y^{3+};

非正常价:$Ce(\text{IV})$,$Pr(\text{IV})$,$Eu(\text{II})$。

其中 Pr、Eu、Dy、Y 分别从性质上代表了镧系的四个分组;Ce、Eu 有变价和独特性质;La 在以往工作中发现对普通双基体系催化效果较好。

配位基团的选择是一个较棘手的问题,根据以往的工作,著者团队重点考察了多羧基、多羟基配体。主要有以下 4 类,共计 8 个系列。

(1)脂肪族羧酸三种:柠檬酸(cit.),己二酸(adi.),葡萄糖酸(glu.);

(2)芳香族羧酸三种:2,4 - 二羟基苯甲酸(res.),对氨基水杨酸(pAS),邻苯二甲酸(pht.);

(3)多元配体一类:水杨酸 - 邻菲罗啉(sal. - phen);

(4)氧化物一类。

对于非正常价态的稀土,配体应使之有足够高的动力学稳定性,并要考虑工艺过程的需要。选取了两种高稳定性、低水溶性的化合物初步研究:$Ce^{IV}(IO_3)_4$,$Ce^{IV}_{0.8}Pr^{IV}_{0.6}O_2$。

2.6.4 稀土催化剂的合成

1. RE(cit),RE₂(adi)₃,RE(pAS)₃,RE₂(pht)₃(RE = La,Ce,Pr,Eu,Dy,Y)及 RE(res)₃(RE = La,Ce,Pr)的合成

0.06mol 稀土氧化物溶于稍过量浓硝酸中,小心蒸发至近干,加水稀释至 300mL,恒温 70℃下,滴入 500mL 过量 5% 的羧酸钠盐水溶液中,30min 滴完,以 1mol/L HNO_3、1mol/L NaOH 调 pH≈5,再搅拌 1h 并恒温 70℃使反应完全。将生成的沉淀于室温静置陈化 2h,抽滤,用蒸馏水洗涤沉淀数次,再以 95% 乙醇洗涤数次,自然干燥 12h,80℃烘干 8h 即得产物,产率均在 80% 以上,轻稀土配合物产率高于重稀土。分析结果见表 2 - 24。

2. RE(res)₃(RE = Eu,Dy,Y)的合成

2,4 - 二羟基苯甲酸与稀土配合物的合成未见文献报道,轻稀土的该类配合物可用常规方法合成,但重稀土配合物的合成由于反应速度慢,产物水溶性大而变得相当困难。经摸索后成功的合成方法是:300mL 0.12mol 稀土硝酸盐溶液于常温下滴入 300mL 过量 5% 的 2,4 - 二羟基苯甲酸钠溶液中,搅拌下加热蒸发至 300mL,并调节 pH≈5。室温搅拌 24h,放置 5 天后有晶状沉淀析出。抽滤,以少许冷水、乙醇淋洗数次后 80℃ 烘干,产率 80% ~ 85%,分析结果见表 2 – 24。

3. RE(glu)₃(RE = La, Ce, Pr, Eu, Dy, Y) 的合成

葡萄糖酸化合物因水溶性太大、组成复杂且难以结晶,故研究很少,其稀土配合物尚无文献报道。西安近代化学研究所燃烧与爆炸技术重点实验室研究团队利用葡萄糖酸钠与葡萄糖酸稀土在水介质和乙醇介质中溶解度的差别,成功地合成了该类配合物:将硝酸稀土溶于无水乙醇中,并与葡萄糖酸钠水溶液混合,加热并滴加乙醇,回流、冷却后溶液分成两层,分出下层溶液,经乙醇洗涤后得到的糖浆状物质于 100℃ 下烘干,冷却后成为块状固体,研细密封保存,轻稀土配合物产率大于重稀土。组成分析见表 2 – 24。

4. 三元配合物 RE(phen)₂(sal)₃(RE = La, Ce, Pr, Eu, Dy, Y) 的合成

在水介质中的合成不利于邻菲罗啉配位。经过反复探索研究,西安近代化学研究所燃烧与爆炸技术重点实验室成功地试验了在乙醇 – 水介质中合成该类配合物的方法:将邻菲罗啉溶于乙醇中,加入硝酸稀土水溶液,搅拌反应后有少量白色沉淀生成;再滴加水杨酸钠溶液,调节 pH 后搅拌反应,抽滤所得沉淀以乙醇洗涤沉淀数次,蒸馏水洗涤数次,烘干后即得产物。轻稀土配合物产率高于重稀土。分析组成见表 2 – 24。

5. 碘酸高铈 $Ce^{IV}(IO_3)_4$ 的合成

5 g CeO_2 与 25mL 浓 H_2SO_4 共热得红棕色(冷时为黄色)沉淀,加入 10.2g K_2SO_4 共热 10min,得到硫酸高铈钾复盐溶液。稀释至 100mL,水浴 60℃,搅拌下将 22g KIO_3 的 200mL 水溶液滴入,得松散黄色沉淀,搅拌 30min 后抽滤,水洗数次,80℃ 干燥 8h,产量 12g,产率 60%。

6. $Ce^{IV}_{0.8}Pr^{IV}_{0.6}O_2$ 的合成

0.035 mol $Pr(NO_3)_3$ 与 $Ce(NO_3)_3$ 按摩尔比 1:4 混溶于 500mL 水中;搅拌下将 42.5g 草酸的 400mL 水溶液缓缓滴入,80℃ 水浴 30 min,抽滤、洗涤、烘干后为淡绿色细晶。于马弗炉中升温至 800℃ 煅烧 1h,再降温至 450℃ 保持 2h,取出冷却,产物为暗红色固体粉末,产量 29 g,产率 97%。

表 2 – 24　一些典型配合物的组成分析

简称	RE/%		C/%		H/%		N/%	
	计算值	实测值	计算值	实测值	计算值	实测值	计算值	实测值
La – cit	40.20	40.40	20.80	21.08	2.00	2.10	0	0
Y – cit	27.50	27.30	22.30	22.77	3.09	2.97	0	0

简称	RE/%		C/%		H/%		N/%	
	计算值	实测值	计算值	实测值	计算值	实测值	计算值	实测值
La－adi	37.00	36.60	28.80	28.99	3.86	3.84	0	0
La－res	21.60	21.70	39.19	39.11	3.11	3.10	0	0
Ce－res	21.10	－	38.07	37.61	3.32	3.02	0	0
Y－res	14.00	14.50	39.50	39.78	3.92	3.98	0	0
La－glu	17.10	17.00	26.54	25.98	5.28	5.02	0	0
La－pAS	21.40	23.60	38.83	38.95	3.70	3.68	6.47	6.68
La－pht	29.80	30.50	30.90	31.08	3.22	3.31	0	0
La－phen－sal	14.70	13.50	57.08	57.44	3.70	3.43	5.92	5.49

2.7　催化剂的应用及其作用效果

2.7.1　二苯甲酮金属配合物对 CMDB 推进剂燃烧性能的影响[43]

二苯甲酮衍生物的金属配合物是一类很有前途的无污染、安定性高、安全、少烟的高效燃烧催化剂。高氮化合物作为一类具有较强应用潜力的新型含能材料，受到各国广泛重视。其合成、结构表征及自身的热分解、物化性能、爆轰性能及与含能材料间的相互作用等研究较多，在高能混合炸药、气体发生剂、发射药和推进剂等领域的应用也已陆续展开，但较多还局限在理论研究和实验模拟方面，或仅局限于实验室内，实际应用很少。

硝胺系改性双基推进剂存在燃速较低、压力指数较高的问题。为了解决这一难题，著者及其研究团队以 RDX－CMDB 推进剂为基础配方，用高氮化合物 BTATz 或 NNHT 取代（或部分取代）RDX，以 CL－20 来补充能量，选用自主开发的二苯甲酮金属配合物作为燃烧催化剂，同时搭配使用邻苯二甲酸铅、2,4－二羟基苯甲酸铅、己二酸铜、水杨酸铜等常用的燃烧催化剂，经过系统研究，获得了高燃速低特征信号的 CMDB 推进剂配方。

推进剂配方的原材料经过"吸收－驱水－熟化－压延－切成药条"常规的无溶剂成型工艺，制成推进剂试样。用此工艺制出的推进剂药片，结构致密，表面光滑，未出现气孔和裂纹，这说明对于该类推进剂完全可以采用常规的无溶剂压延工艺进行制造。

推进剂试样的燃速测定采用靶线法,在西安电子科技大学和燃烧与爆炸技术重点实验室联合研制的 AE/BX - 2006 多功能固体推进剂燃速测试系统上进行。测定试样燃速时,先将推进剂样品制成 5mm × 5mm × 150mm 药条,并经表面粗化处理,然后在其侧面用聚乙烯醇溶液浸渍包覆并晾干,如此反复 6 次,按国家军用标准 GJB 770B - 2005 方法 706.1"燃速 - 靶线法"测定燃速。测试时环境温度为 20℃,测试的压力范围为 2 ~22 MPa。

2.7.1.1 对 RDX - CMDB 推进剂(DINA 体系)燃烧性能的影响

根据研究经验,选择二苯甲酮铅配合物和铋配合物分别与铜配合物搭配,加入 DINA 体系的 RDX - CMDB 推进剂中,本节总结了 9 种二苯甲酮 - 金属配合物对 RDX - CMDB 推进剂燃烧的催化效果,具体配方见表 2 - 25,燃速数据见表 2 - 26。

表 2 - 25   RDX - CMDB 推进剂配方

编号	NC + NG	RDX	DINA	其他助剂	催化剂/%
1	66	26	5	3	0
2	66	26	5	3	TPL + TPC + CB/2.5 + 0.5 + 0.4
3	66	26	5	3	PPL + PPC + CB/2.5 + 0.5 + 0.4
4	66	26	5	3	HPL + HPC + CB/2.5 + 0.5 + 0.4
5	66	26	5	3	TPB + TPC + CB/2.5 + 0.5 + 0.4
6	66	26	5	3	PPB + PPC + CB/2.5 + 0.5 + 0.4
7	66	26	5	3	HPB + HPC + CB/2.5 + 0.5 + 0.4

表 2 - 26   RDX - CMDB 推进剂的燃速

配方编号	不同压力(MPa)下推进剂的燃速/[u / (mm/s)]										
	2	4	6	8	10	12	14	16	18	20	22
1	3.09	5.34	7.42	9.85	11.88	14.04	15.75	17.54	19.54	20.92	22.65
2	8.34	11.75	14.23	16.60	18.47	19.58	21.27	22.45	23.16	24.21	25.77
3	7.81	11.95	15.18	17.93	19.85	20.85	21.75	22.51	23.05	24.18	25.45
4	8.33	12.91	15.66	17.53	19.10	19.52	20.48	21.31	22.21	22.94	25.18
5	4.47	7.85	10.60	13.19	15.80	17.36	19.16	20.99	21.78	24.11	25.64
6	5.68	9.86	12.89	15.45	17.78	18.86	20.29	21.81	22.34	24.03	25.69
7	5.32	11.39	15.01	17.34	19.69	20.68	22.28	23.17	24.14	24.56	25.38

含二苯甲酮铅/铜配合物 RDX – CMDB 推进剂的燃速 – 压力曲线如图 2 – 45 所示。结合表 2 – 26 中的燃速数据可看出，三种二苯甲酮 – 铅配合物（TPL、PPL、HPL）显示出很高的催化效果，使推进剂燃速大幅提高，均出现显著的超速燃烧，明显降低压力指数。在 10～20MPa 范围内出现宽平台燃烧区，燃速压力指数从 0.812 分别降低至 0.396、0.274、0.279，属于高燃速的平台燃烧催化剂。

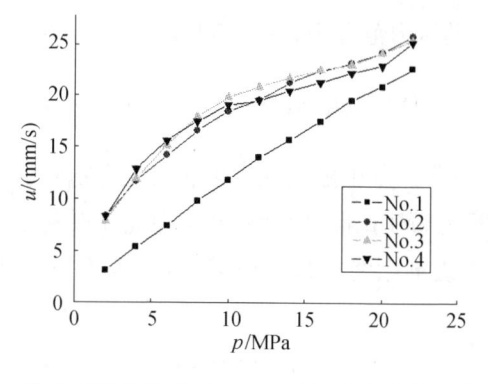

图 2 – 45　含二苯甲酮铅/铜配合物 RDX – CMDB 推进剂的燃速 – 压力曲线

图 2 – 46 给出了含二苯甲酮铋/铜配合物 RDX – CMDB 推进剂的燃速 – 压力曲线。结合表 2 – 26 中的燃速数据可看出，三种二苯甲酮 – 铋配合物（TPB、PPB、HPB）也具有优良的催化作用，使推进剂燃速出现显著的超速燃烧，降低压力指数。尤其是含六羟基的 HPB 使 RDX – CMDB 在 4～12MPa 出现显著的超速燃烧，在 10～22MPa 出现平台燃烧区，在 4MPa、6MPa、8MPa、10MPa 该催化剂的催化效率 Z 分别为 2.13、2.02、1.76 和 1.66；在 10～22MPa 的宽范围内的压力指数从 0.812 分别降低至 0.318，说明 HPB 是一种 RDX – CMDB 推进剂的环境友好型高燃速的平台燃烧催化剂。

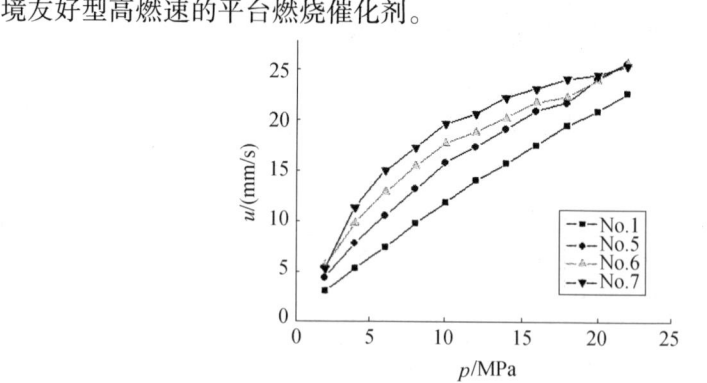

图 2 – 46　含二苯甲酮铋/铜配合物 RDX – CMDB 推进剂的燃速 – 压力曲线

可见,二苯甲酮-金属配合物对 RDX-CMDB 推进剂的燃烧都具有非常优良的催化效果,其对提高 RDX-CMDB 推进剂燃速的催化效果要优于芳香酸铅盐,使推进剂出现显著的超速燃烧,还能大幅降低压力指数。

2.7.1.2 对 BTATz/NNHT-CMDB 推进剂(DINA 体系)燃烧性能的影响

为了与常规的 DINA 体系 RDX-CMDB 推进剂(编号 RDX2009)进行相比,设计并制备了含高氮化合物 3,6-双(1-氢-1,2,3,4-四唑-5-氨基-1,2,4,5-四嗪(BTATZ)或 2-硝亚胺基-5-硝基-六氢化-1,3,5-三嗪(NNHT)的催化和非催化推进剂试样,具体配方见表 2-27,燃速数据见表 2-28,对测得的燃速和对应的压力分别取对数,经最小二乘法拟合运算,求得表 2-27 中 5 个推进剂配方在 8~22 MPa 和 8~16 MPa 范围内的燃速压力指数,也列于表 2-28。

表 2-27　RDX/BTATZ/NNHT-CMDB 推进剂(DINA 体系)配方表(%)

编号	NC+NG	氧化剂	DINA	其他	催化剂
RDX2009	66	RDX 26	5	3	0
BT0601	66	BTATZ 26	5	3	0
BT0602	66	BTATZ 26	5	3	Φ-Pb + A-Cu + 通用 CB/2.5+0.5+0.5
NT0601	66	NNHT 26	5	3	0
NT0602	66	NNHT 26	5	3	Φ-Pb + A-Cu + 通用 CB/2.5+0.5+0.5

注:Φ-Pb 为邻苯二甲酸铅,A-Cu 为乙二酸铜,DINA(吉纳)为 N-硝基-二乙醇胺二硝酸酯

表 2-28　RDX/BTATZ/NNHT-CMDB 推进剂(DINA 体系)燃速数据

p/MPa	不同压力(MPa)下推进剂的燃速 [u/(mm/s)]				
	RDX2009	BT0601	BT0602	NT0601	NT0602
2	3.1	4.7	6.2	3.9	6.8
4	5.3	8.4	9.9	6.4	10.6
6	7.4	11.5	14.0	8.0	13.6
8	9.9	14.5	18.6	9.8	15.7
10	11.9	17.4	22.0	11.5	16.6
12	14.0	19.5	25.0	13.0	16.9
14	15.8	21.9	27.1	14.7	16.8
16	17.5	24.0	28.5	16.3	17.3
18	19.2	26.5	29.6	17.5	18.4
20	20.9	28.1	30.8	18.9	19.6

p/MPa	不同压力(MPa)下推进剂的燃速 [u / (mm/s)]				
	RDX2009	BT0601	BT0602	NT0601	NT0602
22	21.9	30.3	32.2	20.4	20.7
n(8~22MPa)	0.80	0.72	0.52	0.72	0.24
n(8~16MPa)	0.84	0.72	0.62	0.73	0.12
注:n 为燃速压力指数,下同					

试样 RDX2009、BT0601、BT0602 和 NT0601、NT0602 的燃速曲线如图 2-47 所示。

对比 BT0601 与 BT0602、NT0601 与 NT0602 的燃速曲线(图 2-47)可以发现,对于 Φ-Pb+A-Cu+通用 CB 体系催化的 CMDB 推进剂试样,燃速明显高于非催化试样,使得 BTATz 体系出现超高燃速现象,NNHT 体系出现平台燃烧现象:BTATz 体系燃速提升 28%,NNHT 体系 8~16 MPa 范围内压力指数 0.12。对于相同含量的两个体系,BTATz 体系在燃速提升方面、NNHT 体系在平台燃烧方面具有突出的潜力,这与两者的分子结构有很大关系。

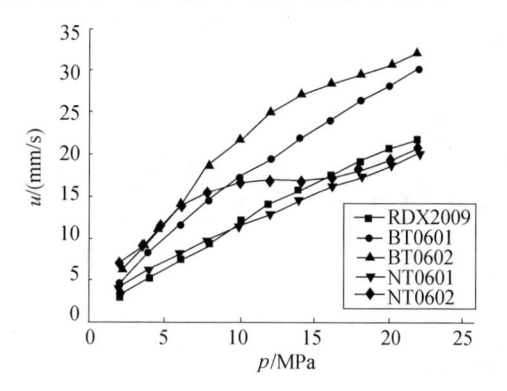

图 2-47　RDX/BTATz/NNHT-CMDB 推进剂(DINA 体系)燃速-压力曲线

2.7.1.3　对 BTATz/NNHT-RDX-CMDB 推进剂(DIANP 体系)燃烧性能的影响

为了考察自制的二苯甲酮衍生物金属配合物及还原型锡酸铅等对 BTATz/NNHT-RDX-CMDB 推进剂(DIANP 体系)燃烧的催化效果,设计并制备了非催化的 BTATz-RDX-CMDB 推进剂和 NNHT-RDX-CMDB 推进剂 2 对,催化 BTATz-RDX-CMDB 推进剂和 NNHT-RDX-CMDB 推进剂试样 5 对。为了提高推进剂能量,配方中添加了3%的铝粉。具体配方见表2-29,燃速数据和8~22 MPa 范围内的燃速压力指数见表2-30。

表2-29   BTATz/NNHT-RDX-CMDB 推进剂(DIANP 体系)配方表(%)

编号	NC+NG	高氮物	RDX	Al	DIANP	其他	催化剂
BR100	54.7	BTATz 28	10	0	5	2.3	0
BR101	54.7	BTATz 18	20	0	5	2.3	0
BR102	54.7	BTATz 18	17	3	5	2.3	TPL+TPC+中超 CB/2.5+0.5+0.8
BR103	54.7	BTATz 18	17	3	5	2.3	PPL+PPC+中超 CB/2.5+0.5+0.8
BR104	54.7	BTATz 18	17	3	5	2.3	TPL(Ⅱ)+TPC+中超 CB/2.5+0.5+0.8
BR105	54.7	BTATz 18	17	3	5	2.3	PbSnO₃(还)+β-Cu+中超 CB/3+0.5+0.8
BR106	54.7	BTATz 18	17	3	5	2.3	Φ-Pb+β-Cu+中超 CB/2.5+0.5+0.8
NR100	54.7	NNHT 28	10	0	5	2.3	0
NR101	54.7	NNHT 18	20	0	5	2.3	0
NR102	54.7	NNHT 18	17	3	5	2.3	TPL+TPC+中超 CB/2.5+0.5+0.8
NR103	54.7	NNHT 18	17	3	5	2.3	PPL+PPC+中超 CB/2.5+0.5+0.8
NR104	54.7	NNHT 18	17	3	5	2.3	TPL(Ⅱ)+TPC+中超 CB/2.5+0.5+0.8
NR105	54.7	NNHT 18	17	3	5	2.3	PbSnO₃(还)+β-Cu+中超 CB/3+0.5+0.8
NR106	54.7	NNHT 18	17	3	5	2.3	Φ-Pb+β-Cu+中超 CB/2.5+0.5+0.8

注:TPL 与 TPL(Ⅱ)系不同条件制得,β-Cu 为2,4-二羟基苯甲酸铜

表2-30   BTATz/NNHT-RDX-CMDB 推进剂(DIANP 体系)燃速数据

p/MPa	不同压力(MPa)下推进剂的燃速 $[u/(mm/s)]$						
	BR100	BR101	BR102	BR103	BR104	BR105	BR106
2	4.9	4.0	6.1	4.4	6.0	6.8	7.8
4	8.8	7.2	9.7	8.1	9.8	11.6	13.4
6	11.9	9.5	12.9	11.2	12.7	15.3	17.6
8	15.0	11.9	15.8	14.2	15.7	18.8	20.7
10	17.5	14.4	18.5	16.7	18.6	21.7	23.3
12	19.5	16.4	21.0	19.5	21.2	24.1	25.1
14	21.9	18.7	23.9	22.0	23.7	26.2	27.1
16	24.2	20.7	25.9	24.1	25.7	27.9	28.2
18	26.6	22.6	27.6	26.3	27.8	30.0	29.8
20	29.2	24.9	29.3	28.5	29.7	31.6	31.1

p/MPa	不同压力（MPa）下推进剂的燃速［u／（mm/s）］						
	BR100	BR101	BR102	BR103	BR104	BR105	BR106
22	31.4	27.0	30.8	30.4	31.4	32.6	32.2
n(8~22MPa)	0.73	0.80	0.67	0.76	0.68	0.55	0.43
	NR100	NR101	NR102	NR103	NR104	NR105	NR106
2	3.7	3.2	4.8	7.1	7.4	5.6	6.4
4	6.1	5.7	8.0	12.0	13.8	9.3	13.1
6	8.1	7.6	10.9	15.6	17.5	13.5	17.6
8	9.9	9.1	12.8	18.3	21.6	16.7	20.1
10	11.8	10.9	14.8	20.4	24.2	19.0	21.9
12	13.4	12.3	16.4	22.3	26.8	21.2	23.0
14	15.1	14.0	18.3	23.8	28.2	23.0	23.5
16	16.8	15.5	20.0	25.3	29.3	24.2	23.6
18	18.1	17.2	21.5	26.1	30.3	25.6	23.8
20	19.9	18.6	22.8	26.8	31.0	26.7	24.1
22	21.7	20.7	24.1	27.4	31.1	27.9	25.2
n(8~22MPa)	0.76	0.79	0.63	0.40	0.36	0.50	0.19

非催化的 BTATz – RDX – CMDB 推进剂 BR100、BR101 和 NNHT – RDX – CMDB 推进剂 NR100、NR101 的燃速 – 压力曲线见图 2 – 48，为了方便比较，将 RDX2009（常规 RDX – CMDB 推进剂）试样的燃速也纳入了图中（下同）。

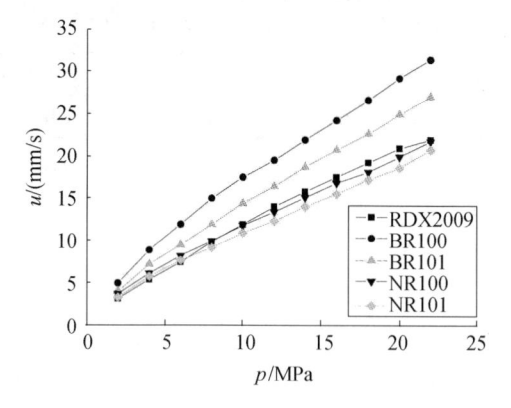

图 2 – 48　非催化 BTATz/NNHT – RDX – CMDB 推进剂的燃速 – 压力曲线

从图 2 – 47、表 2 – 30 可以看出：

（1）BTATz 含量在一定范围内的变化对 CMDB 推进剂燃速产生了一些影

响,BR100 与 BR101 相比,燃速提升 10% ~20% 。

（2）NNHT 含量在一定范围内的变化对 CMDB 推进剂燃速影响很小,其总体燃速与常规 RDX - CMDB 推进剂相差不大。

（3）含量相同时,含 BTATz 推进剂的燃速总体优于含 NNHT 推进剂。

（4）由于 RDX 的存在,非催化的 4 个试样的燃速压力指数都较高,8 ~22MPa 范围内分别为 0.73、0.80、0.76、0.79。

催化的 BTATz - RDX - CMDB 推进剂、NNHT - RDX - CMDB 推进剂的燃速 - 压力曲线分别见图 2 - 49 和图 2 - 50。

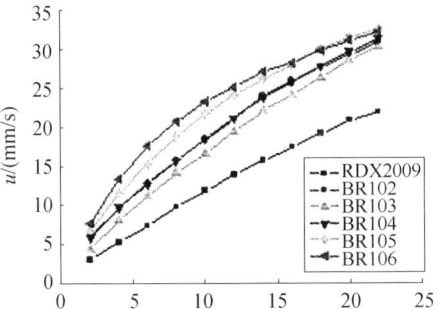

图 2 - 49　催化 BTATz - RDX - CMDB 推进剂的燃速 - 压力曲线

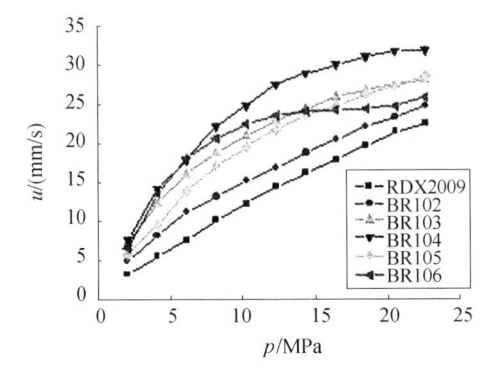

图 2 - 50　催化 NNHT - RDX - CMDB 推进剂的燃速 - 压力曲线

由图 2 - 49、表 2 - 30 可以看出:

（1）在含催化剂的 BR102 ~ BR106 体系中,TPL + TPC +中超 CB 体系催化的 BR102 和 TPL(II) + TPC +中超 CB 体系催化的 BR104 的燃速 - 压力曲线几乎重叠。

（2）与图 2 - 48 相比,发现 PPL + PPC +中超 CB 体系催化的 BR103 甚至

比非催化的 BR100 还要稍逊一些。

（3）$PbSnO_3$（还）+ β－Cu＋中超 CB 体系催化的 BR105 和 Φ－Pb＋β－Cu＋中超 CB 体系催化的 BR106 比较令人满意，尤其是后者；与常规 RDX－CMDB 推进剂相比，两者可使燃速提升 50%～100%，8～22MPa 区间的压力指数也分别降低到 0.55 和 0.43。

由图 2－50、表 2－30 可以看出，在含催化剂的 NR102～NR106 体系中，除 NR102 相对稍差一些，其余 4 个试样均表现不错，尤其是 NR104，10MPa 时燃速可达到 24.2mm/s，8～22MPa 区间的压力指数为 0.36；NR103、NR105、NR106 比 NR104 燃速稍差一些，8～22MPa 区间的燃速压力指数分别为 0.40、0.50 和 0.19。

由图 2－49 和图 2－50 对比可知，RDX－CMDB 推进剂中无论添加 BTATz 还是 NNHT，Φ－Pb＋β－Cu＋中超 CB 体系的催化效果均较优，尤其在 NNHT－RDX－CMDB 推进剂中，降低压力指数的能力非凡。

2.7.1.4 对 BTATz/NNHT－CL－20－CMDB 推进剂（DIANP 体系）燃烧性能的影响

为了考察催化剂的催化效果，设计并制备了催化 BTATz－CL－20－CMDB 推进剂和 NNHT－CL－20－CMDB 推进剂试样 12 对，其中，非铝试样 5 对，5% 铝试样 4 对，3% 铝试样 3 对，以期获得铝粉含量的变化对 CMDB 推进剂燃速的影响规律。具体配方见表 2－31，两类推进剂的燃速数据及 8～22MPa 和 14～22MPa 范围内的燃速压力指数分别见表 2－32 和表 2－33。

表 2－31　BTATz－CL－20－CMDB 推进剂（DIANP 体系）配方表（%）

编号	NC＋NG	高氮物	CL－20	Al	DIANP	其他	催化剂
BT0801	54.7	BTATz28	10	0	5	2.3	0
BT0802	54.7	BTATz18	20	0	5	2.3	0
BT0803	54.7	BTATz18	20	0	5	2.3	Φ－Pb＋A－Cu＋通用 CB/2.5＋0.5＋0.4
BT0804	54.7	BTATz18	20	0	5	2.3	β－Pb＋Sa－Cu＋通用 CB/2.5＋0.5＋0.4
BT1201	54.7	BTATz18	20	0	5	2.3	Φ－Pb＋β－Cu＋通用 CB＋Ni/2.5＋0.5＋0.4＋1
BT1202	54.7	BTATz18	20	0	5	2.3	Φ－Pb ＋β－Cu＋中超 CB/2.5＋0.5＋0.8
BT1203	54.7	BTATz18	20	0	5	2.3	$PbSnO_3$（还）＋β－Cu＋中超 CB/3＋0.5＋0.8
BT1204	54.7	BTATz18	15	5	5	2.3	$PbSnO_3$（还）＋β－Cu＋中超 CB/3＋0.5＋0.8
BT1205	54.7	BTATz18	15	5	5	2.3	Φ－Pb＋β－Cu＋通用 CB/2.5＋0.5＋0.4
BT1206	54.7	BTATz18	15	5	5	2.3	TPL＋TPC＋中超 CB/2.5＋0.5＋0.8

编号	NC＋NG	高氮物	CL－20	Al	DIANP	其他	催化剂
BT1207	54.7	BTATz18	15	5	5	2.3	PPL＋PPC＋特黑 CB/2.5＋0.5＋0.8
BT102	54.7	BTATz25	10	3	5	2.3	TPL＋TPC ＋中超 CB/2.5＋0.5＋0.8
BT103	54.7	BTATz25	10	3	5	2.3	PPL＋PPC＋中超 CB/2.5＋0.5＋0.8
BT105	54.7	BTATz18	17	3	5	2.3	TPL（Ⅱ）＋TPC＋中超 CB/2.5＋0.5＋0.8
NT0801	54.7	NNHT28	10	0	5	2.3	0
NT0802	54.7	NNHT18	20	0	5	2.3	0
NT0803	54.7	NNHT18	20	0	5	2.3	Φ－Pb＋A－Cu ＋通用 CB/2.5＋0.5＋0.4
NT0804	54.7	NNHT18	20	0	5	2.3	β－Pb＋Sa－Cu ＋通用 CB/2.5＋0.5＋0.4
NT1201	54.7	NNHT18	20	0	5	2.3	Φ－Pb＋β－Cu ＋通用 CB＋Ni/2.5＋0.5＋0.4＋1
NT1202	54.7	NNHT18	20	0	5	2.3	Φ－Pb＋β－Cu ＋中超 CB/2.5＋0.5＋0.8
NT1203	54.7	NNHT18	20	0	5	2.3	$PbSnO_3$（还）＋β－Cu ＋中超 CB/3＋0.5＋0.8
NT1204	54.7	NNHT18	15	5	5	2.3	$PbSnO_3$（还）＋β－Cu ＋中超 CB/3＋0.5＋0.8
NT1205	54.7	NNHT18	15	5	5	2.3	Φ－Pb＋β－Cu ＋通用 CB/2.5＋0.5＋0.4
NT1206	54.7	NNHT18	15	5	5	2.3	TPL＋TPC ＋中超 CB/2.5＋0.5＋0.8
NT1207	54.7	NNHT18	15	5	5	2.3	PPL＋PPC＋特黑 CB/2.5＋0.5＋0.8
NT102	54.7	NNHT25	10	3	5	2.3	TPL＋TPC ＋中超 CB/2.5＋0.5＋0.8
NT103	54.7	NNHT25	10	3	5	2.3	PPL＋PPC＋中超 CB/2.5＋0.5＋0.8
NT104	54.7	NNHT18	15	5	5	2.3	NHPL＋NHPC＋中超 CB/2.5＋0.5＋0.8

注：CL－20 为六硝基六氮杂异戊兹烷，DIANP 为 1,5－二叠氮基－3－硝基－3－氮杂戊烷叠氮硝胺 NHPL 和 NHPC 分别为 3,5,－二硝基－2,4－二羟基二苯甲酮的铅、铜配合物，$PbSnO_3$（还）为锡酸铅 TDI 还原型催化剂

表 2－32　BTATz－CL－20－CMDB 推进剂（DIANP 体系）燃速数据

p/MPa	不同试样的燃速［u／（mm/s）］						
	BT0801	BT0802	BT0803	BT0804	BT102	BT103	BT105
2	6.4	5.8	8.6	5.8	7.2	6.8	6.1
4	10.4	9.3	12.7	11.4	11.1	10.4	10.1
6	13.7	12.3	16.4	14.9	14.2	13.7	13.6
8	16.9	15.0	19.4	18.5	17.2	16.5	17.0
10	19.2	17.7	22.0	22.0	20.1	19.1	20.2
12	22.4	20.5	24.6	25.0	23.0	21.8	23.3
14	24.5	23.1	27.5	28.0	26.0	24.8	26.1

p/MPa	不同试样的燃速 $[u/(mm/s)]$						
	BT0801	BT0802	BT0803	BT0804	BT102	BT103	BT105
16	27.1	26.4	29.4	30.0	28.7	27.2	29.0
18	29.6	28.8	32.1	32.4	31.5	30.1	31.4
20	32.4	31.3	33.9	34.2	33.0	32.8	34.0
22	34.6	34.3	36.0	36.5	35.7	35.1	36.8
$n(8\sim22MPa)$	0.72	0.82	0.62	0.66	0.73	0.76	0.76
$n(14\sim22MPa)$	0.77	0.85	0.60	0.59	0.68	0.78	0.75
p/MPa	BT1201	BT1202	BT1203	BT1204	BT1205	BT1206	BT1207
2	8.1	8.1	7.1	7.3	7.6	7.3	6.0
4	13.4	13.8	12.8	13.0	12.9	12.0	10.1
6	17.2	17.8	18.4	17.9	17.4	16.4	13.7
8	19.9	21.1	22.5	22.1	20.4	20.3	16.6
10	22.0	24.0	26.2	25.6	22.9	24.0	20.2
12	23.9	26.5	28.8	28.6	24.8	27.6	23.5
14	25.9	28.6	30.9	31.2	26.8	30.3	26.9
16	27.8	30.4	32.9	33.8	28.4	32.4	30.2
18	30.2	32.6	34.7	35.6	30.2	34.0	32.7
20	32.5	34.5	36.5	37.7	32.5	35.8	35.1
22	34.6	36.1	37.6	39.3	34.7	37.5	37.4
$n(8\sim22MPa)$	0.55	0.53	0.50	0.57	0.51	0.60	0.81
$n(14\sim22MPa)$	0.65	0.52	0.44	0.51	0.57	0.46	0.72

表 2-33 NNHT-CL-20-CMDB 推进剂（DIANP 体系）燃速数据

p/MPa	不同压力（MPa）下推进剂的燃速 $[u/(mm/s)]$						
	NT0801	NT0802	NT0803	NT0804	NT102	NT103	NT104
2	4.6	5.0	7.0	4.8	4.3	4.5	5.2
4	6.9	7.2	11.6	9.7	7.1	7.5	8.0
6	8.9	9.3	14.6	14.6	9.7	11.5	11.8
8	10.7	11.4	16.4	17.7	12.8	15.0	15.1
10	12.7	13.7	18.3	20.6	15.0	18.3	18.5
12	14.8	15.8	19.6	22.8	16.9	20.6	21.6

p/MPa	不同压力（MPa）下推进剂的燃速［$u/(\text{mm/s})$］						
	NT0801	NT0802	NT0803	NT0804	NT102	NT103	NT104
14	16.6	18.1	20.8	24.5	19.0	22.9	24.3
16	18.7	20.5	22.9	26.3	20.8	25.3	26.3
18	20.2	22.6	24.6	28.3	22.8	27.2	28.5
20	22.0	24.6	26.4	29.7	24.5	28.9	30.2
22	23.9	26.8	28.4	31.0	26.2	30.3	31.8
$n(8\sim22\text{MPa})$	0.79	0.85	0.53	0.54	0.71	0.69	0.73
$n(14\sim22\text{MPa})$	0.79	0.85	0.67	0.52	0.72	0.61	0.60
p/MPa	NT1201	NT1202	NT1203	NT1204	NT1205	NT1206	NT1207
2	7.2	5.2	4.9	6.1	6.5	6.2	4.9
4	11.8	11.7	10.5	10.5	11.3	12.1	10.0
6	14.6	16.6	14.4	14.5	15.0	18.5	14.9
8	17.4	20.2	17.9	18.0	17.5	22.8	19.9
10	19.2	23.2	20.9	21.0	19.5	26.2	23.8
12	20.6	25.2	23.4	23.5	21.4	27.4	26.5
14	22.0	27.0	25.4	25.7	22.3	29.4	29.0
16	23.5	28.2	27.4	27.5	23.1	30.1	30.3
18	25.1	29.2	29.2	29.4	24.5	31.0	31.7
20	26.9	30.5	30.4	30.4	26.0	31.5	32.8
22	28.6	31.6	31.9	32.3	27.6	32.3	33.8
$n(8\sim22\text{MPa})$	0.48	0.42	0.56	0.56	0.42	0.32	0.50
$n(14\sim22\text{ MPa})$	0.58	0.34	0.49	0.49	0.47	0.20	0.34

催化 BTATz – CL – 20 – CMDB 推进剂和 NNHT – CL – 20 – CMDB 推进剂试样的燃速 – 压力曲线分别见图 2 – 51 和图 2 – 52。结合表 2 – 32 和表 2 – 33 可以发现：

1. 不同二苯甲酮衍生物的催化效果比较

（1）在含 NNHT 的 CMDB 推进剂中效果不同。从图 2 – 51（C）可以看出，3,5 – 二硝基 – 2,4 – 二羟基二苯甲酮的铅配合物（NHPL）+ 铜配合物（NHPC）+ 中超炭黑体系催化的 NNHT – CL – 20 – CMDB 推进剂 NT104，其燃速和压力指数均优于 TPL + TPC + 中超 CB 体系催化的 NT102 以及 PPL + PPC + 特黑 CB

体系催化的 NT103,燃速排序为 NT104 > NT103 > > NT102。说明对于含 NNHT 的 CMDB 推进剂,二苯甲酮的硝基衍生物金属配合物催化效果最好,五羟基衍生物金属配合物催化效果稍差,四羟基衍生物金属配合物催化效果在三者中最差。

(2)对于含 BTATz 的 CMDB 推进剂,PPL + PPC + 中超 CB 体系和 TPL + TPC + 中超 CB 体系催化的 BT103 和 BT102,对燃速提升效果的差别并不明显(图 2 - 50(C)),这可能与 BTATz/CL - 20 及 NNHT/CL - 20 的含量比例有关。

2. 燃烧性能较优的推进剂试样及催化体系的筛选

图 2 - 51、图 2 - 52 与表 2 - 32、表 2 - 33 相结合可以看出,使 CMDB 推进剂燃烧性能表现较优的催化体系有 Φ - Pb + β - Cu + 中超 CB 体系、TPL + TPC + 中超 CB 体系、PbSnO₃(还)+ β - Cu + 中超 CB 体系及 PPL + PPC + 特黑 CB 体系:

1)Φ - Pb + β - Cu + 中超 CB 体系催化的 BT1202 和 NT1202,BR106 和 NR106

BT1202 和 NT1202 在 2MPa 时的燃速分别为 8. 13mm/s 和 5. 17mm/s,10MPa 时的燃速分别为 24.0mm/s 和 23.2mm/s,8 ~ 22MPa 范围内的压力指数分别为 0.53 和 0.42,14 ~ 22MPa 范围内的压力指数分别为 0.52 和 0.34。

BR106 和 NR106 在 4 MPa 时的燃速分别为 13.4mm/s 和 13.1mm/s,10MPa 时的燃速分别为 23.3mm/s 和 21.9mm/s,8 ~ 22MPa 范围内的压力指数分别为 0.43 和 0.19。而且由配方表 2 - 31 可知,这两个试样铝粉含量仅为 3%,烟雾等级不会超过 B 级。

2)TPL + TPC + 中超 CB 体系催化的 BT1206 和 NT1206

BT1206 和 NT1206 在 10MPa 时的燃速分别为 24.0mm/s 和 26.2mm/s,8 ~ 22MPa 范围内的压力指数分别为 0.60 和 0.32,14 ~ 22MPa 范围内的压力指数分别为 0.46 和 0.20。

3)PbSnO₃(还)+ β - Cu + 中超 CB 体系催化的 BT1203 和 BT1204

BT1203 和 BT1204 在 10MPa 时的燃速分别为 26.2mm/s 和 25.6mm/s,26 MPa 时的燃速分别可达到 40.0mm/s 和 42.5mm/s;8 ~ 22MPa 范围内的压力指数分别为 0.50 和 0.57,14 ~ 22MPa 范围内的压力指数分别为 0.44 和 0.51。两个试样的区别在于后者配方中以 5% 的铝粉替代了等量的 CL - 20,铝粉的加入使得压力指数稍高一些。此外,这两个试样和 BT1206、BT1207 基本都可以达到燃速 40 ~ 45mm/s(25 MPa)的较高水平。

4)PPL + PPC + 特黑 CB 体系催化的 BT1207 和 NT1207

BT1207 和 NT1207 与 BT1206 和 NT1206 相比,要差一些,但总体上还算不错。

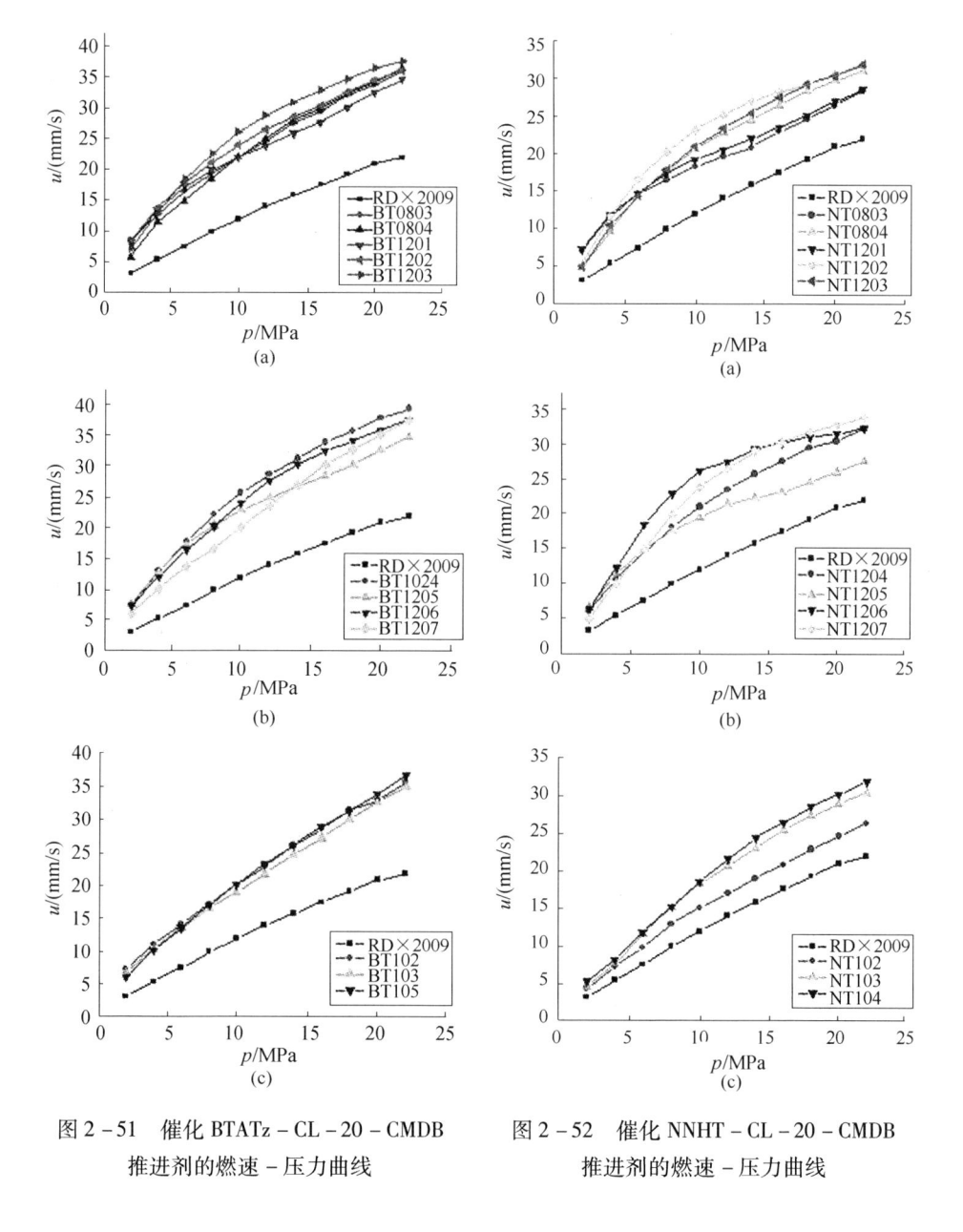

图 2 - 51　催化 BTATz - CL - 20 - CMDB 推进剂的燃速 - 压力曲线

图 2 - 52　催化 NNHT - CL - 20 - CMDB 推进剂的燃速 - 压力曲线

2.7.1.5　不同炭黑对 CMDB 推进剂（DIANP 体系）燃烧性能的影响

炭黑在催化体系中发挥着非常重要的作用,其作用与其粒度分布、比表面积、制备方法、原料来源等都有很大的关系。著者及其研究团队考察了不同炭黑品种(图2-53)和含量对 CMDB 推进剂(DIANP 体系)燃烧性能的影响。

对于含 NNHT 的 CMDB 推进剂,前已述及,同含中超炭黑的 NT103 燃速和压力指数均优于 NT102,这是由于五羟基衍生物金属配合物催化效果优于四羟基衍生物金属配合物。但通过对比 NT1206(中超炭黑体系)和 NT1207(特黑炭黑体系)的燃速及压力指数,发现前者明显优于后者,这说明在该体系中中超炭黑催化作用优于特黑炭黑。

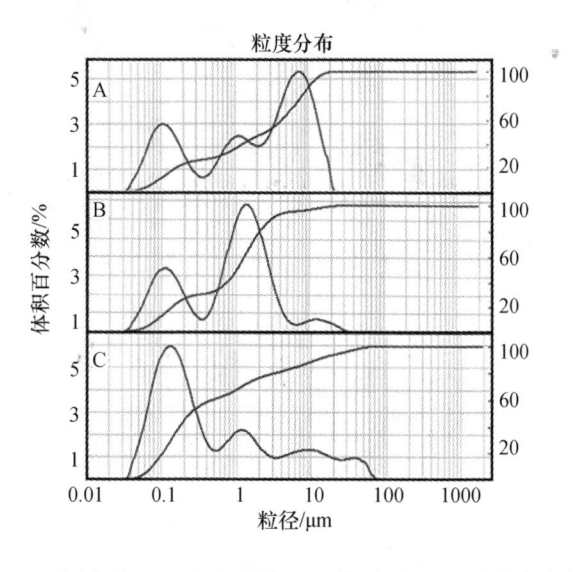

图2-53 通用炭黑(A)、中超炭黑(B)、特黑炭黑(C)的粒度分布情况

而且,对于含 BTATz 的 CMDB 推进剂,前已述及,对比含中超炭黑的 BT103 燃速和压力指数均优于 BT102,发现五羟基衍生物金属配合物催化效果和四羟基衍生物金属配合物差不多。但 BT1206(中超炭黑体系)的燃速和压力指数也明显优于 BT1207(特黑炭黑体系)。

从图2-53可以看出,中超炭黑粒径主要集中于 1 μm 和 0.1 μm,其较好的催化效果可能是因为大小粒径共混的中超炭黑比小粒径的特黑炭黑更易分散的缘故。但由于样本较少(见前述配方表),得出了上述的初步研究结论,关于炭黑更深层次的研究及应用效果评价还有待进一步开展。

2.7.2 铋化合物对双基系推进剂燃烧性能的影响[7]

著者及其研究团队研究了氧化铋、碱式硝酸铋和自主合成的铋盐催化剂对双基和 RDX - CMDB 推进剂燃烧性能的影响,并讨论了上述催化剂与 CB、铜盐复合以及催化剂用量对双基和 RDX – CMDB 推进剂燃烧性能的影响,比较了它们与氧化铅/氧化铜催化的双基推进剂燃烧性能。

2.7.2.1 含铋化合物双基推进剂的燃烧特性

实验中所采用双基推进剂样品的基础配方为:双基黏合剂 89% ,邻苯二甲酸二乙酯(DEP) 8.5% ,二号中定剂(C_2) 2.0% ,凡士林(V)0.5% 。药量按 500g 配料,催化剂外加,对照空白推进剂样品不加催化剂,其他组分和含量相同。固体推进剂采用"吸收 – 驱水 – 熟化 – 压延 – 切成药条"的常规无溶剂成型工艺制备。催化剂的具体组成及含量如表 2 – 34 所示。

燃速测试在 AE/BX – 2006 多功能固体推进剂燃速测试系统上进行,测试方法及过程与 2.7.1 节所述一致。燃速测试结果如表 2 – 35 所示。

表 2 – 34　催化剂组成及含量

编号	组成及含量/%		
	催化剂	CB	β – Cu
A_0	无	0	0	0
A_1	PbO	3	0	0
A_2	Bi_2O_3	3	0	0
A_3	Bi_2O_3	3	0.4	0
A_4	$BiONO_3$	3	0	0
A_5	$BiONO_3$	3	0.4	0
A_6	Cit – Bi	3	0	0
A_7	Cit – Bi	3	0.4	0
A_8	β – Bi	3	0	0
A_9	β – Bi	3	0.4	0
A_{10}	β – Bi	3	0	0.8
A_{11}	β – Bi	3	0.4	0.8
A_{12}	s – Gal – Bi	3	0	0
A_{13}	s – Gal – Bi	3	0.4	0

表 2 - 35　含铋化合物双基推进剂的燃速数据

编号	不同压力（MPa）下推进剂的燃速/（mm/s）										
	2	4	6	8	10	12	14	16	18	20	22
A_0	2.26	3.97	5.61	7.33	8.66	9.67	10.30	10.90	11.94	12.80	13.63
A_1	4.02	5.69	6.99	7.40	7.84	8.74	9.72	10.69	11.86	12.94	14.13
A_2	3.12	4.80	6.02	7.16	8.08	9.05	10.03	10.91	11.98	13.01	13.94
A_3	3.25	4.96	6.81	8.86	10.46	11.85	12.90	13.79	14.89	15.47	16.39
A_4	4.03	5.82	6.62	7.47	8.61	9.60	10.40	11.19	11.94	12.90	13.78
A_5	4.89	8.12	10.39	12.11	13.05	13.81	14.65	15.50	16.16	16.95	17.50
A_6	3.99	6.67	7.92	8.87	9.70	10.54	11.31	12.17	12.85	13.51	14.16
A_7	5.22	7.86	9.05	10.30	11.36	12.18	12.85	13.65	14.06	14.55	14.71
A_8	5.02	7.02	7.72	8.54	9.25	9.94	10.83	11.54	12.38	13.51	14.28
A_9	5.25	11.07	12.39	13.60	14.61	15.38	16.23	16.95	17.73	17.99	18.13
A_{10}	5.85	7.85	8.90	9.98	10.83	12.12	13.11	14.02	14.88	15.66	16.29
A_{11}	7.18	10.88	12.24	13.48	14.93	15.90	16.99	17.30	18.37	19.03	19.31
A_{12}	4.90	8.05	9.44	10.54	11.55	12.53	12.83	15.13	16.05	16.96	17.60
A_{13}	3.41	8.80	12.56	14.53	16.16	17.59	18.98	20.00	20.92	21.44	22.22

2.7.2.1.1　Bi_2O_3 对双基推进剂燃烧性能的影响

图 2 - 54 和图 2 - 55 给出了含 Bi_2O_3 催化剂的双基推进剂的燃速 - 压力曲线和催化剂的催化效率与压力的关系曲线。

从图中可以看出，Bi_2O_3（曲线 A_2）对双基推进剂燃烧有一定的催化作用，在 6MPa 以下有超速燃烧过程，但不明显；在 8 ~ 16MPa 压力范围内，降低燃速；16MPa 以上与不加催化剂的双基推进剂燃速相差不大，基本不起催化作用。从其催化效率来看，2 ~ 6MPa 区间 Z 从 1.4 降到 1.2 再降到 1，其催化燃烧规律与加 PbO 催化剂的双基推进剂燃烧规律（曲线 A_1）相似，但在超速燃烧阶段的燃速低于加 PbO 催化剂的双基推进剂，导致 Bi_2O_3 催化的双基推进剂的燃速压力指数高于 PbO 催化的双基推进剂。对燃速和压力取对数，用最小二乘法拟合得到 Bi_2O_3 催化的双基推进剂在 2 ~ 22MPa 压力范围内的压力指数 n 为 0.61，线性相关系数 $r = 0.998$，与空白样品（$n = 0.74, r = 0.991$）相比，n 值有所降低但不明显。

Bi_2O_3 与少量 CB 复合后（曲线 A_3），显著提高了燃速，特别是在压力高于 6MPa 以后，燃速提高更明显，在 6MPa 以上，其 Z 值大于 1.21。但是与空白样品相比压力指数降低不明显($8 \sim 22\mathrm{MPa}, n = 0.60, r = 0.9965$)。$Bi_2O_3$ 与少量 CB 复合后,可能是由于 Bi_2O_3 分散均匀性更好,催化活性提高了,从而提高了推进剂的燃速。

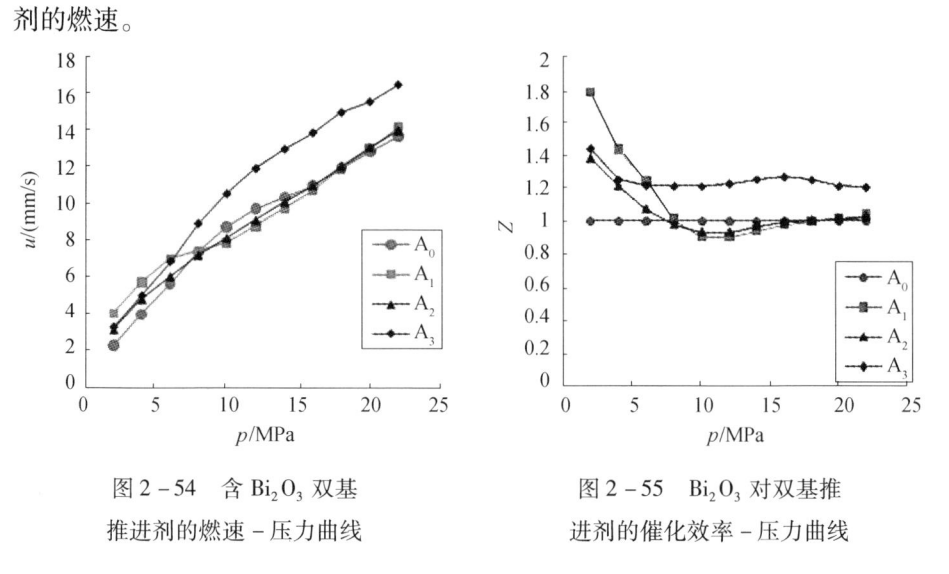

图 2-54 含 Bi_2O_3 双基
推进剂的燃速-压力曲线

图 2-55 Bi_2O_3 对双基推
进剂的催化效率-压力曲线

2.7.2.1.2 $BiONO_3$ 对双基推进剂燃烧性能的影响

图 2-56 和图 2-57 分别给出了 $BiONO_3$ 催化的双基推进剂燃速-压力曲线和催化剂的催化效率与压力的关系曲线。

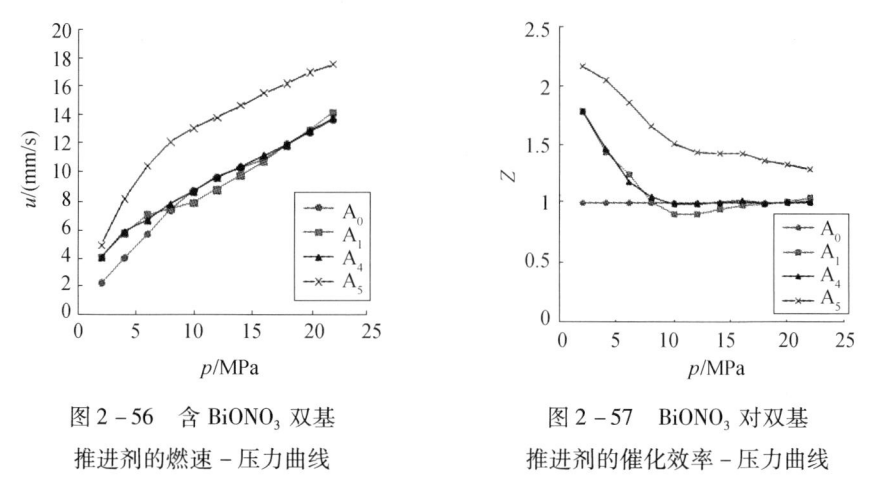

图 2-56 含 $BiONO_3$ 双基
推进剂的燃速-压力曲线

图 2-57 $BiONO_3$ 对双基
推进剂的催化效率-压力曲线

$BiONO_3$ 催化剂的加入对双基推进剂的燃烧催化作用并不明显(图中曲线 A_4),其在压力低于 8MPa 时,产生超速燃烧,在 8MPa 以上不起任何催化作用,其催化效率在 2～8MPa 范围由 1.78 降到 1.02,高于 8MPa 后稳定在 1.0 左右,其催化规律与 PbO 相似(曲线 A_1)。

加入少量 CB 后,$BiONO_3$ 的催化效果大大增强(曲线 A_5)。在压力低于 8MPa 时,产生明显的超速燃烧,燃速大大提高;2MPa 时,与空白样品相比,燃速从 2.26mm/s 提高到 4.89mm/s,提高了 1.2 倍,8MPa 时燃速提高到 12.11mm/s。8～22MPa 压力范围内,压力指数明显降低,计算得 n 值为 0.37,线性相关系数 $r = 0.9978$。$BiONO_3/CB$ 的催化效率随着压力的增加而降低,但是在整个压力范围内,催化效率始终大于 1.30,表明 $BiONO_3$ 与 CB 复合后,在整个压力范围内对双基推进剂燃烧都有较好的正催化作用。与 PbO 相比,$BiONO_3$ 与 CB 复合催化剂的催化效果要好得多,不仅大大提高燃速,而且降低了燃速压力指数。这可能是因为 $BiONO_3$ 分子中含有硝基及大量氧,与 CB 复合在燃烧过程中有助于 $BiONO_3$ 分子的分解产生更多的活性组分,从而提高了推进剂的燃速。

2.7.2.1.3 柠檬酸铋(Cit – Bi)对双基推进剂燃烧性能的影响

图 2–58 和图 2–59 分别给出了 Cit – Bi 催化的双基推进剂燃速 – 压力曲线和催化剂的催化效率与压力的关系曲线。

从图中可以看出 Cit – Bi 对双基推进剂燃烧有良好的催化作用(曲线 A_6)。Cit – Bi 加入后,在 8MPa 以下产生明显的超速燃烧,燃速提高了 70%,在 8MPa 以上,燃速提高不多。当加入少量 CB 后,催化效果明显提高(曲线 A_7),在 6MPa 以下超速燃烧更显著,燃速提高了 130%。

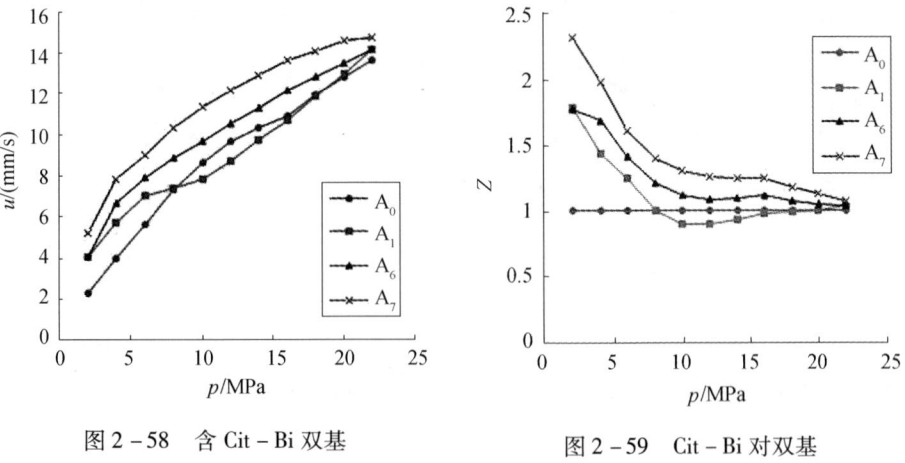

图 2–58　含 Cit – Bi 双基
推进剂的燃速 – 压力曲线

图 2–59　Cit – Bi 对双基
推进剂的催化效率 – 压力曲线

为进一步阐明 Cit – Bi 对双基推进剂燃烧性能的影响,计算了 Cit – Bi 的 Z 值并回归了燃速压力指数 n。对于不含催化剂的推进剂(样品 A_0),在 $2 \sim$ 22MPa 压力范围内,$u = 0.359p^{0.750}$,$n = 0.75$,线性相关系数 $r = 0.9954$。对于 Cit – Bi 催化的推进剂(样品 A_6),在 $4 \sim 22$MPa 压力范围内,$n = 0.44$,$r = 0.9989$;在 $2 \sim 22$MPa 压力范围内,催化效率 Z 随着压力的增大而减小,但是始终大于 1,在压力为 2MPa 时 $Z = 1.77$,在 10MPa 时降到 1.10。对于 Cit – Bi 与 CB 复合催化的推进剂(样品 A_7),在 $4 \sim 16$MPa 压力范围内,$n = 0.45$,$r = 0.9960$;在 $16 \sim$ 22MPa 压力范围内,$n = 0.22$,$r = 0.9978$,出现平台燃烧效应。在 $2 \sim 22$MPa 压力范围内,随着压力升高催化效率从 2.31 逐渐减小到 1.08。由此表明,Cit – Bi 在提高双基推进剂燃速的同时能显著降低燃速压力指数。特别是加入少量 CB 后,催化效率更高,催化效果更好。

2.7.2.1.4 2,4 – 二羟基苯甲酸铋(β – Bi)对双基推进剂燃烧性能的影响

图 2 – 60 和图 2 – 61 分别给出了 β – Bi 催化的双基推进剂燃速 – 压力曲线和催化剂的催化效率与压力的关系曲线。

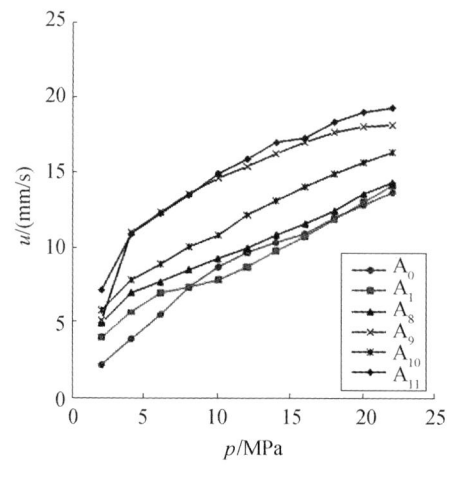

图 2 – 60 含 β – Bi 双基
推进剂的燃速 – 压力曲线

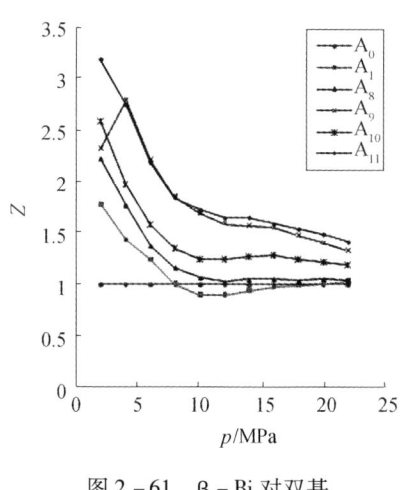

图 2 – 61 β – Bi 对双基
推进剂的催化效率 – 压力曲线

从图中可以看出 β – Bi 对双基推进剂燃烧有很好的催化作用(曲线 A_8)。β – Bi 加入后,在 4MPa 以下产生明显的超速燃烧,燃速提高了一倍多;在 4MPa 以上,不仅提高了燃速,而且燃速压力指数大大降低,其催化效果大大优于 PbO(曲线 A_1)的催化效果。当加入少量 CB 后,催化效果更为明显(曲线 A_9),在 6MPa 以下超速燃烧更显著,燃速提高了 1.8 倍。当用少量的铜盐替代 CB 后

（曲线 A_{10}），燃速有所降低，但仍高于单独使用 β – Bi 催化剂的结果，当将铜盐和 CB 都加入后（曲线 A_{11}），燃速提高更大，在 2MPa 时燃速提高了 2.2 倍，在 2MPa 以上，燃速略高于 β – Bi 与 CB 复合催化的双基推进剂燃速。

计算含 β – Bi 催化剂的双基推进剂 Z 值和 n 值发现：对于 β – Bi 催化的推进剂（样品 A_8），在 4 ~ 22MPa 压力范围内，$n = 0.42$，$r = 0.9841$；在 2 ~ 22MPa 压力范围内，催化效率 Z 随着压力的增大而减小，但是始终大于 1，在压力为 2MPa 时 $Z = 2.22$，在 8MPa 时降到 1.17，在 10 ~ 22MPa 压力范围内 $Z \approx 1.05$。对 β – Bi 与 CB 复合催化的推进剂（样品 A_9）：在 4 ~ 18MPa 压力范围内，$n = 0.31$，$r = 1$；在 18 ~ 22MPa 压力范围内，$n = 0.12$，$r = 0.9852$，出现平台燃烧效应；在 2MPa 时，Z 值为 2.32，4MPa 时升高到 2.79，在 4 ~ 22MPa 范围内，随着压力升高催化效率从 2.21 逐渐减小到 1.35。对 β – Bi 与铜盐复合催化的推进剂（样品 A_{10}）：在 2 ~ 22MPa 压力范围内，压力指数 $n = 0.43$，$r = 0.9966$，催化效率随着压力的增加从 2MPa 时的 2.59 逐渐降到 22MPa 时的 1.20。对 β – Bi 与铜盐、CB 复合催化的推进剂（样品 A_{11}）：4 ~ 18MPa 压力范围内，$n = 0.35$，$r = 0.9975$；18 ~ 22MPa 压力范围内，$n = 0.25$，$r = 0.9888$。由上面分析可以看出，β – Bi 对双基推进剂燃烧有很好的催化作用，能显著提高燃速并明显降低燃速压力指数。特别是加入少量 CB 后，燃速提高更大，催化效果更好，并在高压区产生平台燃烧。加入铜盐后，能大大提高燃速，并降低燃速压力指数。

2.7.2.1.5　次没食子酸铋（s – Gal – Bi）对双基推进剂燃烧性能的影响

图 2 – 62 和图 2 – 63 分别给出了 s – Gal – Bi 催化的双基推进剂燃速 – 压力曲线和催化剂的催化效率与压力的关系曲线。

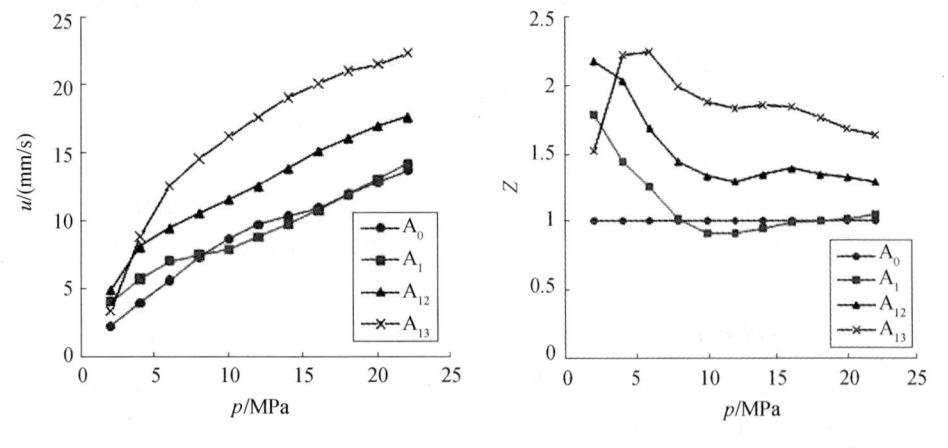

图 2 – 62　含 s – Gal – Bi 双基
推进剂的燃速 – 压力曲线

图 2 – 63　s – Gal – Bi 对双基
推进剂的催化效率 – 压力曲线

从图中可以看出 s－Gal－Bi 对双基推进剂燃烧有优良的催化作用(曲线 A_{12})。s－Gal－Bi 加入后,在 4MPa 以下产生明显的超速燃烧;在 4MPa 以上,提高燃速的同时降低了压力指数。当加入少量 CB 后,催化效果更明显(曲线 A_{13}),在 6MPa 以下超速燃烧更显著,燃速提高了 1.3 倍。

通过计算得 s－Gal－Bi 催化的推进剂(样品 A_{12}),在 4～22MPa 压力范围内,$n＝0.47$,$r=0.9952$;在 2～22MPa 压力范围内,催化效率 Z 随着压力的增大而减小,4MPa 催化效率 $Z>2$,压力高于 4MPa 后催化效率从 2.03 逐渐降到 1.3。对于 s－Gal－Bi 与 CB 复合催化的推进剂(样品 A_{13}):在 4～16MPa 压力范围内,$n＝0.49$,$r=1$;在 16～22MPa 压力范围内,$n＝0.32$,$r=0.9958$;在 2～6MPa 压力范围内,随着压力升高催化效率增大,从 1.51 增加到 2.22 再到 2.24;在压力高于 6MPa 后催化效率逐渐减小,但是始终大于 1.63。由前面分析表明,s－Gal－Bi 对于提高双基推进剂燃速有非常好的效果,并能降低燃速压力指数,特别是加入少量 CB 后,催化效率更高,燃速提高更显著。

2.7.2.1.6 不同结构催化剂对双基推进剂燃烧性能的影响

比较前面不同催化剂对双基推进剂的催化效果可以发现,催化剂的结构不同,对推进剂燃烧的催化效果有明显的差异。一般有如下规律:

(1)对于提高双基推进剂燃速来说,自主合成的铋盐燃烧催化剂具有显著的催化效果,尤其是在低压下燃速提升更明显。各种催化剂催化的双基推进剂样品的燃速顺序为(以 10MPa 下的燃速为例):s－Gal－Bi(11.55mm/s)>Cit－Bi(9.70mm/s)>β－Bi(9.25mm/s)>$BiONO_3$(8.61mm/s)>Bi_2O_3(8.08mm/s)>PbO(7.84mm/s)。

(2)不同催化剂在降低推进剂燃速压力指数、催化双基推进剂燃烧产生平台效应方面有很大的差别,就产生的平台燃烧压力范围宽窄来说,β－Bi(4～22MPa,$n=0.42$)、Cit－Bi(4～22MPa,$n=0.44$)和 s－Gal－Bi(4～22MPa,$n=0.47$)在 2～22MPa 压力范围内没有产生平台效应,但能明显降低压力指数。

(3)CB 与催化剂复合使用,可增强催化剂的催化效果,加入炭黑后,不仅可以使双基推进剂的燃速大大提高,而且明显降低推进剂的燃速压力指数,并可在一定的压力范围内产生平台燃烧。CB 加入后,由于 CB 比表面大,可能使催化剂活性组分附着在 CB 表面,使催化剂活性组分分散更均匀,从而提高了催化剂的催化活性,使催化剂的催化效果增强。相比较不同催化剂与 CB 复合的催化效果,在提高燃速方面:s－Gal－Bi/CB>β－Bi/CB>$BiONO_3$/CB>Cit－Bi/CB>Bi_2O_3/CB;在降低压力指数,产生平台燃烧方面:β－Bi/CB>Cit－Bi/CB>s－Gal－Bi/CB≈$BiONO_3$/CB>Bi_2O_3/CB。

(4)有机金属化合物的催化作用要大大优于无机化合物的催化作用,例如前面分析的 Cit – Bi、β – Bi、s – Gal – Bi 以及有机双金属盐的催化效果都比 Bi_2O_3 和 PbO 好得多,不仅燃速高,而且大大降低了燃速压力指数。这可能是因为催化剂分子中引入有机基团,在燃烧过程中产生碳物质,碳物质既有催化作用,又起到分散催化剂活性组分的作用,从而提高了催化活性。

2.7.2.2　含铋化合物的 RDX – CMDB 推进剂的燃烧特性

所采用的 RDX – CMDB 推进剂样品的基础配方为:双基黏合剂 66%,黑索今(RDX) 26%,C_2 2.5%,V 0.5%。药量按 500g 配料,催化剂外加,对照空白推进剂样品不加催化剂,其他组分和含量相同。固体推进剂制备工艺和燃速测试与 2.7.1 节所述一致。催化剂的具体组成及含量如表 2 – 36 所示。燃速测试结果如表 2 – 37 所示。

表 2 – 36　催化剂组成及含量

编号	组成及含量/%			
	Bi 催化剂	CB	β – Cu	Al
B_0	无	0	0	0	0
B_1	Cit – Bi	3	0.4	0	0
B_2	β – Bi	3	0.4	0	0
B_3	s – Gal – Bi	3	0.4	0	0
B_4	s – Gal – Bi	3	0.4	0.8	0
B_5	s – Gal – Bi	3	0.4	0.8	1

表 2 – 37　含铋化合物 RDX – CMDB 推进剂的燃速数据

编号	不同压力(MPa)下推进剂的燃速/(mm/s)										
	2	4	6	8	10	12	14	16	18	20	22
B_0	3.09	5.34	7.42	9.85	11.88	14.04	15.75	17.54	19.23	20.92	21.86
B_1	4.48	10.09	12.8	14.95	16.39	17.51	18.71	19.61	20.73	21.74	22.94
B_2	4.68	5.63	6.73	8.34	9.93	11.3	12.94	15.71	16.34	18.43	19.96
B_3	6.48	11.9	14.8	17.3	19.4	20.9	22.03	23.36	24.39	25.32	26.14
B_4	9.25	13.65	15.41	16.93	18.45	19.82	21.07	22.15	23.47	24.33	25.09
B_5	5.92	9.65	11.48	12.73	14.52	16.16	17.79	19.46	20.68	21.88	22.94

2.7.2.2.1　柠檬酸铋对 RDX – CMDB 推进剂燃烧性能的影响

图 2 – 64 和图 2 – 65 分别给出了 Cit – Bi/CB 催化的 RDX – CMDB 推进剂燃速 – 压力曲线和催化剂的催化效率与压力的关系曲线。

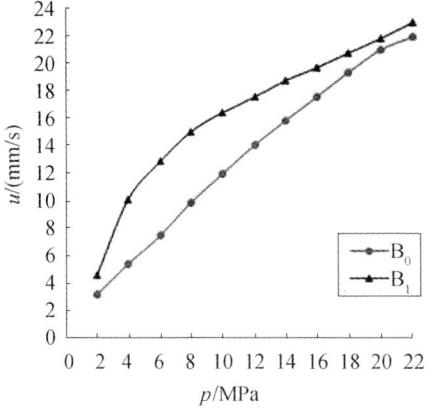
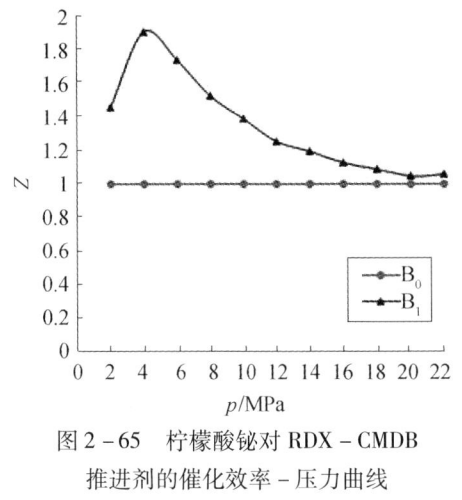

图2-64　含柠檬酸铋 RDX-CMDB
推进剂的燃速-压力曲线

图2-65　柠檬酸铋对 RDX-CMDB
推进剂的催化效率-压力曲线

Cit-Bi 与 CB 加入 RDX-CMDB 推进剂后,推进剂燃速有很大的提高,在 10MPa 以下,产生非常明显的超速燃烧,燃速提高了 50% 左右,最大时燃速提高了 89%。从催化效率来看,Cit-Bi 对 RDX-CMDB 推进剂的催化效率随着压力的升高而降低。在 4MPa 时催化效率为 1.89,压力升到 14MPa 时,$Z > 1.20$,压力高于 14MPa 以后,催化效率保持在 1.05 以上,这表明 Cit-Bi 对 RDX-CMDB 推进剂起正催化作用。

根据燃速公式 $u = ap^n$,由所测得燃速数据采用最小二乘法线性回归可求得 Cit-Bi 催化的 RDX-CMDB 推进剂的压力指数。在 8～16MPa 压力范围内,燃速压力指数为 0.38,线性相关系数为 0.9986。与不加催化剂的空白样品($n = 0.83$)相比,推进剂的压力指数显著降低了。

从以上分析可以看出,Cit-Bi 对 RDX-CMDB 推进剂燃烧有良好的催化作用,能显著提高燃速并能降低燃速压力指数。

2.7.2.2.2　次没食子酸铋对 RDX-CMDB 推进剂燃烧性能的影响

图2-66 和图2-67 分别给出了 s-Gal-Bi/CB 催化的 RDX-CMDB 推进剂燃速-压力曲线和催化剂的催化效率与压力的关系曲线。

s-Gal-Bi 与少量 CB 的加入,大大提高了 RDX-CMDB 推进剂的燃速。在压力低于 8MPa 时产生明显的超速燃烧过程,4MPa 时燃速从 5.34mm/s 提高到 11.9mm/s,6MPa 时燃速从 7.42mm/s 提高到 14.8mm/s,燃速提高了一倍多。压力高于 10MPa 后,推进剂燃速压力指数大大降低,计算求得压力指数为 0.38,线性相关系数 0.9995。s-Gal-Bi/CB 对 RDX-CMDB 推进剂的催化效率随着压力的升高而降低,在6MPa以下催化效率大于2,此后随着压力的升高催化效率逐渐减小,到22MPa时,催化效率降为1.20。这表明s-Gal-Bi对RDX-CMDB推进剂有良好的正催化作用。

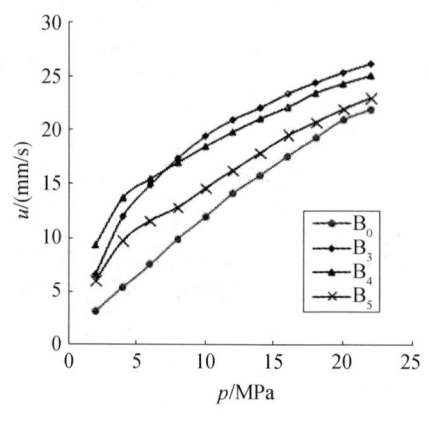

图2-66 含次没食子酸铋RDX-CMDB
推进剂的燃速-压力曲线

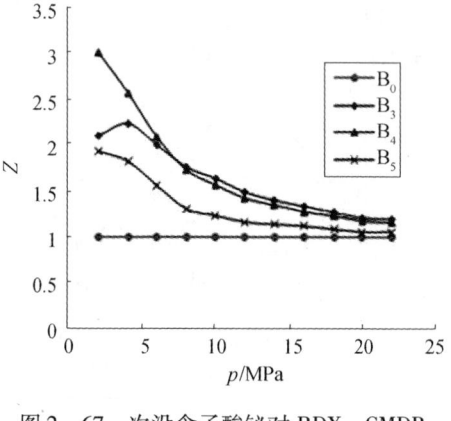

图2-67 次没食子酸铋对RDX-CMDB
推进剂的催化效率-压力曲线

将s-Gal-Bi/CB与少量2,4-二羟基苯甲酸铜复合,对RDX-CMDB推进剂的燃烧催化效果更为显著(图中曲线B_4)。铜盐的加入,在低压下(6MPa以下)使推进剂燃速提高更大,2MPa时燃速从3.09mm/s提高到9.25mm/s,提高为空白配方的3倍,4MPa时燃速从5.34mm/s提高到13.65mm/s,6MPa时燃速从7.42mm/s提高到15.41mm/s,燃速提高了一倍多。催化效率随着压力的升高而降低,在2~22MPa范围内,催化效率从3降到1.15。计算得6~22MPa压力范围内,压力指数为0.38,线性相关系数为0.9993。在推进剂配方中加入1%的铝粉后,推进剂燃速相对于次没食子酸铋与少量2,4-二羟基苯甲酸铜复合催化的样品,燃速反而有所降低(图中曲线B_5),8~22MPa压力范围内,压力指数为0.59,线性相关系数为0.9994,催化剂的催化效率在低压下也降到了2以下。

从以上分析可以看出,s-Gal-Bi/CB的加入大大提高了RDX-CMDB推进剂的燃速,并显著降低了推进剂的燃速压力指数,与少量的铜盐复合后推进剂燃速提高更多。但是推进剂配方中若加有铝粉,则影响s-Gal-Bi催化剂的催化效果,使推进剂燃速有所降低,压力指数有所升高。

2.7.2.2.3 不同结构催化剂对RDX-CMDB推进剂燃烧性能的影响

比较前面不同催化剂对RDX-CMDB推进剂的催化效果,可以得出如下规律:Cit – Bi、s – Gal – Bi 的加入能大大提高推进剂的燃速,在 10MPa 时有机铋化合物催化的 RDX – CMDB 推进剂的燃速顺序为 s – Gal – Bi(19.4mm/s) > Cit – Bi(16.39mm/s) > β – Bi(9.93mm/s)。

2.7.3 铜化合物对双基系推进剂燃烧性能的影响

20 世纪 80 年代起,著者及其研究团队在国内率先开展了铜化合物作为燃烧催化剂的应用研究,30 余年来,先后将铜盐与铅盐、铋盐、炭黑等复合应用于推进剂中,进行了系统深入的燃烧催化规律和作用机理研究,获得了许多富有指导价值的结论。

本节仅介绍单独铜盐、铜盐/炭黑作为燃烧催化剂在双基系推进剂中的作用效果,涉及 16 种铜化物、不同含量的 β – Cu 及 β – Cu 与炭黑复合催化剂,同时也探讨了铜化物起催化作用的活性组分及其发生作用的相区。

2.7.3.1 实验描述及结果

1. 样品准备

实验中所采用的推进剂基础配方为:12.0% 氮含量的 NC 60% ,NG 加惰性增塑剂 37.5% ,2 号中定剂 2% ,凡士林 0.5% 。药量按 1000g 配料,催化剂外加,对照空白推进剂样品不加催化剂,其他组分和含量相同。固体推进剂制备工艺与 2.7.1 节所述一致。

2. 燃烧催化剂的选择

筛选了 16 种铜化物,分别是:没食子酸铜、β – 雷索辛酸铜、2,5 – 二羟基苯甲酸铜、一元水杨酸铜、对羟基苯甲酸铜、邻氨基苯甲酸铜、对氨基苯甲酸铜、间氨基苯甲酸铜、对氨基水杨酸铜、3,5 – 二硝基苯甲酸铜、对硝基苯甲酸铜、邻苯二甲酸铜、苯甲酸铜、己二酸铜、碳酸铜和氧化铜。

3. 燃速测定

燃速测定采用国军标中的靶线法,测试方法及过程与 2.7.1 节所述一致。

2.7.3.2 不同铜化物的催化效果

表 2 – 38 给出了 16 种铜化物作为燃烧催化剂用于推进剂中的催化作用数据,图 2 – 67 则给出了含羟基铜盐的催化作用规律。

表 2 - 38   十六种铜化物催化作用数据一览表

代号	催化剂(含量1.2%)	压力范围/MPa	u/(mm/s)	n	P_t	C_h
B - 1	无	12.75 - 20.59	11.36	0.63		
CS - 1	没食子酸铜	12.75 - 18.63	15.0	- 0.21	7.09	106.28
CS - 2	β - 雷索辛酸铜	14.71 - 20.59	15.0	- 0.62	9.51	142.71
CS - 3	2,5 - 二羟基苯甲酸铜	12.75 - 20.59	14.96	- 0.15	9.02	134.79
CS - 4	水杨酸铜	14.71 - 20.59	13.26	0.05	5.66	73.73
CS - 5	对羟基苯甲酸铜	12.75 - 18.63	13.25	0.08	5.42	71.89
CS - 6	邻氨基苯甲酸铜	14.71 - 18.63	10.92	0.13	3.41	37.24
CS - 7	对氨基苯甲酸铜	16.67 - 20.59	13.18	- 0.49	5.84	76.93
CS - 8	间氨基苯甲酸铜	12.75 - 16.67	10.73	0.10	3.51	37.69
CS - 9	3,5 - 二硝基苯甲酸铜	12.75 - 20.59	13.28	0.03	7.64	101.41
CS - 10	对硝基苯甲酸铜	16.67 - 20.59	14.62	- 0.83	7.17	104.88
CS - 11	邻苯二甲酸铜	12.75 - 20.59	12.60	0.03	7.61	95.82
CS - 12	苯甲酸铜	12.75 - 16.67	11.11	0.07	3.65	40.50
CS - 13	己二酸铜	12.75 - 14.71	9.70	0.26	1.45	14.07
CS - 14	碳酸铜	14.71 - 18.63	11.39	- 0.03	4.04	45.99
CS - 15	氧化铜	12.75 - 16.67	10.50	0.23	3.03	31.69
CS - 16	对氨基水杨酸铜	14.71 - 20.59	13.93	- 0.09	6.41	89.28

注:u 为该压力段内的平均燃速,n 为压力指数,P_t 为平台化效果,C_h 为催化平台化效果

由表 2 - 38 和图 2 - 68 可以看出:

图 2 - 68   含羟基铜盐推进剂的燃速 - 压力曲线

（1）在所测量的压力范围内，除配方 CS－13、CS－14 和 CS－15 所用的催化剂己二酸铜、碳酸铜和氧化铜使推进剂燃速有所降低外，其他催化剂均使推进剂燃速增加。

苯环上带有羟基或氨基的铜盐，由于羟基的个数或羟基、氨基的位置不同，给推进剂的燃烧性能带来较大的差异。其中含羟基的铜盐以 β－雷索辛酸铜为最好；含氨基的铜盐以对氨基苯甲酸铜为最好。

苯环上带有硝基的铜盐，也表现出了很好的催化效果。尽管硝基是强的吸电子基团，但带硝基的铜盐是含能催化剂，仍有较好的催化活性。

（2）铜盐使推进剂燃烧出现平台或麦撒效应的范围多在 12.74～20.58MPa 范围内（有些范围更大）。在这个范围内，由于铜盐催化作用的不同，使推进剂表现出的平台或麦撒区宽窄不同（表 2－38）。

不同催化剂也使推进剂燃烧平台区或麦撒区的压力指数不同，其中多以配方中含芳香酸铜盐的压力指数为小。仅含氧化铜和己二酸铜的推进剂压力指数大于 0.2，其他低压力指数区 $n < 0.2$。

（3）催化剂催化平台效果和平台效果的优劣顺序如下：β－雷索辛酸铜＞2,5－二羟基苯甲酸铜＞没食子酸铜＞对硝基苯甲酸铜＞3,5－二硝基苹甲酸铜＞邻苯二甲酸铜＞对氢基水杨酸铜＞对氨苯甲酸铜＞水杨酸铜＞对羟基甲酸铜＞碳酸铜＞苯甲酸铜＞间氨基苯甲酸铜＞邻氨基苯甲酸铜＞氧化铜＞己二酸铜。

不同的铜盐其催化作用的优劣不同，其中铜盐中的有机部分起到了一定的作用。有机部分影响着铜盐的分解温度，也影响着铜盐分解后铜的凝聚。同时，有机部分在高的温度下生成炭，炭能起催化作用。正由于铜盐催化剂有机部分的不同，在推进剂燃烧过程中所起作用不尽相同，就造成了催化效果上的差异。

2.7.3.3　燃烧特征及催化作用

比较典型的铜盐催化剂——β－雷索辛酸铜在 0.98～20.58MPa 压力范围内的推进剂燃速特征，由图 2－68 可以看出，β－雷索辛酸铜是一种中高压平台催化剂。由实验可知，在较低的压力下，β－雷索辛酸铜有催化作用，但效果并不明显。随着压力的升高，当 $p > 4.9$MPa 时，催化作用逐渐增加，且在某一压力范围内使推进剂产生超速燃烧，之后燃速增加缓慢，到 14.2MPa 左右，燃速有一较大的值。随后，压力虽升高，燃速反而降低，产生了麦撒燃烧效应，其压力指数可小于－0.3。其他的铜盐催化剂与 β－雷索辛酸铜有类似的催化规律。

铜化物催化作用发生的部位应该在气相区，这可以从我们的实验中找到根据[2,44]。实验结果表明：低压下，$\Delta u/p = u_{cat} - u_{空白}$ 极小，而随着压力的增加，u_{cat} 远远大于 $u_{空白}$，二者燃速相差极小，恰恰是因为铜化合物在气相中起作用，而此

117

时这种作用没有能力使燃速增加。当压力增加时，气相区逐渐靠近燃烧表面，于是被铜的催化作用而升高了温度的气相，向燃烧面的传热剧增，造成了含催化剂的推进剂的燃速在较高压力下高于空白配方的事实。总之，活性组分在气相区起催化作用的观点是有根据的。

和加入铅盐的催化剂相类似，其活性组分是铅或氧化铅一样，加入铜盐的推进剂，起催化作用的活性组分可能是铜和铜的氧化物。

铜盐在推进剂燃烧过程中于亚表面区或表面区分解出铜，并产生凝聚。一旦铜颗粒离开燃烧表面进入气相，只要气相有氧存在，完全有可能被灼热而变成铜的氧化物，而推进剂的燃烧提供了这个条件，因此是铜和铜的氧化物在气相起到了催化作用。其催化的反应该是 $NO + CO \rightarrow 0.5N_2 + CO_2$，不仅因为此反应是暗区和火焰区的主要放热反应，更重要的是铜或铜的氧化物能催化这个反应。

著者认为铜的氧化物可能是氧化亚铜。产生催化作用的原因，可用电子理论予以解释。由于催化作用是气－固反应，故催化剂具有吸附能力是非常重要的，而铜和氧化亚铜有此能力。著者利用"价键理论"解释了铜化合物的催化机理，这部分在第 7 章有详细介绍。

由此，可对加入 CuO 的推进剂不如铜盐分解出的活性组分催化效果好，找到一种可能的解释，即仅加氧化铜的推进剂在燃烧过程中，可能没有提供一定的条件，使活性组分活化，如变成杂质半导体等。

2.7.3.4 β－雷索辛酸铜含量的影响

图 2－69 给出了 β－雷索辛酸铜含量对推进剂燃速的影响规律曲线，由图 2－69可以看出：

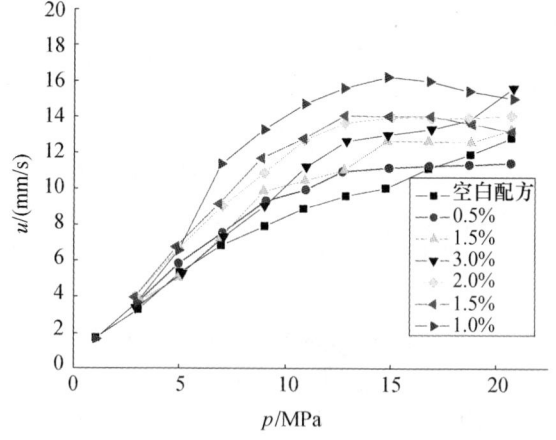

图 2－69   β－雷索辛酸铜含量对推进剂燃速的影响

（1）β–雷索辛酸铜确实能增加推进剂的燃速，并在中、高压作用更明显。但是，随着β–Cu加入量的变化，燃速变化的程度不同，如14.7MPa下推进剂燃烧时对催化剂加入量的敏感区在0.5%～1.5%之间，因为此区间内催化剂量变化很小，推进剂燃速就会有较大的变化。燃速变化规律是，随β–雷索辛酸铜量的增加，燃速增加，经一极大值后再减小。

（2）β–雷索辛酸铜是一种可实现中、高压平台效应的催化剂，其平台或麦撒区宽度约为5.88MPa($P>14.7$MPa)。随着β–雷索辛酸铜加入量的增多，平台区缩小。β–雷索辛酸铜含量分别为0.5%、2.0%、2.5%时，其相应的推进剂燃烧均产生平台效应；β–雷索辛酸铜含量为3.0%时，推进剂燃烧不产生平台效应；β–雷索辛酸铜含量为1.0%和1.5%时，推进剂燃烧产生麦撒效应，压力指数小于–0.3。由此可看出，加入较少量的铜就能使推进剂得到平台或麦撒效应，这对推进剂燃气的无烟是非常有利的。

（3）提高推进剂的燃速，并使推进剂燃烧产生平台或麦撒效应，催他剂的加入量在0.5%～2.5%（质量百分数，外加）范围较好，在1.0%～1.5%范围内最好，燃烧性能与基础配方的不同有很大的关系。

对于β–雷索辛酸铜加入量的影响可以这样解释：铜盐加入量太少，起催化作用的活性组分较少，故对燃速影响不大。而铜盐加入量太多，一方面降低推进剂的能量，另一方面由于铜盐分解后生成铜，而铜凝聚的几率变大，同时颗粒变大使起催化作用的活性中心变少，同样使燃速降低。只有铜盐加入量合适，才能起到好的催化效果。

2.7.3.5 β–雷索辛酸铜与炭黑的复合作用

图2–70给出了炭黑（CB）含量对推进剂燃速的影响规律，图中所涉及试样的

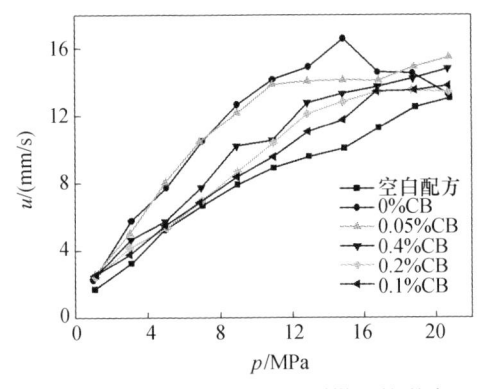

图2–70 CB含量对推进剂燃速的影响

催化剂均为 β - 雷索辛酸铜与炭黑的复合物,前者含量均为 1.2%。

通过调整 β - 雷索辛酸铜与炭黑的含量,发现:

（1）在所测压力范围内,以 β - 雷索辛酸铜加炭黑作催化剂配方的燃速比空白配方为高,其中添加以配方 CSC -2（β - 雷索辛酸铜 1.2%,CB 0.05%）燃速增加最多,催化剂的相对催化活性也最大。仅加 CB 而无 β - 雷索辛酸铜的推进剂在压力 10.78MPa 以下,燃速增加很小;当 $p > 12.74$MPa 时,燃速才略有增加。

CB 的加入,使含铜催化剂的燃速降低。随着 CB 量的增加,在低压（$p < 10.78$MPa）下,燃速相应降低,而在 $p > 12.74$MPa 时,含 CB（0.2%）的推进剂燃速最低（仍高于空白配方）。CB 量再增加,燃速稍微有些回升。因此,对含铜盐配方来说,不能像含铅盐配方一样,用添加炭黑的方法来大幅度调节燃速。

（2）当 CB 量不变时,随 β - 雷索辛酸铜量的增加,推进剂燃速升高,在中、高压段产生平台燃烧效应。β - 雷索辛酸铜与少量的 CB 复合,推进剂燃烧平台段处于低压,随着 CB 量的增加,平台区向高压移动。CB 量达到 0.4% 以上时,平台效应消失。

（3）加入不同的 CB,导致推进剂燃烧的性能不同。β - 雷索辛酸铜与通用炭黑复合比与乙炔黑复合作催化剂燃速高。含 0.2% 通用炭黑的推进剂,在 20.58MPa 以下没有平台燃烧效应。

双基推进剂燃烧时,表面生成的碳或配方中预先加入的炭黑都可促使燃烧表面附近 NO 还原成 N_2 的放热反应,从而增加燃速,CB 粒度降低,燃速增加。但在含铜盐的配方中,过多的 CB 可能引起铜或其氧化物中毒,从而影响催化剂的活性。通用炭黑粒度大,引起铜化物中毒的可能性相对较小,推进剂燃速得以提高就是一个例证。

2.7.4 二茂铁类燃烧催化剂对富燃料推进剂燃烧性能的影响

富燃料推进剂是固体火箭冲压发动机的能源,根据推进剂中金属燃料的不同,主要分为含碳氢富燃料推进剂、含镁铝富燃料推进剂和含硼富燃料推进剂三种。由于碳氢燃料的密度很低,含碳氢富燃料推进剂属于低能富燃料推进剂,在能量上并不占优势,因此发展比较缓慢。硼具有较高的质量能量密度（58.74 kJ/g）和体积能量密度（137.45 kJ/cm³）,使得含硼富燃料推进剂的能量可达 35 kJ/g 以上,是目前已知能量最高的复合固体推进剂[45-47]。

120

镁和铝(尤其是铝)是复合推进剂中常用的金属燃料,在推进剂中应用最为广泛且比较成熟,但与硼相比,镁和铝的热值都较低,只能作为中能富燃料推进剂。虽然该类推进剂能量低于含硼富燃料推进剂,但也具有其自身独特的优势,如原材料不需处理且成本较低,燃烧生成的三氧化二铝有不稳定燃烧抑制、使推进剂具有较强的燃烧稳定性。目前,含镁铝富燃料推进剂已成为中程空空导弹用推进剂装药的首选。

富燃料推进剂的燃烧分为一次燃烧和二次燃烧两个阶段,其中,一次燃烧是二次燃烧的基础,因此研究富燃料推进剂的一次燃烧性能非常重要。一直以来,采用二茂铁类燃烧催化剂对推进剂燃烧性能进行调控,已成为富燃料推进剂领域研究的热点[33]。本节主要介绍二茂铁类燃烧催化剂(叔丁基二茂铁、卡托辛和巴特辛)对含镁铝富燃料推进剂一次燃烧阶段燃速和燃烧温度的影响[48,49],其结果对含镁铝推进剂的配方设计及研制具有参考意义。

2.7.4.1　推进剂配方设计及测试方法

实验中所采用含镁铝富燃料推进剂样品的基础配方为:HTPB 22%, Al 35%, Mg 10%, AP 33%。基础空白配方中不含有燃烧催化剂,其他配方中燃烧催化剂为外加,选用叔丁基二茂铁、卡托辛和巴特辛三种最常见的二茂铁类燃烧催化剂。催化剂种类及含量如表2-39所示。

表2-39　推进剂配方中的燃烧催化剂种类及含量

推进剂代号	叔丁基二茂铁/%	卡托辛/%	巴特辛/%
1#	0	0	0
2#	1	0	0
3#	2	0	0
4#	4	0	0
5#	0	1	0
6#	0	2	0
7#	0	4	0
8#	0	0	1
9#	0	0	2
10#	0	0	4

采用靶线法,在0.5MPa、1MPa、2MPa、4MPa和8MPa压力条件下,对各推进剂进行燃速测试,每个压力点下至少进行4次平行性实验,取各平行性实验的平均值为此压力下的燃速。燃烧温度则采用微型钨铼热电偶(C型,热电偶丝直径80μm),在密闭燃烧器中进行测试,测试压力点选择在0.5MPa、1MPa、2MPa、4MPa下进行,至少进行3次平行性实验,取各平行性实验的平均值为此压力下的燃烧温度。

2.7.4.2 含二茂铁类化合物推进剂的燃烧特性

含二茂铁类化合物富燃料推进剂的燃速测试结果如表2-40所示,燃速与压力的关系曲线如图2-71所示。

表2-40 含二茂铁类化合物推进剂的燃速测试结果

推进剂代号	不同压力下(MPa)推进剂的燃速/(mm/s)				
	0.5	1.0	2.0	4.0	8.0
1#	1.81	2.36	3.01	3.94	5.07
2#	2.36	3.05	3.93	5.01	6.49
3#	2.76	3.53	4.51	5.73	7.40
4#	3.03	3.87	4.94	6.28	8.05
5#	2.73	3.53	4.55	5.91	7.58
6#	3.47	4.48	5.80	7.44	9.63
7#	3.99	5.15	6.65	8.57	11.09
8#	5.96	7.77	10.13	12.52	16.22
9#	9.39	12.31	16.14	19.83	25.17
10#	12.05	15.82	20.77	25.23	31.77

由表2-40可看出,二茂铁类化合物可明显提高含镁铝富燃料推进剂的燃速,三种燃烧催化剂的催化效果为巴特辛>卡托辛>叔丁基二茂铁。因此,仅从提高燃速的效果来看,巴特辛作为含镁铝富燃料推进剂的燃烧催化剂最佳。由图2-71可看出,没有加入燃烧催化剂的推进剂燃速与压力的关系近似于线性,计算得0.5~8.0MPa范围内的燃速系数为2.35,燃速压力指数为0.37。加入叔丁基二茂铁和卡托辛的富燃料推进剂燃速与压力的关系也近似于线性,燃速压力指数基本不变。

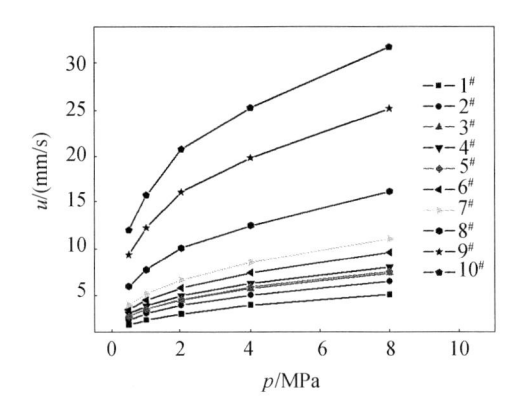

图 2-71　含二茂铁类化合物推进剂的燃速-压力曲线

由图 2-71 可看出,当推进剂中加入巴特辛以后,推进剂的燃速与压力的关系有所变化,不再表现为近似线性,当压力低于 2 MPa 时,推进剂的压力指数较高,与没加入燃烧催化剂的推进剂接近;当压力大于 2 MPa 时,推进剂的压力指数略微降低。因此,二茂铁类燃烧催化剂基本不会提高含镁铝富燃料推进剂的压力指数,这对于推进剂在发动机中工作的稳定可靠性具有重要的意义。

含二茂铁类化合物推进剂的燃烧温度测试结果如表 2-41 所示。由表 2-41 可看出,加入叔丁基二茂铁和卡托辛后,推进剂的燃烧温度略有升高,说明这两种燃烧催化剂在提高推进剂燃速的同时,提高了推进剂一次燃烧的放热量。由于富燃料推进剂中的氧含量不足,其一次燃烧过程为非平衡燃烧过程,燃烧过程中燃料与氧化剂混合越均匀,则一次燃烧过程中产物的放热量越大。因此,燃烧催化剂提高推进剂的一次燃烧温度,受燃烧过程中燃料与氧化剂的混合程度影响。

表 2-41　含二茂铁类化合物推进剂的燃烧温度测试结果

推进剂代号	不同压力下(MPa)推进剂的燃烧温度/℃			
	0.5	1.0	2.0	4.0
1#	1637	1703	1799	1874
2#	1652	1709	1788	1871
3#	1660	1722	1798	1879
4#	1663	1738	1805	1888
5#	1669	1725	1798	1871
6#	1668	1723	1809	1883

推进剂代号	不同压力下(MPa)推进剂的燃烧温度/℃			
	0.5	1.0	2.0	4.0
7#	1678	1747	1819	1897
8#	1703	1782	1863	1957
9#	1751	1795	1803	1791
10#	1782	1801	1790	1773

由表 2-41 也可看出,随着巴特辛含量的增加,高压下(大于 2MPa)推进剂的燃烧温度降低。巴特辛是由丁羟与二茂铁类化合物接枝而成,因此巴特辛与丁羟推进剂药浆具有较强的相容性,因此在推进剂固化后,巴特辛与推进剂各组分的混合程度更好。在推进剂的燃烧过程中,巴特辛不但表现出较强的燃速催化作用,而且也会在很大程度上提高燃料与氧化剂的混合程度,从而最终导致燃烧温度的提高。

需要指出的是,由于钨铼热电偶的脆性较高,因此目前此类热电偶丝的最小直径只能达到 $80\mu m$,这在一定程度上限制了微型钨铼热电偶对温度变化的敏感程度。而在 2MPa 以上时,加入较高含量巴特辛的推进剂燃速很高,火焰移动的速度也较快,可能热电偶头在火焰中温度尚未平衡时,火焰便离开热电偶头,使得这一尺寸的热电偶无法准确测得燃速较高推进剂的燃烧温度。

2.7.5 过渡金属氧化物(TMO)燃烧催化剂对富燃料推进剂燃烧性能的影响

燃气发生器非壅塞的固体火箭冲压发动机具有结构简单、燃气发生器的燃气流量可随冲压补燃室压力变化进行自适应调节等优点,可在导弹的飞行速度、高度、攻角和转弯角发生变化时,保证冲压补燃室始终在一定的空燃比范围内工作,使冲压发动机性能最佳[50]。

但是,非壅塞固体火箭冲压发动机对富燃料推进剂的燃烧性能提出了低可燃极限、高燃速及高燃速压力指数等极为苛刻的要求。由于富燃料推进剂中氧化剂含量仅为复合固体推进剂中氧化剂的 1/2 左右,因此富燃料推进剂燃烧性能的可调范围变窄,提高燃速及燃速压力指数难度大。当前,常采用过渡金属氧化物作为燃烧催化剂,对这类含铝镁的富燃料推进剂进行燃烧性能调节[39, 40]。

根据 AP 复合固体推进剂燃烧性能调节的经验,选择氧化钴、氧化铜、氧化铬和氧化铁等过渡金属氧化合物作为燃烧催化剂。本节主要介绍这4种TMO单组分及其复配物对铝镁富燃料推进剂燃烧性能的催化作用[40],其结果对含铝镁复合推进剂的配方设计和研制具有参考意义。

2.7.5.1　实验描述及测试设备

铝镁富燃料推进剂的制造工艺与常规复合固体推进剂制造工艺相同。配方研究及实验发动机装药均采用2 L卧式混合机混合;药浆浇铸采用真空浇铸法;推进剂固化温度为70℃,固化期为3天;TMO催化剂的含量为1.5%。

推进剂燃速测试采用靶线法;推进剂药条的尺寸为5mm×5mm×150mm,药条经包覆后在燃烧室内测定推进剂的静态燃速;燃烧室气氛为氮气,测试压力点选取0.49MPa、0.98MPa、1.96MPa和3.92MPa;富燃料推进剂静态燃速及燃速压力指数的处理方法采用航天工业部标准QJ 915−85。

2.7.5.2　含TMO铝镁富燃料推进剂的低压燃烧特性

含不同过渡金属氧化物富燃料推进剂的燃速测试结果如表2−42所示。在0.98～3.92MPa压力范围内,TMO对富燃料推进剂燃速的催化作用顺序为:氧化铁＞空白＞氧化钴＞氧化铜＞氧化铬。

在0.49 MPa下,TMO对富燃料推进剂燃速的催化作用顺序为:氧化铁＞氧化铜＞氧化钴＞空白＞氧化铬。

表2−42　含过渡金属氧化物铝镁富燃料推进剂的燃速数据

配方	燃烧催化剂	不同压力(MPa)下的燃速 $u/(mm/s)$				燃速压力指数 n
		0.49	0.98	1.96	3.92	
TMO−0	空白	2.15±0.03	3.07±0.08	4.08±0.09	4.91±0.78	0.40
TMO−1	氧化钴	2.20±0.05	2.77±0.10	3.80±0.14	4.83±0.18	0.42
TMO−2	氧化铜	2.61±0.05	2.68±0.10	3.61±0.30	4.33±0.18	0.27
TMO−3	氧化铬	2.08±0.09	2.35±0.09	2.63±0.03	3.78±0.40	0.30
TMO−4	氧化铁	2.86±0.13	3.41±0.23	4.37±0.24	6.03±0.72	0.39

从表2−42的燃速实验结果可以看出,在较高压力区域(0.98～3.92MPa),所选用的几种过渡金属氧化物中,除了氧化铁外,其余3种过渡金属氧化物均没有催化作用;而且氧化铬对铝镁富燃料推进剂燃速不仅没有明显的催化加速作用,反而对推进剂燃速有减速作用;除氧化铬外,其余3种过

渡金属氧化物对铝镁富燃料推进剂的低压(0.49MPa)燃速有催化作用,即催化剂在高压和低压下催化作用不同,如氧化铜和氧化铁主要提高富燃料推进剂的低压区燃速。

从燃速压力指数来看,只有含氧化钴和氧化铁的富燃料推进剂燃速压力指数接近于不含催化剂的富燃料推进剂。

比较含氧化铁与不含催化剂的富燃料推进剂燃速及燃速压力指数可以看出,尽管氧化铁在实验的压力范围内均可以提高富燃料推进剂的燃速,如在3.92MPa下推进剂燃速提高幅度为22.8%,达到6.03mm/s,但是其燃速压力指数却没有显著提高。究其原因,是其低压燃速也同时升高所致。换言之,要获得高的燃速压力指数,要设法增加其高压燃速,同时使其低压燃速不升高或升高幅度小一些。

2.7.5.3　TMO 复配对铝镁富燃料推进剂燃烧性能的影响

为了进一步探索提高铝镁富燃料推进剂燃速及燃速压力指数的方法,研究了过渡金属氧化物之间的复配物对富燃料推进剂燃速及燃速压力指数的影响。含不同过渡金属氧化物组合的富燃料推进剂的燃速测试结果如表2-43所示。

表 2-43　过渡金属氧化物组合对铝镁富燃料推进剂燃速的影响

| 配方 | 燃烧催化剂 | 不同压力(MPa)下的燃速 $u/(mm/s)$ | | | | 燃速压力指数 n |
		0.49	0.98	1.96	3.92	
TMO-5	氧化钴/氧化铬	2.28 ±0.06	2.68 ±0.08	3.59 ±0.20	6.59 ±0.34	0.55
TMO-6	氧化铜/氧化钴	2.33 ±0.36	2.29 ±0.04	2.82 ±0.20	3.87 ±0.32	0.27
TMO-7	氧化钴/氧化铁	2.65 ±0.07	3.10 ±0.10	4.58 ±0.10	5.81 ±0.20	0.43
TMO-8	氧化铁/氧化铜	2.07 ±0.08	2.73 ±0.13	3.81 ±0.16	5.68 ±0.23	0.53
TMO-9	氧化铜/氧化铬	2.45 ±0.11	3.18 ±0.15	4.32 ±0.20	6.79 ±0.35	0.53

在 3.92 MPa 下,TMO 催化剂对富燃料推进剂燃速的催化作用顺序为:氧化铜/氧化铬 > 氧化钴/氧化铬 > 氧化钴/氧化铁 > 氧化铁/氧化铜 > 空白 > 氧化铜/氧化钴。

在 0.49 MPa 下,TMO 催化剂对富燃料推进剂燃速的催化作用由大到小顺序为:氧化钴/氧化铁 > 氧化铜/氧化铬 > 氧化铜/氧化钴 > 氧化钴/氧化铬 > 空白 > 氧化铁/氧化铜。

含过渡金属氧化物组合的富燃料推进剂静态燃速特性说明:与不含催化剂的铝镁富燃料推进剂配方相比,大部分过渡金属氧化物的组合均可有效提高高压下富燃料推进剂的燃速,其中氧化铜/氧化铬在 3.92MPa 下燃速增幅达 38.3%,达到 6.79mm/s;大部分过渡金属氧化物的组合均可提高低压下富燃料推进剂的燃速,但低压燃速增幅不大。

由于大多数过渡金属氧化物的组合提高富燃料推进剂高压燃速的增幅大于其提高低压燃速的幅度,因此含这些燃烧催化剂组合的富燃料推进剂燃速压力指数明显增加,其中含氧化钴/氧化铬、氧化铜/氧化铬和氧化铁/氧化铜组合催化剂的富燃料推进剂燃速压力指数已经超过 0.5。

参 考 文 献

[1] 赵凤起,李上文. RDX - CMDB 推进剂中组合催化剂的研究[J]. 推进技术,1992,2(1): 57 - 62.

[2] 李上文,赵凤起,徐司雨. 低特征信号固体推进剂技术[M]. 北京:国防工业出版社,2013.

[3] 汪营磊,赵凤起,仪建华. 固体火箭推进剂用燃烧催化剂研究新进展[J]. 火炸药学报,2012,35 (5): 1 - 8.

[4] 赵凤起,李上文,单文刚. 用于双基系固体推进剂的非铅催化剂的研究与发展动向[J].飞航导弹, 1993(8).

[5] 赵凤起,李上文. 双基推进剂用生态安全含铋催化剂[J]. 火炸药学报,1998,21(1): 53 - 55.

[6] 赵凤起.含非铅催化剂的无烟平台推进剂研究[D]. 西安:西安近代化学研究所,1986.

[7] 宋秀铎. 绿色有机铋盐的合成及其在双基系固体推进剂中的应用[D]. 西安:西安近代化学研究所, 2009.

[8] Chi Minn - shong. Composition propellants containing copper compounds as ballistic modifiers. US4371640.

[9] Rarna K V, Singh H. Effect of certain barium and cobalt salts on burning rate pressure relationship of double base rocket propellants[J]. Combustion science and Technology, 1986,45.

[10] Downes. Nitrocellulose propellant composition. US5254186, Oct. 19, 1993.

[11] Comp A T. Double base ballistic modifiers. US4420350, Dec. 13,1983.

[12] Neidert J B. Castable double base propellant containing ultra fine carbon fiber as a ballistic modifier. US5372664,Dec.13,1994.

[13] 单文刚,李上文,赵凤起. 稀土化合物作为无烟推进剂燃速催化剂的研究[J]. 兵工学报,1990(1): 13 - 19.

[14] 单文刚,赵凤起. 二元稀土化合物对双基推进剂燃烧催化作用研究[J]. 推进技术,1997,18(4): 69 - 74.

[15] 赵凤起,苏航. 用作固体推进剂燃速催化剂的2,4 - 二羟基苯甲酸稀土配合物的合成[R].西安:西安近代化学研究所,1997.

[16] Li Shangwen, Zhao Fengqi. The studies of double base propellant on copper compounds as combustion catalysts[C]// The proceeding of 18th ICT conference,1987:46(1 - 9).

[17] Thompson S B. Bismuth and copper ballistic modifiers for double base propellants. US5652409, July 29,1997.

[18] 洪伟良,赵凤起. 纳米 PbO 和 Bi_2O_3 的制备及对推进剂燃烧性能的影响[J]. 火炸药学报,2001

（3）：7 - 8.

[19] Hercules Inc. Binder system for cross - linked double base propellant. US5468311.

[20] Nazere A N. Glycidyl azide polymer(GAP) - an energetic component of advanced solid rocket propellant - a review[J]. J. of energetic materals. 1992,10:433.

[21] O'Meara W L. Propellant containing a thermoplatic burn rate modifier. US5682009, Oct. 28,1997.

[22] 陈福泰，谭惠民. $B_{12}H_{12}[N(C_2H_5)_4]_2$ 对 NEPE 推进剂燃烧性能的影响[J]. 火炸药学报, 2000（3）:19 - 21, 27.

[23] O'Meara W L. Nitrocellulose propellant containing a cellulose burn rate modifier. US5524544, June 11,1996.

[24] Anatoly P Denisjuk, Yury G Shepelev, Babken M Baloyan, et al. Low - toxic burning rate catalysts for double base propellants[A]. 27th international annual conference of ICT[C]. 1996(76 - 1).

[25] Larry C W. Processing procedure for isocyannate cured propellants containing some bismuth compounds. US6183574,Feb. 6,2001.

[26] Berteleau G. Compositions modifying ballistic properties and propellants containing such compositions. US5639987, June 17,1997.

[27] 李上文，赵凤起. 铜化物作燃烧催化剂的固体推进剂的探索[J]. 兵工学报,1986,(1):25 - 32.

[28] Rudy, et al. Purification of combustion catalysts and solid propellant compositions containing the same, USP 4,166,045.

[29] Dunigan,Thomas E. , Sisco, et al. Process for preparing double base propellants containing ballistic modifier. USP 3989776.

[30] Downes, et al. Nitrocellulose propellant composition, USP 5,254,186,1993.

[31] Kawamoto A M, Pardini L C,Rezende L C. Synthesis of copper chromite catalyst[J]. Aerospace Science and Technology, 8 (2004) 591 - 598.

[32] Larry C W. Minimum signature isocyanate cured propellants containing bismuth compounds as ballistic modifiers. US6168677, Jan. 2,2001.

[33] 柴玉萍，张同来. 国内外复合固体推进剂燃速催化剂研究进展[J]. 固体火箭技术, 2007, 30(1): 44 - 47, 56.

[34] Sayle D C. Solid propellant compositions and method of modifying propellant burning rate using ferrocene derivatives. US P 3447981, 1969.

[35] 张炜，朱慧，张仁. AP/ HTPB 推进剂中 TMO 催化作用研究[J]. 兵工学报火化 I 分册,1990, (2): 23.

[36] 徐浩星，鲁国林，赵秀媛. 含燃速催化剂的丁羟推进剂高压燃烧性能研究[J]. 推进技术, 1999, 20（3）：81 - 85.

[37] 邓鹏图. 纳米过渡金属氧化物的制备及其在固体推进剂催化燃烧中的应用[D]. 长沙：国防科技大学, 1997.

[38] 罗元香，陆路德，汪信，等. 纳米级过渡金属氧化物对高氯酸铵催化性能的研究[J]. 含能材料, 2002, 10(4):148 - 152.

[39] 张炜，朱慧，张仁，等. TMO 复合催化剂对 AP 推进剂燃速催化作用研究[J]. 航空动力学报, 1994, 9(3): 293 - 297.

[40] 张炜，朱慧，夏智勋. TMO 对铝镁贫氧推进剂低压燃烧性能影响[J]. 固体火箭技术, 2002, 25

（3）：38 – 40.

［41］USP. 3860462.

［42］苏航. 稀土化合物作为 RDX – CMDB 推进剂燃烧催化剂之研究［D］. 西安：西安近代化学研究所，1994.

［43］仪建华. 含高氮化合物的高燃速 CMDB 推进剂燃烧性能研究［D］. 西安：西安近代化学研究所，2011.

［44］李上文，赵凤起. 铜化物作燃烧催化剂的固体推进剂的探索［J］. 兵工学报，1986，（1）：25 – 32.

［45］庞维强. 硼团聚技术及其在富燃料推进剂中的应用研究［D］. 西安：西北工业大学，2006.

［46］胥会祥. 硼粉处理及含硼富燃料推进剂燃烧特性研究［D］. 西安：西安近代化学研究所，2007.

［47］刘林林，何国强，王英红. 双基推进剂为助燃剂的硼粉燃烧热测试研究［J］. 固体火箭技术，2012；35（4）：513 – 515，521.

［48］刘林林，何国强，王英红. 燃料组分对含硼富燃料推进剂一次燃烧性能的影响［J］. 含能材料，2012；20（4）：475 – 478.

［49］刘迎吉，刘林林. 二茂铁类燃速催化剂对含镁铝富燃料推进剂一次燃烧性能的影响研究［J］. 科学技术与工程，2014，14（11）：282 – 285.

［50］张炜，朱慧，等. 冲压发动机发展现状及其关键技术［J］. 固体火箭技术，1998，21（3）：2.

第3章　双金属有机化合物燃烧催化剂

双金属有机化合物燃烧催化剂,顾名思义是含有两种金属的有机化合物燃烧催化剂,其结构中的一种金属能够调节固体推进剂的燃速和压力指数,另一种金属具备辅助催化功能或抑制推进剂的不稳定燃烧[1]。

目前铋基双金属和锆基双金属有机化合物是该类燃烧催化剂的研究焦点,铋基绿色双金属有机化合物燃烧催化剂是一种生态极为安全的燃速催化剂,它们的低毒性和与铅化物类似的催化作用特性使其取代铅化物具有光明的前景。用环境友好的有机铋盐替代有毒的铅化合物催化剂,可降低推进剂的毒性,为研制新型清洁固体推进剂指明一条可行的途径。锆基双金属有机化合物燃烧催化剂[2]结构中含有铅或铜等催化元素,能够分解出催化活性组分(如氧化铜或氧化铅),调节固体推进剂的燃烧性能,又能产生高熔点的氧化锆,起到抑制固体推进剂不稳定燃烧的作用。因此,双金属有机化合物燃烧催化剂是今后燃烧催化剂发展的一个重要方向。

本章总结了著者及其团队多年积累的研究工作,对双金属燃烧催化剂进行了分类,并从制备、表征、应用及其作用效果进行了梳理和归纳。

3.1　含铋双金属有机化合物燃烧催化剂

铅化合物是固体推进剂极为重要的燃烧催化剂,它们的加入,不仅能够使推进剂的燃速增加,压力指数下降,而且也可使某一温度范围内的燃速温度敏感系数降低。但是,在世界各国日益注重环境保护、防止生态污染的今天,铅化合物的毒性问题已引起了广泛关注,铅化合物对人的神经系统、消化系统、血液系统、呼吸系统以及泌尿系统都有危害,在制备、实验、使用以及推进剂药柱的处理和火箭发动机排气等环节给工作人员和环境留下直接或潜在的危害[3-6]。用环境友好的有机铋盐替代有毒的铅化合物催化剂,可降低推进剂的毒性[7-13]。

3.1.1 没食子酸铋铜(Gal–BiCu)金属化合物制备及表征

3.1.1.1 Gal–BiCu 金属化合物制备

称取一定量(与没食子酸的摩尔比 1:1.1,没食子酸稍过量)的五水硝酸铋,加适量的水搅拌至无大颗粒,水解为硝酸氧铋,加入到三口烧瓶中,立即产生黄色沉淀,保温 90℃搅拌 1h。出料,趁热过滤,滤饼用热水洗涤 2 次,然后用乙醇洗涤 2 次。将滤饼加入三口烧瓶,再加入适量的水,搅拌成次没食子酸铋(s–Gal–Bi)悬浮液。

称取硝酸铋摩尔量 2 倍的 NaOH 溶解在适量水中,将 NaOH 溶液加入到三口烧瓶,搅拌使之与 s–Gal–Bi 反应得紫红色的没食子酸铋钠溶液。过滤溶液,除去少量残留物,将滤液加入三口烧瓶。称取一定量 $Cu(NO_3)_2 \cdot 3H_2O$ 加水溶解成 $Cu(NO_3)_2$ 溶液。将溶液加入到三口烧瓶与没食子酸铋钠反应。反应结束后加入大量的水静置分层,过滤,滤饼用大量的水洗涤 5 次,再用乙醇洗涤 2 次,烘干,得产品没食子酸铋铜(Gal–BiCu)。

Gal–BiCu 的结构式见图 3–1。

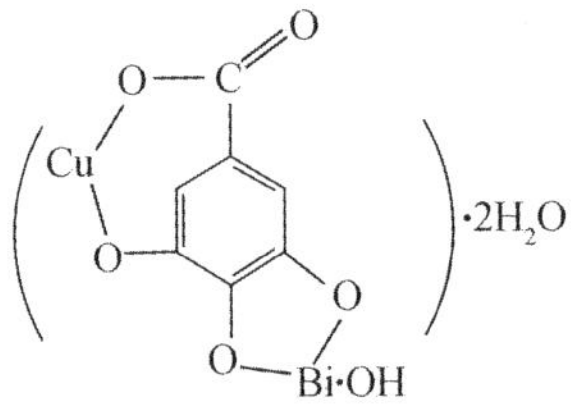

图 3–1 Gal–BiCu 的结构示意图

3.1.1.2 Gal–BiCu 金属化合物结构表征

原料没食子酸、中间产物 s–Gal–Bi 和产物 Gal–BiCu 的 IR 谱图如图 3–2 所示。

图 3–2 中,1674cm^{-1} 是 s–Gal–Bi 的羧酸 C=O 双键的伸缩振动,而 Gal–BiCu 的羰基 C=O 双键的伸缩振动发生蓝移,移至 1550cm^{-1} 附近与苯环振动吸收峰重合,同时 2500~3000cm^{-1} 范围内一组弱谱带(—COOH 的特征谱带)消失,表明羧酸发生反应生成了羧酸盐。

1. 元素分析

Gal–BiCu 的分子式为 $C_7H_3O_6BiCu \cdot 2H_2O$,相对分子质量 491.64,各元素的理论计算含量(%):C 17.10,H 1.435,O 26.03, Bi 42.51,Cu 12.93;测量值

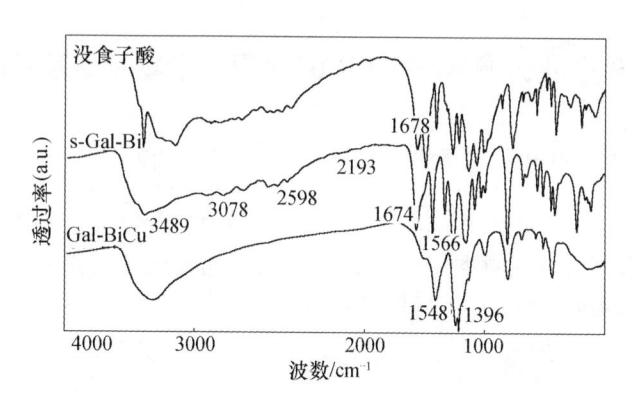

图 3 - 2   没食子酸、s - Gal - Bi 和 Gal - BiCu 的 FTIR 谱图

（%）：C 17.03，H 1.186。

2. X 荧光衍射分析

Bi 和 Cu 的含量采用 X 荧光衍射分析，分析结果为 Bi 含量 43.6%，与理论计算值相差 1.1%，Cu 含量为 13.4%，与理论计算值相差 0.5%，在测量误差范围内。

3. TG 分析验证

对 Gal - BiCu 进行热分解分析时，没食子酸铋铜在 120℃ 质量损失 7.4%，分解最终剩余质量得 64.1%，经 FTIR 分析和 X 荧光衍射分析，确定最终剩余残渣物为 Bi_2O_3 和 CuO。

Gal - BiCu 吸附水含量：$\dfrac{18 \times 2}{491.6} \times 100\% = 7.3\%$，与 TG 第一阶段质量损失数据相符；Gal - BiCu 分子中 Bi_2O_3 和 CuO 的量：$\dfrac{209 + 63.5 + 16 \times 2.5}{491.6} \times 100\% = 63.6\%$，接近 TG 最终剩余质量，佐证合成产物为所设计的分子。

3.1.2　其他没食子酸铋基双金属化合物制备及表征

3.1.2.1　没食子酸铋镁（Gal - BiMg）金属化合物

Gal - BiMg 制备方法与 Gal - BiCu 类似，不再赘述。

Gal - BiMg 结构如图 3 - 3 所示。

红外光谱与 Gal - BiCu 基本相同。

元素分析：Gal - BiMg 的分子式为 $C_7H_3O_6BiMg \cdot 2H_2O$，相对分子质量 452.38，各元素理论计算含量（%）：C 18.58，H 1.560，O 28.29，Bi 46.20，Mg 5.38；测量值（%）：C 18.43，H 1.223。

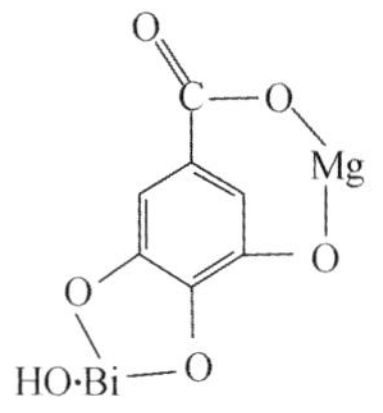

图 3 - 3   Gal - BiMg 的结构示意图

X 荧光衍射分析:Bi 含量为 45.6% ,Mg 含量为 5.4% 。

3.1.2.2 没食子酸铋钡(Gal - BiBa)金属化合物

Gal - BiBa 制备方法与 Gal - BiCu 类似,不再赘述。

Gal - BiBa 结构如图 3 - 4 所示。

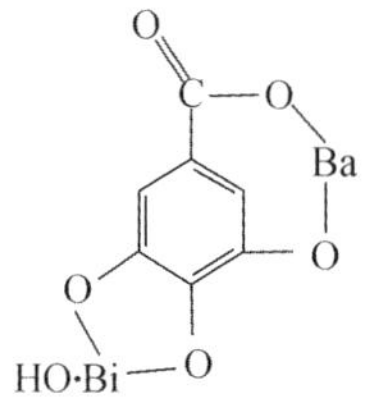

图 3 - 4   Gal - BiBa 的结构示意图

红外光谱与 Gal - BiCu 基本相同。

元素分析:Gal - BiBa 的分子式为 $C_7H_3O_6BiBa \cdot 2H_2O$,各元素理论计算含量(%):C 14.87,H 1.248,O 22.63, Bi 36.96,Ba 24.32;测量值(%):C 14.66,H 1.007。

X 荧光衍射分析:Bi 含量为 35.6% ,Ba 含量为 24.0% 。

3.1.2.3 没食子酸铋镍(Gal - BiNi)金属化合物

Gal - BiNi 制备方法与 Gal - BiCu 类似,不再赘述。

Gal - BiNi 结构如图 3 - 5 所示。

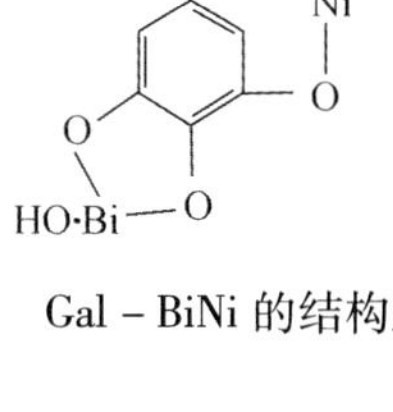

图 3 - 5   Gal - BiNi 的结构示意图

133

红外光谱与 Gal – BiCu 基本相同。

元素分析:Gal – BiNi 的分子式为 $C_7H_3O_6BiNi \cdot 2H_2O$,相对分子质量 486.77,各元素理论计算含量(%):C 17.27,H 1.150,O 26.29,Bi 42.94,Ni 12.08;测量值(%):C 17.21,H 1.102。

X 荧光衍射分析:Bi 含量为 42.2%,Ni 含量为 12.2%。

3.1.2.4 没食子酸铋钴(Gal – BiCo)金属化合物

Gal – BiCo 制备方法与 Gal – BiCu 类似,不再赘述。

Gal – BiCo 结构如图 3 – 6 所示。

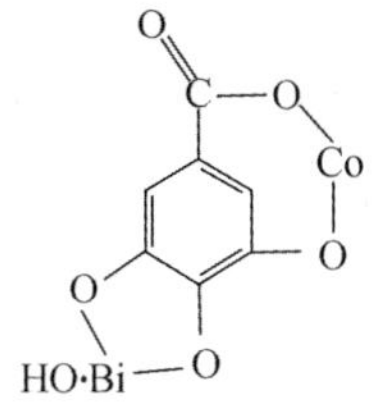

图 3 – 6 Gal – BiCo 的结构示意图

红外光谱与 Gal – BiCu 基本相同。

元素分析:Gal – BiCo 的分子式为 $C_7H_3O_6BiCo \cdot 2H_2O$,相对分子质量 487.01,各元素理论计算含量(%):C 17.26,H 1.449,O 26.28,Bi 42.91,Co 12.1;测量值(%):C 17.17,H 1.510。

X 荧光衍射分析:Bi 含量为 41.8%,Co 含量为 12.3%。

3.2 含锆双金属有机化合物燃烧催化剂

不稳定燃烧又分为声不稳定燃烧和非声不稳定燃烧。非声不稳定燃烧仅在低压条件下出现,问题也比较容易解决;而声不稳定燃烧是推进剂研制过程中出现的突出技术难题,它的基本特征是燃烧室压力、推进剂燃速等参数以发动机内腔的固有频率作周期或近似周期性变化,而且伴随着以下现象:平均 $p – t$ 和 $F – t$ 曲线不规则变化,发动机或飞行器强烈振动,试车中声音、气味异常,发动机壳体温度异常升高,终止燃烧后推进剂表面有凹坑或波纹,发动机产生意外旋转等。由此带来严重的后果,如:预期的推力方案不能实现,壳体破坏或烧穿,使仪器舱产生偶合振动,影响其正常工作。因此,国内外都投入了大量人力物力对此进行研究[14~16]。从固体火箭发动机不稳定燃烧理论可知,对声不稳定燃烧可起阻尼作用的因素有喷管阻尼、微粒阻尼、壁面阻尼、结构阻尼、气流弯转损失,其中微粒阻尼在总阻尼中占很大比例[17,18]。Dobbins Temkin[19]实验证实了Culick理论上提出的燃气中的悬浮微粒可有效抑制火箭发动机中的声不稳定燃烧,衰减的程度取决于单位体积内微粒的质量、直径和密度。根据这种微粒阻尼理论可寻找密度大、耐热、难熔的材料(铅粉或其他高熔点化合物),这些材料一般不参与推进剂燃烧反应,只对声不稳定燃烧起一定的衰减作用。

而常用的燃烧稳定剂和燃速催化剂的粒径都是微米级或纳米级[20,21],微米、纳米粒子有优异的特性主要是由于粒子的尺寸极小、比表面积极大所至。然而,微粒尺寸极小时,单个粒子的表面能很高,表面活性很大,极不稳定,它们极易吸附其他物质或者相互吸引团聚而降低其表面能和表面活性,从而使得微米、纳米粒子的实际应用效果较差,丧失许多优点。经研究发现,如果将某种物质包覆于微米或纳米粒子的外表对其进行改性或制成复合粒子,都将有效地避免单一粒子的团聚问题,而且还可以充分发挥微米或纳米粒子的优异特性,提高其使用效果。将微米和纳米粒子进行适当的复合,制得的复合粒子往往具有超细粒子的特性,这会大大降低使用纳米粒子的成本,而且解决了纳米粉体使用难的问题[22-24]。

目前,国内大多使用的燃烧稳定剂是 Al_2O_3,但它熔点较低,燃烧时易与 CuO、PbO 等聚集成大粒子,影响了抑制的效率[25-27]。而其他燃烧稳定剂像 TiO_2、SiC 等的加入会影响推进剂燃速的变化并使配方的平台消失[28,29]。根据国外报道,锆化物作为燃烧稳定剂的抑制效果比较好,而国内对高熔点的锆化物研究和应用均较少,为了使推进剂燃烧性能得到提高并且避免单一粒子团聚问题,著者提出了既能有效抑制不稳定燃烧,又能促进燃速提高、降低燃速压力指数的双功能弹道改良剂的设想。据此,开展了含锆双金属盐的研究。

3.2.1　没食子酸锆基双金属化合物[30,31]

3.2.1.1　没食子酸铋锆(Gal – BiZr)金属化合物制备

分别取一定量的、摩尔比为 1.1∶1 的没食子酸和硝酸铋,将没食子酸溶于 60℃ 的蒸馏水中,在强烈搅拌下将硝酸铋缓慢加入没食子酸溶液中,90℃保温 3~4h,得黄色沉淀。将得到的黄色沉淀用热的蒸馏水洗涤 3~5 次,再用无水乙醇洗涤 2 次,抽滤,干燥,研磨,得黄色粉末(次没食子酸铋)。

分别取一定量、摩尔比为 2∶1 的 NaOH 和次没食子酸铋粉末,在黄色粉末中加入一定量的蒸馏水,超声使之分散均匀,在 60℃、强烈搅拌的条件下,缓慢滴入 NaOH 溶液,得紫红色溶液,pH = 8~9,过滤。取与次没食子酸铋摩尔比为 1∶1 的硝酸氧锆,溶于一定量的蒸馏水中,在 60℃、强烈搅拌的条件下,缓慢加入得到的紫红色溶液中,80℃保温 3 ~ 4h,得棕色沉淀,用热的蒸馏水洗涤 3 ~ 5 次,再用无水乙醇洗涤 2 次,抽滤,干燥,研磨,得棕色粉末(没食子酸铋锆)。

Gal – BiZr 的结构式见图 3 – 7。

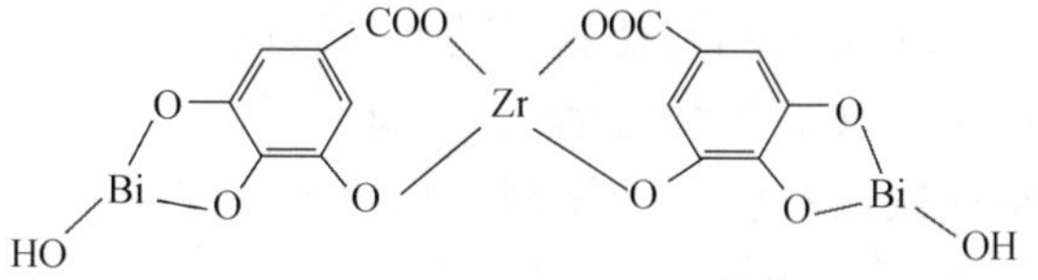

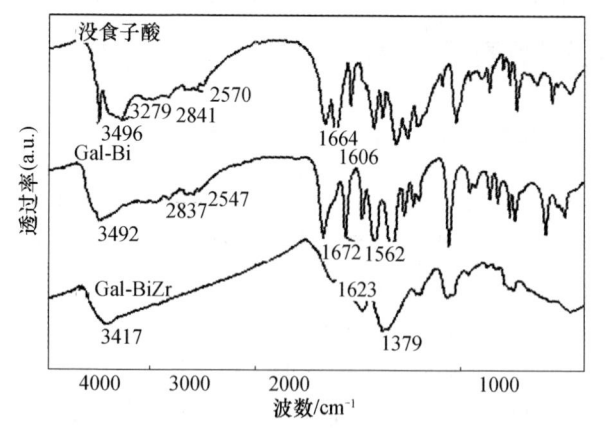

图 3 – 7 Gal – BiZr 的结构示意图

3.2.1.2 Gal – BiZr 金属化合物表征

1. 有机元素与 X 荧光衍射分析

测量值(%):C 20.14,H 1.22,O 20.10;理论值(%):C 19.20,H 0.68,O 21.94。

测量值(%):Bi 45.44,Zr 13.10;理论值(%):Bi 47.78,Zr 10.40,说明目标化合物的分子式与 $Bi_2Zr(C_7O_6H_3)_2$ 一致。

2. 红外分析

从图 3 – 8 所示的没食子酸、没食子酸铋及没食子酸铋锆在 400 ~ 4000cm^{-1} 范围内的 FTIR 谱上可以看出,与没食子酸相比,没食子酸铋属于羧酸 C═O 双键的伸缩振动依然存在,而 2500 ~ 3000cm^{-1} 范围内属于—COOH 的弱特征谱带也存在。而在没食子酸铋锆谱图中,属于羧酸 C═O 双键的伸缩振动

图 3 – 8 没食子酸、没食子酸铋及没食子酸铋锆的 FTIR 谱图

消失,而出现两个新峰,分别归属于 ν^{as}（—COO—）（1623cm^{-1}）和 ν^{s}（—COO—）（1383cm^{-1}）,而 2500～3000cm^{-1} 范围内属于—COOH 的弱特征谱带消失,表明羧酸根发生反应生成了羧酸盐。

3. TG 分析

从图 3－9 所示的没食子酸铋锆的 TG－DTG 曲线可以看出,在 100～160℃ 并没有质量损失,推测没食子酸铋锆不带结晶水。

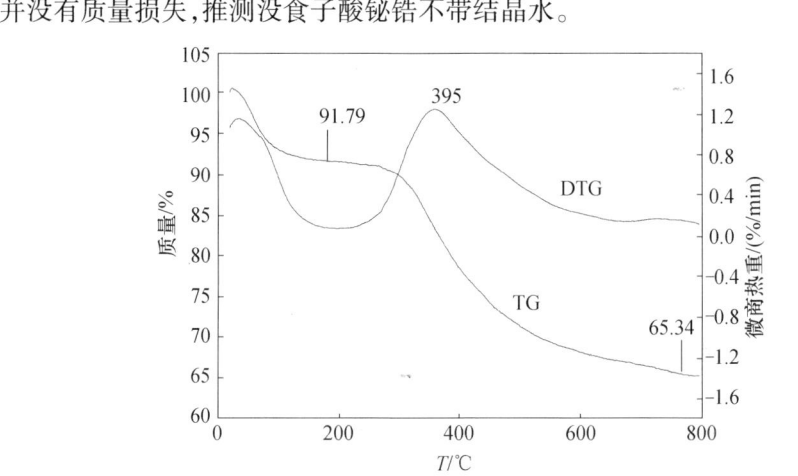

图 3－9　没食子酸铋锆的 TG－DTG 曲线（10℃／min）

3.2.1.3　没食子酸铜锆（Gal－CuZr）金属化合物制备及表征

Gal－CuZr 制备方法与 Gal－BiZr 类似,不再赘述。

Gal－CuZr 结构如图 3－10 所示。

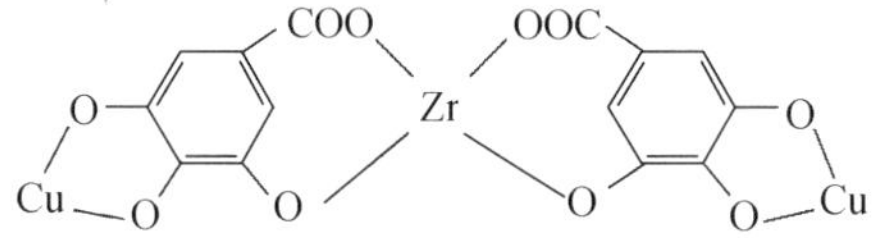

图 3－10　Gal－CuZr 的结构示意图

红外光谱与 Gal－BiZr 基本相同。

元素分析:Gal－CuZr 的分子式为 $C_{12}H_4O_{10}CuZr$,各元素理论计算含量（%）:C 31.14,H 0.849,O 34.59;测量值（%）:C 31.10,H 0.851,O 34.62。

X 荧光衍射分析:测量值（%）:Zr 15.80,Cu 23.50;理论值（%）:Zr 16.52,Cu 23.23。

3.2.1.4 没食子酸铅锆(Gal – PbZr)金属化合物制备及表征

Gal – PbZr 制备方法与 Gal – BiZr 类似,不再赘述。

Gal – PbZr 结构如图 3 – 11 所示。

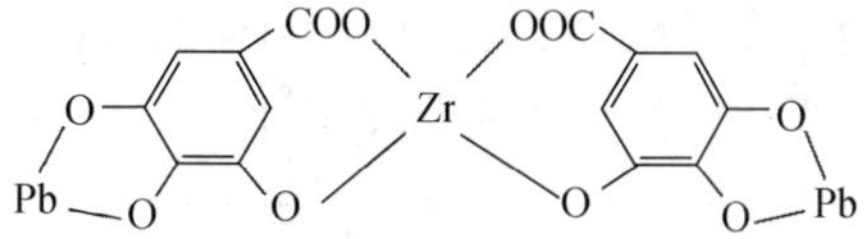

图 3 – 11 Gal – PbZr 的结构示意图

红外光谱与 Gal – BiZr 基本相同。

元素分析:Gal – PbZr 的分子式为 $C_{12}H_4O_{10}PbZr$,各元素理论计算含量(%):C 23.76,H 0.601,O 26.40;测量值(%):C 23.75,H 0.604,O 26.42。

X 荧光衍射分析:测量值(%):Zr 13.80,Pb 38.00;理论值(%):Zr 12.40,Pb 42.23。

3.2.2 酒石酸锆基双金属化合物[32,33]

3.2.2.1 酒石酸铅锆(Tar – PbZr)金属化合物制备

分别取一定量的、摩尔比为 1:2 的酒石酸和碳酸氢钠,将酒石酸溶于蒸馏水中,在强烈搅拌下将碳酸氢钠缓慢加入到酒石酸溶液中,反应 15min 左右,过滤,得无色溶液。取与酒石酸摩尔比为 1.1:1 的硝酸铅,溶于一定量的蒸馏水中,在水温升至 80℃时,缓慢加入无色溶液中,搅拌 3 ~ 4h,得白色沉淀。将上述得到的白色沉淀用热的蒸馏水洗涤 3 ~ 5 次,用无水乙醇洗涤 2 次,抽滤,干燥,研磨,得白色粉末(酒石酸铅)。

分别取一定量、摩尔比为 2:1 的 NaOH 和酒石酸铅粉末,在白色粉末中加入一定量的蒸馏水,超声使之分散均匀,在 60℃、强烈搅拌的条件下,缓慢滴入 NaOH 溶液,pH = 8 ~ 9,过滤,得无色溶液。取与酒石酸铅摩尔比为 1:1 的硝酸氧锆,溶于一定量的蒸馏水中,在 80℃、强烈搅拌的条件下,缓慢加入得到的无色溶液中,在 80℃保温 3 ~ 4h,得白色沉淀,用热的蒸馏水洗涤 3 ~ 5 次,用无水乙醇洗涤 2 次,抽滤,干燥,研磨,得白色粉末(酒石酸铅锆)。

Tar – PbZr 的结构式见图 3 – 12。

3.2.2.2 Tar – PbZr 金属化合物表征

1. 红外分析

从图 3 – 13 所示的酒石酸、酒石酸铅及酒石酸铅锆在 400 ~ 4000cm^{-1} 范围

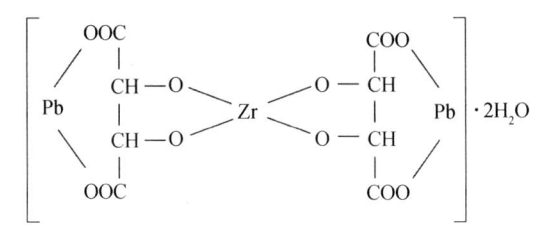

图 3－12　Tar－PbZr 的结构示意图

内的 FTIR 谱上可以看出，与酒石酸相比，酒石酸铅属于羧酸根的 $1739\mathrm{cm}^{-1}$
（$v_{-C=O}$）消失，出现属于羧酸盐的 $1372\mathrm{cm}^{-1}$（v_{-COO}^{s}）和 $1591\mathrm{cm}^{-1}$（v_{-COO}^{as}）两个新
峰，表明羧酸根发生反应生成了羧酸盐。而属于叔醇的 $1295\mathrm{cm}^{-1}$（δ_{O-H}）和
$1141\mathrm{cm}^{-1}$（v_{C-O}）分别移至 $1300\mathrm{cm}^{-1}$ 和 $1129\mathrm{cm}^{-1}$，而酒石酸铅锆的谱图中，与酒
石酸铅相比，属于叔醇 $1300\mathrm{cm}^{-1}$ 和 $1129\mathrm{cm}^{-1}$ 消失，而宽峰 $3457\mathrm{cm}^{-1}$ 属于结晶水
中的羟基，说明醇羟基发生反应。

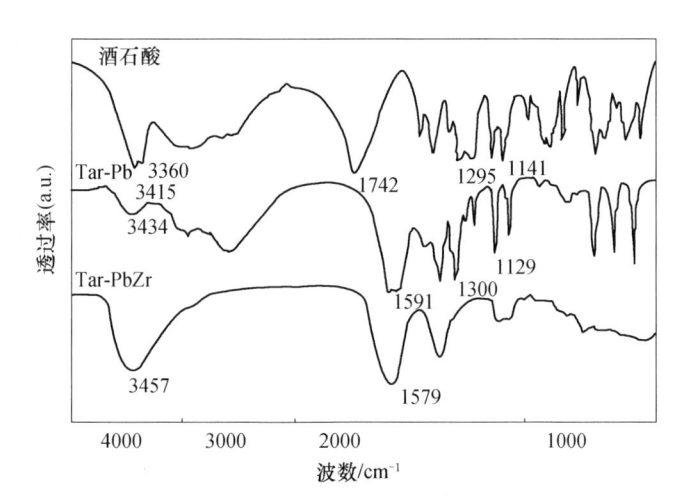

图 3－13　酒石酸、酒石酸铅及酒石酸铅锆的 FTIR 谱图

2. 元素分析

测量值（%）：C 12.68 , H 1.41, O 24.51；理论值（%）：C 11.78, H 0.98,
O 27.48。

3. X 射线荧光光谱分析

测量值（%）：Zr 12.78, Pb 42.62；理论值（%）：Zr 11.17, Pb 48.59，说明目
标化合物的分子式与 $ZrPb_2(C_4H_2O_6)_2 \cdot H_2O$ 一致。

4. TG-DTG 分析

从图 3-14 所示的酒石酸铅锆的 TG-DTG 曲线可以看出,共有两个质量损失台阶,在 100~200℃质量损失 2.19%,这与失去一个结晶水相符,可推测酒石酸铅锆含一个结晶水。

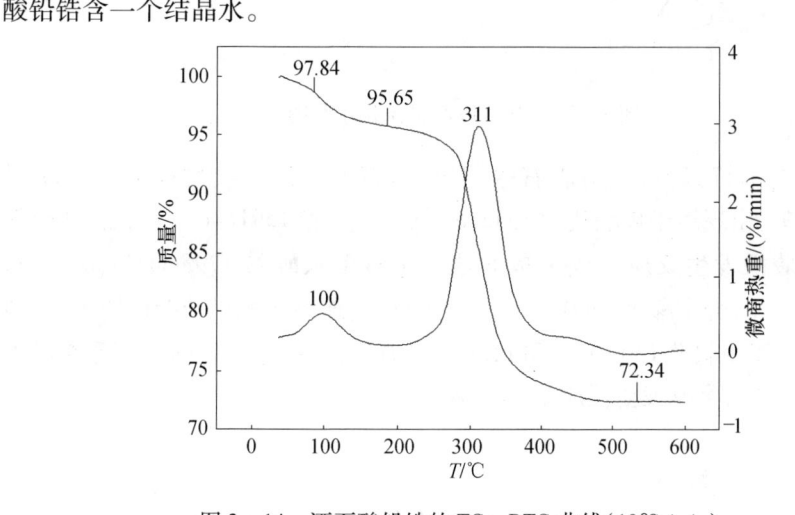

图 3-14   酒石酸铅锆的 TG-DTG 曲线(10℃/min)

3.2.2.3 Tar-CuZr 金属化合物制备及表征

Tar-CuZr 制备方法与 Tar-PbZr 类似,不再赘述。

Tar-CuZr 结构如图 3-15 所示。

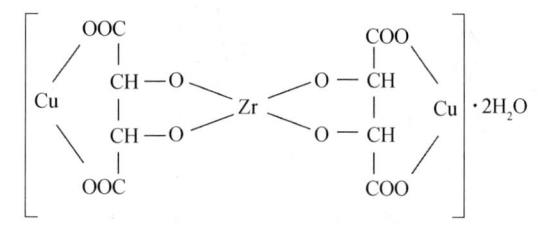

图 3-15   Tar-CuZr 的结构示意图

红外光谱与 Tar-PbZr 基本相同。

各元素的测量值为(%):C 11.50,H 0.960,O 26.90,而目标化合物中各元素理论计算含量为(%):C 12.05,H 0.502,O 24.09。

X 射线荧光光谱分析金属的测量值为(%):Zr 10.89,Cu 49.50,而目标化合物中金属含量的理论计算含量为(%):Zr 11.42,Cu 51.94。

3.2.3 3,4 - 二羟基苯甲酸锆基双金属化合物[34]

3.2.3.1 3,4 - 二羟基苯甲酸铜锆(DHB - CuZr)金属化合物制备

分别称取摩尔比为1:1的3,4 - 二羟基苯甲酸和碳酸氢钠,将3,4 - 二羟基苯甲酸加入蒸馏水中,强烈搅拌下将碳酸氢钠缓慢加入到3,4 - 二羟基苯甲酸水溶液中,升温至50~55℃,反应30min,得无色溶液。取与3,4 - 二羟基苯甲酸摩尔比为2:1的硫酸铜,溶于一定量的蒸馏水中,升温至70℃时,缓慢加入上述无色溶液中,搅拌2~3h,得红色沉淀(3,4 - 二羟基苯甲酸铜)。

分别称取摩尔比为2:1的NaOH和3,4 - 二羟基苯甲酸铜粉末,在红色粉末中加入一定量的蒸馏水,在60℃、强烈搅拌下,缓慢滴入NaOH溶液,pH = 9~10,得红色溶液。取与3,4 - 二羟基苯甲酸铜摩尔比为1:1的硝酸锆,溶于一定量的蒸馏水中,在80℃、强烈搅拌下,缓慢加入上述红色溶液中,80℃保温2~3h,得暗红色沉淀,抽滤,干燥,研磨,得暗红色粉末(3,4 - 二羟基苯甲酸铜锆)。

DHB - CuZr的结构式见图3 - 16。

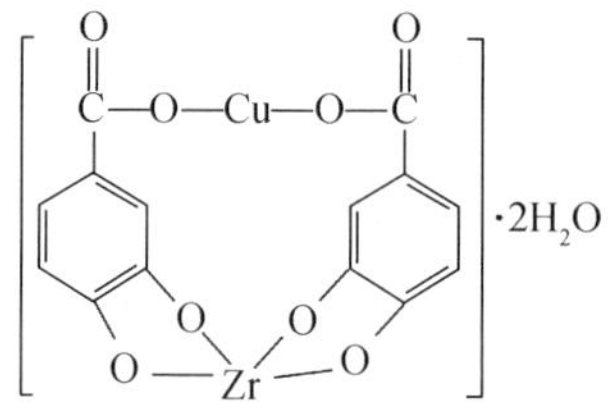

图3 - 16 DHB - CuZr的结构示意图

3.2.3.2 DHB - CuZr金属化合物表征

1. 红外分析

在原料3,4 - 二羟基苯甲酸红外光谱中,羧基中的C=O红外吸收峰出现在1678cm^{-1},羧基中—OH和苯环上—OH的红外吸收峰出现在3217cm^{-1},3073cm^{-1},2975cm^{-1},2663cm^{-1},而在目标化合物DHB - CuZr的红外光谱中可以看出,由于—COOH和—OH形成了金属盐,因此,C=O的吸收峰向低波数移动,出现在1584cm^{-1},而代表羧基中—OH和苯环上的—OH峰3217cm^{-1},3073cm^{-1},2975cm^{-1},2663cm^{-1}均消失,在3419cm^{-1}出现一宽峰,为目标化合物中的结晶水或吸附水的吸收峰。

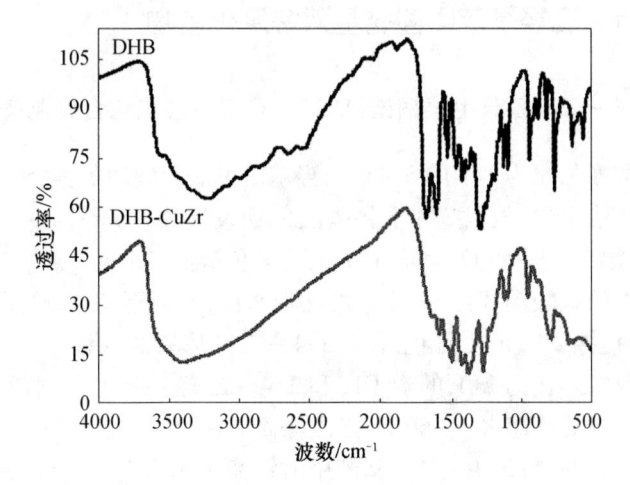

图 3 - 17　DHB - CuZr 的 FTIR 谱图

2. 元素分析

各元素的测量值为(%):C 35.01,H 2.085,而目标化合物中各元素理论计算含量为(%):C 35.41,H 2.107。

3. X 射线荧光光谱分析

X 射线荧光光谱分析金属的测量值为(%):Zr 19.01,Cu 13.10,而目标化合物中金属含量的理论计算含量为(%):Zr 19.18,Cu 13.38,说明目标化合物的分子式与 ZrCu(C$_7$H$_3$O$_4$)$_2$·2H$_2$O 一致。

3.2.3.3　DHB - NiZr 金属化合物制备及表征

DHB - NiZr 制备方法与 DHB - CuZr 类似,不再赘述。

DHB - NiZr 结构如图 3 - 18 所示。

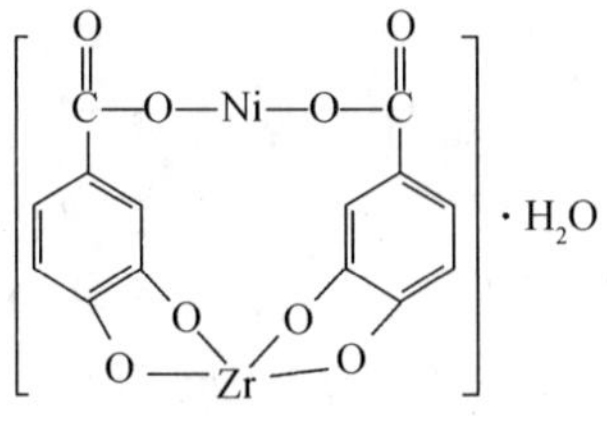

图 3 - 18　DHB - NiZr 的结构示意图

红外光谱与 DHB - CuZr 基本相同。

1. 元素分析

各元素的测量值为(%):C 35.74,H 1.705,O 30.68,而目标化合物中各元素理论计算含量为(%):C 37.19,H 1.328,O 28.34。

2. X 射线荧光光谱分析

X 射线荧光光谱分析金属的测量值为(%):Zr 19.31,Ni 12.42,而目标化合物中金属含量的理论计算含量为(%):Zr 20.15,Ni 13.00。

DHB – NiZr 的分子式为$(C_7H_3O_4)_2ZrNi \cdot H_2O$。

3.2.3.4 DHB – ZnZr 金属化合物制备及表征

DHB – ZnZr 制备方法与 DHB – CuZr 类似,不再赘述。

DHB – ZnZr 结构如图 3 – 19 所示。

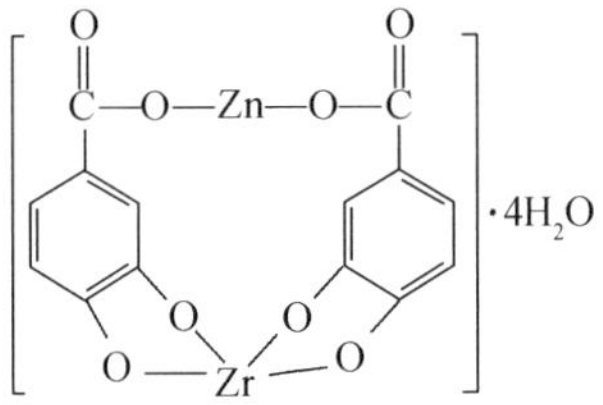

图 3 – 19   DHB – ZnZr 的结构示意图

红外光谱与 DHB – CuZr 基本相同。

1. 元素分析

各元素的测量值为(%):C 31.70,H 2.642,O 36.23,而目标化合物中各元素理论计算含量为(%):C 31.68,H 2.645,O 36.25。

2. X 射线荧光光谱分析

X 射线荧光光谱分析金属的测量值为(%):Zr 17.15,Zn 12.24,而目标化合物中金属含量的理论计算含量为(%):Zr 17.17,Zn 12.26。

DHB – NiZr 的分子式为$(C_7H_3O_4)_2ZnZr \cdot 4H_2O$。

3.2.3.5 DHB – PbZr 金属化合物制备与表征

DHB – PbZr 制备方法与 DHB – CuZr 类似,不再赘述。

DHB – PbZr 结构如图 3 – 20 所示。

红外光谱与 DHB – CuZr 基本相同。

1. 元素分析

各元素的测量值为(%):C 27.18,H 1.294,O 23.30,而目标化合物中各元

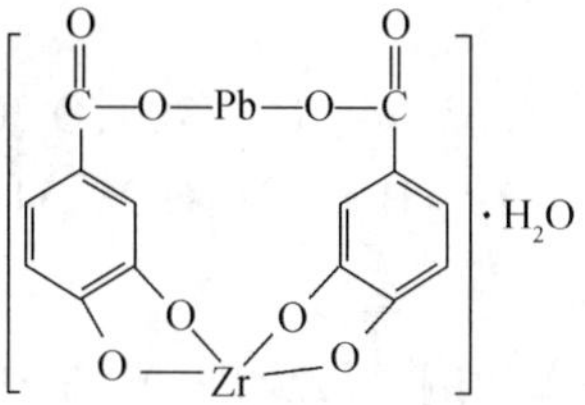

图 3 - 20　DHB - PbZr 的结构示意图

素理论计算含量为(%):C 27.16,H 1.296,O 36.27。

2. X 射线荧光光谱分析

X 射线荧光光谱分析金属的测量值为(%):Zr 14.70,Pb 33.45,而目标化合物中金属含量的理论计算含量为(%):Zr 14.72,Pb 33.50。

DHB - PbZr 的分子式为 $(C_7H_3O_4)_2PbZr \cdot H_2O$。

3.2.4　柠嗪酸锆基双金属化合物

3.2.4.1　柠嗪酸锆铅(NQS - PbZr)金属化合物制备

分别称取摩尔比为 1:1 的柠嗪酸和碳酸氢钠,将柠嗪酸加入蒸馏水中,强烈搅拌下将碳酸氢钠缓慢加入到柠嗪酸水溶液中,升温至 50 ~ 55℃,反应 30min,得无色溶液。取与柠嗪酸摩尔比为 2:1 的硝酸铅,溶于一定量的蒸馏水中,升温至 70℃时,缓慢加入上述无色溶液,搅拌 2 ~ 3h,得灰色沉淀(柠嗪酸铅)。

分别称取摩尔比为 2:1 的 NaOH 和柠嗪酸铅粉末,在灰色粉末中加入一定量的蒸馏水,在 60℃、强烈搅拌下,缓慢滴入 NaOH 溶液,pH = 9 ~ 10,得灰色溶液。称取与柠嗪酸铅摩尔比为 1:1 的硝酸锆,溶于一定量的蒸馏水中,在 80℃、强烈搅拌下,缓慢加入上述灰色溶液中,80℃保温 2 ~ 3h,得暗灰色沉淀,抽滤,干燥,研磨,得灰色粉末(柠嗪酸锆铅)。

NQS - PbZr 的结构式见图 3 - 21。

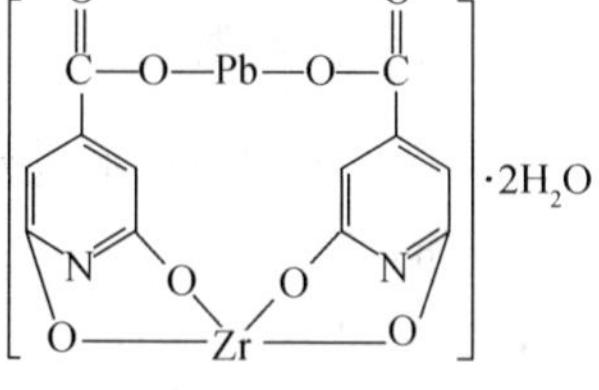

图 3 - 21　NQS - PbZr 的结构示意图

144

3.2.4.2 NQS – PbZr 金属化合物表征

1. 红外分析

在原料柠嗪酸红外光谱中(如图 3 – 22 所示),羧基中的 C═O 红外吸收峰出现在 1698cm^{-1},羧基中—OH 红外吸收峰出现在 2922cm^{-1},2514cm^{-1},苯环上—OH 红外吸收峰出现在 3440cm^{-1},1316cm^{-1},1206cm^{-1},而在目标化合物柠嗪酸铅锆化合物的红外光谱中可以看出,由于—COOH 和—OH 形成了金属盐,因此,C═O 的吸收峰向低波数移动,出现在 1619cm^{-1},而代表羧基中—OH 和苯环上的—OH 峰 2922cm^{-1},2514cm^{-1},1316cm^{-1},1206cm^{-1} 均消失,在 3445cm^{-1} 出现一宽峰,可能为目标化合物中的结晶水或吸附水的吸收峰。

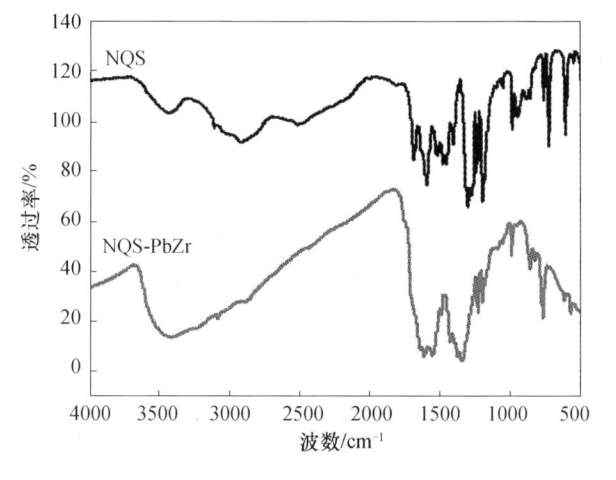

图 3 – 22　NQS – PbZr 的 FTIR 谱图

2. 元素分析

各元素的测量值为(%):C 22.53, H 1.258, N 4.36, O 25.11,而目标化合物中各元素理论计算含量为(%):C 23.92, H 0.664, N 4.65, O 25.26。

3. X 射线荧光光谱分析

X 射线荧光光谱分析金属的测量值为(%):Zr 14.23, Pb 32.39,而目标化合物中金属含量的理论计算含量为(%):Zr 15.12, Pb 34.39。说明目标化合物的分子式与($C_6H_2NO_4$)$_2$ZrPb · $2H_2O$ 一致。

3.2.4.3 NQS – NiZr 金属化合物制备及表征

NQS – NiZr 制备方法与 NQS – PbZr 类似,不再赘述。

NQS – NiZr 结构如图 3 – 23 所示。

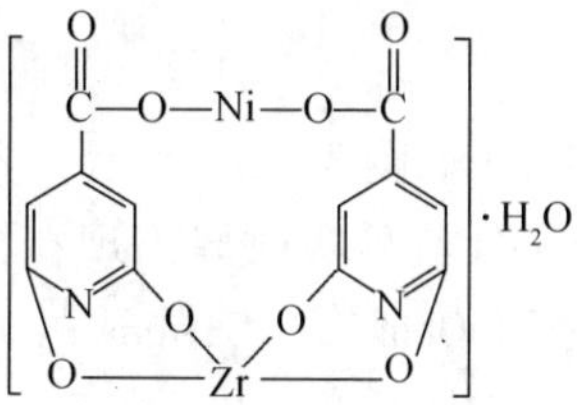

图 3 – 23　NQS – NiZr 的结构示意图

红外光谱与 NQS – PbZr 基本相同。

1. 元素分析

各元素的测量值为(%):C 30.52,H 1.274,N 5.92,O 30.55,而目标化合物中各元素理论计算含量为(%):C 30.53,H 1.272,N 5.94,O 30.53。

2. X 射线荧光光谱分析

X 射线荧光光谱分析金属的测量值为(%):Zr 19.27,Ni 12.42,而目标化合物中金属含量的理论计算含量为(%):Zr 19.29,Ni 12.44。

DHB – NiZr 的分子式为 $(C_6H_2NO_4)_2ZrNi \cdot H_2O$。

3.2.4.4　NQS – CuZr 金属化合物制备及表征

NQS – CuZr 制备方法与 NQS – PbZr 类似,不再赘述。

NQS – CuZr 结构如图 3 – 24 所示。

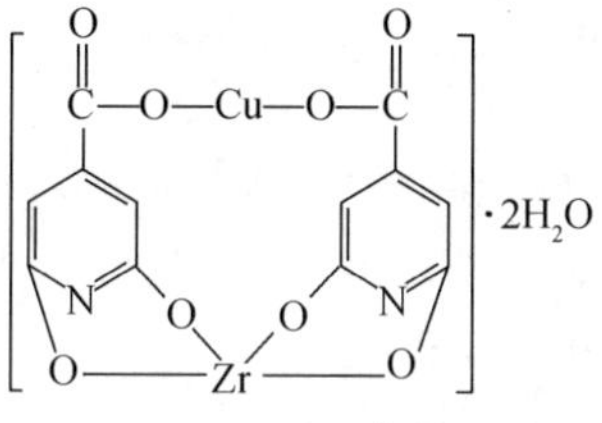

图 3 – 24　NQS – CuZr 的结构示意图

红外光谱与 NQS – PbZr 基本相同。

1. 元素分析

各元素的测量值为(%):C 29.10,H 1.620,N 5.61,O 30.37,而目标化合物中各元素理论计算含量为(%):C 29.12,H 1.618,N 5.62,O 32.36。

146

2. X射线荧光光谱分析

X射线荧光光谱分析金属的测量值为(%):Zr 18.38，Cu 12.82，而目标化合物中金属含量的理论计算含量为(%):Zr 18.40,Cu 12.84。

NQS – CuZr 的分子式为($C_6H_2NO_4$)$_2$ZrCu·2H_2O。

3.2.4.5 NQS – ZnZr 金属化合物制备及表征

NQS – ZnZr 制备方法与 NQS – PbZr 类似,不再赘述。

NQS – ZnZr 结构如图 3 – 25 所示。

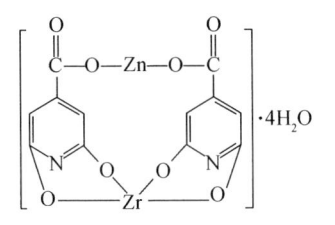

图 3 – 25   NQS – ZnZr 的结构示意图

红外光谱与 NQS – PbZr 基本相同。

1. 元素分析

各元素的测量值为(%):C 27.05，H 2.258,N 5.25,O 36.11,而目标化合物中各元素理论计算含量为(%):C 27.07，H 2.256,N 5.26,O 36.09。

2. X射线荧光光谱分析

X射线荧光光谱分析金属的测量值为(%):Zr 17.09，Zn 12.20，而目标化合物中金属含量的理论计算含量为(%):Zr 17.11,Zn 12.22。

NQS – ZnZr 的分子式为($C_6H_2NO_4$)$_2$ZrZn·4H_2O。

3.3 含铋双金属有机化合物燃烧催化剂的应用及作用效果

3.3.1 试样组成及制备

所选用的没食子酸铋基双金属化合物催化剂有没食子酸铋铜(Gal – BiCu)、没食子酸铋镁(Gal – BiMg)、没食子酸铋钡(Gal – BiBa)、没食子酸铋镍(Gal – BiNi)、没食子酸铋钴(Gal – BiCo),这些双金属化合物催化剂均为自制,且进行了表征。

双基推进剂的基础配方为:双基黏合剂89%(其中,NC 氮含量12.0%),邻苯二甲酸二乙酯(DEP)8.5%,其他助剂2.5%,催化剂添加量为外加量。

RDX-CMDB推进剂的基础配方为:双基黏合剂66%,黑索今(RDX)26%,吉纳5%,其他助剂3.0%。药料按500g配料,催化剂添加量为外加量。

以上2类试样按照"吸收-驱水-放熟-压延-切成药条"的常规无溶剂压伸成型工艺制备,将已处理过的$\Phi5 \times 150mm$小药柱侧面用聚乙烯醇溶液浸渍包覆6次并晾干,然后固定于燃烧室中,采用靶线法测定燃速。实验温度为20℃,测试范围2~22MPa。

双基推进剂外加的催化剂如表3-1所示,RDX-CMDB推进剂外加的催化剂如表3-2所示。

表3-1 双基推进剂用催化剂组成及含量

试样编号	Bi基双金属催化剂	含量/%
SJS0	/	0
SJS01	Gal-BiCu	3
SJS02	Gal-BiNi	3
SJS03	Gal-BiCo	3
SJS04	Gal-BiMg	3
SJS05	Gal-BiBa	3

表3-2 RDX-CMDB推进剂用催化剂组成及含量

试样编号	催化剂含量/%	
	Bi基双金属催化剂	炭黑
RSJS0	/ 0	0
RSJS01	Gal-BiNi 3	0.4
RSJS02	Gal-BiCo 3	0.4
RSJS03	Gal-BiMg 3	0.4
RSJS04	Gal-BiBa 3	0
RSJS05	Gal-BiBa 3	0.4
RSJS06	Gal-BiCu 3	0
RSJS07	Gal-BiCu 2.5	0.4

试样编号	催化剂含量 /%		
RSJS08	Gal – BiCu	2	0.6
RSJS09	Gal – BiCu	1.5	0.8
RSJS10	Gal – BiCu	1.0	1.0

3.3.2 对双基推进剂燃烧性能的影响

双基推进剂的燃速测试结果如表 3 – 3 所示，不同催化剂的催化效率如表 3 – 4 所示。

表 3 – 3　双基推进剂的燃速

编号	不同压力（MPa）下推进剂的燃速/（mm/s）										
	2	4	6	8	10	12	14	16	18	20	22
SJS0	2.26	3.97	5.61	7.33	8.66	9.67	10.30	10.90	11.94	12.80	13.63
SJS01	4.59	9.11	9.91	10.93	11.85	12.22	12.69	12.75	12.77	12.79	12.89
SJS02	4.43	5.34	5.41	6.13	7.00	7.98	8.88	10.03	11.01	12.16	13.45
SJS03	3.78	6.81	9.17	10.73	11.10	11.72	11.94	11.93	12.50	13.07	13.75
SJS04	3.50	8.82	11.92	13.19	13.66	13.81	14.12	14.41	14.99	15.38	15.94
SJS05	4.78	7.53	9.52	10.55	11.11	11.63	12.21	12.84	13.27	13.29	13.59

表 3 – 4　各催化剂的催化效率

编号	不同压力（MPa）下的催化效率 Z										
	2	4	6	8	10	12	14	16	18	20	22
SJS0	1.00	1.00	1.00	1.00	1.00	1.00	1.00	1.00	1.00	1.00	1.00
SJS01	2.03	2.29	1.77	1.49	1.37	1.26	1.23	1.17	1.07	1.00	0.95
SJS02	1.96	1.35	0.96	0.84	0.81	0.83	0.86	0.92	0.92	0.95	0.99
SJS03	1.67	1.72	1.63	1.46	1.28	1.21	1.16	1.09	1.05	1.02	1.01
SJS04	1.55	2.22	2.12	1.80	1.58	1.43	1.37	1.32	1.26	1.20	1.17
SJS05	2.12	1.90	1.70	1.44	1.28	1.20	1.19	1.18	1.11	1.04	1.00

3.3.2.1　Gal – BiCu 对双基推进剂燃烧性能的影响

图 3 – 26 和图 3 – 27 分别给出了 Gal – BiCu 催化的双基推进剂燃速 – 压力

曲线和催化剂的催化效率与压力的关系曲线。

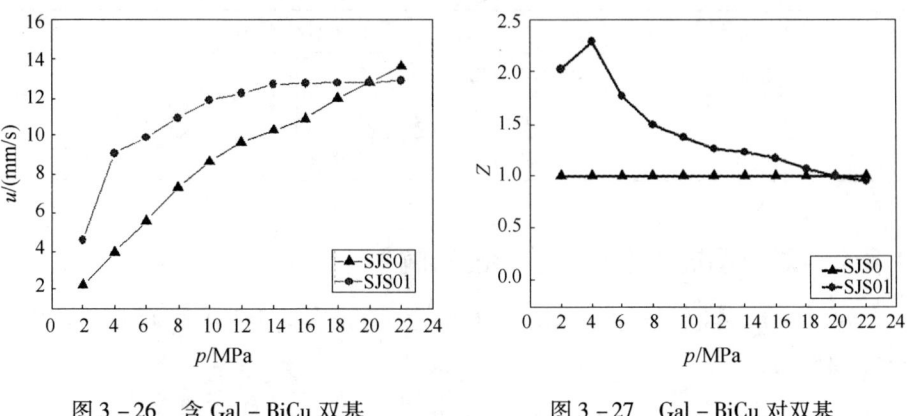

图 3 – 26　含 Gal – BiCu 双基
推进剂的燃速 – 压力曲线

图 3 – 27　Gal – BiCu 对双基
推进剂的催化效率 – 压力曲线

从图中可以看出, Gal – BiCu 对双基推进剂燃烧有优异的催化作用。在 4MPa 以下产生超速燃烧, 燃速提高了一倍多, 在 4 ~ 14MPa 降低了压力指数, 经计算得压力指数 $n = 0.28$, 线性相关系数 $r = 0.9870$。在 10 ~ 22MPa 压力范围内产生平台燃烧, 压力指数为 0.10, $r = 0.9872$, 平均燃速为 12.6mm/s。Gal – BiCu 催化效率随着压力的增大先增加后减小, 在 4MPa 时达到最大值 2.29。

3.3.2.2　Gal – BiNi 对双基推进剂燃烧性能的影响

图 3 – 28 和图 3 – 29 分别给出了 Gal – BiNi 催化的双基推进剂燃速 – 压力曲线和催化剂的催化效率与压力的关系曲线。

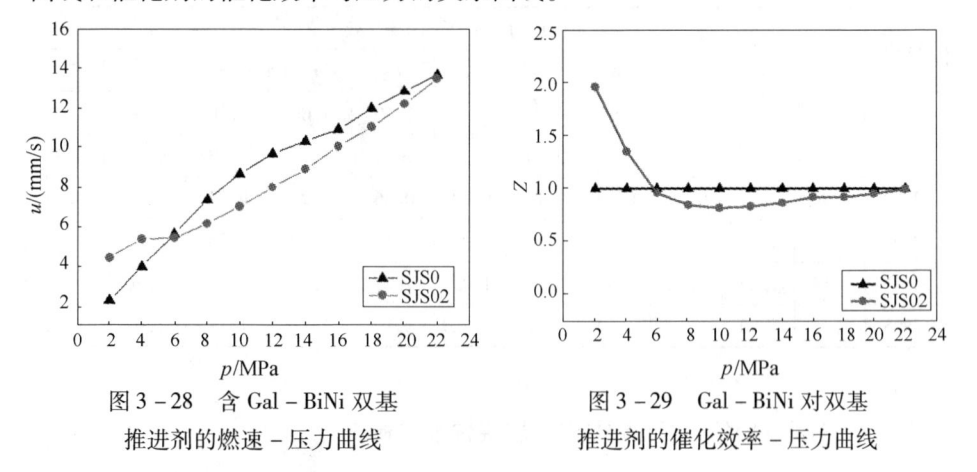

图 3 – 28　含 Gal – BiNi 双基
推进剂的燃速 – 压力曲线

图 3 – 29　Gal – BiNi 对双基
推进剂的催化效率 – 压力曲线

150

从图中可以看出，Gal - BiNi 对双基推进剂燃烧主要起负催化作用。在 4MPa 以下产生了超速燃烧过程，燃速有所提高，在 6MPa 以上，降低了推进剂的燃速。其催化效率随着压力的增大而减小，在 2MPa 时为 1.96，在 6MPa 降到 0.96；压力高于 6MPa 后，催化效率小于 1，起负催化作用。

3.3.2.3 Gal - BiCo 对双基推进剂燃烧性能的影响

图 3 - 30 和图 3 - 31 分别给出了 Gal - BiCo 催化的双基推进剂燃速 - 压力曲线和催化剂的催化效率与压力的关系曲线。

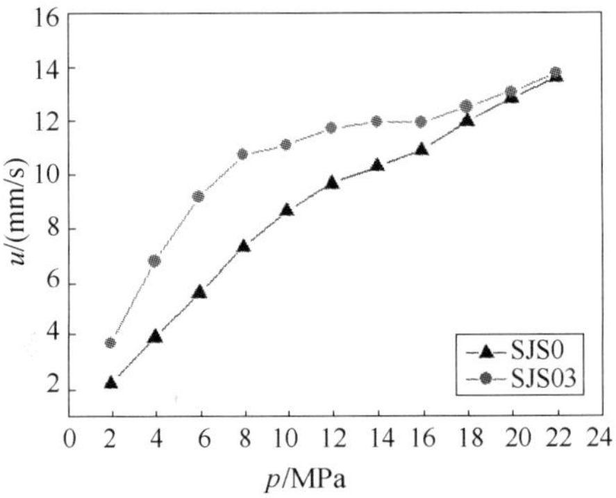

图 3 - 30　含 Gal - BiCo 双基
推进剂的燃速 - 压力曲线

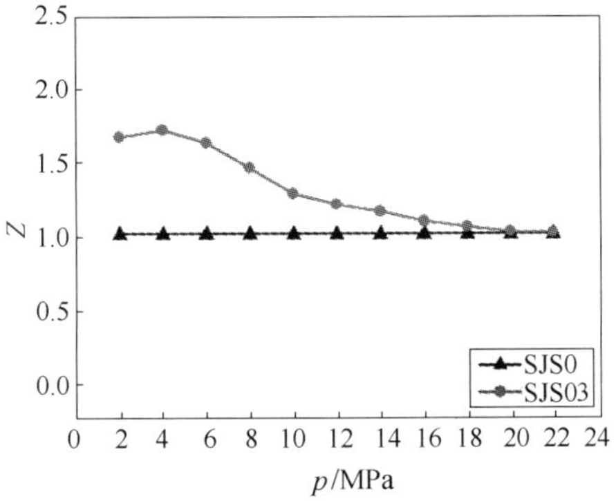

图 3 - 31　Gal - BiCo 对双基
推进剂的催化效率 - 压力曲线

从图中可以看出，Gal - BiCo 对双基推进剂燃烧有很好的催化作用。在 8MPa 以下产生了明显的超速燃烧过程，在 8 ~ 16MPa 压力范围内产生平台燃烧，压力指数为 0.17，$r = 0.9655$，燃速为 11.48mm/s。在 16 ~ 22MPa 压力范围内，压力指数为 0.44，$r = 0.9976$。Gal - BiCo 催化效率随着压力的增大先增大后减小，在 4MPa 时达到最大值 1.72，高于 4MPa 后逐渐减小到 1。

3.3.2.4 Gal - BiMg 对双基推进剂燃烧性能的影响

图 3 - 32 和图 3 - 33 分别给出了 Gal - BiMg 催化的双基推进剂燃速 - 压力曲线和催化剂的催化效率与压力的关系曲线。

从图中可以看出，Gal - BiMg 对双基推进剂燃烧有优良的催化作用。在 6MPa 以下产生了明显的超速燃烧过程，燃速快速提高。在 8 ~ 18MPa 压力范围内产生平台燃烧，压力指数为 0.14，$r = 0.9750$，平均燃速为 14.03mm/s。在 18 ~ 22MPa 压力范围内，压力指数为 0.31，$r = 0.9924$。没食子酸铋镁催化效率随着压力的增大先增大后减小，在 4MPa 时达到最大值 2.22，高于 4MPa 后逐渐减小到 1.2。

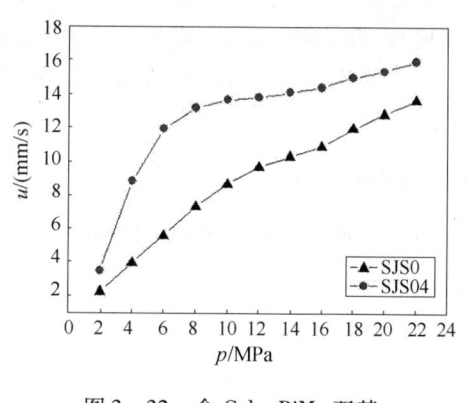
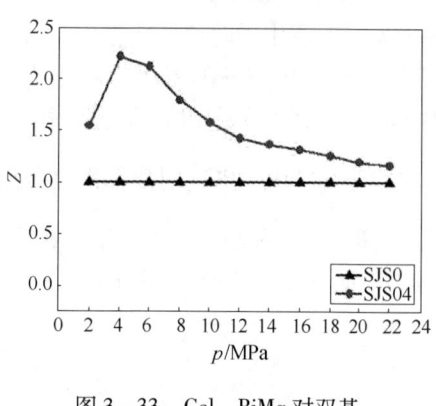

图 3 – 32　含 Gal – BiMg 双基
推进剂的燃速 – 压力曲线

图 3 – 33　Gal – BiMg 对双基
推进剂的催化效率 – 压力曲线

3.3.2.5　Gal – BiBa 对双基推进剂燃烧性能的影响

图 3 – 34 和图 3 – 35 分别给出了 Gal – BiBa 催化的双基推进剂燃速 – 压力曲线和催化剂的催化效率与压力的关系曲线。

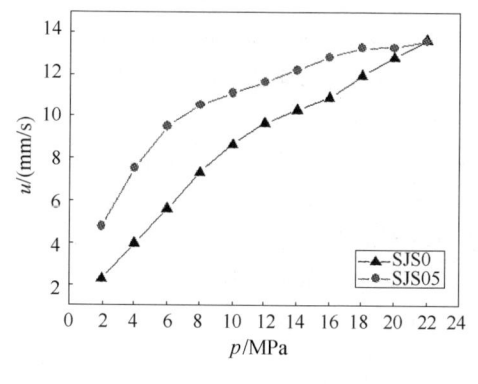
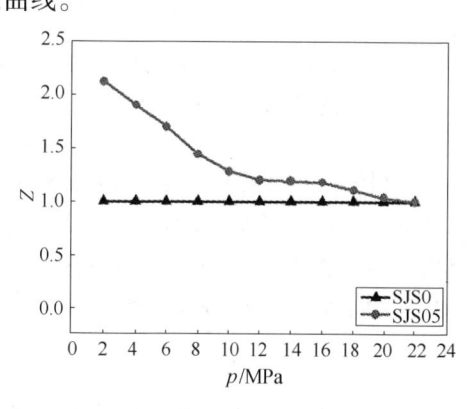

图 3 – 34　含 Gal – BiBa 双基
推进剂的燃速 – 压力曲线

图 3 – 35　Gal – BiBa 对双基
推进剂的催化效率 – 压力曲线

从图中可以看出,Gal – BiBa 对双基推进剂燃烧也有良好的催化作用。在 6MPa 以下产生了明显的超速燃烧过程,在 8 ~ 18MPa 压力范围内降低了压力指数,$n = 0.28$,$r = 0.9948$;在 18 ~ 22MPa 压力范围内,产生了平台燃烧,压力指数为 0.16,$r = 0.9542$。没食子酸铋钡催化效率随着压力的增大而减小,从 2MPa 时的 2.12 逐渐减小到 1.0。

不同双金属盐对双基推进剂燃烧的催化效果不同,Gal – BiCu、Gal – BiCo、Gal – BiMg、Gal – BiBa 能显著降低推进剂中高压下的压力指数,Gal – BiCu 在 10MPa 以上产生平台效应;Gal – BiNi 对双基推进剂燃烧主要起负催化作用;Gal – BiAl 对于提高双基推进剂的燃速效果最好,并能在高压区(高于 18MPa)产生平台燃烧效应;Gal – BiMg 降低压力指数的效果最好,产生平台燃烧的压力范围最宽。

3.3.3 对 RDX – CMDB 推进剂燃烧性能的影响

RDX – CMDB 推进剂的燃速测试结果如表 3 – 5 所示,不同催化剂的催化效率如表 3 – 6 所示。

表 3 – 5 RDX – CMDB 推进剂的燃速

编号	不同压力(MPa)下推进剂的燃速/(mm/s)										
	2	4	6	8	10	12	14	16	18	20	22
RSJS0	3.09	5.34	7.42	9.85	11.88	14.04	15.75	17.54	19.23	20.92	21.86
RSJS01	2.86	4.81	6.87	8.79	11.22	13.39	15.08	16.71	18.25	19.82	21.60
RSJS02	2.94	4.89	6.66	8.87	11.36	13.50	14.95	16.47	17.76	19.16	20.66
RSJS03	7.04	11.27	13.38	15.46	16.84	18.20	18.96	20.00	20.90	21.95	22.91
RSJS04	3.51	5.10	6.51	8.33	9.69	11.44	13.18	14.98	16.67	18.74	20.35
RSJS05	5.15	7.67	9.26	10.55	11.74	12.82	14.13	15.42	17.20	18.96	20.47
RSJS06	4.63	6.71	8.41	9.69	10.87	11.74	12.91	14.46	16.06	17.76	18.35
RSJS07	4.48	8.98	11.51	13.17	14.30	15.05	15.86	16.69	17.76	19.03	20.62
RSJS08	4.20	8.83	11.94	14.45	15.85	16.95	17.48	18.02	18.94	19.94	20.94
RSJS09	4.14	8.36	11.34	13.45	14.99	16.05	16.84	17.54	18.00	19.23	20.22
RSJS10	3.55	6.49	9.38	11.60	13.37	14.86	16.05	17.18	18.35	19.46	20.83

表 3 – 6 各催化剂的催化效率

编号	不同压力(MPa)下催化剂的催化效率 Z										
	2	4	6	8	10	12	14	16	18	20	22
RSJS0	1.00	1.00	1.00	1.00	1.00	1.00	1.00	1.00	1.00	1.00	1.00
RSJS01	0.93	0.90	0.93	0.89	0.94	0.95	0.96	0.95	0.95	0.95	0.99
RSJS02	0.95	0.92	0.90	0.90	0.96	0.96	0.95	0.94	0.92	0.92	0.95
RSJS03	2.28	2.11	1.80	1.57	1.42	1.30	1.20	1.14	1.09	1.05	1.05
RSJS04	1.14	0.96	0.88	0.85	0.82	0.81	0.84	0.85	0.87	0.90	0.93
RSJS05	1.67	1.44	1.25	1.07	0.99	0.91	0.90	0.88	0.89	0.91	0.94

编号	不同压力（MPa）下催化剂的催化效率 Z										
	2	4	6	8	10	12	14	16	18	20	22
RSJS06	1.50	1.26	1.13	0.98	0.91	0.84	0.82	0.82	0.84	0.85	0.84
RSJS07	1.45	1.68	1.55	1.34	1.20	1.07	1.01	0.95	0.92	0.91	0.94
RSJS08	1.36	1.65	1.61	1.47	1.33	1.21	1.11	1.03	0.98	0.95	0.96
RSJS09	1.34	1.57	1.53	1.37	1.26	1.14	1.07	1.00	0.94	0.92	0.92
RSJS10	1.15	1.22	1.26	1.18	1.13	1.06	1.02	0.98	0.95	0.93	0.95

3.3.3.1 Gal – BiNi 对 RDX – CMDB 推进剂燃烧性能的影响

图 3 – 36 和图 3 – 37 分别给出了 Gal – BiNi 催化的双基推进剂燃速 – 压力曲线和催化剂的催化效率与压力的关系曲线。

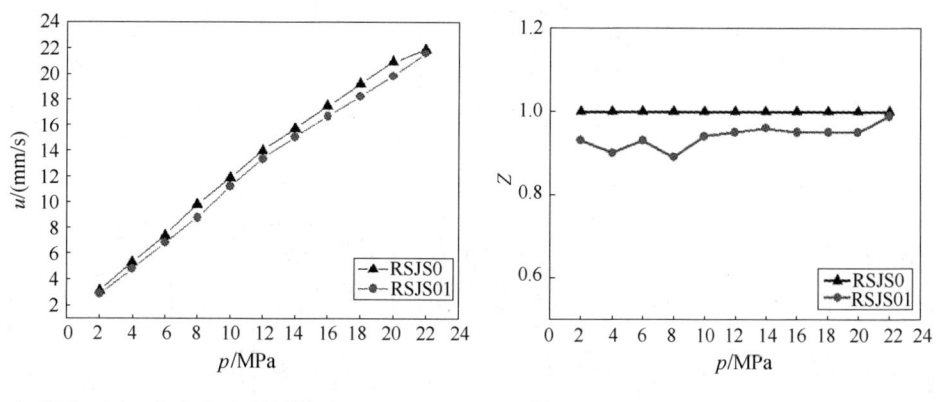

图 3 – 36　含 Gal – BiNi 的 RDX – CMDB
推进剂的燃速 – 压力曲线

图 3 – 37　Gal – BiNi 对 RDX – CMDB
推进剂的催化效率 – 压力曲线

从图中可以看出，Gal – BiNi 对 RDX – CMDB 推进剂起负催化作用。Gal – BiNi 的加入，使推进剂的燃速降低。在所测定的压力范围内，推进剂的燃速都低于不加催化剂的空白试样的燃速，压力指数与空白配方相近，催化剂的催化效率在 0.90 ~ 0.99 之间波动。

3.3.3.2 Gal – BiCo 对 RDX – CMDB 推进剂燃烧性能的影响

图 3 – 38 和图 3 – 39 分别给出了 Gal – BiCo/CB 催化的 RDX – CMDB 推进剂燃速 – 压力曲线和催化剂的催化效率与压力的关系曲线。

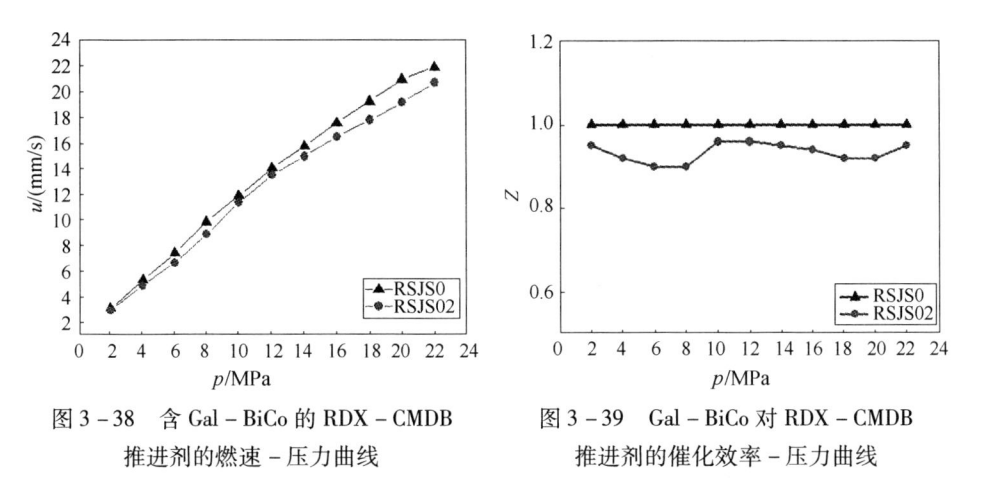

图 3-38 含 Gal-BiCo 的 RDX-CMDB
推进剂的燃速-压力曲线

图 3-39 Gal-BiCo 对 RDX-CMDB
推进剂的催化效率-压力曲线

Gal-BiCo/CB 对 RDX-CMDB 推进剂的催化作用与 Gal-BiNi/CB 相似,主要起负催化作用,降低了推进剂的燃速;催化剂的催化效率在 0.90~0.96 之间波动。

3.3.3.3 Gal-BiMg 对 RDX-CMDB 推进剂燃烧性能的影响

图 3-40 和图 3-41 分别给出了 Gal-BiMg/CB 催化的 RDX-CMDB 推进剂燃速-压力曲线和催化剂的催化效率与压力的关系曲线。

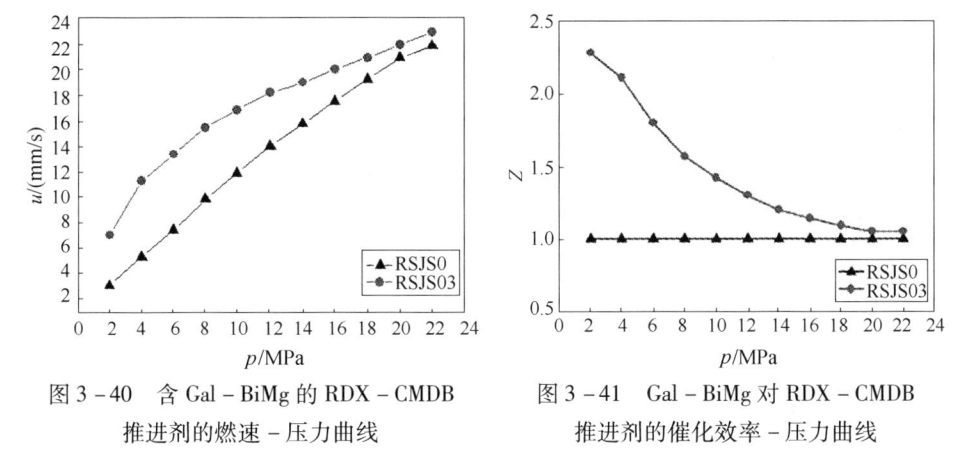

图 3-40 含 Gal-BiMg 的 RDX-CMDB
推进剂的燃速-压力曲线

图 3-41 Gal-BiMg 对 RDX-CMDB
推进剂的催化效率-压力曲线

从图中可以看出,Gal-BiMg/CB 对 RDX-CMDB 推进剂燃烧有良好的催化作用,在 8MPa 以下产生非常明显的超速燃烧过程。2MPa 和 4MPa 时燃速分别从 3.09mm/s 和 5.34mm/s 提高到 7.04mm/s 和 11.27mm/s,提高了 1.2 倍。Gal-BiMg/CB 不仅能提高燃速,还降低了 RDX-CMDB 推进剂高压下的燃速压力指数,12~22MPa 压力范围内,压力指数降为 0.38,线性相关系数为 0.9958。

3.3.3.4 Gal-BiBa 对 RDX-CMDB 推进剂燃烧性能的影响

图 3-42 和图 3-43 分别给出了含 Gal-BiBa 催化剂的 RDX-CMDB 推进剂燃速-压力曲线和催化剂的催化效率与压力的关系曲线。

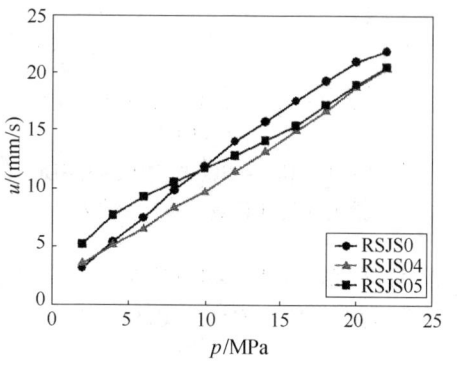

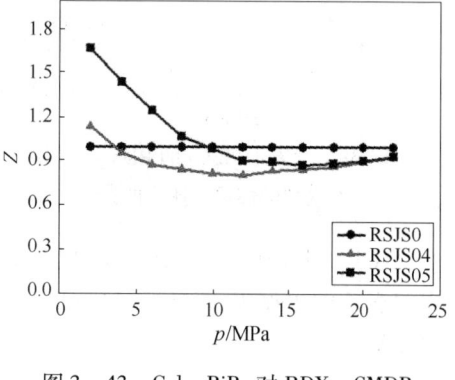

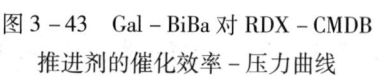

图 3-42　含 Gal-BiBa 的 RDX-CMDB
推进剂的燃速-压力曲线

图 3-43　Gal-BiBa 对 RDX-CMDB
推进剂的催化效率-压力曲线

单独加入 Gal-BiBa 使 RDX-CMDB 推进剂燃速降低,主要起负催化作用,在压力高于 4MPa 后,催化剂的催化效率保持在 0.9 左右。将 Gal-BiBa 与少量的 CB 复合使用,在压力低于 10MPa 时,推进剂燃速提高,在压力高于 10MPa 后,推进剂燃速降低。催化剂的催化效率随着压力的增加而减小,从 2MPa 时的 1.67 降到 10MPa 时的 0.99,压力高于 10MPa 时,催化效率保持在 0.9 左右。Gal-BiBa 与少量的 CB 复合使推进剂的燃速压力指数有所降低,10~16MPa 压力范围内 $n = 0.58$,线性相关系数为 0.9973。

3.3.3.5 Gal-BiCu 对 RDX-CMDB 推进剂燃烧性能的影响

图 3-44 和图 3-45 分别给出了 Gal-BiCu 与 CB 按不同配比复合催化的 RDX-CMDB 推进剂燃速-压力曲线和催化剂的催化效率与压力的关系曲线。

从图中可以看出,Gal-BiCu 单独加入 RDX-CMDB 推进剂中,在 8MPa 以下提高了推进剂的燃速,当压力高于 8MPa 后,推进剂燃速降低。催化剂的催化效率随着压力的升高而降低,从 2MPa 到 12MPa,催化效率从 1.50 降到 0.84,压力高于 12MPa 后,催化效率保持在 0.82 以上。CB 的加入,增强了 Gal-BiCu 的催化活性,大大提高了催化剂的催化效率。CB 加入后催化剂的催化效率变化规律发生了变化,先随着压力的升高而增加,在 4MPa 或 6MPa(加入的炭黑量不同,最高点不同)时,催化效率达到最大值,压力继续升高时,催化效率又随着压力的升高而降低。CB加入量不同,催化剂的催化效率不同,随着CB量的增加,催化剂的催化效率先增加后减小。

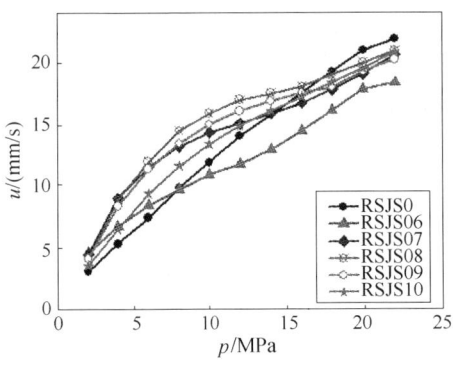 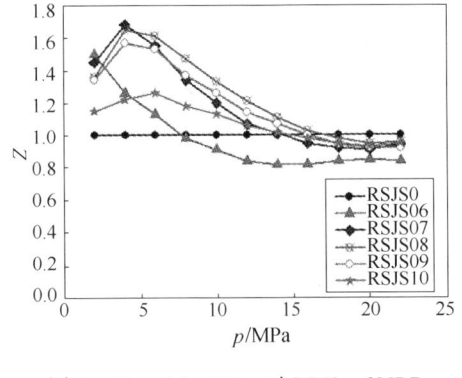

图3-44　含Gal-BiCu的RDX-CMDB　　　图3-45　Gal-BiCu对RDX-CMDB
推进剂的燃速-压力曲线　　　　　推进剂的催化效率-压力曲线

2MPa时,随着Gal-BiCu加入量的减少,推进剂的燃速降低,而与CB加入量关系不大;在4MPa时,CB的加入显著提高燃速,但主要受Gal-BiCu的影响,随着Gal-BiCu加入量的减少燃速降低,表明在低压下主要是Gal-BiCu起催化作用。在高于4MPa时随着CB量的增加,燃速先增加后减小,CB加入量为0.6%时,燃速最高,而且在高压下降低压力指数的效果也最明显。Gal-BiCu与CB加入量为2:0.4时,推进剂在10~16MPa压力范围内燃速压力指数为0.32,线性相关系数为0.9975;Gal-BiCu与CB加入量为2:0.6时,推进剂在12~16MPa压力范围内燃速压力指数为0.21,r为0.9993,产生平台燃烧效应,燃速为17.48mm/s。Gal-BiCu加入量和CB加入量的最优条件还需要继续探索。

3.4　含锆双金属有机化合物燃烧催化剂的应用及作用效果

3.4.1　没食子酸锆基双金属化合物对双基系推进剂燃烧性能的影响

本节系统地对比研究了所制备的部分没食子酸锆基双金属催化剂对双基推进剂和RDX-CMDB推进剂燃烧性能的影响。

3.4.1.1　试样组成及制备

所选用的双基推进剂和RDX-CMDB推进剂的基础配方与3.3.1节相同。

药料按 500g 配料,催化剂添加量为外加量,双基推进剂外加的催化剂如表 3-7 所示,RDX-CMDB 推进剂外加的催化剂如表 3-8 所示。采用常规无溶剂压伸成型工艺制得推进剂药条,采用靶线法测定燃速。

表 3-7　双基推进剂用催化剂组成及含量

试样编号	催化剂含量/%		β-Cu
	锆基双金属催化剂		
SJG0	/	0	0
SJG01	Gal-BiZr	3	0
SJG02	Gal-BiZr	2.5	0.5
SJG03	Gal-CuZr	3	0
SJG04	Gal-PbZr	3	0

表 3-8　RDX-CMDB 推进剂用催化剂组成及含量

试样编号	催化剂含量/%		β-Cu
	锆基双金属催化剂		
RSJG0	/	0	0
RSJG01	Gal-BiZr	3	0
RSJG02	Gal-BiZr	2.5	0.5
RSJG03	Gal-PbZr	3	0
RSJG04	Gal-CuZr	3	0

3.4.1.2　对双基推进剂燃烧性能的影响

双基推进剂的燃速测试结果如表 3-9 所示,不同催化剂的催化效率如表 3-11 所示。

表 3-9　双基推进剂的燃速

编号	不同压力(MPa)下推进剂的燃速/(mm/s)										
	2	4	6	8	10	12	14	16	18	20	22
SJG0	2.26	3.97	5.61	7.33	8.66	9.67	10.30	10.90	11.94	12.80	13.63
SJG01	2.81	5.73	9.88	12.96	14.29	15.48	16.00	16.65	17.01	17.64	18.21
SJG02	2.99	5.56	7.99	10.22	11.66	12.99	13.91	14.72	15.15	15.63	16.04
SJG03	3.64	5.97	8.41	10.34	11.71	13.17	13.92	14.37	14.94	15.46	15.99
SJG04	3.20	5.88	8.31	10.28	11.80	12.99	13.95	14.58	15.76	16.39	16.89

158

表 3 – 10　各催化剂的催化效率

| 编号 | 不同压力(MPa)下的催化效率 Z | | | | | | | | | | |
	2	4	6	8	10	12	14	16	18	20	22
SJG0	1.00	1.00	1.00	1.00	1.00	1.00	1.00	1.00	1.00	1.00	1.00
SJG01	1.24	1.44	1.76	1.77	1.65	1.60	1.55	1.53	1.42	1.38	1.34
SJG02	1.32	1.40	1.42	1.39	1.35	1.34	1.35	1.35	1.27	1.22	1.17
SJG03	1.61	1.50	1.50	1.41	1.35	1.36	1.35	1.32	1.25	1.21	1.17
SJG04	1.42	1.48	1.48	1.40	1.36	1.34	1.35	1.34	1.32	1.28	1.24

3.4.1.2.1　Gal – BiZr 对双基推进剂燃烧性能的影响

图 3 – 46 和图 3 – 47 分别给出了 Gal – BiZr 催化的双基推进剂燃速 – 压力曲线和催化剂的催化效率与压力的关系曲线。

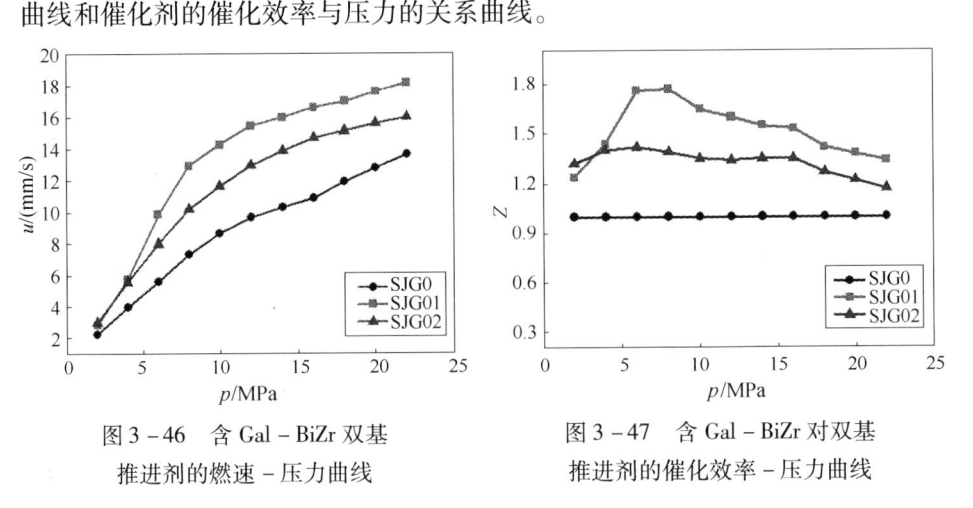

图 3 – 46　含 Gal – BiZr 双基
推进剂的燃速 – 压力曲线

图 3 – 47　含 Gal – BiZr 对双基
推进剂的催化效率 – 压力曲线

从图中可以看出,在 8 MPa 时,双基推进剂的燃速提高了 77%,在 6 ~ 16 MPa 范围内,Z 始终在 1.50 以上。没食子酸铋锆在中高压段可明显降低燃速压力指数,在 14 ~ 18 MPa 压力范围内,$n = 0.24$,线性相关系数 $r = 0.9816$。用少量铜盐部分取代没食子酸铋锆后,催化效果有所降低,在 2 ~ 16 MPa 压力范围内,Z 始终在 1.30 以上,但在中高压段可明显降低燃速压力指数,在 18 ~ 22 MPa 压力范围内,$n = 0.24$,线性相关系数 $r = 0.9994$。

由上述可知,没食子酸铋锆提高双基推进剂的燃速的效果很明显,并在中高压段可明显降低燃速压力指数;而用少量铜盐部分取代没食子酸锆后,催化效果稍微有所降低,但可明显降低高压段燃速压力指数,使低压力指数范围向高压段移动。因此,没食子酸铋锆是一种对双基推进剂催化效果优良的催化剂。

3.4.1.2.2　Gal – CuZr 对双基推进剂燃烧性能的影响

图 3 – 48 和图 3 – 49 分别给出了 Gal – CuZr 催化的双基推进剂燃速 – 压力曲线和催化剂的催化效率与压力的关系曲线。

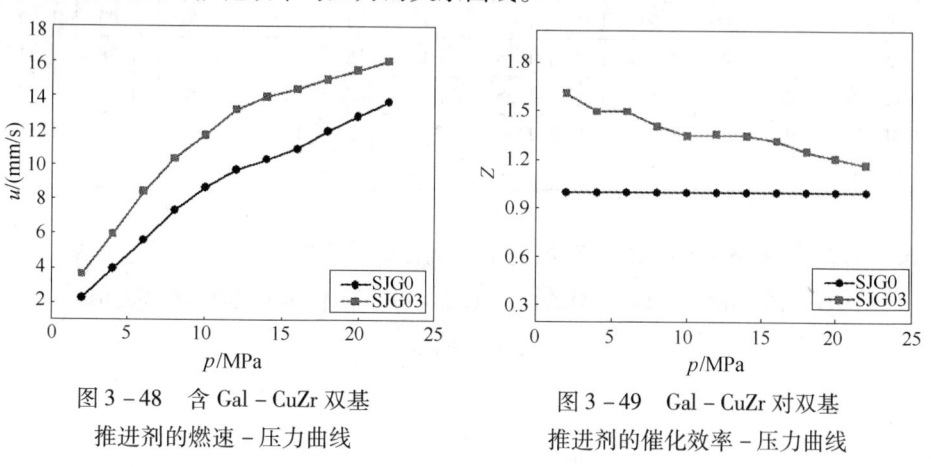

图 3 – 48　含 Gal – CuZr 双基
推进剂的燃速 – 压力曲线

图 3 – 49　Gal – CuZr 对双基
推进剂的催化效率 – 压力曲线

从图中可以看出,没食子酸锆铜可以较好地提高双基推进剂的燃速,在 2 ～ 16MPa 压力范围,Z 始终在 1.30 以上,在低压段燃速较高,2MPa 时,燃速提高 60%,在 14 ～ 22MPa 压力范围内,$n = 0.31$,线性相关系数 $r = 0.9948$。

可见,没食子酸锆铜可大幅提高双基推进剂的燃速,但在中低压段降低燃速压力指数的效果不是很理想。

3.4.1.2.3　Gal – PbZr 对双基推进剂燃烧性能的影响

图 3 – 50 和图 3 – 51 分别给出了 Gal – PbZr 催化的双基推进剂燃速 – 压力曲线和催化剂的催化效率与压力的关系曲线。

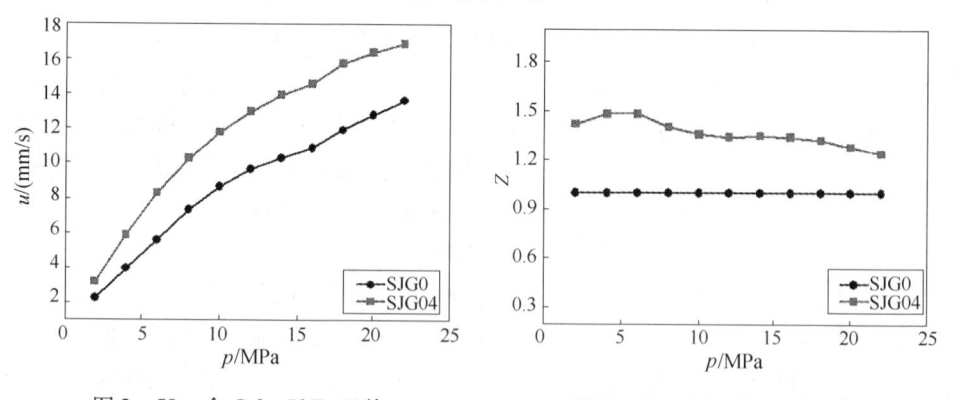

图 3 – 50　含 Gal – PbZr 双基
推进剂的燃速 – 压力曲线

图 3 – 51　Gal – PbZr 对双基
推进剂的催化效率 – 压力曲线

从图中可以看出,没食子酸锆铅可以很好的提高双基推进剂的燃速,在 2 ~ 18MPa 压力范围内,Z 始终在 1.30 以上,6MPa 时,燃速提高近 50%,在 8 ~ 22MPa 压力范围内,$n = 0.25$,线性相关系数 $r = 0.9874$,在 18 ~ 22MPa 压力范围内,$n = 0.35$,线性相关系数 $r = 0.9978$。

可以看出,没食子酸锆铅提高双基推进剂的燃速的效果较明显,并在中高压段可明显降低燃速压力指数。因此,没食子酸锆铅对双基推进剂燃烧有良好的催化效果。

3.4.1.3 对 RDX – CMDB 推进剂燃烧性能的影响

RDX – CMDB 推进剂的燃速测试结果如表 3 – 11 所示,不同催化剂的催化效率如表 3 – 12 所示。

表 3 – 11 RDX – CMDB 推进剂的燃速

配方编号	不同压力(MPa)下 RDX – CMDB 推进剂的燃速/(mm/s)										
	2	4	6	8	10	12	14	16	18	20	22
RSJG0	3.09	5.34	7.42	9.85	11.88	14.04	15.75	17.54	19.23	20.92	21.86
RSJG01	5.52	9.78	12.82	16.47	17.39	19.23	20.24	21.62	22.08	23.31	24.42
RSJG02	4.01	7.34	10.32	12.57	14.18	16.09	17.17	18.58	20.36	21.25	22.98
RSJG03	5.52	8.75	11.71	13.55	15.34	17.11	18.45	20.04	21.60	23.00	24.21
RSJG04	3.40	5.51	8.49	11.04	13.18	15.38	17.27	18.68	20.66	22.06	23.85

表 3 – 12 各催化剂的催化效率

配方编号	不同压力(MPa)下的催化效率 Z										
	2	4	6	8	10	12	14	16	18	20	22
RSJG0	1.00	1.00	1.00	1.00	1.00	1.00	1.00	1.00	1.00	1.00	1.00
RSJG01	1.79	1.83	1.73	1.62	1.46	1.37	1.29	1.23	1.15	1.11	1.12
RSJG02	1.30	1.37	1.39	1.28	1.19	1.15	1.09	1.06	1.06	1.02	1.05
RSJG03	1.72	1.64	1.58	1.38	1.29	1.22	1.17	1.14	1.12	1.10	1.12
RSJG04	1.10	1.03	1.14	1.12	1.11	1.10	1.10	1.06	1.07	1.05	1.09

3.4.1.3.1 Gal – BiZr 对 RDX – CMDB 推进剂燃烧性能的影响

图 3 – 52 和图 3 – 53 给出了含 Gal – BiZr 的 RDX – CMDB 推进剂的燃速以及催化剂催化效率与压力的关系曲线。

从图中可以看出,在4MPa时,双基推进剂的燃速提高了83%,在2～12MPa范围内,Z始终在1.40以上。没食子酸铋锆在中高压段可明显降低燃速压力指数,在10～18MPa压力范围内,$n=0.41$,线性相关系数$r=0.9806$。用少量铜盐部分取代没食子酸铋锆后,催化效果有所降低,在2～6MPa压力范围内,Z始终在1.30以上,并且降低燃速压力指数效果也不明显;在10～16MPa压力范围内,$n=0.56$,线性相关系数$r=0.9910$。

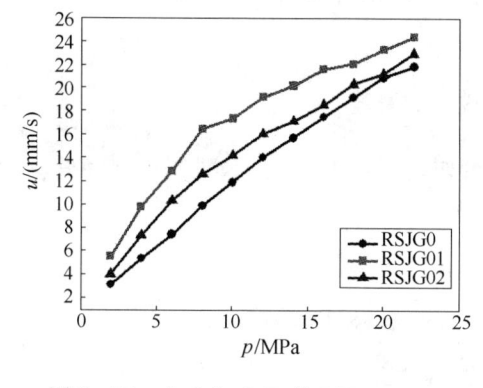
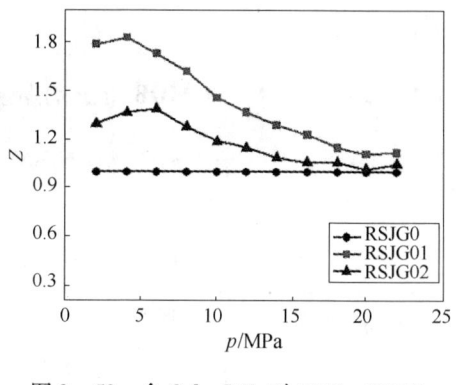

图3-52　含Gal-BiZr的RDX-CMDB　　　图3-53　含Gal-BiZr对RDX-CMDB
　　　推进剂的燃速-压力曲线　　　　　　　　推进剂的催化效率-压力曲线

可以看出,没食子酸铋锆对提高RDX-CMDB推进剂的燃速的效果很明显,并在中高压段可明显降低燃速压力指数,而用少量铜盐部分取代没食子酸锆后,催化效果稍微有所降低,燃速压力指数也有所升高。因此,没食子酸铋锆是RDX-CMDB推进剂中催化效果优良的一种催化剂。

3.4.1.3.2　Gal-PbZr对RDX-CMDB推进剂燃烧性能的影响

图3-54和图3-55给出了含Gal-PbZr的RDX-CMDB推进剂的燃速以及催化剂催化效率与压力的关系曲线。

从图中可以看出,没食子酸锆铅对RDX-CMDB推进剂有较好的催化效果,在2MPa时,使RDX-CMDB推进剂燃速提高70%,催化效率随着压力的升高而降低,催化效率始终在1.10以上,在中高压段可明显降低RDX-CMDB推进剂燃速压力指数,在14～18MPa压力范围内,$n=0.35$,$r=0.9370$。

由上述可知,没食子酸锆铅在低压下可明显提高RDX-CMDB推进剂的燃速,并且可明显降低其中高压段的压力指数。

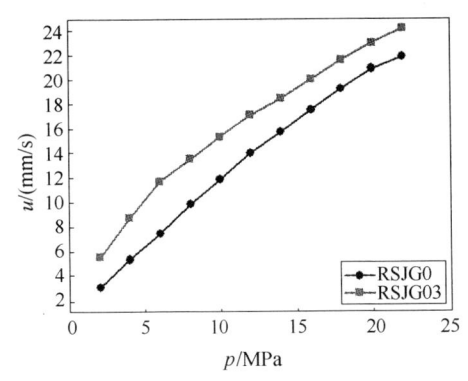

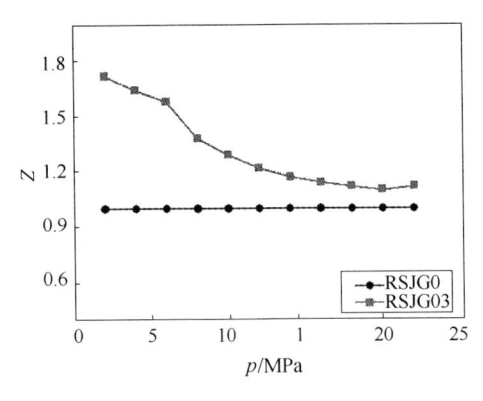

图 3-54　含 Gal-PbZr 的 RDX-CMDB
推进剂的燃速-压力曲线

图 3-55　Gal-PbZr 对 RDX-CMDB
推进剂的催化效率-压力曲线

3.4.1.3.3　Gal-CuZr 对 RDX-CMDB 推进剂燃烧性能的影响

图 3-56 和图 3-57 给出了含 Gal-CuZr 的 RDX-CMDB 推进剂的燃速以及催化剂催化效率与压力的关系曲线。

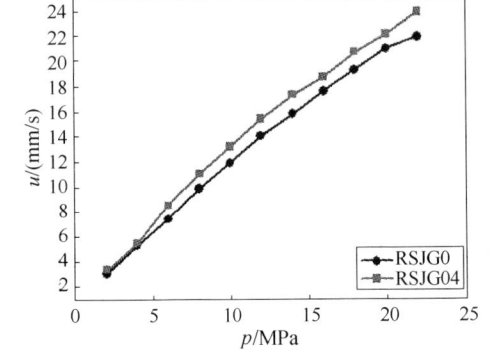

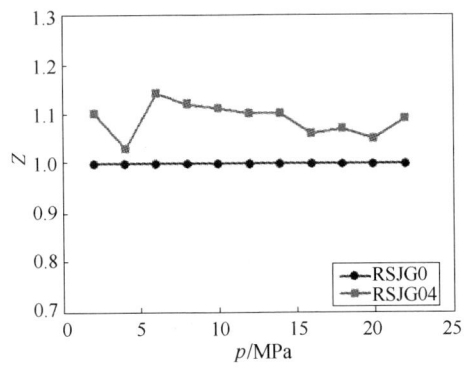

图 3-56　含 Gal-CuZr 的 RDX-CMDB
推进剂的燃速-压力曲线

图 3-57　Gal-CuZr 对 RDX-CMDB
推进剂的催化效率-压力曲线

从图中可以看出,没食子酸锆铜对 RDX-CMDB 推进剂的催化作用并不明显,催化效率随着压力的升高基本维持不变,催化效率的提升始终在 10% 以内,燃速压力指数也始终在 0.6 以上。可见,没食子酸锆铜对 RDX-CMDB 推进剂催化效果一般。

3.4.2 酒石酸锆基双金属化合物对双基系推进剂燃烧性能的影响

本节系统地对比研究了所制备的部分酒石酸锆基双金属催化剂对双基推进剂和 RDX – CMDB 推进剂燃烧性能的影响。

3.4.2.1 试样组成及制备

所选用的双基推进剂和 RDX – CMDB 推进剂的基础配方与 3.3.1 相同。药料按 500g 配料,催化剂添加量为外加量,双基推进剂外加的催化剂如表 3 – 13 所示,RDX – CMDB 推进剂外加的催化剂如表 3 – 14 所示。采用常规无溶剂压伸成型工艺制得推进剂药条,采用靶线法测定燃速。

表 3 – 13　双基推进剂用催化剂组成及含量

试样编号	锆基双金属催化剂	含量/%
SJS0	/	0
SJS01	Tar – PbZr	3
SJS02	Tar – CuZr	2.5

表 3 – 14　RDX – CMDB 推进剂用催化剂组成及含量

试样编号	锆基双金属催化剂	含量/%
RSJS0	/	0
RSJS01	Tar – PbZr	3

3.4.2.2 对双基推进剂燃烧性能的影响

双基推进剂的燃速测试结果如表 3 – 15 所示,不同催化剂的催化效率如表 3 – 16 所示。

表 3 – 15　双基推进剂的燃速

编号	不同压力(MPa)下推进剂的燃速/(mm/s)										
	2	4	6	8	10	12	14	16	18	20	22
SJS0	2.26	3.97	5.61	7.33	8.66	9.67	10.30	10.90	11.94	12.80	13.63
SJS01	4.53	8.41	11.48	13.58	14.84	15.36	15.72	16.43	16.85	17.27	17.97
SJS02	3.48	6.67	9.64	11.04	12.97	13.64	14.87	15.16	15.96	—	—

表 3 – 16　各催化剂的催化效率

编号	不同压力（MPa）下的催化效率 Z										
	2	4	6	8	10	12	14	16	18	20	22
SJS0	1.00	1.00	1.00	1.00	1.00	1.00	1.00	1.00	1.00	1.00	1.00
SJS01	2.00	2.12	2.05	1.86	1.71	1.59	1.53	1.51	1.41	1.35	1.32
SJS02	1.60	1.86	1.85	1.70	1.66	1.52	1.52	1.46	1.42	—	—

1. Tar – PbZr 对双基推进剂燃烧性能的影响

图 3 – 58 和图 3 – 59 分别给出了 Tar – PbZr 催化的双基推进剂燃速 – 压力曲线和催化剂的催化效率与压力的关系曲线。

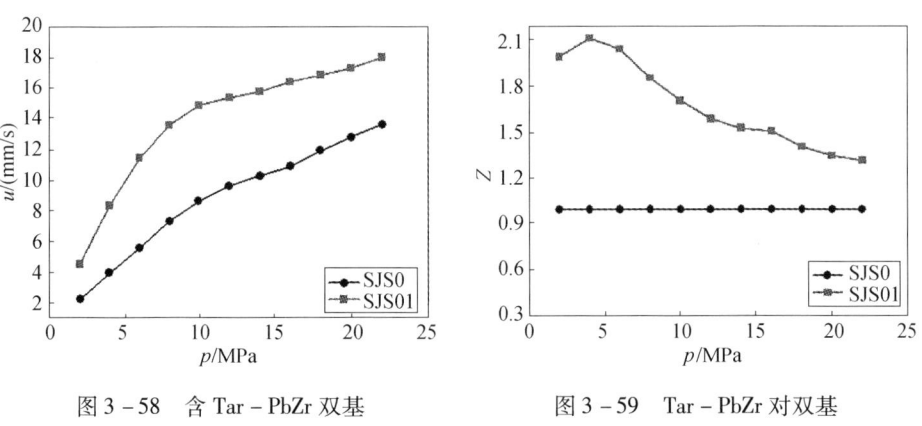

图 3 – 58　含 Tar – PbZr 双基
推进剂的燃速 – 压力曲线

图 3 – 59　Tar – PbZr 对双基
推进剂的催化效率 – 压力曲线

从图中可以看出,酒石酸铅锆可以很好地提高双基推进剂的燃速,在 2 ~ 6MPa 压力范围内,燃速提高 100% 以上;在 2 ~ 16MPa 压力范围内,Z 始终在 1.50 以上;在 8 ~ 22MPa 压力范围内,$n = 0.25$, 线性相关系数 $r = 0.9874$,在 10 ~ 14MPa 压力范围内,$n = 0.17$,线性相关系数 $r = 0.9959$。

可见,酒石酸铅锆可大幅提高双基推进剂的燃速,并可在很宽的压力范围内明显降低双基推进剂的燃速压力指数。因此,酒石酸铅锆是双基推进剂中催化效果优良的一种催化剂。

2. Tar – CuZr 对双基推进剂燃烧性能的影响

图 3 – 60 和图 3 – 61 分别给出了 Tar – CuZr 催化的双基推进剂燃速 – 压力曲线和催化剂的催化效率与压力的关系曲线。

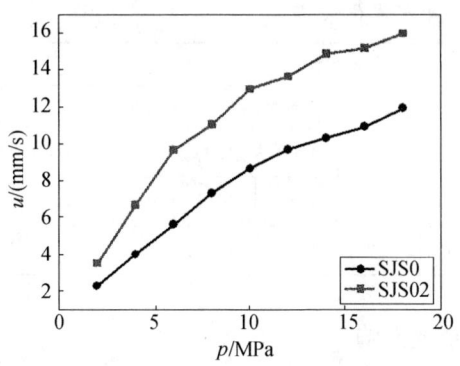

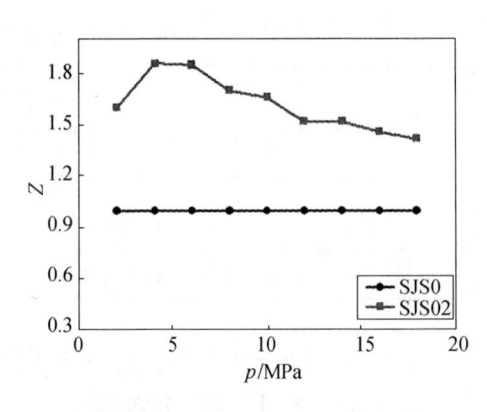

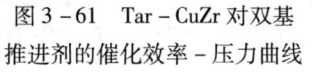

图 3 - 60　含 Tar - CuZr 双基　　　　图 3 - 61　Tar - CuZr 对双基
推进剂的燃速 - 压力曲线　　　　推进剂的催化效率 - 压力曲线

从图中可以看出,Tar - CuZr 用于双基推进剂中,能使双基推进剂在 14 ~ 16MPa 压力范围内,压力指数 $n = 0.14$,呈现平台燃烧。

Tar - CuZr 可明显提高双基推进剂的燃速,在 2 ~ 14MPa 压力范围内,催化效率均在 1.5 以上。

3.4.2.3　对 RDX - CMDB 推进剂燃烧性能的影响

RDX - CMDB 推进剂的燃速测试结果如表 3 - 17 所示,不同催化剂的催化效率如表 3 - 18 所示。

表 3 - 17　RDX - CMDB 推进剂的燃速

编号	不同压力(MPa)下推进剂的燃速/(mm/s)										
	2	4	6	8	10	12	14	16	18	20	22
RSJS0	3.09	5.34	7.42	9.85	11.88	14.04	15.75	17.54	19.23	20.92	21.86
RSJS01	6.68	11.40	14.32	16.22	17.20	18.18	18.73	19.46	20.53	21.83	23.26

表 3 - 18　各催化剂的催化效率

编号	不同压力(MPa)下的催化效率 Z										
	2	4	6	8	10	12	14	16	18	20	22
RSJS0	1.00	1.00	1.00	1.00	1.00	1.00	1.00	1.00	1.00	1.00	1.00
RSJS01	2.22	2.13	1.93	1.65	1.45	1.29	1.19	1.10	1.07	1.04	1.06

图 3 – 62 和图 3 – 63 分别给出了 Tar – PbZr 催化的 RDX – CMDB 推进剂燃速 – 压力曲线和催化剂的催化效率与压力的关系曲线。

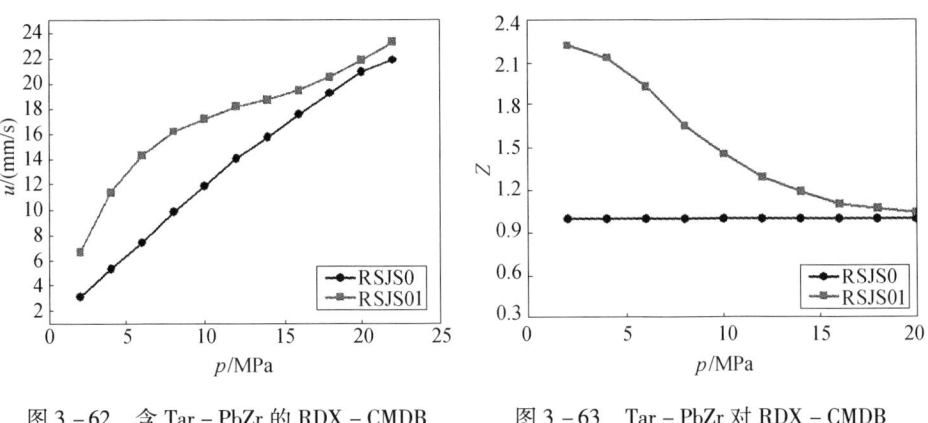

图 3 – 62　含 Tar – PbZr 的 RDX – CMDB 推进剂的燃速 – 压力曲线

图 3 – 63　Tar – PbZr 对 RDX – CMDB 推进剂的催化效率 – 压力曲线

从图中可以看出,酒石酸铅锆在低压下对 RDX – CMDB 推进剂有很好的催化作用。在 2MPa 下,使 RDX – CMDB 推进剂燃速提高 120%,催化效率随着压力的升高而降低;在中高压段催化效率在 1.10 ~ 1.50 之间,降低燃速压力指数的效果较明显;在 10 ~ 16MPa 压力范围内,$n = 0.26$,$r = 0.9930$。由此表明,酒石酸铅锆在低压下可大幅提高 RDX – CMDB 推进剂的燃速,并且可明显降低其中高压段的压力指数。因此,酒石酸铅锆是 RDX – CMDB 推进剂中催化效果优良的催化剂。

3.4.3　3,4 – 二羟基苯甲酸锆基双金属化合物对双基系推进剂燃烧性能的影响

本节研究了所制备的部分 3,4 – 二羟基苯甲酸锆基双金属催化剂对双基推进剂和 RDX – CMDB 推进剂燃烧性能的影响。

3.4.3.1　试样组成及制备

所选用的双基推进剂和 RDX – CMDB 推进剂的基础配方与 3.3.1 节相同。药料按 500g 配料,催化剂添加量为外加量,双基推进剂外加的催化剂如表 3 – 19 所示,RDX – CMDB 推进剂外加的催化剂如表 3 – 20 所示。采用常规无溶剂压伸成型工艺制得推进剂药条,采用靶线法测定燃速。

表 3 – 19　双基推进剂用催化剂组成及含量

试样编号	锆基双金属催化剂含量/%	
DHB0	/	0
DHB01	DHB – CuZr	3

表 3 – 20　RDX – CMDB 推进剂用催化剂组成及含量

试样编号	锆基双金属催化剂含量/%	
RDHB0	/	0
RDHB01	DHB – CuZr	3

3.4.3.2　对双基推进剂燃烧性能的影响

双基推进剂的燃速测试结果如表 3 – 21 所示,不同催化剂的催化效率如表 3 – 22 所示。

表 3 – 21　双基推进剂的燃速

编号	不同压力(MPa)下推进剂的燃速/(mm/s)									
	2	4	6	8	10	12	14	16	18	20
DHB0	2.15	3.59	5.2	6.49	7.81	8.99	9.77	10.38	11.22	12.24
DHB1	3.22	8.16	11.41	13.28	15.08	15.95	17.25	17.66	18.09	18.55

表 3 – 22　各催化剂的催化效率

编号	不同压力(MPa)下的催化效率 Z									
	2	4	6	8	10	12	14	16	18	20
DHB0	1.00	1.00	1.00	1.00	1.00	1.00	1.00	1.00	1.00	1.00
DHB01	1.50	2.27	2.19	2.05	1.93	1.77	1.77	1.70	1.61	1.52

图 3 – 64 和图 3 – 65 分别给出了 DHB – CuZr 催化的双基推进剂燃速 – 压力曲线和催化剂的催化效率与压力的关系曲线。

从图中可以看出,DHB – CuZr 能使双基推进剂的燃速得到一定幅度的提高,更为关键的是在中高压段可明显降低压力指数,在 12 ~ 20MPa 压力范围内,燃速压力指数 $n = 0.3$,呈现宽平台燃烧;从催化效率来看,DHB – CuZr 可明显提高双基推进剂的燃速,使燃速呈倍数提高,在 4 ~ 20MPa 压力范围内,催化效率均在 1.50 以上,特别是在 4 ~ 8MPa 压力范围内,催化效率达到 2.00 以上。由此可见,DHB – CuZr 是一种双基推进剂用的性能优良的燃烧催化剂。

168

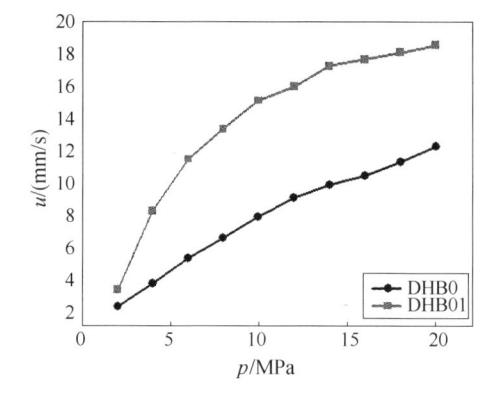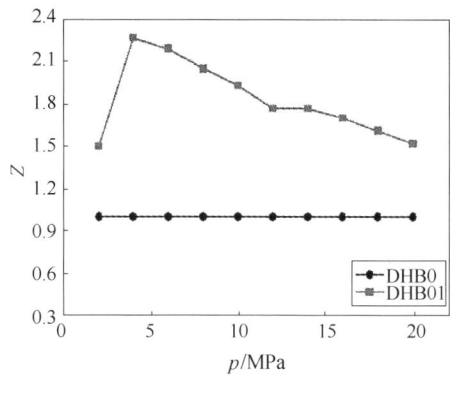

图 3 - 64　含 DHB - CuZr 双基
推进剂的燃速 - 压力曲线

图 3 - 65　DHB - CuZr 对双基
推进剂的催化效率 - 压力曲线

3.4.3.3　对 RDX - CMDB 推进剂燃烧性能的影响

RDX - CMDB 推进剂的燃速测试结果如表 3 - 23 所示,不同催化剂的催化效率如表 3 - 24 所示。

表 3 - 23　RDX - CMDB 推进剂的燃速

编号	不同压力(MPa)下推进剂的燃速/(mm/s)									
	2	4	6	8	10	12	14	16	18	20
RDHB0	3.09	5.34	7.42	9.85	11.88	14.04	15.75	17.54	19.23	20.92
RDHB01	3.05	5.11	9.59	12.74	14.97	17.37	18.52	20.02	21.55	22.77

表 3 - 24　各催化剂的催化效率

编号	不同压力(MPa)下的催化效率 Z									
	2	4	6	8	10	12	14	16	18	20
RDHB0	1.00	1.00	1.00	1.00	1.00	1.00	1.00	1.00	1.00	1.00
RDHB01	0.99	0.96	1.30	1.30	1.27	1.24	1.18	1.14	1.12	1.09

图 3 - 66 和图 3 - 67 分别给出了 DHB - CuZr 催化的 RDX - CMDB 推进剂燃速 - 压力曲线和催化剂的催化效率与压力的关系曲线。

从图中可以看出,在 RDX - CMDB 推进剂中加入 DHB - CuZr 燃烧催化剂,对 RDX - CMDB 推进剂燃烧有一定的催化作用,能在一定程度上提高

RDX – CMDB推进剂的燃速。DHB – CuZr 作为燃烧催化剂单独用于 RDX – CM-DB 推进剂中(加入质量百分数为 3%),使 RDX – CMDB 推进剂的燃速在 6MPa 以上均能得到一定程度的提高;当压力达到 14MPa 以后,能够降低该类推进剂的压力指数,但是降低幅度有限。

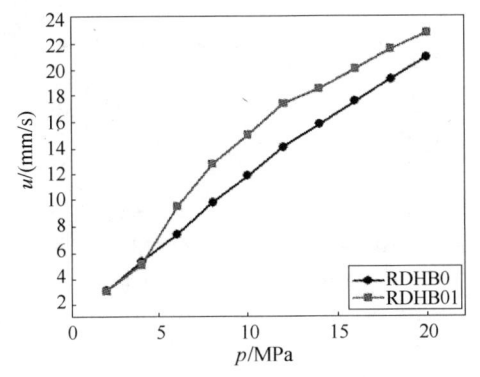

图 3 – 66　含 DHB – CuZr 的 RDX – CMDB 推进剂的燃速 – 压力曲线

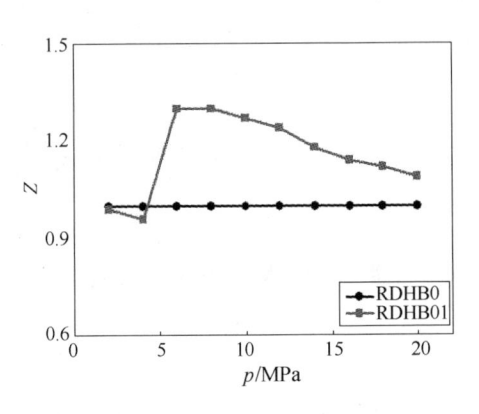

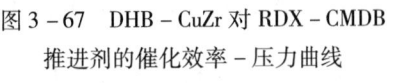

图 3 – 67　DHB – CuZr 对 RDX – CMDB 推进剂的催化效率 – 压力曲线

3.4.4　柠嗪酸锆基双金属化合物对双基系推进剂燃烧性能的影响

本节研究了所制备的部分柠嗪酸锆基双金属催化剂对双基推进剂和RDX – CMDB 推进剂燃烧性能的影响。

3.4.4.1　试样组成及制备

所选用的双基推进剂和 RDX – CMDB 推进剂的基础配方与 3.3.1 节相同。药料按 500 g 配料,催化剂添加量为外加量,双基推进剂外加的催化剂如表 3 – 25 所示,RDX – CMDB 推进剂外加的催化剂如表 3 – 26 所示。采用常规无溶剂压伸成型工艺制得推进剂药条,采用靶线法测定燃速。

表 3 – 25　双基推进剂用催化剂组成及含量

试样编号	锆基双金属催化剂含量/%	
NQC0	/	0
NQC01	NQS – PbZr	3
NQC02	NQS – CuZr	3

表 3 – 26 　RDX – CMDB 推进剂用催化剂组成及含量

试样编号	锆基双金属催化剂	含量/%
RNQC0	/	0
RNQC01	NQS – PbZr	3
RNQC02	NQS – CuZr	3

3.4.4.2　对双基推进剂燃烧性能的影响

双基推进剂的燃速测试结果如表 3 – 27 所示,不同催化剂的催化效率如表 3 – 28 所示。

表 3 – 27 　双基推进剂的燃速

编号	不同压力(MPa)下推进剂的燃速/(mm/s)									
	2	4	6	8	10	12	14	16	18	20
NQC0	2.15	3.59	5.20	6.49	7.81	8.99	9.77	10.38	11.22	12.24
NQC01	3.69	7.75	11.13	13.03	14.94	15.58	16.73	17.04	17.68	18.08
NQC02	3.43	7.49	10.54	12.36	14.35	15.14	16.29	17.00	17.42	17.59

表 3 – 28 　各催化剂的催化效率

编号	不同压力(MPa)下的催化效率 Z									
	2	4	6	8	10	12	14	16	18	20
NQC0	1.00	1.00	1.00	1.00	1.00	1.00	1.00	1.00	1.00	1.00
NQC01	1.72	2.16	2.14	2.01	1.91	1.73	1.71	1.64	1.58	1.48
NQC02	1.60	2.09	2.03	1.90	1.84	1.68	1.67	1.63	1.55	1.44

3.4.4.2.1　NQS – PbZr 对双基推进剂燃烧性能的影响

图 3 – 68 和图 3 – 69 分别给出了 NQS – PbZr 催化的双基推进剂燃速 – 压力曲线和催化剂的催化效率与压力的关系曲线。

由图中可以看出,NQS – PbZr 锆基双金属化合物对双基推进剂燃烧有一定的催化作用,能使双基推进剂的燃速得到一定幅度的提高,在中高压段可明显降低压力指数,在 12 ~ 22MPa 压力范围内,燃速压力指数 $n = 0.25$,呈现平台燃烧。从催化效率来看,NQS – PbZr 使双基推进剂燃速呈倍数提高,在 4 ~ 8MPa 压力范围内,催化效率达到 2.00 以上,呈现出超速燃烧,且 4 ~ 20MPa 压力范围内,催化效率均在 1.50 以上。

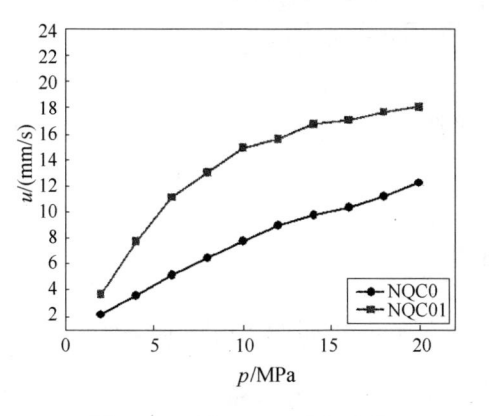

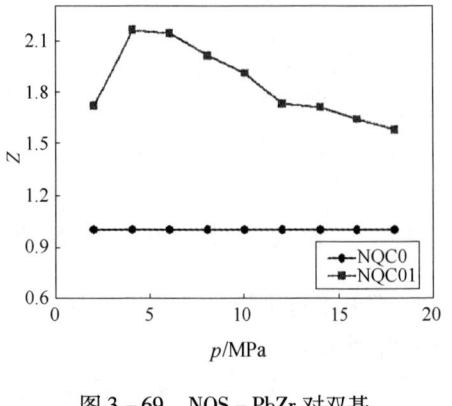

图 3 - 68　含 NQS - PbZr 双基
推进剂的燃速 - 压力曲线

图 3 - 69　NQS - PbZr 对双基
推进剂的催化效率 - 压力曲线

3.4.4.2.2　NQS - CuZr 对双基推进剂燃烧性能的影响

图 3 - 70 和图 3 - 71 分别给出了 NQS - CuZr 催化的双基推进剂燃速 - 压力曲线和催化剂的催化效率与压力的关系曲线。

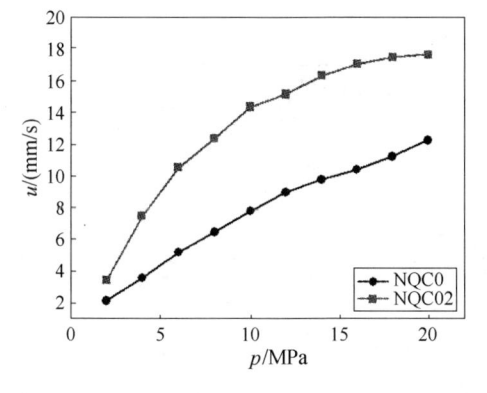

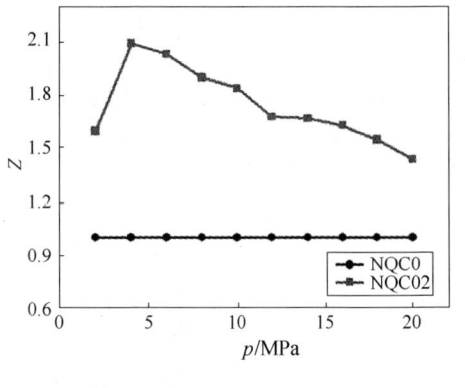

图 3 - 70　含 NQS - CuZr 双基
推进剂的燃速 - 压力曲线

图 3 - 71　NQS - CuZr 对双基
推进剂的催化效率 - 压力曲线

由图中可以看出,NQS - CuZr 锆基双金属化合物对双基推进剂燃烧有一定的催化作用,能使双基推进剂在 12 ~ 22MPa 压力范围内,燃速压力指数 $n = 0.29$,能满足宽平台燃烧固体推进剂的研制需求。从催化效率来看,能使双基推进剂出现超速现象,在 4 ~ 6MPa 压力范围内,催化效率达到 2.00 以上,能将推进剂的燃速迅速提高。

3.4.4.3 对 RDX - CMDB 推进剂燃烧性能的影响

RDX - CMDB 推进剂的燃速测试结果如表 3 - 29 所示,不同催化剂的催化效率如表 3 - 30 所示。

表 3 - 29 RDX - CMDB 推进剂的燃速

编号	不同压力(MPa)下推进剂的燃速/(mm/s)									
	2	4	6	8	10	12	14	16	18	20
RNQC0	3.09	5.34	7.42	9.85	11.88	14.04	15.75	17.54	19.23	20.92
RNQC01	6.01	10.05	13.07	15.08	16.78	18.08	19.33	20.57	21.43	—
RNQC02	3.73	8.21	11.74	13.89	15.81	17.15	18.44	19.77	20.69	—

表 3 - 30 各催化剂的催化效率

编号	不同压力(MPa)下的催化效率 Z									
	2	4	6	8	10	12	14	16	18	20
RNQC0	1.00	1.00	1.00	1.00	1.00	1.00	1.00	1.00	1.00	1.00
RNQC01	1.94	1.88	1.76	1.53	1.41	1.29	1.23	1.17	1.11	—
RNQC02	1.21	1.54	1.58	1.41	1.33	1.22	1.17	1.13	1.08	—

3.4.4.3.1 NQS - PbZr 对 RDX - CMDB 推进剂燃烧性能的影响

图 3 - 72 和图 3 - 73 分别给出了 NQS - PbZr 催化的 RDX - CMDB 推进剂燃速 - 压力曲线和催化剂的催化效率与压力的关系曲线。

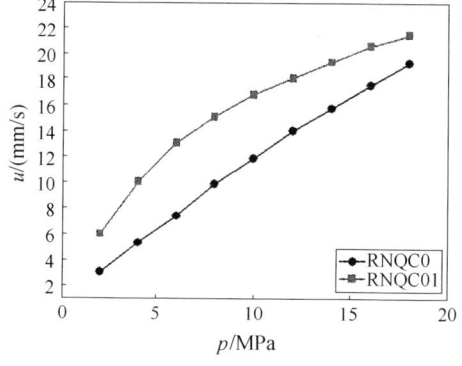

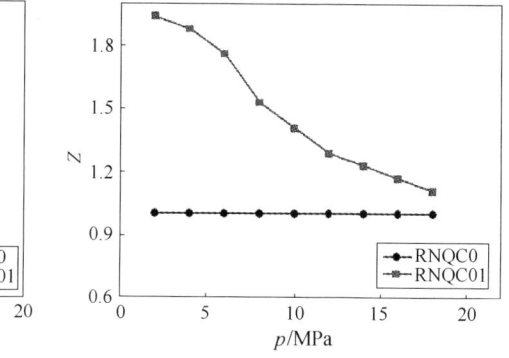

图 3 - 72 含 NQS - PbZr 的 RDX - CMDB
推进剂的燃速 - 压力曲线

图 3 - 73 NQS - PbZr 对 RDX - CMDB
推进剂的催化效率 - 压力曲线

由图中可以看出，在 RDX - CMDB 推进剂中加入 NQS - PbZr 化合物燃烧催化剂，对 RDX - CMDB 推进剂燃烧有一定的催化作用，能使 RDX - CMDB 推进剂的燃速在 2~18MPa 得到大幅度的提高，且能明显降低压力指数，其中压力在 12~18MPa 范围内，压力指数为 0.42，而在此压力区间内，不含催化剂的 RDX - CMDB 推进剂的压力指数为 0.78。

3.4.4.3.2　NQS - CuZr 对 RDX - CMDB 推进剂燃烧性能的影响

图 3 - 74 和图 3 - 75 分别给出了 NQS - CuZr 催化的 RDX - CMDB 推进剂燃速 - 压力曲线和催化剂的催化效率与压力的关系曲线。

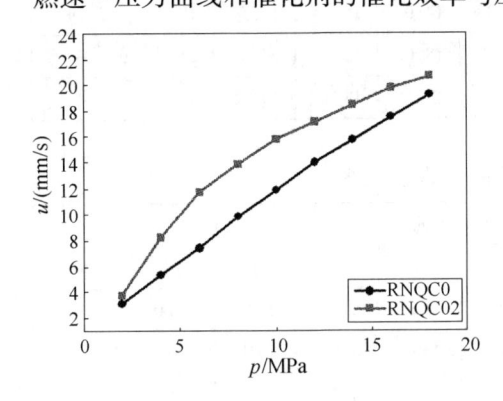

图 3 - 74　含 NQS - CuZr 的 RDX - CMDB 推进剂的燃速 - 压力曲线

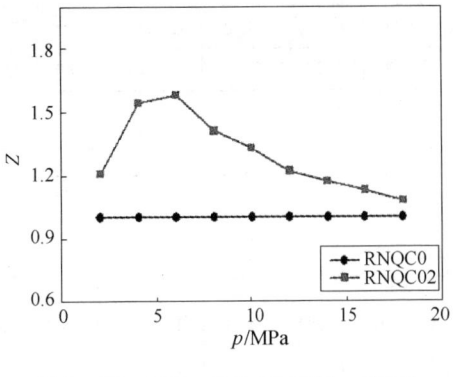

图 3 - 75　NQS - CuZr 对 RDX - CMDB 推进剂的催化效率 - 压力曲线

由图中可以看出，在 RDX - CMDB 推进剂中加入 NQS - CuZr 化合物燃烧催化剂，对 RDX - CMDB 推进剂燃烧有一定的催化作用，在一定程度上提高 RDX - CMDB 推进剂的燃速。在 2~16MPa 压力范围内，其催化效率均在 1.10 以上。

参 考 文 献

[1] 宋秀铎. 绿色有机铋盐的合成及其在双基系固体推进剂中的应用[D]. 西安：西安近代化学研究所，2005.

[2] 张衡. 双功能弹道改良剂的制备及其在微烟推进剂中的应用研究[D]. 西安：西安近代化学研究所，2009.

[3] 温玉麟. 药物与化学物质毒性数据[M]. 天津：天津大学出版社，265 - 266.

[4] 梁耀开，刘慧霞. 浅论无毒澄清剂及其应用[J]. 广西轻工业，1997(2)：45 - 48.

[5] David C S. Propellant composition of the nitrocellulose type containing non lead - containing ballistic modifiers[P]. US3860462 Jan. 14，1975.

[6] Downes T B. Nitrocellulose propellant composition[P]. US5385619，Jan. 31，1995.

［7］ Chi Minn – shong. Composition propellants containing copper compounds as ballistic modifiers ［P］. US4371640.

［8］ Rarna K V, Singh H. Effect of certain barium and cobalt salts on burning rate pressure relationship of double base rocket propellants［J］. Combustion science and Technology, 1986, 45.

［9］ Alley B J. Ballistic modifiers and synthesis of the ballistic modifiers［P］. US4202714, May 1333, 1980.

［10］鲁国林, 夏强. 三苯基铋对高燃速丁羟推进剂的催化固化作用研究［J］. 含能材料, 1999, 7(2): 60 – 62, 66.

［11］赵凤起, 李上文. 双基推进剂用生态安全含铋催化剂［J］. 火炸药学报, 1998, 21(1): 53 – 55.

［12］Neidert J B. Castable double base propellant containing ultra fine carbon fiber as a ballistic modifier［P］. US5372664, Dec. 13, 1994.

［13］David C S. Propellant composition of the nitrocellulose type containing non lead – containing ballistic modifiers［P］. US3860462, Jan. 14, 1975.

［14］征空. 复合推进剂声频不稳定燃烧的颗粒阻尼［J］. 中国航天. 1984, (9): 33 – 37.

［15］赵崇信, 王晰猷, 孟燮铨, 等. 无烟固体推进剂燃烧稳定剂最佳粒度实验研究［J］. 火炸药学报. 1887, (2): 5 – 7, 19.

［16］谢蔚民. 固体火箭发动机不稳定燃烧［M］. 航空专业教材编审组, 1984.

［17］王宁飞. 固体推进剂燃烧不稳定性研究［J］. 兵工学报. 1995, (1): 48 – 50.

［18］Dobbins. R A, Temkin. S. Attenuation and Dispersion of sound by particulate Relaxation Process［J］. Acoust. Soc. Am, 1966, 40(2): 317 – 324.

［19］欧海峰, 卫芝贤. 燃速催化剂在固体推进剂中的应用研究［J］. 科技情报开发与经济, 2006, 16 (9): 168 – 170.

［20］赵凤起, 覃光明, 蔡炳源. 纳米材料在火炸药中的应用研究现状及发展方向［J］. 火炸药学报, 2001, 24(4): 61 – 65.

［21］李凤生, 杨毅. 纳米/微米复合技术及应用［M］. 北京: 国防工业出版社, 2002.

［22］阎子峰. 纳米催化技术［M］. 北京: 化学工业出版社, 2003.

［23］朱俊武. 纳米金属氧化物的微结构控制及其应用性能研究［D］. 南京: 南京理工大学, 2005.

［24］程丽萍, 王宁飞, 冯伟, 等. Al_2O_3 在发动机燃烧室中尺寸分布的实验研究［J］. 火炸药学报, 2000, 23(4): 21 – 23.

［25］Price. E W, Sigman. P K. The Al and Al_2O_3 droplet cloud in solid rocket motors［J］. The 31st JANNAF Combustion Subcommittee Meeting, (1): 19 – 28.

［26］李上文, 孟燮铨, 张蕊娥. 白刚玉对微烟推进剂燃烧性能的影响［C］// 固体推进学术讨论会, 1992.

［27］单文刚, 覃光明, 雷良芳, 等. 不稳定燃烧抑制剂对 RDX – CMDB 浇注推进剂的影响［J］. 固体火箭技术, 1997, 20(2): 53 – 56.

［28］张晓宏, 张蕊娥, 王百成, 等. 利用燃烧稳定剂调节燃速的研究［J］. 火炸药学报, 2000, 23(3): 28 – 30.

［29］李上文, 孟燮铨, 张蕊娥, 等. 白刚玉对微烟推进剂燃烧性能的影响［J］. 固体火箭技术, 1993, (3): 82 – 89.

［30］赵凤起, 张衡, 安亭, 等. 没食子酸铋锆的制备、表征及燃烧催化作用［J］. 物理化学学报, 2013, 29(4): 777 – 784.

[31] 张衡,安亭,赵凤起,等. 没食子酸锆铜的制备及其在双基系推进剂中的燃烧催化作用[J]. 兵工学报,2013,34(6):690-697.

[32] 汪营磊,赵凤起,高福磊,等. 一种酒石酸铜锆双金属化合物及其制备方法和应用[P]. CN 201410379542.4,2014.08.

[33] 赵凤起,张衡,安亭,等. 酒石酸铅锆的制备、表征及燃烧催化作用[J]. 无机化学学报,2013,29(1):24-30.

[34] 赵凤起,汪营磊,仪建华,等. 3,4-二羟基苯甲酸铜锆双金属盐及其制备方法和应用[P]. CN 201210554465.2,2012.12.

第4章　纳米燃烧催化剂

纳米燃烧催化剂得到了国内外固体推进剂研究人员的广泛关注。从纳米金属氧化物及其复合物、纳米金属有机酸盐（配合物）、CNT 类催化剂、石墨烯类催化剂、富勒烯类催化剂、超级铝热剂型燃烧催化剂，到纳米金属粉或合金等都进行了有益的探索研究[1-5]。著者及其团队从 20 世纪 90 年起开始了纳米材料的制备、表征和应用方面的研究，并致力于纳米催化剂在固体推进剂中的应用，取得了显著成绩。实践证明，纳米催化剂能明显改善推进剂的燃烧性能，有理想的催化效果。

4.1　纳米金属氧化物（一元）催化剂

4.1.1　制备原理

自 1984 年原联邦德国 Saarlands 大学 H. Gleiter 采用惰性气体凝结和超高真空条件下原位加压的技术制备了纳米金属微粒后，已有许多技术被用来制备纳米晶体材料。纳米一元金属氧化物的制备主要有固相反应法、气相反应法、沉淀法、水解法、溶胶 – 凝胶法、微乳液法（或反向胶束法）、液相微波介电加热法等。

1. 固相反应法

固相反应法是近十几年来发展起来的制备纳米粉体的新方法。该法是将金属盐或金属氧化物按一定比例充分混合、研磨，发生固相反应后直接制得纳米氧化物，或制得前驱物后，再将前驱物热分解制备纳米氧化物。该法成本低，产量大，制备工艺简单易行。固相化学法分为高温固相反应法和低温固相反应法。

2. 气相化学法

气相化学反应法制备纳米粒子是利用挥发性的金属化合物的蒸气，通过化学反应生成所需要的化合物，在保护气体环境下快速冷凝，从而制备各类物质的纳米粒子，也叫化学气相沉积法（CVD）。气相化学反应法制备超微粒子具有很多优点，如粒子均匀、纯度高、粒度小、分散性好、化学反应性与活性高等。气相化学反应法适合于制备各类金属、金属化合物以及非金属化合物纳米粒子，如各种金属氮化物、碳化物、硼化物等。

3. 沉淀法

沉淀法是最常用的纳米材料的制备原理,它是在溶液状态下将不同化学成分的物质混合,在混合溶液中加入适当的沉淀剂制备纳米粒子的前驱体沉淀物,再将此沉淀物进行干燥或煅烧,从而制得相应的纳米粒子。沉淀法又可分为直接沉淀法、共沉淀法、均匀沉淀法、沉淀转化法、配位沉淀法。直接沉淀法就是使溶液中的某一金属阳离子发生化学反应而形成沉淀物,其优点是容易制取高纯度的氧化物超微粉。共沉淀法是多元体系的溶液经过沉淀反应,得到各种成分均匀的沉淀,它是制备含有两种以上金属元素的复合氧化物超微粉的重要方法。在沉淀法中,为避免直接添加沉淀剂产生的局部浓度不均匀,可在溶液中加入某种物质,使之通过溶液中的化学反应,缓慢地生成沉淀剂。控制好生成速度,就可避免浓度不均匀现象,使过饱和度控制在适当的范围内,从而控制粒子的生长速度,获得凝聚少、纯度高的超微粉,这就是均匀沉淀法。如果只是通过调节溶液的 pH 值而使盐类水解产生沉淀,则称为水解沉淀法。

4. 水解法

水解法是将金属醇盐与水反应后,经过滤、干燥后可制得粒径从几到几十纳米的氧化物超细粉体。将几种金属的醇盐制成溶胶后,可以制备复合氧化物的超细粉。醇盐水解不需要添加其他化学试剂,不会引入杂质,所以能制备高纯、超细粉体。根据水解条件不同,可以得到纳米粒子、超微粒子,产物可以是单一氧化物或复合氧化物,该法是一种广泛使用的制备超微粉体的方法。

5. 溶胶－凝胶法

溶胶－凝胶技术是制备纳米材料的特殊工艺,因为它从纳米单元开始,在纳米尺度上进行反应,最终制备出具有纳米结构特征的材料。传统的溶胶－凝胶法一般是利用金属醇盐的水解或聚合反应制备成金属氧化物或金属氢氧化物的均匀溶胶,再浓缩成透明凝胶,各组分分布均匀,可达到分子级水平,凝胶经干燥、热处理即可得到氧化物纳米粒子。此方法工艺简单,合成温度低、粒径小、单分散性好、纯度高,具有较高的烧结性;但原料价格高,有机溶剂有毒性。近年来,此法发展迅速,溶胶－凝胶法的起始原料比较灵活多变,许多无机盐也可用作前驱物。溶胶－凝胶技术具有传统工艺不可比拟的优点:利用溶胶－凝胶技术易得到高纯度原料,制得高纯度制品;可在分子水平控制结构,制得具有独特结构的高均匀度的复合组分凝胶和产品;可以在很宽的密度、表面积和孔径的范围内制得干凝胶,因而在催化剂设计和分子筛上都有广泛应用。

6. 微乳液法

微乳液法是利用两种互不相溶的溶剂在表面活性剂的作用下形成一个均匀的乳液,剂量小的溶剂被包裹在剂量大的溶剂中形成一个个微泡,微泡的表面由表面活性剂组成,从微泡中生成固相可使成核、生长、聚结、团聚等过程局限在一个微小的球形液滴内,从而形成球形颗粒,又避免了颗粒之间的进一步团聚。此法制备的纳米粒子粒径小,单分散性好,实验装置简单,易操作。

7. 微波加热法

近年来,微波技术应用于纳米材料合成中,微波加热具有特殊效应。当化学反应在微波介电场中进行时,存在着大量离子存在时的过热、快速达到反应温度以及有效的界面混合等现象,这些现象可被归纳为快速加热效应、热点或表面效应和压力蒸煮器效应,统称为微波的温度效应。与传统方法相比,微波辐射液相法具有反应速度快、反应条件温和、反应效率高,而且产物纯度高、粒径分布窄、形态均一等优点。

除以上方法外,还有其他制备原理,如电解法、水(醇)热合成法、喷雾热解法、激光诱导气相化学反应法、燃烧合成法等。

4.1.2 制备过程

固体推进剂常用的纳米一元金属氧化物催化剂有纳米 Fe_2O_3、纳米 CuO、纳米 PbO、纳米 Bi_2O_3、纳米 La_2O_3、纳米 CeO_2、纳米 Cu_2O、纳米 Cr_2O_3 及纳米 Co_2O_3 等。下面逐一介绍其制备过程及结构表征。

4.1.2.1 纳米 Fe_2O_3

将 NaOH 与 $FeCl_3$ 按一定的摩尔比称量,于研钵中充分研磨,并加入适量的吐温 80,使湿固相反应充分。混合物经洗涤、抽滤,在室温下晾干即得纳米 Fe_2O_3 粉体($n-Fe_2O_3$)。

将氧化铁加入到双蒸水中,超声分散 $10 \sim 15min$。用吸管吸取少许滴于载玻片上,风干后喷金膜,用扫描电子显微镜(SEM)观察微粒径(图略)。工作电压为 20kV;放大倍数为 30000 倍。结果显示,所制得的纳米 Fe_2O_3 粉体粒径小于 100nm,团聚现象不明显。

用 X 射线衍射仪(XRD)对纳米 Fe_2O_3 粉体的晶型进行分析。工作电压为 35kV,电流为 25mA,铜靶。纳米氧化铁的 XRD 图如图 4-1 所示。图中存在与立方氧化铁的 PDF 标准卡片 39-1346 匹配的衍射峰,说明产物属立方晶系。图中纳米氧化铁的特征衍射峰较低,且宽化为"馒头峰",背底较高,说明纳米氧化铁的晶粒尺寸小,且晶粒有大量缺陷,晶型较差[6]。

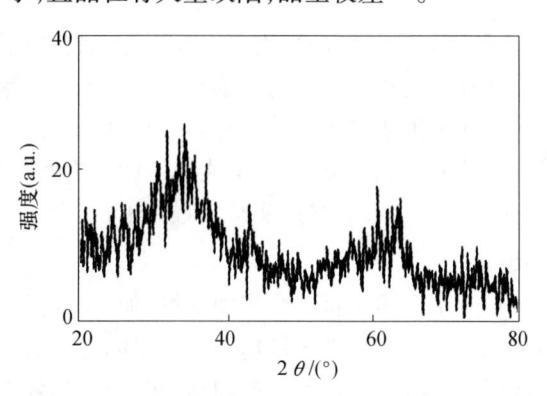

图 4-1 n-Fe$_2$O$_3$ 的 XRD 图

此外,美国 MACHI 公司[7]采用气相氧化法研制出了纳米 Fe$_2$O$_3$(Superfine Iron Oxide,SFIO),粒径约为 3nm,比表面积大约为 250 m^2/g。杨毅等[8]采用高温水解相转化法制备出了纳米级的 α-Fe$_2$O$_3$ 催化剂,比较了 NaOH、(NH$_4$)$_2$CO$_3$ 以及尿素三种沉淀剂的作用效果。结果表明各个样品均为粒度分布均匀、分散性很好的 α-Fe$_2$O$_3$ 纳米粒子,以尿素为沉淀剂制得的 α-Fe$_2$O$_3$ 催化 AP 热分解活性最高。陈爱四[9]通过水热法、溶胶-凝胶法分别制备出了球形和立方形的纳米Fe$_2$O$_3$;采用强迫水解法,通过添加晶型控制剂 NaH$_2$PO$_3$、HEDP(自制)分别制备出了纳米纺锤形和针形 Fe$_2$O$_3$。

4.1.2.2 纳米 CuO

将原料二水合乙酸铜、草酸分别研细,按 1:1 摩尔比置于玛瑙研钵中混合均匀,充分研磨 30 min,得浅绿色固体粉末。将研磨后的样品在烘箱中于 70℃ 真空干燥 4h,得前驱配合物 CuC$_2$O$_4$ · 2H$_2$O,然后将所得前驱物置于马弗炉中于350℃煅烧 2h,即得黑色纳米 CuO 粉末(n-CuO)[10,11]。反应方程式为

$$Cu(CH_3COO)_2 · 2H_2O + H_2C_2O_4 · 2H_2O \rightarrow CuC_2O_4 · 2H_2O + 2CH_3COOH + 2H_2O$$

当反应混合物研磨 2 min 后,反应体系由粉末状迅速转变成浆糊状,并有很浓的乙酸气味,这是因为草酸置换而游离出乙酸的缘故,也表明反应速度非常快。再经研磨,乙酸大量挥发,最后变成浅绿色固体粉末,因此该反应过程属于室温固相配位化学反应。在两种不同的环境温度(25℃和10℃)下进行该反应,其反应速度和结果基本相同,说明该反应体系在低温环境下仍然能发生固相化学反应。该方法重现性好,具有工艺简单、操作方便、产率高、无需溶剂等优点。

对纳米 CuO 粉体进行了透射电子显微镜(TEM)分析(图略),可以看出,纳

米 CuO 粒径20~30 nm。图4-2为纳米 CuO 粉末的 XRD 图,由图可看出,纳米 CuO (b)与普通分析纯试剂 CuO (a)的 XRD 强度曲线相似,均与 JCPDS 卡片上的单斜相 CuO 的数据一致,属单斜晶系结构。从图上可看出,纳米 CuO 的特征衍射峰较低且明显宽化,说明纳米 CuO 的粒径小,晶粒内部有大量缺陷,晶形较差。根据 XRD 特征衍射峰(111)的半峰宽,由 Scherrer 公式计算得纳米 CuO 的粒径为 26nm,与 TEM 测试结果相符。

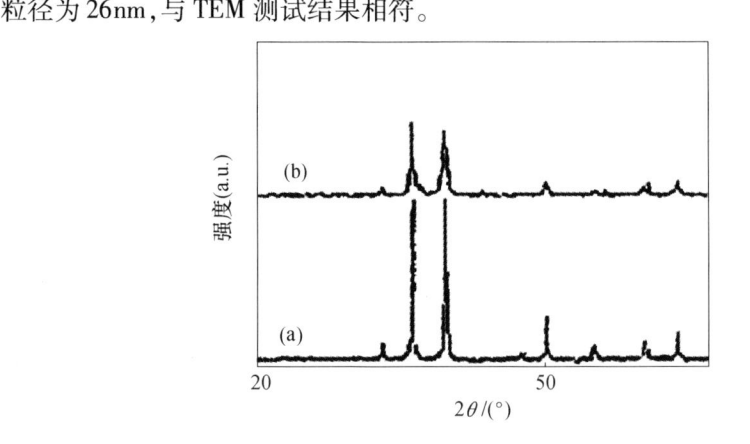

图4-2 普通 CuO (a)和 n-CuO (b)的 XRD 图

通常产物的晶粒的大小是由晶核生成速度与晶核长大速度的大小决定的。由于该反应体系在室温下固相反应速度较高,生成的晶核和产物质点在固相体系中不易迁移,阻碍了晶核的长大,因此晶核生成速度远大于晶核长大速度,有利于生成粒径较小的前驱配合物 $CuC_2O_4 \cdot 2H_2O$。而粒度小的前驱配合物在适当温度下热分解,可得到纳米 CuO 粉末。

以 $CuCl_2 \cdot 2H_2O$ 和 NaOH 为原料,采用同样的方法也可制得纳米 CuO 粉末,平均粒径 10nm 左右[11]。

有关纳米 CuO 制备的文献报道较多。罗元香等[12]以 $Cu(NO_3)_2$ 为原料,分别用水、乙醇作为分散剂,NaOH、Na_2CO_3 作为沉淀剂,采用直接沉淀法制备了纳米 CuO 晶粒。分析认为,以水为分散剂,产物的形态是分散性良好的纺锤形;以乙醇为分散剂,产物为分散性较好的球形;以 NaOH 为沉淀剂比其他沉淀法制备的产物粒径要小,但团聚现象较严重。李冬梅等[13]以 $Cu(NO_3)_2$ 为原料,以氨水、柠檬酸、乙二胺三种不同的络合剂,制得粒径 40~60 nm 的纳米 CuO 粉体。分析认为,纳米 CuO 粉体的粒径随着络合物稳定性的增大而增大;以氨水为络合剂在最佳工艺条件下,所得产物平均粒径 40nm,分散性好,收率高。朱伟长等[14]以 $CuSO_4 \cdot 5H_2O$ 为原料,以 $NaOH-Na_2CO_3$ 为沉淀剂,采用直接沉淀法制备出前驱物碱式碳酸铜($Cu_2(OH)_2CO_3$),再将前驱物在350℃下焙烧1h,制备出纳米CuO粒子,平均粒径为30nm。加入到十二烷基苯磺酸钠水溶液中,用稀HNO_3调节pH值至3.10,可得到均匀分散的纳米CuO水溶胶。朱俊武等[15]在快速沉淀法制备纳米CuO时,反应温度对产物的微观形貌有着很大的影响,当在100℃下加入NaOH时,产物为分散性良好的5~7nm的球形粒子,比表面积为113.38 m^2/g;而在室温下加入NaOH时,产物为纺锤形粒子;而用水解法制备的产物为针状粒子。贾殿赠、俞建群等[16,17]研究了铜(Ⅱ)化合物与NaOH室温固相化学反应制备纳米CuO粉体,认为铜(Ⅱ)化合物与NaOH的室温固相反应产物不是$Cu(OH)_2$,而是CuO。陈爱四[18]通过络合沉淀法制备出球形纳米CuO。

纳米CuO粉体的制备除了上述报道的沉淀法以外,还有微乳液法、微波法、电解法等。崔若梅等[19]用无水乙醇作辅助表面活性剂,选用4种W/O型微乳液体系(DBS-甲苯-水、Span-甲苯-水、SDS-环己烷-水和Tween-环己烷-水),制备出粒径大小不同的纳米CuO粒子。朱琦瑜等[20]以胆矾和氢氧化钠为原料,首先在液相中生成前驱物$Cu(OH)_2$浅绿色沉淀,然后微波炉内水浴加热,经洗涤、干燥即得纳米CuO粉体,平均粒径17~24nm。微波法使得前驱物$Cu(OH)_2$有效地快速脱水而获得纳米CuO粉体,过程中前驱物不必经过高温热分解,避免了高温处理过程中的团聚现象。周幸福等[21]采用铜金属为牺牲阳极,在乙酰丙酮的溶液中,电化学方法溶解铜金属,一步法制备纳米CuO的前驱体$Cu(acac)_2$,然后将电解液直接水解制备纳米CuO,其平均粒径为10nm左右。王积森等[22]在研究了电极电沉积法制备纳米粉体反应的基础上,首次以铝箔代替恒电位电流仪惰性电极作为基体,采用辅助电极电沉积法成功制备了纳米CuO粉体,其粒径在50nm左右,颗粒大小均匀,形态稳定。该方法具有合成工艺简单,产率、利用率高,对环境污染小,易于产业化等优点。

4.1.2.3 纳米PbO

将$Pb(NO_3)_2$和NaOH按1∶2的摩尔比称量置于玛瑙研钵中,充分研磨20min。产物经蒸馏水、乙醇充分洗涤后晾干,即得橙黄色纳米PbO粉末(n-PbO)[23]。

将纳米PbO的XRD图与JCPDS卡片数据进行对照,可以看出,纳米PbO属于α-PbO晶型(四方晶系),产物的衍射峰宽明显宽化,特征衍射峰较低。用Scherrer公式计算产物晶粒的平均粒度约68nm。从纳米PbO的TEM照片(图略)可以看出,纳米PbO粒子形貌呈无规则形状,粒径约为70nm,与XRD测试的结果较一致。

4.1.2.4 纳米 Bi_2O_3

将 $Bi(NO_3)_3 \cdot 5H_2O$ 和 NaOH 混合均匀,加入适量的分散剂,充分研磨 30min,产物经洗涤后置于真空干燥器中,并于85℃条件下干燥2h,即得微黄色纳米 $Bi_2O_3(n-Bi_2O_3)$ [23]。

从纳米 Bi_2O_3 的 SEM 照片(图略)可以看出,纳米 Bi_2O_3 粒子形貌呈多边形,平均粒径60nm。从纳米 Bi_2O_3 的 XRD 图与 JCPDS 卡片数据对照,纳米 Bi_2O_3 属于单斜晶系结构。产物的衍射峰宽明显宽化,特征衍射峰较低。用 Scherrer 公式计算产物晶粒的平均粒度约59 nm,与 SEM 结果吻合。

固相反应理论认为:固相反应经历4个阶段,即反应物分子扩散、产生反应、生成晶核、晶核的生长。通常产物晶粒的大小是由晶核生成速度与晶核长大速度的相对大小决定的。当产物成核速度大于生长速度时,有利于生成纳米微粒;反之,则趋向形成块状晶体。$Bi(NO_3)_3 \cdot 5H_2O$ 与 NaOH 的固相反应,由于反应速度非常快,其晶核生成速度远大于晶核长大速度,同时在固相体系中,生成的 Bi_2O_3 晶粒和 Bi_2O_3 分子不易迁移,阻碍了晶核的长大,因此能得到晶粒较小的纳米 Bi_2O_3 粉。研究发现,固相反应中反应物的结晶水对反应速度有很大影响,当 $Bi(NO_3)_3 \cdot 5H_2O$ 与 NaOH 的反应混合体系一经研磨,立即呈爆发式进行反应。但是,如果将 $Bi(NO_3)_3 \cdot 5H_2O$ 小心处理,制成不含结晶水的 $Bi(NO_3)_3$,再与 NaOH 混合研磨,反应则变得较缓慢。此时需要用滴管滴两滴水至反应混合体系中,再经研磨,反应才能快速进行。上述现象表明,反应物的结晶水起着促进反应的作用。其原因可能是:反应物的结晶水能使两种固体反应物分子在固相界面上的扩散速率增大,促使固相反应快速进行。

此外,汪立国等在专利[24]中介绍了高纯微粉氧化铋的制备过程,包括溶解、中和、转化、分散等四道工序,将金属铋熔化、片化,均匀加入到溶化罐中与非钾钠碱性中和剂进行中和反应,产出结晶沉淀,过滤,洗涤除去产物中夹带的微量杂质;将中间产物加入到转化器中(150~650℃)进行转化反应,得到呈聚团状的氧化铋粉末。产品纯度99.9%,粒度1~5μm,有的颗粒粒径甚至小于1μm。

4.1.2.5 纳米 La_2O_3

将原料 NaOH 与 $LaCl_3$ 分别用研钵研细,用台秤将研细的原料按一定的摩尔比称好,将 $LaCl_3$ 置于干净的研钵中,并将 NaOH 分少量多次地加入,充分研磨,使湿固相反应充分。将混合物用蒸馏水加超声波充分洗涤3次,再用无水乙醇洗涤 2 次,经抽滤,室温下晾干即得纳米 La_2O_3 粉体($n-La_2O_3$)。扫描电镜显示所制得的纳米 La_2O_3 粉体粒径小于 100nm,团聚现象不明显;XRD 分析表明其为立方晶系和六方晶系的混合物,晶粒有大量缺陷[25]。此外,根据低熔点或含有结晶水的反应物之间易发生室温固相反应的规律,以 NaOH 与 $La_2(SO_4)_3 \cdot 9H_2O$ 为原料,也可得到相同品质的纳米 La_2O_3 粉体[26]。

此外,张纪光等[27]以溶胶-凝胶法制备出了超细 La_2O_3 粉体。姚超等[28]以沉淀法制备出了纳米 La_2O_3 粉体。

4.1.2.6 纳米 CeO_2

将 $Ce(NO_3)_4$ 和 NaOH 混合均匀,加入适量的分散剂,在玛瑙研钵中充分研磨 35 min,产物经洗涤后置于真空干燥器中,并于 90℃ 条件下干燥 2.5h,即得纳米 CeO_2($n-CeO_2$)。

采用与纳米 Bi_2O_3 同样的表征方法可获得纳米 CeO_2 的粒度及晶型结构。

4.1.2.7 纳米 Cu_2O

朱俊武等[29]以 $Cu(NO_3)_2$ 和 NaOH 为原料,以水合肼为还原剂,通过沉淀法在室温下制备出了纳米 Cu_2O。刘静峰等[30]通过氧化还原反应在微乳液中合成了 $0.2\mu m$ 的 Cu_2O($n-Cu_2O$)。

4.1.2.8 其他

邓鹏图等[31]采用溶胶-凝胶法制备了纳米 Cr_2O_3 粉体($n-Cr_2O_3$)。陈爱四[9]通过沉淀法制备出纳米 Co_2O_3($n-Co_2O_3$)。

4.2 纳米金属氧化物复合物(二元)催化剂

纳米催化剂在固体推进剂中的应用已成为国内外研究的热点。同时,纳米催化剂正向多元复合化发展,因为组成复合物的各种单元组分在纳米尺度上复合,能产生较强的"协同效应",同时又具有纳米粒子的特性,所以具有比单元纳米催化剂更高的催化活性[32,33]。

4.2.1 制备原理

纳米金属氧化物复合粒子除了具有一元金属氧化物的特性外,还复合协同了多元金属氧化物的性能,具有与之不同的催化作用效果[33-37]。该类物质的制备原理与纳米一元金属氧化物具有类似性,这里不再赘述。

4.2.2 制备过程

固体推进剂常用的纳米金属氧化物复合物催化剂有纳米 CuO·PbO、纳米 CuO·SnO$_2$、纳米 Bi$_2$O$_3$·SnO$_2$ 及纳米 CuO·Cr$_2$O$_3$ 等。下面逐一介绍其制备过程及结构表征。

4.2.2.1 纳米 CuO·PbO[34]

将 CuCl$_2$·2H$_2$O 和 Pb(NO$_3$)$_3$ 按一定比例混合,加入适量的吐温 80 作分散剂,置于玛瑙研钵中。加入一定比例的 NaOH(分析纯)与 CuCl$_2$·2H$_2$O 和 Pb(NO$_3$)$_3$ 的混合物一起混合均匀后,在室温下研磨 20 min,使固相反应充分。产物混合物先后用蒸馏水、乙醇加超声波充分洗涤数次,过滤,在 80℃下真空干燥 3h 即可得到纳米 CuO·PbO 粉末(n－CuO·PbO)。产物分成 3 份,一份不煅烧,另两份分别在 300℃和 400℃温度下煅烧 2h。共制备出 Cu 与 Pb 的摩尔质量比为 2:1、1:1 和 1:2 的 3 种纳米 CuO·PbO 复合粉体。

从经 80℃干燥的和经 400℃煅烧的纳米 CuO·PbO 的 TEM 照片(图略)可以看出,经 80℃干燥的纳米 CuO·PbO 粒径很小,约为 15nm,呈类球形。经 400℃煅烧的纳米 CuO·PbO 的粒径约为 25nm。说明随着煅烧温度升高,纳米粒子粒径变大。

图 4－3 是纳米 CuO·PbO 的 XRD 图。XRD 图中 d 值为 2.76、2.54、2.32 的特征衍射峰与 JCPDS 卡片上的单斜相 CuO 数据一致,而 d 值为 3.17、2.82、1.87 的特征衍射峰则与 α－PbO(四方相)数据吻合,显示产物中同时存在单斜晶系结构的 CuO 和四方晶系结构的 α－PbO,所以产物属于 CuO 和 PbO 的复合

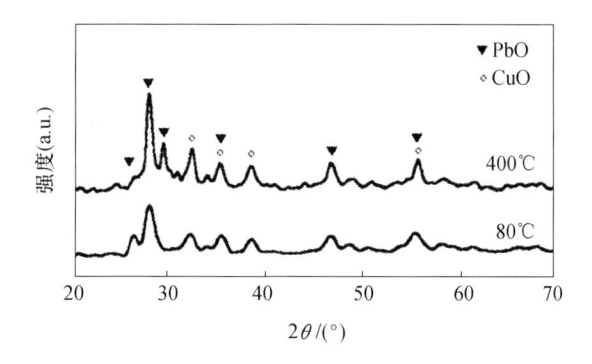

图 4－3 n－CuO·PbO 的 XRD 图

氧化物。从图中可见经80℃干燥的纳米CuO·PbO的特征衍射峰较为低矮,峰形明显宽化,表明产物粒径小,晶形较差,晶粒内部有大量缺陷。经400℃煅烧的产物的特征衍射峰衍射强度有所增强,峰宽略有变窄,说明随着煅烧温度升高,产物晶形化趋于完全,晶粒粒径变大。根据特征衍射峰的半峰宽,由Scherrer公式计算得经80℃干燥的产物粒径为14nm,经400℃煅烧的产物晶粒粒径为26nm,与TEM观察的结果基本一致。

4.2.2.2　纳米 CuO · SnO$_2$[35]

在室温条件下,按 Cu 与 Sn 原子比4:5称取2.04g CuCl$_2$·2H$_2$O 和5.10g SnCl$_4$·5H$_2$O,将二者溶于100mL 的 HCl 溶液(2 mol/L)中,过滤除去不溶物质,制成透明溶液。加入适量的 PEG-200 作为分散剂,搅拌使其混合均匀。在剧烈搅拌下缓缓加入浓 NH$_3$·H$_2$O,调节 pH 值至6,有浅蓝色沉淀物生成,将含该沉淀物的母液室温静置3h,过滤,将滤饼置于烧杯中先后用蒸馏水和无水乙醇加超声波充分洗涤,直至无 Cl$^-$ 残留,过滤,在80℃下干燥3h,得蓝色干粉(CuO·SnO$_2$前驱体)。将干粉分成3份,分别在不同温度下煅烧3h,制得墨绿色纳米 CuO·SnO$_2$ 复合粉体(n-CuO·SnO$_2$)。

纳米 CuO·SnO$_2$ 前驱体的 TG-DTA 曲线如图4-4所示。可以看出,DTA曲线在120℃有一个较强的吸热峰,这一阶段是样品脱除吸附水和乙醇所产生的吸热反应,对应于 TG 曲线,该温度段出现1个明显的质量损失台阶,质量损失10.06%。在160~320℃温度范围内,DTA 曲线出现1个宽而弱的放热峰,对应于 TG 曲线,该温度段出现1个平缓的质量损失台阶,该阶段既有样品失去结构水的吸热反应,也有残余的有机分散剂分解反应的放热反应,这两种反应重叠

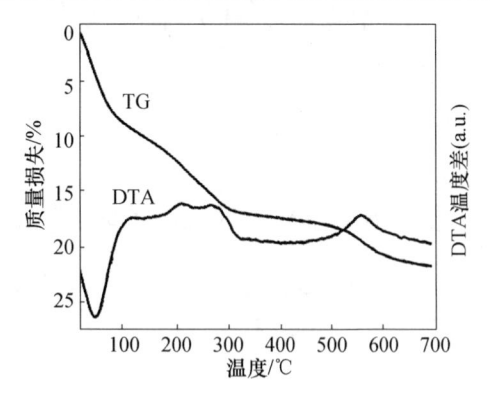

图4-4　n-CuO·SnO$_2$ 前驱体的 TG-DTA 曲线

在一起,因此,仅表现出较弱的放热峰。DTA 曲线在 500~600℃ 温度范围内还有一个小的放热峰,这是准晶态 SnO_2 和无定形 CuO 转变为 SnO_2 晶体和 CuO 晶体所放出的晶化热所致,从 XRD 分析也可说明这一点。

图 4-5 是不同煅烧温度下纳米 $CuO \cdot SnO_2$ 的 XRD 图。可以看出,经 80℃ 干燥的配合物的 XRD 图中无明显的衍射峰,显示样品为非晶态。经 400℃ 煅烧后,配合物的 XRD 图出现宽而弱的衍射峰,并与四方相 SnO_2 特征衍射峰吻合,衍射图中未出现 CuO 晶体的特征峰,可能是 CuO 分散在 SnO_2 粒子的表面或固溶在 SnO_2 晶格中,未析出 CuO 晶体。提高煅烧温度至 500℃, SnO_2 的衍射峰强度有所增强,衍射峰较为清晰,并出现 CuO 的衍射峰,表明在此温度下,四方相 SnO_2 晶体已经形成,单斜相 CuO 晶体也开始析出。600℃ 时 SnO_2 和 CuO 的衍射强度进一步增强,峰宽变窄。说明随着温度升高,样品的晶化程度逐步升高,晶粒逐步成长,晶体趋于完整。根据 Scherrer 公式,采用 SnO_2(110)的特征衍射峰的半高宽,计算出配合物在 400℃、500℃ 和 600℃ 煅烧下的粒径分别为 3nm、5nm 和 9nm。

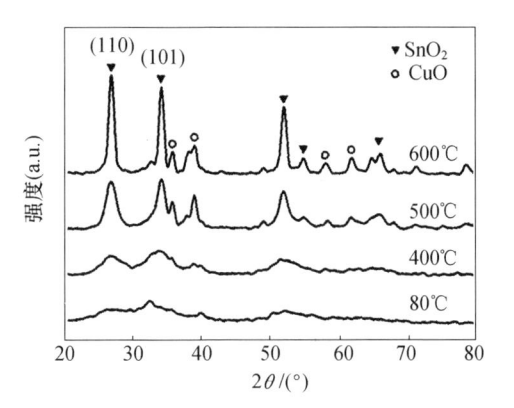

图 4-5   不同煅烧温度下 $n-CuO \cdot SnO_2$ 的 XRD 图

从 400℃、500℃ 和 600℃ 煅烧的配合物的 TEM 照片(图略)可以看出,配合物的粒径与衍射计算结果一致,都比较小。说明 CuO 的掺杂,有防止 SnO_2 团聚和提高 SnO_2 分散性的作用,同时亦可抑制 SnO_2 晶粒的烧结长大。

采用 EDS 对经 600℃ 煅烧所得产物进行了分析,得到各金属元素的质量分数:Cu 43.86%,Sn 54.91%,其他 1.26%,Cu 与 Sn 原子比符合计量配比为 4:5。

4.2.2.3   纳米 $Bi_2O_3 \cdot SnO_2$[36]

按 Bi 和 Sn 物质的量比 2:3 称取 $BiCl_3$ 和 $SnCl_4 \cdot 5H_2O$,溶于盐酸溶液中,加入适量的 PEG-200 作分散剂,在搅拌下缓慢滴加浓 $NH_3 \cdot H_2O$。调节溶液的

pH 值至 5,生成黄色沉淀,在室温下静置老化 6h。过滤后用蒸馏水洗涤至无 Cl⁻ 检出,再用无水乙醇洗涤。抽干后,在 80℃真空恒温干燥 3h,得浅黄色粉末,煅烧后得灰色纳米 $Bi_2O_3 \cdot SnO_2$ 粉末($n - Bi_2O_3 \cdot SnO_2$)。

图 4-6 是纳米 $Bi_2O_3 \cdot SnO_2$ 的 XRD 图。图中 d 值为 3.35、2.67 和 1.76 的特征衍射峰与四方相 SnO_2 数据吻合,而 d 值为 3.63、3.44 和 2.73 的衍射峰则属于 Bi_2O_3(铋华),显示产物中同时存在 Bi_2O_3 和四方相的 SnO_2,所以产物属于 Bi_2O_3 和 SnO_2 复合氧化物。从图中可见经 80℃干燥的纳米 $Bi_2O_3 \cdot SnO_2$ 的特征衍射峰较为低矮,峰形明显宽化,表明产物晶粒粒径小,晶形较差,晶粒内部有大量缺陷。随着煅烧温度升高,配合物的特征衍射峰强度逐渐增强,峰宽也相应变窄,说明煅烧温度升高,配合物晶形化趋于完全,晶粒粒径变大。根据特征衍射峰的半峰宽,由 Scherrer 公式计算得经 80~600℃处理的配合物的晶粒粒径依次为 3nm、5nm、10nm 和 52nm。

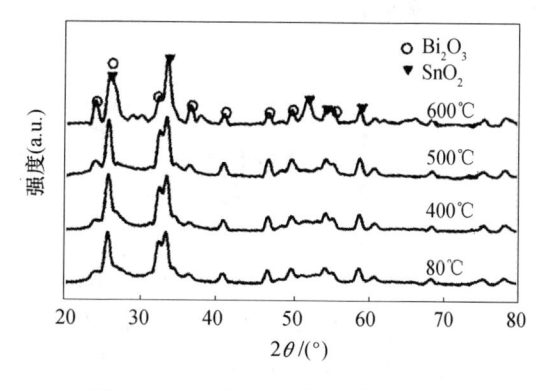

图 4-6　$n - Bi_2O_3 \cdot SnO_2$ 的 XRD 图

从经 400℃和 500℃煅烧的纳米 $Bi_2O_3 \cdot SnO_2$ 的 TEM 照片(图略)可见,经 400℃煅烧的产物的粒径约为 5nm,经 500℃煅烧的粒径约为 10nm,呈类球形,粒径分布均匀,分散性较好。

4.2.2.4　纳米 $CuO \cdot Cr_2O_3$[37]

将 $CrCl_3 \cdot 6H_2O$ 和 $CuCl_2 \cdot 2H_2O$ 按一定比例混合,加入适量的分散剂,置于玛瑙研钵中。将 NaOH(分析纯)用研钵研细后加入到 $CrCl_3 \cdot 6H_2O$ 和 $CuCl_2 \cdot 2H_2O$ 的混合物中。充分研磨 30min,使固相反应充分。将产物混合物先后用蒸馏水、乙醇加超声波充分洗涤 3 次,过滤,真空干燥数小时即得到纳米 $CuO \cdot Cr_2O_3$ 粉末($n - CuO \cdot Cr_2O_3$)。

图 4-7(a)、(b)为 2 种纳米 $CuO \cdot Cr_2O_3$ 的 XRD 强度曲线,CuO 与 Cr_2O_3

的质量比分别为1:1和5:1。可以看出,图中均无明显的衍射峰,峰形呈稻草状(强度约为30 cps),与非晶态物质的XRD图相符。因此,这两种纳米复合氧化物均为非晶态结构。

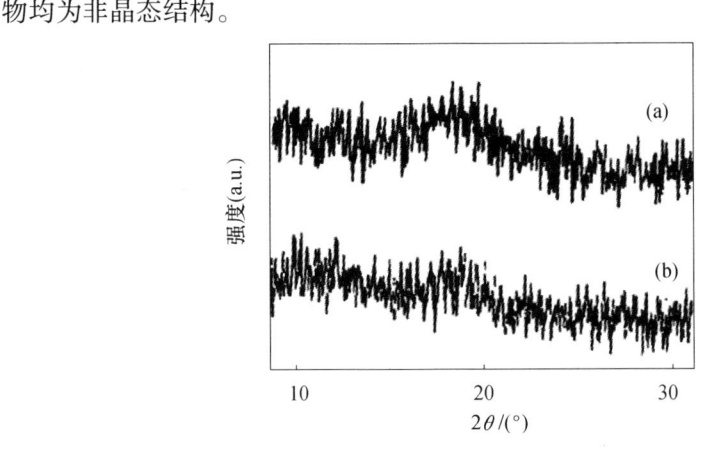

图4-7 n-CuO·Cr$_2$O$_3$的XRD图

CuO与Cr$_2$O$_3$的质量比:(a) 1:1;(b) 5:1。

从纳米CuO·Cr$_2$O$_3$(a)和(b)的TEM照片(图略)可以看出,2种产物均在纳米级范围内,粒子呈类球形。纳米CuO·Cr$_2$O$_3$(a)粒子平均粒径为45nm左右,成链条状连结。纳米CuO·Cr$_2$O$_3$(b)粒子平均粒径为15nm左右,粒径分布均匀、分散性好。研究发现,分散剂的加入可以缓解纳米粒子的团聚现象,可制得粒径分布均匀、分散性好的纳米粒子。

4.3 超级铝热剂型燃烧催化剂

超级铝热剂(Super Thermites)是由纳米铝粉和纳米金属氧化物经复合处理得到的纳米级金属基含能材料的反应性体系,又称为亚稳态分子间复合物(Metastable Intermolecular Composites, MIC)[38-43]。铝热反应是将铝粉和金属氧化物粉末按一定比例配成的铝热剂混/复合物用引燃剂点燃,随后反应猛烈进行,最终得到氧化铝和单质金属粉并且放出大量的热,温度可高达几千摄氏度,可使生成的金属粉熔化。其反应过程复杂,燃烧波传播速度快,在燃烧波前沿的升温速率很快。目前固体火箭推进剂所用燃料也正是采用如上所述铝热反应的原理,纳米金属氧化物和铝粉配制的纳米铝热剂可用如下反应式表示:

$$3M_aO_b + 2bAl \longrightarrow 3aM + bAl_2O_3 + Q$$

式中,M为金属,Q为生成热。

由该反应可以看出,若将金属 M 选作可催化双基系推进剂燃烧的金属,如 Pb、Cu、Bi、Ni、Co 等,该铝热剂可具有多种功能,一方面该铝热剂本身含能,且具有催化燃烧的作用,所以称为"超级铝热剂型燃烧催化剂";另一方面,铝热反应生成的 Al_2O_3 又具有不稳定燃烧抑制作用。此外,纳米单质铝粉由于反应活性强、能显著提高双基系推进剂燃速,而成为备受瞩目的固体推进剂用功能添加剂。

4.3.1 制备原理

超级铝热剂的制备原理有溶胶 – 凝胶法(sol – gel 法)、沉淀法等。

溶胶 – 凝胶法是将氧化剂或燃料先制成溶胶,然后再添加其他组分形成凝胶的方法,是一种化学变化过程。在该过程中,将反应性单体(固体颗粒)溶于适宜溶剂,经反应后形成纳米级的胶体颗粒,含有该纳米颗粒的体系称为溶胶(sol);体系进一步发生凝胶反应,溶胶进一步老化形成高度交联、孔内含有溶液的连续的三维固体网络骨架,由固体骨架和连续相组成的体系称为湿凝胶(gel)。凝胶形成后,采用超临界流体萃取出其中包含的液体可得到多孔、低密度的气凝胶;采用缓慢蒸发并结合一定的压力,可制得高密度的干凝胶[44]。工艺过程可分为溶液、溶胶、湿凝胶、溶剂交换及结晶、干燥等步骤。目前该方法主要用于两类纳米含能材料的制备:一类是单分子的纳米含能材料,如 RDX、HMX、PETN(季戊四醇四硝酸酯)、CL – 20 等;另一类是以金属氧化物为基的纳米复合含能材料,氧化剂通过溶胶 – 凝胶形成了主体框架,燃料和其他组分充填其中,如纳米铝热剂。

利用溶胶 – 凝胶方法的原理,Tillotson 等[45]将三价铁盐溶液添加有机环氧化合物和金属燃料粉末制备得到纳米复合材料 Al/Fe_2O_3,这些材料可以加工成气凝胶或干凝胶的单块复合固体,由高倍透射电子显微镜可知干燥的复合材料由一系列 3 ~ 10 nm 的 Fe_2O_3 纳米团簇及与其紧挨着的 25 nm 粒径的超细铝颗粒组成,通过实验证明 Al/Fe_2O_3 复合材料对标准撞击、静电火花和摩擦试验较不敏感,定性研究说明制得的纳米含能材料燃烧速率高于普通方法制得的组分,热起爆更敏感,而且气凝胶比干凝胶更易起爆。

王毅等人[46]应用溶胶 – 凝胶法,通过引入 1,2 – 环氧丙烷作为 Fe(Ⅲ)离子的水解促进剂,在温和、无毒的条件下一步实现了纳米 Al 和无定形铁氧化物的复合,从而制备了 Al/Fe_2O_3 纳米复合铝热剂。表征后得出:真空干燥得到的 Fe_2O_3 干凝胶粒子尺寸约 20 nm 且为无定形结构,并与纳米 Al 粒子一起形成了壳核结构的 Al/Fe_2O_3 纳米级复合物,其点火和能量性能明显优于传统铝热剂。Clapsaddle 等[47]采用 Sol – Gel 法制备金属氧化物/二氧化硅(SiO_2)纳米复合材料,这种金属氧化物包括有三氧化钨(WO₃)和氧化铁(Fe₂O₃)等,然后将金属燃料引入金属氧化物/二氧化硅体系中,从而获得了基于铝热反应的纳米含能材料。由该法制备的复合含能材料的纳米级分散增加了组分间的传质速率,所以表现出一些独特的能量特性。Gash 等人[48]以氟橡胶作为网络骨架,制备出了类似结构的含能纳米铝热剂,研究结果表明反应物间的物质传输速率由于各组分在纳米尺寸上均匀分散从而得到了相当程度的提高,纳米复合含能材料显现出了微米级和宏观尺寸材料所不具有的优异的能量性能。

4.3.2　制备过程[49]

本节涉及的超级铝热剂型燃烧催化剂有 n – Al/CuO、n – Al/PbO、n – Al/Bi₂O₃、n – Al/CuO · PbO、n – Al/CuO · Bi₂O₃、n – Al/Fe₂O₃ · Bi₂O₃ 及 n – Al/CuO · SnO₂。下面逐一介绍其制备过程及结构表征。

4.3.2.1　纳米 Al/CuO

1. 超声分散复合法制备纳米 Al/CuO(n – Al/CuO)

分别称取一定量的、摩尔比为 2∶3 的纳米铝粉(n – Al)和自制纳米 CuO(n – CuO),在超声条件下,分别分散于装有分散剂正己烷的反应容器中;将分散好的纳米 Al 和纳米 CuO 置于同一反应容器中,保持一定温度(50℃)继续超声分散 2.5h 左右,至分散剂蒸发消失,随后于室温下沉淀老化、干燥,最后经玛瑙研钵研磨得超级铝热剂型燃烧催化剂 n – Al/CuO。

产物 Al/CuO 及原料 CuO 的 XRD 分析结果见图 4 – 8。

结果表明,n – Al/CuO 的 XRD 图与单一的 n – CuO 粉体相比,基本没有变化,且复合物在 2θ 值为 38.47°、44.90°、65.09°和 78.22°附近出现了 Al 的特征衍射峰,分别对应铝面心立方结构的(111)、(200)、(220)和(311)面,这表明复合体系中存在两种物质的特征衍射峰,即在 n – Al/PbO 中纯的纳米 Al 粉和纳米 CuO 共存,且两者未发生化学反应,呈现出分子间复合物的特征。

图 4 – 8 中的 XRD 衍射线中,晶面间距 d 值为 2.76、2.53、2.32 和 1.87(对应的 2θ 值分别为 32.38°、35.40°、38.64°和 48.70°)的特征衍射峰与单斜相 CuO 的数据(PDF 标准卡片 41 – 0254)吻合,显示产物中同时存在单斜晶系结构的 CuO;此外,由 XRD 图可看出产物主要存在两种物质的特征衍射峰,且峰形良好无杂峰,故证明产物为纯相的 n – Al/CuO 铝热剂型燃烧催化剂。XRD 测试结果的定量估算以及由 Sherrer 公式计算得到的 n – Al/CuO 中 Al 的粒径见表 4 – 1。

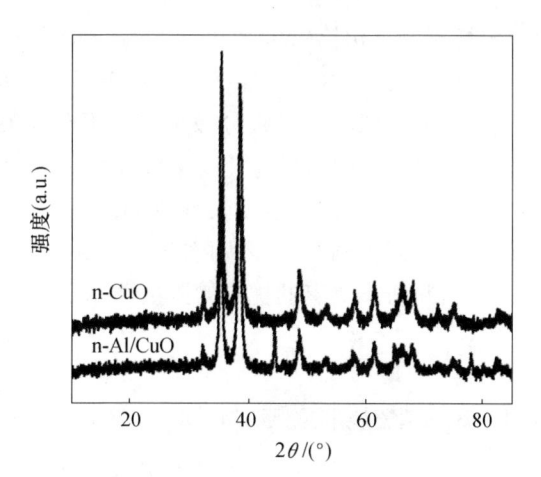

图 4-8 n-Al/CuO 及 n-CuO 的 XRD 图

表 4-1 n-Al/CuO 复合物 XRD 测试结果的定量估算及其 n-Al 粒径计算

体系	卡片编号	化学式	质量比例/%	n-Al 粒径/nm
n-Al/CuO	04-0787	Al	49.66	27.57
	41-0254	CuO	50.34	

图 4-9 是纳米 CuO 的 SEM 照片。可以看出,纳米 CuO 呈棒状均匀分散,其直径约为 20nm,长度约为 80nm。

图 4-9 n-CuO 的 SEM 照片

图 4-10 是 n-Al/CuO 的 SEM 照片。如照片所示,n-Al/CuO 中并没有观察到表面光滑的纳米 Al 粒子,但 EDS 分析(图略)可知其中含有元素 O、Cu 和 Al 这 3 种元素,这说明纳米 Al 粒子可能"陷入"了纳米 CuO 的"团簇"中,一起

192

形成了复合型的铝热剂型燃烧催化剂。

图 4 – 10 n – Al/CuO 的 SEM 照片

通过红外分析可进一步确定产物的结构和组成模型。由 n – Al/CuO 及其原料 n – CuO 的 FTIR 谱图(图 4 – 11)可见,两者的红外谱线基本一致,特别是在 CuO 出现特征峰的波数区间内,在其对应的 n – Al/CuO 的 FTIR 谱图中也可找到相应的特征吸收峰。譬如,图中两条红外谱线均在 529cm^{-1} 和 1363cm^{-1} 波数附近出现 CuO 的特征吸收峰。

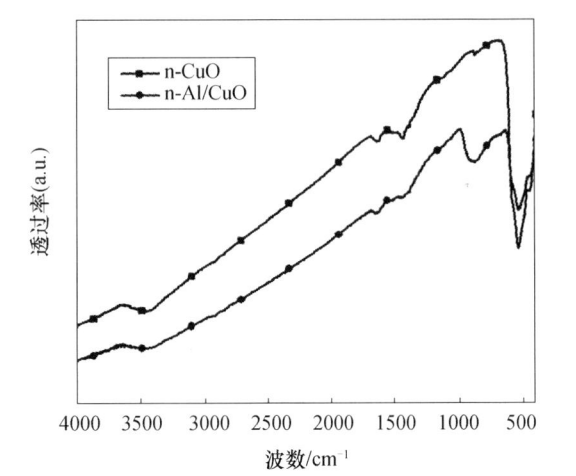

图 4 – 11 n – Al/CuO 及其原料纳米 CuO 的 FTIR 谱图

此外,n – Al 具有亲水性其表面富含羟基,因此 n – Al/CuO 的 FTIR 谱图在 3400cm^{-1} 附近出现了—OH 的伸缩振动吸收峰,1600cm^{-1} 附近则出现了—OH 的弯曲振动吸收峰;1400 cm^{-1} 附近则是 Cu—O—Cu 的弯曲振动峰,但由于复合的缘故而使某些谱线特征峰不是很明显。由此可见,n–Al/CuO 中存在纯 Al 和纯 CuO 的特征吸收峰,表明该复合材料体系中两者共存。

研究表明,n–CuO 原料成分在铝热剂型燃烧催化剂中并没有发生变化,因此可以推断纳米复合物 n–Al/CuO 没有发生明显的化学反应,体系中存在的两种材料不是简单的加和,而是呈现出分子间复合物的特征。纳米材料的尺寸效应会使一些振动精细结构消失,其红外吸收光谱大都出现蓝移或红移的现象,因此红外谱线的出峰位置与普通常规材料的谱图有所区别。在低波数范围,纳米复合物与其原料的红外谱线有所不同,这是由于 n–Al 的复合对 n–CuO 的吸收产生了一定的影响。

2. 溶胶–凝胶法制备 n–Al/CuO

称取 0.2128g 硝酸铜溶于 1.5mL 无水乙醇中,室温下于超声波水浴中用机械搅拌器充分搅拌混合;将此混溶溶液置于恒温(48℃)水浴超声波仪器中,在超声振荡条件下缓慢滴加 0.5mL 环氧丙烷,在即将形成溶胶之前加入 0.0222g 经预处理过的纳米铝粉,形成均匀稳定的泛蓝绿色的灰黑状溶胶;待溶胶陈化至凝胶,用热的去离子水和无水乙醇充分洗涤 3～5 次后,于 353K 真空干燥 24h 即得 n–Al/CuO 的前驱体;前驱体于马弗炉中在 714K 下煅烧 2.5h 即得超级铝热剂型燃烧催化剂 n–Al/CuO。

n–Al/CuO 溶胶–凝胶前驱体的 XRD 图如图 4–12 所示。图中 2θ 值为 12.86°、25.82°对应的衍射峰强度值太大,使得其他衍射峰的强度变得较弱,产品特征衍射峰的晶面间距 d 值与 PDF 标准卡片 14–0687 相一致,说明粉体的主要构成为单斜晶的 $Cu_2(OH)_3NO_3$。前驱体复合物在 2θ 值为 38.86°、44.80°、65.18°和 78.28°出现

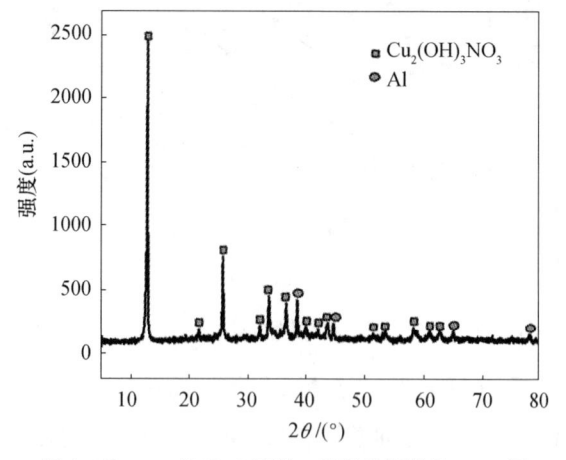

图 4–12　n–Al/CuO 溶胶–凝胶前驱体的 XRD 图

了 Al 的特征衍射峰,分别对应铝面心结构的(111)、(200)、(220)和(311)面。综上分析可知,纳米前驱体与 PDF 标准卡片 04 - 0787 和 14 - 0687 一致,即与 Al 和 $Cu_2(OH)_3NO_3$ 的标准图卡片完全吻合,存在两种物质的特征衍射峰,且峰形良好无任何杂峰,说明前驱体为纯相的 Al 和 $Cu_2(OH)_3NO_3$。

图 4 - 13 为产物 n - Al/CuO 的 XRD 图。结果表明,复合物在 2θ 值为 38.47°、44.90°、65.09°和 78.22°附近出现了 Al 的特征衍射峰,分别对应铝面心立方结构的(111)、(200)、(220)和(311)面;XRD 图中晶面间距 d 值为 2.76、2.53、2.32 和 1.87 特征衍射峰属于单斜相 CuO(PDF 标准卡片 41 - 0254),分别对应于 2θ 值为 32.38°、35.40°、38.64°和 48.70°的位置,显示产物中同时存在单斜晶系结构的 CuO。

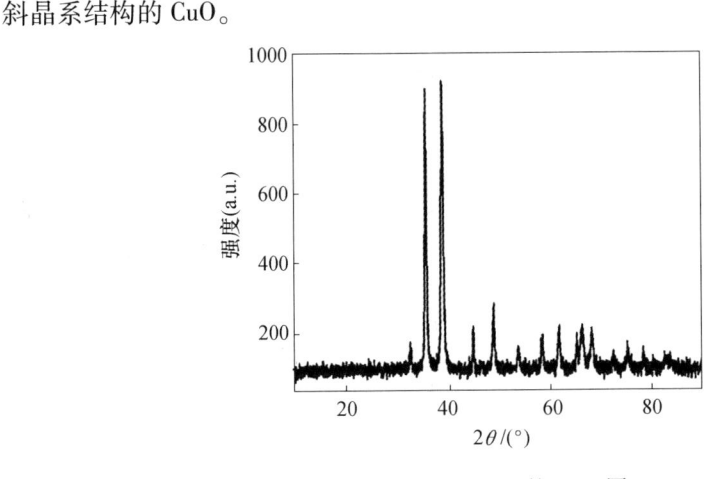

图 4 - 13   n - Al/CuO 的 XRD 图

此外,由上述 XRD 图可看出,产物主要存在两种物质的特征衍射峰,且峰形良好无杂峰,故证明产物为纯相的 n - Al/CuO 铝热剂型燃烧催化剂。综上,表明复合体系中存在两种物质的特征衍射峰,即在 Al/CuO 中纯的纳米 Al 和纳米 CuO 共存,且两者未发生化学反应,呈现出分子间复合物的特征。XRD 测试结果的定量估算以及由 Sherrer 公式计算得到的 n - Al/CuO 中 Al 的粒径见表 4 - 2。

表 4 - 2   n - Al/CuO 复合物 XRD 测试结果的定量估算及其 n - Al 粒径计算

体系	卡片编号	化学式	质量比例/%	n - Al 粒径/nm
n - Al/CuO	04 - 0787	Al	25.03	28.36
	41 - 0254	CuO	74.97	

对 n - Al/CuO 的 SEM 照片(图 4 - 14)所示的微观形貌进行观察,并对其相应 EDS 微区进行分析(图略)。可以看出,纳米 Al 主要以"粘附"的形式复合在 n - Al/CuO 颗粒的表面,Al 与 CuO"依偎"在一起形成了颗粒复合型纳米复合材料,复合物粒径平均为 40 ~ 120nm,其分布范围较宽,均匀性有待进一步优化;EDS 分析可知铝热剂型燃烧催化剂 n - Al/CuO 产物中只含有 O、Cu 和 Al 这 3 种元素,无任何其他杂质、纯度很高。

图 4 - 14　n - Al/CuO 的 SEM 照片

通过 FTIR 表征可进一步确定产物的结构和组成模型。图 4 - 15 是铝热剂型燃烧催化剂 n - Al/CuO 及其溶胶 - 凝胶前驱体(n - Pre)的 FTIR 谱图,由溶胶 - 凝胶前驱体的 FTIR 谱图可见,在 $3400cm^{-1}$、$1640cm^{-1}$、$2360cm^{-1}$ 波数附近都有峰出现,依次对应的是物理吸附水中—OH 的伸缩振动、弯曲振动和 CO_2 中 C - O 的振动。这是由于前驱体在经过真空干燥后,其中的水份不会完全彻底地消失,而且空气中存在的水和二氧化碳也会不可避免地影响测试结果。在 $1000 ~ 1500cm^{-1}$、$800 ~ 1000cm^{-1}$ 及 $3540cm^{-1}$ 附近出现的特征峰是由 $Cu_2(OH)_3NO_3$ 中的 N—O、Cu—O 及—OH 键振动引起的。

由前驱体煅烧后得到的铝热剂型燃烧催化剂 n - Al/CuO 的 FTIR 谱图可以看出,在波数为 $529cm^{-1}$ 和 $1363cm^{-1}$ 附近出现 CuO 的特征吸收峰;而纳米铝由于具有亲水性,其表面富含羟基,因此在 n - Al/CuO 的 FTIR 谱图中也出现了—OH 的特征吸收峰($3400cm^{-1}$ 为—OH 的伸缩振动吸收峰,$1600cm^{-1}$ 为—OH 的弯曲振动吸收峰);$1400cm^{-1}$ 波数附近则出现了 Cu—O—Cu 的弯曲振动峰,但由于复合的缘故而使某些谱线特征峰不是很明显。

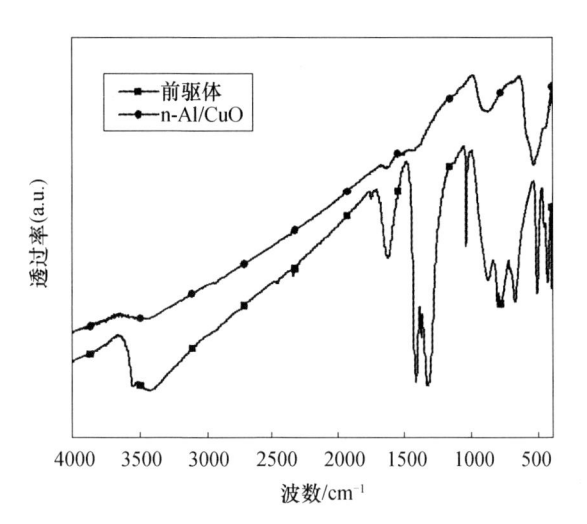

图 4 - 15　n - Al/CuO 及其溶胶 - 凝胶前驱体的 FTIR 谱图

综上对其 FTIR 谱图的分析表明,n - Al/CuO 中存在纯 Al 和 CuO 的特征吸收峰,复合材料体系中两者共存,且两者并没有发生明显的化学反应,体系中存在的两种材料不是简单的加和,而是呈现出分子间复合物的特征。

4.3.2.2　纳米 Al/PbO

1. 超声溶胶浸渍法制备纳米 Al/PbO(n - Al/PbO)

本节开创性地采用一种新的常温液相合成方法制备了纳米复合含能材料 n - Al/PbO,即超声溶胶浸渍法。该法选用有机铅盐和无机碱为原料,具有原料价廉、易得,工艺操作简单方便,易于控制,安全性能高,产物分散均匀,制备周期短,降低能耗,生产成本低等优点。应用研究表明,本法制得的超级铝热剂型燃烧催化剂 n - Al/PbO 对双基系推进剂的燃烧具有很好的催化效果。

超声溶胶浸渍法制备 n - Al/PbO 的工艺流程如图 4 - 16 所示。

无机碱 NaOH 制备 n - Al/PbO:准确称量 1.3g(4mmol) 经预处理过的乙酸铅和 0.352g(8.8mmol) 氢氧化钠,室温下分别超声溶于 10mL 和 22mL 的乙二醇中;待完全溶解后将二者混溶,即可得到乳白色溶胶,4 ~ 6min 后加入 0.1008g(3.7mmol) 纳米铝粉(约 50nm),恒温水浴(80℃)下磁力搅拌器搅拌(Mot = 3) 2.5h;反应溶液分离后,沉淀用去离子水和无水乙醇洗涤数次,并于真空干燥箱中处理 28h 后,即得黑色粉末状超级铝热剂型燃烧催化剂 n - Al/PbO。

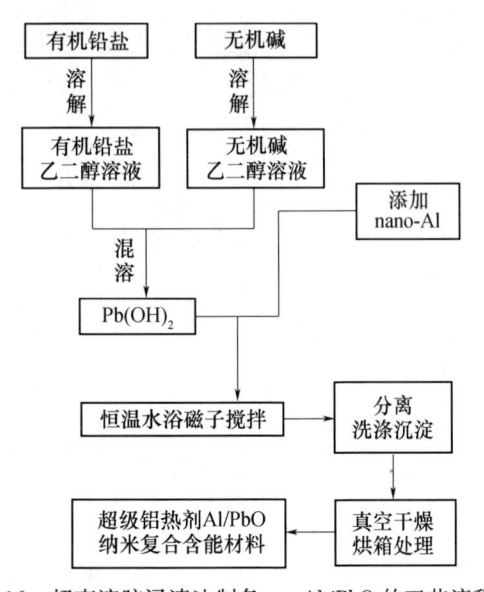

图 4 - 16　超声溶胶浸渍法制备 n - Al/PbO 的工艺流程简图

无机碱 KOH 制备 n - Al/PbO：准确称量 1.3g(4mmol)经预处理过的三水合乙酸铅和 0.493 g(8.8mmol)氢氧化钾，室温下分别超声溶于 10mL 和 22mL 的乙二醇中；待完全溶解后将二者混溶，即可得到乳白色溶胶，4 ~ 6min 后加入 0.1008g(3.7mmol)纳米铝粉(约 50nm)，恒温水浴(75℃)下磁力搅拌器搅拌(Mot = 3)2.0h；反应溶液分离后，沉淀用去离子水和无水乙醇洗涤数次，并于真空干燥箱中处理 24h 后，即得黑色粉末状超级铝热剂型燃烧催化剂 n - Al/PbO。

将两种无机碱制备得到的产物 n - Al/PbO 及原料纳米 PbO(n - PbO)进行 XRD 分析，结果如图 4 - 17 所示(图(a)为 NaOH 制得的 n - Al/PbO，图(b)为 KOH 制得的 n - Al/PbO)。与单一的纳米 PbO 相比，n - Al/PbO 的 XRD 图基本没有什么变化，但复合物在 2θ 为 38.47°、44.90°、65.09°和 78.22°附近出现了 Al 的特征衍射峰，分别对应铝面心立方结构的(111)、(200)、(220)和(311)面，这表明复合体系中存在两种物质的特征衍射峰，即在超级铝热剂中纯铝粉和纯金属氧化物共存，且二者未发生化学反应，呈现出分子间复合物的特征。

纳米铝粉由于极大的比表面积和很高的比表面能所带来的高反应活性，很容易引起颗粒之间的团聚，故在使用前应通过超声作用对其进行预处理，以提高纳米铝颗粒的均匀分散性。图 4 - 18 是采用场发射扫描电镜获得的纳米铝粉形貌图片(下文中超级铝热剂制备中的原料 n - Al 均为此)。可以看出，经预处理过的纳米铝粉分散性较好，呈球形状颗粒分布均匀，其粒子表面基本光滑，粒径为 20 ~ 80nm。

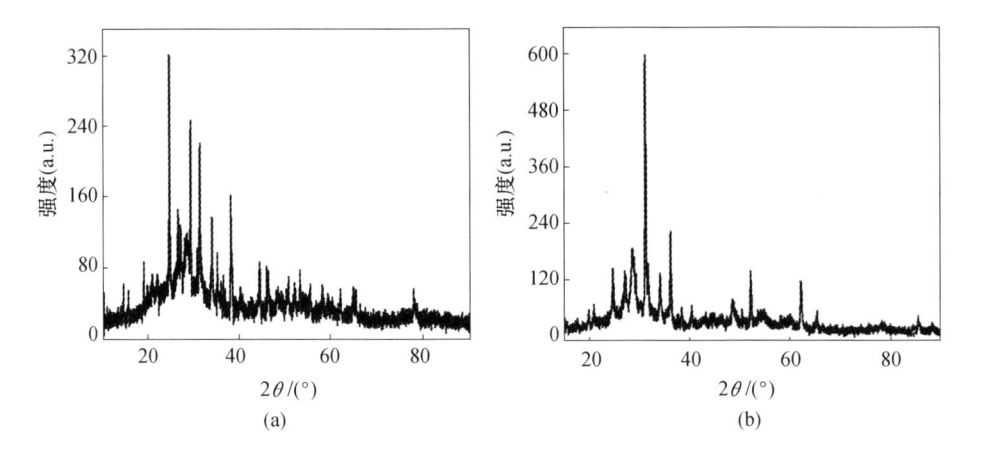

(a)

(b)

图 4 - 17　n - Al/PbO 的 XRD 图

图 4 - 18　纳米铝粉的 SEM 照片

　　n - Al/PbO 的 SEM 照片和 EDS 微区分析见图 4 - 19(图(a)为 NaOH 制得的 n - Al/PbO,图(b)为 KOH 制得的 n - Al/PbO)。由 SEM 照片可以清晰地看出 n - Al 以"粘附"的形式复合在纳米 n - Al/PbO 颗粒的表面,形成了颗粒复合型纳米复合材料,照片表明产物为均匀分布的球形 n - Al/PbO 纳米晶粒,粒径在 50 ~ 90nm。EDS 分析表明,产物中仅出现了 O、Al 和 Pb 三种元素,没有其他杂质。

　　为进一步确定纳米复合物的结构和组成模型,进行 FTIR 表征实验。由超级铝热剂 n - Al/PbO 的 FTIR 谱图(图 4 - 20)可见,在 PbO 出现特征吸收峰的波数区间内,对应的超级铝热剂复合物的谱图中可寻找到相应的特征峰,如

(a)   (b)

图 4-19　n-Al/PbO 的 SEM 照片

$1400cm^{-1}$ 波数附近是 Pb—O—Pb 的弯曲振动峰;此外,纳米铝粒子具有亲水性其表面富含羟基,从图中超级铝热剂的 FTIR 谱图可看出,$3400cm^{-1}$ 附近是纳米铝中 OH 的伸缩振动吸收峰,$1600cm^{-1}$ 附近是 OH 的弯曲振动吸收峰。

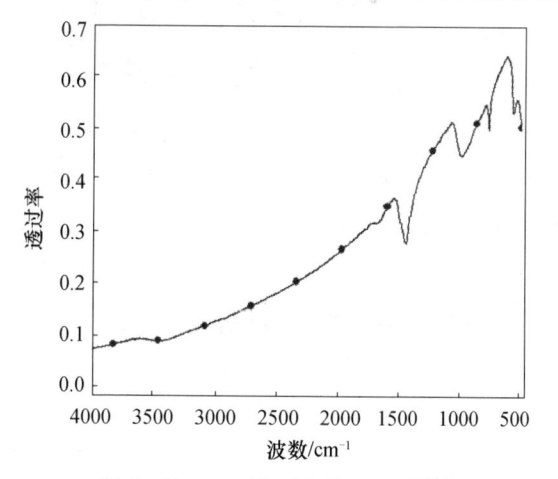

图 4-20　n-Al/PbO 的 FTIR 谱图

　　由此可见,n-Al/PbO 中存在纯铝粉和纯 PbO 的特征吸收峰,表明该复合材料体系中两者共存,但同时由于复合的缘故,某些谱线的特征峰不是很明显。

2. 超声分散复合法制备 n-Al/PbO

　　按摩尔比为 2:3 分别称取一定量的 n-Al 和 n-PbO,在超声条件下,分别分散于装有分散剂正己烷的反应容器中;将分散好的 n-Al 和 n-PbO 置于同一反应容器中,保持一定温度(55℃)继续超声分散 2h 左右,至分散剂蒸发消失,随后于室温下沉淀老化、干燥,最后经玛瑙研钵研磨得超级铝热剂型燃烧催化剂 n - Al/PbO。

产物 n - Al/PbO 及原料纳米 PbO 的 XRD 分析结果见图 4 - 21。结果表明,n - Al/PbO 的 XRD 图与单一的 n - PbO 粉体相比,基本没有变化,且复合物在 2θ 为 38.47°、44.90°、65.09°、78.22°附近出现了 Al 的特征衍射峰,分别对应铝面心立方结构的(111)、(200)、(220)和(311)面,这表明复合体系中存在两种物质的特征衍射峰,即在超级铝热剂 Al/PbO 中纯的 n - Al 和 n - PbO 共存,且二者未发生化学反应,呈现出分子间复合物的特征。

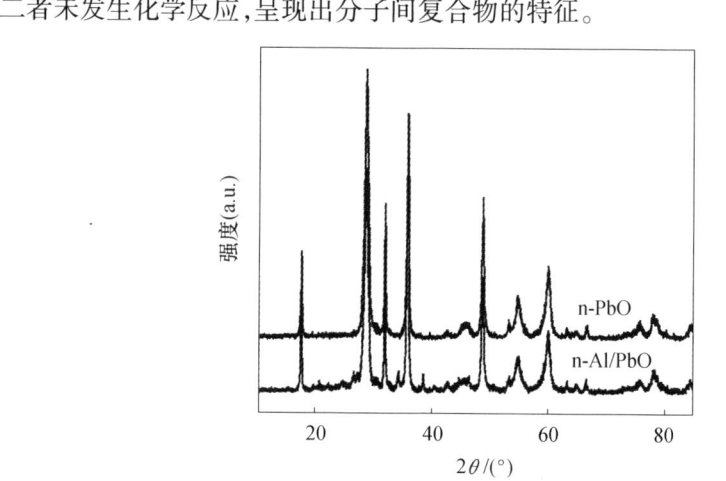

图 4 - 21 超级铝热剂 n - Al/PbO 及 n - PbO 的 XRD 图

产物特征衍射峰在 2θ 为 28.52°、31.74°、35.64° 和 48.52° 的晶面间距 d 值分别为 3.13、2.82、2.52 和 1.87,这与标准 PDF 卡片中卡号 05 - 0561 相一致,说明复合粉体中还同时存在四方晶系结构的 α - PbO;此外,由 XRD 图可看出产物主要存在两种物质的特征衍射峰,且峰形良好无杂峰,故证明产物为纯相的 n - Al/PbO。XRD 测试结果的定量估算以及由 Sherrer 公式计算得到的 n - Al/PbO 中 Al 的粒径见表 4 - 3。

表 4 - 3 n - Al/PbO 复合物 XRD 测试结果的定量估算及其 n - Al 粒径计算

体系	卡片编号	化学式	质量比例/%	n - Al 粒径/nm
n - Al/PbO	04 - 0787	Al	12.23	29.87
	05 - 0561	PbO	87.77	

图 4 - 22 是采用场发射扫描电镜获得的纳米 PbO 照片。通过对 n - PbO 微观形貌的观察,可看出其是由尺寸为 80nm 左右呈不规则块状分布的粒子相互粘附,并一起组成了许多小的团聚体。

超声分散复合法制备的 n – Al/PbO 纳米含能复合物的 SEM 照片见图 4 – 23。可以看出,n – Al/PbO 超级铝热剂的微观形貌以小的团聚体形式呈现,纳米 Al 颗粒"嵌入"了团聚的 PbO"基底"中,形成了纳米复合物 n – Al/PbO。EDS 图中仅出现 O、Al 和 Pb 三种元素,没有其他杂质。

图 4 – 22　n – PbO 原料的 SEM 照片　　　图 4 – 23　n – Al/PbO 的 SEM 照片

　　红外分析进一步确定产物的结构和组成模型,对 n – Al/PbO 及 n – PbO 进行了 FTIR 谱图研究(图 4 – 24)。

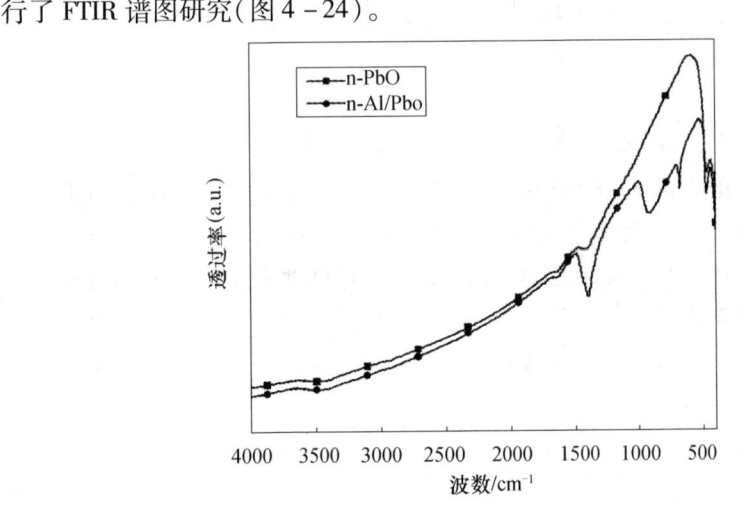

图 4 – 24　n – Al/PbO 及其原料 n – PbO 的 FTIR 谱图

　　由图 4 – 24 可看出,复合物与其原料的红外谱线基本一致,特别是在 n – PbO 出现特征峰的波数区间内,在其对应的超级铝热剂复合物的红外谱图中也可寻找到相应的特征峰。从图中超级铝热剂的 FTIR 谱图还可看出,$3400\ \mathrm{cm}^{-1}$ 附近出现了—OH 的伸缩振动吸收峰,$1600\ \mathrm{cm}^{-1}$ 附近则有—OH 的弯曲振动吸收峰,这是因为超级铝热剂中的 n–Al 表面富含羟基;1400cm⁻¹附近则是 Pb—O—Pb 的弯曲振动峰,但由于复合的缘故而使某些谱线特征峰不是很明显。由此可见,n–Al/PbO 中存在纯的 n–Al 和 n–PbO 的特征吸收峰,表明该复合材料体系中二者共存。

4.3.2.3　纳米 Al/Bi₂O₃

1. 超声分散复合法制备纳米 Al/Bi₂O₃(n–Al/Bi₂O₃)

分别称取摩尔比为2:1的 n–Al 和 n–Bi₂O₃,在超声条件下,分别分散于装有分散剂正己烷的反应容器中;将分散好的 n–Al 和 n–Bi₂O₃ 置于同一反应容器中,保持一定温度(50℃)继续超声分散2.5h 左右,至分散剂蒸发消失,随后于室温下沉淀老化、干燥,最后经玛瑙研钵研磨得超级铝热剂型燃烧催化剂 n–Al/Bi₂O₃。

图4–25 为产物 n–Al/Bi₂O₃ 和原料 n–Bi₂O₃ 的 XRD 结果。结果表明,与单一的 n–Bi₂O₃ 粉体相比,n–Al/Bi₂O₃ 的 XRD 强度曲线基本无甚变化。此外,复合物在2θ 为38.47°、44.90°、65.09°和78.22°附近出现了 Al 的特征衍射峰,分别对应铝面心立方结构的(111)、(200)、(220)和(311)面,这表明复合体系中存在两种物质的特征衍射峰,即在 n–Al/Bi₂O₃ 中纯的 n–Al 和 n–Bi₂O₃ 共存,且二者未发生化学反应,呈现出分子间复合物的特征。

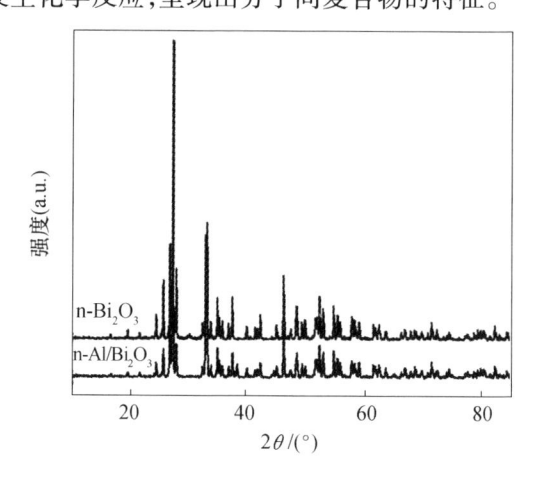

图4–25　n–Al/Bi₂O₃ 及 n–Bi₂O₃ 的 XRD 图

在图4–25 中,d 值为3.63、3.26、2.70 和2.56 的特征衍射峰属于 Bi₂O₃(铋华),分别在2θ 为24.50°、27.32°、33.12°和35.00°的位置,这与 PDF 标准卡片41–1449 相一致。综上分析,产物中除了含有 Al 之外,还同时存在 Bi₂O₃;此外,由图4–25 可看出,产物主要存在两种物质的特征衍射峰,且峰形良好无杂峰,故证明产物为纯相的 n－Al/Bi$_2$O$_3$ 铝热剂型燃烧催化剂。XRD 测试结果的定量估算以及由 Sherrer 公式计算得到的 n－Al/Bi$_2$O$_3$ 中 Al 的粒径见表 4－4。

表 4－4　n－Al/Bi$_2$O$_3$ 复合物 XRD 测试结果的定量估算及其 n－Al 粒径计算

体系	卡片编号	化学式	质量比例/%	n－Al 粒径/nm
n－Al/Bi$_2$O$_3$	04－0787	Al	7.15	33.35
	41－1449	Bi$_2$O$_3$	92.85	

　　n－Bi$_2$O$_3$ 的 SEM 照片如图 4－26 所示。对其微观形貌进行观察,可看出 n－Bi$_2$O$_3$ 粒径分布不均匀且有团聚,呈不规则形状,平均粒径为 60~100nm。

　　从图 4－27 可以看出,n－Al 以"粘附"的形式复合在 n－Bi$_2$O$_3$ 颗粒的表面,形成了颗粒复合型纳米复合材料,这种复合物内部为 n－Al 粒子,外部为尺寸更小的 n－Bi$_2$O$_3$。EDS 分析(图略)可知 n－Al/Bi$_2$O$_3$ 产物只含有 O、Bi 和 Al 这 3 种元素,没有其他杂质。这说明 n－Al 粒子与 n－Bi$_2$O$_3$ 互相"粘附",一起形成了复合的铝热剂型燃烧催化剂。

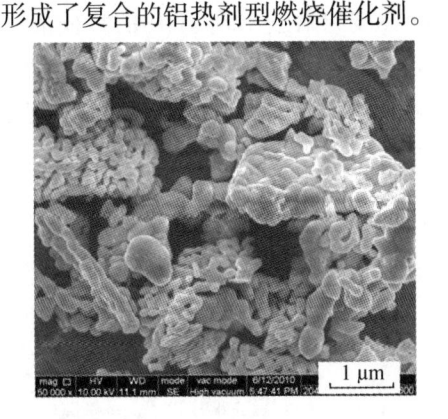 

图 4－26　n－Bi$_2$O$_3$ 的 SEM 照片　　　图 4－27　n－Al/Bi$_2$O$_3$ 的 SEM 照片

　　为了进一步确定纳米复合物的结构和组成,进行了 FTIR 表征。由 n－Al/Bi$_2$O$_3$ 及其原料 n－Bi$_2$O$_3$ 的 FTIR 谱图(图 4－28)可见,复合物与其原料的红外谱线基本一致,特别是在 Bi$_2$O$_3$ 出现特征峰的波数区间内,在其对应的铝热剂型燃烧催化剂复合物的 FTIR 谱图中也可寻找到相应的特征峰。图中的两条红外谱线均在 423cm^{-1} 和 501cm^{-1} 波数附近出现了 Bi$_2$O$_3$ 的特征吸收峰。此外,纳米铝表面富含羟基具有亲水性,因此在 n－Al/Bi$_2$O$_3$ 的 FTIR 谱图中也出现了 —OH 的特征吸收峰;而 1400cm^{-1} 附近则出现了 Bi—O—Bi 的弯曲振动峰,但由于复合的缘故而使某些谱线特征峰不是很明显。由此可见,n－Al/Bi$_2$O$_3$ 中存在纯 Al 和纯 Bi$_2$O$_3$ 的特征吸收峰,表明该复合材料体系中两者共存。

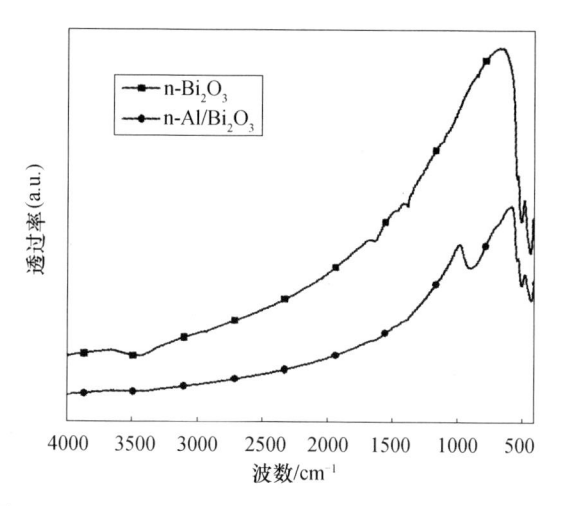

图 4 - 28　n - Al/Bi$_2$O$_3$ 及其原料纳米 Bi$_2$O$_3$ 的 FTIR 谱图

分析表明,n - Bi$_2$O$_3$ 原料成分在铝热剂型燃烧催化剂中并没有发生变化,因此可以推断复合物 n - Al/Bi$_2$O$_3$ 没有发生明显的化学反应,体系中存在的两种材料不是简单的加和,而是呈现出分子间复合物的特征。纳米材料的尺寸效应会使一些振动精细结构消失,其红外吸收光谱大都出现蓝移或红移的现象,因此图 4 - 28 中红外谱线的出峰位置与普通常规材料的谱图有所区别。在低波数范围,纳米复合物与其原料的红外谱线有所不同,这是由于 n - Al 的复合对 n - Bi$_2$O$_3$ 的吸收产生了一定的影响。

此外,著者及其研究团队还采用水(溶剂)热法制备了 n - Al/Bi$_2$O$_3$,并对其结构、形貌及性能等进行表征。

2. 水热法制备 n - Al/Bi$_2$O$_3$

以水为溶剂,采用水热法制备了超级铝热剂型燃烧催化剂 n - Al/Bi$_2$O$_3$,制备过程略,结构表征如下。

图 4 - 29 为铝热剂型燃烧催化剂 n - Al/Bi$_2$O$_3$ 的 XRD 图。结果表明,与单一的 n - Bi$_2$O$_3$ 粉体相比,n - Al/Bi$_2$O$_3$ 的 XRD 图基本无甚变化。复合物在 2θ 为 38.47°、44.90°、65.09° 和 78.22°附近出现了 Al 的特征衍射峰,分别对应铝面心立方结构的(111)、(200)、(220)和(311)面;而 XRD 图中晶面间距 d 值为 3.63、3.26 和 2.56 的特征衍射峰属于 Bi$_2$O$_3$,分别对应于 2θ 为 24.50°、27.32° 和 35.00°的位置,这与 PDF 标准卡片 41 - 1449 相一致。

综上分析,表明复合体系中存在两种物质的特征衍射峰,且峰形良好无杂峰,即在 n - Al/Bi$_2$O$_3$ 中纯的 n - Al 和 n - Bi$_2$O$_3$ 共存,且两者未发生化学反应,呈现出分子间复合物的特征,故证明产物为纯相的铝热剂型燃烧催化剂 n - Al/Bi$_2$O$_3$。

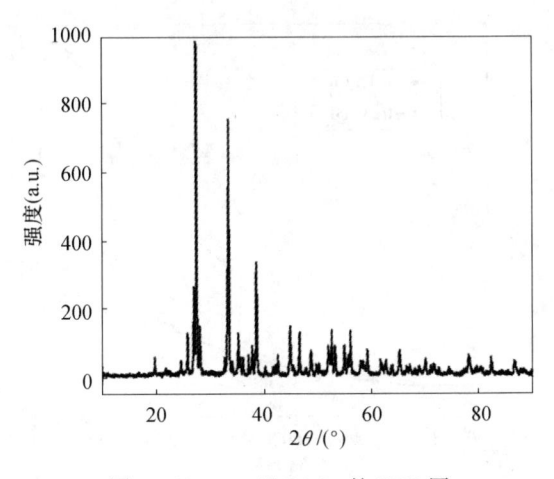

图 4 - 29　n - Al/Bi$_2$O$_3$ 的 XRD 图

XRD 测试结果的定量估算以及由 Sherrer 公式计算得到的 n - Al/Bi$_2$O$_3$ 中 Al 的粒径见表 4 - 5。

表 4 - 5　n - Al/Bi$_2$O$_3$ 复合物 XRD 测试结果的定量估算及其 n - Al 粒径计算

体系	卡片编号	化学式	质量比例/%	n - Al 粒径/nm
n - Al/Bi$_2$O$_3$	04 - 0787	Al	30.11	29.78
	41 - 1449	Bi$_2$O$_3$	69.89	

对图 4 - 30 所示的 n - Al/Bi$_2$O$_3$ 的微观形貌进行观察,并对其相应 EDS 微区进行了分析(图略)。可以看出,纳米 Al 与纳米 Bi$_2$O$_3$ 颗粒相互"粘附", 二者"依偎"在一起形成了颗粒复合型纳米复合材料,复合物粒径平均为 40 ~ 140 nm,其分布范围较宽,均匀性不是很好,有待进一步优化;EDS 分析可知纳米 n - Al/Bi$_2$O$_3$ 产物只含有 O、Al 和 Bi 这 3 种元素,没有其他任何杂质,纯度 很高。

为了进一步确定 n - Al/Bi$_2$O$_3$ 的结构和组成,进行了 FTIR 表征实验。可以 看出,产物的谱图中可以找到 Bi$_2$O$_3$ 的特征吸收峰,在波数为 423cm^{-1} 和 501cm^{-1} 附近出现了 Bi$_2$O$_3$ 的特征吸收峰;1400cm^{-1} 波数附近则出现了 Bi—O— Bi 的弯曲振动峰,但由于复合的缘故而使某些谱线特征峰不是很明显;纳米铝 表面富含羟基具有亲水性,因此在 n - Al/Bi$_2$O$_3$ 的 FTIR 谱图中也出现了—OH 的特征吸收峰(3400 cm^{-1} 为—OH 的伸缩振动吸收峰,1600cm^{-1} 为—OH 的弯曲 振动吸收峰);此外,在低波数范围,纳米复合物与其原料的红外谱线有所不同, 这是由于 n - Al 的复合对 n - Bi$_2$O$_3$ 的吸收产生了一定的影响。

图 4 - 30 n - Al/Bi$_2$O$_3$ 的 SEM 照片

由此可见, n - Al/Bi$_2$O$_3$Al/Bi$_2$O$_3$ 中存在纯 n - Al 和纯 n - Bi$_2$O$_3$ 的特征吸收峰, 表明该复合材料体系中二者共存。n - Bi$_2$O$_3$ 原料成分在铝热剂型燃烧催化剂中并没有发生变化, 因此可以推断 n - Al/Bi$_2$O$_3$ 没有发生明显的化学反应, 体系中存在的两种材料不是简单的加和, 而是呈现出分子间复合物的特征。

4.3.2.4 纳米 Al/CuO·PbO

1. 溶胶 - 复合 - 凝胶法制备纳米 Al/CuO·PbO(n - Al/CuO·PbO)

称取 2.128g 三水合硝酸铜, 在超声振荡条件下将其完全溶于 15mL 无水乙醇中; 缓慢滴加 5mL 1,2 - 环氧丙烷于上述悬浊液中, 4min 后于超声振荡作用下加入 0.3003g 纳米铝粉, 随后加入 0.70g 纳米氧化铅, 在 48℃ 恒温条件下继续超声振荡 1h 后生成湿凝胶, 然后冷却、静置; 将静置陈化后的湿凝胶于真空干燥烘箱中 80℃ 烘干处理 24h 得干凝胶, 随后将研磨后的干凝胶于马弗炉中 439℃ 煅烧 2.5h, 即可制得超级铝热剂型燃烧催化剂 n - Al/CuO·PbO。

由该法制备的 n - Al/CuO·PbO 的 XRD 分析结果见图 4 - 31。图中, 产物特征衍射峰在 2θ 为 32.38°、35.40°、38.64° 和 48.70° 的晶面间距 d 值分别为 2.76、2.53、2.32 和 1.87, 这与标准 PDF 卡片中卡号 41 - 0254 一致, 说明复合粉体中存在单斜相的 CuO; 而晶面间距 d 值为 3.13、2.82、2.52、1.87(对应的 2θ 分别为 28.52°、31.74°、35.64° 和 48.52°) 的特征衍射峰与标准 PDF 卡片上四方晶系结构的 α - PbO 数据吻合, 显示产物中同时存在 PbO。

此外, 复合物 XRD 图上也出现了 Al 的特征衍射峰, 这表明复合体系中存在两种物质的特征衍射峰(对应的 2θ 分别为 38.47°、44.90°、65.09° 和 78.22°), 即在产物中纯的 Al、CuO 和 PbO 共存, 三者之间并未发生化学反应, 呈现出分子间复合物的特征。

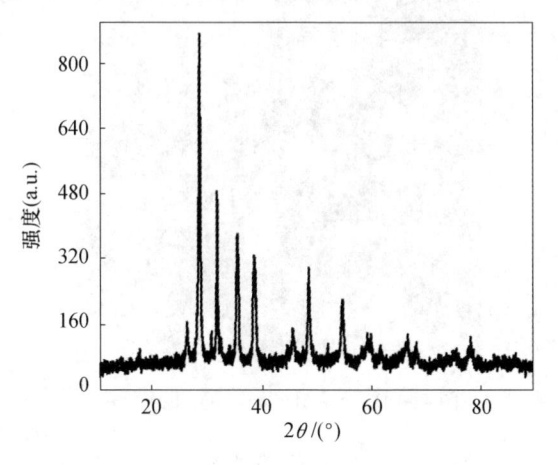

图4-31　n-Al/CuO·PbO 的 XRD 图

XRD 图表明,产物主要存在三种物质的特征衍射峰,且峰形良好无杂峰,故证明产物为纯相的 n-Al/CuO·PbO。XRD 测试结果的定量估算以及由 Sherrer 公式计算得到的 n-Al/CuO·PbO 中 Al 的粒径见表4-6。

表4-6　n-Al/CuO·PbO 的 XRD 测试结果的定量估算及 Al 粒径计算

体系	卡片编号	化学式	质量比例/%	n-Al 粒径/nm
n-Al/CuO·PbO	04-0787	Al	16.59	37.26
	41-0254	CuO	14.43	
	05-0561	PbO	68.98	

n-Al/CuO·PbO 的 SEM 照片见图4-32。可以看出,产物为均匀分布的 n-Al/CuO·PbO 双氧化物复合型超级铝热剂纳米晶,纳米 Al、CuO 和 PbO 相互"粘结"共同形成了一种新型的双氧化物复合型超级铝热剂,粒径在 80~180nm;双氧化物复合型超级铝热剂 n-Al/CuO·PbO 粉体的 EDS 能谱图(图略)中仅出现 O、Cu、Al 和 Pb 元素,纯度较高且没有其他杂质,从而可将该纳米复合物粉末组分定性为 O、Cu、Al 和 Pb 四种元素。

2. 室温固相反应-超声复合法制备 n-Al/CuO·PbO

在室温条件下,按 1:1:4 的摩尔比分别称量 PbNO₃、Cu(NO₃)₂·3H₂O 和 NaOH,先将 PbNO₃ 和 Cu(NO₃)₂·3H₂O 混合,加入总质量1%的吐温80作为分散剂,充分混合并仔细研磨;将研细的 NaOH 加入混合物中,室温下充分研磨 40 min,使固相反应完全;产物经蒸馏水、无水乙醇加超声波洗涤多次,抽滤后于80℃真空

图 4 - 32 超级铝热剂 n - Al/CuO·PbO 的 SEM 照片

干燥烘箱中烘干 3h,即得纳米复合金属氧化物 PbO·CuO;称取 0.56g 纳米 Al 和 6.71 g 复合物 PbO·CuO,在超声条件下分别分散于装有 25.93mL 和 36.91mL 正己烷的反应容器中;随后,将分散好的纳米 Al 和 PbO·CuO 置于同一反应容器中,在 48℃恒温条件下继续超声分散,直至分散剂蒸发消失;室温下沉淀老化、干燥,最后经玛瑙研钵研磨即得超级铝热剂型燃烧催化剂 n - Al/CuO·PbO。

由该法制备的 n - Al/CuO·PbO 的 XRD 分析结果见图 4 - 33。在图中的 XRD 衍射线中,产物 XRD 图上出现了 Al 的特征衍射峰(对应的 2θ 分别为 38.47°、44.90°、65.09°和 78.22°);在 2θ 为 28.52°、31.74°、35.64°和 48.52°的晶面间距 d 值分别为 3.13、2.82、2.52 和 1.87,这与标准 PDF 卡片中卡号 05 -

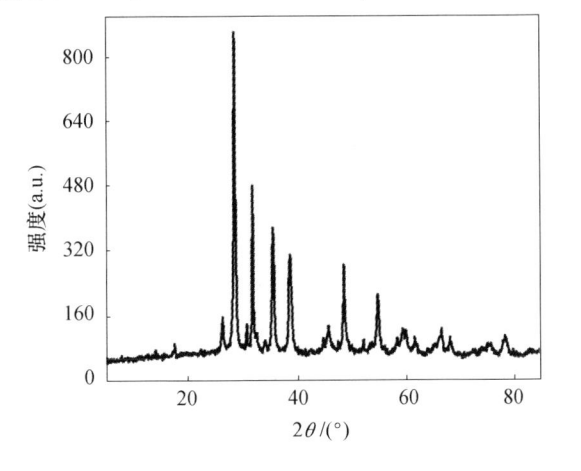

图 4 - 33 n - Al/CuO·PbO 的 XRD 图

0561 相一致,说明复合粉体中存在 PbO;而晶面间距 d 值为 2.76、2.53、2.32 和 1.87,分别对应的 2θ 为 32.38°、35.40°、38.64°和 48.70°,这些特征衍射峰与标准 PDF 卡片中卡号 41 – 0254 的数据相吻合,表明产物中存在 CuO。

综上分析表明,产物中纯的 Al、PbO 和 CuO 共存,三者之间并未发生化学反应,呈现出分子间复合物的特征。XRD 图表明,产物主要存在三种物质的特征衍射峰,且峰形良好无杂峰,故证明产物为纯相的 n – Al/CuO · PbO。XRD 测试结果的定量估算以及由 Sherrer 公式计算得到的 n – Al/PbO · CuO 中 Al 的粒径见表 4 – 7。

表 4 – 7　n – Al/CuO · PbO 的 XRD 测试结果的定量估算及 Al 粒径计算

体系	卡片编号	化学式	质量比例/%	n – Al 粒径/nm
n – Al/PbO · CuO	04 – 0787	Al	17.44	36.84
	05 – 0561	PbO	66.52	
	41 – 0254	CuO	16.04	

n – Al/CuO · PbO 的 SEM 照片见图 4 – 34。可以看出,纳米 Al、PbO 和 CuO 相互"粘结"共同形成了一种新型的双氧化物复合型超级铝热剂,粒径在 100 ~ 180nm;n – Al/CuO · PbO 粉体的 EDS 能谱图(图略)中仅出现 O、Cu、Al 和 Pb 元素,纯度较高且没有其他杂质,从而可将该纳米复合物粉末组分定性为 O、Cu、Al 和 Pb 四种元素。

图 4 – 34　n – Al/CuO · PbO 的 SEM 照片

4.3.2.5　纳米 Al/CuO · Bi$_2$O$_3$

采用溶胶 – 复合 – 凝胶法制备纳米 Al/CuO · Bi$_2$O$_3$(n – Al/CuO · Bi$_2$O$_3$)。

210

称取 2.128g 三水合硝酸铜,在超声振荡条件下将其完全溶于 15mL 无水乙醇中;缓慢滴加 5mL 1,2 - 环氧丙烷于上述悬浊液中,4min 后于超声振荡作用下加入 0.3355g 纳米铝粉,随后加入 0.70 g 纳米 Bi_2O_3,在 52℃恒温条件下继续超声振荡 1h 后生成湿凝胶,然后冷却、静置;将静置陈化后的湿凝胶于真空干燥烘箱中 80℃烘干处理 28h 得干凝胶,随后将研磨后的干凝胶于马弗炉中 445℃煅烧 2.5 h,即可制得双氧化物复合的铝热剂型燃烧催化剂 n - Al/CuO·Bi_2O_3。

n - Al/CuO·Bi_2O_3 的 XRD 分析结果见图 4 - 35。可以看出,复合物在 2θ 为 38.47°、44.90°、65.09°、78.22°附近出现了 Al 的特征衍射峰,分别对应铝面心立方结构的(111)、(200)、(220)和(311)面;晶面间距 d 为 2.76、2.53、2.32 和 1.87(对应的 2θ 分别为 32.38°、35.40°、38.64°和 48.70°)的特征衍射峰与单斜相 CuO(PDF 标准卡片 41 - 0254)一致,说明产物中存在单斜晶系结构的 CuO;d 为 3.63、3.26、2.70 和 2.56 的特征衍射峰属于 Bi_2O_3(铋华),分别在 2θ 为 24.50°、27.32°、33.12°和 35.00°的位置,这与 PDF 标准卡片 41 - 1449 吻合。

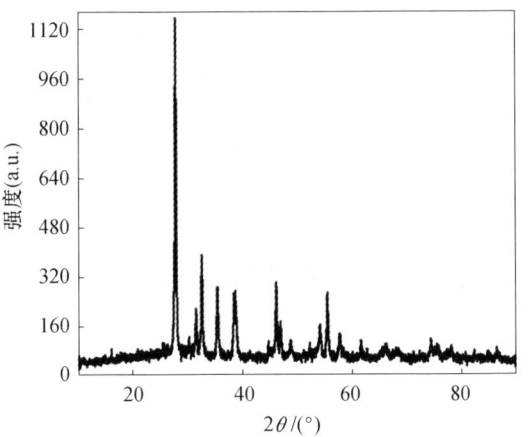

图 4 - 35　n - Al/CuO·Bi_2O_3 的 XRD 图

XRD 图表明,产物主要存在三种物质的特征衍射峰,且峰形良好无杂峰。综上分析,产物中存在纯的 Al、CuO 和 Bi_2O_3,三者之间未发生明显的化学反应,呈现出分子间复合物的特征,证明产物为纯相的 n - Al/CuO·Bi_2O_3 复合型铝热剂型燃烧催化剂。

XRD 测试结果的定量估算以及由 Sherrer 公式计算得到的 n - Al/CuO·Bi_2O_3 中 Al 的粒径见表 4 - 8。

表4-8 n-Al/CuO·Bi₂O₃ 复合物 XRD 测试结果的定量估算及其 n-Al 粒径计算

体系	卡片编号	化学式	质量比例/%	n-Al 粒径/nm
n-Al/CuO·Bi₂O₃	04-0787	Al	10.74	38.28
	41-0254	CuO	15.12	
	41-1449	Bi₂O₃	74.14	

n-Al/CuO·Bi₂O₃ 的 SEM 照片和 EDS 微区分析见图4-36。由 SEM 照片可以看出,产物均匀分散性较差,n-Al/CuO·Bi₂O₃ 微观形貌呈现有小的团聚体,纳米 Al、CuO 和 Bi₂O₃ 相互"粘附"形成一种新型的双氧化物复合的铝热剂型燃烧催化剂,纳米晶复合物粒径在 100~200nm;n-Al/CuO·Bi₂O₃ 粉体的 EDS 能谱图(图略)中仅出现 O、Cu、Al 和 Bi 这4种元素,纯度较高且没有其他杂质,从而可将该纳米复合物粉末组分定性为 O、Cu、Al 和 Bi 元素。

图4-36 n-Al/CuO·Bi₂O₃ 的 SEM 照片

4.3.2.6 纳米 Al/Fe₂O₃·Bi₂O₃

采用溶胶-复合-凝胶法制备纳米 Al/Fe₂O₃·Bi₂O₃(n-Al/Fe₂O₃·Bi₂O₃)。称取 1.862 g Fe(NO₃)₃·9H₂O,在超声振荡条件下将其完全溶于 10mL 无水乙醇中;缓慢滴加 2.5mL 1,2-环氧丙烷于上述悬浊液中,4 min 后于超声振荡作用下加入 0.9395 g n-Al,随后加入 0.37 g n-Bi₂O₃,继续超声振荡形成湿凝胶后冷却、静置;将静置陈化后的湿凝胶于真空干燥烘箱中 80℃ 烘干处理 24h 得干凝胶,随后将研磨后的干凝胶于马弗炉中 445℃ 煅烧 2.5h,即可制得双氧化物复合的铝热剂型燃烧催化剂 n-Al/Fe₂O₃·Bi₂O₃。

采用溶胶–复合–凝胶法制备的 n–Al/Fe$_2$O$_3$·Bi$_2$O$_3$ 的 XRD 分析结果见图 4–37。可以看出,产物特征衍射峰在 2θ 为 38.47°、44.90°、65.09°和 78.22°附近分别对应铝面心立方结构的(111)、(200)、(220)和(311)面,即出现了 Al 的特征衍射峰;XRD 衍射线中也出现了 Fe$_2$O$_3$ 的特征衍射峰(PDF 标准卡片 25–1402);晶面间距 d 为 3.63、3.26、2.70 和 2.56 的特征衍射峰属于 Bi$_2$O$_3$,分别在 2θ 为 24.50°、27.32°、33.12°和 35.00°的位置,这与 PDF 标准卡片 41–1449 一致。此外,还出现了 Bi$_2$O$_{2.75}$ 特征衍射峰(PDF 标准卡片 27–0049)。

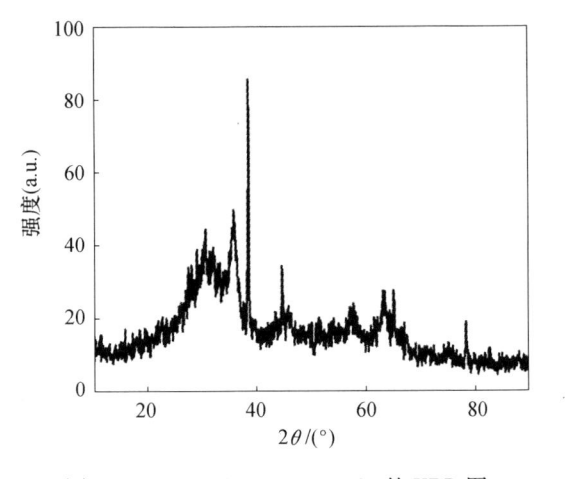

图 4–37　n–Al/Fe$_2$O$_3$·Bi$_2$O$_3$ 的 XRD 图

表 4–9　n–Al/Fe$_2$O$_3$·Bi$_2$O$_3$ 的 XRD 测试结果的定量估算及 Al 粒径计算

体系	卡片编号	化学式	质量比例/%	n–Al 粒径/nm
n–Al/Fe$_2$O$_3$·Bi$_2$O$_3$	04–0787	Al	44.49	35.76
	25–1402	Fe$_2$O$_3$	25.08	
	41–1449	Bi$_2$O$_3$	15.32	
	27–0049	Bi$_2$O$_{2.75}$	15.11	

n–Al/Fe$_2$O$_3$·Bi$_2$O$_3$ 的 SEM 照片见图 4–38。可以看出,产物呈均匀的球形,绝大多数微粒粒径在 40 nm 左右,但铝热剂型燃烧催化剂产物有明显的团聚现象,这是由于纳米材料的小尺寸效应和表面吸附作用造成的。此外,测试时样品分散的不均匀也会对扫描的图像结果有影响;双氧化物复合型 n–Al/Fe$_2$O$_3$·Bi$_2$O$_3$ 粉体的 EDS 能谱图(图略)中仅出现 O、Fe、Al 和 Bi 这 4 种元素,纯度较高且没有其他杂质,从而可将该铝热剂型燃烧催化剂复合物粉末组分定性为 O、Fe、Al 和 Bi 元素。

图 4 – 38　n – Al/Fe$_2$O$_3$ · Bi$_2$O$_3$ 的 SEM 照片

4.3.2.7　纳米 Al/CuO · SnO$_2$

采用室温固相反应 – 超声复合法制备纳米 Al/CuO · SnO$_2$（n – Al/CuO · SnO$_2$）。在室温条件下,按 1∶1∶6 的摩尔比分别称量 Cu(NO$_3$)$_2$ · 3H$_2$O、SnCl$_4$ · 5H$_2$O 和 NaOH,先将 Cu(NO$_3$)$_2$ · 3H$_2$O 和 SnCl$_4$ · 5H$_2$O 混合,加入总质量 1% 的吐温 80 作为分散剂,充分混合并仔细研磨;将研细的 NaOH 加入混合物中,室温下充分研磨 40min,使固相反应完全;产物经蒸馏水、无水乙醇加超声波洗涤多次,抽滤后于 80℃ 真空干燥烘箱中烘干 3h,即得纳米复合金属氧化物 CuO · SnO$_2$;称取 0.76g 纳米 Al 和 4.69g 纳米复合氧化物 CuO · SnO$_2$,在超声条件下分别分散于装有 35.07mL 和 33.33mL 正己烷的反应容器中;随后,将分散好的 n – Al 和 CuO · SnO$_2$ 置于同一反应容器中,在 48℃ 恒温条件下继续超声分散,直至分散剂蒸发消失;室温下沉淀老化、干燥,最后经玛瑙研钵研磨得双氧化物复合的铝热剂型燃烧催化剂 n – Al/CuO · SnO$_2$。产物通过 SEM – EDS 分析、XRD、FTIR 等表征确定了其结构性能和组成模型。

4.3.2.8　纳米 Al/PbO · SnO$_2$

采用室温固相反应 – 超声复合法制备纳米 Al/PbO · SnO$_2$（n – Al/PbO · SnO$_2$）。在室温条件下,按 1∶1∶6 的摩尔比分别称量 PbNO$_3$、SnCl$_4$ · 5H$_2$O 和 NaOH,先将 PbNO$_3$ 和 SnCl$_4$ · 5H$_2$O 混合,加入总质量 1% 的吐温 80 作为分散剂,充分混合并仔细研磨;将研细的 NaOH 加入混合物中,室温下充分研磨 40 min,使固相反应完全;产物经蒸馏水、无水乙醇加超声波洗涤多次,抽滤后于 80℃ 真空干燥烘箱中烘干 3h,即得纳米复合氧化物 PbO · SnO$_2$;称取 0.54g n – Al 和 5.38g 复合氧化物 PbO・SnO$_2$,在超声条件下分别分散于装有 24.97mL 和 23.83mL 正己烷的反应容器中;随后,将分散好的 n – Al 和 PbO・SnO$_2$ 置于同一反应容器中,在 48℃恒温条件下继续超声分散,直至分散剂蒸发消失;室温下沉淀老化、干燥,最后经玛瑙研钵研磨即得超级铝热剂型燃烧催化剂 n – Al/PbO・SnO$_2$。产物通过 SEM – EDS 分析、XRD、FTIR 等表征确定了其结构性能和组成模型。

4.3.2.9 纳米 Al/PbO・CuO・SnO$_2$

采用室温固相反应 – 超声复合法制备纳米 Al/PbO・CuO・SnO$_2$(n – Al/PbO ・CuO・SnO$_2$)。在室温条件下,按 1∶0.5∶1.5∶9 的摩尔比分别称量 PbNO$_3$、Cu(NO$_3$)$_2$・3H$_2$O、SnCl$_4$・5H$_2$O 和 NaOH,先将 PbNO$_3$、Cu(NO$_3$)$_2$・3H$_2$O 和 SnCl$_4$・5H$_2$O 混合,加入总质量 1% 的吐温 80 作为分散剂,充分混合并仔细研磨;将研细的 NaOH 加入混合物中,室温下充分研磨 50 min,使固相反应完全;产物经蒸馏水、无水乙醇加超声波洗涤多次,抽滤后于 80℃真空干燥烘箱中烘干 4h,即得纳米复合氧化物 PbO・CuO・SnO$_2$;称取 0.58 g n – Al 和 7.91 g 复合氧化物 PbO ・CuO・SnO$_2$,在超声条件下分别分散于装有 26.93mL 和 28.83mL 正己烷的反应容器中;随后,将分散好的 n – Al 和 PbO・CuO・SnO$_2$ 置于同一反应容器中,在 50℃恒温条件下继续超声分散,直至分散剂蒸发消失;室温下沉淀老化、干燥,最后经玛瑙研钵研磨即得超级铝热剂型燃烧催化剂 n – Al/PbO・CuO・SnO$_2$。产物通过 SEM、EDS、XRD、FTIR 等手段表征确定了其结构性能和组成模型。

4.4　纳米有机金属盐(配合物)催化剂[50]

与前述的纳米金属氧化物(复合物)不同,纳米金属有机盐(配合物)催化剂在推进剂燃烧时首先分解生成粒径很小的新生态金属氧化物,由于是在推进剂中原位生成,可比较均匀地分散在推进剂组分中,与推进剂组分较好地接触,催化效率较高。有机金属盐(配合物)虽不能严格符合化学工业"催化剂"之定义,但行业内仍习惯称之为"催化剂"。该类催化剂的分子中含有有机基团,使得纳米粒子表面具有一定的亲油性,与固体推进剂中 NC、NG、黏结剂等有机组分具有较好的亲和性,能提高纳米粒子在推进剂组分中的分散性。纳米金属有机盐催化剂是一类新型的燃烧催化剂。

4.4.1　制备原理

1. 液相分散沉淀法制备纳米金属有机金属盐(配合物)粉体

按一定的物质的量之比称取有机酸和金属盐,分别溶于蒸馏水中配成溶液。

在金属盐溶液中加入适量的分散剂,搅拌混合均匀。在激烈搅拌下往金属盐溶液中滴加有机酸(或有机酸钠盐)溶液,生成沉淀。然后过滤,分别用蒸馏水和无水乙醇加超声波振荡洗涤数次。抽干后,恒温干燥数小时即得到纳米金属有机酸盐粉体。

2. 液相分散沉淀法制备掺杂稀土的纳米金属有机金属盐(配合物)粉体

按一定的物质的量之比称取有机酸和金属盐,分别溶于蒸馏水中配成溶液。称取一定比例的稀土氧化物,用适量的盐酸溶解。将金属盐溶液和稀土盐酸溶液混合,再加入适量的分散剂,搅拌混合均匀。在激烈搅拌下往混合溶液中滴加有机酸(或有机酸钠盐)溶液,生成沉淀。然后过滤,分别用蒸馏水和无水乙醇加超声波震荡洗涤数次。抽干后,恒温干燥数小时即得到掺杂稀土的纳米金属有机酸配合物粉体。

4.4.2 制备过程

纳米有机金属盐(配合物)催化剂主要有纳米没食子酸铅、纳米没食子酸铋、纳米邻苯二甲酸铅、纳米邻苯二甲酸锌、纳米邻苯二甲酸镧、纳米2,4-二羟基苯甲酸铅、纳米2,4-二羟基苯甲酸铜、纳米对氨基苯甲酸铅、纳米对氨基苯甲酸铜、纳米3-硝基邻苯二甲酸铅、纳米3,5-二硝基水杨酸铅、纳米对硝基苯甲酸铅、纳米硬脂酸铅、纳米鞣酸铅,以及钐、铕掺杂的纳米邻苯二甲酸镧等。下面逐一介绍其制备过程及结构表征。

4.4.2.1 纳米没食子酸铅(n-PbGal)

主要原料为没食子酸和 Pb^{2+} ,依4.4.1节所述制备原理进行制备。对于纳米没食子酸铅配合物的结构表征如下。

图4-39为醋酸铅、没食子酸(GA)以及用2种不同浓度没食子酸合成的纳米没食子酸铅配合物(n-PbGal-1、n-PbGal-2)的 XRD 图。可以看出,n-PbGal-1 和 n-PbGal-2 的 XRD 强度曲线相同,说明两者是晶相相同的同一物质。配合物的特征衍射峰位置(2θ)为 9.69°、12.81°、19.50°、27.22°、28.14°、32.18°、34.18°、37.34°、41.22°和48.38°。对比发现,配合物与两种原料的衍射峰完全不同,也未出现 PbO 的特征衍射峰,由此推测 GA 与 Pb(Ⅱ)形成了新的配合物。另外,配合物的衍射峰强度较弱,有明显宽化现象,说明粉体粒径较小。根据 Sherrer 公式: $d = k\lambda / \beta\cos\theta (k = 0.89, \lambda = 0.1541nm)$,采用 XRD 图 2 个特征衍射峰(2θ 为 9.69°和12.81°)的半高宽进行计算,然后取其平均值,计算得 n-PbGal-1、n-PbGal-2 的晶粒径分别为 20nm 和 30nm。这与 TEM 观察的结

216

果一致。

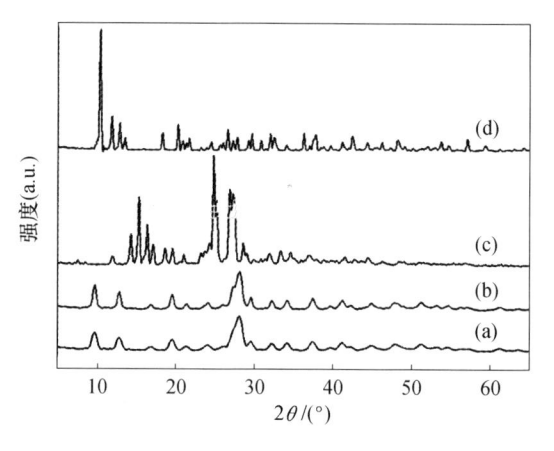

图 4-39　n-PbGal-1 (a)、n-PbGal-2(b)、GA(c)和 Pb(Ac)$_2$·3H$_2$O(d)的 XRD 图

n-PbGal 的 C、H 及 Pb 含量测试结果(括号内为理论值,%)为:C 14.34 (14.05),H 0.70 (0.674),Pb 69.88 (69.24)。^{1}H NMR,δ:7.06(s)。计算得到 n-PbGal 的化学组成为 Pb$_2$C$_7$H$_4$O$_6$。

从核磁共振谱分析可知,n-PbGal 的^{1}H NMR 谱中在 δ 7.06 处有一个单峰,该吸收峰应属于苯环上 2 个质子的共振吸收峰。除此之外,并未出现 3 个酚—OH 以及—COOH 的吸收峰,显示这 4 个基团已经失去了质子。根据本实验制备配合物的反应条件,反应完成后溶液的 pH = 3.8,可排除酚—OH 形成酚盐的可能性,故可判断配体中—COOH 以及 3 个酚—OH 均与 Pb(Ⅱ)形成了配位。

由于 GA 与 Pb(Ⅱ)形成配合物后,配体上仅剩 2 个质子,根据 n-PbGal 的化学组成 Pb$_2$C$_7$H$_4$O$_6$,推测配合物应含有结晶水,按以上结果可知配合物中 Pb(Ⅱ)、GA 与结晶水摩尔配比为 2:1:1。

n-PbGal 的 TG-DTG 曲线如图 4-40 所示。可以看出,n-PbGal 从 260℃ 开始分解,至 340℃ 分解完全。在此温度范围内,TG 曲线上有 3 个陡直的质量损失台阶,分别对应于 DTG 曲线中 3 个峰。分解完全后,最终残余物的质量分数为 74.75%,与 Pb$_2$C$_7$H$_4$O$_6$ 中 PbO 的理论百分含量(74.58%)值基本吻合。

图 4-41(c)是 GA 在 400～4000cm^{-1} 范围内的 FTIR 谱图。其中,(a)为 n-PbGal 干燥温度 100℃时的 FTIR 曲线,(b)为干燥温度 140℃时的 FTIR 曲线。与配体相比,配合物位于 2500～3000cm^{-1} 等一系列属于羧基中—OH 的肩式泛频吸收带在配合物中已经消失,说明羧基已失去质子。属于—COOH 的羰基 (C＝O)伸缩振动吸收峰 $\nu_{(C=O)}$(1652.9cm^{-1})和羟基(—OH)伸缩振动吸收峰 $\nu_{(C-O)}$(1269.1cm^{-1})在配合物中已消失,出现 2 个新的吸收峰 1465.5cm^{-1} 和

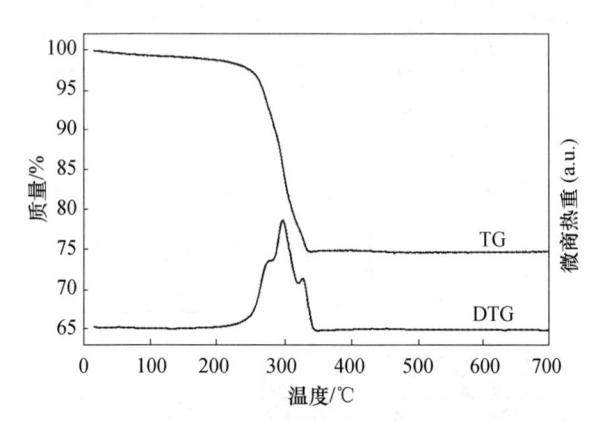

图 4 – 40   n – PbGal 的 TG – DTG 曲线

1384. 8 cm^{-1}，它们分别属于羧酸根（—COO$^-$）的 ν_{as} 和 ν_s。这两个特征吸收峰的 $\Delta\nu = \nu_{as} - \nu_s$ 值为 80. 7cm^{-1}，与典型的羧基双齿配位的 $\Delta\nu$ 值（80cm^{-1}）吻合，由此推知配合物中的羧基氧以双齿配位的方式与 Pb(Ⅱ)配位成键。配体中属于酚 – OH 的 $\beta_{(-OH)}$（1321. 1cm^{-1}）吸收峰，在配合物中已消失。原本属于配体的位于 3200 ~ 3500cm^{-1} 范围内的 3 个酚—OH 的吸收带，在配合物中已发生了明显变化，形成了 1 个强且宽的谱带（位于 3440. 8cm^{-1}）（图 4 – 41(a)）。为了证明该峰的归属，我们将配合物样品与 KBr 的混合物压制成的薄片在 140℃ 干燥 20min，再测定其 FTIR 谱图（图 4 – 41(b)），谱图中未出现 3440. 8cm^{-1} 的吸收

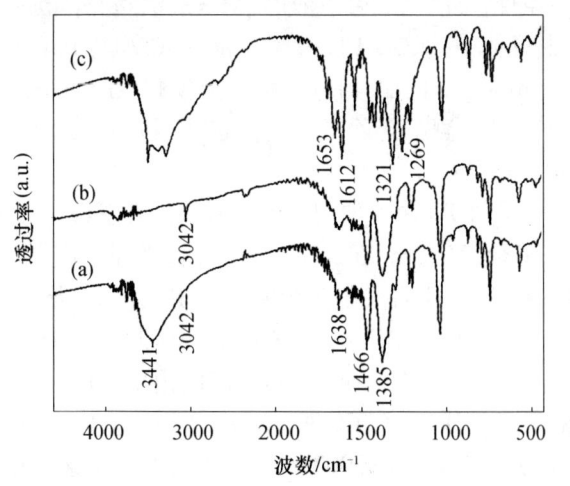

图 4 – 41   GA（c）和 n – PbGal 的 FTIR 谱图

n – PbGal 干燥温度：(a) 100℃ ;(b) 140℃。

218

峰,这说明 3440.8cm^{-1} 处的吸收峰应属于结晶 H_2O 的吸收峰,而不是酚—OH 的吸收峰,证明配合物中含有结晶水与元素分析的结果相符。也进一步说明在配合物中 3 个酚—OH 已失去质子并参与了配位,这与 ^1H NMR 结果一致。

综合元素分析、^1H NMR 分析、FTIR 分析和 TG 分析的结果,可推导出配合物是一种多核配合物,配合物中 Pb(Ⅱ):GA:结晶 $H_2O = 2:1:1$。

图 4-42 为纳米 n-PbGal 的 TEM 照片。可以看出,粒子为不规则形状,有些形成了棒状粒子,分散性好,粒子粒径最小约为 20nm,最大宽约为 30nm,长约为 60nm。

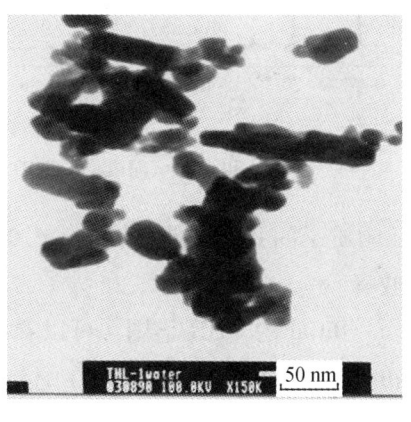

图 4-42   n-PbGal 的 TEM 照片

4.4.2.2   纳米没食子酸铋(n-BiGal)

主要原料为没食子酸和 $Bi(NO_3)_3 \cdot 5H_2O$,依 4.4.1 节所述制备原理进行制备。对于纳米没食子酸铋配合物的结构表征如下。

图 4-43 为没食子酸(GA)和纳米没食子酸铋配合物(n-BiGal)的 XRD 图。可以看出,配体有一系列较强的特征衍射峰,分别出现在 9.19°、13.74°、17.30°、21.60° 及 34.19° 处;而配合物在 4.38°、12.17°、16.80°、19.70° 及 24.59° 等位置有一系列较强的衍射峰。对比可看出配合物与配体的衍射峰完全不同,推测 GA 与 $Bi(NO_3)_3 \cdot 5H_2O$ 的水解产物 $BiONO_3$ 形成了新的配合物,而且其衍射峰强度较弱,并有宽化现象,说明粉体粒径较小,导致了衍射弥散。

n-BiGal 的 C、H 及 Bi 含量测量结果为(%):C 21.19,H 1.060,Bi 52.97,计算得其化学组成为 $BiC_7H_5O_6$。^1H NMR 数据:δ_1 7.05,δ_2 11.02,δ_3 6.98,δ_4 5.12。可知,n-BiGal 在 δ_1 7.05 处的单峰,属于苯环上 2 个质子的共振吸收峰;在 δ_2 11.02 处的单峰,属于苯环上羧基的质子的共振吸收峰;在 δ_3 11.02 处的单

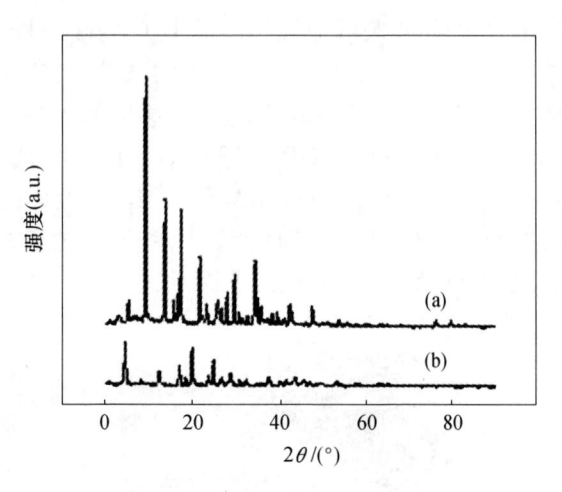

图 4 – 43　GA(a)和 n – BiGal(b)的 XRD 图

峰,属于苯环上—COOH 的质子的共振吸收峰;在 δ_4 6.98 处的单峰,属于苯环上—OH 质子的共振吸收峰。

图 4 – 44 是 GA 和 n – BiGal 的 FTIR 谱图。可以看出,在 2500 ~ 3000cm^{-1} 范围内属于配体的羧基的一系列肩式泛频吸收带在配合物中仍然存在,同时配体中羧基的羰基的振动峰 $\nu_{C=O}$ (1633cm^{-1})和羟基 ν_{C-O} (1269cm^{-1})分别蓝移和红移至 1672cm^{-1} 和 1231cm^{-1},说明羧基未质子化。而配体的 2 个属于酚(—OH)的吸收带 3269cm^{-1} 和 3494cm^{-1},对应于配合物已发生变化,3269cm^{-1} 的吸收带消失,3494cm^{-1} 的吸收带宽化,且酚的 ν_{-OH} (1349cm^{-1})移至 1335cm^{-1},说明部分酚羟基已去质子。推测 Bi(Ⅲ)和 GA 配位反应发生在 GA 的 2 个酚羟基上。

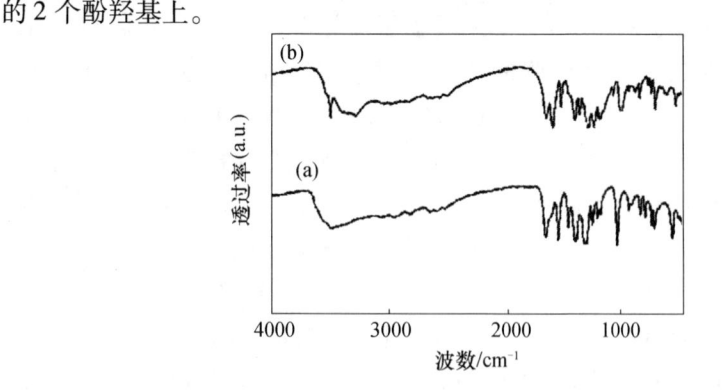

图 4 – 44　GA(b)和 n – BiGal(a)的 FTIR 谱图

n-BiGal 的 TG-DTG 曲线如图 4-45 所示。可以看出,n-BiGal 在 110℃ 开始分解,在 598℃ 分解完全。在此温度范围内,TG 曲线呈现两个质量损失阶段,分别对应于 DTG 曲线中的两个峰。分解完全,最终残余物的质量分数为 60.81%,与 $BiC_7H_5O_6$ 中 Bi_2O_3 的理论百分含量(60.11%)基本吻合。结合元素分析、^1H NMR 分析以及 TG-DTG 分析,推测 n-BiGal 的结构式如图 4-46 所示。

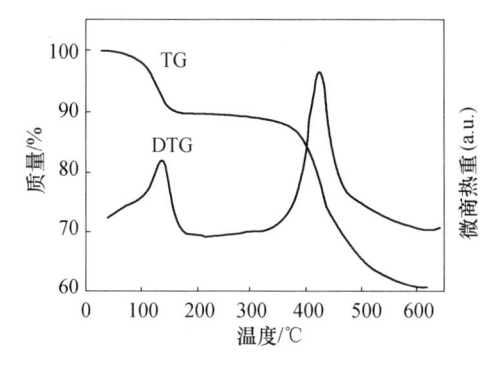

图 4-45　n-BiGal 的 TG-DTG 曲线

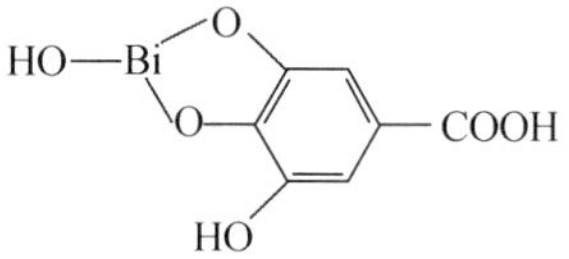

图 4-46　n-BiGal 的结构示意图

从分别为添加不同量的 PEG-200 所制备的 n-BiGal 粉体的 TEM 照片(图略)可以看出,添加 6%(体积含量)PEG-200 制备的粉体,粒子形状为球形,呈单分散状态,平均粒径 35nm 左右;而添加 2% PEG-200 制备的粉体,粒子虽然也为球形,但粒径较大,而且团聚严重。

根据实测配合物 n-BiGal 的分子式 $C_7H_5O_6Bi$,以 GA 组成的中性分子作为初始构型(图 4-47(a)),运用 Gaussian-03W 程序在 DFT-B3LYP/LANL2DZ 水平上,对配合用 Berny 能量梯度法进行几何全优化,收敛精度取程序内定值,得到配合物的稳定构型(图 4-47(b)),与前面推测得到的分子结构相同,并对优化构型进行振动频率分析,振动分析表明所得的优化几何对应势能面上的能量极小点(无虚振动频率)。表 4-10 给出 n-BiGal 的部分优化几何参数,各原子上净电荷列于表 4-11,表 4-12 列出它们的分子总能量、前线轨道能级及其差值,表 4-13 列出部分原子间的重叠布居数。

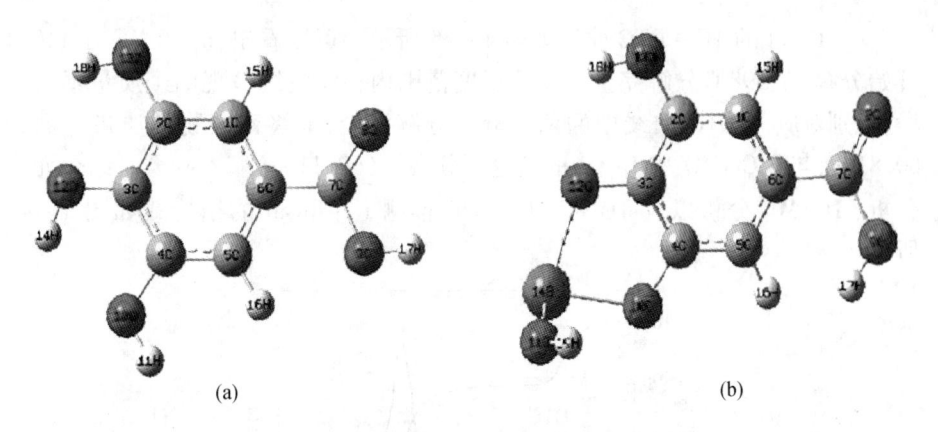

(a)   (b)

图 4-47 GA(a) 和 n-BiGal(b) 的原子编号

由表 4-10 及图 4-12(b) 可知, Bi 离子与配体 GA 形成配合物后, 苯环的平均键长为 1.408Å, 与单体苯环的平均键长 (1.406Å) 相比, 增加了 0.002Å, 键角基本保持不变, 说明形成配合物后对苯环的结构影响不大。从配体分子的几何优化构型可知, 配体的所有原子都近似处于一个平面 (二面角数据未列出), 形成配合物后, 羧基的氧原子 O(8) 和 O(9) 略微偏离平面, 羟基氢原子的角度发生改变, 表现为与 O(9)、C(7)、C(6) 形成的二面角为 -11.67°, 与 O(9)、C(7)、O(8) 形成的二面角为 168.09°。与 Bi 离子形成的三个配位键的键长分别为 2.085、2.002、2.099Å, Bi 离子与配体所形成的平面也略有偏离, 表现为 Bi 离子与配体原子形成的二面角 D(3, 12, 14, 10) 和 D(4, 10, 14, 12) 分别为 -5.33° 和 5.63°。配体由于和 Bi 形成配位键, 使得与 Bi 相连部分的两个羟基氧原子与环形成的键角略有改变, 羟基所连氧原子 O(11) 与配位原子和配体形成的平面近似垂直, 二面角为 99.39°。

表 4-10 GA 和 n-BiGal 的部分优化几何参数

几何参数	键长/Å		几何参数	键角/(°)	
	GA	n-BiGal		GA	n-BiGal
$R_{(1,2)}$	1.400	1.401	$A_{(2,1,6)}$	119.46	119.92
$R_{(1,6)}$	1.411	1.412	$A_{(1,2,3)}$	119.78	119.24
$R_{(2,3)}$	1.408	1.406	$A_{(1,2,13)}$	120.14	120.38
$R_{(2,13)}$	1.389	1.389	$A_{(3,2,13)}$	120.08	120.38
$R_{(3,4)}$	1.405	1.412	$A_{(2,3,4)}$	120.30	120.73
$R_{(3,12)}$	1.394	1.402	$A_{(2,3,12)}$	117.35	120.69
$R_{(4,5)}$	1.397	1.400	$A_{(4,3,12)}$	122.35	118.57

几何参数	键长/Å		几何参数	键角/(°)	
	GA	n－BiGal		GA	n－BiGal
$R_{(4,10)}$	1.406	1.402	$A_{(3,4,5)}$	120.78	120.61
$R_{(5,6)}$	1.415	1.417	$A_{(3,4,10)}$	113.72	116.12
$R_{(6,7)}$	1.481	1.499	$A_{(5,4,10)}$	125.50	123.27
$R_{(7,8)}$	1.244	1.235	$A_{(4,5,6)}$	118.57	118.36
$R_{(7,9)}$	1.396	1.399	$A_{(1,6,5)}$	121.12	121.12
$R_{(10,14)}$	—	2.085	$A_{(1,6,7)}$	117.99	117.24
$R_{(11,14)}$	—	2.002	$A_{(5,6,7)}$	120.89	121.62
$R_{(12,14)}$	—	2.099	$A_{(6,7,8)}$	126.14	124.47
二面角/(°)	—	—	$A_{(6,7,9)}$	112.86	116.53
$D_{(4,7,8,9)}$	180.00	179.74	$A_{(8,7,9)}$	120.99	119.01
$D_{(10,11,12,14)}$	—	99.39	$A_{(4,10,14)}$	113.72	113.17
$D_{(3,12,14,10)}$	—	－5.33	$A_{(10,14,11)}$	—	100.86
$D_{(4,10,14,12)}$	—	5.63	$A_{(10,14,12)}$	—	80.38
			$A_{(11,14,12)}$		100.42

原子净电荷分析。表 4－11 列出计算所得 n－BiGal 分子上各原子所带净电荷数。可以看出,配体上 C(1)、C(5)、C(6) 原子都带有负电荷,与 O 原子相连的 C 原子由于 O 原子的吸电效应均带有正电荷,与羧基相连的 C 原子带有的正电荷最多。氢原子均带正电荷,氧原子都带负电荷,与金属配位成键的三个氧原子所带负电荷最多。Bi^{3+} 带有 1.97582 e 的正电荷,氢氧根 OH^- 带有 －0.63508 e 的负电荷,配体带有 －1.34526 e 的电荷。由计算可知 Bi^{3+} 与配体 GA 配位和 OH^- 配位时电子云都是偏向金属离子,使得 Bi 离子所带的正电荷数降低。

表 4－11　n－BiGal 的原子电荷

原子	电荷／e	原子	电荷／e
C(1)	－0.2268	O(11)	－1.1523
C(2)	0.3191	O(12)	－0.9113
C(3)	0.2203	O(13)	－0.7203
C(4)	0.2949	Bi(14)	1.9758
C(5)	－0.2775	H(15)	0.2598
C(6)	－0.1622	H(16)	0.2304

原子	电荷／e	原子	电荷／e
C(7)	0.8210	H(17)	0.4964
O(8)	− 0.5716	H(18)	0.5087
O(9)	− 0.7344	H(19)	0.5217
O(10)	− 0.8917		

分子总能量、前沿轨道能量。根据所选基组及分子构成,该体系共有 135 个分子轨道(MO),其中 50 个为占据轨道。n − BiGal 部分原子的最高占据轨道(HOMO)和最低未占据轨道(LUMO)组成列于表 4 − 12。从 MO 成分分析,n − BiGal 的 HOMO 主要由 C(2)、C(3)、C(6)、O(12)、O(13) 的 p 轨道构成,LUMO 主要由金属 Bi 离子,C(3)、C(4)、O(10)、O(11) 和 O(12) 的 p 轨道构成。因物质的化学性质与其前沿轨道直接相关,故可推知 n − BiGal 的若干性质主要由金属离子与氧所成配位键以及苯环上的 C(3)、C(4) 和 C(6) 决定。n − BiGal 前沿轨道能量及轨道能级差较小($\Delta E = E_{LUMO} - E_{HOMO} = 0.09961 - (- 0.24137) = 0.14176$ Hartree),表明配合物的稳定性较差。

表 4 − 12　n − BiGal 轨道成分分析和百分比

原子	HOMO/%		LUMO /%
	p 轨道	s 轨道	p 轨道
C(2)	11.43	3.10	1.78
C(3)	20.84	2.06	7.60
C(4)	3.44	2.31	8.23
C(5)	6.83	2.22	1.93
C(6)	11.72	—	—
O(8)	3.53	—	—
O(10)	2.26	2.17	3.70
O(11)	1.47	—	5.25
O(12)	18.33	2.72	4.09
O(13)	16.65	—	—
Bi(14)	1.23	—	49.38

原子间重叠布局分析。表 4 − 13 列出了各原子之间的布局关系。由表可

知,C(6)－C(7)之间的布局数小于配位键的重叠布局数,当 n－BiGal 加热到一定温度时,表现为首先失去羧基,放出 CO_2。通过布局分析可以看出,Bi^{3+} 和各配位原子之间的重叠布局均略大于 0.1,表明 Bi^{3+} 与这 3 个配位原子之间的作用力很弱,在热分解时,这些配位键比较容易断裂,其 Bi^{3+} 与—OH 所成键先于 Bi^{3+} 与 GA 所成配位键断裂。环连 C 原子之间均为成键轨道,且环连 C 原子布局数均大于配位建,其断裂必在配位键之后。

表4－13 n－BiGal 原子间布局分析

化学键	布局数	化学键	布局数
Bi(14)－O(10)	0.1435	C(1)－C(2)	0.4275
Bi(14)－O(11)	0.1179	C(2)－C(3)	0.2714
Bi(14)－O(12)	0.1306	C(3)－C(4)	0.3078
C(2)－O(13)	0.3489	C(4)－C(5)	0.4251
C(3)－O(12)	0.2788	C(5)－C(6)	0.2258
C(4)－O(10)	0.2321	C(6)－C(1)	0.4656
		C(6)－C(7)	0.1092

4.4.2.3 纳米邻苯二甲酸铅(n－PbPht)

主要原料为邻苯二甲酸和 Pb^{2+},依 4.4.1 节所述制备原理进行制备。对于纳米邻苯二甲酸铅配合物的结构表征如下。

图4－48 为纳米邻苯二甲酸铅配合物(n－PbPht)、醋酸铅($Pb(Ac)_2$)和邻苯二甲酸氢钾(KHPht)的 XRD 图。可以看出,$Pb(Ac)_2$ 在 10°～13°之间和20.18°有较强的特征衍射峰,在 53°～60°之间有一系列的衍射峰;KHPht 在 13.26°、17.74°、22.00°、29.82°和37.62°等位置有较强的特征衍射峰;而 n－PbPht 的特征衍射峰的位置为 13.5°、22.32°、24.94°、27.00°、29.16°和32.16°。对比发现,配合物与两种原料的衍射峰均不相同,也未出现 PbO 和 $Pb(OH)_2$ 的特征衍射峰,说明配合物是一种新的物质。由此推测 KHPht 与 Pb(Ⅱ)形成了配合物。另外,配合物的衍射峰强度较弱,有宽化现象,说明粉体粒径较小,导致衍射弥散。

n－PbPht 的 C、H 及 Pb 含量测试结果(括号内为理论值,%)为:C 25.53 (25.88),H 1.12 (1.08),Pb 56.59 (55.81)。分析表明,n－PbPht 的化学组成为 $PbC_8H_4O_4$,由此推断配合物由 Pb(Ⅱ)与 1 分子配体组成,化学简式为 $Pb[C_6H_4(COO)_2]$。

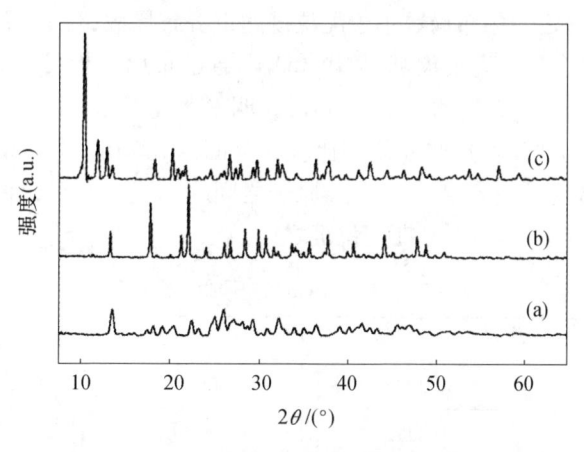

图 4 - 48　n - PbPht(a)、KHPht(b) 和 Pb(Ac)$_2$ · 3H$_2$O(c) 的 XRD 图

　　n - PbPht 的 TG - DSC 曲线如图 4 - 49 所示。可以看出，当温度升至 310℃ 左右配合物开始分解。在 310 ~ 370℃ 温度区间内，TG 曲线上有一较明显的垂直质量损失台阶，在 370 ~ 410℃ 范围内有两段轻度的质量损失台阶，410 ~ 470℃ 之间，又有一个较大的质量损失台阶，分别对应 DSC 曲线上 1 个大且尖锐的放热峰、2 个小的放热峰和 1 个中等的放热峰；470℃ 以后，TG 曲线还有平缓的轻度质量损失，该阶段是失去残余的碳；至 560℃ 分解完全。说明 n - PbPht 的分解分为 4 个阶段，这与文献报道有关金属 - 芳香酸配合物的热分解过程较为复杂基本相符。分解完全后，最终残余物的质量分数为 61.58%，与 PbC$_8$H$_4$O$_4$ 中 PbO 的理论百分含量(60.11%) 基本吻合。结合元素分析的结果，可进一步确定 n - PbPht 的化学简式为 Pb[C$_6$H$_4$(COO)$_2$]。

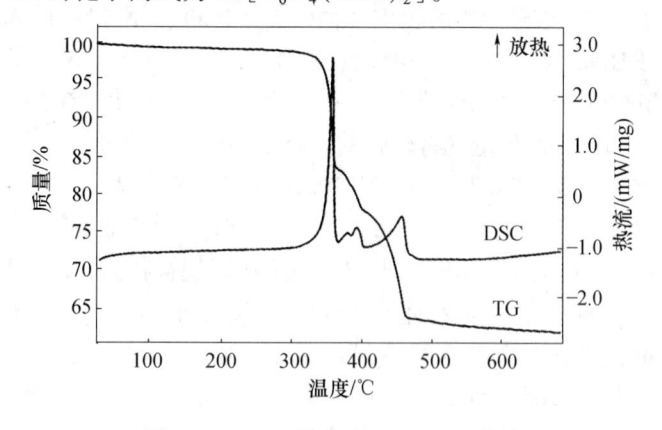

图 4 - 49　n - PbPht 的 TG - DSC 曲线

图 4-50 是采用 KBr 压片法摄取的 KHPht 和 n-PbPht 在 400~4000cm^{-1} 范围内的 FTIR 谱图。可以看出,与 KHPht 相比,配合物位于 2500~3000cm^{-1} 范围内较宽的 ν(OH) 吸收峰在配合物中已经消失,说明游离羧基已去质子化。KHPht 中—COOH 的 $\nu_{as(C=O)}$(1674.1cm^{-1}) 和 $\nu_{s(C-O)}$(1288cm^{-1}) 分别移至 1541.0cm^{-1} 和 1396.4cm^{-1}。同时,KHPht 中—COOK 上的 $\nu_{as(C=O)}$(1557.4cm^{-1}) 和 $\nu_{s(C-O)}$(1384.8cm^{-1}) 这两个特征吸收峰在配合物中已消失,实际上前者发生红移,后者发生蓝移,分别与 1541.0cm^{-1} 和 1396.4cm^{-1} 这两个峰重合。这表明配合物中两个羧酸根均与 Pb(Ⅱ) 离子形成了配位,而且它们的配位方式均相同。这两个特征吸收峰的 $\Delta\nu = \nu_{as} - \nu_s$ 值为 143.6cm^{-1},与典型的羧基氧桥式配位的 $\Delta\nu$ 值(140cm^{-1})吻合,由此推知配合物中的羧基氧以桥式与 Pb(Ⅱ) 配位成键。另外,KHPht 中属于—COOH 的吸收峰(409cm^{-1})在配合物中已经消失,位于 444cm^{-1} 处出现的新的吸收峰,可归属为 Pb—O 吸收峰。

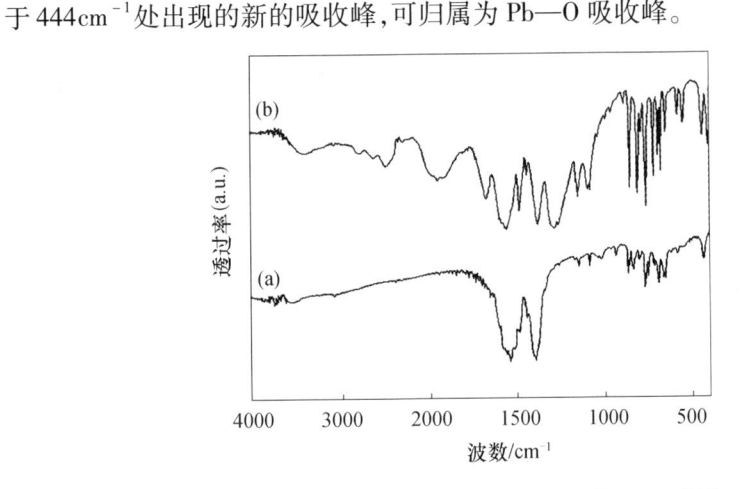

图 4-50　n-PbPht(a) 和 KHPht(b) 的 FTIR 谱图

图 4-51 为 n-PbPht 的 TEM 照片,可以看出,粒子形状为类球形,分散性较好,平均粒径约为 50nm。

4.4.2.4　纳米邻苯二甲酸锌(n-ZnPht)

主要原料为邻苯二甲酸氢钠和 Zn^{2+},依 4.4.1 节所述制备原理进行制备。对于纳米邻苯二甲酸锌配合物的结构表征如下。

图 4-52 为纳米邻苯二甲酸锌配合物(n-ZnPht)及邻苯二甲酸氢钠(NaH-Pht)的 XRD 图。可以看出,配合物和原料的强度曲线完全不同,其中(a)、(b)的(100)晶面衍射峰的 2θ 分别为 5.86° 和 6.78°;配合物的特征衍射峰位置为 5.86°、

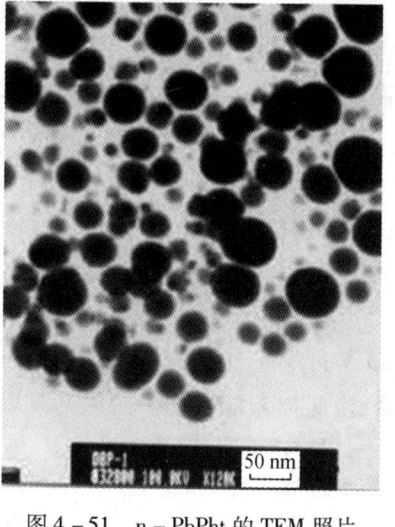

图4-51 n-PbPht 的 TEM 照片

$9.25°、19.36°、22.98°、23.87°、25.01°、27.39°、28.51°$ 和 $34.63°$；未见有 ZnO 和 Zn $(OH)_2$ 特征衍射峰。另外，配合物的衍射峰有明显宽化现象，且强度较弱，说明粉体粒径较小，导致衍射弥散。对配合物的衍射数据指标化结果表明，其晶体结构属单斜晶系，空间群为 $P2_1/c$，晶胞参数为：$a = 1.52219$ nm，$b = 0.585713$nm，$c = 1.97729$nm，$\beta = 106.2384°$，晶粒大小为 16.3nm。衍射图中(100)晶面的衍射强度非常大，可见其晶体具层状结构，金属离子位于(100)晶面上。

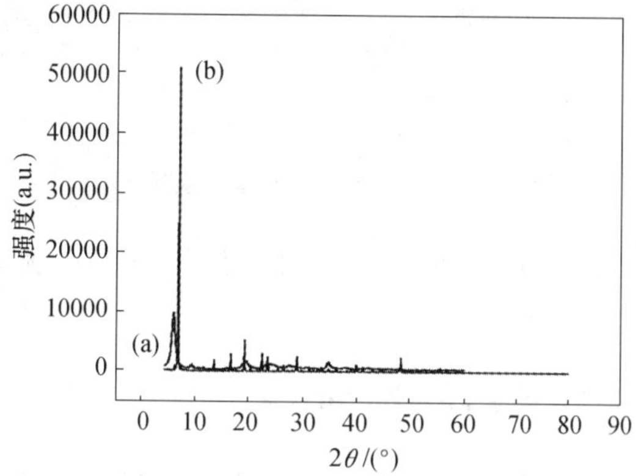

图4-52 n-ZnPht(a)和 NaHPht(b)的 XRD 图

图4-53 是 NaHPht 和 n-ZnPht 在 $400 \sim 4000$cm^{-1} 范围内的 FTIR 谱图。与 NaHPht 相比，位于 $2500 \sim 3000$cm^{-1} 范围内属于—COOH 的—OH 泛频吸收峰

在配合物中已经消失,说明游离羧基已去质子化。NaHPht 中属于—COOH 的 $\nu_{(C=O)}$(1697.2cm^{-1})和 $\nu_{(C-O)}$(1303.7cm^{-1})这 2 个特征吸收峰也已消失,出现 2 个新的吸收峰 1550.6cm^{-1} 和 1404.0cm^{-1},它们分别属于羧酸根(—COO$^-$)的 ν_{as} 和 ν_s。同时,NaHPht 中—COONa 上的 $\nu_{as(C=O)}$(1627.8cm^{-1})发生红移,而 $\nu_{s(C=O)}$(1350.0cm^{-1})则发生蓝移,分别与 1550.6cm^{-1} 和 1404.0cm^{-1} 这 2 个峰重合。这表明配合物中 2 个羧酸根均与 Zn(Ⅱ)离子形成了配位,而且它们的配位方式相同。这 2 个特征吸收峰的 $\Delta\nu = \nu_{as} - \nu_s$ 值为 146.6cm^{-1},与典型的羧基氧桥式配位的 $\Delta\nu$ 值(140cm^{-1})吻合,由此推知配合物中的羧基氧以桥式与 Zn(Ⅱ)配位成键。另外,NaHPht 中属于—COOH 的吸收峰(416.6cm^{-1})在配合物中已经消失,位于 432.0cm^{-1} 处出现新的吸收峰,该峰可归属为 Zn—O 的吸收峰。

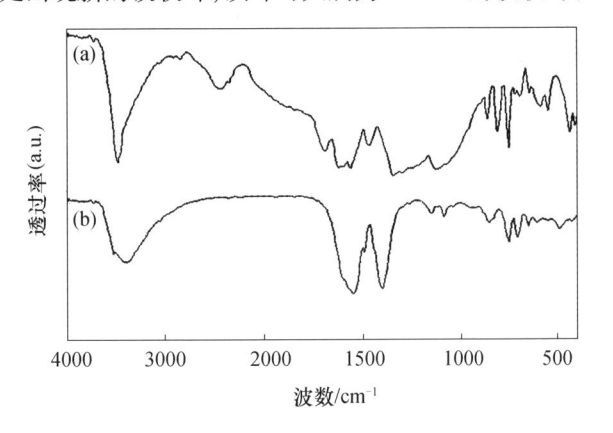

图 4 – 53　NaHPht(a)和 n – ZnPht(b)的 FTIR 谱图

　　n – ZnPht 的 C、H 及 Zn 含量测试结果(括号内为理论值,%)为:C 38.51 (38.82),H 2.47 (2.44),Zn 27.16 (26.42)。分析计算得到配合物的化学组成为 ZnC$_8$H$_6$O$_5$,由此推断配合物由 Zn(Ⅱ)与 1 分子配体和 1 分子结晶水组成,化学简式为 Zn[C$_6$H$_4$(COO)$_2$]·H$_2$O。

　　n – ZnPht 的 TG – DSC 曲线如图 4 –54 所示。可以看出,温度低于 340℃时 n – ZnPht 基本稳定,对应的 DSC 曲线上也没有明显的吸、放热峰,为配合物失去吸附水及结晶水阶段。在 340 ~490℃温度区间内,TG 曲线上有一较明显的质量损失台阶,对应 DSC 曲线在 408℃时有一小放热峰,476℃有一尖锐的放热峰,表明配合物在此阶段先受热分解产生苯基自由基及苯甲醛基自由基等放热,自由基形成苯甲酮、蒽醌等有机物再受热氧化分解。490℃分解完全,总的质量损失 66.07%,与理论值 64.54% 基本符合,可进一步确定配合物化学简式为 Zn [C$_6$H$_4$(COO)$_2$]·H$_2$O。

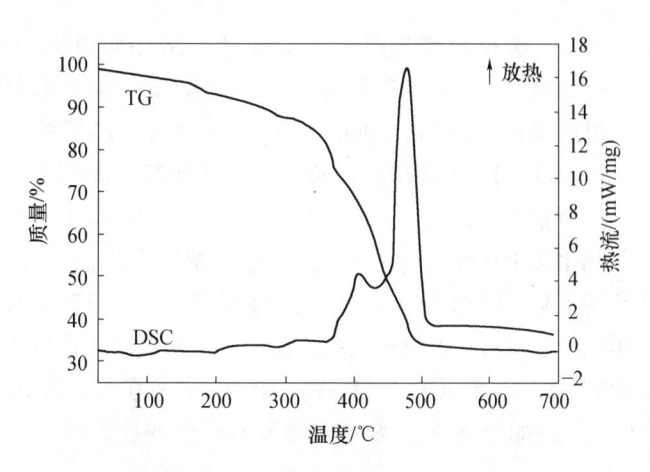

图 4 – 54   n – ZnPht 的 TG – DSC 曲线

分别以图 4 –55(a)、(b)、(c)、(d)表示溶剂中醇水比为 1∶2、1∶1、3∶2、2∶1 时配合物 n – ZnPht 的 TEM 照片。发现,图(a)中颗粒多为球状粒子,只有少量长度约为 50nm 的短棒出现。图(b)中配合物多以短棒状呈现,粒径约为 10nm,棒长约为 50nm。图(c)中配合物已开始生长出长约 500nm 的长棒。图(d)中纳米棒数量明显增加,长度也有所增长,达到 900nm 以上,并且成束出现。由以上结果推测,溶剂中乙醇比例的增加,有利于配合物由粒状逐渐生长成棒状,甚至长成形状规则的纳米线。

采用乙醇 – 水混合溶剂,通过改变溶剂中醇水的比例(醇水比分别为 1∶2、1∶1、3∶2 及 2∶1),反应得到了不同形貌的纳米 ZnPht 配合物(图 4 –55(a)、(b)、(c)和(d))。

图 4 – 55   n – ZnPht 的 TEM 照片
(a) 1∶2;(b) 1∶1;(c) 3∶2;(d) 2∶1。

由于配合物晶体存在着取向生长,表现出明显的各向异性,因而适当控制生长条件,势必会影响晶体的生长趋势,进而影响粒子形貌。本实验中所加的分散剂 PEG - 200 会分散在溶剂中吸附在颗粒表面,因此会抑制某些晶面的生长。而 PEG - 200 的分子极性不高,因此会在极性较低的溶剂中有更好的分散性,且其分子链也会随溶剂极性的降低逐渐从缩团状不规则分散向伸展态规则分散过渡。PEG - 200 分子本身的结构又使得它更易沿轴向吸附在粒子表面,使粒子的径向生长遭到抑制,而以 PEG - 200 为模板,沿轴向向两端生长,但部分缩团状 PEG - 200 分子可能会吸附在棒两端而阻碍棒的生长。由于 PEG - 200 分子在极性不同的溶剂中分散的规则程度和状态不同,因此,当溶剂中乙醇比例较小时,混合溶剂的极性较高,溶液中 PEG - 200 分子链呈不规则分散的缩团状分子较多,会导致生长成棒的模板较短,而两端阻碍又较多,此时生成的棒状粒子长度就较短。而当溶剂中乙醇比例较大时,随溶剂极性的降低,伸展态的 PEG - 200 分子链增加,且其分子链的伸展性变好,模板变长,影响棒生长的阻碍又减少,因此会出现随着乙醇比例的增加,即溶剂极性的降低,棒的数量增加,且棒的长度也会增长的现象。

4.4.2.5 纳米邻苯二甲酸镧(n - LaPht)

主要原料为邻苯二甲酸氢钾和 La³⁺,依 4.4.1 节所述制备原理进行制备。对于纳米邻苯二甲酸镧配合物的结构表征如下。

图 4 - 56 和图 4 - 57 分别为邻苯二甲酸氢钾(KHPht)和纳米邻苯二甲酸镧配合物(n - LaPht)的 XRD 图(图 4 - 57 中,(a)、(b)分别为用水和 50% 乙醇作溶剂所得的配合物的 XRD 强度曲线)。可以看出,KHPht 与配合物的衍射峰位置完全不同,配合物的特征衍射峰的位置为 6.56°,而且衍射峰强度较弱,有宽化现象,说明粉体粒径较小,导致衍射弥散。用水和 50% 乙醇作溶剂所得的配合物具有相同的晶相结构。

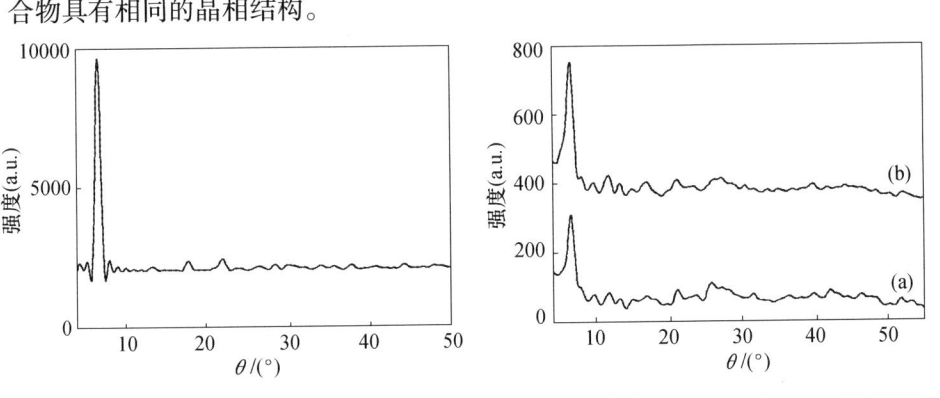

图 4 - 56　KHPht 的 XRD 图　　图 4 - 57　水作溶剂(a)和 50% 乙醇作溶剂
　　　　　　　　　　　　　　　　　　　　　　(b)所得 n - LaPht 的 XRD 图

图4-58(a)、(b)分别为KHPht和n-LaPht的FTIR谱图。可以看出,位于2500~3000cm^{-1}范围内较宽的$\nu_{(-OH)}$泛频吸收峰在配合物中已经消失,说明游离羧基已去质子化。配体(KHPht)中—COOH的$\nu_{as(C=O)}$(1670.2cm^{-1})和$\nu_{s(C=O)}$(1286.4cm^{-1})分别移至1542.9cm^{-1}和1419.5cm^{-1}。同时,配体中—COOK上的$\nu_{as(C=O)}$(1598.9cm^{-1})和$\nu_{s(C=O)}$(1382.9cm^{-1})这2个特征吸收峰在配合物中已消失,实际上前者发生红移,后者发生蓝移,分别与1542.9cm^{-1}和1419.5cm^{-1}这2个峰重合。这表明配合物中2个羧酸根均与La(Ⅲ)离子形成了配位,而且它们的配位方式均相同。这2个特征吸收峰的$\Delta\nu=\nu_{as}-\nu_{s}$值为123.4cm^{-1},与典型的羧基氧桥式配位的$\Delta\nu$值(140cm^{-1})较接近,由此推知配合物中的羧基氧以桥式配位方式与La(Ⅲ)配位成键。另外,KHPht中属于—COOH吸收峰(408.9cm^{-1})在配合物中已经消失,在447.5cm^{-1}处出现新的吸收峰,该峰可归属为La—O的吸收峰。配合物在3433.1cm^{-1}的吸收峰应为H_2O的吸收峰,其峰型较宽,说明水分子间有氢键缔合作用。

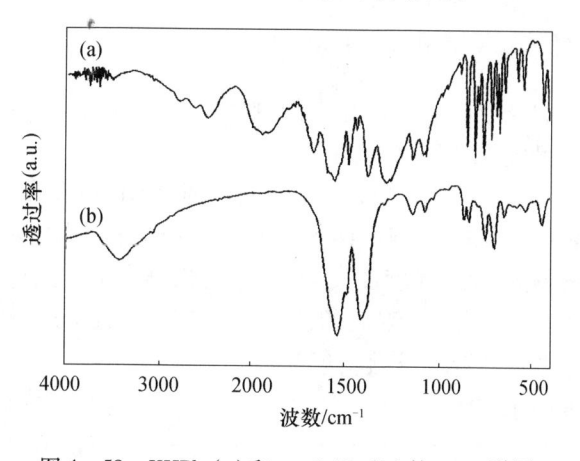

图4-58 KHPht(a)和n-LaPht(b)的FTIR谱图

n-LaPht的TG-DSC曲线如图4-59所示。可以看出,在90~110℃温度区间内,TG曲线上有一质量损失台阶,失重约4.81%,对应的DSC曲线上有一小的吸热峰,该阶段应为样品失去2个结晶H_2O所至。在320~380℃范围内有轻度的质量损失,在400~540℃之间又有一明显垂直质量损失台阶,对应的DSC曲线上有1个大且尖锐的放热峰,是配合物分解氧化失去有机基团产生的。在620~730℃之间有小的质量损失台阶,该阶段是失去残余的C氧化成CO_2的过程。最终残余物的质量分数为40.91%,与$La_2(C_8H_5O_4)_3\cdot2H_2O$中$La_2O_3$的理论百分含量(40.41%)基本相符。

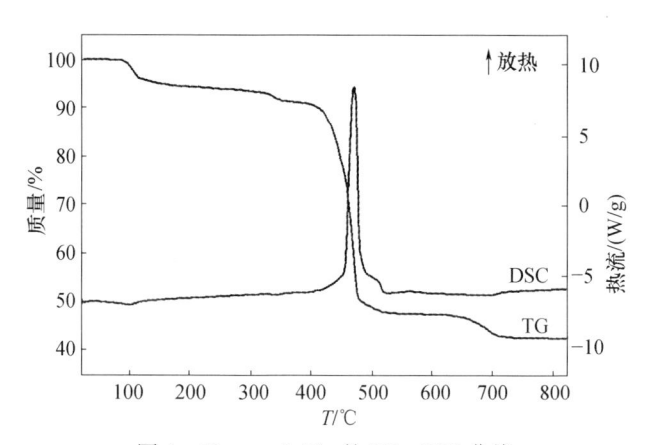

图 4 - 59　n - LaPht 的 TG - DSC 曲线

为了探索反应条件对金属有机酸配合物纳米粒子的粒径的影响规律,研究了分散剂用量、反应物浓度和温度等因素对 n - LaPht 粒子粒径的影响,总结出一些规律。

采用液相分散沉淀法制备纳米配合物,加入分散剂是其中的一个必要条件。实验采用 PEG - 200(PEG - 200)作分散剂。当 PEG - 200 加入量约为 12%(V/V)时,配合物在溶液中能均匀分散,形成稳定的胶体溶液,平均粒径为 33.6nm;当 PEG - 200 用量少于 7%(V/V)或多于 18%(V/V)时,配合物在溶液中均有分层现象出现,平均粒径超过 100nm(图 4 -60),说明分散剂用量对配合物粒径有显著影响。PEG - 200 是一种非离子型分散剂,分子式为 HO - (CH_2CH_2O)$_n$ - H,溶于水和乙醇,由于其中极性基团的影响,在溶剂中呈锯齿状弯曲分散,易吸附在颗粒表面形成位阻层,使颗粒间产生空间排斥力,从而达到控制粒径生长的

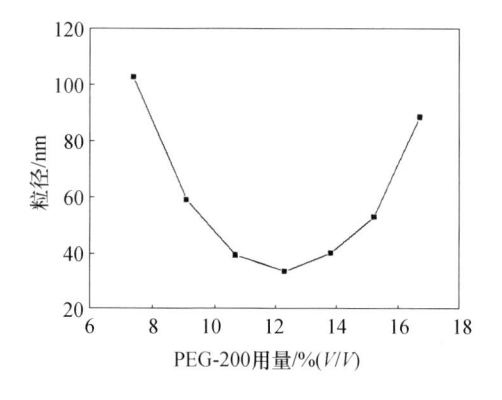

图 4 -60　PEG - 200 用量对配合物粒径的影响

目的,获得纳米级配合物。由于 PEG-200 具有这种作用机制,因此,当分散剂用量较少时,PEG-200 在颗粒表面形成的是欠饱和吸附,颗粒间的静电斥力不够强,起不到分散的作用,颗粒聚集团聚,进而分层沉淀下来;当分散剂用量过多时,PEG-200 在颗粒表面形成过饱和吸附,伸向溶液中的分子长链由于浓度过高而相互缠绕,这也会导致颗粒团聚沉降。因此,制得的配合物粒径都较大。

从图 4-61 可知,在其他反应条件相同时,溶液的 pH < 4.5 时,生成沉淀物的量很少。由于 KHPht 与 $C_6H_4(COO^-)_2$ 之间存在可逆平衡,当 pH < 4.5 时,$C_6H_4(COO^-)_2$ 浓度较低,以至生成配合物的浓度也较小,故沉淀物的量较少。当 pH = 6.1 时,粒径最小。如果 pH 值继续增大,粒径也随之增大,当 pH > 6.5 时,不能形成稳定的胶体溶液,沉淀物较快沉降而分层。原因是随着 pH 值的增大,溶液中 OH^- 的浓度增加,破坏了纳米粒子的双电层结构,使纳米粒子的稳定性降低,导致纳米粒子凝聚而长大。当 pH > 7 时,有 $La(OH)_3$ 产生。实验结果表明:pH = 5.5 ~ 6.2 是较佳的 pH 值,在此 pH 值范围内生成的配合物粒径较小,粒子分散较为均匀。

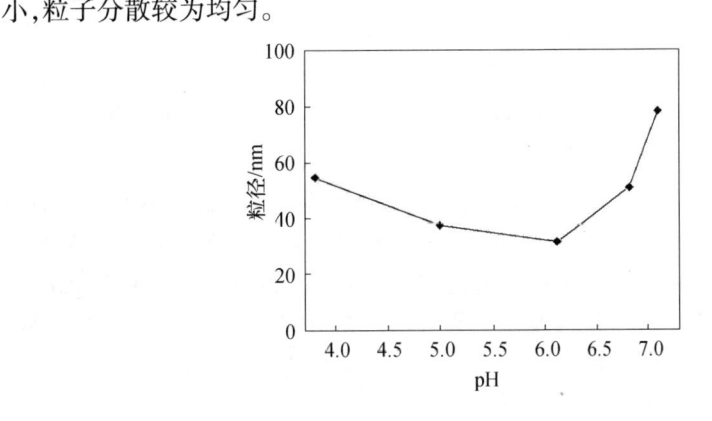

图 4-61　pH 值对配合物粒径的影响

当其他反应条件不变时,随着反应体系的温度升高,配合物的粒径也随之增大(图 4-62)。原因是温度较低时,一是物质的热运动速度较慢,粒子相互碰撞的几率相对较低;二是溶液的黏度较大,不利于粒子和粒子生长基元的迁移。这两种因素的综合结果,使得晶核成长速度较慢,晶核生成速度远大于晶核成长速度,故形成的颗粒较小。当温度上升时,物质的热运动加剧,溶液的黏度变小,致使晶核的成长速度加快,所以配合物的粒径随温度升高而增大。

为了探索反应条件对金属有机酸配合物纳米粒子形貌的影响规律,研究了溶剂、浓度、温度和反应时间等因素对 n-LaPht 粒子形貌的影响,结果发现在众多的反应条件因素中溶剂对纳米颗粒形貌的影响最为显著。

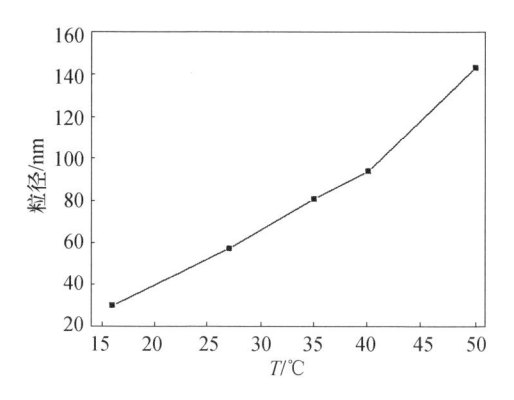

图 4 - 62　温度对配合物粒径的影响曲线

图 4 - 63 是采用不同溶剂制得的 n - LaPht 的 TEM 照片。可以看出，粒子的形状都为棒状，说明该配合物的晶粒生长有各向异性。其中图 4 - 63(a)是用水作溶剂制备的样品，大多数棒状粒子的粒径为 30 ~ 65 nm，长度为 80 ~ 120nm，也有少数粒径约为 150nm × 300nm 的棒状粒子。图 4 - 63(b)是用 50% 乙醇作溶剂制备的样品，平均粒径约为 60nm，多数粒子边界清晰而且长度较长，有些粒子长度达到 2μm。

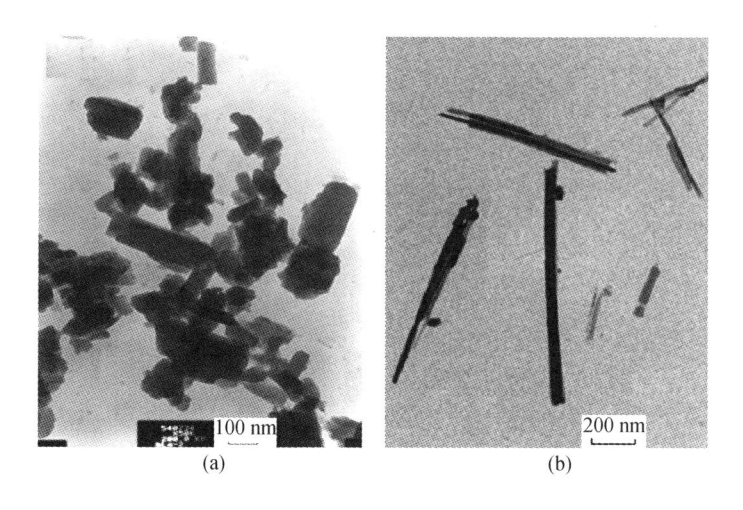

图 4 - 63　水作溶剂制得(a)的、50% 乙醇作溶剂制得(b)的 n - LaPht 的 TEM 照片

可见，溶剂对配合物粒子的长度有很大影响，随着乙醇的比例提高，纳米棒状粒子的长度也随之增长。其原因可能是：在水溶液中，水的极性比配合物的极性稍大一些，这种极性的差异导致水对配合物有一种弱的排斥驱动力，使粒子生

长基元较为快速地靠近晶核,没有充分的时间择优取向。另外,水的极性也大于 PEG－200,由于极性的差异,使 PEG－200 在水溶剂中以弯曲状态存在。同时 PEG－200 与配合物的极性相近,使得 PEG－200 趋向于和配合物粒子靠近,对 纳米晶核形成环绕周围的包裹,从而抑制了晶核在某一晶面的优势生长,故形成 长度较短的棒状粒子。

在 50% 乙醇溶液中,由于乙醇的极性与配合物的极性相近,乙醇对配合物 的分散性比水好很多,这就使得晶核和粒子生长基元之间有充分的时间进行择 优取向排列,配合物晶体的生长表现出明显的各向异性,在某一晶面出现优势生 长。另外,乙醇与 PEG－200 的极性较为接近,PEG－200 在溶液中可能以锯齿 形线状伸展的构象存在。当纳米棒状粒子形成后,以线状伸展的 PEG－200 分 子沿着棒状粒子的轴向形成包裹层,使粒子生长基元只能从棒状粒子的端口接 近,故纳米粒子向两端方向生长,从而形成较长的棒状粒子,甚至有少量的纳米 线生成。

4.4.2.6　纳米 2,4－二羟基苯甲酸铅(n－PbDHBen)

主要原料为 2,4－二羟基苯甲酸和 Pb^{2+},依 4.4.1 节所述制备原理进行制 备。对于纳米 2,4－二羟基苯甲酸铅配合物的结构表征如下。

图 4－64 为 2,4－二羟基苯甲酸(2,4－DHBA)和纳米 2,4－二羟基苯甲 酸铅配合物(n－PbDHBen)在 400～4000cm^{-1} 范围内的 FTIR 谱图。与配体相比, 配合物中的—COOH 的 $\nu_{(C=O)}$(1652.9cm^{-1})和 $\nu_{(C-O)}$(1232.4cm^{-1})这 2 个伸 缩振动吸收峰在配合物中已经消失,出现 2 个新的吸收峰 1566.1cm^{-1} 和

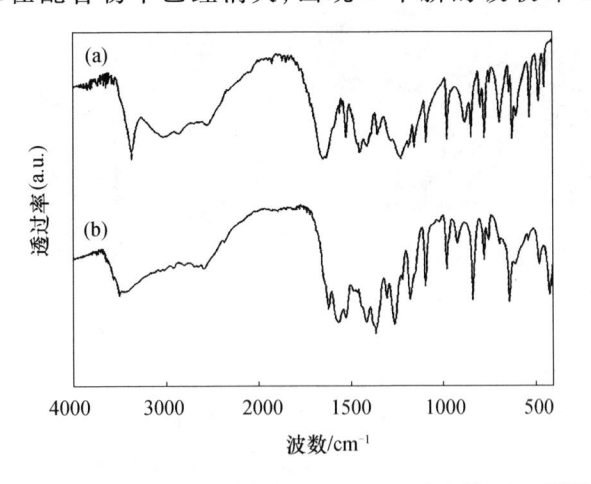

图 4－64　2,4－DHBA(a)和 n－PbDHBen(b)的 FTIR 谱图

1350.1cm^{-1},它们分别属于羧酸根(—COO$^-$)的 ν_{as} 和 ν_s。这两个特征吸收峰的 $\Delta\nu = \nu_{as} - \nu_s$ 值为216cm^{-1},与羧基单齿配位的 $\Delta\nu$ 值相符,由此推知配合物中的羧基氧以单齿配位的方式与 Pb(Ⅱ)配位成键。在418.5cm^{-1}处出现一个新的吸收峰,可被指认为 Pb—O 吸收峰。位于3510.2cm^{-1}处的吸收峰应归属于酚—OH 的吸收峰,说明配合物仍含有—OH。在3431.6cm^{-1}处有一宽的吸收带,该吸收峰应属于 H$_2$O 的吸收峰,说明配合物含有结晶水。

n-PbDHBen 的 TG-DSC 曲线如图4-65所示。可以看出,在180℃前,TG 曲线上有轻微质量损失,是样品脱除物理吸附的水分和乙醇所致。在180~450℃范围内,TG 曲线上有4个质量损失台阶,对应 DSC 曲线上,190~225℃有1个小的吸热峰,225~300℃区间出现1个强的放热峰,300~450℃范围内有1个强且复杂的放热峰,说明配合物经历了复杂的分解过程。在450℃的残余物中除了有黄色粉末外,还有黑色和具有金属光泽的灰色物质存在,表明残余物中含有分解生成的炭黑和金属铅。至600℃时,残余物为黄色粉末,表明已完全生成了 PbO。最终残余物的质量分数为58.11%。与 PbC$_7$H$_4$O$_4$·2H$_2$O 中 PbO 的理论百分含量(56.46%)基本相符。

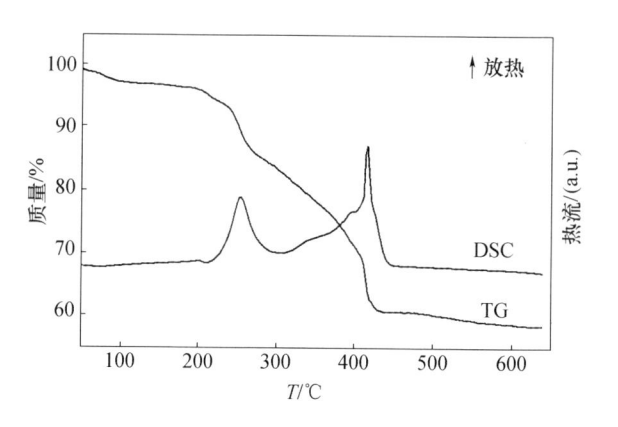

图4-65 n-PbDHBen 的 TG-DSC 曲线

图4-66是 n-PbDHBen 的 TEM 照片。可以看出,粉体为棒状粒子,粒径宽约15nm,长约40nm,分散性较好。

4.4.2.7 纳米2,4-二羟基苯甲酸铜(n-CuDHBen)

主要原料为2,4-二羟基苯甲酸和 Cu^{2+},依4.4.1节所述制备原理进行制备。对于纳米2,4-二羟基苯甲酸铜配合物的结构表征如下。

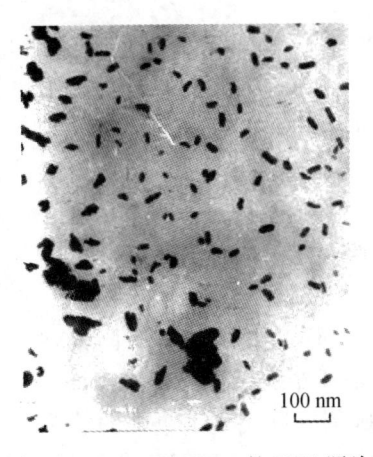

图 4 -66　n - PbDHBen 的 TEM 照片

图 4 -67 为 2,4 - 二羟基苯甲酸(2,4 - DHBA)和纳米 2,4 - 二羟基苯甲酸铜配合物(n - CuDHBen)的 FTIR 谱图。可以看出,与配体相比,配合物位于 $2500 \sim 3000 \mathrm{cm}^{-1}$ 范围内较宽的—COOH 的 $\nu_{(-OH)}$ 吸收峰在配合物中已经消失,说明游离羧基已去质子化。配体中的—COOH 的 $\nu_{as(C=O)}$ ($1652.9 \mathrm{cm}^{-1}$)和 $\nu_{s(C-O)}$ ($1232.4 \mathrm{cm}^{-1}$),在配合物中已经分别移至 $1624.0 \mathrm{cm}^{-1}$ 和 $1334.6 \mathrm{cm}^{-1}$。这两个特征吸收峰的 $\Delta\nu = \nu_{as} - \nu_s$ 值为 $225.7 \mathrm{cm}^{-1}$,这个数值与典型的羧基氧单齿式配位的 $\Delta\nu$ 值($180 \sim 300 \mathrm{cm}^{-1}$)吻合,由此可以推知:配合物中的羧基氧是以单齿式与 Cu(Ⅱ)配位成键的。配体在位于 $3375.2 \mathrm{cm}^{-1}$ 处的 ν_{OH} 尖锐的吸收峰,在配合物中明显的弱化了,也正是说明了 2 位上的羟基已经和 Cu 形成的 Cu—O 键,只剩下 4 位上的 ν_{OH} 的缘故。另外,配合物在位于 $418.5 \mathrm{cm}^{-1}$ 处出现新的吸

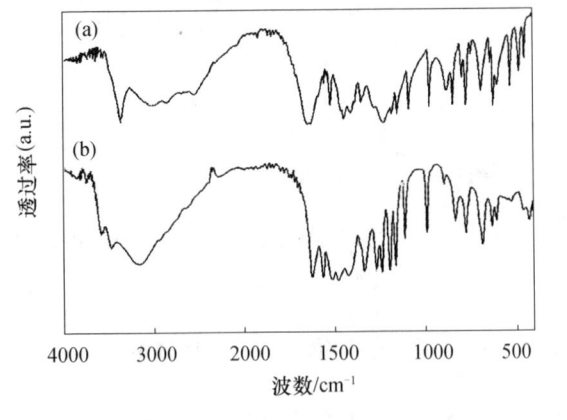

图 4 -67　2,4 - DHBA(a)和 n - CuDHBen(b)的 FTIR 谱图

收峰,可归属为 Cu—O 吸收峰。

n – CuDHBen 的 C、H 及 Cu 含量测试结果(括号内为理论值,%)为:C 34. 23(33.41),H 3.24(3.20),Cu 25.73(25.25),符合由 1 个 Cu(Ⅱ)与 1 分子配体及 2 分子 H_2O 组成的 n – CuDHBen 的化学简式:$CuC_7H_4O_4 \cdot 2H_2O$。

从 TEM 照片(图略)可以看出,n – CuDHBen 的平均粒径约为 50 nm,呈类球形。

4.4.2.8　纳米对氨基苯甲酸铅(n – PbPAB)

主要原料为对氨基苯甲酸和 Pb^{2+},依 4.4.1 节所述制备原理进行制备。对于纳米对氨基苯甲酸铅配合物的结构表征如下。

图 4 – 68(a)、(b)分别为对氨基苯甲酸(PABA)和纳米对氨基苯甲酸铅配合物(n – PbPAB)的 XRD 图。可以看出,配体在 7.50°、13.82°、15.28°、21.84°、24.92°、27.14°和 35.78°等处有较强的特征衍射峰。而配合物在 7.78°、10.14°、12.04°、15.70°、17.66°和 24.62°等位置有一系列的特征衍射峰。对比发现,配合物与配体的对氨基衍射峰完全不同,说明配合物是一种新的物质。另外,配合物的衍射峰强度较弱且有宽化现象,说明粒径较小。

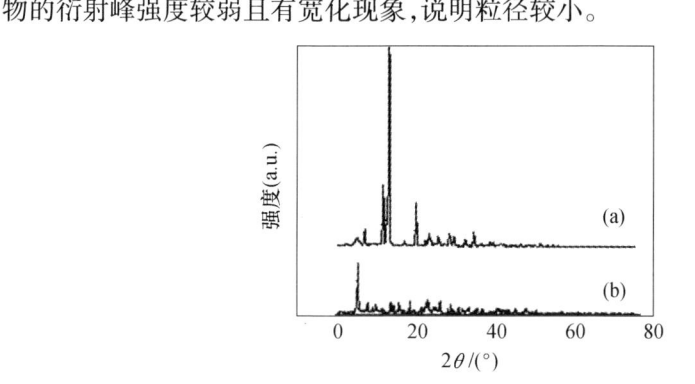

图 4 – 68　PABA(a)和 n – PbPAB(b)的 XRD 图

图 4 – 69(a)、(b)分别是 PABA 和 n – PbPAB 在 400 ~ 4000cm^{-1} 的 FTIR 谱图。可以看出,在 2500 ~ 3300cm^{-1} 范围内属于羧基的一系列肩式泛频吸收带在配合物中已消失,同时配体中羧基的振动峰 $\nu_{(C=O)}$(1663cm^{-1})、$\nu_{(C-O)}$(1421cm^{-1})以及 δ_{OH}(1291cm^{-1})在配合物中也已消失,形成两个新的吸收峰 1588cm^{-1} 和 1428cm^{-1},分别归属于羧酸根的 ν_{as} 和 ν_s,说明羧基已去质子化;并且两者差值为 160cm^{-1},这与羧酸根单齿配位的数据 169cm^{-1} 相近,可推断配位形式为桥式配位成盐。而原本属于配体的 2 个氨基的 $\nu_{(N-H)}$ 吸收峰 3460cm^{-1} 和 3465cm^{-1},在配合物中也已发生变化,分别红移至 3425cm^{-1} 和 3449cm^{-1},而

$\delta_{(N-H)}(1600\mathrm{cm}^{-1})$已蓝移至$1607\mathrm{cm}^{-1}$,说明氨基未参与配位反应。

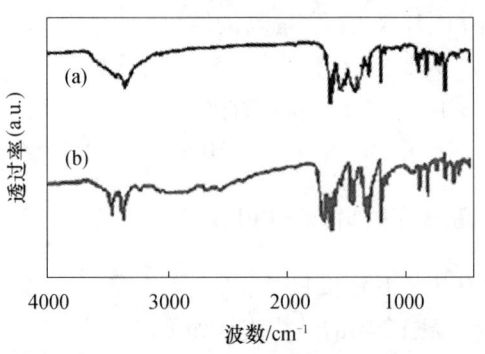

图4-69　PABA(a)和n-PbPAB(b)的FTIR谱图

n-PbPAB的C、H及Pb含量测试结果(括号内为理论值,%)为:C 33.49 (34.92),H 2.72 (2.91),Pb 43.20 (43.03),N 4.96 (5.82)。分析得到n-PbPAB的化学组成为$PbC_{14}H_{12}O_4N_2$。

n-PbPAB的TG-DTG和DSC曲线分别见图4-70和图4-71。可以看出,n-PbPAB的热分解分为4个过程,分别对应DSC曲线上的两个尖锐的吸热峰和一个较宽的放热峰。首先在304~311℃之间又一陡直的质量损失段,质量损失率2.82%。后在311~341℃之间又有一陡直的质量损失段,质量损失率22.87%。后在341~474℃之间质量损失率12.22%。之后是一平缓的质量损失段,为分解的碳的缓慢氧化造成。分解完全后,最终残余物的质量分数为60.88%,残余物经XPS分析中含有76.46%的PbO和少量的碳,所以,配合物中PbO的实测值为46.54%,这一数据与$PbC_{14}H_{12}O_4N_2$中PbO的理论百分含量(46.55%)接近。结合元素分析和FTIR的结果,可进一步确定n-PbPAB的化学简式为$Pb(NH_2C_6H_4COO)_2$。

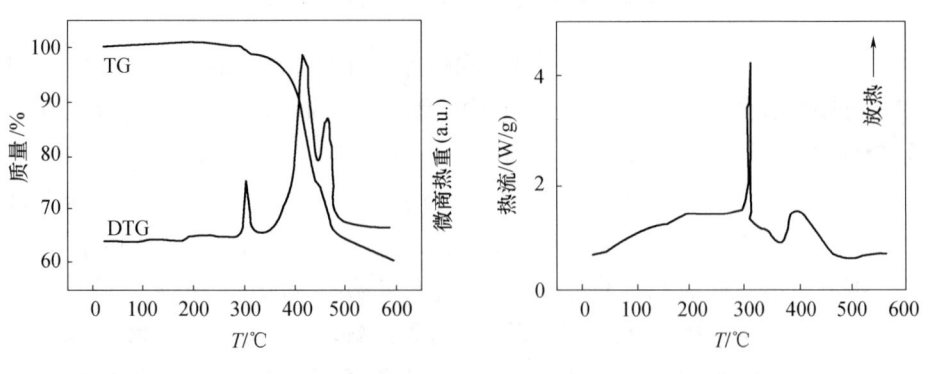

图4-70　n-PbPAB的TG-DTG曲线　　　图4-71　n-PbPAB的DSC曲线

图 4 - 72(a)、(b)分别为放大 5 万倍和 10 万倍的 n - PbPAB 的 TEM 照片。可以看出 n - PbPAB 呈片状,长度为 60 ~ 110nm,宽度为 30 ~ 70nm,分散性较好。

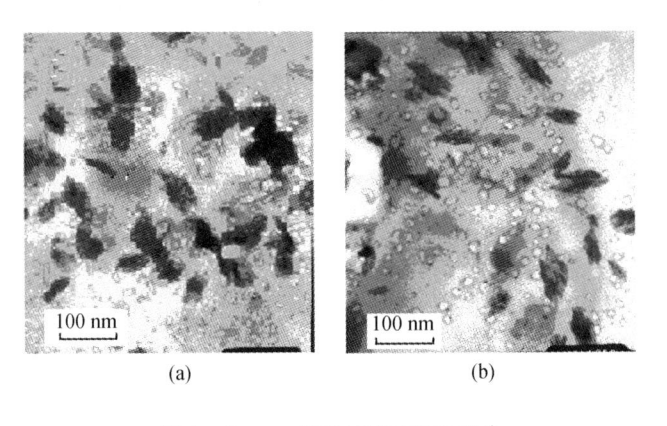

(a)   (b)

图 4 - 72   n - PbPAB 的 TEM 照片

4.4.2.9　纳米对氨基苯甲酸铜(n - CuPAB)

主要原料为对氨基苯甲酸和 Cu^{2+},依 4.4.1 节所述制备原理进行制备。对于纳米对氨基苯甲酸铜配合物的结构表征如下。

图 4 - 73 为对氨基苯甲酸(PABA)和纳米对氨基苯甲酸铜配合物(n - CuPAB)的 XRD 图。可以看出,配体在 7.50°、13.82°、15.28°、21.84°、24.92°、27.14°及 35.78°等位置有较强的特征衍射峰。而配合物在 8.66°、12.20°、13.72°、17.42°、19.48°、24.20°及 31.72°等位置有一系列的特征衍射峰。配合物与配体的衍射峰完全不相同,配合物的衍射峰强度较弱且有宽化现象,说明粒径较小。

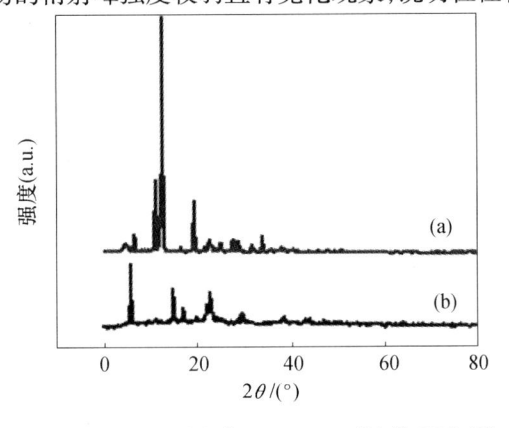

图 4 - 73   PABA(a)和 n - CuPAB(b)的 XRD 图

图 4 - 74 是 PABA 和 n - CuPAB 在 400 ~ 4000cm^{-1}范围内的 FTIR 谱图。与配体相比,在配合物中,位于 2500 ~ 3000cm^{-1}范围内属于羧基的泛频吸收带以及—OH 的面外弯曲振动峰 924cm^{-1}在配合物中已经消失,说明羧基已失去质子。—COOH 的 $\nu_{(C=O)}$ (1662cm^{-1}) 和 $\nu_{(C-O)}$ (1290cm^{-1}) 这 2 个伸缩振动吸收峰在配合物中也已经消失,出现 2 个新的吸收峰 1610cm^{-1}和 1383cm^{-1},它们分别属于羧酸根(—COO^{-})的 ν_{as} 和 ν_s。这两个特征吸收峰的 $\Delta\nu = \nu_{as} - \nu_s$值为 227cm^{-1},与典型的羧基单齿配位的 $\Delta\nu$ 值比较接近,由此可推知配合物中的羧基氧以单齿配位的方式与 Cu(Ⅱ)配位成键。在 445cm^{-1}处出现一个新的吸收峰,该吸收峰归属为 $\nu_{(O-M)}$ 吸收峰。配合物中位于 3240.0cm^{-1}和 3139.3cm^{-1}处的两个吸收峰分别为氨基(—NH$_2$)的 ν_{as} 和 ν_s 吸收带,在 1622.0cm^{-1}处的吸收峰属于 N—H 面内弯曲振动吸收峰,说明配体中的氨基(—NH$_2$)仍然以游离形式存在,没有参与配位反应。配合物在 3425.3cm^{-1}处有一宽的吸收带,为了证明该峰的归属,我们将配合物样品与 KBr 混合压制成的薄片在 120℃干燥 15min,再测定其 FTIR 谱图,3425.3cm^{-1}处的吸收带会消失,这说明该吸收峰应属于 H$_2$O 的吸收峰,进一步说明配合物含有结晶水。从图中还可发现,用水作溶剂制得的配合物(图 4 - 74(a))和用 95% 乙醇作溶剂所制得的配合物(图 4 - 74(b))的 FTIR 谱图完全相同,说明在这 2 种溶剂中所形成的配合物具有相同的分子结构。

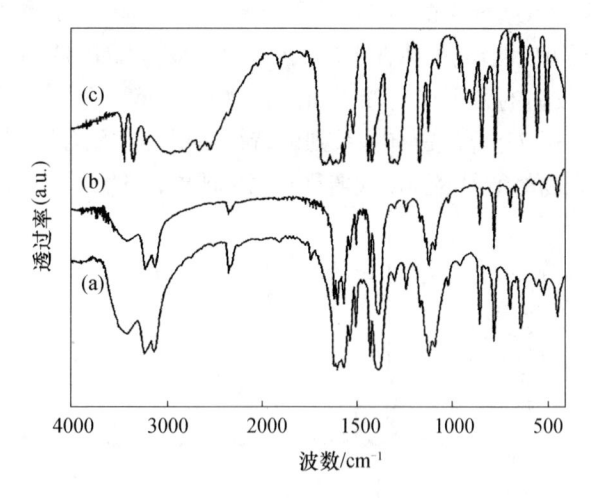

图 4 - 74　PABA (c)和 n - CuPAB 的 FTIR 谱图

制备 n - CuPAB 所用溶剂:(a) 水;(b) 95% 乙醇。

n-CuPAB 的 TG-DSC 曲线如图 4-75 所示。可以看出，当温度升至 150℃左右配合物开始分解，至 350℃分解完全。在此温度范围内，TG 曲线上有 3 个垂直质量损失台阶，分别对应于 DSC 曲线中的 2 个放热峰和 1 个放热肩峰。当温度升至 350℃时，TG 曲线达到最低点，样品质量损失率达 81.4%，此时残余物中有暗红色和红色物质产生，说明有金属 Cu 和 Cu_2O 生成。随着温度继续升高，TG 曲线又往上抬升，残余物质量缓缓增加，该阶段应为金属 Cu 和 Cu_2O 在空气气氛中继续氧化成 CuO，故使残余物质量增加。至 600℃时，残余物为黑色粉末，表明已完全生成了 CuO，最终残余物的质量分数为 21.04%，与 $Cu(NH_2C_6H_4COO)_2 \cdot 2H_2O$ 中 CuO 的理论百分含量（21.38%）基本吻合。

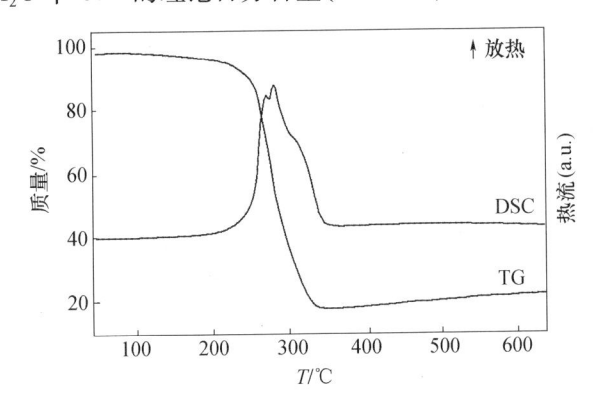

图 4-75　n-CuPAB 的 TG-DSC 曲线

图 4-76 是水作溶剂所得 n-CuPAB 的 TEM 照片，可以看出，粉体为棒状粒子，宽度约为 20nm，长度为 60~80nm，分散性较好。

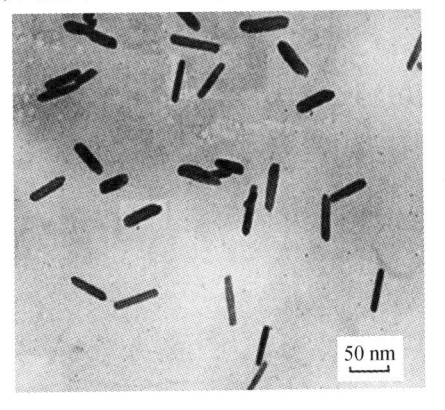

图 4-76　n-CuPAB 的 TEM 照片

243

4.4.2.10　纳米 3 – 硝基邻苯二甲酸铅(n – PbNPht)

主要原料为 3 – 硝基邻苯二甲酸和 Pb^{2+}，依 4.4.1 节所述制备原理进行制备。对于纳米 3 – 硝基邻苯二甲酸铅配合物的结构表征如下。

图 4 – 77(a)、(b)、(c)分别为为醋酸铅(Pb(AC)₂·3H₂O)、3 – 硝基邻苯二甲酸(3 – NPht)和纳米 3 – 硝基邻苯二甲酸铅配合物(n – PbNPht)的 XRD 强度曲线。可以看出，配合物在 0°～30°之间有较强的特征衍射峰；配体在 11.13°、12.06°、14.2°和 26.36°等位置有一系列的特征衍射峰；而配合物在 6.26°、12.58°、21.98°、22.48°和 24.14°等位置有一系列的特征衍射峰。对比发现，配合物与两种原料的衍射峰均不相同，也未出现 Pb 和 Pb(OH)₂ 的特征衍射峰，说明配合物是一种新的物质。由此推测 3 – NPht 与 Pb(II)形成了配合物。另外，配合物的衍射峰低矮且有宽化现象，说明粒径较小。

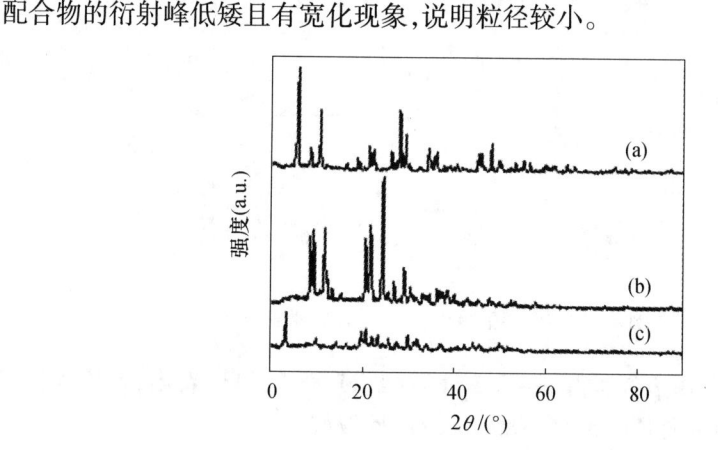

图 4 – 77　Pb(AC)₂·3H₂O (a)、3 – NPht(b)和 n – PbNPht(c)的 XRD 图

n – PbNPht 的 C、H 及 Pb 含量测试结果(括号内为理论值,%)为：C 23.21 (23.07)，H 0.89 (0.72)，Pb 49.13 (49.68)。分析得到 n – PbNPht 化学组成为 $PbC_8H_3O_6N$。

图 4 – 78(a)、(b)分别是采用 KBr 压片法摄取的 n – PbNPht 和 3 – NPht 在 400～4000cm⁻¹ 范围内的 FTIR 谱图。与 3 – NPht 相比，n – PbNPht 位于 2500～3300cm⁻¹ 范围内宽而散的固态羧酸二聚体的 $\nu_{(-OH)}$ 已经消失，说明羧基已去质子化；同时 3 – NPht 中羧基的 $\nu_{as(C=O)}$(1719cm⁻¹)和 $\nu_{s(C-O)}$(1244cm⁻¹)在粉体中已消失，而形成两个新峰 1587cm⁻¹ 和 1411cm⁻¹，分别归属于 n – PbNPht 粉体中的—COOPb 的 $\nu_{as(C=O)}$ 和 $\nu_{s(C-O)}$。而且这两个特征吸收峰的 $\Delta\nu$(ν_{as} 与 ν_s 差值)为 176cm⁻¹，与羧基氧以桥式配位的 $\Delta\nu$ 值(169cm⁻¹)相近，由此可推知 n –

PbNPht 中的羧基氧以桥式与 Pb(Ⅱ)离子配位成键。这明 3 – NPht 中的 2 个羧酸根均与 Pb(Ⅱ)离子形成了配位健,且它们的配位方式均相同[51]。同时 3 – NPht 中苯环上的硝基的 $\nu_{as(C=O)}$(1536cm^{-1})和 $\nu_{s(C=O)}$(1353cm^{-1})在粉体中都发生红移,形成粉体苯环上的硝基的 $\nu_{as(C=O)}$(1528cm^{-1})和 $\nu_{s(C=O)}$(1343cm^{-1})。另外,配体中属于羧基的吸收峰(407cm^{-1})在粉体中已消失,而位于421cm^{-1}出现新的吸收峰,可归属为 Pb—O 吸收峰。

n – PbNPht 的 TG – DTG 曲线如图 4 – 79 所示。可以看出,当温度升至275℃开始分解。在 275~311℃ 区间内,TG 曲线上有一较明显的垂直质量损失台阶,在 311~361℃ 范围内有一段轻度的质量损失台阶,361~442℃ 之间,又有 1 个较大的质量损失台阶,442℃ 以后,TG 曲线还有平缓的轻度质量损失;至600℃分解完全。分解完全后,最终残余物质量分数 54.27%。与 n – PbNPht 中PbO 的理论百分含量值(53.61%)比较接近。结合元素分析和 FTIR 的结果,可进一步确定 n – PbNPht 的化学简式为 Pb[C$_6$H$_3$NO$_2$·(COO)$_2$]。由此推断配合物由 Pb(Ⅱ)与一分子 3 – NPht 配体形成。

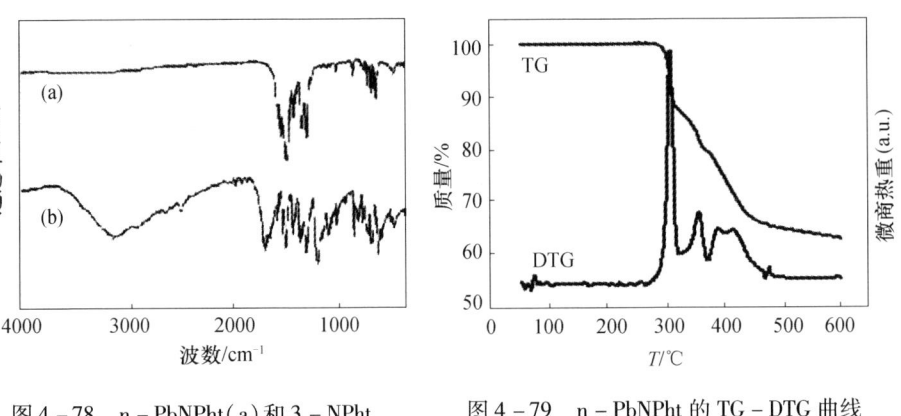

图 4 – 78　n – PbNPht(a)和 3 – NPht　　　图 4 – 79　n – PbNPht 的 TG – DTG 曲线
　　　　　(b)的 FTIR 谱图

图 4 – 80(a)、(b)分别为加入不同量的 PEG – 200 所制备的 n – PbNPht 的TEM 照片。图(a)为添加 8%(*V/V*)PEG – 200 制备的配合物,粒子形状为链球型,平均粒径约为 85nm。图(b)为添加 2%(*V/V*)PEG – 200 制备的配合物,粒子也为链球形,但平均粒径大于 100nm。

制备的配合物激光粒度测试结果见表 4 – 14。可以看出,所制备的配合物粒子 75% 左右粒度在 100nm 以下,在 100~140nm 范围内的粒子只有少数,但数均粒径为 83nm。

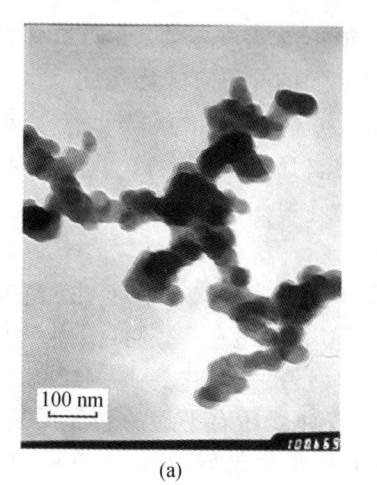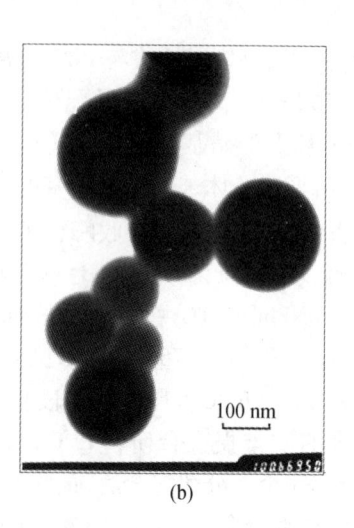

(a)   (b)

图 4 - 80   n - PbNPht 的 TEM 照片

PEG - 200 用量(*V/V*):(a) 8%;(b) 2%。

表 4 - 14   n - PbNPht 激光粒度测试数据

粒径/nm	58.77	68.06	78.82	91.28	105.7	122.4	141.8
数量/%	6.23	20.46	27.43	20.99	11.56	5.73	3.54

4.4.2.11   纳米 3,5 - 二硝基水杨酸铅(n - PbDNS)

主要原料为 3,5 - 二硝基水杨酸和 Pb^{2+},依 4.4.1 节所述制备原理进行制备。对于纳米 3,5 - 二硝基水杨酸铅配合物的结构表征如下。

图 4 - 81(a)、(b)分别为 3,5 - 二硝基水杨酸(3,5 - DNSA)和纳米 3,5 - 二硝基水杨酸铅配合物(n - PbDNS)的 XRD 图。可以看出,配体在 6.88°、17.16°、9.74°、12.58°、16.30°、18.72°、20.76°、24.50°、25.72°、32.98°和 38.36°有较强的特征衍射峰,而配合物在 8.52°、11.62°、19.60°、24.26°、25.66°、27.68°、33.58°和 34.20°等位置有一系列的特征衍射峰。对比发现,配合物与配体的衍射峰完全不相同,说明其是一种新的物质。另外,配合物粉体的衍射峰强度较弱,且有宽化现象,说明粒径较小。

图 4 - 82(a)、(b)分别是 3,5 - DNSA 和 n - PbDNS 配合物在 400 ~ 4000cm^{-1}的 FTIR 谱线。可以看出,在 2500 ~ 3300cm^{-1}范围内属于羧基的一系列肩式泛频吸收带在配合物中已消失,同时配体中羧基的振动峰 $\nu_{(C=O)}$ (1674cm^{-1})、$\nu_{(C-O)}$ (1453cm^{-1})以及 δ_{OH} (1297cm^{-1})在配合物中也已消失,形成两个新的吸收峰

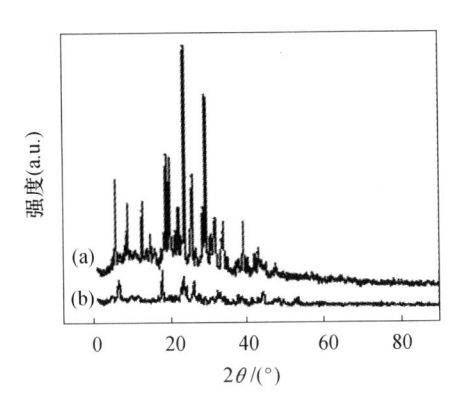

图 4 – 81　3,5 – DNSA(a)和 n – PbDNS(b)的 XRD 图

$1606cm^{-1}$ 和 $1340cm^{-1}$,分别归属于羧酸根的 ν_{as} 和 ν_s,说明羧基已去质子化;并且两者差值为 $266cm^{-1}$,这与羧酸根单齿配位的数据($289cm^{-1}$)相近,可推断配位形式为单齿配位成盐。而原本属于配体的 2 个硝基的吸收峰 $1533cm^{-1}$ 和 $1337cm^{-1}$,在配合物中已发生变化,分别蓝移和红移至 $1511cm^{-1}$ 和 $1338cm^{-1}$。

　　n – PbDNS 的 C、H 及 Pb 含量测试结果(括号内为理论值,%)为:C 19.13 (19.39),H 0.65 (0.46),Pb 49.60 (47.81),N 6.34 (6.46)。分析得到 n – PbDNS 的化学组成为 $PbC_7H_2O_7N_2$。

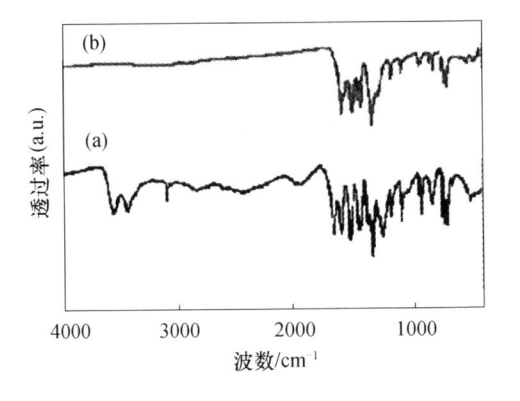

图 4 – 82　3,5 – DNSA(a)和 n – PbDNS(b)的 FTIR 谱图

　　图 4 – 83 和图 4 – 84 分别为 n – PbDNS 的 TG – DTG 和 DSC 曲线。可以看出,n – PbDNS 的 TG 曲线明显分为两段,但图 2 – 39 中的 DSC 曲线上只出现了一个放热峰与 TG 曲线第一阶段对应。配合物首先在 313～332℃之间有一陡直的质量损失台阶,质量损失率为 21.94%。然后在 459℃分解完全。分解完全

后,最终残余物质量分数 59.81%,XPS 分析其中含有少量的碳和大量的 PbO,该数据与 $PbC_7H_2O_7N_2$ 中 PbO 的理论百分含量(51.50%)比较接近。结合元素分析和 FTIR 的结果,可进一步确定 n – PbDNS 的化学组成为 $PbC_7H_2O_7N_2$。

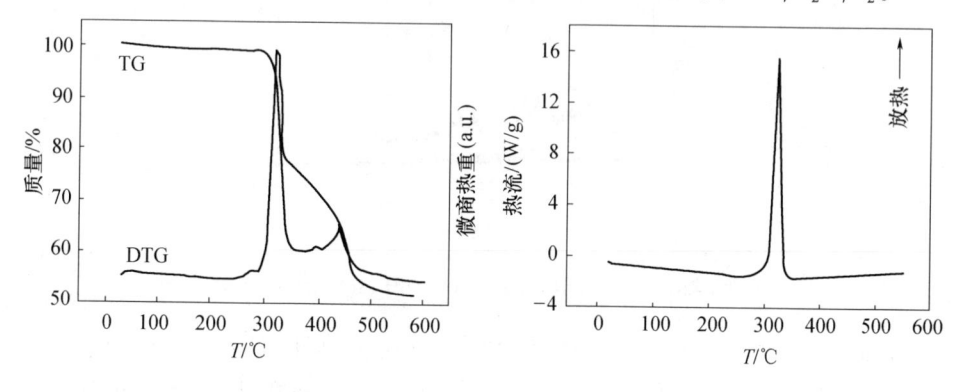

图 4 – 83 n – PbDNS 的 TG 曲线   图 4 – 84 n – PbDNS 的 DSC 曲线

从 TEM 照片(图略)可以看出,n – PbDNS 粉体呈球状,平均粒径约为 95nm,分散性较好。粉体经激光粒度仪测定,可知 75% 左右的粒子粒度在 100nm 以下,只有少数粒子粒度在 100 ~ 140nm 范围内。

4.4.2.12 纳米对硝基苯甲酸铅(n – PbPNB)

主要原料为对硝基苯甲酸和 Pb^{2+},依 4.4.1 节所述制备原理进行制备。对于纳米对硝基苯甲酸铅配合物的结构表征如下。

图 4 – 85(a)、(b)分别为对硝基苯甲酸(PNBA)和纳米对硝基苯甲酸铅配

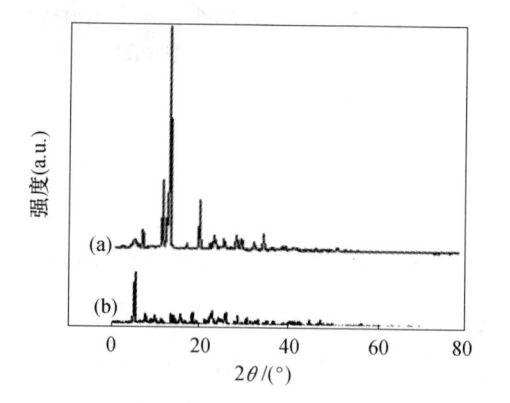

图 4 – 85 PNBA(a)和 n – PbPNB(b)的 XRD 图

248

合物(n-PbPNB)的 XRD 强度曲线。可以看出,配体在 8.00°、11.82°、16.10°、19.64°、18.72°、23.78°、25.28、27.60 和 31.42°等处有较强的特征衍射峰,而配合物在 6.88°、7.16°、9.74°、12.58°、20.76°、24.50°和 25.08°等处有一系列的特征衍射峰。对比发现,配合物与配体的衍射峰不同,说明配合物是一种新的物质。另外,配合物的衍射峰强度较弱且有宽化现象,说明粒径较小。

图 4-86(a)、(b)分别是 PNBA 和 ṅ-PbPNB 在 400~4000cm^{-1}的 FTIR 谱图。可以看出,在 2500~3300cm^{-1}范围内属于羧基的一系列肩式泛频吸收带在配合物中已消失,同时配体中羰基的振动峰 $\nu_{(C=O)}$(1692cm^{-1})、$\nu_{(C-O)}$(1428cm^{-1})以及 δ_{O-H}(1278cm^{-1})在配合物也已消失,形成两个新的吸收峰 1566cm^{-1}和 1407cm^{-1},说明羧基已去质子化;并且两者差值为 159cm^{-1},这与羧酸桥式配位的数据(160cm^{-1})相近,可推断配位形式为桥式配位成盐。而原本属于配体的 2 个硝基的吸收峰 1547cm^{-1}和 1351cm^{-1},在配合物中已发生变化,分别红移至 1522cm^{-1}和 1345cm^{-1}。

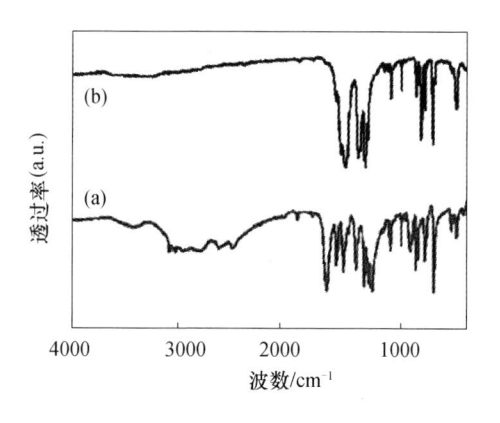

图 4-86 PNBA(a)和 n-PbPNB(b)的 FTIR 谱图

n-PbPNB 的 C、H 及 Pb 含量测试结果(括号内为理论值,%)为:C 31.89(31.16),H 1.40(1.48),Pb 38.80(38.40),N 5.77(5.19)。分析表明,n-PbPNB 的化学组成为 PbC$_{14}$H$_8$O$_8$N$_2$。

n-PbPNB 的 TG-DTG 和 DSC 曲线如图 4-87 和图 4-88 所示。可以看出,配合物分解为 4 个阶段。首先在 307~342℃之间有一平缓的质量损失台阶,质量损失率 4.89%。在 342~390℃之间有一陡直的质量损失台阶,质量损失率 9.75%。在 390~490℃之间又有一明显的质量损失,质量损失率 9.26%。在 484℃粉体分解完全。这 4 个分解阶段分别对应 DSC 曲线上的 4 个峰。最终残余物的质量分数为67.80%,XPS分析其中含有68.65%的PbO和少量的碳,这一结果与氮气气氛中实验,碳不能完全被氧化有关。所以,配合物中PbO的实测值为46.05%,这一数据与$Pb(C_7H_4O_4N)_2$中PbO的理论百分含量(43.55%)比较接近。结合元素分析和FTIR的结果,可进一步确定配合物的化学简式为$Pb(C_7H_4O_4N)_2$。

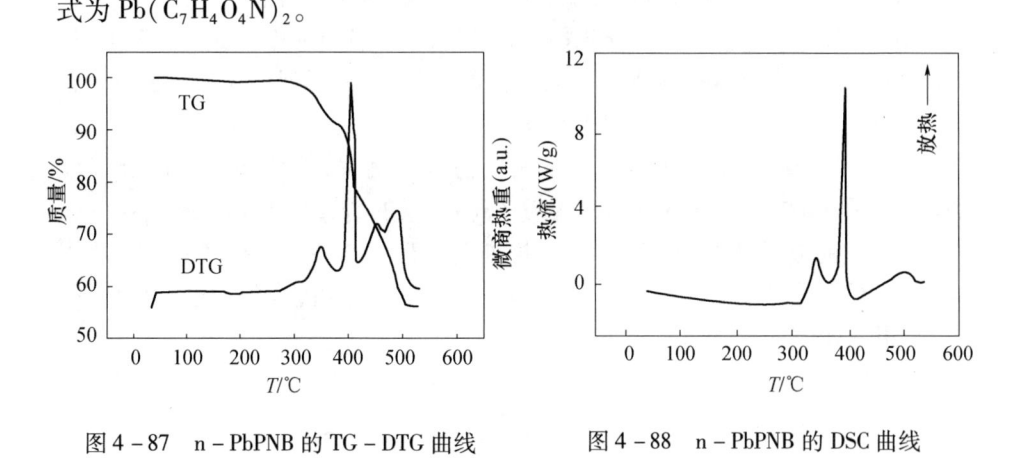

图4-87　n-PbPNB的TG-DTG曲线　　　图4-88　n-PbPNB的DSC曲线

从TEM照片(图略)可以看出,n-PbPNB呈棒状,长度为30~70nm,宽度约为20nm,分散性较好。

4.4.2.13　纳米硬脂酸铅(n-PbSte)

主要原料为硬脂酸和Pb^{2+},依4.4.1节所述制备原理进行制备。对于纳米硬脂酸铅配合物的结构表征如下。

图4-89是3种纳米硬脂酸铅配合物(n-PbSte)的XRD图。图(a)是用无水乙醇作溶剂制备的配合物,图(b)和配合物图(c)分别是用95%乙醇作溶剂以及不同的硬脂酸浓度所制备的配合物。可以看出,配合物的特征衍射峰位置为7.22°、9.06°、10.9°、12.74°、14.58°、16.38°、18.3°、20.22°和21.66°,与PDF标准卡片上的硬脂酸铅的XRD特征衍射峰相吻合,说明配合物为硬脂酸铅。用不同条件制备的3种配合物的XRD图相同,而且它们的FTIR谱图也相同,说明它们是晶型相同的同种物质。另外,配合物的衍射峰强度较弱,有宽化现象,说明配合物粒径较小。

n-PbSte的C、H及Pb含量测试结果(括号内为理论值,%)为:C 56.01(55.85)、H 9.16 (9.11)、Pb 26.23 (26.77)。计算得出配合物的化学组成为$PbC_{36}H_{70}O_4$,符合由1个Pb(Ⅱ)与2分子配体组成的配合物的化学简式为$Pb(C_{17}H_{35}COO)_2$。

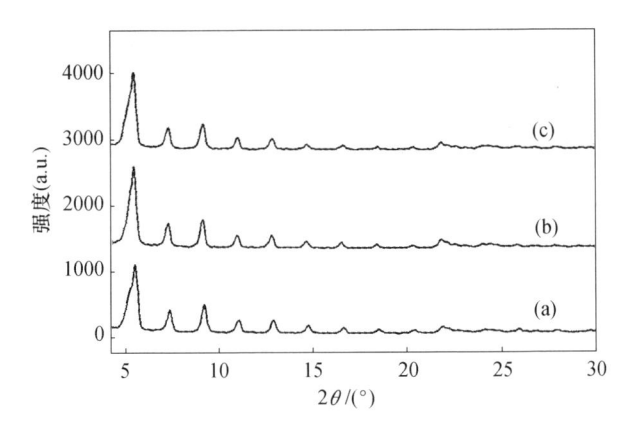

图 4 - 89　n - PbSte 的 XRD 图

溶剂:(a) 无水乙醇;(b)、(c) 95% 乙醇. $c_{Pb(Ac)2}$/(mol/L);(a) 0.10;(b) 0.10;(c) 0.05。

图 4 - 90 是硬脂酸(SA)和硬脂酸铅配合物(n - PbSte)在 400 ~ 4000cm^{-1} 范围内的 FTIR 谱图。与硬脂酸相比,在配合物中,有 2 个属于甲基(—CH$_3$)和亚甲基(CH$_2$)的特征吸收峰 ν_{as}(2850.6cm^{-1})和 ν_s(2918.1cm^{-1})仍然存在;—COOH 的泛频吸收峰 2677.0cm^{-1} 和羟基面外弯曲振动峰 935.4cm^{-1} 在配合物中已经消失,说明—COOH 已经去质子化;—COOH 的 $\nu_{(C=O)}$(1701.1cm^{-1})和 $\nu_{(C-O)}$(1294.1cm^{-1})这 2 个伸缩振动吸收峰在配合物中已经消失,出现 2 个新的吸收峰 1514.0cm^{-1} 和 1419.5cm^{-1},它们分别属于羧酸根(—COO$^-$)的 ν_{as} 和 ν_s。这两个特征吸收峰的 $\Delta\nu = \nu_{as} - \nu_s$ 值为 94.5cm^{-1},与典型的羧基双齿配位的 $\Delta\nu$ 值(80cm^{-1})比较接近,由此推知配合物中的羧基氧以双齿配位的方式与 Pb(Ⅱ)配位成键。

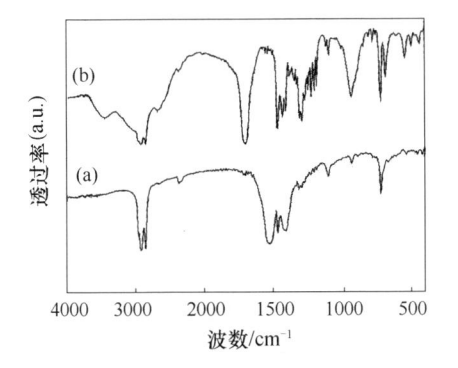

图 4 - 90　n - PbSte(a) 和 SA(b) 的 FTIR 谱图

n‑PbSte 的 TG‑DSC 曲线如图 4‑91 所示。可以看出，在 DSC 曲线上，在 110℃ 处有 1 个小的吸热峰，而 TG 曲线在此温度上并无质量损失，因此该峰应属于配合物熔化吸热峰；TG 曲线在 280～370℃ 温度区间内，有一明显的垂直下降段，对应于 DSC 曲线上有一个放热峰，在 370～460℃ 范围内又有一质量损失台阶，对应于 DSC 曲线上一个较宽的放热峰，这 2 个阶段均是配合物样品分解氧化的放热反应。最终残余物的质量百分含量 28.26%，与 Pb(C₁₇H₃₅COO)₂ 中 PbO 的理论百分含量(28.83%)基本相符。

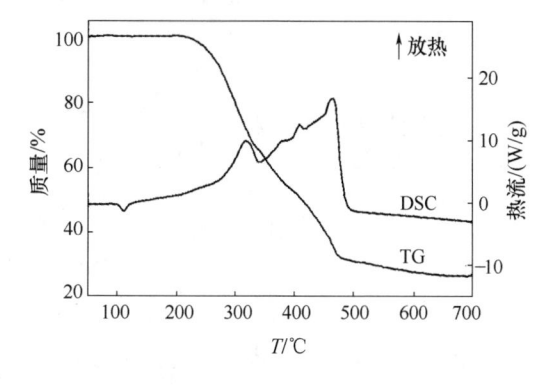

图 4‑91　n‑PbSte 的 TG‑DSC 曲线

图 4‑92 为 n‑PbSte 的 TEM 照片。粒子为类球形，分散性好，颗粒粒径 10～30nm，平均粒径约为 25nm。

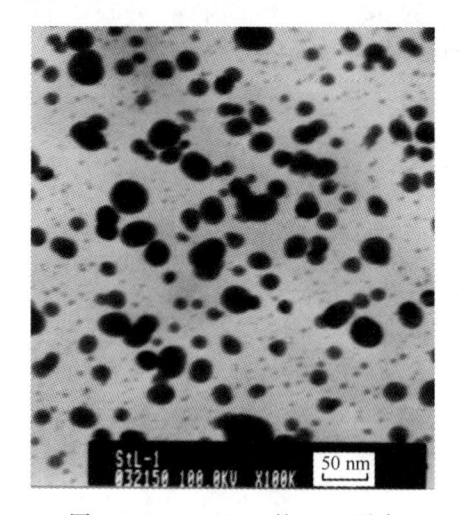

图 4‑92　n‑PbSte 的 TEM 照片

4.4.2.14 纳米鞣酸铅(n – PbTan)

主要原料为鞣酸和 Pb^{2+},依 4.4.1 节所述制备原理进行制备。对于纳米鞣酸铅配合物的结构表征如下。

图 4 – 93(a)、(b)分别是鞣酸(TA)和纳米鞣酸铅配合物(n – PbTan)在 $400 \sim 4000cm^{-1}$ 范围内的 FTIR 谱图。与配体相比,归属于酯基的 $\nu_{(C=O)}$($1701.1cm^{-1}$)和 $\nu_{(C-O)}$($1199.6cm^{-1}$)这两个伸缩振动吸收峰在配合物中仍然存在,说明酯基氧原子未参与配位,只是形成纳米配合物后 $\nu_{(C=O)}$ 吸收峰向红移动了 $15cm^{-1}$。位于 $1087.8cm^{-1}$ 和 $1037.6cm^{-1}$ 的 2 个属于酚—OH 的吸收峰在配合物中简并成一个(位于 $1056.9cm^{-1}$),这说明配体的—OH 与 Pb(Ⅱ)发生配位反应。另外,属于苯环的 3 个吸收峰 $1612.4cm^{-1}$、$1535.3cm^{-1}$ 和 $1450.4cm^{-1}$,在配合物中也仅出现两个吸收峰 $1577.7cm^{-1}$、$1477.4cm^{-1}$,这是由于形成配合物后,酚羟基氧对苯环供电子能力增加,使苯环碳架的吸收峰位置和个数都产生变化。在 $466.7cm^{-1}$ 处出现一个属于 Pb—O 的吸收峰。

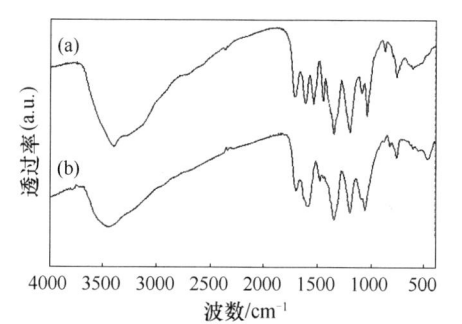

图 4 – 93　TA(a)和 n – PbTan(b)的 FTIR 谱图

从图 4 – 94 中可看出,在 $70 \sim 110℃$ 温度区间内,TG 曲线上有一质量损失台阶,失重约 4.2% ,对应的 DSC 曲线上有一小的吸热峰,该阶段应为样品失去物理吸附的水和残留的乙醇溶剂。

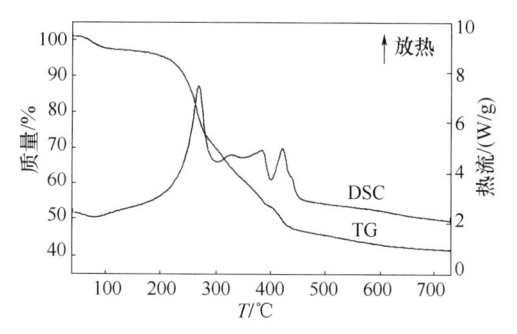

图 4 – 94　n – PbTan 的 TG – DSC 曲线

253

在 180～290℃之间又有一明显垂直质量损失台阶,对应的 DSC 曲线上有 1 个大且尖锐的放热峰,质量损失约 23%；在 300～400℃ 范围内有较缓和的质量损失过程,质量损失约 19%；在 400～470℃ 之间又有一较小的垂直质量损失台阶,对应的 DSC 曲线上有 1 个较尖锐的放热峰,质量损失约 7%。180～470℃ 范围内,是配合物分解氧化失去有机基团产生的,可以看出其热分解经历了较为复杂的过程。在 460～700℃ 之间有缓和的质量损失,该阶段是残余的 C 氧化成 CO_2 的过程。分解完全后,总质量损失为 58.2%,最终残余物的质量百分含量 41.8%,残余物应为 PbO。扣除样品失去物理吸附的水和残留的乙醇溶剂的质量,计算得 n-PbTan 含铅量约 40%。

n-PbTan 的 TEM 照片见图 4-95。可以看出,其粒径约为 80nm,呈类球形,分散性好。

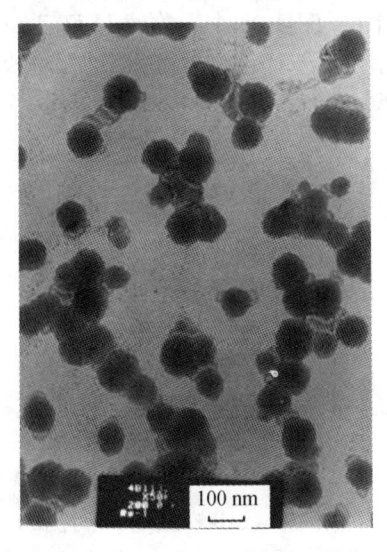

图 4-95　n-PbTan 的 TEM 照片

4.4.2.15　钐、铕掺杂的纳米邻苯二甲酸镧

主要原料为纳米邻苯二甲酸氢钾和 La^{2+}、Sm^{3+}、Eu^{3+},依 4.4.1 节所述制备原理进行制备。对于钐、铕掺杂的纳米邻苯二甲酸镧配合物的结构表征如下。

1. 掺杂 Sm^{3+} 的 n-LaPht 的 XRD 分析

图 4-96 是掺杂不同比例的 Sm^{3+} 的 n-LaPht 配合物的 XRD 图。配合物 (100) 晶面衍射峰的 2θ 为 6.30°,配合物的特征衍射峰符合有机配合物衍射峰的特征(含有有机基团的物质在 2θ 为 20° 以下有特征衍射峰)。6 种配合物的特征峰位置基本相同,可知其晶型相同。

254

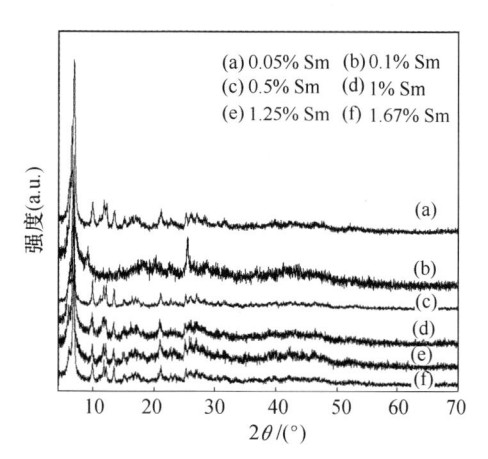

图 4 – 96　掺杂 Sm^{3+} 的 n – LaPht 的 XRD 图

2. 掺杂 Eu^{3+} 的 n – LaPht 配合物的 XRD 分析

图 4 – 97 是掺杂不同比例的 Eu^{3+} 的 n – LaPht 配合物的 XRD 图。配合物 (100) 晶面衍射峰的 2θ 为 6.98°，配合物的特征衍射峰符合有机配合物衍射峰的特征（含有有机基团的物质在 2θ 为 20°以下有特征衍射峰）。4 种配合物特征峰位置基本相同，可知其晶型相同。

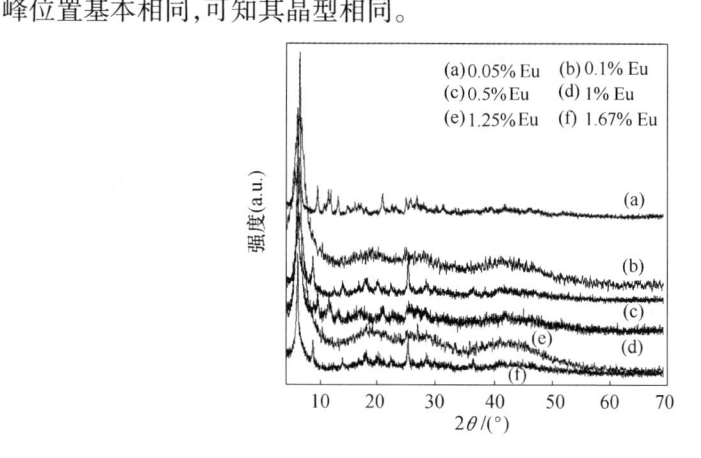

图 4 – 97　掺杂 Eu^{3+} 的 n – LaPht 的 XRD 图

3. n – LaPht 配合物的 TEM 分析

图 4 – 98 为 n – LaPht 配合物的 TEM 照片。从图中可以看出，所制得的 n – LaPht 配合物主要为棒状粒子，粒径大概分布在 27 ~ 93nm，棒长在 133 ~ 1.5μm 范围内，粒子分散性好。

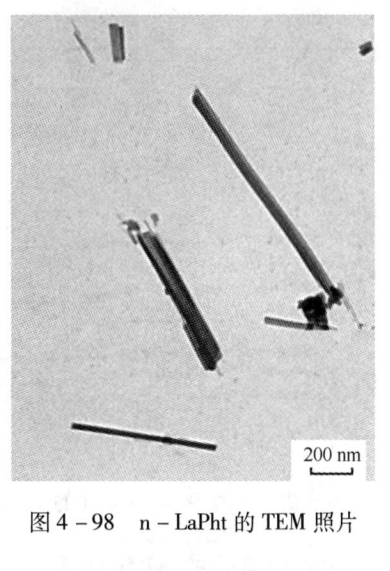

图 4 – 98　n – LaPht 的 TEM 照片

4. 掺杂 Sm³⁺ 的 n – LaPht 配合物的 TEM 分析

图 4 – 99 为掺杂 1.67% Sm³⁺ 的 n – LaPht 配合物的 TEM 照片。可以看出,配合物为类球形粒子,粒径分布在 $33 \sim 100$nm 之间。

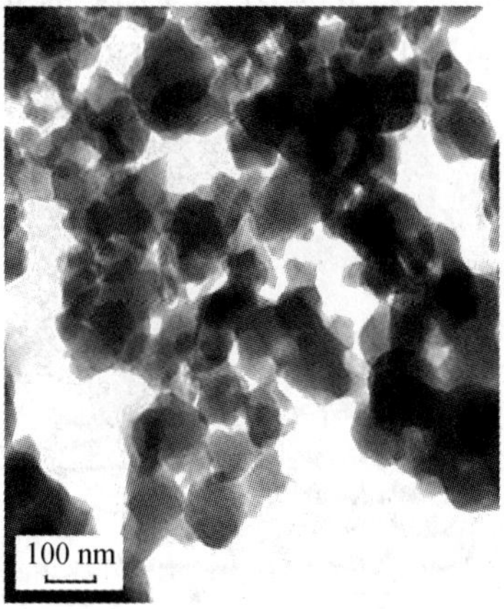

图 4 – 99　掺杂 1.67% Sm 的 n – LaPht 的 TEM 照片

5. 掺杂 Eu³⁺ 的 n – LaPht 配合物的 TEM 分析

图 4 – 100 为掺杂 0.05% Eu³⁺ 的 n – LaPht 配合物的 TEM 照片。可以看出,配合物为形状规则、分散性较好的棒状纳米粒子。其粒径分布在 $30 \sim 75$nm 之间,棒长分布在 80nm $\sim 2\mu$m 之间。

256

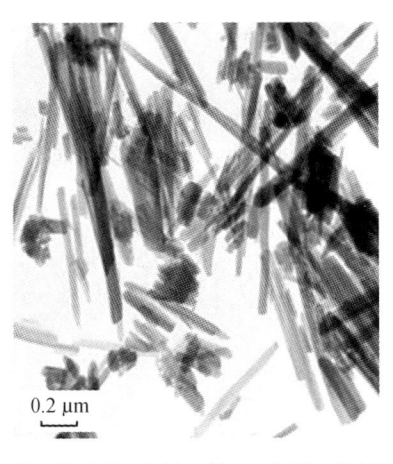

图 4 – 100　掺杂 0.05% Eu 的 n – LaPht 的 TEM 照片

4.5　纳米燃烧催化剂的应用及其作用效果

4.5.1　纳米金属氧化物(一元)催化剂

本节选用了几种所制备的纳米金属氧化物,总结了其在双基推进剂和 RDX – CMDB 推进剂中的应用效果。

4.5.1.1　试样组成及制备

所选用的纳米金属氧化物催化剂有纳米三氧化二铋(n – Bi_2O_3)、纳米氧化铅(n – PbO)、纳米二氧化铈(n – CeO_2)、纳米氧化镍(n – NiO)、纳米三氧化二钴(n – Co_2O_3)、纳米氧化亚铜(n – Cu_2O)。这些纳米材料均为自制,且经 TEM、XRD 和 SEM 进行了表征,证明其为纳米粉体。同时,为了便于比较,也对普通氧化铅(p – PbO)催化剂进行了研究。

双基推进剂的基础配方为:双基黏合剂 89% (其中,NC 氮含量 12.0%),邻苯二甲酸二乙酯(DEP)8.5%,其他助剂 2.5%;RDX – CMDB 推进剂的基础配方为:双基黏合剂 66%,黑索今(RDX)26%,吉纳 5%,其他助剂 3.0%。药料按 500 g 配料,催化剂添加量为外加量,双基推进剂外加 2.5% 的催化剂,RDX – CMDB 推进剂如无特别说明则外加 3% 的催化剂。以上 2 类试样按照"吸收 – 驱水 – 放熟 – 压延 – 切成药条"的常规无溶剂压伸成型工艺制备,将已处理过的 $\Phi5 \times 150mm$ 小药柱侧面用聚乙烯醇溶液浸渍包覆 6 次并晾干,然后固定于燃烧室中,采用靶线法测定燃速。实验温度为 20℃,压力范围 2 ~ 22MPa。压力指数(n)由公式 $u = u_1 p^n$（u 为燃烧速率，u_1 为燃速系数，p 为燃烧时的压力，n 为压力指数）拟合求出。

4.5.1.2 纳米金属氧化物催化剂对双基推进剂燃烧性能的影响

选用纳米金属催化剂 $n - Bi_2O_3$ 和 $n - PbO$ 作为研究对象，考察了其对双基推进剂燃烧性能的影响。在试样制备过程中，将纳米金属氧化物催化剂与增塑剂经物理混合形成混合体系，防止了催化剂的流失。推进剂的燃速结果如表 4-15 所示。

表 4-15 含不同纳米金属氧化物催化剂的双基推进剂的燃速

试样编号	催化剂	不同压力(MPa)下的燃速 $u/(mm/s)$							
		2	4	6	8	10	12	14	16
NM0201	—	2.15	3.59	5.19	6.49	7.81	8.99	9.77	10.38
NM0205	$n - Bi_2O_3$	2.53	3.99	5.48	6.86	8.02	8.91	9.68	10.62
NM0207	$n - PbO$	4.72	5.84	6.88	7.42	7.91	8.27	9.18	10.09
NM0208	$p - PbO$	4.01	5.53	7.05	7.63	8.12	8.96	9.86	11.06

从表 4-15 可以看出，普通 PbO 和纳米 PbO 能够提高推进剂的燃速，但压力指数仍较大：含普通 PbO 的推进剂在 $6 \sim 10$ MPa，压力指数为 0.277；含纳米 PbO 的推进剂在 $6 \sim 12$ MPa，压力指数为 0.268。$n - Bi_2O_3$ 也能改善双基推进剂 $10 \sim 14$ MPa 的压力指数，此区间压力指数为 0.559，相关系数为 0.9998，但与空白试样（编号 NM0201）相比，$n - Bi_2O_3$ 并没有提高燃速。

4.5.1.3 纳米金属氧化物催化剂对 RDX - CMDB 推进剂燃烧性能的影响

选用 5 种纳米金属氧化物催化剂，研究了其对 RDX - CMDB 推进剂燃烧性能的影响。所得的燃速数据见表 4-16。

表 4-16 含不同纳米金属氧化物催化剂对 RDX - CMDB 推进剂的燃速

试样编号	催化剂	不同压力(MPa)下的燃速 $u/(mm/s)$							
		2	4	6	8	10	12	14	16
NR0300	—	3.09	5.34	7.42	9.85	11.88	14.04	15.75	17.54
NR0302	$n - Bi_2O_3$	3.19	5.67	8.49	10.33	13.16	14.64	16.23	17.92
NR0303	$n - CeO_2$	3.34	5.78	8.33	11.15	13.59	15.33	16.92	18.58
NR0305	$n - NiO$	3.04	4.92	6.91	9.06	11.66	13.11	14.97	17.12
NR0306	$n - Co_2O_3$	2.99	4.92	7.00	9.09	11.34	13.81	15.50	17.99
NR0307	$n - Cu_2O$	3.29	5.51	7.84	10.43	13.00	15.11	17.09	18.35

从所得数据可以看出,n-Bi$_2$O$_3$、n-CeO$_2$ 和 n-Cu$_2$O 亦有一定的催化作用,但并未使推进剂出现平台燃烧效应,压力指数仍较大。n-NiO 和 n-Co$_2$O$_3$ 在所测压力范围内使推进剂燃速降低,它们产生了负催化作用。

文献[52]认为,纳米 Bi$_2$O$_3$ 在低压段对推进剂燃速的提高优于纳米 PbO,纳米 Bi$_2$O$_3$ 使推进剂的压力指数从 0.80 降到 0.71,降幅达到 11.3%,纳米 Bi$_2$O$_3$ 具有降低推进剂压力指数的作用,综合提高燃速和降低压力指数这两项指标,纳米 Bi$_2$O$_3$ 的催化作用明显优于 PbO。但对于硝胺推进剂,加入 2% 的 Bi$_2$O$_3$(或纳米 PbO)不能使之产生平台燃烧效应,倘若要降低压力指数,尚需与 CB 或铜盐进行复合。

4.5.2 纳米金属氧化物复合物(二元)催化剂

为了考察在纳米尺度上复合的纳米金属氧化物复合物(二元)催化剂的"协同作用"效果,本节选用了几种所制备的纳米金属氧化物复合物,开展了其在双基推进剂和 RDX-CMDB 推进剂中的应用研究。

4.5.2.1 试样组成及制备

所选用的纳米金属氧化物复合物催化剂有纳米金属氧化物复合物(n-PCC)、纳米铜锡氧化物复合物(n-CuO·SnO$_2$)、纳米镁锡氧化物复合物(n-MgO·SnO$_2$)和纳米铜铬氧化物复合物(n-CuO·Gr$_2$O$_3$)。上述材料均为自制。

所选用的双基推进剂和 RDX-CMDB 推进剂的基础配方与 4.5.1.1 节"纳米金属氧化物(一元)催化剂试样组成"相同。药料按 500 g 配料,催化剂添加量为外加量,双基推进剂外加 2.5% 的催化剂,RDX-CMDB 推进剂外加 3% 的催化剂。采用常规无溶剂压伸成型工艺制得推进剂药条。采用靶线法测定燃速。

4.5.2.2 纳米金属氧化物复合物催化剂对双基推进剂燃烧性能的影响

选用 3 种纳米催化剂制得的双基推进剂的燃速结果见表 4-17。

表 4-17 含不同纳米金属氧化物复合物催化剂的双基推进剂的燃速

试样编号	催化剂	不同压力(MPa)下的燃速 u/(mm/s)							
		2	4	6	8	10	12	14	16
NM0201	—	2.15	3.59	5.19	6.49	7.81	8.99	9.77	10.38
NM0202	n-PCC	5.72	6.56	6.07	6.64	7.51	8.43	9.39	10.55
NM0203	n-CuO·SnO$_2$	2.53	3.87	5.55	6.89	8.28	9.64	10.60	11.63
NM0204	n-MgO·SnO$_2$	2.19	3.54	4.84	6.17	7.50	8.81	9.89	10.97

从表 4 – 17 可以看出,纳米复合物 n – PCC 使得双基推进剂在 2 ~ 4 MPa 产生超速燃烧,在 4 ~ 8 MPa 出现低压力指数燃烧区,在 2 MPa、4 MPa、6 MPa 和 8 MPa 该催化剂的催化效率 Z($Z = u_{cat}/u_o$,u_o 为空白试样的燃速,u_{cat} 为含催化剂的推进剂燃速)分别为 2.69、1.83、1.17 和 1.02,之后含该催化剂的推进剂燃速均低于空白试样(编号 NM0201)。在 4 ~ 6 MPa,推进剂的压力指数 n 为 –0.192。由上述可看出,该催化剂在低压区显示了强烈的燃烧催化作用和显著的降低压力指数的能力。n – MgO · SnO$_2$ 对双基推进剂的燃速没有催化作用,n – CuO · SnO$_2$ 的催化效果不明显。

上述研究中,纳米催化剂 n – PCC 表现出了优良的催化效果,为了消除其可能的自身团聚现象,提高其在推进剂中的催化效果,采用异氰酸酯对其进行了表面处理并获得了经表面处理的纳米复合物(n – TPCC),同时通过预分散的加入方法,优化了它在推进剂制备过程中的分散工艺,并对比研究了表面处理、未表面处理、不同加入工艺以及不同含量的 n – TPCC 对推进剂燃烧性能的影响,实验结果见表 4 – 18。

表 4 – 18　n – TPCC 加入量和分散方法对推进剂燃速的影响

试样编号	n – TPCC 加入量和分散方法	不同压力(MPa)下的燃速 $u/(mm/s)$							
		2	4	6	8	10	12	14	16
NM0209	3%,一般加入法	5.91	8.08	9.41	9.21	7.59	8.11	8.64	9.50
NM0210	3%,预分散加入法	7.22	8.83	9.77	10.02	7.59	7.88	8.62	9.36
NM0211	1.5%,预分散加入法	4.89	7.74	8.95	9.03	7.50	8.44	9.12	10.02

将上述各试样与不含催化剂的 NM0201 和含 n – PCC 的 NM0202 的燃速进行了比较,如图 4 – 101 所示。

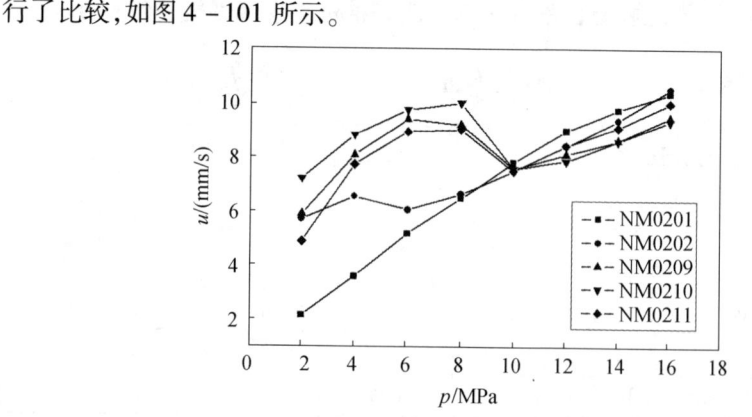

图 4 – 101　推进剂的燃速 – 压力曲线

表 4 - 18 和图 4 - 101 中数据最突出的一点是,对 n - PCC 进行表面处理,无论采用哪种加入方法或 n - TPCC 含量为多少,其对应推进剂在 4 ~ 8 MPa 区间燃速均大幅度提高,在 6 ~ 8 MPa 出现平台或麦撒燃烧效应,8 ~ 10 MPa 呈现显著的麦撒燃烧特征。这说明采用适当的处理方法,解决纳米催化剂的均匀分散问题,可以有效提高 n - PCC 低压下的催化效率。该结果充分显示了 n - TPCC 降低压力指数的特殊能力,也进一步证明了该纳米复合物确实是一种效果极佳的催化剂,在推进剂中有着诱人的应用前景。

含未表面处理的 n - PCC 推进剂的麦撒燃烧区间为 4 ~ 6MPa,压力指数为 - 0.192,对 n - PCC 进行表面处理后,其对应的推进剂在 6 ~ 8MPa 压力指数为 - 0.075,8 ~ 10MPa 压力指数为 - 0.867;比较不同加入方法的影响可以发现,采用预分散加入法,n - TPCC 在低压下的催化效率更高,在 2MPa、4MPa、6MPa 和 8MPa,其催化效率分别为 3.36、2.46、1.88 和 1.55,即在 2MPa,推进剂的燃速提高了 2.36 倍,显然在该催化剂在分散好的情况下,在 6 ~ 8MPa 推进剂的压力指数为 0.087,使推进剂出现更为显著的超速燃烧,麦撒燃烧区(8 ~ 10MPa)的压力指数为 - 1.245;当 n - TPCC 在推进剂中含量由 3% 减少到 1.5% 时,其在低压(2 ~ 8MPa)范围内的催化效率略有降低,相对应的推进剂平台燃烧区(6 ~ 8MPa)压力指数为 0.031,麦撒燃烧区(8 ~ 10MPa)的压力指数为 - 0.832。

4.5.2.3 纳米金属氧化物复合物催化剂对 RDX - CMDB 推进剂燃烧性能的影响

纳米催化剂 n - TPCC 可有效改善双基推进剂推进剂的燃烧性能,那么,它在 RDX - CMDB 推进剂中是否有效呢? 又能否寻求到对 RDX - CMDB 推进剂有效的纳米催化剂呢? 为此,研究了其对 RDX - CMDB 推进剂燃烧性能的影响,所得的燃速数据见表 4 - 19。

表 4 - 19 含不同纳米金属氧化物复合物催化剂的 RDX - CMDB 推进剂的燃速

试样编号	催化剂	不同压力(MPa)下的燃速 $u/(mm/s)$							
		2	4	6	8	10	12	14	16
NR0300	—	3.09	5.34	7.42	9.85	11.88	14.04	15.75	17.54
NR0301	n - TPCC	8.00	10.39	9.81	9.89	12.82	13.46	14.73	17.06
NR0304	n - $CuO \cdot Gr_2O_3$	3.39	5.30	7.25	9.42	11.61	13.76	15.67	17.27

从以上数据可以看出,纳米 TPCC 在低压下具有极好的催化作用效果,它使得推进剂在 2MPa 的催化效率达 2.6,燃速是空白试样的 2.6 倍,在 4MPa 的催化

效率为1.95,且使推进剂在4~8MPa出现了麦撒燃烧效应。n-CuO·Gr₂O₃有一定的催化作用,但并未使推进剂出现平台燃烧效应,推进剂压力指数仍较大。

鉴于n-TPCC在RDX-CMDB推进剂中也初步显示了良好的催化效果,因此,对其进行了进一步研究。为此,著者及其研究团队对n-TPCC的不同添加量以及与CB复合的作用效果进行研究,测试结果及相应数据处理结果见表4-20和表4-21。

表4-20 n-TPCC不同添加量对RDX-CMDB推进剂燃烧性能的影响

试样编号	催化剂,含量/%	不同压力(MPa)的燃速 $u/(mm/s)$										
		2	4	6	8	10	12	14	16	18	20	22
N0300	—	3.09	5.34	7.42	9.85	11.88	14.04	15.75	17.54	19.23	20.92	
N0301	n-TPCC,3	8.00	10.39	9.81	9.89	12.82	13.46	14.73	17.06	18.66	21.23	23.09
N0308	n-PCC,3	5.89	5.73	7.60	9.52	11.44	13.60	15.58	17.76	19.88	22.68	24.69
N0309	n-TPCC,1.5	5.70	10.81	14.18	16.31	17.39	18.18	18.73	19.86	20.66	22.12	24.33
N0310	n-TPCC,1.5 CB,0.5	7.60	12.94	15.92	19.42	20.83	22.32	23.15	23.75	24.45	25.15	25.68

表4-21 试验数据处理结果

试样编号	不同压力下(MPa)的催化效率(Z)					低n区/MPa	n	相关系数(r)
	2	6	10	14	18			
N0300	1.00	1.00	1.00	1.00	1.00	—	—	—
N0301	2.59	1.32	1.08	0.94	0.97	4~8	-0.08	0.8490
N0308	1.91	1.02	0.96	0.99	1.03	2~4	-0.04	1
N0309	1.85	1.91	1.46	1.19	1.07	8~14	0.267	0.9924
N0310	2.46	2.15	1.75	1.47	1.27	12~22	0.232	0.9991

从表4-20和表4-21中的数据可以看出,与空白试样相比,当加入n-PCC后,推进剂低压燃速提高,在2~6MPa有一低压力指数区。而加入同样含量的n-TPCC后,推进剂低压燃速明显升高,在4~8MPa出现了麦撒燃烧,压力指数为-0.08,在12~18MPa推进剂燃速低于空白试样。当减少n-TPCC的用量之后,与加入3% n-TPCC的试样(N0301)相比,加入1.5% n-TPCC的试样除2MPa的燃速稍低以外,其余压力下均比N0301试样的燃速要高,催化剂的催化效率也具有相同的规律,这说明n-TPCC是一种高效催化剂,用量越少催化效率越高。当n-TPCC与炭黑复合之后,其催化效率进一步提高,且推进剂在12~22MPa宽的压力范围内,出现了一个宽平台区,压力指数小于0.3。这说明

n－TPCC 与炭黑复合是一种高效的平台燃速催化剂。

4.5.3　超级铝热剂型燃烧催化剂

4.5.3.1　试样组成及制备

所选用的双基推进剂和 RDX－CMDB 推进剂的基础配方与 4.5.1.1 节"纳米金属氧化物(一元)催化剂试样组成"相同。药料按 500g 配料,催化剂添加量为外加量,双基推进剂外加 2.5% 的催化剂,RDX－CMDB 推进剂外加 3% 的催化剂。采用常规无溶剂压伸成型工艺制得推进剂药条。采用靶线法测定燃速。催化剂的具体组成及含量如表 4－22 所示。

表 4－22　双基推进剂试样用催化剂

试样编号	催化剂(制备方法)	试样编号	催化剂(制备方法)
AT1000	—	AT1007	n－Al/PbO·CuO(SPM－UDC＊＊)
AT1001	m－Al/PbO(UDC＊)	AT1008	n－Al/PbO·SnO$_2$(SPM－UDC)
AT1002	m－Al/CuO(UDC)	AT1009	n－Al/PbO·CuO·SnO$_2$(SPM－UDC)
AT1003	m－Al/Bi$_2$O$_3$(UDC)	AT1010	n－Al/PbO·CuO(UDC)
AT1004	n－Al/PbO(UDC)	AT1011	n－Al/PbO·SnO$_2$(UDC)
AT1005	n－Al/CuO(UDC)	AT1012	n－Al/PbO·CuO·SnO$_2$(UDC)
AT1006	n－Al/Bi$_2$O$_3$(UDC)	AT1013	n－Al＋PbO＋CuO＋SnO$_2$

注:m 表示微米级铝热剂型燃烧催化剂;n 表示纳米级铝热剂型燃烧催化剂;＊表示超声分散复合法;＊＊表示室温固相反应－超声复合法。下同

表 4－23　RDX－CMDB 推进剂试样用催化剂

试样编号	催化剂(制备方法)	试样编号	催化剂(制备方法)
AT1014	—	AT1019	n－Al/PbO·CuO(UDC)
AT1015	n－Al/PbO·CuO(SPM－UDC)	AT1020	n－Al/PbO·SnO$_2$(UDC)
AT1016	n－Al/PbO·SnO$_2$(SPM－UDC)	AT1021	n－Al/PbO·CuO·SnO$_2$(UDC)
AT1017	n－Al/CuO·SnO$_2$(SPM－UDC)	AT1022	n－Al＋PbO＋CuO＋SnO$_2$
AT1018	n－Al/PbO·CuO·SnO$_2$(SPM－UDC)		

4.5.3.2　超级铝热剂型燃烧催化剂对双基推进剂燃烧性能的影响

含超级铝热剂型燃烧催化剂的双基推进剂的燃速结果如表 4－24 所示。为作对比研究,还加入了课题组前期有关含纳米金属氧化物双基系推进剂的燃速

测试结果[53]。为了比较不同催化剂的催化效果,计算了不同催化剂的催化效率,计算结果如表4-25所示。

表4-24 双基推进剂的燃速结果

试样编号	不同压力(MPa)下推进剂的燃速$u/(mm/s)$										
	2	4	6	8	10	12	14	16	18	20	22
AT1000	2.15	3.59	5.20	6.49	7.81	8.99	9.77	10.38	11.22	12.24	13.38
AT1001	5.58	6.68	7.33	8.31	9.43	10.81	12.16	13.27	14.44	16.13	—
AT1002	2.62	4.17	5.72	7.17	8.49	9.69	10.61	11.82	13.22	14.63	
AT1003	3.24	4.21	6.17	7.74	9.22	10.70	11.50	13.09	14.00	15.59	
AT1004	5.45	7.60	9.20	10.33	11.13	11.95	12.68	14.01	14.88	16.54	
AT1005	3.12	5.10	6.76	8.31	9.51	10.76	11.56	12.69	13.62	14.91	
AT1006	3.49	5.33	7.09	8.95	10.71	12.35	13.37	14.78	15.50	16.46	
AT1007	3.19	4.35	5.59	6.70	8.05	8.85	10.21	11.04	11.96	12.83	13.69
AT1008	2.17	3.66	4.84	6.13	7.39	8.38	9.73	10.93	12.00	13.12	14.20
AT1009	2.77	4.14	5.44	6.52	7.57	8.66	9.66	10.68	11.72	12.56	13.30
AT1010	2.10	3.48	4.71	5.75	6.94	8.00	9.03	9.96	10.94	12.06	12.76
AT1011	2.09	3.58	4.82	6.02	7.19	8.38	9.36	10.37	11.71	12.59	13.61
AT1012	2.20	3.64	5.05	6.32	7.37	8.27	9.42	10.29	11.09	11.89	12.90
AT1013	2.34	3.50	4.56	5.77	6.72	7.88	8.78	9.71	10.87	12.09	12.91
n-PbO	4.72	5.84	6.88	7.42	7.91	8.27	9.18	10.09	—	—	—
n-Bi$_2$O$_3$	2.53	3.99	5.48	6.86	8.02	8.91	9.68	10.62	—	—	—

表4-25 铝热剂型燃烧催化剂的催化效率

试样编号	不同压力(MPa)下的催化效率(Z)										
	2	4	6	8	10	12	14	16	18	20	22
AT1000	1.00	1.00	1.00	1.00	1.00	1.00	1.00	1.00	1.00	1.00	1.00
AT1001	2.60	1.86	1.41	1.28	1.21	1.20	1.24	1.28	1.29	1.32	
AT1002	1.22	1.16	1.10	1.10	1.09	1.08	1.09	1.14	1.18	1.20	
AT1003	1.51	1.17	1.19	1.19	1.18	1.19	1.18	1.26	1.25	1.27	
AT1004	2.54	2.12	1.77	1.59	1.43	1.33	1.30	1.35	1.33	1.35	
AT1005	1.45	1.42	1.30	1.28	1.22	1.20	1.18	1.22	1.21	1.22	
AT1006	1.62	1.48	1.36	1.38	1.37	1.37	1.37	1.42	1.38	1.34	—

试样编号	不同压力（MPa）下的催化效率（Z）										
	2	4	6	8	10	12	14	16	18	20	22
AT1007	1.48	1.21	1.08	1.03	1.03	0.98	1.05	1.06	1.07	1.05	1.02
AT1008	1.01	1.02	0.93	0.94	0.95	0.93	1.00	1.05	1.07	1.07	1.06
AT1009	1.29	1.15	1.05	1.00	0.97	0.96	0.99	1.03	1.04	1.03	0.99
AT1010	0.98	0.97	0.91	0.89	0.89	0.89	0.92	0.96	0.98	0.99	0.95
AT1011	0.97	1.00	0.93	0.93	0.92	0.93	0.96	1.00	1.04	1.03	1.02
AT1012	1.02	1.01	0.97	0.97	0.94	0.92	0.96	0.99	0.99	0.97	0.96
AT1013	1.09	0.97	0.88	0.89	0.86	0.88	0.90	0.94	0.97	0.99	0.96
$n-PbO$	2.20	1.63	1.32	1.14	1.01	0.92	0.94	0.97	—	—	—
$n-Bi_2O_3$	1.18	1.11	1.05	1.06	1.03	0.99	0.99	1.02	—	—	—

4.5.3.2.1　Al/PbO 对双基推进剂燃烧性能的影响

图 4 – 102 和图 4 – 103 给出了含超级铝热剂 Al/PbO 的双基推进剂的燃速 – 压力曲线以及 Al/PbO 对双基推进剂燃烧的催化效率 – 压力曲线。

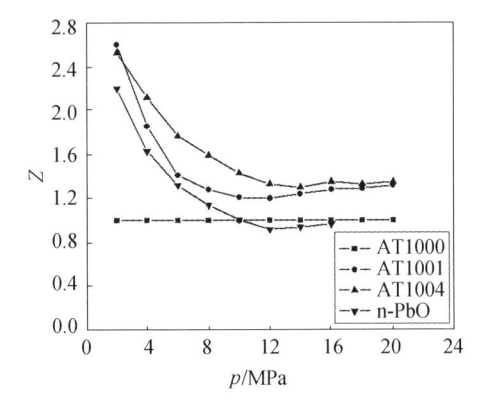

图 4 – 102　含 Al/PbO 的双基
推进剂的燃速 – 压力曲线

图 4 – 103　Al/PbO 的催化效率 – 压力曲线

可以看出,超级铝热剂 Al/PbO 的加入可明显地改善双基推进剂的燃烧性能。与纳米氧化铅相比,超级铝热剂 Al/PbO 使得推进剂具有更高的燃速,2～20MPa 压力范围内燃速的增幅较为明显,但同时压力指数有所恶化,这可能与复合的纳米铝粉有关;在 10～16MPa 压力范围内,含纳米 PbO 双基推进剂的燃速低于空白试样的,对燃烧性能起到负催化作用。

含2.5%纳米 Al/PbO 复合物的双基推进剂在 2~20MPa 燃速出现显著的提高,并在8~14MPa 范围内出现低压力指数区。该催化剂在 2~8MPa 的催化效率分别为2.54、2.12、1.77 和1.59,尤其是2MPa 时的催化效率较高,双基推进剂的燃速提高了154%,具有超速燃烧的特点,在 2~22MPa 范围内,Z 始终在1.30以上。

微米 Al/PbO 复合物在低压和高压下能较好地提高双基推进剂的燃速,并在中低压范围内出现低压力指数区,但其优化效果不如纳米级 Al/PbO。该催化剂在 2~6MPa 的催化效率 Z 别为2.60、1.86 和1.41,尤其是在2MPa 时,双基推进剂的燃速提高了160%,显现了超速燃烧的特点,在4~22MPa 压力范围内,Z 始终在1.20 以上。

可见,纳米级超级铝热剂 Al/PbO 能显著提高双基推进剂燃速,尤其是低压下具有超速燃烧的特点,并在中压范围内可明显降低压力指数。微米级 Al/PbO 也能改善双基推进剂的燃烧性能,但其效果较纳米级较差,可在低压和高压下较好地提高双基推进剂的燃速,且在中低压范围内出现低压力指数区,在低压下也具有超速燃烧的特点。结果表明,纳米级 Al/PbO 的催化效果明显优于微米级Al/PbO。因此,可以认为超级铝热剂 Al/PbO 是一种对双基推进剂燃烧催化效果优良的催化剂。

4.5.3.2.2 Al/CuO 对双基推进剂燃烧性能的影响

图 4-104 和图 4-105 给出了含超级铝热剂 Al/CuO 的双基推进剂的燃速-压力曲线以及 Al/CuO 对双基推进剂燃烧的催化效率-压力曲线。

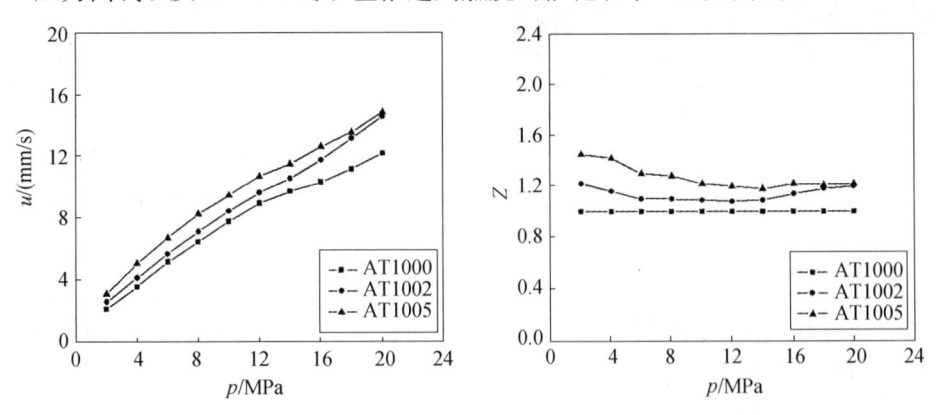

图 4-104　含 Al/CuO 的双基
推进剂的燃速-压力曲线

图 4-105　Al/CuO 的催化效率-压力曲线

从上述图表可以看出,纳米超级铝热剂 Al/CuO 可使双基推进剂在 2 ~ 20MPa 燃速提高,尤其在中低压下的改善效果更明显,该催化剂在 2 ~ 8MPa 的催化效率 Z 分别为 1. 45、1. 42、1. 30 和 1. 28,2MPa 时双基推进剂的燃速提高 45%;微米 Al/CuO 也可改善双基推进剂的燃烧性能,但效果欠佳且比较特别,其对低压和高压下燃速的提高贡献较大,如 2MPa 时双基推进剂的燃速提高近 22%,20MPa 时燃速提高 20%,而在中压段的催化效率相对较低。

综上分析,超级铝热剂 Al/CuO 可改善双基推进剂的燃烧性能,但使燃速提高幅度不大,压力指数优化不明显。含纳米级 Al/CuO 的双基推进剂改善效果更佳,其在中低压下的催化作用效果较好,而微米级 Al/CuO 在低压和高压下能较好地提高双基推进剂的燃速。因此,综上分析结合实验结果表明,超级铝热剂 Al/CuO 对双基推进剂燃烧催化具有一定的正面作用,但没有 Al/PbO 的催化效果明显。

4.5.3.2.3 Al/Bi$_2$O$_3$ 对双基推进剂燃烧性能的影响

图 4 – 106 和图 4 – 107 给出了含超级铝热剂 Al/Bi$_2$O$_3$ 的双基推进剂的燃速 – 压力曲线以及 Al/Bi$_2$O$_3$ 对双基推进剂燃烧的催化效率 – 压力曲线。

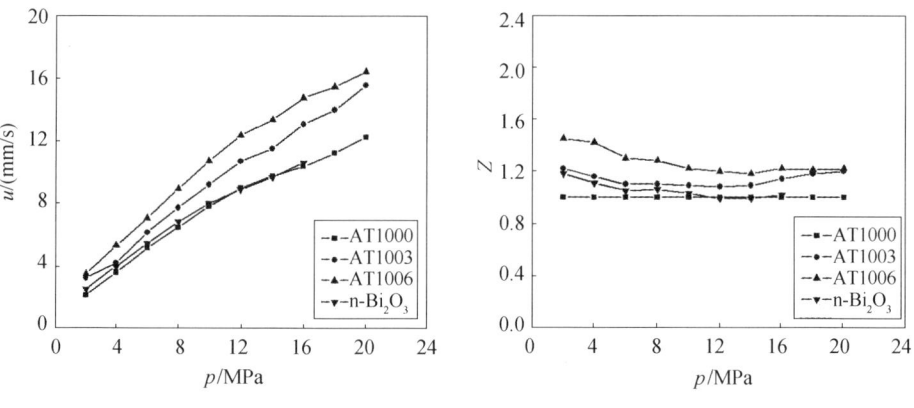

图 4 – 106　含 Al/Bi$_2$O$_3$ 的双基推进剂的燃速 – 压力曲线

图 4 – 107　Al/Bi$_2$O$_3$ 的催化效率 – 压力曲线

可以看出,将纳米 Bi$_2$O$_3$ 加入双基推进剂中,燃速增幅较小,催化效率也较低,对燃烧性能的改善几乎没有什么贡献。相比纳米 Bi$_2$O$_3$,超级铝热剂 Al/Bi$_2$O$_3$ 在低压下对燃速的提升效果并不明显,但随着压力逐渐升高,推进剂燃速增加非常明显,在中高压下具有较高的燃速,纳米 Al/Bi$_2$O$_3$ 表现得尤为明显,其在 12 ~ 18MPa 甚至超过了含纳米 Al/PbO 的推进剂燃速,且该区间内的催化效率纳米 Al/Bi$_2$O$_3$ 超过了纳米 Al/PbO。

含超级铝热剂 Al/Bi$_2$O$_3$ 的双基推进剂在 2~20MPa 燃速提高,在该压力范围内纳米 Al/Bi$_2$O$_3$ 的催化效率 Z 较为理想,始终保持在 1.34 以上,尤其是 2MPa 时双基推进剂的燃速提高了 62%,增加幅度较大;微米 Al/Bi$_2$O$_3$ 复合物也可改善双基推进剂的燃烧性能,但其优化效果不如纳米级 Al/Bi$_2$O$_3$,在 2~20MPa 压力范围内,该催化剂的催化效率 Z 保持在 1.17 以上,在 2MPa 下,双基推进剂的燃速提高了 51%。

由图 4-106 可见,纳米 Bi$_2$O$_3$ 可以降低双基推进剂在中高压 10~14MPa 范围内的压力指数,在此区间压力指数较低为 0.559,相关系数为 0.9998;而纳米 Al/Bi$_2$O$_3$ 则可改善双基推进剂高压区的燃烧性能,其在 16~20MPa 范围内出现低压力指数区。不过总体来讲,纳米 Al/Bi$_2$O$_3$ 在改善推进剂压力指数方面效果并不显著。

可见,纳米级超级铝热剂 Al/Bi$_2$O$_3$ 可明显有提高双基推进剂的燃速,改善双基推进剂高压区的燃烧性能,降低双基推进剂在中高压范围内的压力指数,催化效率 Z 也较为理想;微米级 Al/Bi$_2$O$_3$ 复合物也可改善双基推进剂的燃烧性能,但其催化效果不如纳米级 Al/Bi$_2$O$_3$;纳米级 Al/Bi$_2$O$_3$ 的催化效果优于微米级 Al/Bi$_2$O$_3$。

综上实验结果及分析表明,超级铝热剂 Al/Bi$_2$O$_3$ 对双基推进剂燃烧催化具有明显积极的作用,其效果要优于超级铝热剂 Al/CuO,但综合催化效果比超级铝热剂 Al/PbO 差。

4.5.3.2.4 复配型超级铝热剂对双基推进剂燃烧性能的影响

图 4-108 和图 4-109 给出了含超级铝热剂 Al/PbO·CuO 的双基推进剂的燃速-压力曲线以及 Al/PbO·CuO 对双基推进剂燃烧的催化效率-压力曲线。

可以看出,将复配型超级铝热剂 Al/PbO·CuO 加入双基推进剂中,对燃烧性能的改善贡献不大,尤其是采用超声分散复合法制备的 n-Al/PbO·CuO 更是恶化了燃烧性能,其实测燃速低于空白试样的。室温固相反应-超声复合法制备的 n-Al/PbO·CuO 在低压和高压范围内使双基推进剂燃速有所提高,但效果并不明显。该催化剂 2MPa 和 4MPa 时的催化效率 Z 分别为 1.48 和 1.21,2MPa 时双基推进剂的燃速提高了 48%。

可见,采用 UDC 法制备的 Al/PbO·CuO 对双基推进剂燃烧性能的改善作用并不理想,而采用 SPM-UDC 法制得的 Al/PbO·CuO 也仅在低压段显示较好的催化效果,高压下具有一定的催化作用。

268

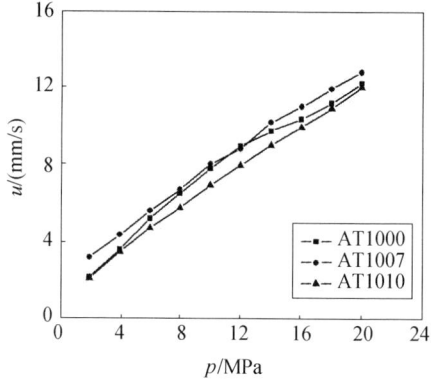
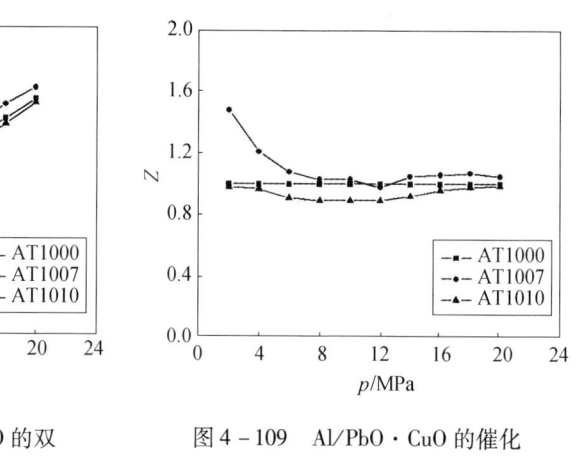

图 4 – 108　含 Al/PbO·CuO 的双
基推进剂的燃速 – 压力曲线

图 4 – 109　Al/PbO·CuO 的催化
效率 – 压力曲线

图 4 – 110 和图 4 – 111 给出了含超级铝热剂 Al/PbO·SnO₂ 的双基推进剂的燃速 – 压力曲线以及 Al/PbO·SnO₂ 对双基推进剂燃烧的催化效率 – 压力曲线。

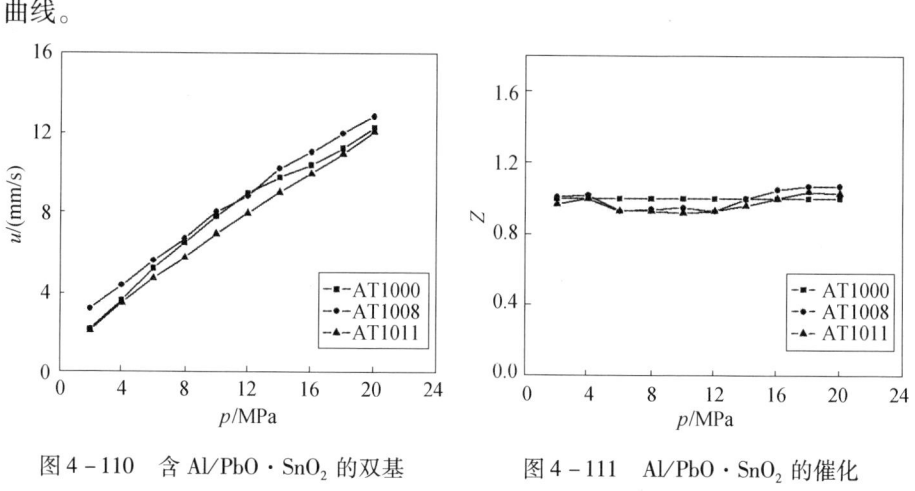

图 4 – 110　含 Al/PbO·SnO₂ 的双基
推进剂的燃速 – 压力曲线

图 4 – 111　Al/PbO·SnO₂ 的催化
效率 – 压力曲线

可以看出,无论是采用室温固相反应 – 超声复合法,还是超声分散复合法,复配型超级铝热剂 Al/PbO·SnO₂ 对双基推进剂中燃烧性能的改善均几乎无贡献。采用 SPM – UDC 法制得的 Al/PbO·SnO₂ 也仅在低压和高压段显示出浅微的催化效果,催化效率也较低。

图 4 – 112 和图 4 – 113 给出了含超级铝热剂 Al/PbO · CuO · SnO$_2$ 的双基推进剂的燃速 – 压力曲线以及 Al/PbO · CuO · SnO$_2$ 对双基推进剂燃烧的催化效率 – 压力曲线。

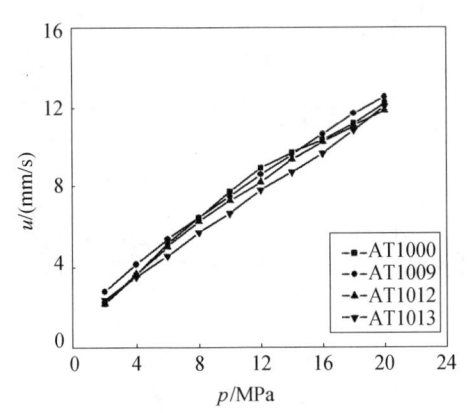

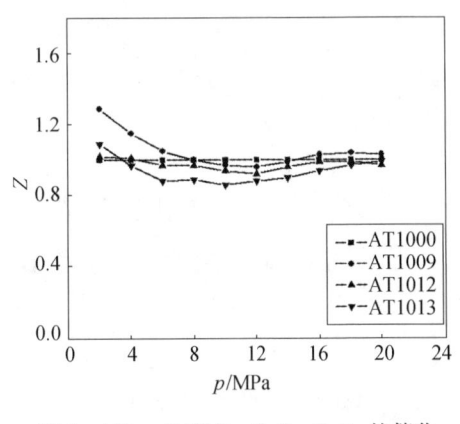

图 4 – 112　含 Al/PbO · CuO · SnO$_2$ 的双基　　　图 4 – 113　Al/PbO · CuO · SnO$_2$ 的催化
　　　推进剂的燃速 – 压力曲线　　　　　　　　　　　效率 – 压力曲线

可以看出,采用几种方法制得的复配型超级铝热剂 Al/PbO · CuO · SnO$_2$ 对双基推进剂中燃烧性能的改善均不理想,催化效率较低。

采用 SPM – UDC 法制得的 Al/PbO · CuO · SnO$_2$ 只是在低压段显示出一定的催化效果,但催化效率也不甚理想,在 2MPa 时双基推进剂的燃速提高了 30%,增幅不明显;超声分散复合法制得的 Al/PbO · CuO · SnO$_2$ 对双基推进剂几乎无催化作用;简单混合的 Al/PbO · CuO · SnO$_2$ 对双基推进剂的燃烧性能则起负催化作用,其使推进剂燃速降低。

4.5.3.3　超级铝热剂型燃烧催化剂对 RDX – CMDB 推进剂燃烧性能的影响

含超级铝热剂型燃烧催化剂的 RDX – CMDB 推进剂的燃速结果如表 4 – 26 所示,超级铝热剂型催化剂的催化效率如表 4 – 27 所示。

表 4 – 26　RDX – CMDB 推进剂的燃速结果

试样编号	不同压力(MPa)下推进剂的燃速 u/(mm/s)										
	2	4	6	8	10	12	14	16	18	20	22
AT1014	3.09	5.34	7.42	9.85	11.88	14.04	15.75	17.54	19.23	20.92	21.86
AT1015	5.06	7.60	8.49	10.34	11.97	13.97	15.35	17.04	18.99	20.68	22.62
AT1016	2.79	4.66	6.37	8.14	9.97	11.81	13.77	15.76	17.48	19.27	21.37

试样编号	不同压力（MPa）下推进剂的燃速 u/（mm/s）										
	2	4	6	8	10	12	14	16	18	20	22
AT1017	2.68	4.71	6.00	7.72	9.25	11.15	12.64	14.61	16.58	18.35	20.41
AT1018	2.92	4.96	6.55	8.35	10.12	11.89	13.95	15.69	17.59	19.46	21.30
AT1019	2.75	4.56	6.23	7.99	9.81	11.39	13.34	15.09	17.05	19.05	21.01
AT1020	2.84	4.72	6.24	7.97	9.73	11.54	13.50	15.26	17.18	19.05	20.96
AT1021	2.77	4.73	6.28	7.84	9.69	11.30	13.11	15.07	16.85	18.92	20.64
AT1022	3.11	5.06	6.41	8.05	9.76	11.58	13.26	14.90	16.71	18.55	20.41

表 4 – 27　超级铝热剂型燃烧催化剂的催化效率

试样编号	不同压力（MPa）下的催化效率（Z）										
	2	4	6	8	10	12	14	16	18	20	22
AT1014	1.00	1.00	1.00	1.00	1.00	1.00	1.00	1.00	1.00	1.00	1.00
AT1015	1.64	1.42	1.14	1.05	1.01	1.00	0.97	0.97	0.99	0.99	1.03
AT1016	0.90	0.87	0.86	0.83	0.84	0.84	0.87	0.90	0.91	0.92	0.98
AT1017	0.87	0.88	0.81	0.78	0.78	0.79	0.80	0.83	0.86	0.88	0.93
AT1018	0.94	0.93	0.88	0.85	0.85	0.85	0.89	0.89	0.91	0.93	0.97
AT1019	0.89	0.85	0.84	0.81	0.83	0.81	0.85	0.86	0.89	0.91	0.96
AT1020	0.92	0.88	0.84	0.81	0.82	0.82	0.86	0.87	0.89	0.91	0.96
AT1021	0.90	0.89	0.85	0.80	0.82	0.80	0.83	0.86	0.88	0.90	0.94
AT1022	1.01	0.95	0.86	0.82	0.82	0.82	0.84	0.85	0.87	0.89	0.93

　　图 4 – 114 和图 4 – 115 给出了几类由室温固相反应 – 超声复合法制备的双氧化物型超级铝热剂对 RDX – CMDB 推进剂的燃速以及催化剂的催化效率的影响。

　　可以看出，室温固相反应 – 超声复合法制备的 Al/PbO·CuO 在低压下催化效果较好，该催化剂在 2MPa 和 8MPa 时的催化效率 Z 分别为 1.64 和 1.42，尤其是在 2MPa 时 RDX – CMDB 推进剂的燃速提高了 64%，燃速增幅较大；但催化效率随着压力的升高反而下降，催化效率 Z 始终在 10% 以内，压力指数也较高。可见，采用 SPM – UDC 法制备的 Al/PbO·CuO 对 RDX – CMDB 推进剂催化效果一般。

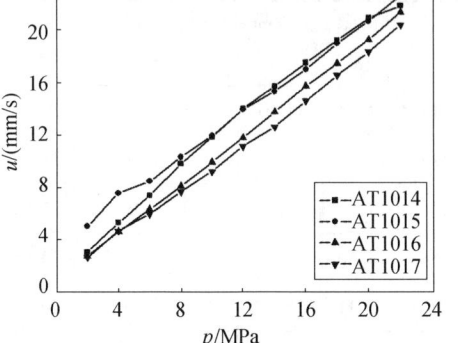

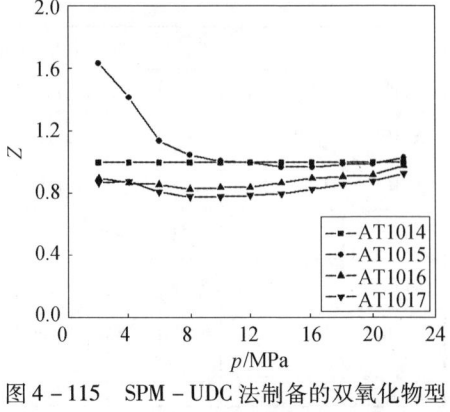

图 4 - 114　含 SPM - UDC 法制备的
双氧化物型超级铝热剂的 RDX - CMDB
推进剂的燃速 - 压力曲线

图 4 - 115　SPM - UDC 法制备的双氧化物型
超级铝热剂的催化效率 - 压力曲线

图 4 - 116 和图 4 - 117 给出了几类由超声分散复合法制备的双氧化物型超级铝热剂对 RDX - CMDB 推进剂的燃速以及催化剂的催化效率的影响。图 4 - 118 和图 4 - 119 给出了几种不同方法制备的多氧化物型超级铝热剂对 RDX - CMDB 推进剂的燃速以及催化剂的催化效率的影响。

由上述可以看出,采用几种方法制备的复配型超级铝热剂对 RDX - CMDB 推进剂无明显的催化作用,多数起负催化作用,催化效率大都低于 1.00。

从以上单一超级铝热剂对双基推进剂燃烧性能的实验结果及其分析可以看出,超级铝热剂对双基推进剂的燃烧性能有一定的改善作用,是一种高效的燃烧催化剂,尤其是可以较大幅度地增加双基推进剂的燃速,对推进剂的压力指数有所改善但并不明显。

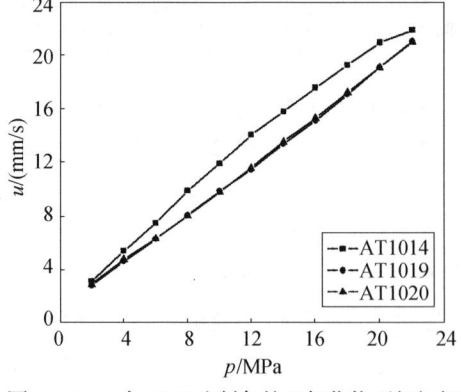

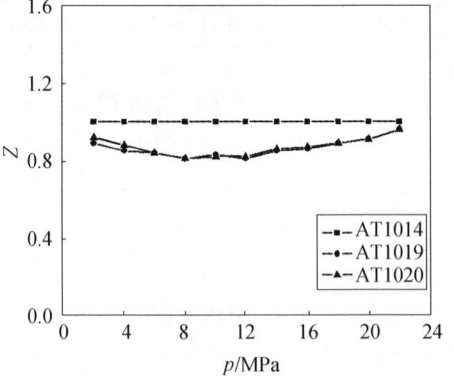

图 4 - 116　含 UDC 法制备的双氧化物型超级铝热剂的 RDX - CMDB 推进剂的燃速 - 压力曲线

图 4 - 117　UDC 法制备的双氧化物型超级铝热剂的催化效率 - 压力曲线

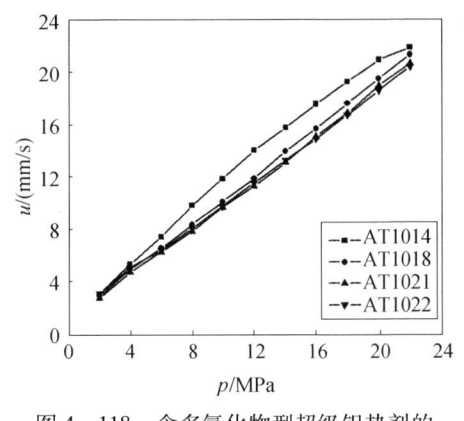
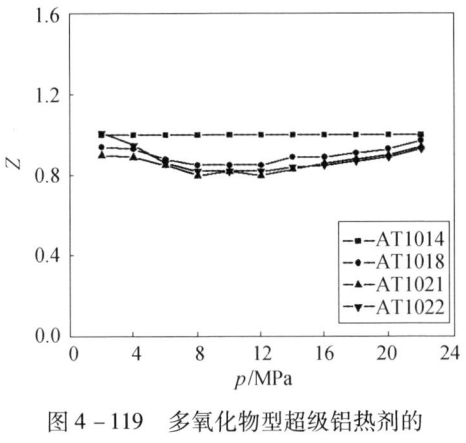
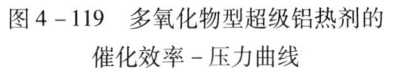

图 4 – 118　含多氧化物型超级铝热剂的
RDX – CMDB 推进剂的燃速 – 压力曲线

图 4 – 119　多氧化物型超级铝热剂的
催化效率 – 压力曲线

　　因此在研究过程中,著者试图寻求一些复配型超级铝热剂以产生"协同效应",从而实现在增加推进剂燃速的同时也能很好地降低其压力指数。但是在后续研究中,至少从目前来看,所采用的几种方法制备的复配型超级铝热剂不仅恶化了压力指数,而且双基推进剂的燃速也没有显著提高,对于理论设想与实验结果之间的矛盾,分析是如下几个影响因素造成的。

　　(1)在后续实验制备复配型超级铝热剂时,对原料纳米铝粉活性的保护力度不够,使其失活程度较大,从而降低了超级铝热剂产物的反应性,进而影响到了其应用效果;制备原理的选择也影响了超级铝热剂于推进剂中的最终应用效果,应尽量采用在制备过程中失活程度较小的方法;推进剂样品制备工艺未控制好,驱水放熟过程占用时间过长,未及时将反应性的超级铝热剂与推进剂其他组分压延在一起,应及时采取工艺将其与推进剂紧密结合,最大化地避免超级铝热剂失活。

　　(2)在固体推进剂中加入称为燃烧催化剂的化学附加物,可加速或减慢推进剂的燃烧过程。燃烧催化剂种类很多,对于每一种推进剂,在一定范围内都有它自己最佳的燃烧催化剂。此外,燃烧催化剂的用量也会影响催化效果,因此每种催化剂都有其起催化作用加入量的范围[54],一般在双基系推进剂试样中,催化剂外加量通常至少在 2.5% 以上。本节中超级铝热剂是以催化剂的形式加入推进剂试样的,实际上超级铝热剂中真正具有催化效果的是金属氧化物,这就相当于加入推进剂试样中起催化作用的成分很少(肯定是不到 2.0% 的),因此超级铝热剂对推进剂燃烧性能的改善就无从体现。

　　(3)造成本案很可能的原因是催化剂中毒(Catalyst Poisoning),即反应原料中含有的微量杂质使催化剂的活性、选择性明显下降或丧失的现象,中毒现象的本质是微量杂质和催化剂活性中心的某种化学作用,形成没有活性的物种。具体到本工作中,纳米铝粉与几种金属氧化物的复配复合,超级铝热剂制备过程中所选用的分散剂,以及原料中所含的少量杂质,或是强吸附(多为化学吸附)在活性中心上,或是与活性中心起化学作用变为别的物质;此外,在催化剂的制备过程中,载体内所含的杂质与活性组分相互作用,也可能毒化活性中心。以上所述都可能使超级铝热剂的活性中心"中毒",即抑制了其反应活性的发挥,进而影响到复配型超级铝热剂于双基推进剂中的应用效果。

4.5.4　纳米有机金属盐(配合物)催化剂

本节系统地对比研究了所制备的部分纳米有机金属盐(配合物)催化剂对双基推进剂和 RDX - CMDB 推进剂燃烧性能的影响。

4.5.4.1　试样组成及制备

所选用的双基推进剂和 RDX - CMDB 推进剂的基础配方与 4.5.1.1 节"纳米金属氧化物(一元)催化剂试样组成"相同。药料按 500g 配料,催化剂添加量为外加量,双基推进剂外加的催化剂如表 4 - 28 所示,RDX - CMDB 推进剂外加的催化剂如表 4 - 29 所示。采用常规无溶剂压伸成型工艺制得推进剂药条。采用靶线法测定燃速。

表 4 - 28　双基推进剂用催化剂组成及含量

试样编号	催化剂	含量/%
S0		0
05SN01	纳米 2,4 - 二羟基苯甲酸铅	3
05SN02	纳米对氨基苯甲酸铅	3
05SN03	纳米邻苯二甲酸铅	3
05SN04	纳米 3 - 硝基邻苯二甲酸铅	3
05SN06	纳米 3,5 - 二硝基水杨酸铅	3
05SN08	纳米对硝基苯甲酸铅	3
05SP01	普通 2,4 - 二羟基苯甲酸铅	3
05SP02	普通对氨基苯甲酸铅	3
05SP03	普通邻苯二甲酸铅	3
05SP04	普通 3 - 硝基邻苯二甲酸铅	3
05SP06	普通 3,5 - 二硝基水杨酸铅	3

试样编号	催化剂	含量/%
05SP07	普通没食子酸铋	3
05SP08	普通对硝基苯甲酸铅	3
注:表中的"普通"即"非纳米"(下同)		

表4-29 RDX-CMDB推进剂用催化剂组成及含量

试样编号	催化剂含量/%				
	铅盐		铜盐		炭黑
05GN00	—	0	—	0	0
05GN01	纳米2,4-二羟基苯甲酸铅	3	—	0	0
05GN02	纳米2,4-二羟基苯甲酸铅	3	—	0	0.4
05GN03	纳米2,4-二羟基苯甲酸铅	3	纳米对氨基苯甲酸铜	0.8	0.4
05GP01	普通2,4-二羟基苯甲酸铅	3	普通对氨基苯甲酸铜	0.8	0.4
05GN04	纳米邻苯二甲酸铅	3	—	0	0
05GN05	纳米邻苯二甲酸铅	3	—	0	0.4
05GN06	纳米邻苯二甲酸铅	3	纳米对氨基苯甲酸铜	0.8	0.4
05GP02	普通邻苯二甲酸铅	3	普通对氨基苯甲酸铜	0.8	0.4
05GN07	纳米3-硝基邻苯二甲酸铅	0.5	纳米对氨基苯甲酸铜	0.2	0.4
05GN08	纳米3-硝基邻苯二甲酸铅	1	纳米对氨基苯甲酸铜	0.6	1
05GN09	纳米3-硝基邻苯二甲酸铅	1.5	纳米对氨基苯甲酸铜	1	0.2
05GN10	纳米3-硝基邻苯二甲酸铅	2	纳米对氨基苯甲酸铜	0	0.8
05GN11	纳米3-硝基邻苯二甲酸铅	2.5	纳米对氨基苯甲酸铜	0.4	0
05GN12	纳米3-硝基邻苯二甲酸铅	3	纳米对氨基苯甲酸铜	0.8	0.6
05GP03	普通3-硝基邻苯二甲酸铅	3	普通对氨基苯甲酸铜	0.8	0.6
05GP05	普通没食子酸铋	3	普通对氨基苯甲酸铜	0.8	0.4
05GN16	纳米没食子酸铋	3	纳米对氨基苯甲酸铜	0.8	0.4
05GN17	纳米没食子酸铋	3	纳米对氨基苯甲酸铜	0.8	0
05GN18	纳米没食子酸铋	3	—	0	0

4.5.4.2 纳米有机金属盐催化剂对双基推进剂燃烧性能的影响

双基推进剂的燃速测试结果如表4-30所示,不同催化剂的催化效率如表

4-31 所示。

表 4-30　双基推进剂的燃速

试样编号	不同压力(MPa)下推进剂的燃速 $u/(mm/s)$										
	2	4	6	8	10	12	14	16	18	20	22
S0	2.15	3.59	5.20	6.49	7.81	8.99	9.77	10.38	11.22	12.24	13.63
05SN01	4.81	9.01	9.65	8.78	8.55	9.40	10.42	11.87	13.08	14.52	16.60
05SN02	4.02	9.00	10.47	10.61	9.73	9.92	11.89	11.97	13.35	15.96	16.92
05SN03	5.66	9.07	10.38	9.86	8.93	9.73	11.17	12.32	13.40	14.97	16.69
05SN04	5.49	8.27	10.81	12.15	10.32	10.10	11.21	12.48	13.95	15.54	16.68
05SN06	3.35	5.84	8.21	11.09	9.44	9.78	10.81	11.75	12.85	14.17	15.59
05SN08	3.61	6.68	9.35	8.90	8.38	9.28	10.28	11.33	12.31	14.57	15.99
05SP01	4.32	8.86	9.49	8.37	8.44	9.35	10.45	11.64	12.98	14.64	16.41
05SP02	4.64	8.76	10.67	11.40	10.66	10.69	11.38	12.39	13.49	14.95	17.04
05SP03	5.57	8.17	9.49	9.26	8.71	9.57	10.78	11.61	12.81	14.04	15.76
05SP04	4.66	8.25	11.20	12.66	11.14	9.87	11.04	12.36	13.86	15.36	16.70
05SP06	3.51	5.74	7.45	7.99	8.88	9.43	10.63	11.73	12.80	13.95	15.57
05SP07	4.99	8.49	9.78	10.44	11.19	11.98	12.97	14.14	15.14	16.14	16.95
05SP08	4.04	8.17	8.90	8.80	8.63	9.42	10.52	11.46	12.89	14.18	16.06

表 4-31　双基推进剂中各催化剂的催化效率

试样编号	不同压力(MPa)下的催化效率(Z)										
	2	4	6	8	10	12	14	16	18	20	22
S0	1.00	1.00	1.00	1.00	1.00	1.00	1.00	1.00	1.00	1.00	1.00
05SN01	2.24	2.51	1.86	1.35	1.09	1.05	1.07	1.14	1.17	1.19	1.22
05SN02	1.87	2.51	2.01	1.63	1.25	1.10	1.22	1.15	1.19	1.30	1.24
05SN03	2.63	2.53	2.00	1.52	1.14	1.08	1.14	1.19	1.19	1.22	1.22
05SN04	2.55	2.30	2.08	1.87	1.32	1.12	1.15	1.20	1.24	1.27	1.22
05SN06	1.56	1.63	1.58	1.71	1.21	1.09	1.11	1.13	1.15	1.16	1.14
05SN08	1.68	1.86	1.80	1.37	1.07	1.03	1.05	1.09	1.10	1.19	1.17
05SP01	2.01	2.47	1.83	1.29	1.08	1.04	1.07	1.12	1.16	1.20	1.20
05SP02	2.16	2.44	2.05	1.76	1.36	1.19	1.16	1.19	1.20	1.22	1.25
05SP03	2.59	2.28	1.83	1.43	1.12	1.06	1.10	1.12	1.14	1.15	1.16
05SP04	2.17	2.3	2.15	1.95	1.43	1.10	1.13	1.19	1.24	1.25	1.23

试样编号	不同压力（MPa）下的催化效率（Z）										
	2	4	6	8	10	12	14	16	18	20	22
05SP06	1.63	1.6	1.43	1.23	1.14	1.05	1.09	1.13	1.14	1.14	1.14
05SP07	2.32	2.36	1.88	1.61	1.43	1.33	1.33	1.36	1.35	1.32	1.24
05SP08	1.88	2.28	1.71	1.36	1.10	1.05	1.08	1.10	1.15	1.16	1.18

4.5.4.2.1　纳米 2,4 – 二羟基苯甲酸铅对双基推进剂燃烧性能的影响

含纳米 2,4 – 二羟基苯甲酸铅（n – PbDHBen）和普通 2,4 – 二羟基苯甲酸铅（p – PbDHBen）的双基推进剂试样 05SN01、05SP01 和空白试样 S0 的燃速 – 压力曲线如图 4 – 120 所示，其对双基推进剂燃烧的催化效率的影响如图 4 – 121 所示。

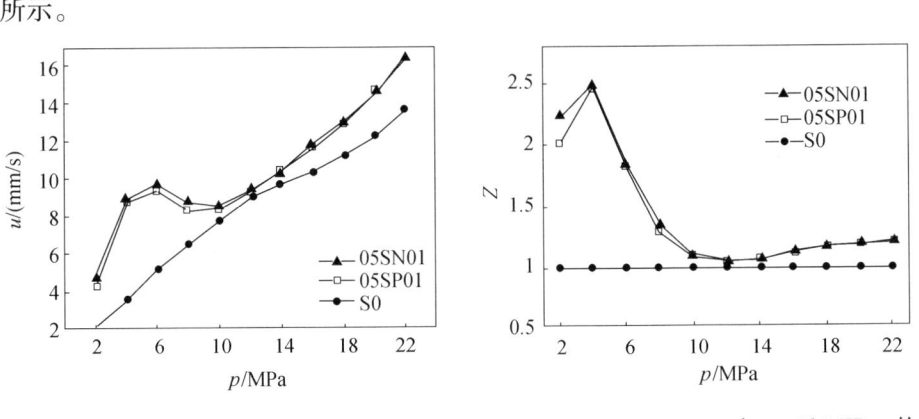

图 4 – 120　试样 05SN01、05SP01 和 S0 的　　　图 4 – 121　n – PbDHBen 和 p – PbDHBen 的
　　　　　燃速 – 压力曲线　　　　　　　　　　　　　　催化效率 – 压力曲线

从图 4 – 120 和图 4 – 121 中可以看出，和空白试样 S0 相比，n – PbDHBen 和 p – PbDHBen 都使双基推进剂在 2~6 MPa 范围内出现超速燃烧，但含 n – PbDHBen 的 05SN01 试样燃速比含 p – PbDHBen 的 05SP01 高，在 2 MPa 时 05SN01 燃速比 05SP01 提高了 11.34%，催化效率提高了 0.23；6 MPa 时的燃速提高了 1.67%，催化效率提高了 3%。同时 n – PbDHBen 和 p – PbDHBen 都使双基推进剂在 6~10MPa 范围都出现了麦撒燃烧（压力指数分别为 – 0.24 和 – 0.25，相关系数分别为 0.9832 和 0.9844），但 05SN01 的燃速高于 05SP01 的燃速，提高的幅度在 1.67%~4.90%。而在 10MPa 以后 05SN01 和 05SP01 的燃速 – 压力曲线几乎重合。以上分析说明，与 p – PbDHBen 相比，n – PbDHBen 可提高双基推进剂在 2~10MPa 的中低压段燃速，但幅度不大；但能使双基推进剂在 6~

10MPa 范围出现较强的麦撒燃烧现象。

4.5.4.2.2　纳米对氨基苯甲酸铅对双基推进剂燃烧性能的影响

含纳米对氨基苯甲酸铅(n‑PbPAB)和普通对氨基苯甲酸铅(p‑PbPAB)的双基推进剂试样 05SN02、05SP02 和空白试样 S0 的燃速‑压力曲线如图 4‑122 所示。n‑PbPAB 和 p‑PbPAB 对双基推进剂燃烧催化效率的影响如图 4‑123 所示。

由图 4‑122 可看出,含 n‑PbPAB 的 05SN02 在 2~18 MPa 压力范围内的燃速低于含 p‑PbPAB 的 05SP02 的燃速。但 05SN02 在 6~8 MPa 出现平台燃烧现象,而 05SP02 在此范围内却呈现增速趋势。在 8~12MPa 范围内 05SP02 和 05SN02 都出现麦撒效应。在 10~20 MPa 范围内 05SP02 和 05SN02 燃速都呈现缓慢增长趋势。图 4‑123 所示的催化效率曲线也呈现出同样的趋势。以上分析表明,n‑PbDHBen 提高燃速的能力没有 p‑PbPAB 强;但 n‑PbPAB 比 p‑PbPAB 有更强的降低压力指数的能力。

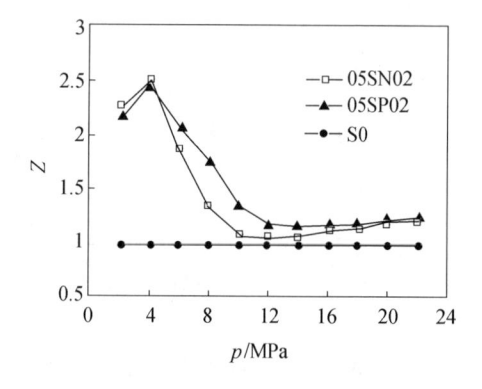

图 4‑122　试样 05SN02、05SP02 和 S0 的　　　图 4‑123　n‑PbPAB 和 p‑PbPAB 的催化
　　　　　　燃速‑压力曲线　　　　　　　　　　　　　　　　效率‑压力曲线

4.5.4.2.3　纳米邻苯二甲酸铅对双基推进剂燃烧性能的影响

含纳米邻苯二甲酸铅(n‑PbPht)和普通邻苯二甲酸铅(p‑PbPht)的 05SN03、05SP03 以及空白试样 S0 的燃速‑压力曲线如图 4‑124 所示。n‑Pb-Pht 和 p‑PbPht 对双基推进剂燃烧催化效率的影响如图 4‑125 所示。

由图 4‑124 可看出,在 2~22 MPa 范围内,含 n‑PbPht 的 05SN03 和含 p‑PbPht 的 05SP03 的燃速均高于 S0 的燃速,并且在此范围内 05SN03 的燃速比 05SP03 高,说明 n‑PbPht 有较强的提高双基推进剂燃速的催化作用。在 2~6 MPa 的低压范围内,S0 的压力指数(0.45)均小于 05SN03 和 05SP03(分别为

0.85 和 0.83)，说明 05SN03 和 05SP03 都出现了超速燃烧。在 6～10 MPa 范围内，05SN03 出现了比 05SP03 强的麦撒效应，05SN03 的压力指数(相关系数 -0.74)远小于 05SP03(相关系数 -0.17)。在 10～22 MPa 范围内，05SN03 和 05SP03 的麦撒效应都已消失。图 4-125 表明在 2～22 MPa 的测试范围内，n-PbPht 对双基推进剂燃烧催化效率均高于 p-PbPht。以上分析表明，n-PbPht 对双基推进剂的催化作用比 p-PbPht 强，不但能显著提高双基推进剂的燃速，而且能明显降低其压力指数。

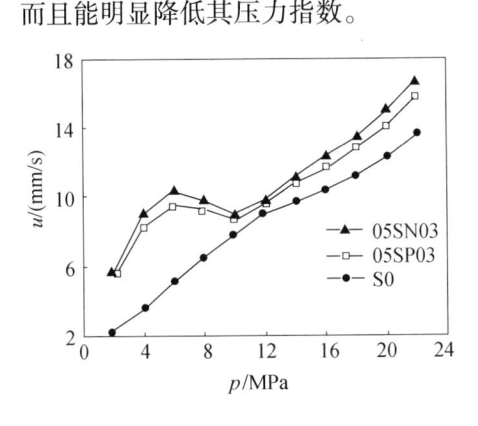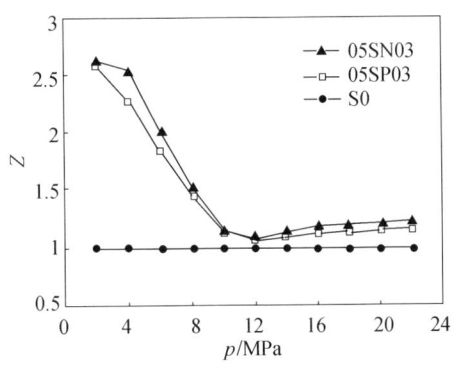

图 4-124　试样 05SN03、05SP03 和 S0 的　　图 4-125　　n-PbPht 和 p-PbPht 的催化
　　　　　　燃速-压力曲线　　　　　　　　　　　　　　效率-压力曲线

4.5.4.2.4　纳米 3-硝基邻苯二甲酸铅对双基推进剂燃烧性能的影响

含纳米 3-硝基邻苯二甲酸铅(n-PbNPht)、普通 3-硝基邻苯二甲酸铅(p-PbNPht)双基推进剂试样 05SN04、05SP04 以及空白试样 S0 的燃速-压力曲线如图 4-126 所示。n-PbNPht 和 p-PbNPht 对双基推进剂燃烧催化效率的影响如图 4-127 所示。

由图 4-126 可以看出，在 2～22 MPa 范围内，05SN04 和 05SP04 的燃速均高于 S0 的燃速；但在 2～4 MPa 范围内 05SN04 的燃速低于 05SP04，而在 4～22 MPa 范围内 05SN04 的燃速高于 05SP04。在 2～8 MPa 的低压范围内，S0 的压力指数(0.45)均小于 05SN04 和 05SP04(压力指数分别为 0.74 和 0.59，相关系数分别为 0.9963 和 0.9901)，表明 05SN04 和 05SP04 都出现了超速燃烧。05SN04 出现了比 05SP04 宽的麦撒效应，05SN04 的麦撒效应从 05SP04 的 8～10 MPa，扩展到了 10～12 MPa。在 12 MPa 以后，05SN04 和 05SP04 的燃速都出现缓慢增加的趋势。同时，图 4-127 表明，在 2～4 MPa 范围内 n-PbNPht 对双基推进剂燃烧催化效率低于 p-PbNPht，但在 4～22 MPa 范围内 n-PbNPht 催化效率比 p-PbNPht 高。以上分析表明，n-PbNPht 对双基推进剂的催化作用比

p-PbNPht强,不但能提高双基推进剂中高压范围内的燃速,且能有效降低其压力指数。

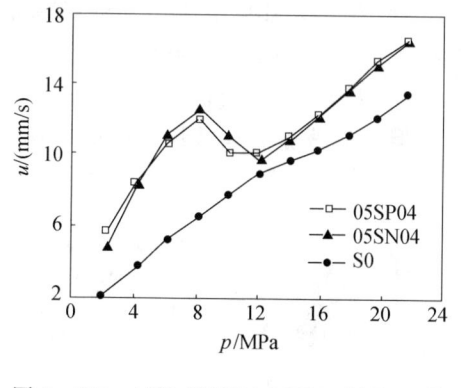
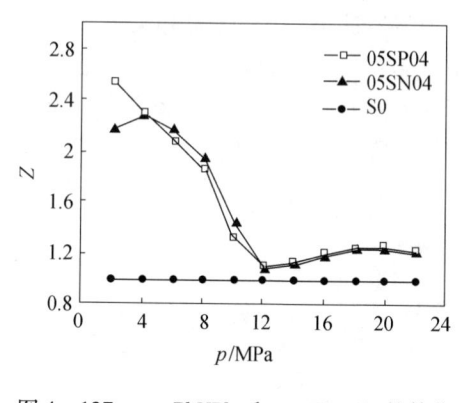

图4-126　试样05SN04、05SP04以及S0的　　图4-127　n-PbNPht和p-PbNPht的催化
　　　　　　燃速-压力曲线　　　　　　　　　　　　　效率-压力曲线

4.5.4.2.5　纳米3,5-二硝基水杨酸铅对双基推进剂燃烧性能的影响

含纳米3,5-二硝基水杨酸铅(n-PbDNS)、普通3,5-二硝基水杨酸铅(p-PbDNS)双基推进剂试样05SN06、05SP06以及空白试样S0的燃速-压力曲线如图4-128所示。n-PbDNS和p-PbDNS对双基推进剂燃烧催化效率的影响如图4-129所示。

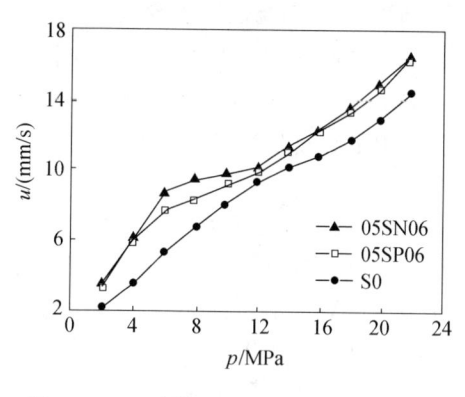
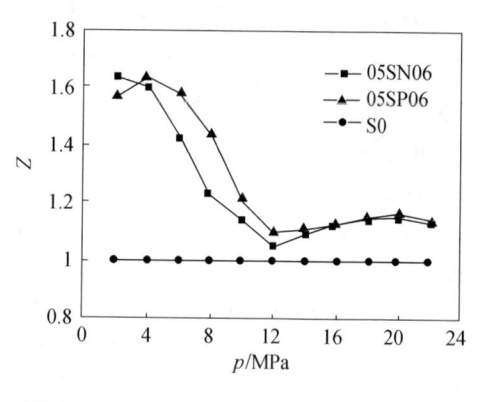

图4-128　试样05SN06、05SP06和S0的　　图4-129　n-PbDNS和p-PbDNS的催化
　　　　　　燃速-压力曲线　　　　　　　　　　　　效率-压力曲线

由图4-128可看出,在2~22 MPa范围内,05SN06和05SP06的燃速均高于S0的燃速;虽然在2~4 MPa内05SN06燃速低于05SP06,但4~22 MPa较宽

的压力范围内 05SN03 的燃速比 05SP03 高,说明 n - PbDNS 提高双基推进剂燃速的催化作用比 p - PbDNS 强。在 2 ~ 6MPa 的低压范围内,S0 的压力指数0.45(相关系数 0.9914)均小于 05SN06 和 05SP06(压力指数分别为 0.85 和 0.83,相关系数分别为 0.9998 和 0.9994),表明 05SN06 和 05SP06 都出现了超速燃烧。在 6 ~ 12MPa 范围内,05SN06 和 05SP06 都出现了燃烧平台;但 05SN06 的平台效应比 05SP06 强,05SN06 的压力指数 0.17(相关指数 0.9976)远小于 05SP06 的 0.35(相关系数 0.9825)。同时,图 4 - 129 表明在 2 ~ 4MPa 范围内,n - PbDNS 对双基推进剂燃烧催化效率比 DNSP 小。但在 4MPa 以后 n - PbDNS 对双基推进剂燃烧催化效率要比 p - PbDNS 大。以上分析表明,n - PbDNS 对双基推进剂燃烧催化作用比 p - PbDNS 强,不但能提高双基推进剂中高压范围内的燃速,而且能使双基推进剂燃烧出现较好的平台现象,显示出了 n - PbDNS 对双基推进剂燃烧较好的催化作用。

4.5.4.2.6 纳米对硝基苯甲酸铅对双基推进剂燃烧性能的影响

含纳米对硝基苯甲酸铅(n - PbPNB)、普通对硝基苯甲酸铅(p - PbPNB)的双基推进剂试样 05SN08、05SP08 和空白试样 S0 的燃速 - 压力曲线如图 4 - 130 所示。n - PbPNB 和 p - PbPNB 对双基推进剂燃烧催化效率的影响如图 4 - 131 所示。

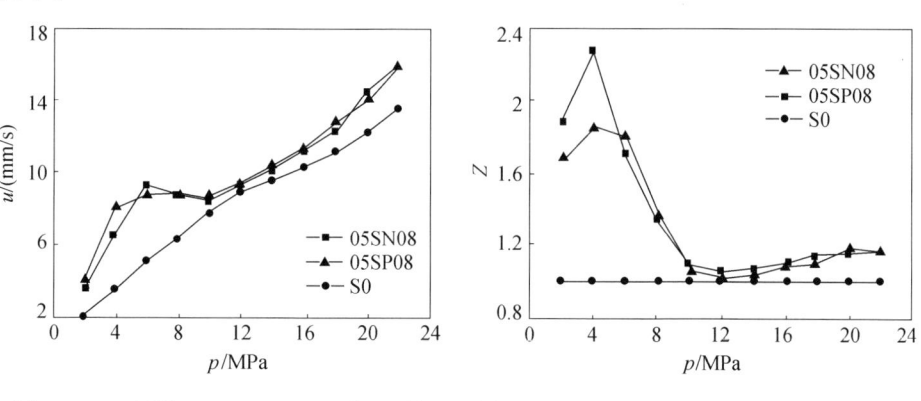

图 4 - 130　试样 05SN08、05SP08 和 S0 的燃速 - 压力曲线

图 4 - 131　n - PbPNB 和 p - PbPNB 的催化效率 - 压力曲线

从图 4 - 130 可看出,在 2 ~ 22MPa 范围内,05SN08 和 05SP08 的燃速均高于 S0 的燃速;且 05SN08 试样在 2 ~ 4MPa 和 10 ~ 22MPa 范围内的燃速低于含 05SP08 的燃速,而在 6 ~ 10MPa 范围内 05SN08 的燃速略高于 05SP08。在 2 ~ 6MPa 的低压范围内,S0 的压力指数(0.45)均小于 05SN08 和 05SP08(压力指

数分别为 0.87 和 0.75,相关系数分别为 0.9997 和 0.9864),表明 05SN08 和 05SP08 都出现了超速燃烧。在 6~10MPa 范围内,05SN08 和 05SP08 都出现了麦撒现象。但 05SN08 的麦撒效应比 05SP08 强,05SN08 的压力指数为 -0.21(相关系数为 0.9832),小于 05SP08 的 -0.06(相关系数为 0.9801)。在 10~22MPa 范围内,05SN08 和 05SP08 的麦撒效应都已消失。同时,图 4-131 亦表明,对于双基推进剂燃烧,2~4MPa 和 10~22MPa 范围内,n-PbPNB 催化效率均小于 p-PbPNB,但在 4~10MPa 范围内 n-PbPNB 催化效率高于 p-PbPNB。

以上分析表明,n-PbPNB 和 p-PbPNB 相比,n-PbPNB 在降低双基推进剂压力指数方面的能力优于 p-PbPNB,但在提高双基推进剂燃速方面的能力不强。

4.5.4.2.7 不同分子结构对双基推进剂燃烧性能的影响

比较前面不同分子结构的纳米有机金属盐(配合物)对双基推进剂的催化效果可以发现:

(1) 如图 4-132 所示,对于含结构相似的纳米邻苯二甲酸铅(n-PbPht)和纳米 3-硝基邻苯二甲酸铅(n-PbNPht)的 05SN03 和 05SN04,在 2~4MPa 之间,05SN04 的燃速低于 05SN03,4MPa 以上,05SN04 的燃速高于 05SN03。前者是因为 n-PbNPht 铅含量没有 n-PbPht 高,而且 n-PbNPht 分解产生的 NO 和 NO_2 易逸出推进剂燃烧表面的缘故。而在高压时,在压力的作用下 NO 和 NO_2 不易逃逸出燃烧表面,加速了 PbO 和 Pb 之间的转化速率,提高了催化活性组分的催化活性,导致了燃速的提高。

(2) 如图 4-133 所示,对于含硝基的 n-PbNPht 和纳米对硝基苯甲酸铅(n-PbPNB),在 2~22MPa 的范围内,05SN04 的燃速始终高于 05SN08 的燃速。关于催化剂结构对推进剂主要组分热分解的影响,王伯羲认为[55],苯环上硝基取代基位置不同时,其催化效果也不同,邻位的催化效果最好,对位的最差。其原因是硝基位于邻位时,由于诱导效应使苯环上的电子云密度偏向于羧甲铅基,再加上共轭效应的影响,增强了含邻位硝基的芳香有机酸盐的催化效果。同时 n-PbNPht 的铅含量高于 n-PbPNB,因此使得 05SN04 的燃速高于 05SN08。

(3) 如表 4-32 所示,不同的纳米有机金属盐催化剂降低双基推进剂压力指数、产生麦撒燃烧的能力,就麦撒效应范围宽窄和麦撒区燃速高低来说,n-PbNPht 效果最好,其次是 n-PbPht。

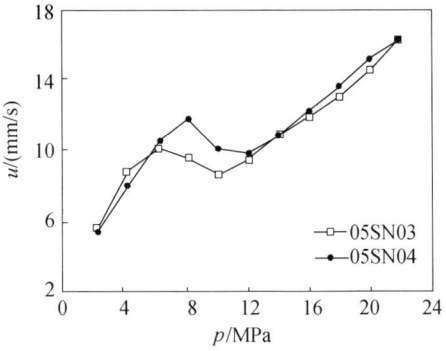

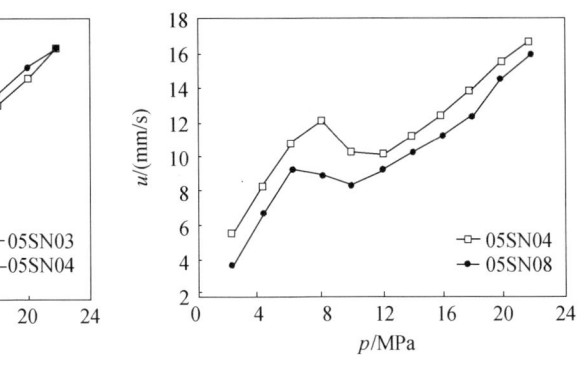

图 4 − 132　试样 05SN03 和 05SN04 的
　　　　　燃速 − 压力曲线

图 4 − 133　试样 05SN04 和 05SN08 的
　　　　　燃速 − 压力曲线

表 4 − 32　含不同纳米有机金属盐催化剂的双基推进剂麦撒效应数据比较表

催化剂	平台燃烧区范围/MPa	平均燃速/（mm/s）	压力指数（n）	线性相关系数（r）
n − PbNPht	8 ~ 12	10.86	− 0.47	0.9868
n − PbPht	6 ~ 10	9.72	− 0.30	0.9939
n − PbPNB	6 ~ 10	8.88	− 0.21	0.9832
n − PbPAB	8 ~ 12	10.17	− 0.17	0.9875

4.5.4.3　纳米有机金属盐催化剂对 RDX − CMDB 推进剂燃烧性能的影响

　　RDX − CMDB 推进剂的燃速测试结果如表 4 − 33 所示,不同催化剂的催化效率如表 4 − 34 所示。

表 4 − 33　RDX − CMDB 推进剂的燃速

试样编号	不同压力（MPa）下推进剂的燃速 u/（mm/s）										
	2	4	6	8	10	12	14	16	18	20	22
05GN00	3.09	3.54	7.42	9.85	11.88	14.04	15.75	17.54	19.23	20.92	21.85
05GN01	3.78	5.49	7.14	9.19	11.20	13.26	15.34	17.80	20.28	22.68	25.51
05GN02	5.65	6.72	8.18	9.81	11.66	13.83	15.90	18.07	20.39	22.57	24.75
05GN03	10.03	11.25	10.96	10.80	11.30	12.80	14.39	16.23	18.02	20.16	21.98
05GP01	9.09	10.84	11.33	11.06	12.06	14.00	15.92	18.13	20.26	22.70	24.75
05GN04	4.55	6.02	8.19	10.35	12.72	15.22	17.32	19.67	22.15	24.21	26.53
05GN05	5.12	5.97	7.29	9.24	11.34	13.88	16.05	18.15	20.22	22.65	24.63

试样编号	不同压力（MPa）下推进剂的燃速 u/（mm/s）										
	2	4	6	8	10	12	14	16	18	20	22
05GN06	5.96	6.75	7.24	9.10	10.83	12.76	14.76	17.05	19.07	21.23	23.04
05GP02	5.52	6.54	7.48	9.43	11.27	13.01	15.02	17.04	19.19	21.15	23.42
05GN07	3.50	6.50	9.88	12.87	14.78	16.38	17.83	19.51	20.70	22.75	24.13
05GN08	5.91	10.41	13.22	15.48	17.26	18.67	19.55	20.33	21.30	22.50	23.83
05GN09	6.88	12.26	15.71	17.65	18.40	18.37	18.55	19.12	20.60	21.79	23.36
05GN10	3.76	7.25	8.72	9.96	11.62	13.65	15.87	17.75	19.96	22.03	24.39
05GN11	4.86	7.20	8.77	10.09	11.76	13.57	15.65	17.79	19.92	22.27	24.57
05GN12	9.28	12.64	13.59	13.77	13.69	13.85	15.27	17.09	18.87	20.83	22.72
05GP03	5.02	7.97	8.96	10.07	11.79	13.70	15.55	17.70	19.63	22.16	24.33
05GP05	6.49	11.33	14.83	17.53	19.47	21.12	22.30	23.61	24.57	25.61	26.77
05GN16	5.88	11.44	15.52	18.00	20.14	21.25	22.65	23.95	25.06	26.11	26.77
05GN17	4.98	7.69	9.45	11.30	13.01	14.92	16.89	18.80	20.49	22.52	24.51
05GN18	3.46	5.56	7.37	9.39	11.57	13.90	16.05	18.45	20.30	22.96	24.45

表4-34 RDX-CMDB推进剂中各催化剂的催化效率

试样编号	不同压力（MPa）下的催化效率（Z）										
	2	4	6	8	10	12	14	16	18	20	22
05GN00	1.00	1.00	1.00	1.00	1.00	1.00	1.00	1.00	1.00	1.00	1.00
05GN01	1.22	1.55	0.96	0.93	0.94	0.94	0.97	1.01	1.05	1.08	1.17
05GN02	1.82	1.90	1.10	1.00	0.98	0.99	1.01	1.03	1.06	1.08	1.13
05GN03	3.25	3.18	1.48	1.20	0.95	0.91	0.91	0.93	0.94	0.96	1.01
05GP01	2.94	3.06	1.53	1.12	1.01	0.99	1.01	1.03	1.05	1.08	1.13
05GN04	1.47	1.70	1.10	1.05	1.07	1.08	1.10	1.12	1.15	1.16	1.21
05GN05	1.66	1.69	0.98	0.94	0.95	0.98	1.20	1.03	1.05	1.08	1.13
05GN06	1.93	1.91	0.98	0.92	0.91	0.91	0.94	0.97	0.99	1.01	1.05
05GP02	1.79	1.85	1.01	0.96	0.95	0.93	0.95	0.97	1.00	1.01	1.07
05GN07	1.13	1.84	1.33	1.31	1.24	1.17	1.13	1.11	1.08	1.09	1.10
05GN08	1.91	2.94	1.78	1.57	1.45	1.33	1.24	1.16	1.11	1.08	1.09
05GN09	2.23	3.46	2.12	1.79	1.55	1.31	1.18	1.09	1.07	1.04	1.07
05GN10	1.21	2.05	1.18	1.01	0.98	0.97	1.01	1.01	1.04	1.05	1.13

试样编号	不同压力（MPa）下的催化效率（Z)										
	2	4	6	8	10	12	14	16	18	20	22
05GN11	1.57	2.03	1.18	1.02	0.99	0.97	0.99	1.01	1.04	1.06	1.12
05GN12	3.00	3.57	1.83	1.40	1.15	0.99	0.97	0.97	0.98	1.00	1.04
05GP03	1.62	2.25	1.21	1.02	0.99	0.98	0.99	1.01	1.02	1.06	1.11
05GP05	2.10	3.20	2.00	1.78	1.64	1.50	1.42	1.35	1.28	1.22	1.23
05GN16	1.90	3.23	2.09	1.83	1.70	1.51	1.44	1.37	1.30	1.25	1.23
05GN17	1.61	2.17	1.27	1.15	1.10	1.06	1.07	1.07	1.07	1.08	1.12
05GN18	1.12	1.57	1.00	0.95	0.97	0.99	1.02	1.05	1.06	1.10	1.12

4.5.4.3.1 纳米 2,4 – 二羟基苯甲酸铅对 RDX – CMDB 推进剂燃烧性能的影响

图 4 – 134 为 05GN01、05GN02、05GN03 和空白试样 05GN00 的燃速，图 4 – 135 为推进剂试样中所含催化剂的催化效率。05GN01 使用了 3% 的纳米 2,4 – 二羟基苯甲酸铅(n – PbDHBen)，05GN02 使用了 3% 的 n – PbDHBen 和 0.4% 的炭黑复配催化剂，05GN03 使用了 3% 的 n – PbDHBen 和 0.8% 的纳米对氨基苯甲酸铜(n – CuPAB)和 0.4% 的炭复配催化剂。

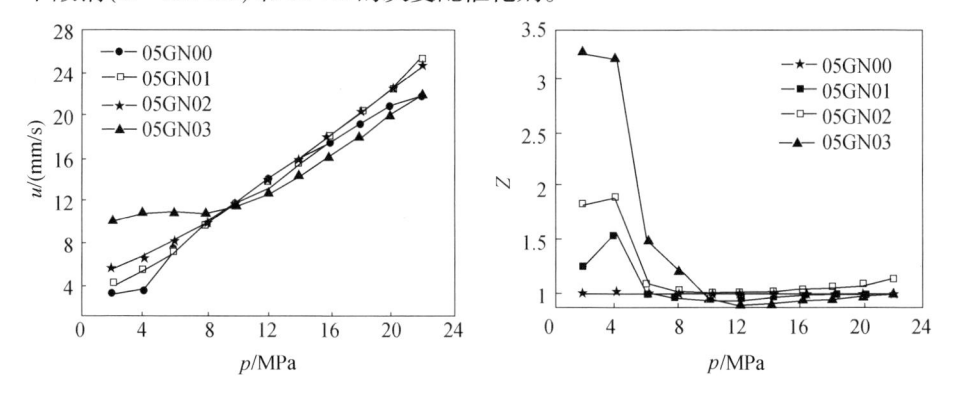

图 4 – 134   试样 05GN00、05GN01、05GN02 和
05GN03 的燃速 – 压力曲线

图 4 – 135   n – PbDHBen 和其复配
催化剂的催化效率 – 压力曲线

从图 4 – 134 和图 4 – 135 可看出，与空白试样相比，n – PbDHBen 的加入(05GN02)，使得 RDX – CMDB 推进剂在 2 ~ 6MPa 范围内的燃速大幅提高，在 2MPa、4MPa 时的催化效率分别为 1.22 和 1.55。在 6MPa 以上，含 n – PbDHBen 的推进剂燃速低于空白试样。

n – PbDHBen 和炭黑复配催化剂（05GN02）分别在 2 ~ 8MPa 和 14 ~ 22MPa 范围内提高了 RDX – CMDB 推进剂的燃速，在 2 ~ 8MPa 之间燃速最大增幅为 89.93（4MPa）；在 14 ~ 22MPa 范围内 n – PbDHBen 和炭黑复配催化剂使推进剂燃速提高的幅度有随着压力增大而增大的趋势；而其催化效率在 2MPa、4MPa、6MPa 时也比单独使用 n – PbDHBen 时分别提高了 60%、23% 和 15%。

而 n – PbDHBen、n – CuPAB 和炭黑复配催化剂不但大幅度提高了 RDX – CMDB 推进剂 2 ~ 10MPa 范围内的燃速，2MPa、4MPa、6MPa 时的催化效率分别比 n – PbDHBen 及 n – PbDHBen 和炭黑复配催化剂提高了 166.39%、78.57%、105.16% 及 67.37%、54.17%、33.33%；且在 2 ~ 8MPa 的较宽的低压范围内使推进剂燃烧出现了平台现象，压力指数为 0.07，相关系数为 0.9845。但在 10MPa 以上其燃速低于空白试样。综合以上分析可知，在 RDX – CMDB 推进剂中单独使用 n – PbDHBen 或和 n – CuPAB 复配时催化效果不明显，但和 n – CuP-AB、炭黑同时复配就能够显著提高燃速，降低压力指数。说明 n – PbDHBen 同样遵循"铅 – 铜 – 炭"的催化作用规律。

图 4 – 136 为 05GN03 和 05GP01 的燃速 – 压力曲线，图 4 – 137 为其所含催化剂的催化效率 – 压力曲线。05GN03 使用了 3% 的 n – PbDHBen、0.8% 的 n – CuPAB 和 0.4% 的炭复配催化剂，而 05GP01 则使用了普通 2,4 – 二羟基苯甲酸铅（p – PbDHBen）、普通对氨基苯甲酸铜（p – CuPAB）和炭黑复配催化剂。

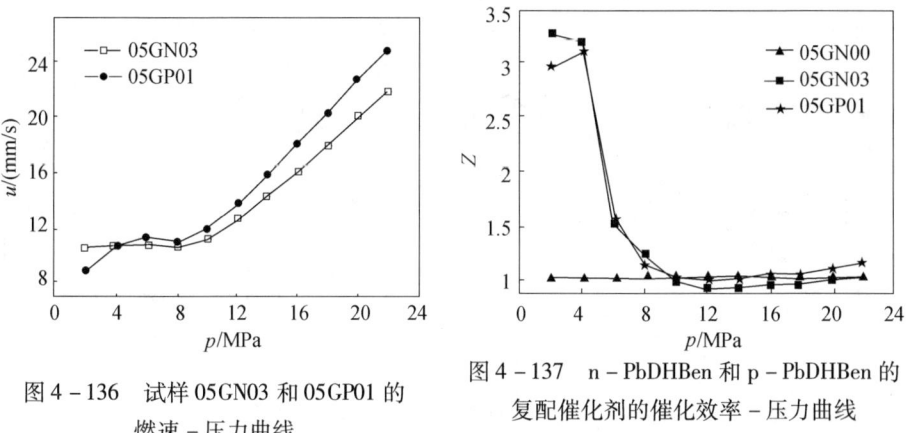

图 4 – 136　试样 05GN03 和 05GP01 的燃速 – 压力曲线

图 4 – 137　n – PbDHBen 和 p – PbDHBen 的复配催化剂的催化效率 – 压力曲线

由图 4 – 136 和图 4 – 137 可看出，与 p – PbDHBen、p – CuPAB 和炭黑复配催化剂相比，n – PbDHBen、n – CuPAB 和炭黑的复配催化剂提高了 RDX – CMDB 推进剂 2 ~ 4MPa 范围内的燃速，在 2MPa 时的催化效率提高了 78.68%。4MPa 以上含 n – PbDHBen、n – CuPAB 和炭黑复配催化剂的燃速比含 p – PbDHBen、 p－CuPAB 和炭黑复配催化剂低。但 n－PbDHBen、n－CuPAB 和炭黑复配催化剂在 2～8MPa 较宽的范围内(2～8MPa)使 RDX－CMDB 推进剂燃烧出现了平台现象(压力指数为 0.07,相关系数为 0.9845)。以上分析表明,与 p－PbDH-Ben、p－CuPAB 和炭黑复配催化剂相比,n－PbDHBen、n－CuPAB 和炭黑复配催化剂有良好的降低压力指数能力,是一种低压区宽平台复配催化剂。

4.5.4.3.2 纳米 3－硝基邻苯二甲酸铅对 RDX－CMDB 推进剂燃烧性能的影响

1. 纳米 3－硝基邻苯二甲酸铅催化能力考察

含纳米 3－硝基邻苯二甲酸铅(n－PbNPht)3%、纳米对氨基苯甲酸铜(n－CuPAB)0.8% 和炭黑 0.4% 的复配催化剂的 05GN12、相同含量的普通复配催化剂的 05GP03 以及空白试样 05GN00 的燃速－压力曲线如图 4－138 所示,相应的复配催化剂的催化效率－压力曲线如图 4－139 所示。

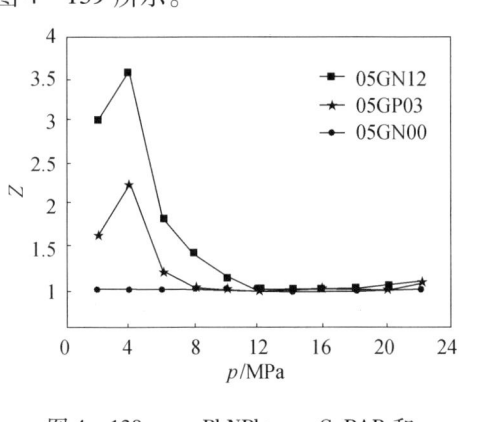

图 4－138　试样 05GN12、05GN00 和　　　图 4－139　n－PbNPht、n－CuPAB 和
05GP03 的燃速－压力曲线　　　　　　　炭黑复配催化剂及相应普通复配
　　　　　　　　　　　　　　　　　　　催化剂的催化效率－压力曲线

由图 4－138 可看出,与 05GP03 和 05GN00 相比,05GN12 在 2～12MPa 的燃速明显高于 05GP03 和 05GN00;2MPa 和 6MPa 时 05GN12 的燃速比 05GN00 和 05GP03 分别提高了 200.32% 和 84.86%、83.15% 和 51.67%。12MPa 以上 05GN12 的燃速比 05GP03 和 05GN00 低;说明 n－PbNPht、n－CuPAB 和炭黑的复配能显著提高 RDX－CMDB 推进剂的中低压的燃速。05GN12 和 05GP03 的燃烧都出现了平台现象,但 05GN12 平台效应比 05GP03 强;05GN12 的平台范围从 05GP03 的 4～8MPa 扩展到了 6～12MPa(压力指数分别为 0.08 和 0.49)。说明 n－PbNPht、n－CuPAB 和炭黑的复配能显著降低 RDX－CMDB 推进剂中压范围的压力指数。由图 4－139 可看出,2～12MPa 时 n－PbNPht、n－CuPAB 和炭

287

黑复配催化剂的催化效率比 p – PbNPht、p – CuPAB 和炭黑复配的高,2MPa 和 4MPa 时分别提高了 85.19% 和 83.15%。以上分析说明,对于 RDX – CMDB 推进剂,n – PbNPht、n – CuPAB 和炭黑复配催化剂具有良好的提高中压燃速和显著降低压力指数的能力。

2. 均匀设计法优选 n – PbNPht、n – CuPAB 和炭黑的组合比例

前面对 n – PbNPht 沿用铅盐催化剂传统比例进行了复配,即铅盐 3%,铜盐 0.8%,炭黑 0.4%,并考察了复配催化剂对 RDX – CMDB 推进剂的催化效果。但文献记载[56-59],像 n – PbNPht 这样的含能催化剂由于催化活性较高,在推进剂中的用量比普通铅盐要少,催化效果更高。因此,采用均匀设计法对 n – PbN-Pht、n – CuPAB 和炭黑的最佳组合比例进行了筛选。均匀设计法[60]是将数论与多元统计相结合的一种全新的试验设计方法。该方法只考虑实验点在实验范围内的均匀分散。对于一个实验若每个因素有 q 个水平,只需作 q 或 q 的倍数次实验;与正交试验相比,可大大节约工作量,对于每个因素有多水平的实验以及系统模型完全未知的情况尤为适用。

本节运用均匀设计方法建立了数学模型,系统研究了 n – PbNPht、n – CuPAB 和和炭黑不同的组合比例对 RDX – CMDB 推进剂燃烧性能的影响,并进一步优选出其最佳比例。此数学模型以 n – PbNPht、n – CuPAB 和炭黑用量(%)为变量 X_1、X_2 和 X_3,燃速(mm/s)为因变量 Y,研究复配催化剂组分的配比对 RDX – CMDB 推进剂燃速的影响规律。各因素的水平取值如表 4 – 35 所示,采用均匀设计表 U_6^* (6^3)(表 4 – 36)进行复配。复配催化剂的具体配比见表 4 – 37。

表 4 – 35　各因素的水平取值表

水平	1	2	3	4	5	6
n – PbNPht	0.5	1.0	1.5	2.0	2.5	3
n – CuPAB	0	0.2	0.4	0.6	0.8	1
炭黑	0	0.2	0.4	0.6	0.8	1

表 4 – 36　均匀设计表

序号	因素 1	因素 2	因素 3
1	1	2	3
2	2	4	6
3	3	6	2
4	4	1	5
5	5	3	1
6	6	5	4

表4-37　n-PbNPht、n-CuPAB和炭黑的具体配比表

序号	n-PbNPht/%	n-CuPAB/%	炭黑/%	对应的推进剂试样
1	0.5	0.2	0.4	05GN07
2	1.0	0.6	1.0	05GN08
3	1.5	1.0	0.2	05GN09
4	2.0	0	0.8	05GN10
5	2.5	0.4	0	05GN11
6	3.0	0.8	0.4	05GN12

设计的6个复配催化剂所对应的推进剂试样05GN07~05GN12的燃速数据见表4-6,其燃速和复配催化剂的催化效率如图4-140和图4-141所示。

由表4-6和图4-140、图4-141可看出,在同一压力下,随着n-PbNPht含量增大,RDX-CMDB推进剂燃速不一定增加,即燃速与n-PbNPht含量不成正比关系。随着n-PbNPht、n-CuPAB和炭黑的配比不同,有2个推进剂试样燃烧过程中出现了平台现象,分别为05GN09和05GN12。比较05GN09和05GN12的组合催化剂加入量可知,编号05GN09的n-PbNPht和炭黑的用量仅为编号05GN12的1/2,n-CuPAB也较少,但05GN09平台区已移向高压段,且平台区燃速也明显高于05GN12。这就说明双基系推进剂的燃烧催化剂的配合使用产生协同效应也很复杂,只简单地考虑单一因素的影响是不足的。

以燃速Y与X_1、X_2和X_3建立了多因子及互作项逐步回归的数学模型,以相关系数R和回归方程显著性F值作为判据,判断方程与实验数据的拟合程度。以2MPa下燃速数据为例,所得的多因子及互作项逐步回归方程为

$$Y = 2.36 + 0.97X_2 + 1.93X_3 + 2.011X_1X_2 - 0.23X_3^2$$

相关系数$R = 1$,$F = 23.5621$,显著水平$p = 0$,标准偏差$S = 0.0042$。

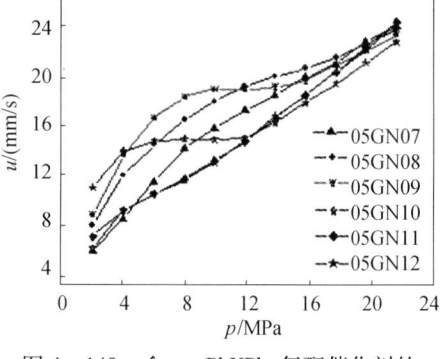

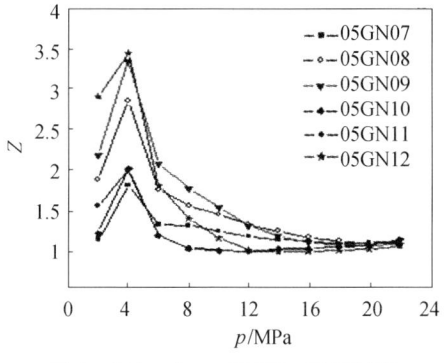

图4-140　含n-PbNPht复配催化剂的　　　图4-141　含n-PbNPht及其复配
RDX-CMDB推进剂的燃速-压力曲线　　　　催化剂的催化效率-压力曲线

此方程的相关系数为 1,说明方程与数据的拟合程度很好。此方程表明 2MPa 时,3 个影响因素对 RDX – CMDB 推进剂的燃速都有影响,而且它们之间还存在一定的相互作用。例如,n – PbNPht 在主效应中被忽略,说明 2MPa 时 n – PbNPht 对 RDX – CMDB 推进剂燃速的贡献不明显,对燃速起决定作用的只是 n – CuPAB 和炭黑,但在回归方程中有 n – PbNPht 和 n – CuPAB 的交互项存在,并且呈现正的交互作用,即 n – PbNPht 和 n – CuPAB 的相互作用明显,对燃速还是有一定的影响。

同时,利用回归方程计算了 2MPa 时的 RDX – CMDB 推进剂的燃速,并与实测值进行了比较(表 4 – 38)。结果表明,该回归方程的计算值结果与实测值吻合性很好,同时其他压力下的回归方程(表 4 – 39)的计算值结果与实测值也相当吻合,较好地反映了 3 个因素对燃速的影响规律,因此认为建立的数学模型较为可信。

表 4 – 38   2MPa 下燃速回归方程计算值与实验值比较

编号	铅盐/%	铜盐/%	炭黑/%	燃速计算值/(mm/s)	燃速实测值/(mm/s)	偏差
1	0.5	0.2	0.3	3.50	3.50	– 0.22238
2	1.0	0.6	0.6	5.91	5.91	– 0.00119
3	1.5	1.0	0.2	6.88	6.88	0.00178
4	2.0	0	0.5	3.76	3.75	0.00567
5	2.5	0.4	0.1	4.86	4.86	– 0.00030
6	3.0	0.8	0.4	9.28	9.28	– 0.00059

以 2MPa 时建立的数学模型为例分析 X_1、X_2 和 X_3 对燃速 Y 的影响,以 X_2 的取值范围为 0.1 ~1,炭黑的取值范围为 0.1 ~1,进行数学模型模拟分析。所得的关系见图 4 – 142。从图 4 – 142(a)可看出随着 X_1 和 X_2 含量的增加,推进剂的燃速呈现增大的趋势,但也出现"谷"现象,即先缓慢增大而后快速增加,这说明 X_1 和 X_2 的交互作用在燃烧过程中比较复杂。从图 4 – 142(b)可观察到随着 X_1 和 X_3 含量的增加,推进剂的燃速呈现增大的趋势。从图 4 – 142(c)可看出,对于 X_2 和 X_3 也有类似的结论。而且可看出在 2MPa 时燃速最大值所对应的 X_1、X_2 和 X_3 取值应在边界值附近,说明 2MPa 时燃速在一定程度上还可扩大。

按照以上方法,对 RDX – CMDB 推进剂 2 ~22MPa 范围内的燃速数据处理,得到表 4 – 38 中的回归方程。为了筛选 n – PbNPht、n – CuPAB 和炭黑的最佳组合比例,著者及其研究团队又采用均匀设计表 $U_{20}^*(20^7)$ 对 n – PbNPht(用量 0.3% ~3%),n – CuPAB 和炭黑(用量均为 0.05% ~1%)进行均匀分布组合而

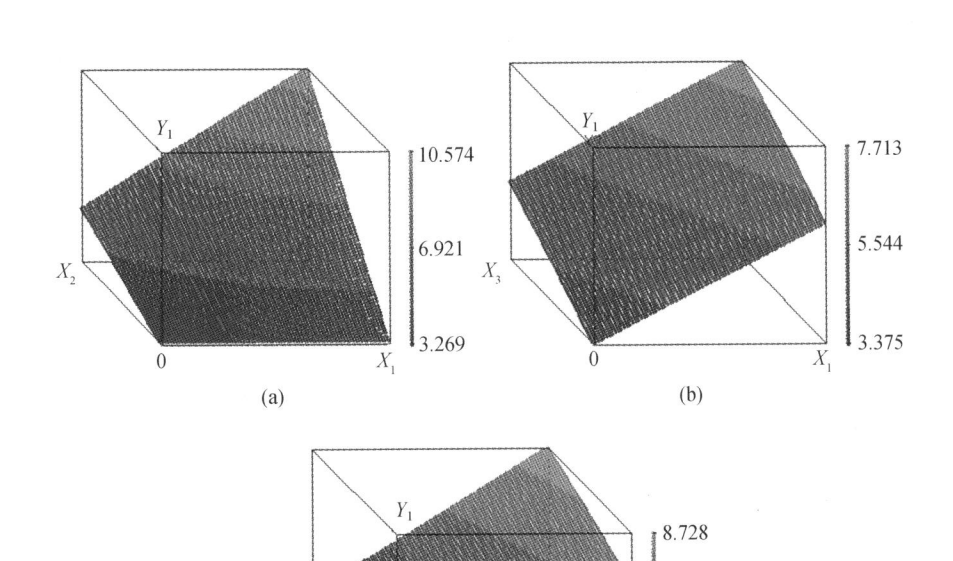

图 4 – 142　2MPa 时 Y 与 X_1、X_2 和 X_3 的三维数学模型

(a) Y 与 X_1、X_2 的数学模型；(b) Y 与 X_1、X_3 的数学模型；(c) Y 与 X_2、X_3 的数学模型。

成 20 种组合, 利用表 4 – 39 中的数学模型对含这 20 种组合的推进剂燃速进行了模拟计算。通过模拟计算筛选的在 2 ~ 22MPa 燃速较高, 且有平台效应的 5 种试样的燃速见表 4 – 40；相应的燃速和催化剂比例见图 4 – 143 和表 4 – 41。

表 4 – 39　2 ~ 22MPa 推进剂燃速回归方程表

压力/MPa	燃速回归方程
2	$Y = 2.36 + 0.98X_2 + 1.93X_3 + 2.11X_1X_2 - 0.23X_3^2$
4	$Y = 5.40 + 3.32X_2 + 1.16X_1X_3 + 2.93X_2^2 + 1.34X_2X_3$
6	$Y = 9.66 - 0.78X_1 + 0.39X_1X_3 + 6.56X_2^2 + 2.68X_2X_3$
8	$Y = 13.17 - 1.64X_1 + 0.05X_1X_3 + 6.39X_2^2 + 2.70X_2X_3$
10	$Y = 13.76 - 0.46X_1 + 6.42X_2 - 0.55X_1^2 + 0.62X_1X_3$
12	$Y = 15.39 + 5.26X_3 - 0.61X_1^2 - 0.96X_2^2 + 1.07X_3^2$
14	$Y = 17.20 + 2.39X_2 - 0.40X_1^2 - 0.54X_1X_3 + 1.84X_3^2$

压力/MPa	燃速回归方程
16	$Y = 19.50 - 0.27X_1^2 - 0.62X_1X_3 + 2.02X_2X_3 + 0.54X_3^2$
18	$Y = 20.33 + 0.97X_1 - 0.47X_1^2 - 0.28X_1X_3 + 1.03X_2X_3$
20	$Y = 22.82 + 0.04X_1^2 - 0.77X_1X_2 - 0.58X_1X_3 + 1.16X_2X_3$
22	$Y = 24.92 - 2.63X_3 + 0.08X_1^2 - 0.86X_1X_2 + 1.977.82X_3^2$

表 4 – 40　模拟计算的 5 种较优试样的燃速

试样编号	不同压力（MPa）下推进剂的燃速 $u/(mm/s)$										
	2	4	6	8	10	12	14	16	18	20	22
1	5.85	11.69	15.76	18.46	18.79	19.83	20.48	21.13	21.39	23.04	23.77
2	5.29	12.09	16.22	18.87	19.61	19.38	19.35	19.64	20.95	22.41	24.38
3	7.03	12.40	15.66	17.53	18.30	18.31	18.54	19.33	20.92	21.90	23.84
4	8.58	13.05	15.19	16.18	16.55	16.64	17.25	18.53	20.26	21.30	23.29
5	9.97	14.03	14.81	14.82	14.37	14.36	15.51	17.25	18.94	20.61	22.73

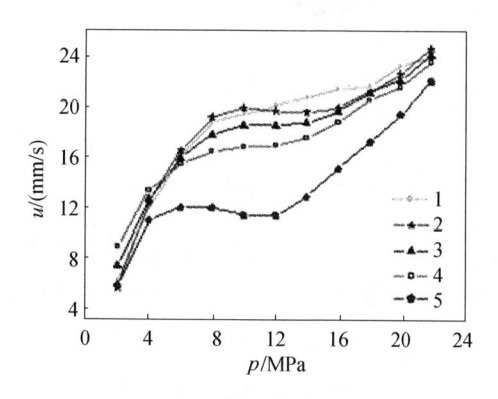

图 4 – 143　模拟计算的较优试样的燃速

表 4 – 41　模拟计算的较优试样的催化剂组合比例

	试样 1	试样 2	试样 3	试样 4	试样 5
n – PbNPht	0.60	0.75	1.50	2.25	3.00
n – CuPAB	0.80	1.00	0.95	0.90	0.85
炭黑	1.00	0.20	0.20	0.60	0.40

　　通过比较模拟计算筛选的五种较好的试样和实验得到的两种具有平台效应

的试样在 2~22MPa 的燃速,发现模拟试样 3 和 5 分别与实验得到的具有平台效应的试样 05GN09 和 05GN12 的燃速吻合,催化剂比例也几乎完全相同,证明通过回归得到的数学模型真实可信。同时还得到了实验中并未发现的 3 种催化剂组合,模拟计算结果发现含这 3 种催化剂的推进剂不但燃速较高,而且会出现燃烧平台现象。但这 3 个催化剂组合有待实践检验。

4.5.4.3.3　纳米没食子酸铋对 RDX – CMDB 推进剂燃烧性能的影响

图 4 – 144 为单独使用纳米没食子酸铋(n – BiGal)的推进剂试样 05GN18、含 n – BiGal 和纳米对氨基苯甲酸铜(n – CuPAB)复配催化剂的 05GN17 以及含 n – BiGal、n – CuPAB 和炭黑复配催化剂的 05GN16 的燃速 – 压力曲线,图 4 – 145 为相应催化剂的催化效率 – 压力曲线。

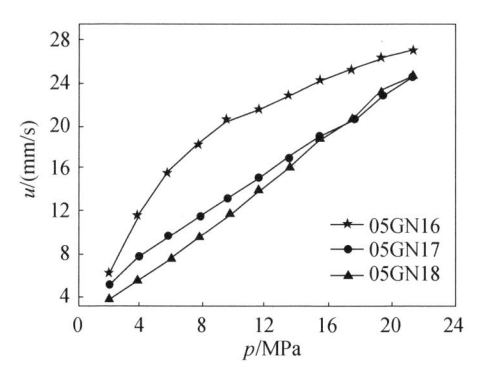

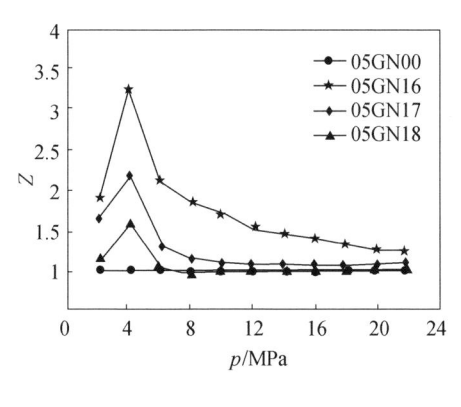

图 4 – 144　05GN16、05GN17 和 05GN18 的
燃速 – 压力曲线

图 4 – 145　n – BiGal 及其复配
催化剂的催化效率 – 压力曲线

由图 4 – 144 可看出,单独使用 n – BiGal 的试样 05GN18 的燃速 – 压力曲线几乎呈直线形,且随压力的增大而增大,压力指数为 0.57,相关系数为 0.9853。含 n – BiGal 和 n – CuPAB 复配催化剂的 05GN17 试样燃速 – 压力曲线与 05GN18 相似,也呈直线形,压力指数为 0.41,相关系数为 0.9941;但 05GN17 的燃速在 2~18MPa 范围内比 05GN18 高,在 2MPa 时 05GN18 的燃速比 05GN17 提高了 43.93%,随着压力的逐渐升高,提高幅度逐渐减小。与 05GN18 和 05GN17 相比,含 n – BiGal、n – CuPAB 和炭黑复配催化剂的 05GN16,在 2~22MPa 测试范围内的燃速比 05GN18 和 05GN17 有显著提高;8MPa 时 05GN16 比 05GN18 和 05GN17 分别提高了 91.69% 和 59.29;而且 05GN16 在 2~8MPa 范围内出现了超速燃烧,压力指数为 0.72,相关系数为 0.9957;且 05GN16 在 10~22MPa 的中高压范围内出现了燃烧平台,压力指数为 0.39,相关系数为

0.9985。图 4 – 145 表明，n – BiGal、n – CuPAB 和炭黑复配催化剂的催化效率明显高于 n – BiGal 和 n – CuPAB 复配催化剂以及 n – BiGal。以上的分析说明在 RDX – CMDB 推进剂中单独使用 n – BiGal 或和 n – CuPAB 复配催化效果不大。但 n – BiGal、n – CuPAB 和炭黑的复配催化剂不但能显著提高 RDX – CMDB 推进剂的燃速，而且能显著降低 RDX – CMDB 推进剂中高压范围内的压力指数，是一种高燃速、中高压范围内的宽平台催化剂。

图 4 – 146 为含 n – BiGal、n – CuPAB 和炭黑复配催化剂的 05GN16，含普通没食子酸铋(p – BiGal)和普通对氨基苯甲酸铜(p – CuPAB)与炭黑复配催化剂的 05GP05 的燃速 – 压力曲线。图 4 – 147 为相应催化剂的催化效率 – 压力曲线。

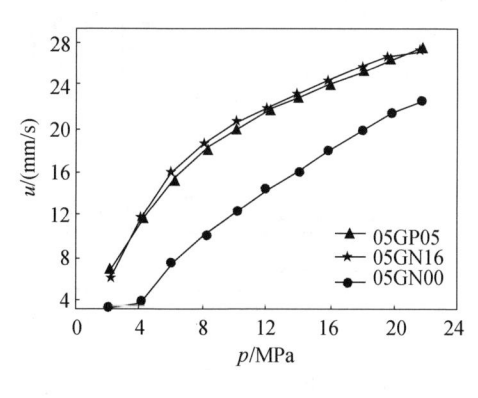

图 4 – 146　试样 05GN16、05GP05 和
05GN00 的燃速 – 压力曲线

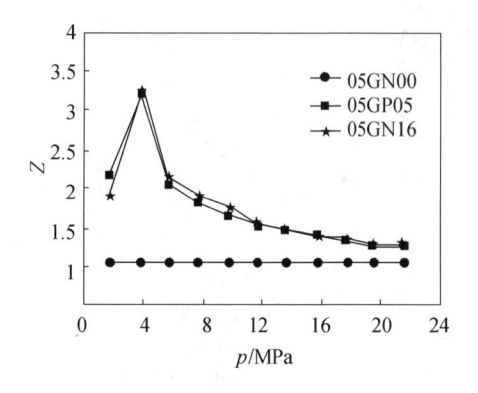

图 4 – 147　n – BiGal、n – CuPAB 以及
炭黑复配催化剂和相应普通复配
催化剂的催化效率 – 压力曲线

由图 4 – 146 可看出，在 2 ~ 4MPa 范围内含 n – BiGal、n – CuPAB 和炭黑的复配催化剂试样 05GN16 的燃速，低于含 p – BiGal、p – CuPAB 和炭黑复配催化剂试样 05GP05，但高于空白试样 05GN00。在 4 ~ 22MPa 范围内 05GN16 的燃速比 05GP05 高，但提高的幅度不大。图 4 – 147 表明在 2 ~ 4MPa 范围内 n – BiGal、n – CuPAB 和炭黑的复配催化剂的催化效率低于 p – BiGal、p – CuPAB 和炭黑复配催化剂的催化效率，在 4 ~ 22MPa 范围内略高于 SGBi、PAC 和炭黑复配催化剂的催化效率。由以上的分析可以看出，和 p – BiGal、p – CuPAB 和炭黑复配催化剂相比，n – BiGal、n – CuPAB 和炭黑的复配催化剂对 RDX – CMDB 推进剂中燃烧有一定的效果，但不显著。究其原因，可能与试样制备过程中 n – BiGal 严重流失有关。

4.5.4.3.4 纳米鞣酸铅对 RDX – CMDB 推进剂燃烧性能的影响

考察了纳米鞣酸铅(n – PbTan)、纳米 2,4 – 二羟基苯甲酸铜(n – CuDH-Ben)和炭黑组成的复合催化剂对 RDX – CMDB 推进剂的燃烧的催化效果,试验数据见表 4 – 42。表中,试样 1 为无催化剂的推进剂试样,试样 2 为含 2.5% n – PbTan + 0.4% n – CuDHBen + 0.5% CB 复合催化剂的推进剂试样。可以看出,该复合催化剂具有优良的催化作用,4MPa 时,使得推进剂的燃速提高了 148%,在 6 ~ 18MPa 范围内出现宽平台燃烧区,压力指数从 0.861 降低至 0.129,说明该复合催化剂是一种高效的宽平台燃速催化剂。

表 4 – 42　RDX – CMDB 推进剂的燃速和压力指数

试样编号	不同压力(MPa)下推进剂的燃速 $u/(\text{mm/s})$									n (6 ~ 18MPa)
	2	4	6	8	10	12	14	16	18	
1	3.09	5.34	7.42	9.85	11.88	14.04	15.75	17.54	19.23	0.861
2	6.19	13.25	15.43	16.64	17.38	17.84	18.03	18.07	18.07	0.129

参 考 文 献

[1] 赵凤起,覃光明,蔡炳源. 纳米材料在火炸药中的应用研究现状及发展方向[J]. 火炸药学报,2001,24(4):61 – 65.

[2] 洪伟良,刘剑洪,陈沛,等. 纳米 CuO 的制备及其对 RDX 热分解特性的影响[J]. 推进技术,2001,22(3):254 – 257.

[3] Ivanov G V, et al. 4th International symposium of special topics in chemical propulsion [C]// Stockholm, Swenden, 1996,27 – 31.

[4] Technology for the United States Navy and Marine Corps. 2000 – 2035,becoming a 21st century force[R]. Weapons, National Academy Press, 1997,5.

[5] 李上文,赵凤起,袁潮,等. 国外固体推进剂研究与开发的趋势[J]. 固体火箭技术,2002,25(2):36 – 42.

[6] 徐宏,刘剑洪,陈沛,等. 纳米氧化铁的制备及其对吸收药热分解催化作用的研究[J]. 火炸药学报,2002,25(3):51 – 52,65.

[7] 郭万生. 固体推进剂超级燃速催化剂[J]. 飞航导弹,1996,(6):21 – 25.

[8] 杨毅,李凤生,谈玲华. 纳米 α – Fe_2O_3 的制备及其催化高氯酸铵热分解[J]. 兵工学报,2004,25(1):82 – 85.

[9] 陈爱四. 纳米过渡金属氧化物的制备及催化性能研究[D]. 南京:南京理工大学,2004.

[10] 洪伟良,赵凤起,刘剑洪,等. 制备纳米氧化铜粉体的新方法[J]. 火炸药学报,2000,23(3):7 – 8,3.

[11] 洪伟良,刘剑洪,陈沛,等. 纳米 CuO 的制备及其对 RDX 热分解特性的影响[J]. 推进技术,2001,

22(3)：254 – 257.

[12] 罗元香，李丹，杨娟，等. 沉淀法制备纳米 CuO 及微结构控制[J]. 火炸药学报，2002(3)：53 – 55.

[13] 李冬梅，夏熙. 络合沉淀法合成纳米氧化铜粉体及其性能表征[J]. 无机材料学报，2001，16(1)：1207 – 1210.

[14] 朱伟长，万玉宝，孙军，等. 氧化铜纳米粉的制备及分散方法[J]. 北京科技大学学报，2003，25(3)：251 – 253.

[15] 朱俊武，张维光，王恒志，等. 纳米 CuO 的形貌控制合成及其性能研究[J]. 无机化学学报，2004，20(7)：863 – 868.

[16] 贾殿赠，杨立新，等. 铜(Ⅱ)化合物与 NaOH 室温条件下固 – 固相化学反应 XRD 研究[J]. 科学通报，1997，42(2)：51 – 52.

[17] 俞建群，徐政，方明豹，等. 一步室温固相化学反应合成 CuO 纳米粉体[J]. 同济大学学报，2000，28(3)：364 – 367.

[18] 陈爱四，李凤生，马振叶，等. 纳米 CuO/AP 复合粒子的制备及催化性能研究[J]. 固体火箭技术，2004，27(2)：123 – 125，140.

[19] 崔若梅，庞海龙，张文礼，等. 微乳液中制备 ZnO、CuO 超微粒子[J]. 西北师范大学学报，2000，36(4)：46 – 49.

[20] 朱琦瑜，李疏芬. 微波法制备纳米 CuO 粉体[J]. 飞航导弹，2002，(9)：59 – 61.

[21] 周幸福，褚道葆. 电化学溶解金属铜制备纳米 CuO[J]. 应用化学，2002，19(7)：708 – 710.

[22] 王积森，杨金凯，鲍英，等. 氧化铜纳米粉体的制备新方法[J]. 中国粉体技术，2003，9(4)：39 – 41.

[23] 洪伟良，赵凤起，刘剑洪，等. 纳米 PbO 和 Bi2O3 粉的制备及对推进剂燃烧性能的影响[J]. 火炸药学报，2001，24(3)：7 – 9.

[24] 汪立国. 高纯微粉氧化铋生产方法[P]，CN1077754A，1993.

[25] 徐宏，刘剑洪，陈沛，等. 纳米氧化镧对黑索今热分解的催化作用[J]. 推进技术，2002，23(4)：329 – 331.

[26] 徐宏，刘剑洪，陈沛，等. 纳米氧化镧对吸收药热分解的催化作用[J]. 化学试剂，2004，26(2)：93 – 94，118.

[27] 张纪光，马林，徐燕. 溶胶—凝胶法制备超细氧化镧粉体及其表征[J]. 复旦学报(自然科学版)，1999，38(1)：24 – 28.

[28] 姚超，马江权，林西平，等. 纳米氧化镧的制备[J]. 高校化学工程学报，2003，17(6)：685 – 688.

[29] 朱俊武，陈海群，谢波，等. 纳米 Cu2O 的制备及其对高氯酸铵热分解的催化性能[J]. 催化学报，2004，25(8)：637 – 640.

[30] 刘静峰，田德余，邓鹏图. 超微细 Cu2O 对 RDX/AP/HTPB 推进剂组分热分解特性影响的研究[J]. 火炸药学报，1998(2)：1 – 5.

[31] 邓鹏图，田德余，等. 溶胶—凝胶法制备纳米 Cr2O3[P]. 97107927·7.

[32] 李上文，赵凤起. 惰性与含能催化剂对推进剂燃烧性能的影响[J]. 含能材料，1997，5(2)：49.

[33] 洪伟良，刘剑洪，田德余，等. 纳米催化剂的特性及其在固体推进剂中的应用[J]. 飞航导弹，2000，4：43 – 45.

[34] 洪伟良，刘剑洪，赵凤起，等. 纳米 CuO·PbO 的制备及对 RDX 热分解的催化作用[J]. 含能材料，2003，11(2)：76 – 80.

[35] 洪伟良,刁立惠,刘剑洪,等. 纳米 $SnO_2 \cdot CuO$ 粉体的制备、表征及对环三次甲基硝胺热分解的催化性能[J]. 应用化学, 2004, 21(8): 775 – 778.

[36] 洪伟良,赵凤起,刘剑洪,等. 纳米 $Bi_2O_3 \square SnO_2$ 的制备及对 RDX 热分解特性的影响[J]. 火炸药学报, 2003, 26(1): 37 – 39, 46.

[37] 洪伟良,刘剑洪,田德余,等. 纳米铜铬复合氧化物对 RDX 热分解的催化作用[J]. 推进技术, 2003, 24(1): 83 – 86.

[38] 莫红军,赵凤起. 纳米含能材料的概念与实践[J]. 火炸药学报, 2005, 28(3): 79 – 82.

[39] 安亭,赵凤起,肖立柏. 高反应活性纳米含能材料的研究进展[J]. 火炸药学报, 2010, 33(3): 55 – 62.

[40] Dreizin Edward L. Metal – based reactive nanomaterials[J]. Progress in Energy and Combustion Science, 2009, (35): 141 – 167.

[41] Walker J D. Exploring the synthesis and characterization of nanoenergetic materials from Sol – Gel chemistry [D]. Georgia: Georgia Institute of Technology. 2007.

[42] Mei J, Halldeam R D, Xiao P. Mechanisms of the aluminum – iron oxide thermite reaction[J]. Scripta Materialia, 1999, 41(5): 541 – 548.

[43] Valliappan S, Swiatkiewicz J, Puszynski J A. Reactivity of aluminum nanopowders with metal oxides[J]. Powder Technology, 2005(156): 164 – 169.

[44] 安亭,赵凤起,张平飞. 纳米含能材料制备研究的最新进展[J]. 纳米科技, 2009, 6(36): 60 – 67.

[45] Tillotson T M, Gash A E, Simpson R L, et al. Nanostructured energetic materials using Sol – Gel methodologies[J]. Journal of Non – Crystalline Solids, 2001, 285(1 – 3): 338 – 345.

[46] 王毅,李凤生,姜炜,等. Fe_2O_3/Al 纳米复合铝热剂的制备及其反应特性研究[J]. 火工品, 2008, (4): 11 – 14.

[47] Clapsaddle B J, Li – hua Zhao, Gash A E, et al. Synthesis, and characterization of mixed metal oxide nanocomposite energetic materials[C]. Synthesis, Characterization and Properties of Energetic/Reactive Nanomaterials Symposium. (Matearials Research Society Symposium Proceedings 2004, Vol. 800): 91 – 96.

[48] Gash A E, Simpson R L, Satcher J H. Sol – Gel chemistry – synthesis, safety and characterization of nanocomposite energetic materials[J]. 29th International Pyrotechnics Seminar. 2002: 227 – 240.

[49] 安亭. 多功能纳米铝热剂的制备、表征及其在双基系推进剂中的应用研究[D]. 西安:西安近代化学研究所. 2011.

[50] 王晗. 纳米金属 – 有机酸配合物催化剂制备及其应用研究[D]. 西安:西安近代化学研究所. 2006.

[51] 中本一雄,黄德如,汪仁庆,译. 无机和配合物的红外和拉曼光谱(第四版)[M].北京:化学工业出版社,1986.

[52] 洪伟良,赵凤起,刘剑洪,等. 纳米 PbO 和 Bi_2O_3 粉的制备及对推进剂燃烧性能的影响[J]. 火炸药学报, 2001, 24(3): 7 – 9.

[53] 赵凤起,洪伟良,陈沛,等. 纳米催化剂对双基系推进剂燃烧性能的影响[J]. 火炸药学报, 2004, 27(3): 13 – 17.

[54] 张端庆,等. 固体火箭推进剂[M]. 北京:兵器工业出版社,1991.

[55] 王伯羲. 催化剂结构对推进剂主要组分热分解的影响(Ⅱ)[J]. 兵工学报(火化工分册), 1996,

（1）：19 - 21.

[56] 李上文，赵凤起，刘所恩，等.惰性和含能催化剂对 Al – RDX – CMDB 推进剂燃烧性能影响[J].
1997, 5(2)：49 - 53.

[57] 赵凤起，陈沛，罗阳，等. 含能羟基吡啶铅铜盐用作 RDX – CMDB 推进剂燃烧催化剂[J]. 火炸药
学报，2003, 26(3)：1 - 4.

[58] 陈沛，赵凤起，罗阳，等. 2 – 羟基和 4 – 羟基 – 3.5 – 二硝基吡啶铅盐的热行为、分解机理、非等温
分解反应动力学及其在推进剂中的应用[J]. 化学学报，2004, 62(13)：1197 - 1204.

[59] 刘所恩，杜宝玉，张健，等. 新型含能催化剂在低特征信号推进剂中的应用研究[J]. 含能材料，
2001, 9(3)：130 - 132.

[60] 方开泰. 均匀设计与均匀设计表[M]. 北京：科学出版社，1994.

第5章 轻质碳材料负载型燃烧催化剂

碳材料是地球上较普遍而特殊的一类材料,它既可以形成硬度较大的金刚石,也可以形成较软的石墨。研究发现,在固体火箭推进剂的燃烧过程中,碳处于一个独特而微妙的地位,始终是研究者关注的一个热点。

除了炭黑、石墨、活性炭以外,碳纳米管以及后来发现的富勒烯和石墨烯也是碳在自然界的诸多存在形态,碳结构的多样性对其在固体火箭推进剂燃烧过程中催化性能的发挥有着强烈的影响[1-7]。在催化燃烧领域,科技工作者采用石墨、炭黑、活性碳等作为催化剂的基体,负载具有催化活性的金属或金属氧化物制备出碳基复合"燃烧催化剂",研究结果表明碳基负载型复合燃烧催化剂的催化性能有明显提高,其催化性能优于金属氧化物与炭黑混合形成的复合催化剂。

5.1 碳纳米管负载型催化剂

碳纳米管(CNT)是由单层或多层石墨片卷曲而成的无缝纳米管状壳层结构。作为一种新型的准一维功能材料,CNT 具有管径小、长径比大的特点,其管壁厚度仅几纳米,管的直径为几或几十纳米,管的轴向长度为微米至厘米量级,这种独特的结构,使 CNT 具有优良的电学和力学性能。

CNT 基材料在光电催化领域研究较为热烈[8-11],但其作为燃烧催化剂的研究还处于起步阶段,多侧重于制备及催化燃烧的宏观规律和认识,更深层次的研究鲜有报道。

国内北京理工大学、西安近代化学研究所及深圳大学等为数不多的科研单位在这方面做了大量的研究工作。李晓东等[12]研究表明,CNT 能改善丁羟推进剂的燃烧性能,使丁羟推进剂的燃速提高约 20%;还可使硝酸铵的热分解温度降低约 20℃,降低热分解活化能约 40kJ/mol。白华萍等[13]研究了 Cu 与 CNT 复合的纳米复合催化剂(Cu/CNT)对高氯酸铵(AP)的热分解的催化作用,发现该催化剂对 AP 的热分解具有很高的催化效果,使 AP 高温分解峰温降低了126.3℃,与相同用量的纳米 Cu 粉的催化效果相当。由于在纳米复合催化剂(Cu/CNT)中 Cu 的负载量最多不会超过 20%,因此采用 CNT 复合催化剂可人大减少金属的使用量,从而可减少金属物质对环境的污染。

西安近代化学研究所燃烧与爆炸技术重点实验室研究发现,以 CNT 作为基体,负载铅、铜、铋等金属或金属氧化物制备出的复合燃烧催化剂,对双基系固体推进剂的燃烧具有很高的催化效果,它们的催化作用远优于纳米金属氧化物与炭黑混合形成的复合催化剂[14,15]。著者及其研究团队从事碳纳米管负载型燃烧催化剂的制备和应用研究达 10 余年,取得了一系列创新性成果,有关成果也已申请了数项发明专利[16-20]。这些研究成果是本节介绍的重点。

5.1.1 制备原理

1. CNT 的预处理

制备 CNT 复合材料或在 CNT 上负载催化剂活性组分,CNT 表面与材料前驱体间的有效键合作用至关重要。因此,必须对 CNT 进行预处理,除去 CNT 表面的残余催化剂颗粒、CNT 粒子和无定形碳等杂质,同时在 CNT 表面引进羧基,为进一步的反应提供活性位点。由于 CNT 具有很高的结构稳定性,耐强酸、强碱腐蚀,而其他的杂质,如石墨微粒、碳纳米粒子、富勒烯的稳定性都远不如 CNT。所以,CNT 预处理通常采用盐酸浸泡,然后氧化剂氧化的方法。

2. CNT 复合催化剂的制备原理

CNT 复合催化剂主要有 4 类:一元金属氧化物负载、二元金属氧化物负载、一元金属负载、二元金属负载。前两者的制备以沉淀法为主,后两者的制备主要有物理气相沉积法、浸渍法和化学镀法等。本节采用化学镀法制备出了 Pb/CNT、NiB/CNT、NiPd/CNT 等三种复合催化剂。

CNT 的化学镀与非金属材料化学镀相似,在施镀前需要进行活化,具体方法是预先在表面上沉积本征催化活性金属。常用的方法是将待镀材料表面浸入酸性 $SnCl_2$ 和 $PdCl_2$ 溶液,用 Sn 离子还原 Pd 离子生成 Pd 核。该法的缺点是 Sn 离子不能完全清除,妨碍金属离子的还原析出。本节采用多元醇还原的方法在 CNT 上负载 Pd 核,避免了 Sn 的介入,并且不产生对后续化学镀有害的副产物。首先以乙二醇为还原剂在 CNT 上负载 Pd 核进行活化,Pd 纳米粒子将成为下一步化学镀 Pb 和化学镀 NiB 的活性中心,然后以 $TiCl_3$ 为还原剂制备出 Pb/CNT,以 KBH_4 为还原剂制备出 NiB/CNT,以乙二醇为还原剂制备出 NiPd/CNT。

5.1.2 制备过程

CNT 复合催化剂常见的有 CuO/CNT、PbO/CNT、Bi_2O_3/CNT、MnO_2/CNT;

$Cu_2O \cdot Bi_2O_3/CNT$、$Bi_2O_3 \cdot SnO_2/CNT$、$Cu_2O \cdot SnO_2/CNT$、$NiO \cdot SnO_2/CNT$、$CuO \cdot PbO/CNT$、$CuO \cdot SnO_2/CNT$；Ag/CNT、Pb/CNT；NiB/CNT、$NiPd/CNT$。下面逐一介绍其制备过程及结构表征。

5.1.2.1　CNT 的预处理

图 5 - 1 为未经过预处理的 CNT 原样和经过三种不同方法预处理得到的 FTIR 谱图,可以看出,在波数为 $3470cm^{-1}$ 左右出现 – OH 键的伸缩振动吸收峰,波数为 $1460cm^{-1}$ 左右出现—OH 的面内弯曲振动吸收峰,$1160cm^{-1}$ 左右出现 C—O 的伸缩振动峰,在波数为 $1640cm^{-1}$ 左右出现 C═O 键的伸缩振动峰,表明经预处理后 CNT 表面可能存在羧基、羰基和羟基等官能团。比较未经过处理的 CNT 原样和经过三种方法预处理的可以发现,波数为 $1460cm^{-1}$ 和波数为 $1640cm^{-1}$ 吸收峰的吸收强度不同,因此可以认为不同的方法,其引入羰基和羧基的量不同,图 5 - 1 表明混酸法和重铬酸钾法可以引入更多的羧基、羰基和羟基。引入的官能团为进一步的反应提供了活性位点。

图 5 - 2 为采用硝酸法在不同温度下氧化 CNT 所得的样品的 FTIR 谱图,可以看出,不同的氧化温度,波数为 $1460cm^{-1}$ 处吸收峰的吸收强度不同。氧化温度从 100℃ 升高到 120℃ ,波数为 $1460cm^{-1}$ 处吸收峰的吸收强度增强,而氧化温度从 120℃ 升高到 140℃ ,吸收峰的强度几乎没有变化。这说明随着温度的升高,引入羧基的量增加,但由于硝酸容易分解,温度过高不利于 CNT 的氧化,因此硝酸法氧化 CNT 的最佳温度为 120℃ 。

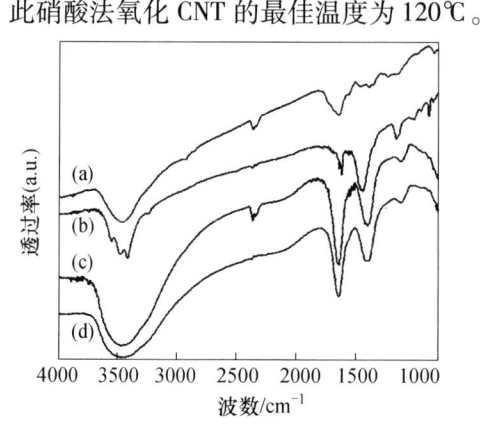

图 5 - 1　不同处理方式的
CNT 的 FTIR 谱图
（a）未处理;（b）硝酸法氧化;
（c）混酸法氧化;（d）重铬酸钾法氧化。

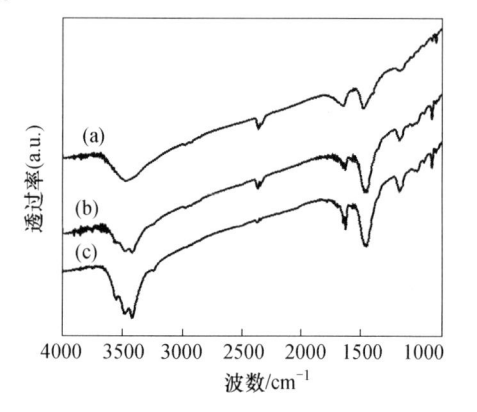

图 5 - 2　不同温度下硝酸
氧化 CNTs 的 FTIR 谱图
（a）100℃;（b）120℃;
（c）140℃。

图 5-3 为采用混酸氧化法用不同体积比例的浓硝酸和浓硫酸溶液氧化 CNT 的 FTIR 谱图。可以看出,随着混合溶液中浓硫酸体积比例的增加,波数为 $1460cm^{-1}$ 和波数为 $1640cm^{-1}$ 吸收峰的吸收强度明显增加,说明引入更多的羧基。因此,混酸法氧化 CNT 时浓硫酸与浓硝酸最佳体积比为 3:1。

图 5-4 为采用重铬酸钾法在 60℃ 下不同的反应时间氧化 CNT 的 FTIR 谱图,可以看出,随着氧化时间的增加,波数为 $1460cm^{-1}$ 和波数为 $1640cm^{-1}$ 吸收峰的吸收强度明显增加,说明氧化时间的增加,引入羧基的量增加,因此,重铬酸钾法氧化 CNT 的最佳时间为 3h。

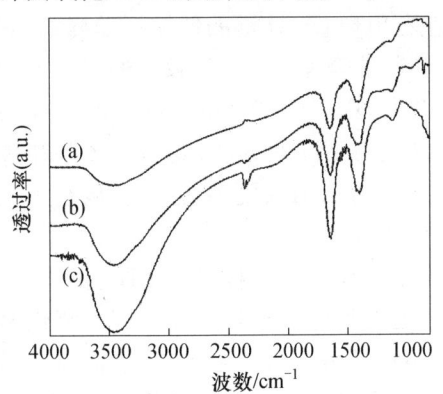

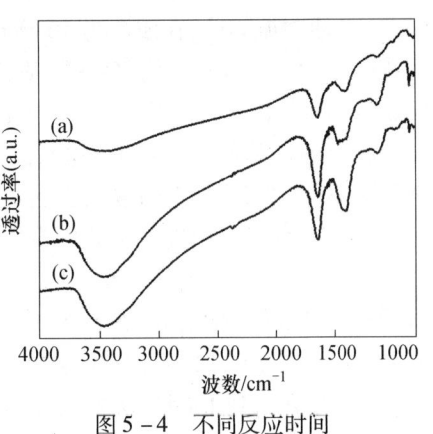

图 5-3　70℃ 下用不同比例的浓硝酸和
浓硫酸溶液氧化 CNT 的 FTIR 谱图

$V_{硫酸}:V_{硝酸}$ 值:(a) 1:1;(b) 2:1;(c) 3:1。

图 5-4　不同反应时间
氧化 CNT 的 FTIR 谱图

(a) 1h;(b) 2h;(c) 3h。

图 5-5 为经预处理后的 CNT 的 TEM 照片,可以看出,CNT 为细长圆柱状,表面光滑,几乎不含石墨碎片,催化剂颗粒等杂质。这是由于石墨多为多层片状结构,其边缘存在较多的悬挂键,能量较高,因而易发生氧化被腐蚀,少量的石墨碎片被氧化成可溶于水的物质,残留的金属催化剂也容易被酸溶解。

总之,CNT 经硝酸法、混酸法、重铬酸钾法处理后,能够有效去除夹杂在 CNT 中间的石墨、催化剂等杂质,并在 CNT 缺陷处引入羧基、羰基和羟基官能团,为下一步的反应提供活性位点。比较三种预处理方法,混酸法和重铬酸钾方法可以引入更多的羧基、羰基和羟基。混酸法氧化 CNT 时浓硫酸与浓硝酸最适宜体积比为 3:1。

5.1.2.2　CuO/CNT

称取适量 $Cu(CH_3COO)_2 \cdot H_2O$ 和 NaOH(NaOH 与醋酸铜摩尔比为 2:1),分别超声溶解于乙二醇中,混合后制得蓝色 $Cu(OH)_2$ 溶胶。迅速加入经预处理的 CNT,在磁力搅拌下加热到 100℃,反应数小时后过滤。然后加入 150mL 蒸

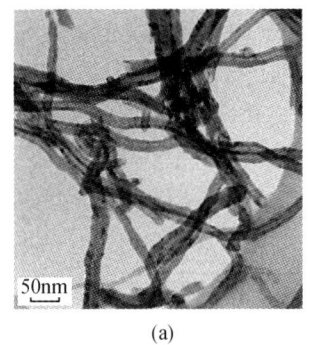
(a)

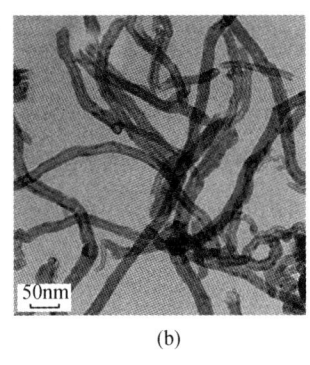
(b)

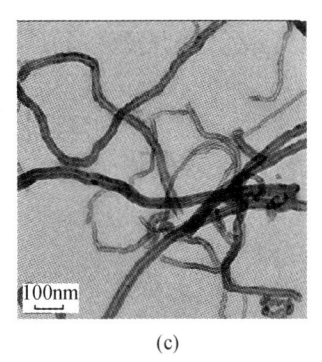
(c)

图 5-5 CNT 的 TEM 照片
（a）硝酸法氧化；（b）混酸法氧化；（c）重铬酸钾法氧化。

馏水,在 100℃下回流数小时。洗涤、过滤,干燥,得到黑色粉末。

图 5-6 中曲线（a）为 CuO/CNT 催化剂 XRD 图,曲线（b）为经过硝酸处理的 CNT 的 XRD 图。从曲线（a）可见,样品在 2θ 为 26.2°处出现石墨的 d_{002} 峰,这说明产品中 CNT 的石墨层状结构仍然存在。在 2θ 为 35.488°、38.518°、48.897°、58.510°、61.492°、66.112° 及 68.089°出现衍射峰,其对应的晶面指数分别为（002）、（111）、（111）、（202）、（202）、（113）、（311）及（220）,这与单斜晶系 CuO 的标准谱图（PDF 标准卡片 45-0937）一致。

图 5-7 为 CuO/CNT 复合催化剂的 TEM 照片,可以看出,CuO 纳米粒子以 8~10nm 的椭球形粒子负载在 CNT 表面,颜色较浅;同时有部分以棒状粒子负载在 CNT 表面的最外层,宽度约 5nm,长度约 50nm,颜色较深。TEM 分析结果与 XRD 计算值较接近。

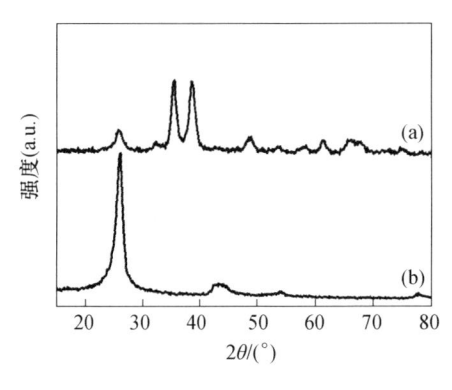

图 5-6 CuO/CNT(a) 和经
过预处理的 CNT(b) 的 XRD 图

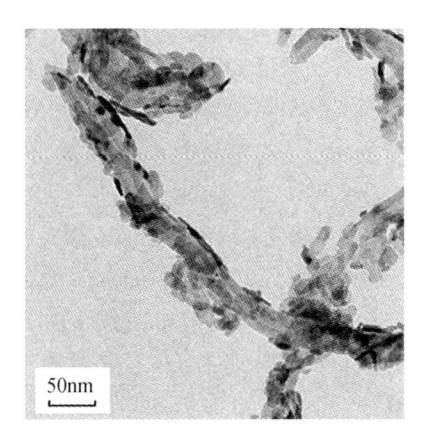

图 5-7 CuO/CNT 的 TEM 照片

为了研究醋酸铜加入量的变化对产物负载 CuO 量的影响,在 CNT 质量不变的情况下,改变原料中醋酸铜的质量(NaOH 的质量也随之改变,NaOH 与醋酸铜摩尔比为 2:1)得到负载 CuO 量不同的 CuO/CNT 复合粒子,分别标号为 1#、2#、3# 和 4#。1# ~ 4# 所采用的醋酸铜与 CNT 的质量比分别为 1.3:1、2.5:1、3.8:1 及 5.0:1。采用灰化(酸分解)法溶解 1# ~ 4# 样品,然后进行金属含量测试,测试结果如表 5 - 1 所示。经硝酸氧化处理的 CNT 中含有 0.3% 的 Cu,是因为 CNT 制备过程中采用 Cu 做催化剂,经硝酸氧化处理去除掉大部分 Cu 催化剂,但是还是有微量的 Cu 未能除去。样品中 Cu 的留存率在 85.6% ~ 95.2%,表明该制备原理有较高的负载效率。由样品中的 Cu 含量,可以计算出样品中 CuO 质量分数,1# 26.6%,2# 39.9%,3# 47.9%,4# 53.3%。

表 5 - 1　CuO/CNT 的测试结果

样品	Cu 含量/%	Cu 留存率/%
经硝酸处理 CNT	0.3	—
1#	23.7	95.2
2#	36.9	85.6
3#	41.0	92.4
4#	50.7	89.0

图 5 - 8 为 1# ~ 4# CuO/CNT 复合催化剂的 XRD 图。可以看出,随着醋酸铜加入量的增多,2θ 为 26.2° 处出现的 CNT d_{002} 衍射峰与 2θ 为 38.518° 处出现的 CuO d_{111} 衍射峰的衍射强度有明显的变化,前者逐渐减弱,后者则逐渐增强。其原因是随着醋酸铜加入量的增加,负载 CuO 的量也随之增加所至。由 Scherrer 公式,根据 CuO(111) 晶面的所对应的半高宽,计算得到 CuO 晶粒大小:1# 9.5nm,2# 9.5nm,3# 9.3nm,4# 8.8nm。可见,随着原料中醋酸铜加入量的增多,催化剂中 CuO 质量分数增加,但是纳米 CuO 粒子的粒径基本没有变化。

图 5 - 9 为采用不同的铜盐作为前驱物得到的 CuO/CNT 的 XRD 图,可以看出,分别采用 $CuCl_2$、$Cu(NO_3)_2$ 和 $Cu(CH_3COO)_2$ 作前驱物,得到 XRD 图其衍射峰位置、衍射峰强度基本一致。由 Scherrer 公式,根据 CuO(111) 晶面所对应的半高宽,计算得到 CuO 晶粒大小:采用 $CuCl_2$ 作前驱物为 10.2nm,采用 $Cu(NO_3)_2$ 作前驱物为 9.8nm,采用 $Cu(CH_3COO)_2$ 作前驱物为 9.3nm。由此可见,采用不同的铜盐作前驱物对产物几乎无影响。因此大规模生产时可以采用价格便宜的铜盐做前驱物。

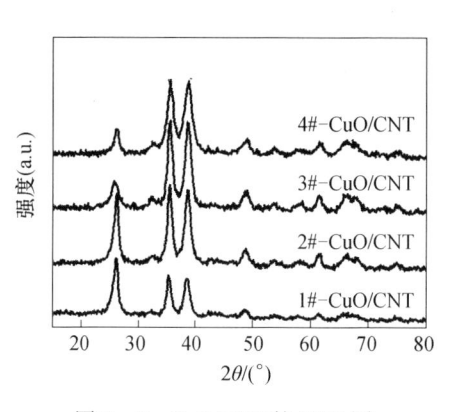

图 5 - 8　CuO/CNT 的 XRD 图

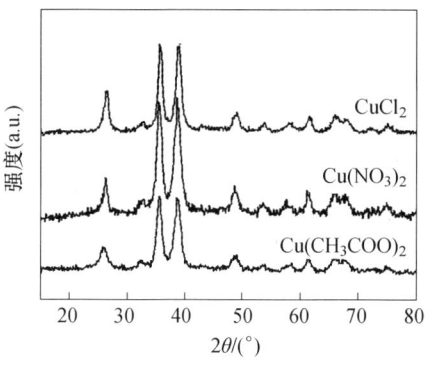

图 5 - 9　不同的铜盐合成的
CuO/CNT 的 XRD 图

图 5 - 10 为乙二醇体系中采用不同反应温度得到产品的 XRD 图,由图 5 - 10(a)、(b)、(c)可以看出,乙二醇体系的反应温度为 80℃、100℃ 和 120℃ 时,其衍射峰出峰位置及衍射峰强度基本一致,结果表明所得到的产品皆为 CuO 和 CNT 的复合体。从图 5 - 10(d)可以看出,当乙二醇体系的反应温度达到 140℃ 时,在 2θ 为 26.2° 处出现石墨的 d_{002} 峰,在 2θ 为 36.502°、42.483°、61.590° 及 73.892° 处出现衍射峰,其对应的晶面指数分别为(111)、(200)、(220)及(311),这与立方晶系 Cu_2O 的标准谱图(PDF 标准卡片 65 - 3288)一致,说明所得到的产品是 Cu_2O 和 CNT 的复合体。实验结果表明,反应温度对负载的产物价态有明显的影响,究其原因,是反应体系中使用了乙二醇作溶剂所致。在温度较低时,乙二醇没有还原性,故生成 CuO。温度较高时,乙二醇具有还原性,能够将 Cu^{2+} 还原为 Cu^+。因此,反应温度不宜超过 140℃。

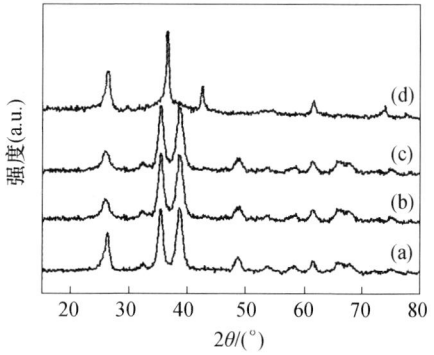

图 5 - 10　不同反应温度下制备的 CuO/CNT 的 XRD 图
(a) 80℃;(b) 100℃;(c) 120℃;(d) 140℃。

5.1.2.3 PbO/CNT

称取 0.50g Pb(Ac)$_2$ · 3H$_2$O,配制成透明澄清的溶液。加入 0.3g CNT,超声使其混合均匀,在 50℃下搅拌 3h。然后用氨水调节溶液的 pH 值至 9.45,搅拌 4h。抽滤,用蒸馏水、乙醇加超声波对产物分别洗涤 2 次和 1 次,60℃下干燥,在氮气保护下,250℃灼烧 2h,即可制得 PbO/CNT 复合粉体。

图 5-11 是煅烧温度为 300℃制得 PbO/CNT 的 XRD 图。可以看出,在 2θ 为 26°处有个较高的衍射峰,这个峰是 CNT 的特征峰;另外还有许多其他的衍射峰,经分析,在 2θ 为 29.091°、37.817°、48.832°和 68.823°等处出现较强的特征峰,与斜方晶系的 PbO 的 PDF 标准卡片上的特征衍射峰完全吻合,这组峰还伴有其他的峰,在 2θ 为 31.305°、36.266°、52.228°、62.119°和 65.236°等处也有特征衍射峰,与立方晶系的 Pb 的 PDF 标准卡片上的特征衍射峰完全相符,另外,在 2θ 为 28.610°和 31.843°等附近出现 PbO 及铅的氧化物的混合峰,说明有少量铅形成,可能是因为样品中碳管与氢氧化铅的接触面太大而使部分的氧化铅还原成铅,最后得到的是铅,氧化铅负载在 CNT 表面。400℃煅烧 PbO/CNT 的前驱体得到的产品是几乎全部是铅负载在 CNT 表面。所以,该样品最佳煅烧温度应在 250~300℃之间。

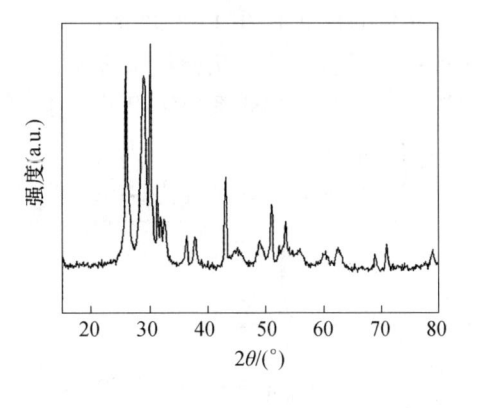

图 5-11 PbO/CNT 的 XRD 图

图 5-12 是不同 pH 值的溶液制得的 CNT 复合物的 TEM 照片。图(a)是溶液在 pH = 8.0 时负载得到的 CNT 复合物,可以看出,在碳管的表面已经负载了一些颗粒,但是负载量很少,颗粒比较大(粒径约 45nm);图(b)是在溶液 pH = 9.0 所制得 CNT 复合物的 TEM 照片,图中显示有大量呈球形的颗粒负载在 CNT 表面,并且那些颗粒很大(粒径约 100~200nm);图(c)

是溶液 pH = 9.45 所制得的 CNT 复合物的 TEM 照片,图中显示 CNT 的表面负载有比较多针状的颗粒,颗粒粒径比较小,约 10nm。可见,负载在 CNT 表面的氧化铅颗粒的大小与溶液的 pH 值有关,当溶液 pH = 8.0 时,因为溶液 pH 值太低而不能使 Pb(OH)$_3$ 大量的形成,致使只有少量的 Pb(OH)$_3$ 负载在 CNT 的表面;当溶液 pH = 9.45 时,醋酸铅发生水解形成 Pb(OH)$_3$ 溶胶,Pb(OH)$_3$ 粒径较小,能较好地负载在 CNT 的表面;当溶液的 pH = 9.0 时,有较多的大颗粒覆盖在 CNT 的外面。从结果可知当溶液的 pH = 9.45 时,可以获得较好的负载效果。

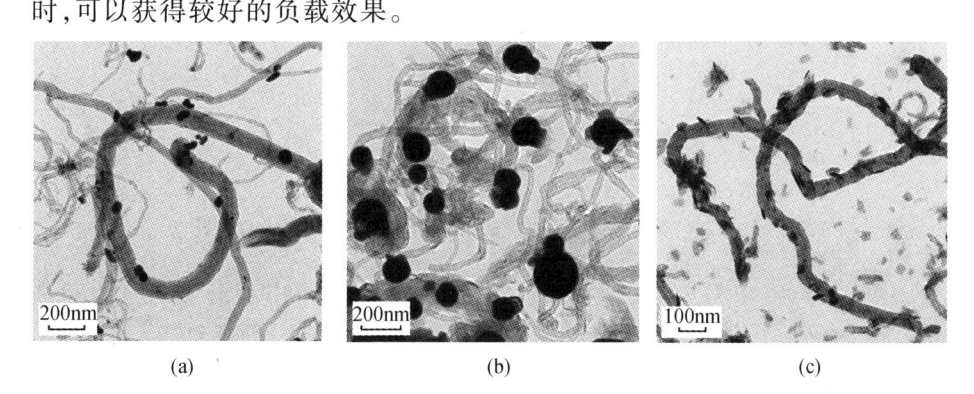

(a)   (b)   (c)

图 5 - 12   不同 pH 值的溶液制得的 PbO/CNT 的 TEM 照片

(a) pH = 8.0;(b) pH = 9.0;(c) pH = 9.45。

为了进一步确定 PbO/CNT 样品表面负载的成分,采用 EDS 对样品成分进行分析(图略),图中出现了 C、O、Cu 和 Pb 这 4 种元素的峰,其中 Cu 是测试所用的铜网产生的峰。本图说明样品中负载在 CNT 表面的是 Pb 元素。

5.1.2.4   Bi$_2$O$_3$/CNT

称取 0.21g Bi(NO$_3$)$_3$·5H$_2$O 溶于一定量溶剂中,加入 0.1g CNT,磁力搅拌 30min,在磁力搅拌下将配制好的氨水或者 NaOH 溶液缓慢加入,调节 pH 值至 9 ~ 10,抽滤,烘干。在 300℃灼烧 2h,得到样品,升温速率为 5℃/min。

图 5 - 13 中曲线(a)为经过混酸处理的 CNT 的 XRD 图,曲线 b 为 Bi$_2$O$_3$/CNTs 催化剂 XRD 图。从曲线(b)可见,在 2θ 为 26°处的石墨 d$_{002}$峰,其衍射强度非常弱。在 2θ 为 27.968°、31.710°、32.764°、46.208°、47.002°、54.224°、55.545°及 57.773°处出现衍射峰,其对应的晶面指标分别为(201)、(002)、(220)、(222)、(400)、(203)、(421)及(402),这与四角形 Bi$_2$O$_3$ 的标准谱图(PDF 标准卡片 65 - 1209)一致。在 2θ 为 27.195°、37.995°、39.634°、48.734°

及 64.559°处出现衍射峰,其对应的晶面指标分别为(012)、(104)、(110)、(202)及(122),这与斜方六面体 Bi 的标准谱图(PDF 标准卡片 44 - 1246)一致。以上结果表明,所得到的产品是 Bi_2O_3 和 CNT 的复合体,负载物中除 Bi_2O_3 外还含有少量 Bi。

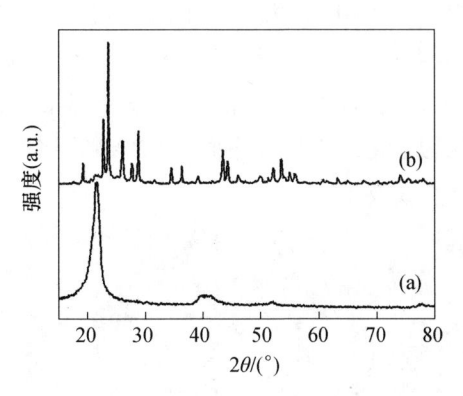

图 5 - 13　经预处理的 CNT(a)和 Bi_2O_3/CNT(b)的 XRD 图

图 5 - 14 为 Bi_2O_3/CNT 复合催化剂的 TEM 照片,可以看出,Bi_2O_3 以 30 ~ 50nm 的球形粒子均匀负载在 CNT 表面,且负载效率较高。TEM 结果与 XRD 计算值较接近。

运用 EDS 测得产物含有 C、O、Bi 和 Cu 这 4 种元素,其中 Cu 元素是由测试中所用的铜网引起的。

本节研究了溶剂对 Bi_2O_3 纳米粒子形貌和分散性的影响。结果发现,采用不同的溶剂得到的 Bi_2O_3/CNT 催化剂,CNT 负载的 Bi_2O_3 纳米粒子的形貌和分散程度都明显不同。采用乙二醇为溶剂,NaOH 为沉淀剂得到的 Bi_2O_3/CNT 催化剂,Bi_2O_3 纳米粒子呈棒状,宽度约 10 nm,长度为 50 ~ 100 nm,负载粒子分散不均匀。采用 DMF 为溶剂,NaOH 为沉淀剂得到的 Bi_2O_3/CNT 催化剂,Bi_2O_3 纳米粒子形状不规则,部分呈球形和椭球形,粒径从十几

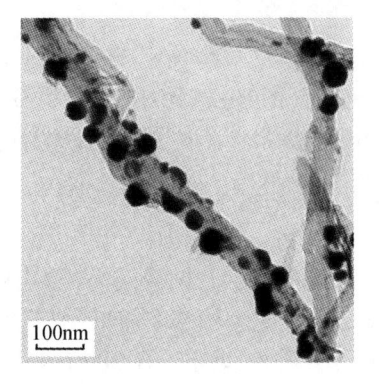

图 5 - 14　Bi_2O_3/CNT 的 TEM 照片

纳米到几十纳米不等;也有部分负载粒子聚集成团。采用水为溶剂,NaOH 为沉淀剂得到的 Bi_2O_3/CNT 催化剂,Bi_2O_3 纳米粒子为 60 ~ 100nm 的球形,粒子分布较均匀。采用水为溶剂,氨水为沉淀剂得到的 Bi_2O_3/CNT 催化剂,Bi_2O_3 以 30 ~ 50 nm 的球形粒子均匀负载在 CNT 表面,且分布均匀,负载效率高。以上结果表

明,Bi_2O_3/CNT催化剂中 Bi_2O_3 粒子的形貌及分散性与所用的溶剂密切相关。以水为溶剂,氨水为沉淀剂,可以使 Bi 前驱体在 CNT 上分布均匀,并获得粒径细小的 Bi_2O_3 粒子。

图 5 - 15 和图 5 - 16 分别为不同煅烧温度得到的 Bi_2O_3/CNT 催化剂的 TEM 照片和 XRD 图。从图 5 - 15(a)可以看出,300℃煅烧的产物,负载粒子为球形,粒径约 20~30nm;由 XRD 图(图 5 - 16(a))可以看出,在 2θ 为 25°~35°之间出现非晶态"馒头峰",说明在此温度下形成的 Bi_2O_3 为非晶态。400℃煅烧的产物(图 5 - 15(b)),负载在 CNT 表面的产物也是球形粒子,粒径约 30~50nm;图 5 - 16(b)表明,负载纳米粒子主要为 Bi_2O_3,并且含有少量被碳还原而生成的单质 Bi。500℃煅烧的产物(图 5 - 15(c)),负载的产物同样是球形粒子,粒径约 50~100nm;图 5 - 16(c)的 XRD 图表明,负载纳米粒子主要为单质 Bi,并且含有少量 Bi_2O_3。以上结果表明,催化剂中负载粒子的粒径和成分与煅烧温度密切相关,随着温度的升高,负载物晶化程度升高,粒径逐渐变大,Bi_2O_3 还原生成单质 Bi 的量也增大。温度过高(500℃)时大部分铋前驱物被碳还原生成单质 Bi。因此煅烧的最佳温度为 400℃。

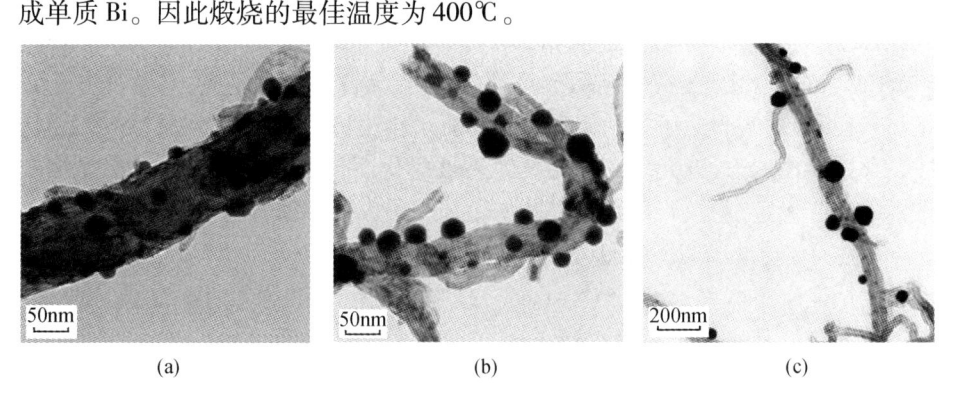

图 5 - 15 不同煅烧温度 Bi_2O_3/CNT 的 TEM 照片

(a) 300℃;(b) 400℃;(c) 500℃。

5.1.2.5 MnO_2/CNT

采用催化裂解法制备了 CNT,为除去其表面的催化剂粒子及无定型炭等杂质,采用液相氧化法对其进行提纯。过程如下:在 50mL 蒸馏水中加入一定量的 CNT、SDS,并于超声波作用下,使其均匀分散,然后加入高锰酸钾和硫酸的混合液在 100℃冷却回流 2h 后,用蒸馏水清洗至中性,干燥,待用。

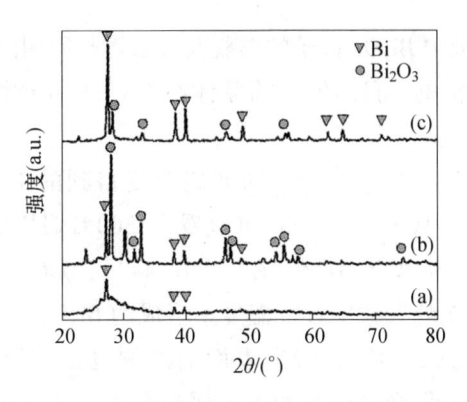

图 5 – 16 不同煅烧温度 $Bi_2O_3/CNTs$ 的 XRD 图

(a) 300℃；(b) 400℃；(c) 500℃。

CNT 主要是由六边形碳环构成，表面没有不饱和键。经过高锰酸钾和硫酸混合液处理的 CNT 表面结构发生了变化。在提纯过程中主要发生了如下反应：

$$3C + 4MnO_4^- + 4H^+ = 4MnO_2 + 3CO_2 + 2H_2O$$

$$Fe + MnO_4^- + 4H^+ = MnO_2 + Fe^{3+} + 2H_2O$$

$$3FeS + 7MnO_4^- + 16H^+ = 7MnO_2 + 3Fe^{3+} + 3SO_2 + 8H_2O$$

CNT 可以看成是由六边形的石墨层在空间 360℃卷曲而成，末端具有五元环和七元环，这些碳原子与六元环中的碳原子相比稳定性较差，在高锰酸钾和硫酸混合液的作用下，五元环和七元环容易被氧化而将端帽打开。同时在提纯的过程中一些无定型炭、石墨粒子以及催化剂粒子也会参加反应。

由复合粒子的 FTIR 谱图（图 5 – 17）可以看出，530cm^{-1}处 Mn—O 键特征振动吸收峰发生了蓝移，处于 551.1cm^{-1}，这主要是由于纳米尺寸量化效应所致。由于纳米晶的晶格在振动时，与外来的红外辐射产生强烈的共振，从而引起红外频率的改变，导致其红外谱带的蓝移。另外水的伸缩振动吸收峰 3353.4cm^{-1}和水的变形振动吸收峰 1547.5cm^{-1}与纯 CNT 相比，也向高波数移动，这是由于 MnO_2 吸附水的振动能增强所致。

采用 XRD 对 CNT 及其所负载的金属 MnO_2 纳米材料晶体结构进行了分析，如图 5 – 18 中曲线（a）、（b）所示。由曲线（a）可知，在 2θ 为 26.52°及 44.66° 处，出现了 CNT 的特征峰。由曲线（b）可知，在 2θ 为 21.38°、35.64°、40.87°和 65.42°有宽化衍射峰，所对应晶面间距 d 值与 JCPDS 标准卡片上的正交晶系 γ – MnO_2 的主要衍射峰数据基本一致，说明复合粒子中的主晶相为 γ – MnO_2。同时在 2θ 为 37.36°和 54.45°处，出现了 β – MnO_2 衍射峰。由此可知，在 2θ 为 35.64°的宽化衍射峰，一方面是由于两种晶型的衍射峰在该处的叠加效应所致，另一方面与纳米材料的内部缺陷有关,大量缺陷使样品的衍射峰变宽。

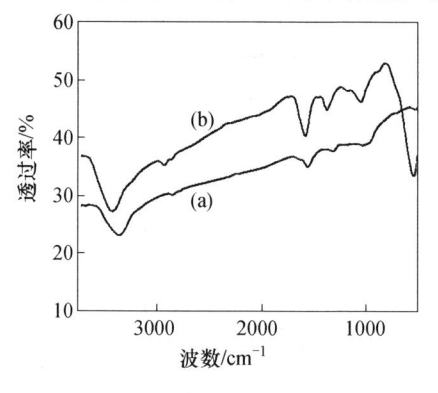

图 5-17　纯化前后 CNT 的 FTIR 谱图
（a）纯化前;（b）纯化后。

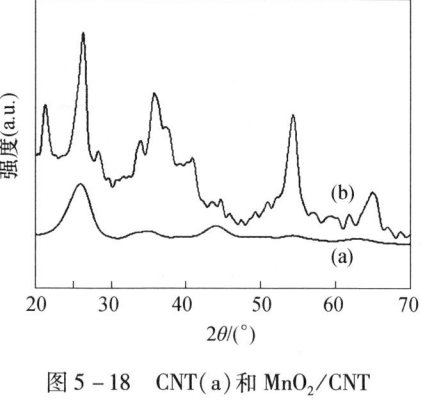

图 5-18　CNT(a)和 MnO_2/CNT
（b）的 XRD 图

图 5-19 是 MnO_2/CNT 复合粒子的 XPS 图。从图中可以发现,存在元素 C、O 和 Mn 的吸收峰。通过 XPS 表面元素分析,获得复合粒子的表面元素组成,C、O 和 Mn 三种元素的含量分别为 28.88%、48.93%、22.19%。由此可计算出,复合粒子表面 MnO_2 的含量为 35.1%,采用原子吸收分光光度计对复合粒子进行元素分析,结果表明复合粒子中 MnO_2 的含量为 64.44%,由此可推测出,碳管内部 MnO_2 的含量为 29.34%。

由图 5-20 中 Mn 2p 的 XPS 图可以看出,641.7 eV 与 653.47 eV 的峰分别对应于 $Mn2p_{3/2}$ 和 $Mn2p_{1/2}$ 的电子结合能,两峰的结合能相差 11.77 eV,与 MnO_2 的标准谱图一致。同时由 $Mn2p_{3/2}$ 的电子结合能可知,复合粒子中的 MnO_2 主要以 γ 型存在,与 XRD 结果一致。

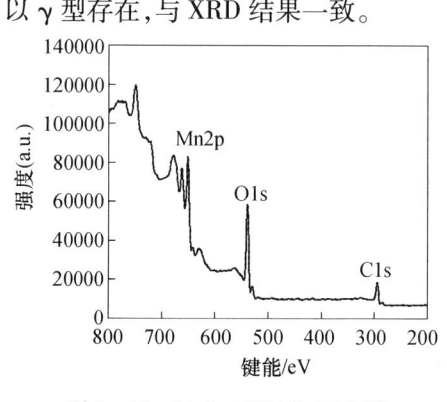

图 5-19　MnO_2/CNT 的 XPS 图

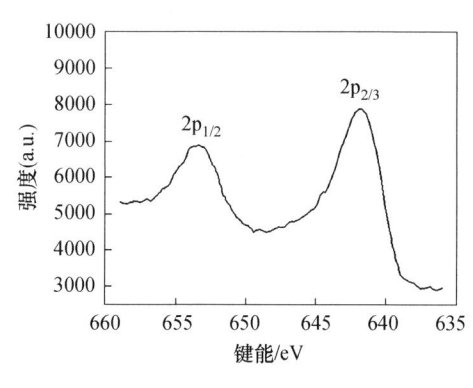

图 5-20　Mn 2p 的 XPS 图

采用 TEM 对 CNT、MnO₂/CNT 复合粒子的形貌进行了表征,结果如图 5-21 所示。对比图(a)、(b)可知,纯 CNT 表面存在少量杂质且比较光滑,而沉积 MnO₂ 的 CNT 表面则比较粗糙,MnO₂ 主要以钉状物存在。

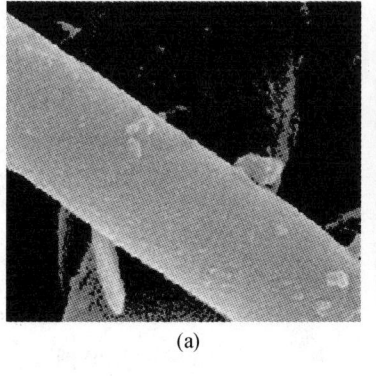 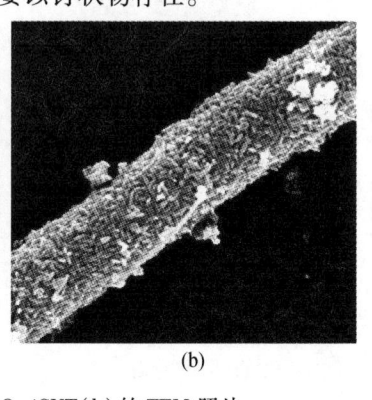

(a)   (b)

图 5-21　CNT(a)和 MnO₂/CNT(b)的 TEM 照片

5.1.2.6　$Cu_2O \cdot Bi_2O_3/CNT$

称取 0.40g 的 CNT 置于圆底烧瓶中,加入混酸(浓硝酸和浓硫酸体积比 1:3),在 70℃ 下恒温回流 1h 后,经冷却、洗涤、过滤、干燥、研碎处理;称取 0.37g 的五水硝酸铋于圆底烧瓶中,加入 30mL 1.0 mol/L 硝酸,超声振荡溶解。称取 0.62g 的三水硝酸铜于圆底烧瓶中,超声振荡溶解。将铋盐溶液和铜盐溶液混合均匀,加入 0.30g 经上一步骤氧化处理的多壁 CNT,超声分散均匀,在室温下恒温搅拌 5h,然后静置 5h。

在搅拌下滴入 1mol/L 氢氧化钠调节至 pH 值为 7.8,然后静置 5h。抽滤,分别用蒸馏水、乙醇加超声波对产物洗涤 2 次和 1 次,60℃ 下干燥,在氮气保护下于 350℃ 灼烧 2h,即可制得 $Cu_2O \cdot Bi_2O_3/CNTs$ 复合粉体。

采用原子光谱分析得产物中 Bi 元素的含量按重量百分比计算为 22.0%,Cu 元素的含量为 22.5%;折算后得到含 Bi_2O_3 和 Cu_2O 分别为 24.5% 和 25.3%。

图 5-22 是氧化后的 CNT(b)和 $Cu_2O \cdot Bi_2O_3/CNT$(a)的 XRD 图。曲线 (a)和(b)相比较可以看出,曲线(b)在 2θ 为 26° 处出现强的 CNT 的衍射峰,其他出峰非常弱;曲线(a)在 2θ 为 26° 处只出现弱的衍射峰,说明 CNT 表面均匀覆盖了一层 $Cu_2O \cdot Bi_2O_3$ 颗粒。曲线(a)在 2θ 为 27.945°、31.761°、32.691°、46.218°、46.903°、54.269°、55.487° 及 55.655° 等处出现较强的特征衍射峰,与属于单斜晶系 Bi_2O_3 的 PDF 标准卡片上的特征衍射峰完全相符,此外在 2θ 值为

36.502°、42.201°、61.518°及73.697°等处出现较强的特征衍射峰,与属于单斜晶系 Cu_2O 的标准特征衍射峰完全相符,说明 CNT 表面同时负载了 Cu_2O 和 Bi_2O_3 两种成分。

图5-23为 $Cu_2O \cdot Bi_2O_3/CNT$ 的 TEM 照片,可以看出,CNT 变粗,管壁增厚,外壁覆盖了一层 $Cu_2O \cdot Bi_2O_3$ 颗粒,粒径约20~25nm,负载的 $Cu_2O \cdot Bi_2O_3$ 量较多且均匀。

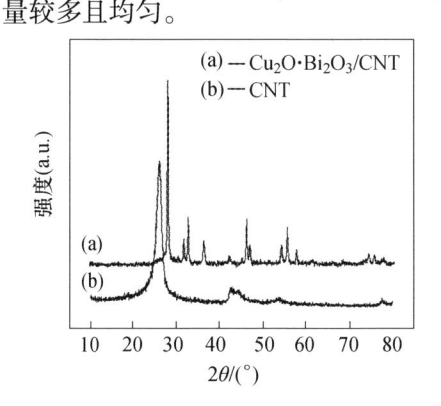

图5-22 $Cu_2O \cdot Bi_2O_3/CNT(a)$
和经氧化处理的 CNT(b) 的 XRD 图

图5-23 $Cu_2O \cdot Bi_2O_3/CNT$
的 TEM 照片

进行了 EDS 分析(图略),图中出现了 Cu、Bi、O 和 C 这4种元素的峰,说明了负载在 CNT 上面的是 Cu_2O 和 Bi_2O_3 两种颗粒。

图5-24是用氨水作为滴定液时,不同 pH 值的溶液制得的 CNT 复合物的 XRD 图。曲线(a)是溶液在不滴加碱(pH=0.5)时负载得到的 XRD 强度曲线,可以看出,除了 CNT 的特征峰外,其他峰很弱,说明负载在 CNT 上的物质很少。曲线(b)是在溶液 pH=6.8 时所制得的 XRD 强度曲线,可以看出,CNT 的峰较弱,在 2θ 为27.520°、33.123°、35.123°、42.439°及46.383°等处出现较强的衍射峰,与氧化铋的 PDF 标准卡片上的特征衍射峰完全相符;在 2θ 为36.486°、42.259°、61.445°及73.781°等处出现较强的衍射峰,与 Cu_2O 的 PDF 标准卡片上的特征衍射峰完全相符,说明 CNT 上负载了大量的 $Cu_2O \cdot Bi_2O_3$;曲线(c)是溶液 pH=7.5 时所制得的 XRD 强度曲线,出峰位置与曲线(b)相同,但峰的强度明显减弱,说明 CNT 上负载的物质的量在减少;曲线(d)是在溶液 pH=8.3 时所制得 XRD 强度曲线,跟曲线(c)相比,峰更少也更弱,说明负载在 CNT 上的物质的量更少了。可见,溶液 pH 值与 $Cu_2O \cdot Bi_2O_3/CNT$ 负载有关,当滴定液为氨水时,实验最佳 pH 值范围为6.5~7.0。当溶液 pH<6.5 时,溶液 pH 值太低而不能使氢氧化物大量形成,致使只有少量氢氧化物负载在 CNT 的表面;当溶

液 pH >7.5 以上时,Cu^{2+} 与氨水发生络合形成络合离子,溶解在水溶液中,导致负载效果降低。可用氢氧化钠作为滴定剂以消除络离子的影响。

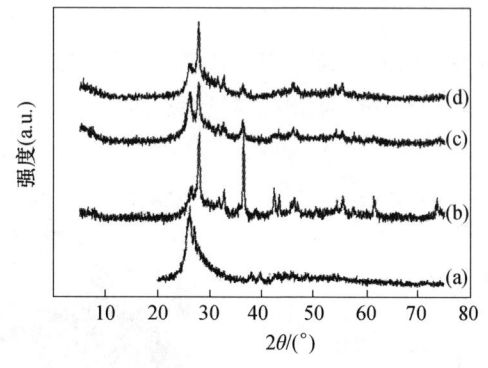

图 5 - 24　不同 pH 值的溶液制得的 $Cu_2O \cdot Bi_2O_3/CNT$ 的 XRD 图
(a) pH = 0.5 (不加碱);(b) pH = 6.8;(c) pH = 7.5;(d) pH = 8.3。

图 5 - 25 是金属盐加入比例不同制得 CNT 复合物的 XRD 图。可以看出,随着金属盐加入比例的增加,在产物的 XRD 图上,CNT 的越弱,而其他峰越强,说明随着金属盐加入量的增加,负载在 CNT 上的 $Cu_2O \cdot Bi_2O_3$ 量在不断增加。由此可得,不同的金属盐加入比例对 $Cu_2O \cdot Bi_2O_3/CNT$ 的负载产生很大的影响。若 Cu、Bi 的量太少,将会只有微量的亚铜离子和铋离子被吸附在 CNT 的表面,以致最终只有少量的 $Cu_2O \cdot Bi_2O_3$ 负载在 CNT 的表面。

图 5 - 26 是不同煅烧温度下制得的 $Cu_2O \cdot Bi_2O_3/CNT$ 的 XRD 图。可以看出,曲线(a)整个峰呈馒头状,半峰宽较大,说明生成物很复杂。曲线(b)在 2θ 为 26° CNT 的衍射峰很弱,此处因为氧化铋的峰太强,CNT 的峰被掩盖了;在 2θ 为 27.931°、32.705°、46.311°、55.574°、57.487° 及 74.462° 等处出现较强的衍射峰,与氧化铋的 PDF 标准卡片上的特征衍射峰完全相符;在 2θ 为 36.557°、42.459°、61.557° 及 73.770° 等处出现较强的衍射峰,与氧化亚铜的 PDF 标准卡片上的特征衍射峰完全相符。曲线(c)是煅烧温度为 400℃制得 $Cu_2O \cdot Bi_2O_3/CNT$ 的 XRD 图。在 2θ 为 26°处有个较高的衍射峰,这个峰是 CNT 的特征峰;另外还有许多其他的衍射峰,经分析,在 2θ 为 37.271°、37.669°、48.683°、55.953°、62.152° 及 64.462°等处出现较强的特征峰,与金属铋的 PDF 标准卡片上的特征衍射峰完全相符;在 2θ 为 43.330°、50.487° 及 74.098°与氧化铋的 PDF 标准卡片上的特征衍射峰完全相符。原因分析如下:当煅烧温度在 400℃时,氧化铋与氧化铜与碳发生了还原反应,致使最后只有几乎全部都是铜与铋负载在 CNT 表面上。因此,要得到 $Cu_2O \cdot Bi_2O_3/CNT$ 复合物,最好把煅烧温度控制在 350℃左右。

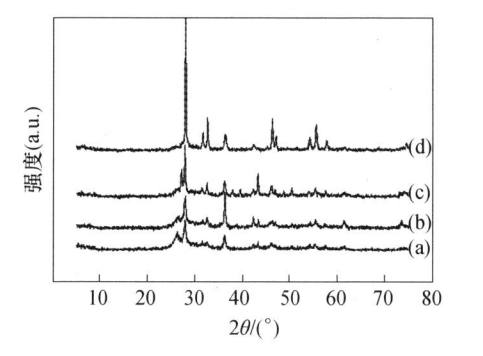
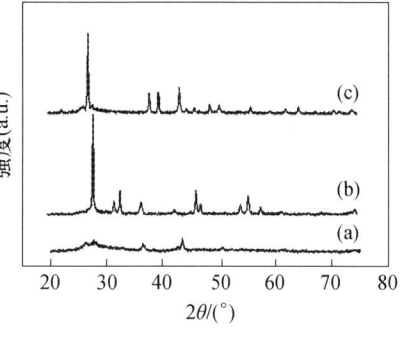

图 5 - 25　金属盐加入比例不同制
得 Cu₂O・Bi₂O₃/CNT 的 XRD 图
(a) 60%；(b) 100%；
(c) 200%；(d) 250%。

图 5 - 26　不同煅烧温度制得
Cu₂O・Bi₂O₃/CNT 的 XRD 图
(a) 300℃；(b) 350℃；
(c) 400℃。

5.1.2.7　Bi₂O₃・SnO₂/CNT

　　称取 0.40g 的 CNT 置于圆底烧瓶中，加入混酸（浓硝酸和浓硫酸体积比 1:3），在 70℃下恒温回流 1h 后，经冷却、洗涤、过滤、干燥、研碎处理；称取 0.56g 的五水硝酸铋于圆底烧瓶中，加入 10mL 1.0mol/L 盐酸，超声溶解。称取 0.62g 的五水氯化锡于圆底烧瓶中，超声溶解。将铋盐溶液和锡盐溶液混合均匀，加入 0.30g 经上一步骤氧化处理的 CNT，超声分散均匀，在室温下恒温搅拌 5h，然后静置 2h。

　　在搅拌下滴入 2.5 wt% 氨水调节至 pH 值为 8.8，然后静置 5h。抽滤，分别用蒸馏水、乙醇加超声波对产物洗涤 2 次和 1 次，60℃下干燥，在氮气保护下于 380℃灼烧 2h，即可制得 Bi₂O₃・SnO₂/CNT 复合粉体。

　　图 5 - 27 为 Bi₂O₃・SnO₂/CNT 的 XRD 图，可以看出，除显示石墨碳的特征衍射峰外，在 2θ 为 24.623°、27.377°、33.241°、37.688° 和 46.305° 处，其对应的晶面指数为 (102)、(120)、(200)、(-112) 和 (041)，与 Bi₂O₃ 的标准谱图基本一致；在 2θ 为 26.611°、33.893°、37.949°、51.755°、53.143° 及 64.717° 处，其对应的晶面指数为 (110)、(101)、(200)、(211)、(220) 及 (112)，与 SnO₂ 的标准谱图也基本一致。表明样品中有立方晶型的 Bi₂O₃ 和 SnO₂ 存在。

　　图 5 - 28 为 Bi₂O₃・SnO₂/CNT 的 TEM 照片。可以看出，CNT 表面负载着许多小颗粒状物质，颗粒平均粒径约 5 nm，表明 Bi₂O₃・SnO₂ 颗粒均匀地分布在 CNT 表面，管子明显增粗，且超声 30min 不脱落。

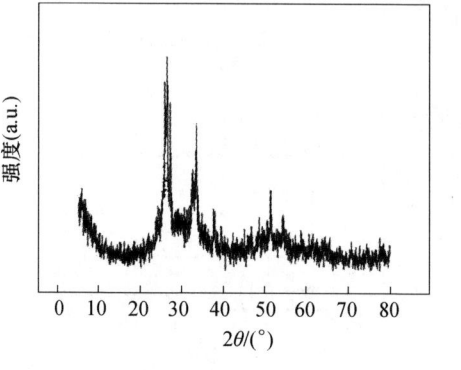

图 5 – 27　$Bi_2O_3 \cdot SnO_2/CNT$ 的 XRD 图

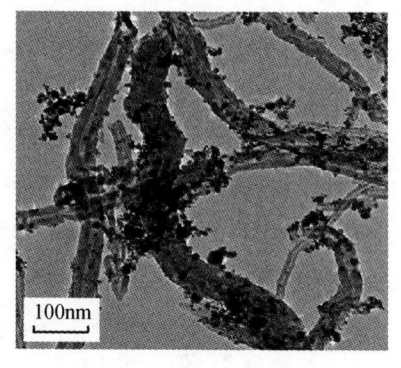

图 5 – 28　$Bi_2O_3 \cdot SnO_2/CNT$ 的 TEM 照片

为了进一步确定 $Bi_2O_3 \cdot SnO_2/CNT$ 样品表面负载的成分,对样品成分进行了 EDS 分析(图略),可以看出,测定产物中含有 C、O、Bi 和 Sn 这 4 种元素,说明产物是由 C、O、Bi 和 Sn 元素组成。用 XRF 分析得产物中元素的质量百分含量为 Bi 27.3%,Sn 23.1%。折算后得到含 Bi_2O_3 和 SnO_2 分别为 30.4% 和 29.3%。

研究了煅烧温度对 CNT 负载 $Bi_2O_3 \cdot SnO_2$ 的影响,通过产品的 XRD 分析表明,煅烧温度为 400℃ 时,产物中出现较多的金属铋;500℃ 时,氧化铋基本上被还原为金属铋。煅烧温度为 380℃ 制得的产品,其 XRD 图与 Bi_2O_3 的标准谱图基本一致,表明样品中有立方晶氧化铋,说明煅烧温度以 380℃ 为佳。

在相同条件下得得的 $Bi_2O_3 \cdot SnO_2/CNT$ 复合催化剂前驱体在不同的温度下煅烧,温度太高会使氧化铋发生还原,温度太低则会使 $Bi_2O_3 \cdot SnO_2/CNT$ 复合催化剂前驱体不能完全分解,金属氧化物呈无定形态,因此,最佳的煅烧温度应在 380℃。

溶液的 pH 值对 CNT 负载的 $Bi_2O_3 \cdot SnO_2$ 有直接影响,pH 值太低,沉淀生成不完全;pH 值太高,沉淀会溶解。当溶液的 pH = 8.8 时,沉淀的生成较完全,在 CNT 上负载 $Bi_2O_3 \cdot SnO_2$ 也较多。

表 5 – 2、表 5 – 3 是不滴加任何沉淀剂(浸渍法)与滴加沉淀剂(浸渍法 – 液相化学沉积法)制备的样品负载量影响的数据。表 5 – 2 中显示了在不滴加沉淀剂的情况下,金属氧化物的负载量在 50% 左右。表 5 – 3 显示了在滴加 $NH_3 \cdot H_2O$ 的情况下,金属氧化物的负载量高达 80%。所以滴加沉淀剂有利于金属氧化物在 CNT 上的负载。说明浸渍法 – 液相化学沉积法的负载效果远大于浸渍法。

316

表 5 – 2 不滴加沉淀剂时 $Bi_2O_3 \cdot SnO_2/CNT$ 的产率

$(Bi_2O_3 \cdot 5H_2O)/g$	$(SnCl_4 \cdot 5H_2O)/g$	CNT/g	总反应物/g	$(SnO_2 \cdot Bi_2O_3/CNT)/g$	产率/%
0.0937	0.1212	0.1044	0.3193	0.0925	46.25
0.0928	0.1135	0.1033	0.3096	0.1049	52.42
0.0927	0.1228	0.1044	0.3199	0.0957	47.85
0.0903	0.1200	0.1013	0.3166	0.0916	45.80
0.0925	0.1223	0.1020	0.3168	0.0945	47.25

表 5 – 3 滴加沉淀剂时 $Bi_2O_3 \cdot SnO_2/CNT$ 的产率

$(Bi_2O_3 \cdot 5H_2O)/g$	$(SnCl_4 \cdot 5H_2O)/g$	CNT/g	总反应物/g	$(SnO_2 \cdot Bi_2O_3/CNT)/g$	产率/%
0.0920	0.1161	0.1000	0.3081	0.1650	82.50
0.0900	0.1162	0.1003	0.3065	0.1635	81.70
0.0912	0.1123	0.1027	0.3062	0.1630	81.50
0.0926	0.1157	0.1057	0.3140	0.1596	79.80
0.0936	0.1227	0.1034	0.3197	0.1523	76.15

5.1.2.8 $Cu_2O \cdot SnO_2/CNT$

用液相化学沉积法和浸渍法相结合制备 $Cu_2O \cdot SnO_2/CNT$ 复合催化剂。首先称取一定量的 CNT,将其置于质量分数为 30% 的盐酸中,浸渍 24h,洗涤过滤后置于混酸(浓硝酸和浓硫酸的体积比为 1:3)中,70℃ 下恒温回流 1h 后,用蒸馏水洗涤至中性,烘干备用。

分别称取一定量的 $SnCl_4 \cdot 5H_2O$ 和 $CuCl_2 \cdot 2H_2O$ 于烧杯中,加蒸馏水搅拌溶解后,加入经氧化处理的 CNT,最后加入 PEG – 400 作为分散剂。超声波分散均匀,室温下恒温搅拌数小时后,搅拌下滴入氨水调节 pH 值至 8.0 ~ 8.5,然后,经静置、抽滤、洗涤、干燥、煅烧后,得到黑色粉末即为 $Cu_2O \cdot SnO_2/CNT$ 复合粉体。

如图 5 – 29 是纯化的 CNT 和 $Cu_2O \cdot SnO_2/CNT$ 的 XRD 图。图中,曲线(a)为纯化的 CNT,曲线(b)为 $Cu_2O \cdot SnO_2/CNT$。由 XRD 图可以看出,(a)与(b)相比,曲线(a)在 2θ 为 26° 处对应的晶面指数为(002),这与碳的晶型衍射峰一致。曲线(b)为 $Cu_2O \cdot SnO_2/CNT$ 的 XRD 图,在 2θ 为 26° 处的衍射峰比曲线(a)中的峰强度减弱,在 2θ 为 26.61°、33.983° 及 51.780° 处的晶型衍射峰对应的晶面指数分别(110)、(101)和(211),这与 SnO_2 晶体的标准衍射峰完全相符;

317

在 2θ 为 36.502°、42.401° 及 61.518° 处的晶型衍射峰对应的晶面指数分别为 (111)、(200) 和 (220),这与 Cu_2O 的标准衍射峰完全相符,说明 CNT 表面负载的成分是 $Cu_2O \cdot SnO_2$。

图 5-30 为 $Cu_2O \cdot SnO_2/CNT$ 的 TEM 照片。可以看出,CNT 变粗,管壁增厚,外壁覆盖了一层 $Cu_2O \cdot SnO_2$ 颗粒,为球形粒子,粒径约 6nm,均匀分散在 CNT 表面上。说明 CNT 已经成功负载了 $Cu_2O \cdot SnO_2$ 粉体。

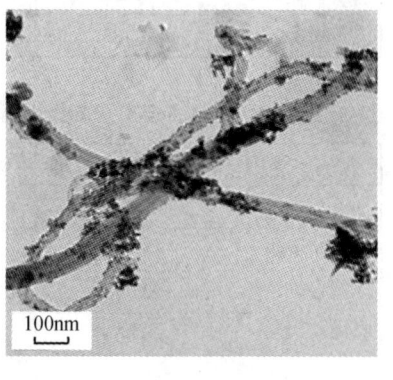

图 5-29　纯化 CNT(a) 与 $Cu_2O \cdot SnO_2/CNT(b)$
的 XRD 图

图 5-30　$Cu_2O \cdot SnO_2/CNT$ 的
TEM 照片

图 5-31 是加沉淀剂(氨水)处理(a)和不加沉淀剂(氨水)处理(b)制得的 $Cu_2O \cdot SnO_2/CNT$ XRD 图。可以看出,曲线(b)中只在 2θ 为 26.450° 处存在一衍射峰,晶面指数为(002),与碳的标准峰相一致,说明样品中不存在 $Cu_2O \cdot SnO_2$ 等金属氧化物。曲线(a)在 2θ 为 26.61°、33.983° 及 51.780° 处对应的晶面指数分别为(110)、(101) 及(211),这与 SnO_2 的标准峰相一致;在 2θ 为

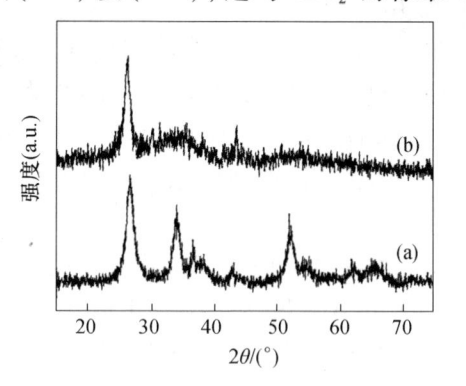

图 5-31　$Cu_2O \cdot SnO_2/CNT$ 的 XRD 图
(a) 氨水滴定;(b) 不加氨水滴定。

36.502°、42.401°及61.518°处对应的晶面指数分别为(111)、(200)及(220),这与Cu_2O的标准峰相一致。由此说明采用单一的浸渍法,不加沉淀剂,在CNT表面负载$Cu_2O \cdot SnO_2$等金属氧化物,效果较差;而采用浸渍法和液相化学沉淀法相结合的方法进行负载,效果较好。研究发现,pH值控制在8左右,pH值太低,形成沉淀不完全;pH值太高,铜容易形成络合离子,而锡沉淀会溶解。煅烧温度适度既可,400℃最佳,温度太高会把氧化物还原成单质,而温度太低氧化物还处于无定形态。

5.1.2.9 NiO · SnO₂/CNT

分别称取化学计量的$SnCl_4 \cdot 5H_2O$和$NiCl_2 \cdot 6H_2O$于烧杯中,加入蒸馏水,搅拌溶解后,加入经氧化处理的CNT,加入PEG-400作为分散剂。超声分散均匀,室温下恒温搅拌5h后,在搅拌下滴入1mol/L NaOH调节pH值至为8.0,然后静置5h。抽滤,用蒸馏水加超声波对产物洗涤3次,60℃下干燥,在氮气保护下,500℃灼烧2h,即可制得$NiO \cdot SnO_2$/CNT复合粉体。

图5-32为$NiO \cdot SnO_2$/CNT的XRD图,将衍射结果与PDF标准卡片对照,可知负载物主要为NiO(PDF标准卡片47-1049)和SnO_2(PDF标准卡片41-1445)。

图5-33为$NiO \cdot SnO_2$/CNT的TEM照片,可以看出,负载在CNT表面的纳米$NiO \cdot SnO_2$为球形粒子,平均粒径约5nm。

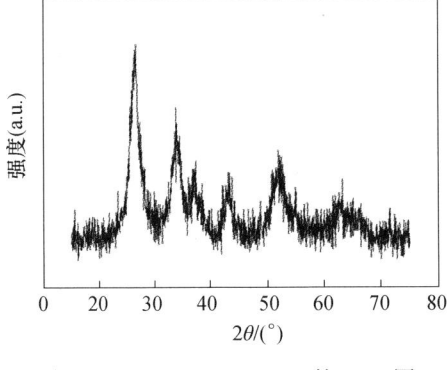

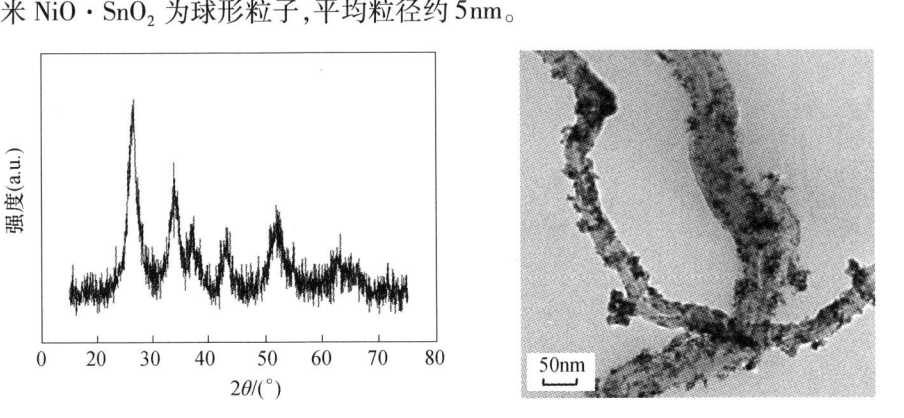

图5-32 $NiO \cdot SnO_2$/CNT的XRD图　　　　图5-33 $NiO \cdot SnO_2$/CNT
　　　　　　　　　　　　　　　　　　　　　　　　的TEM照片

对$NiO \cdot SnO_2$/CNT进行了EDS分析(图略),图中出现了Ni、Sn、O和C这4种元素的峰。说明负载在CNT上面的是NiO和SnO_2两种颗粒。

5.1.2.10 CuO·PbO/CNT

称取化学计量的三水硝酸铜和硝酸铅,加入蒸馏水超声溶解。在铜盐和铅盐混合溶液中,加入经氧化处理的 CNT,超声 30min 至分散均匀,在室温下搅拌5h,然后静置 4h。在搅拌下滴入 2.5wt% 氨水调节 pH 值至为 8.5,然后静置 5h。抽滤,分别用蒸馏水、乙醇加超声波对产物洗涤 2 次和 1 次,60℃下干燥,在氮气保护下,280℃灼烧 2h,即可制得 CuO·PbO/CNT 复合粉体。

图 5-34 为 CuO·PbO/CNT 的 XRD 图。图中显示衍射峰峰位在 2θ 为35.488°、38.518°、48.897° 和 61.492° 出现衍射峰,其对应的晶面指数分别为(002)、(111)、(111)、(202),这与单斜晶系 CuO 的标准谱图(PDF 标准卡片 45-0937)一致。2θ 为 19.269°,30.744°,52.614° 及 56.092° 处,其对应的晶面指数分别为(001)、(101)、(112) 及(211),这与 PbO 的标准谱图基本一致,而且CNT 石墨特征峰强度大大降低,而 CuO 和 PbO 的衍射峰非常明显。结果表明,CNT 负载了 CuO 和 PbO 两种成分,而且是包覆在 CNT 表面,导致 CNT 石墨特征峰强度明显降低。

图 5-35 为 CuO·PbO/CNT 的 TEM 照片。可以看出,在 CNT 的表面负载着大量的 CuO 和 PbO 球形纳米颗粒,粒径约 20 nm,均匀分布,分散效果好。

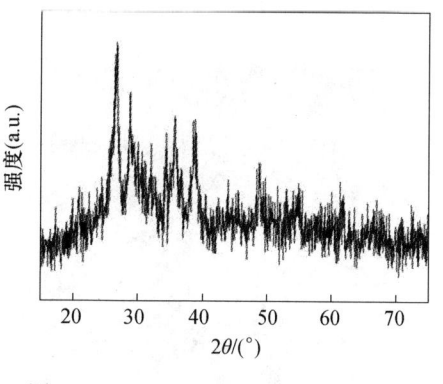
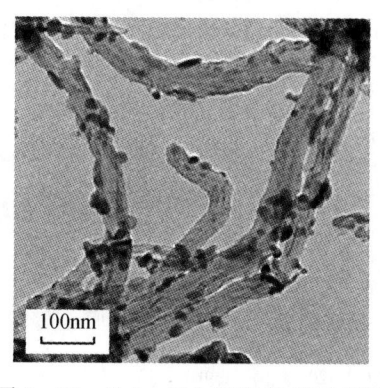

图 5-34　CuO·PbO/CNT 的 XRD 图　　　　图 5-35　CuO·PbO/CNT 的 TEM 照片

为了进一步确定 CuO·PbO/CNT 样品表面负载的成分,采用 EDS 对样品成分进行分析(图略),图中出现了 C、O、Cu 和 Pb 这 4 种元素的峰,这也就说明样品中负载在 CNT 表面的是 Cu 和 Pb 元素。

图 5-36(a)为不加沉淀剂所制得的 CuO·PbO/CNT 的 XRD 强度曲线,图中显示衍射峰峰位在 2θ 为 25.908°处,其对应的晶面指数为(002),这与混酸氧

化处理的 CNT 的图一致。图中也没有其他峰存在。图 5 – 36(b)为加沉淀剂
(2.2mol/L 的氨水)所制得的 CuO·PbO/CNT 的 XRD 强度曲线,图中显示衍射
峰峰位在 2θ 为 36.523°、42.440°、61.537° 及 73.685° 处,其对应的晶面指数分别
为(111)、(200)、(220)及(311),这与 Cu_2O 的标准谱图基本一致。2θ 为
19.269°、30.744°、52.614° 及 56.092° 处,其对应的晶面指数分别为(001)、
(101)、(112)及(211),这与 PbO 的标准谱图基本一致。另外,从图中还可以看
到在 2θ 为 26.585° 处有一个 CNT 的石墨特征衍射峰。结果表明,采用浸渍法和
液相化学沉积法相结合的方法,即先浸渍再滴入沉淀剂的方法,在 CNT 表面负
载双金属氧化物,其效果远优于采用单一的浸渍法进行负载的方法。实验过程
中,滴入沉淀剂进行沉积能够促使金属氧化物有效地负载到 CNT 表面。

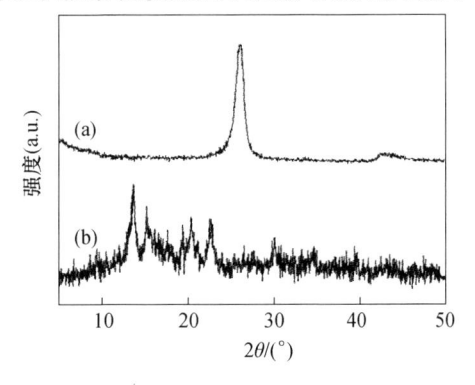

图 5 – 36 CuO·PbO/CNT 的 XRD 图
(a)不加沉淀剂;(b)加沉淀剂。

溶液的 pH 值对 CNT 负载 CuO·PbO 有直接的影响,pH 过高,使 Cu^{2+} 与氨
水发生反应,生成络离子,因此不能有效负载;pH 太低则不利于沉淀生成,致使
负载在 CNT 表面的颗粒也很少,所以 pH 值的最佳范围为 8.4 ~ 8.5。

在相同条件下制得的 CNT 负载 CuO·PbO/CNT 前驱体在不同的温度下煅
烧,温度太高会使氧化铜发生还原,温度太低则会使 CuO·PbO/CNT 复合催化
剂前驱体不能完全分解,形成不定型晶体。因而得出,最佳的煅烧温度应在
280 ~ 300℃。

5.1.2.11   CuO·SnO₂/CNT

称取化学计量的 $SnCl_4·5H_2O$ 和 $CuCl_2·2H_2O$,加入蒸馏水至其完全溶解。
加入化学计量的经氧化处理的 CNT,超声波分散 1h,然后 50℃ 下磁力搅加热 30
min。静置 5h。然后用氨水调节溶液的 pH 值至 8,然后静置 5h。抽滤,用蒸馏

水、乙醇加超声波对产物分别洗涤 2 次和 1 次,60℃下干燥,在氮气保护下,400℃灼烧 2h,即可制得 $CuO \cdot SnO_2/CNT$ 复合粉体。

其组成结构与 $NiO \cdot SnO_2/CNT$ 复合催化剂等类似,不再赘述。

5.1.2.12 Ag/CNT

银镜法制备:将 CNT 加入 $AgNO_3$ 氨溶液中,然后加入甲醛溶液,反应完毕后将反应产物用滤膜抽滤,产物用去离子水冲洗至 pH≈7 后干燥,最终得到黑色粉末状样品。

水热法制备:将 $NH_3 \cdot H_2O$ 溶液缓慢地滴入 $AgNO_3$ 溶液中,直至溶液变透明,然后分别加入 CNT 和聚乙烯吡咯烷酮溶液,在超声条件下,充分搅拌后将混合溶液放入水热釜内,保持一定温度反应 36h,反应完毕将水热釜取出,待其自然冷却至室温后将反应产物用滤膜抽滤,产物用去离子水冲洗至 pH≈7 后干燥,最终得到黑色粉末状样品。

图 5-37 为不同方法制备的纳米 Ag/CNT 的 FTIR 谱图。可以看出,通过两种方法制备得到的产物的谱图基本一致,在 $3400cm^{-1}$ 和 $1630cm^{-1}$ 附近分别对应的是物理吸附水中羟基(—OH)的伸缩振动和弯曲振动峰,$2360cm^{-1}$ 附近则出现了 CO_2 中 C—O 的特征峰。分析表明,两种方法制得的产物中有不同程度的水存在,$3400cm^{-1}$ 附近特征峰的透过率均很小(银镜法约为 0.01,水热法约为 0.03),说明产物中水分含量极少。

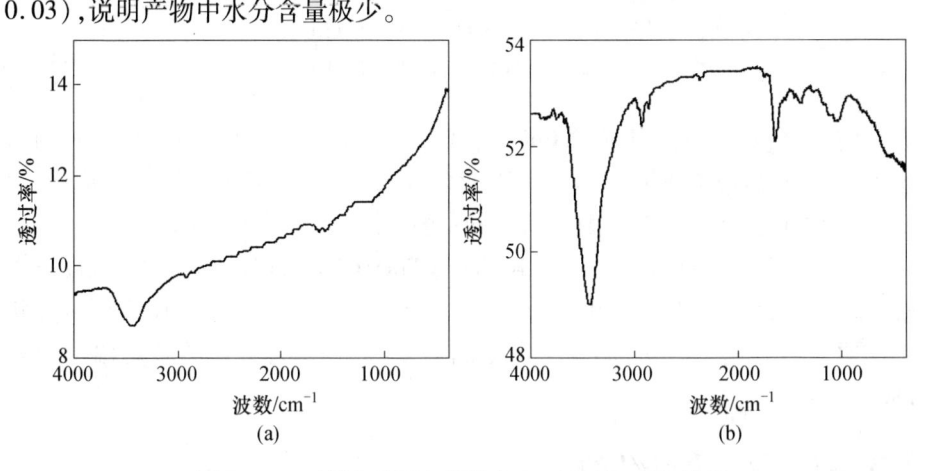

图 5-37 不同方法制备的纳米 Ag/CNT 的 FTIR 谱图
(a)银镜法;(b)水热法。

虽然本研究中对所制备的 Ag/CNT 进行过干燥处理,但经真空干燥后其中的水分不会绝对完全地消失;此外,采用 KBr 压片法进行红外分析的 KBr 易吸潮,空气中存在的水和二氧化碳也会影响测试结果。因此,图 5 - 37 中的 FTIR 谱图不可避免地出现了 H_2O 和 CO_2 的透射峰。

纳米 Ag/CNT 复合物与其原料 CNT 的红外谱线基本一致,而在 Ag 出现特征峰的波数区间内($400cm^{-1}$左右),在其对应的复合产物的 FTIR 谱图中也可寻找到相应的特征峰,但由于复合的缘故而使某些谱线特征峰不是很明显。由此可见,两种方法制备的纳米 Ag/CNT 复合物中均存在纯的 Ag 和 CNT 的特征吸收峰,表明该复合材料体系中两者共存。

将两种方法制备的纳米 Ag/CNT 复合材料进行 XRD 分析,结果如图 5 - 38 所示。可以看出,银镜法制备的样品(a)在 2θ 为 25.84°和 44.14°处,水热法制备的样品(b)在 2θ 为 25.94°和 44.26°处均出现了石墨的 $d_{(002)}$ 峰和 $d_{(101)}$ 峰,这说明产品中 CNT 的石墨层状结构仍然存在;相对于样品(b),样品(a)在晶面指数为(002)和(101)处的特征衍射峰较为宽化,表明 CNT 纳米结构的长程有序度较差,分析认为是由于无定型碳及石墨的特征衍射峰叠加、制备原理不同导致得到产物中二组分相对含量不同所致。

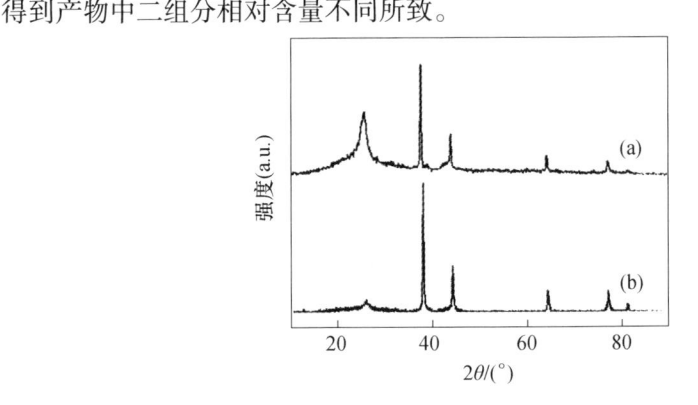

图 5 - 38　不同方法制备的纳米 Ag/CNT 的 XRD 图
(a) 银镜法;(b) 水热法。

与单一的 CNT 相比,纳米 Ag/CNT 复合材料的 XRD 强度曲线基本没有什么变化,但两种 CNT 复合物均出现了 Ag 的特征衍射峰。样品(a)在 2θ 为 37.92°、44.14°、64.32°和 77.24°(对应的晶面间距 d 值分别为 0.23707nm、0.20500nm、0.14471 nm 和 0.12341 nm)处;样品(b)在晶面间距 d 值为 0.23636nm、0.20448nm、0.14459nm 和 0.12333nm(对应的 2θ 分别为 38.04°、44.26°、64.38°、77.30°)处的特征衍射峰均与 PDF 标准卡片 04 - 0783 相一致,表明两种纳米 Ag/CNT 复合材料中还同时存在立方晶型结构的 Ag。样品(a)和样品(b)分别对应 Ag 面心立方结构的(111)、(200)、(220)和(311)面,这表明复合体系中存在两种物质的特征衍射峰,即在纳米 Ag/CNT 复合材料中纯 Ag 和纯 CNT 共存,且两者未发生化学反应,呈现出复合物的特征。

此外,从两组 XRD 曲线来看,均主要存在两种物质的特征衍射峰,且峰形良好无杂峰,故证明产物均为纯相的纳米 Ag/CNT 复合材料。根据(111)和(200)晶面衍射峰的宽化,XRD 测试结果的定量估算以及由 Scherrer 公式($D = 0.89\lambda/\beta\cos\theta$,$\lambda$ 为 X 射线波长,β 为衍射峰半高宽,θ 为衍射角),计算得到的两种 CNT 复合物中 Ag 的粒径见表 5 - 4。

表 5 - 4   XRD 测试结果的定量估算及纳米银粉粒径计算

体系	PDF 编号	元素	质量分数/%	纳米 Ag 尺度/nm
a	04 - 0783	Ag	62.81	29.27
	41 - 1487	C	37.19	
b	04 - 0783	Ag	91.91	35.43
	41 - 1487	C	8.09	

从表 5 - 4 中可以看出,虽然两种方法制备的纳米 Ag/CNT 复合物都采用同样的纳米银粉和 CNT 作为原料,但对纳米银粒径的计算却不尽相同,这是由于制备原理不同导致得到产物中两组分相对含量不同,对纳米银粉的 XRD 特征数据产生了一定的影响,因此根据 XRD 特征峰半峰宽算出的银粉粒径就会有所不同。

图 5 - 39 为经混酸预处理的 CNT 的 TEM 照片。可以看出,经混酸处理后 CNT 几乎不含杂质,表面光滑。

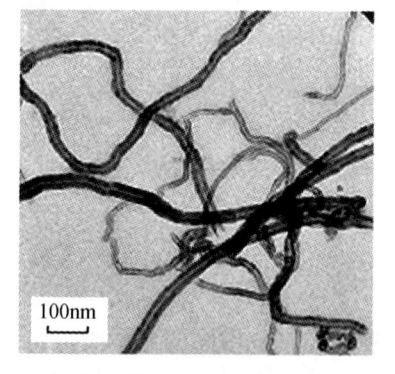

100nm

图 5 - 39   经混酸预处理的 CNT 的 TEM 照片

获得的两种纳米 Ag/CNT 复合材料的 SEM 照片见图 5 - 40。可以看出,纳米 Ag/CNT 表面粗糙,两种方法制备得到的产物中的纳米 Ag 粒子均约 10 ~ 80nm,颜色较浅,呈不规则的球形,以"粘附"的形式复合于纳米 CNT 的表面,形成了复合型的纳米复合材料。与采用银镜法制备的纳米 Ag/CNT 相比,水热法制得的复合物表面纳米 Ag 颗粒较大，CNT 上负载的 Ag 粒子较多，这主要是由于水热法在相对较高的温度和压力环境下进行。

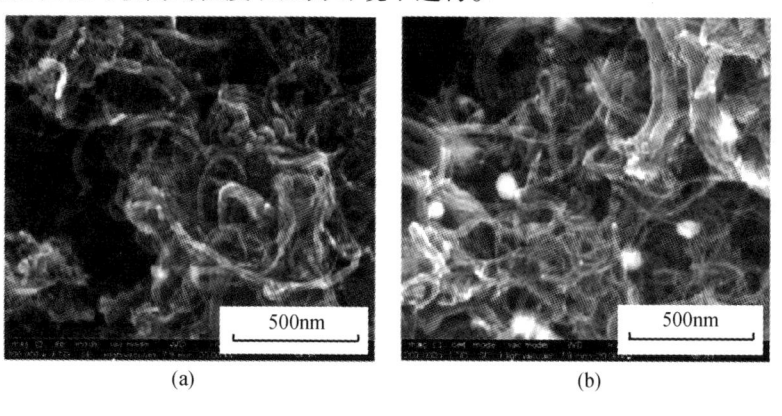

(a)   (b)

图 5-40　不同方法制备的纳米 Ag/CNT 复合材料的 SEM 照片
(a) 银镜法；(b) 水热法。

通过 EDS 分析(图略)可知，两种复合物均未出现 O 元素，说明经混酸预处理的 CNT 纯度较好，其表面并未生成羟基、羧基、羰基等；纳米 Ag/CNT 复合材料中仅出现 C、Ag 两种元素，没有其他杂质。由银镜法制备的 Ag/CNT 复合物中上 C、Ag 元素的质量分数分别为 88.32% 和 11.68%，而水热法制得的复合物中 C、Ag 元素的质量分数分别为 60.96%、39.04%，表明采用水热法制得的产物的负载效果更好。

由比表面测定结果可知，与纯的纳米 Ag 相比，纳米 Ag/CNT 复合材料的比表面积明显增大，这是由于 Ag 负载在 CNT 上之后，CNT 载体骨架的支撑作用减少了纳米 Ag 粒子的团聚，使其比表面积增加；此外，CNT 自身大的比表面积也对复合物较大的比表面积做出了重要贡献。

5.1.2.13　Pd/CNT

以乙二醇为还原剂在 CNT 上负载 Pd 核进行活化：称取一定质量的 $PdCl_2$ 超声溶解于 50mL 乙二醇中，加入 0.4 mol/L NaOH-乙二醇溶液直至其 pH 值为 8，加入经预处理的 CNT，超声均匀。在磁力搅拌下加热到 170℃，恒温磁力搅拌数小时。

图 5-41(b) 为 Pd/CNT 催化剂 XRD 强度曲线，样品在 2θ 为 26.2° 处出现石墨的 d_{002} 峰，这说明产品中 CNT 的石墨层状结构仍然存在。在 2θ 为 39.986°、46.399° 及 67.979° 处出现衍射，其对应的晶面指数分别为 (111)、(200) 及

(220)，这与立方晶型 Pd 的标准谱图（PDF 标准卡片 46 – 1043）一致。结果表明，所得到的产品是 Pd 和 CNT 的复合体。

图 5 – 42 为 CNT 负载 Pd 的 TEM 照片，可以看出，Pd 纳米粒子以 5 ~ 9nm 的球形粒子负载在 CNT 表面。Pd 纳米粒子将成为下一步化学镀 Pb 和化学镀 NiB、NiPd 的活性中心。

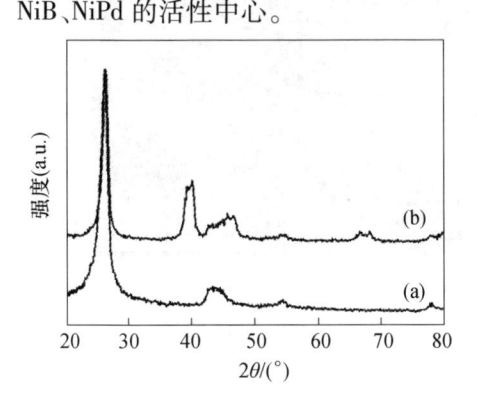

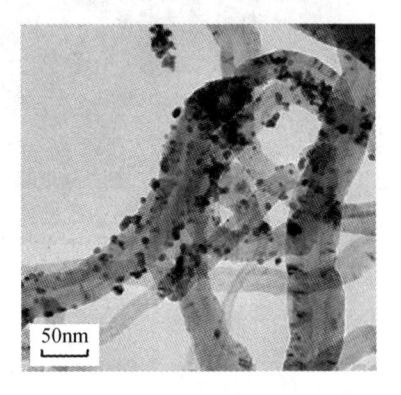

图 5 – 41　预处理的 CNT(a)
和 Pd∕CNT(b)的 XRD 图

图 5 – 42　Pd∕CNT 的 TEM 照片

5.1.2.14　Pb∕CNT

配置 100mL 镀液（镀液成份为 EDTA，柠檬酸钠，乙酸铅，$TiCl_3$），采用 NaOH 溶液调 pH 值，加入经过活化的 CNT，超声均匀。在一定温度下磁力搅拌 30 ~ 120 min，洗涤至中性，80℃下干燥，研碎得到样品。

CNT 化学镀铅与 CNT 化学镀镍一样，皆采用乙二醇还原法在 CNT 上负载 Pd 核。将活化的 CNT 放入镀铅溶液中施镀得到 Pb∕CNT 催化剂。图 5 – 43(a) 为经过预处理的 CNT 的 XRD 强度曲线，图 5 – 43(b) 为 Pb∕CNT 催化剂 XRD 强度曲线。与曲线(a)相比，曲线(b)样品并未出现明显的 CNT 峰，但在 2θ 为 24.7°处出现尖锐的小峰。在 2θ 为 31.307°、36.281°、52.223° 及 62.152°出现衍射峰，其对应的晶面指数分别为(111)、(200)、(220)及(311)，这与立方晶型 Pb 的标准谱图（PDF 标准卡片 04 – 0686）一致。在 2θ 为 28.602°，31.814°，48.518°等处出现衍射峰，其对应的晶面指数分别为(101)、(110)和(112)，这与四角形 PbO 的标准谱图（PDF 标准卡片 05 – 0561）一致。结果表明，所得到的产品是 Pb 和 CNT 的复合体，并且含有少量 PbO。

图 5 – 44 为 Pb∕CNT 的 TEM 照片，可以看出，Pb 纳米粒子以 50nm 左右的不规则椭球形粒子负载在 CNT 表面。采用 EDS 测得产物含有 C、Pb、Pd 和 Ti 这

4 种元素,其中 Pd 是在活化中引入,Ti 是在化学镀时引入(还原剂为 TiCl₃)。

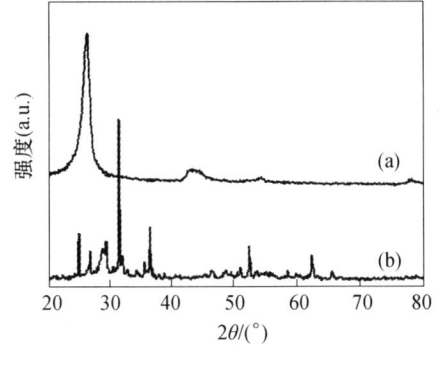

图 5 – 43　预处理的 CNT(a)
和 Pb/CNT(b)的 XRD 图

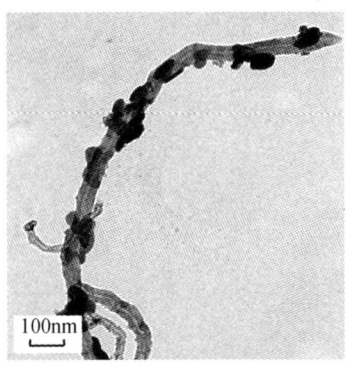

图 5 – 44　Pb/CNT 的 TEM 照片

图 5 – 45 是经过不同施镀时间得到的 Pb/CNT 的 XRD 图,比较(a)、(b)、(c)和(d)4 条曲线可以看出,施镀时间为 30 ~ 120min,Pb 的衍射峰强度逐渐增强,并且 PbO 和 Pb₃O₄ 衍射峰强度很弱,说明随着施镀时间的延长,所镀的铅越多。当所镀时间达到 150min 时(图 5 – 45(e)),Pb 的衍射峰很弱,取而代之的是 Pb₃O₄ 的衍射峰。以上结果表明,随着施镀时间的延长,所镀的铅越多,但是施镀时间过长,Pb 会被氧化生成 Pb₃O₄ 等氧化物。因此 CNT 化学镀铅的最佳施镀时间为 120min。

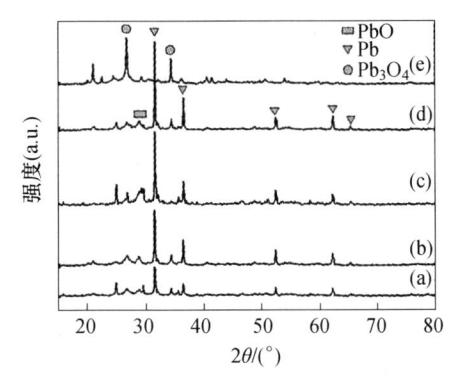

图 5 – 45　不同施镀时间的 Pb/CNTs 的 XRD 图
(a) 30min;(b) 60min;(c)90min;(d) 120min;(e) 150min。

图 5 – 46 是在不同的 pH 值下施镀所得的 Pb/CNT 的 XRD 图。从曲线(a)可以看出,当 pH = 8.65,只有 CNT 的特征衍射峰,说明此 pH 值下不能有效镀 Pb;当 pH = 8.87 时(曲线(b))出现 Pb 及 PbO$_x$(PbO$_x$ 为 PbO 或 Pb₃O₄)的衍射峰;当 pH = 9.26 时(曲线(c)),Pb 的衍射峰为主峰,同时出现强度较弱的 PbO$_x$

衍射峰;当 pH 值达到 9.69 时(曲线(d)),PbO$_x$ 衍射峰增强,当 pH 值继续升高达到 10.70 时(曲线(e)),Pb 的衍射峰基本消失,仅出现 PbO$_x$ 衍射峰。以上结果说明 pH 值对产品成分影响较大,制备需要的 pH 值范围很窄,pH ≈ 9 为最佳条件,当 pH < 9 时难以施镀,超过 9 时容易被氧化成 PbO$_x$。

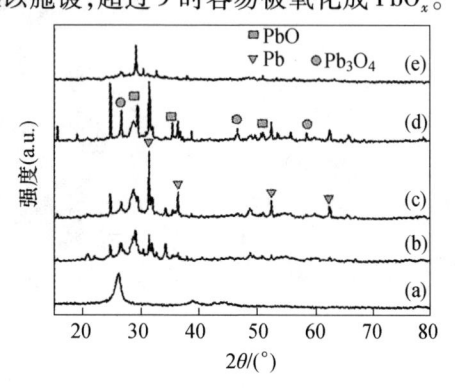

图 5 - 46　在不同的 pH 值下施镀所得 Pb/CNT 的 XRD 图
(a) pH = 8.65;(b) pH = 8.87;(c) pH = 9.26;(d) pH = 9.69;(e) pH = 10.70。

图 5 - 47 为不同施镀温度下的 Pb/CNT 的 XRD 图,从曲线(b)上可以看出,温度为 60℃时 Pb 的衍射峰为主峰,可视为最佳温度。比较(a)、(b)、(c)、(d)这 4 条强度曲线可以看出,当温度低于或者高于 60℃时,PbO$_x$ 的衍射峰明显,可见 Pb 容易被氧化成 PbO$_x$ 负载在 CNT 上。因此可知,最佳施镀温度为 60℃。

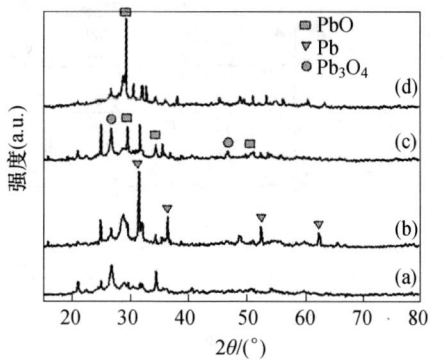

图 5 - 47　不同施镀温度下所得 Pb/CNT 的 XRD 图
(a) 55℃;(b) 60℃;(c) 70℃;(d) 90℃。

5.1.2.15　NiB/CNT

配置 100mL 镀液(镀液成分为醋酸镍、乙二胺、KBH$_4$、己二酸、磺基水杨酸钠),采用 NaOH 溶液调 pH 值,加入经过活化的 CNT,超声均匀。在一定温度下磁力搅拌 30min,洗涤至中性,80℃下干燥,研碎得到样品。

按一定标准配制镀液,将经过 Pd 活化的 CNT 放入镀液中施镀,得到 NiB/CNT 复合催化剂。图 5 - 48(a)为经过预处理的 CNT 的 XRD 强度曲线,图 5 - 48(b)为 NiB/CNT 的 XRD 强度曲线。样品在 2θ 为 26.2°处出现石墨的 d_{002} 峰,说明产品中 CNT 的石墨层状结构仍然存在。在 2θ 为 44.479°处出现 Ni(111)晶面衍射峰(PDF 标准卡片 04 - 0850),在 40°左右出现 Pd(111)晶面衍射峰(PDF 标准卡片 46 - 1043),且 Ni 和 Pd 衍射峰皆为宽的弥散峰,没有尖锐的晶相峰,可能是因为负载 NiB 为非晶态。

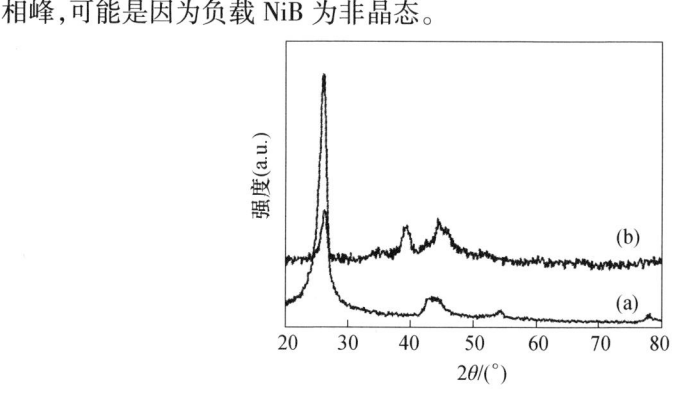

图 5 - 48　预处理的 CNT(a)和 NiB/CNT(b)的 XRD 图

图 5 - 49 为 NiB/CNT 的 TEM 照片,可以看出,NiB 以 100nm 左右的球形纳米粒子负载在 CNT 表面。这是由于化学镀镍层本身就是化学沉积反应的催化剂,随着沉积过程的持续,负载纳米颗粒很容易堆积长大,因此 NiB 纳米粒子粒径较大。采用 EDS 测得产物含有 C、O、Ni 和 Pd 这 4 种元素,其中 Pd 为 CNT 活化时引入。

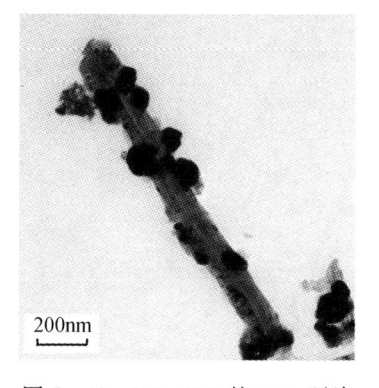

图 5 - 49　NiB/CNT 的 TEM 照片

5.1.2.16 NiPd/CNT

称取一定质量的 $PdCl_2$ 和 $Ni(AC)_2 \cdot 4H_2O$ 超声溶解于 50mL 乙二醇中,加入经过预处理的 CNT,超声均匀。配制 0.4mol/L NaOH - 乙二醇溶液,通过加入不同体积的 NaOH - 乙二醇溶液改变溶液 pH 值。在磁力搅拌下加热到 170℃,恒温磁力搅拌数小时。洗涤过滤,80℃下干燥。

图 5 - 50 为 NiPd/CNT 的 TEM 照片,可以看出,合金粒子以 10 ~ 20nm 的球形纳米粒子负载在 CNT 表面。负载不太均匀,有部分聚集成团现象。采用 EDS 测得产物含有 C、O、Ni 和 Pd 这 4 种元素,其中 Ni 和 Pd 的原子比约为 30:1。

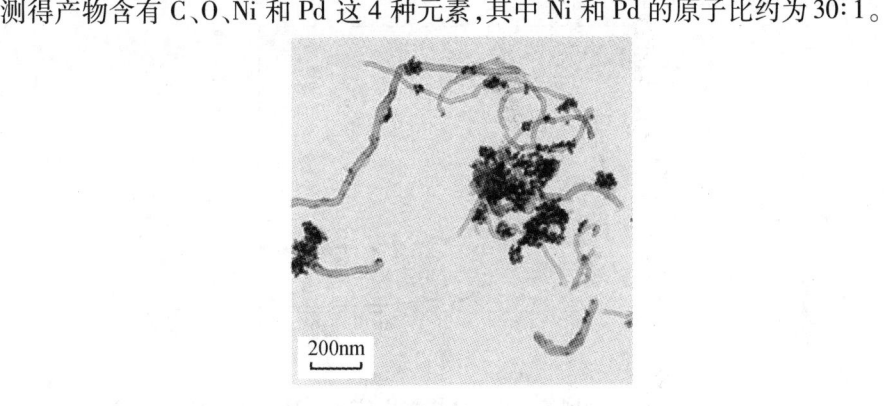

图 5 - 50　NiPd/CNT 的 TEM 照片

图 5 - 51(a)为 NiPd/CNT 的 XRD 强度曲线,(b)为经过预处理的 CNT 的 XRD 强度曲线。从曲线(a)可以看出,样品在 2θ 为 26.2°处出现石墨的 d_{002} 峰,这说明产品中 CNT 的石墨层状结构仍然存在。在 2θ 为 44.311°,51.802°,76.441°处出现衍射峰,其对应的晶面指数为(111)、(200)、(220),这与立方晶系的 Ni 的标准谱图(PDF 标准卡片 04 - 0850)一致。

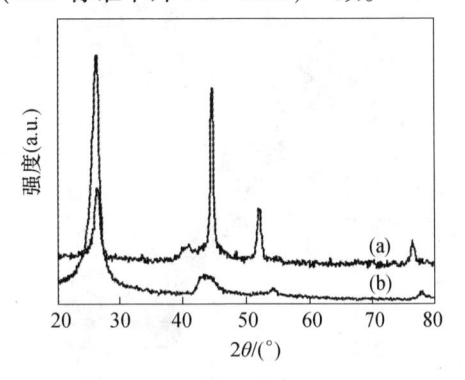

图 5 - 51　NiPd/CNT(a)和经过预处理的 CNT(b)的 XRD 图

图 5 - 52 为改变反应溶液的 pH 值所得 NiPd/CNT 的 XRD 图,图中曲线
(a)、(b)、(c)、(d)和(e)对应的溶液的 pH 值分别为 5.66、7.68、8.40、9.59 和
10.63 时 NiPd/CNT 的 XRD 强度曲线。比较可以发现,曲线(a)、(b)在 2θ 为
40.108°处出现 Pd(111)晶面衍射峰,而曲线(c)、(d)、(e)没有出现 Pd 衍射峰。
这是由于 Pd 含量仅为 Ni 的 1/30 并且曲线(c)、(d)、(e)的背景光高于(a)、
(b),因此曲线(c)、(d)、(e)只出现 Ni 的衍射峰。由 Scherrer 公式,根据 Ni
(111)晶面所对应的半高宽,计算得到金属 Ni 晶粒大小:a 17.9nm,b 16.5nm,
c 12.0nm,d 10.2nm,e 14.4nm。可见,随着溶液逐渐从酸性改变到碱性,所负
载的合金纳米粒子的粒径逐渐减小,但若 pH 值进一步增大,合金纳米粒子的粒
径反而增大。因此,认为 pH =9 ~10 时最适宜。

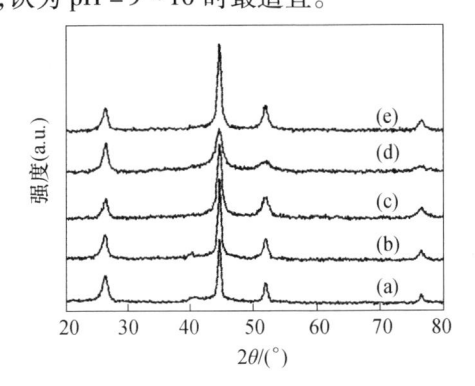

图 5 - 52　NiPd/CNT 催化剂的 XRD 图
(a) pH =5.66;(b) pH =7.68;(c) pH =8.40;(d) pH =9.59;(e) pH =10.63。

化学镀是指在没有外电流通过的情况下,利用化学方法使溶液中的金属离
子还原为金属并沉积在基体表面,形成镀层的一种表面修饰方法。本节采用化
学镀法制备出 M/CNT(M 为 Pd、Ni 或 Pb)复合催化剂,其中以 KBH$_4$ 为还原剂
制备出 NiB/CNT 复合催化剂,以 TiCl$_3$ 为还原剂制备出 Pb/CNT,以乙二醇为还
原剂制备出 NiPd/CNT 复合催化剂。

Pb/CNT 和 NiB/CNT 复合催化剂制备反应机理分析:化学镀是靠表面条件
启动的,即异相表面自催化反应,化学镀的前提是基体表面具有催化活性,这样
才能引发化学沉积反应。因此 CNT 的化学镀与非金属材料化学镀相似,在施镀
前需要进行活化,具体方法是预先在表面上沉积第一类本征催化活性金属。本
节采用多元醇还原的方法在 CNT 上负载 Pd 核进行化学镀镍和镀铅前的活化,
在高温(170 ~180℃)下,乙二醇原位生成的还原剂把 Pd^{2+} 还原为金属 Pd 纳米
粒子并沉积在 CNT 上,其一般反应原理可以表示为

$$2CH_2OH - CH_2OH \longrightarrow 2CH_3CHO + 2H_2O$$

$$2CH_3CHO + M(OH)_2 \longrightarrow CH_3 - CO - CO - CH_3 + 2H_2O + M$$

Pd 纳米粒子沉积在 CNT 表面作为化学镀的活性中心,由还原剂还原出来的金属 Pb 与 Ni 逐渐沉积在金属 Pd 表面形成颗粒。Pb 是催化毒性材料,Pb 颗粒很难长大,其颗粒粒径较小;而 Ni 是催化活性材料,很容易在其表面进行再沉积,负载 Ni 颗粒很容易长大,因此其颗粒粒径较大。

NiPd/CNT 复合催化剂制备反应机理分析:利用加热含金属盐的多元醇溶液合成金属纳米粒子,其主要原理为,在加热条件下(170~180℃),多元醇原位还原产生还原剂使溶液中的金属粒子还原为金属。如果溶液中含有载体,将生成负载型金属纳米粒子。

Xiang Li 等和 Bock C 等的研究表明采用多元醇法合成贵金属纳米粒子,pH值对贵金属粒子的粒径和粒子分布都有影响。其原理为乙二醇自身氧化还原生成 CH_3COOH,CH_3COO^- 能与金属粒子形成络合物,因此,溶液 pH 值越高,CH_3COO^- 浓度越大,其与金属粒子结合越稳定,生成的金属纳米粒子粒径越小,分布越均匀。

Ni^{2+} 的标准电极电势为 -0.257,Pd^{2+} 的标准电极电势为 0.915,因此 Pd 金属纳米粒子首先被还原出来,负载在 CNT 上形成活性中心,Ni 金属粒子随后被还原出来沉积在 Pd 活性中心上,粒子逐渐长大。pH 值太高,Pd^{2+} 与 CH_3COO^- 结合得比较稳定,被还原出来形成活性中心的数目减少,因此形成纳米粒子粒径反而增大。

5.2　石墨烯负载型催化剂

石墨烯是继碳纳米管、富勒烯之后发现的新型碳材料(图 5-53)。石墨烯是由单层碳原子组成的六方蜂窝状二维结构,纯净的石墨烯是一种只有一个原子厚的结晶体,它可以包裹起来形成零维的富勒烯,卷起来形成一维的纳米碳,层层堆积形成三维的石墨,因此石墨烯是构成其他石墨材料的基本单元[21,22]。石墨烯材料还兼有石墨和碳纳米管等材料的一些优良性质,具有超薄、超坚固和超强导电性能等特性,具有优异的电学、热学和力学性能,可望在高性能纳电子器件、复合材料、场发射材料、催化、气体传感器及能量存储等领域获得广泛应用[22-25]。

目前大量的研究集中于单层石墨烯的制备原理上,特别是大量具有稳定结构石墨烯的制备途径,以便系统地研究这种新型材料的物理、化学性质和可能的应用。石墨烯的制备原理不多,无外乎以下几种:机械剥离法、外延生长法、化学气相沉积法、氧化石墨还原法等[26-29]。到目前为止,石墨烯的制备还没有取得根本性的突破。

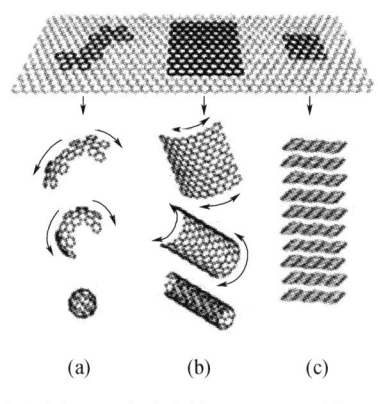

图 5–53 富勒烯(a)、碳纳米管(b)和石墨烯(c)结构示意图

石墨烯具有规整的二维表面结构,与碳纳米管相比,石墨烯具有更大的理论比表面积(约为 2630m²/g)和更好的电子传导能力,可以作为一个理想的负载催化剂模板,同时石墨烯还兼有石墨和碳纳米管等材料的一些优良性质,使其在化学催化领域有着重要的用途[29]。石墨烯作为催化剂载体,可将金属及其化合物负载在石墨烯表面上,形成负载型纳米复合催化剂,可制成不同用途的高性能催化剂,因此受到广泛关注。例如,张晓艳等[30]采用溶胶–凝胶法,以钛酸四丁酯和石墨烯为起始材料制备了 TiO₂ 和石墨烯的复合光催化材料。研究发现 TiO₂/石墨烯复合光催化材料的光催化分解水产氢速率远大于同条件下商业 P25 的产氢速率,光解水产氢活性提高了近 2 倍。温祝亮等[29]采用 Hummers 法液相氧化合成了氧化石墨烯,然后用化学一步还原制得石墨烯负载钯催化剂,与传统 Pd/VulcanXC–72相比,Pd/石墨烯催化剂对碱性介质中乙醇电催化氧化的催化活性有了很大的提高。张琼等[30]将制备出的 TiO₂/氧化石墨烯复合催化剂对甲基橙溶液进行紫外光催化降解时,其降解效率明显优于纳米氧化钛。Veca L M 等[31]利用羧基与聚乙烯醇(PVA)分子上的羟基间的酯化反应,将 PVA 共价键合到石墨烯表面,得到了 PVA 功能化的石墨烯。

5.2.1 制备原理

1. 氧化石墨烯

以天然鳞片石墨为原料,采用改进的 Hummers 法(液相氧化法)制备氧化石墨烯(GO)。用强酸和强氧化剂先将鳞片石墨氧化,由于大量的亲水性活性官能团存在,使得氧化后的石墨能够很好地与水溶液混合,然后在强机械力作用下,通过调整适当的 pH 值得到 GO。该方法制备出的 GO 在水中分散性更好,这有利于下一步的金属或金属氧化物的调控和负载。

2. 负载金属的石墨烯基催化体系

将 GO 与水混合,用超声波振荡至溶液清晰无颗粒状物质,辅助铅、铜、铋离子作为石墨烯基材料的调控剂,然后加入适量的 $NaBH_4$ 或肼加热回流,产生黑色颗粒状沉淀,过滤、烘干即得负载金属的石墨烯基催化体系 1(图 5 – 54)。

3. 负载金属氧化物的石墨烯基催化体系

将 GO 与水混合,用超声波振荡至溶液清晰无颗粒状物质,辅助铅、铜、铋离子作为石墨烯基材料的调控剂,然后经浸渍、液相化学沉积等步骤,使金属氢氧化物在石墨烯外表面析出,在经过适当加热处理使氢氧化物转变成纳米金属氧化物而吸附在石墨烯外表面形成负载金属的石墨烯基催化体系 2(图 5 – 54)。

负载金属(以 Pd 为例)的石墨烯基催化体系 1 和负载金属氧化物的石墨烯基催化体系 2 的构建思路如图 5 – 54 所示。

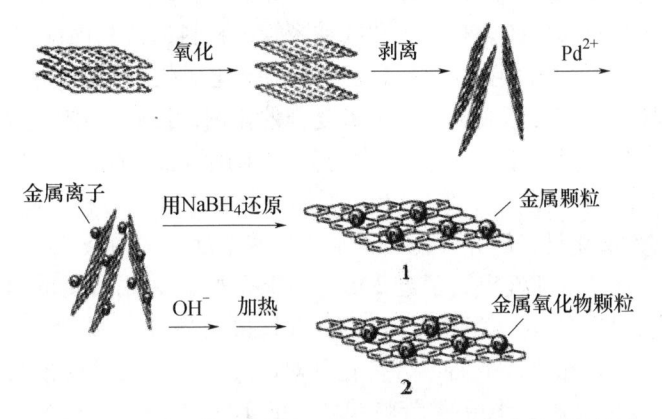

图 5 – 54　负载金属和金属氧化物的石墨烯基催化体系的构建

采用多种金属化合物复配的方法即可获得多元金属(氧化物)含量可控的石墨烯基催化体系。通过调控金属化合物的种类以及各种金属化合物的质量比例来科学干预其催化性能,可制备出催化性能优良的系列石墨烯基催化体系。

5.2.2　制备过程

GO 负载单金属氧化物的制备可采用浸渍法或液相化学沉积法,在研究中发现,液相化学沉积法的负载效果比浸渍法好。故本节采用液相化学沉积法制备出 CuO/GO、Bi_2O_3/GO 及 PbO/GO 3 种复合催化剂。

GO 负载双金属氧化物的制备原理要比负载单金属氧化物复杂,因为要同时满足两种金属氧化物的沉淀条件和被吸附的条件。经过大量实验,发现采用浸渍法与液相化学沉积法相结合的方法效果较好。因此,本节采用浸渍 – 液相化学沉积法制备出 $CuO \cdot Bi_2O_3/GO$ 和 $Cu_2O \cdot PbO/GO$ 2 种复合催化剂。

5.2.2.1 氧化石墨烯

先用 HCl 将天然鳞片石墨初步处理,使石墨的层间距有所变宽,将处理过的石墨置于三口烧瓶,冰浴冷却。在上述烧瓶中加入 HNO_3/H_2SO_4 混酸(体积比 1:3),控制温度温度在 3～4℃,将 $KMnO_4$ 缓慢加入三口烧瓶中。在冰浴冷却下搅拌 2h,后升温至 35℃恒温水浴反应 1h,然后加入一定量蒸馏水,升温至 97℃,恒温反应 1h。反应结束后,冷却至室温后加入蒸馏水和双氧水,至不再有气泡,洗涤,水中用超声分散剥离,可得到 GO。

图 5 – 55 是天然鳞片石墨(a)和 GO(b)的 SEM 照片。可以看出,天然鳞片石墨具有十分明显的鳞片状结构,层与层之间相互重叠,而且层片较厚。GO 片层很薄,像纸张一样的片层,由于片层太薄边缘产生自然褶皱现象,没有石墨的层层重叠的现象,厚度约 5～10nm。这说明天然鳞片石墨的石墨层完全被破坏,产生新的结构。

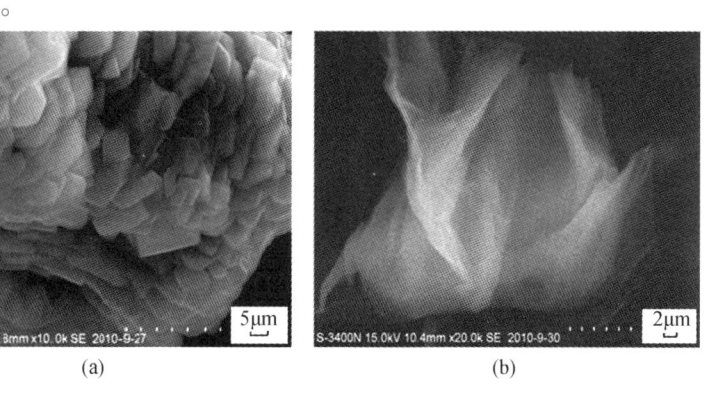

(a)   (b)

图 5 – 55 天然鳞片石墨(a)和 GO(b)的 SEM 照片

图 5 – 56 是天然鳞片石墨(a)和 GO(b)的 FTIR 谱图。可以看出,天然鳞片石墨在 $1365cm^{-1}$ 处有明显的吸收峰,这是石墨的本征吸收带。而 GO 除了在 $1365cm^{-1}$ 处石墨的本征吸收带还在以外,还增加了新的吸收峰:在 $1710cm^{-1}$ 应为羰基或者羧基的 C=O 的伸缩振动峰;在 $1590cm^{-1}$ 为 C=C 的吸收振动峰;在 $1100cm^{-1}$ 为—OH、—COOH 和 C—O—C 的振动峰。说明石墨被氧化后生成了许多—OH、—C=O、C—O—C 等活性基团。

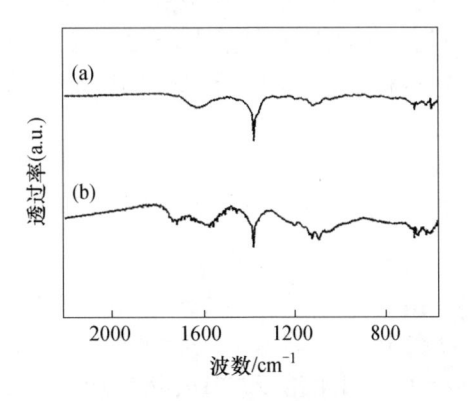

图 5 -56 天然鳞片石墨(a)和 GO(b)的 FTIR 谱图

图 5 -57 是 GO 的紫外 – 可见光吸收谱图。可以看出,GO 在约 230nm 附近有强吸收峰,这是 C═C 共轭的吸收跃迁;在约 275nm 附近有很弱的吸收峰,这是 C═O 的跃迁。这说明 GO 含有一定量的双键和含氧官能团,这些官能团使其在水溶液中可以很好地分散。

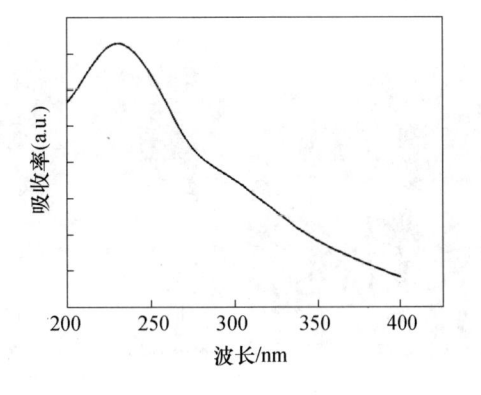

图 5 -57   GO 的紫外 – 可见光吸收谱图

图 5 -58 是天然鳞片石墨(a)和 GO(b)的 XRD 图。可以看出,天然鳞片石墨在 2θ 为 26°处有一个衍射峰,这是石墨(002)晶面的特征衍射峰。该衍射峰的峰形尖锐,衍射强度较强,说明石墨晶型结构非常有规律,排列整齐。经过氧化后,石墨的(002)晶面衍射峰已经消失,而在 2θ 为 11.6°处出现了很宽且矮的氧化石墨(001)晶面衍射峰。这说明了石墨的晶型被破坏,石墨已经被完全氧化,产生新的晶型结构。

336

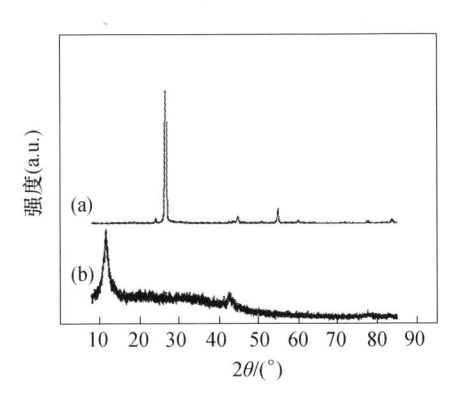

图 5-58　天然鳞片石墨(a)和 GO(b)的 XRD 图

图 5-59 是天然鳞片石墨(a)和 GO(b)(氮气氛围下)的 TG 曲线。可以看出,天然鳞片石墨在测定温度范围内几乎没有质量损失;而 GO 在氮气氛围高温条件时热稳定性比较差,它的质量损失主要分为两个较为明显阶段:第一个阶段在 50~150℃之间,质量损失约 15%;第二个阶段在 150~300℃之间,质量损失约 32%。随着温度的升高,800℃左右质量趋向于平衡,残余物质量百分含量 39.5%。

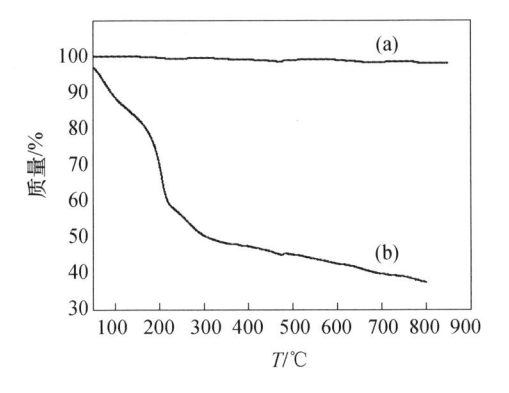

图 5-59　天然鳞片石墨(a)和 GO(b)的 TG 曲线

图 5-60 是不同氧化条件制备的 GO 的 XRD 图。比较了 3 种混合氧化剂的氧化效果:①HNO_3:H_2SO_4(体积比 1:3),②HNO_3:H_2SO_4(体积比 1:3)和 $K_2S_2O_8$,③HNO_3:H_2SO_4(体积比 1:3)和 $KMnO_4$。研究发现,天然石墨用①和②氧化后的产物,仅仅是 2θ 为 26°的衍射峰变宽。这说明了这 2 种氧化体系仅仅使石墨层稍微变宽,但是没有达到氧化石墨的效果。而采用③以后,石墨

的衍射峰消失了,在2θ为11.6°出现一个新的衍射峰,这说明了石墨已经被完全氧化。

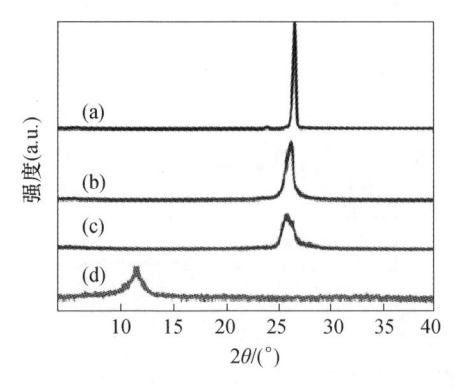

图5-60 不同氧化条件制备的 GO 的 XRD 图

(a) 未氧化;(b) $HNO_3:H_2SO_4$(1:3);(c) $HNO_3:H_2SO_4$(1:3)和$K_2S_2O_8$;(d) $HNO_3:H_2SO_4$(1:3)和$KMnO_4$。

图5-61是低温条件下不同反应时间制备的 GO 的 XRD 图。研究发现,反应 20min 时,2θ为 26°的石墨的衍射峰已经变得非常弱,在 2θ为 11.6°出现了的氧化石墨(001)晶面的衍射峰。随着反应时间的增加,石墨的衍射峰很快减弱直到消失,60min 开始以后,石墨衍射峰就已经消失了。同时随着反应时间增加,氧化石墨衍射峰有变低的趋势,其原因是由于氧化时间越长,石墨层的破坏越严重,从而使制备出的氧化石墨的晶型越不规整。所以,最佳反应时间为 60min。

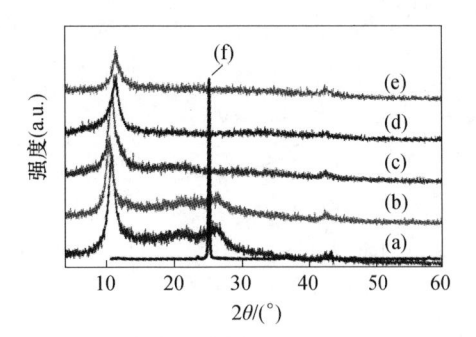

图5-61 天然石墨(f)与低温条件下不同反应时间制备的 GO 的 XRD 图

(a) 20min;(b) 40min;(c) 60min;(d) 80min;(e) 100min。

5.2.2.2 CuO/GO

称取一定量的 GO 于烧杯中,加入适量的去离子水,超声1h 后加入5mLPEG

-400,搅拌均匀。然后缓慢加入硫酸铜溶液,混合均匀,搅拌 2h。然后静置 1h。用 NaOH 溶液调节反应液 pH 值,恒温搅拌 1h。室温静置冷却、洗涤、抽滤、烘干。在氮气保护下在 150℃温度下煅烧 2h,即得 CuO/GO 复合催化剂。

图 5-62 是不同 pH 值的溶液制得的 CuO/GO 复合物的 XRD 图。可以看出,当 pH = 8.0、9.0 时,2θ 为 35.653°出现衍射峰,其对应的晶面指数为(202),与 $Cu_{16}O_{14.5}$ 的谱图(PDF 标准卡 71-0521)基本相符;当 pH = 10.0、11.0 时,2θ 为 35.494°和 38.685°出现衍射峰,其对应的晶面指数分别为(-111)和(111),这与单斜晶系 CuO 谱图(PDF 标准卡 80-1916)一致,由此可见,当 pH = 8.0、9.0 时所得产品是 $Cu_{16}O_{14.5}$ 和 GO 的复合体。当 pH = 10.0、11.0 时所得产品是 CuO 和 GO 的复合体。说明当 pH 值较低的情况下有可能存在含 Cu 的盐,导致 Cu 的分子数比 O 的分子数大,当在 pH > 10 时的情况下含 Cu 的盐全部被转化生成了 CuO。

对比 pH = 10.0、11.0 时,特征峰的强度随 pH 值的增大而增强,这可能因为 pH 增大导致 Cu^{2+} 充分沉淀,CuO 负载量增加。

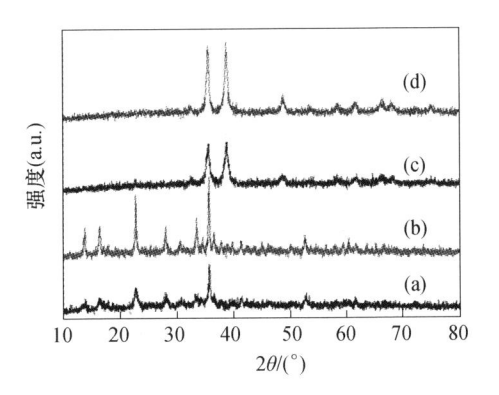

图 5-62 不同 pH 值溶液制得的 CuO/GO 的 XRD 图
(a) pH = 8.0;(b) pH = 9.0;(c) pH = 10.0;(d) pH = 11.0。

图 5-63 是不同 pH 值的溶液制得 CuO/GO 的 SEM 照片。可以看出,pH = 8.0 时(图(a)),GO 的表面已经负载了一些颗粒,但是负载量很少,同时可以观察到 GO 的表面还覆盖了一层物质导致叶片状颗粒模糊不清;pH = 9.0 时(图(b)),有一些呈米粒状的颗粒覆盖在 GO 表面,这些颗粒较大,粒子长约 200~250nm,宽约 100~200nm,且分布均匀且疏松,有团聚现象;pH = 10.0 时(图(c)),显示在 GO 的表面负载有大量呈针叶状的颗粒晶体,且分散情况很好,粒子长约 200~250nm,宽约 100~200nm,且分布均匀且密集;pH = 11.0 时(图

（d）），GO 表面上有大量米粒状的颗粒负载，粒子长约 200～250nm，宽约 70～100nm，分布比较均匀且疏松。

可推测，在溶液 pH = 8.0～11.0，金属氧化物的负载量是随着 pH 值的增大而增加的，粒径随着 pH 值的增大而略微减小。在低 pH 时有可能是由于含 Cu 的盐类为未被全部转化成氢氧化铜，所以负载量小，GO 表面被一层物质覆盖，随着 pH 增大，含 Cu 的盐才被完全转化成氢氧化铜。由此可得，当 pH = 11.0 时，负载的 CuO 粒子比较多，且粒子较小。

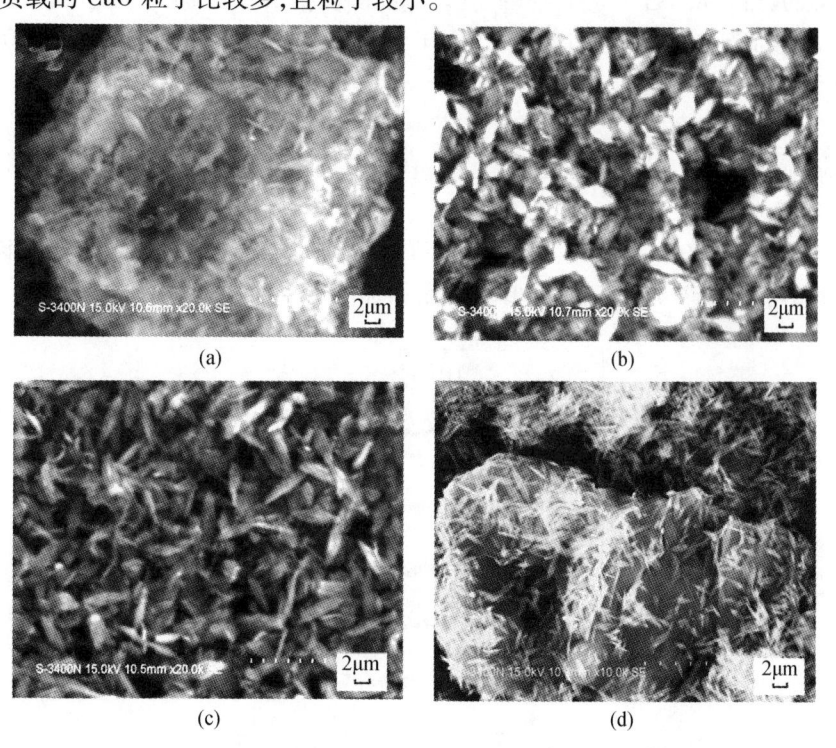

图 5-63　不同 pH 值溶液制得的 CuO/GO 的 SEM 照片
（a）pH = 8.0；（b）pH = 9.0；（c）pH = 10.0；（d）pH = 11.0。

图 5-64 是 GO 与 CuO 不同质量比时制得的 CuO/GO 的 XRD 图。可以看出，不同质量比制备的产物均在 2θ 为 35.494°及 38.685°出现特征衍射峰，其对应的晶面指数分别为（-111）和（111），这与单斜晶系 CuO 谱图（PDF 标准卡 80-1916）一致，说明 GO 与 CuO 不同质量比时都得到了目标产物 CuO/GO。GO 与 CuO 质量比为 1∶1、1∶2 和 1∶3 时主要特征峰的强度随质量比增大而增强，这是因为 CuO 的负载量增加了。但是 GO 与 CuO 质量比 1∶4 时，CuO 晶型却出现了变化。

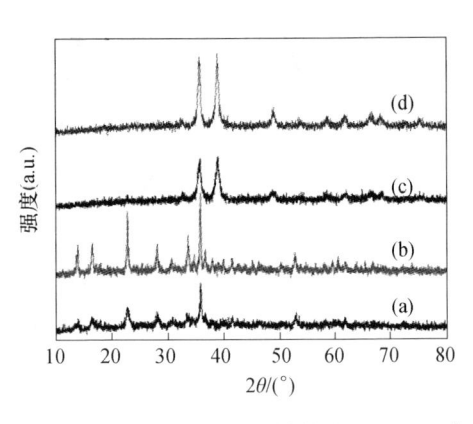

图 5 – 64　GO 与 CuO 不同质量比时制得的 CuO/GO 的 XRD 图
(a) 1:1;(b) 1:2;(c) 1:3;(d) 1:4。

图 5 – 65 为 GO 与 CuO 不同质量比时制得的 CuO/GO 的 SEM 照片。可以看出,GO 与 CuO 不同质量比时,GO 上负载的 CuO 粒子均呈针叶状,但粒径不同。当质量比为 1:1 时(图(a)),CuO 粒子长约 200 ~ 250nm,宽约 70 ~ 150nm,GO 片边缘粒子比较密集,中间比较疏散,分布不均匀,无团聚,但负载量很少;当质量比为1:2 时(图(b)),负载的 CuO 粒子长约 200 ~ 250nm,宽约 100 ~ 200nm,分布均匀,没有出现团聚现象,但负载量较少;当质量比为 1:3 时(图(c)),负载的 CuO 粒子长约 200 ~ 250nm,宽约 100 ~ 200nm,GO 边缘粒子分布很密集,分布较均匀,没有出现团聚现象,负载量较多;当质量比为 1:4 时(图(d)),负载的 CuO 粒子长约200 ~ 250nm,宽约 100 ~ 200nm,粒子很密集,负载量很多,出现部分团聚堆积。

可推测,当 GO 与 CuO 质量比为 1:1、1:2 和 1:3 时,随着质量比的增大,GO 负载 CuO 粒子的量增大。当 GO 与 CuO 质量比为 1:4 时,负载的 CuO 粒子出现团聚,这应该是石墨烯片负载达到饱和所导致。由此可得,GO 与负载 CuO 质量比为1:3 时最佳,分布均匀,无团聚,很好地镶嵌在 GO 表面上,平整覆盖整片 GO。

图 5 – 66 为不同浸渍温度时制得的 CuO/GO 的 XRD 图。可以看出,在70 ~ 85℃ 范围内制备的产物的特征衍射峰均为目标产物 CuO/GO。结果表明,所得产品是 CuO 和 GO 的复合体。在浸渍温度为 70℃、75℃ 和 80℃ 时,可看出特征峰的强度随浸渍温度增高而增强,这是因为 CuO 的负载量增加了。但是浸渍温度达到 85℃ 时,CuO 的特征峰稍微推迟出现了,第一个特征峰稍微降低了,但它的晶型未发生变化。

图 5 – 67 为不同的浸渍温度时制得的 CuO/GO 的 SEM 照片,4 种情况均是在质量比为 1:3,pH = 11.0 的相同条件,其中图(a)、(b)、(c)、(d)的浸渍温度分别为 70℃、75℃、80℃ 和 85℃。

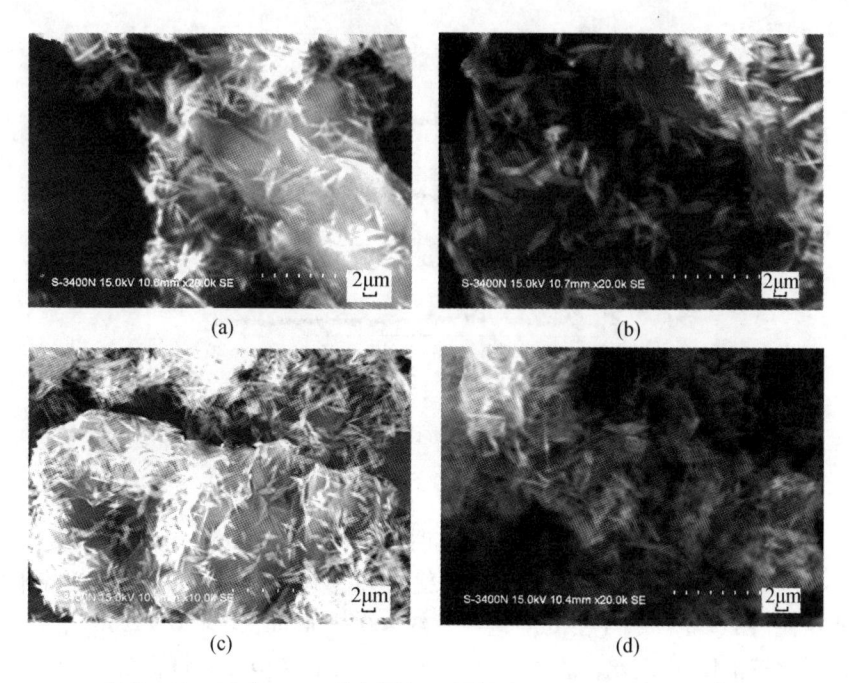

图 5 - 65　GO 与 CuO 不同质量比时制得的 CuO/GO 的 SEM 照片

(a) 1:1;(b) 1:2;(c) 1:3;(d) 1:4。

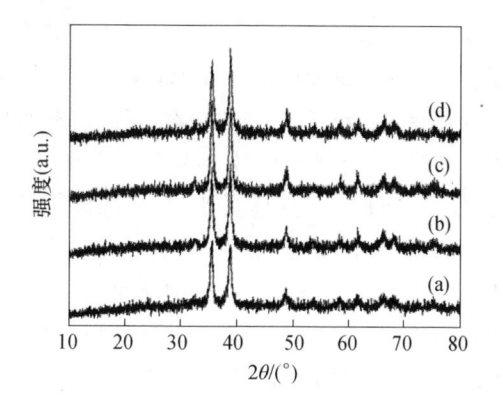

图 5 - 66　不同浸渍温度时制备的 CuO/GO 的 XRD 图

(a) 70℃;(b) 75℃;(c) 80℃;(d) 85℃。

可以看出,不同浸渍温度下制备的产物负载的 CuO 颗粒均为针叶状,但颗粒粒径和负载量不同。70℃制备的产物在 GO 的表面负载较多的颗粒,粒子长约 250 ~ 400nm,宽约 150 ~ 250nm,比较密集地附在表面上;75℃制备的产物有大量的颗粒很密集地覆盖在表面,分布较均匀,粒子长约 200 ~ 400nm,宽约 70

342

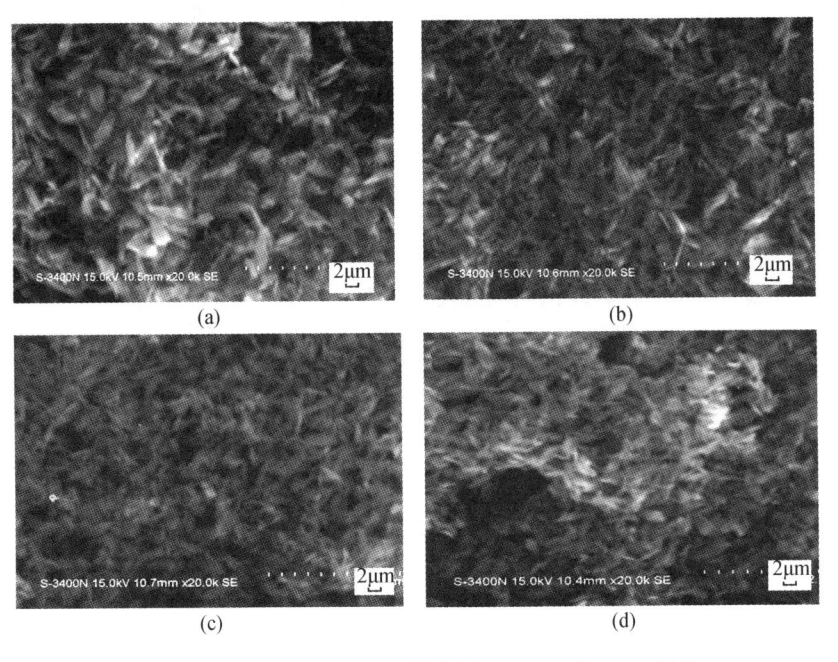

图 5 – 67　浸渍温度不同时制备的 CuO/GO 的 SEM 照片

(a) 70℃；(b) 75℃；(c) 80℃；(d) 85℃。

~200nm,但粒子间粒径相差较大;80℃制备的产物,大量的颗粒很密集地覆盖在表面,分布较均匀,粒子长约 200 ~ 300nm,宽约 70 ~ 150nm,粒子粒径相差不大;85℃制备的产物,可以看到有很多颗粒附在表面,使整个 GO 表面都是负载颗粒间有明显的团聚现象。

由此可见,复合物负载量随浸渍温度的升高而增加,85℃时粒子出现团聚现象。在浸渍温度 80℃时最佳,粒子分布均匀,无团聚,很好地镶嵌在 GO 表面上,平整覆盖整片 GO。

5.2.2.3　Bi_2O_3/GO

称取一定量的 GO 于烧杯中,加入适量的去离子水,超声 1h 后加入 5mL PEG – 400,搅拌均匀,然后加入硝酸铋溶液,超声分散 10 min 后,搅拌 2h;用 NaOH 溶液调节反应液 pH 值为 9.5,65℃下恒温反应 1h,抽滤,干燥,氮气保护下 400℃煅烧 2h,即得 Bi_2O_3/GO 复合催化剂。

Bi_2O_3/GO 的 SEM 和 TEM 照片如图 5 – 68 所示。由图 5 – 68(a)可知, Bi_2O_3 粒子均匀地负载在 GO 表面,分散效果很好;从图 5 – 68(b)可看出负载的 Bi_2O_3 粒子为椭球形,粒径约 15 ~ 70nm,平均粒径约 40nm。

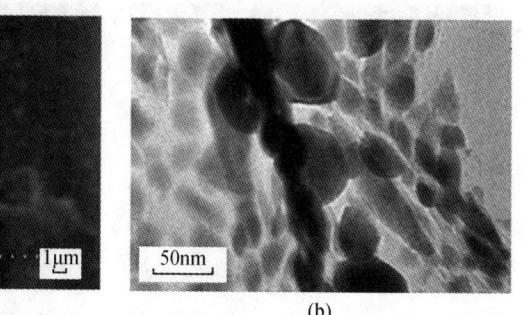

(a)   (b)

图 5-68　Bi_2O_3/GO 的 SEM 照片(a)和 TEM 照片(b)

Bi_2O_3/GO 的 XRD 图如图 5-69 所示。可以看出,在 2θ 为 27.857°,31.692°,32.167°,46.158°,46.916°,54.231°,55.439°,57.715°等处都出现了较强的特征衍射峰,与属于 Bi_2O_3 单斜晶系 PDF 标准卡上的特征衍射峰相符,这说明了氧化石墨烯上负载了 Bi_2O_3 粒子。

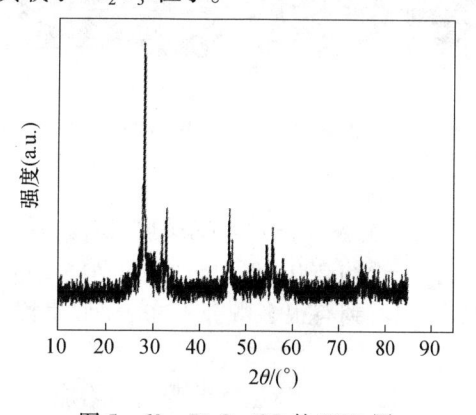

图 5-69　Bi_2O_3/GO 的 XRD 图

保持其他条件不变,分别选用 NaOH 和 $NH_3 \cdot H_2O$ 调节 pH 值,研究了不同碱液的选取对负载效果的影响,Bi_2O_3/GO 的 SEM 图如图 5-70 所示。图(a)为用 NaOH 调节 pH 得到的样品,氧化铋粒子呈球状,平均粒径约 40nm,分布均匀度较好,无团聚现象;图(b)为用 $NH_3 \cdot H_2O$ 调节 pH 得到的样品,与前一样品相似,氧化铋粒子呈球状,平均粒径约 40nm 左右,分布均匀度一般,GO 表面上负载量较少,效果较图(a)稍差。综上可知,选用 NaOH 调节 pH 较为合适。

1) GO 与 Bi_2O_3 不同配比对负载效果的影响

控制其他条件不变,仅改变 GO 与 Bi_2O_3 的质量配比分别为 1:2、1:3、1:4 和 1:5,观察氧化铋在 GO 表面的分布情况。粒径可参照图右下角,SEM 图如图 5-71所示。

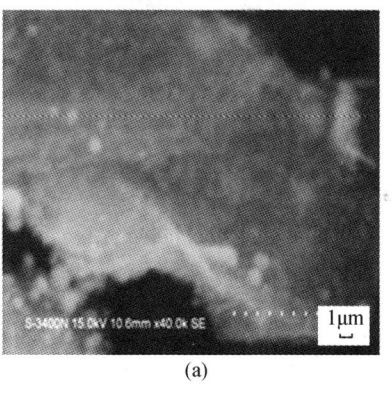

(a)　　　　　　　　　　　　　(b)

图 5 – 70　不同碱液制备的 Bi₂O₃/GO 的 SEM 图
(a) NaOH;(b) NH₃ · H₂O。

图 5 – 71(a)样品氧化石墨与氧化铋质量比 1∶2,氧化铋粒子呈球状,平均粒径约 40nm,粒径很小,分布均匀,无团聚,但是负载量较少;图 5 – 71(b)样品氧化石墨与氧化铋质量比 1∶3,与图 5 – 71(a)相比,粒子的分布明显增多,氧化铋粒子呈球状,平均粒径约 40nm,分布很均匀,GO 表面粒子负载密集,无团聚;图 5 – 71(c)样品氧化石墨与氧化铋质量比 1∶4,可见氧化铋粒子呈球状,粒径在 100 ~ 200nm,可见氧化铋粒子粒径大小不一,分布均匀度较差,出现了局部团聚;图 5 – 71(d)样品氧化石墨与氧化铋质量比 1∶5,与前一样品相似,氧化铋粒子呈球状,粒径约 80 ~ 300nm,氧化铋粒子分布很不均匀,团聚现象较前一样品还要明显,负载效果较差。

由此可得知,图 5 – 71(b)样品最好,氧化石墨与氧化铋质量比 1∶3,氧化铋粒子呈球状,粒径在 50nm 左右,分布均匀,GO 表面粒子负载密集,无团聚。

2)pH 对氧化铋负载效果的影响

图 5 – 72 为不同 pH 制备的 Bi₂O₃/GO 的 SEM 图。图 5 – 72(a)样品是 pH = 8.27时制得,GO 表面很平整,几乎没有氧化铋粒子吸附在上面;图 5 – 72(b)样品是 pH = 9.04 时制得,负载的粒子明显增多,氧化铋粒子呈球状,平均粒径约 40nm,分布均匀,无团聚,很好地负载在石墨烯表面,平整覆盖 GO;图 5 – 72(c)样品是 pH = 10.20 时制得,氧化铋粒子呈球状,粒径变化明显,粒径在 100 ~ 200nm,分布不均匀,团聚现象明显,覆盖效果较差;图 5 – 72(d)样品是 pH = 11.21 时制得,情况与前一样品相似,团聚现象更加明显,粒径较之前一样品增大,负载效果差。由此可见,控制 pH ≈ 9,制得的样品效果较好。

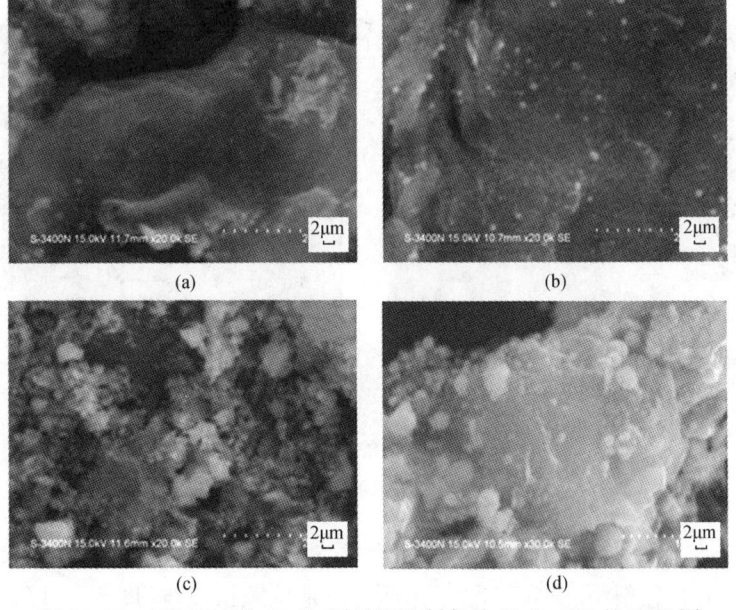

(a)

(b)

(c)

(d)

图 5 - 71　不同 GO 与 Bi_2O_3 质量配比制备的 Bi_2O_3/GO 的 SEM 图

（a）1:2；（b）1:3；（c）1:4；（d）1:5。

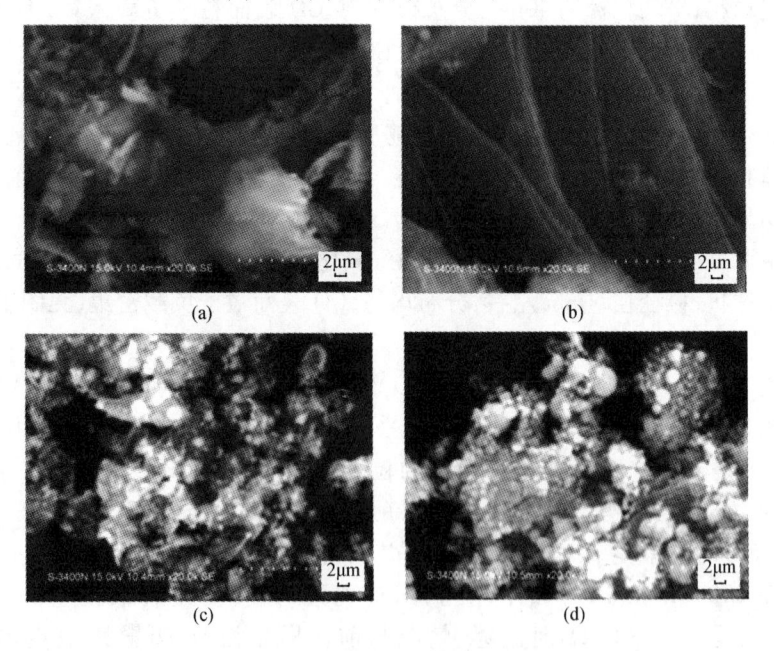

(a)

(b)

(c)

(d)

图 5 - 72　不同 pH 值制备的 Bi_2O_3/GO 的 SEM 图

（a）pH = 8.27；（b）pH = 9.04；（c）pH = 10.20；（d）pH = 11.21。

3) 煅烧温度对产物的影响

保持其他条件一致,样品的煅烧温度分别选为 300℃、350℃、400℃、450℃ 和 500℃,其 XRD 图及分析结果如图 5-73 所示。

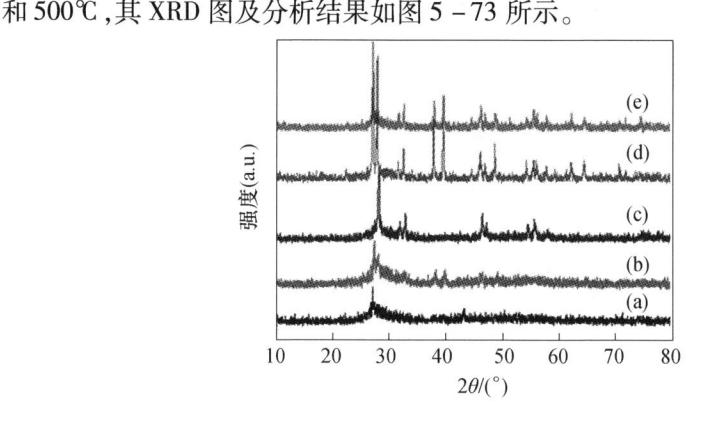

图 5-73 不同烧样温度的 XRD 图
(a) 300℃;(b) 350℃;(c) 400℃;(d) 450℃;(e) 500℃。

图 5-73 中,曲线(a)300℃煅烧,在 2θ 为 27.0130°、27.476°、33.347°和 46.493°等处出现较强的特征衍射峰,与属于 Bi_2O_3 单斜晶系 PDF 标准卡上的特征衍射峰相符,这说明 GO 上负载有单斜晶系的 Bi_2O_3 粒子。而在 27.165°、37.949°和 39.618°处出现衍射峰,与属于 Bi 六方晶系 PDF 标准卡上的特征衍射峰相符,说明 GO 上负载的 Bi_2O_3 经煅烧已经有小部分的 Bi_2O_3 被还原为六方晶型的 Bi 原子。但是煅烧的温度较低,被还原的 Bi_2O_3 的量不多。

图 5-73 中,曲线(b)350℃煅烧,情况与(a)相似,最大的不同是在 38.268°、39.855°等处出现较强的衍射峰,与属于 Bi 六方晶系 PDF 标准卡上的特征衍射峰相符,说明 GO 上负载的 Bi_2O_3 经灼烧已经有部分的 Bi_2O_3 被还原为六方晶型的 Bi 原子,被还原的 Bi_2O_3 的量较(a)多。

图 5-73 中,曲线(c),400℃煅烧,在 2θ 为 27.857°、31.692°、32.167°、46.158°、46.916°、54.231°、55.439°和 57.715°等处都出现了较强的特征衍射峰与属于 Bi_2O_3 单斜晶系 PDF 标准卡上的特征衍射峰相符,Bi 单质的衍射峰较弱或者说基本没有,这说明 400℃烧样时基本没有单质 Bi 存在。400℃煅烧得到的样品效果较好。

图 5-73 中,曲线(d),450℃煅烧,除了与 400℃煅烧一样,在 2θ 为 27.857°、31.692°、32.167°、46.158°、46.916°、54.231°、55.439°和 57.715°等处都出现了较强的特征衍射峰与属于 Bi_2O_3 单斜晶系 PDF 标准卡上的特征衍射峰相符外,在 27.165°、37.949°、39.618°、48.689°、59.324°、62.887°和 64.496°等

处出现 Bi 单质的衍射特征峰,且强度较强,峰型明显,说明有较多的 Bi_2O_3 被还原成了单质 Bi,这说明煅烧温度过高,应该降低煅烧温度。

图 5 – 73 中,曲线(e)与(d)相似,说明 500℃ 也不是理想的煅烧温度。

实验结果表明,最佳煅烧温度为 400℃。

5.2.2.4 PbO/GO

称取一定量的 GO 于烧杯中,加入蒸馏水,超声分散。加入乙酸铅溶液,搅拌 1h,静置 1h。然后,滴加适量的氨水调节 pH 值,继续搅拌 2h。静置,抽滤,洗涤,干燥。在氮气保护下在 300℃ 温度下煅烧 2h,即可制得 PbO/GO 复合粉体。

图 5 – 74 为 PbO/GO 复合物 SEM 图。从图中可看出有大量的类似"花瓣"状的薄层晶体附在 GO 表面,且分散情况很好,厚度为 20~30nm。

图 5 – 75 为 PbO/GO 复合物的 XRD 图。从图中可见在 2θ 为 29.02°、30.35°、32.64°、37.84°、45.09°、49.02°、50.77°、53.18°、55.98°、60.21°、62.97° 等处出现了较强的 PbO 的特征衍射峰,与 PbO 的 PDF 标准卡上的特征衍射峰完全吻合,说明产物为 PbO/GO 复合物。

为了更进一步的确定 PbO/GO 复合催化剂负载的成分,用 EDS 对样品成分进行分析(图略),可以看出,复合物由 C、O 和 Pb 三种元素组成,铅的比重最大,达到 68.55%;氧化铅中氧的原子百分比为 12.32%,其余 17.46% 的氧为 GO 中的含氧官能团如 – OH、– COOH 等的含量。在复合物中负载上去的氧化铅达到 73.79%。

图 5 – 74　PbO/GO 复合物 SEM 图 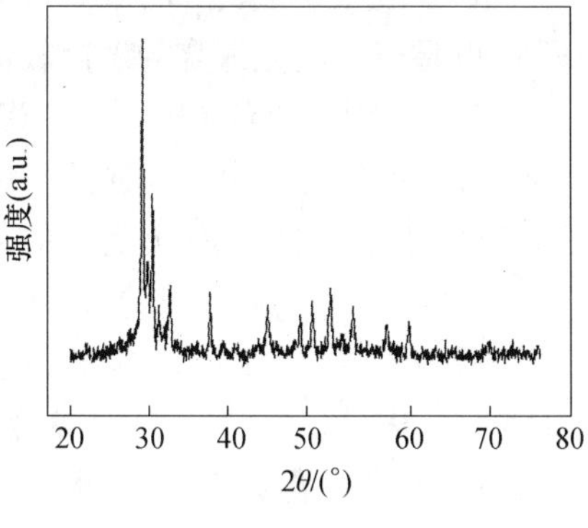　　　　图 5 – 75　PbO/GO 复合物的 XRD 图

图 5 – 76 为不同 Pb^{2+} 浓度的溶液制得的 PbO/GO 复合物 SEM 图。可以看出,浓度最低的图(a)中 GO 出现较为严重的团聚现象,而且表面粗糙几乎看不到有东西负载在上面;在图(b)的 SEM 图片里,可以看到有一些颗粒状的物质粘在 GO 的上面,粒径约 200nm,团聚现象比较严重,如果加入分散剂或许会缓解这种团

聚;图(c)的 SEM 图片出现了很大的变化,可以看到有大量的类似"花瓣"状的薄层晶体附在表面,且分散情况很好,厚度约 20～30nm,达到了纳米级的要求;图(d)为最高浓度的情况,对比图(c)可见,图(d)也可以见到薄层负载在表面,但是片状薄层的晶型没有图(c)表现得那么明显,片状的面也变得很宽。

图 5-76　不同 Pb^{2+} 浓度的溶液制得的 PbO/GO 复合物的 SEM 图
(a) 0.01mol/L;(b) 0.03mol/L;(c) 0.05mol/L;(d) 0.10mol/L。

结果表明,Pb^{2+} 的浓度对氧化铅/GO 的负载和晶核的生长产生很大的影响,Pb^{2+} 浓度为 0.05mol/L 时是最合适的,得到的复合物为纳米级片层催化剂,而且使 GO 对氧化铅的吸附趋于饱和,经对比 XRD 图也完全吻合,实现了效果最大化。低于此浓度将使负载量减少从而影响了催化剂的效果;高于此含量,会使片状晶面变宽,而且浪费原材料 Pb,废弃之后污染环境。

图 5-77 为不同 pH 值的溶液制得的 PbO/GO 复合物的 SEM 图。从图(a)中可以看出,在 GO 的表面已经负载了一些颗粒,但是负载量很少,颗粒是无定形的,而且团聚严重;图(b)中显示有一些呈球形的颗粒覆盖在表面,那些颗粒较大,粒径约 100～200nm;在图(c1)中,可见负载情况发生了很大的变化,显示在 GO 的表面负载有大量似"花瓣"的片状薄层晶体,且分散情况很好,厚度约 10～20nm,达到了纳米级的要求;图(c2)是对图(c1)的放大,以便更好地看清楚负载的情况,在更高的倍数下,电镜图中显示大量的片状薄层无序地依附在一

起,薄层厚度为纳米级,片状接近为二维晶体;和图(c)对比,图(d)没有发生很大的变化,负载情况没有发生质的变化;图(e)的变化较为明显,虽然也可以看到片状薄层,但是很明显在表面上很难看到有依附物的存在,可见薄层为载体GO,表面只有少量负载。

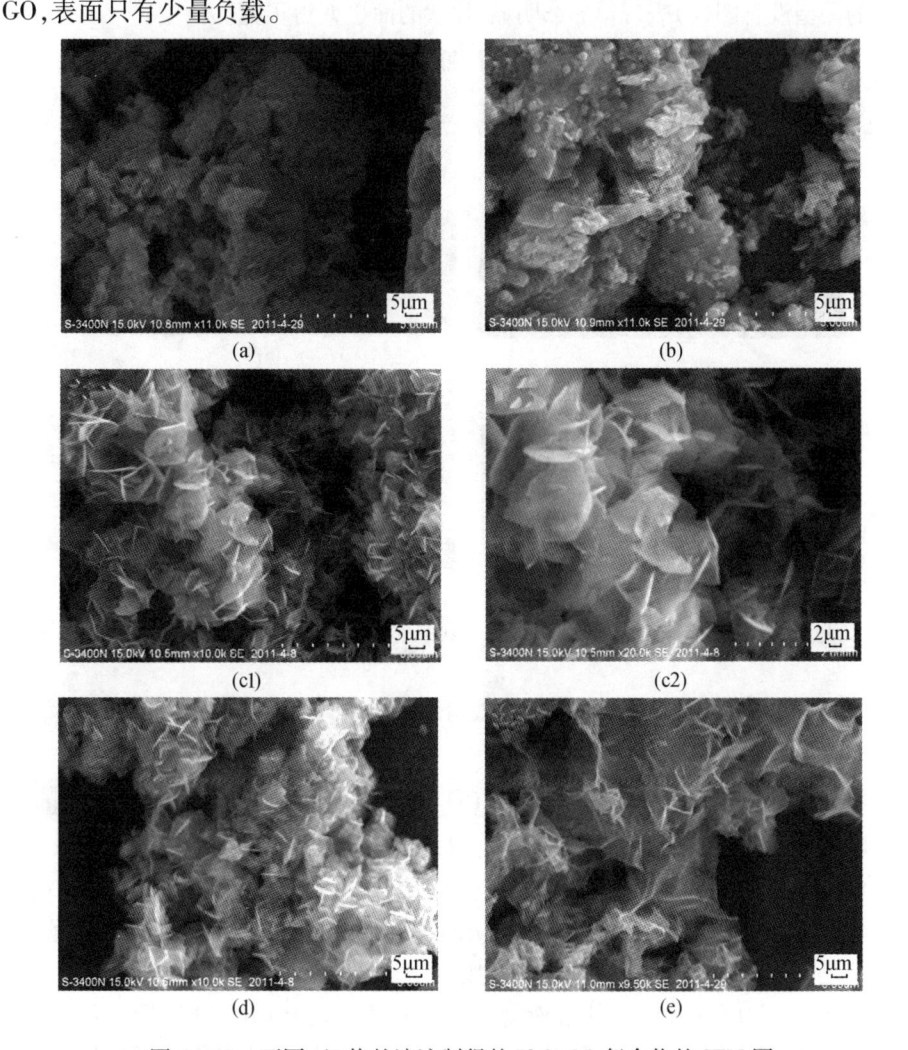

图 5-77　不同 pH 值的溶液制得的 PbO/GO 复合物的 SEM 图
(a) pH = 8.5;(b) pH = 9.0;(c1),(c2) pH = 9.5;(d) pH = 10.0;(e) pH = 10.5。

　　从结果可知,当溶液的 pH = 9.5～10.0 时,可以获得较佳的负载效果。另外,从上述 SEM 图中 GO 颗粒形状大小的变化情况来推测,负载颗粒的形状可能与溶液的 pH 值有关,其中原因有待进一步的探究。

图 5-78 为不同浸渍温度制备的 PbO/GO 复合物的 SEM 图。从图(a)中可以看出,在 GO 的表面负载了一些颗粒,颗粒为小球状,粒径约为 100nm;图(b)中显示有较多的物质覆盖在表面,近视呈现薄片状,厚度约 100nm 以下,负载效果较佳;在图(c)中,可以看到有很多小球状颗粒附在表面,粒径约 200nm;而图(d)同样有很多物质在表面,只是团聚现象更为严重,粒径均约 500nm以上。

(a)   (b)

(c)   (d)

图 5-78 不同浸渍温度制备的 PbO/GO 复合物的 SEM 图
(a) 15℃;(b) 25℃;(c) 35℃;(d) 45℃。

综上分析,可以看出,温度对浸渍法制备复合催化剂的负载量和晶粒打下影响是很大的,在较低的温度下有利于形成小颗粒的晶型,但是温度过低将会使负载的量减少。随着温度的升高,晶粒增大,而且 XRD 图也会出现特征峰变宽的情况。因此,为了得到效果最好的纳米级复合物,浸渍温度最好控制在 20~25℃。

5.2.2.5 CuO·Bi$_2$O$_3$/GO

称取化学计量的五水硝酸铋和三水硝酸铜于圆底烧瓶中,加入稀硝酸,超声溶解。称取一定量的氧化石墨粉末于烧杯中,加入去离子水中,超声 1h 分散均匀,加入适量的表面活性剂聚乙二醇 - 400,搅拌混合均匀。加入硝酸铋和硝酸混合溶液,室温下搅拌 1h;滴加稀的氢氧化钠溶液,调至 pH 值至 11,在室温下继续搅拌 1 小时;然后在 65℃ 下恒温搅拌 30min。抽滤、洗涤,干燥、研磨;在氮气保护下,250℃ 煅烧 2h,即可制得 $CuO \cdot Bi_2O_3/GO$ 复合催化剂。

图 5 - 79 是氧化石墨(a)及 $CuO \cdot Bi_2O_3/GO$(b)的 XRD 图。曲线(b)在 2θ 为 27.954°、32.687°、46.215°、46.900°、54.265°、55.481° 和 57.752° 位置出现特征衍射峰,与单斜晶系 Bi_2O_3 标准谱图(PDF 卡片 65 - 1209)一致。在 2θ 值为 35.543° 和 38.708° 处出现衍射峰,与立方晶系 CuO 标准谱图(PDF 卡片 48 - 1548)吻合,表明负载负载在石墨烯表面的是 CuO 和 Bi_2O_3。另外,原氧化石墨在 11.6° 位置的特征峰消失,说明经过负载 $CuO \cdot Bi_2O_3$ 后,GO 被剥离,其晶型被破坏,说明所制得产品为 $CuO \cdot Bi_2O_3/GO$。

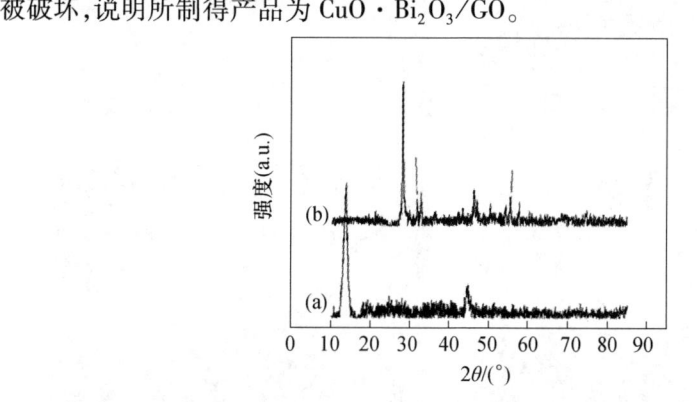

图 5 - 79　GO(a)和 $CuO \cdot Bi_2O_3/GO$(b)的 XRD 图

图 5 - 80(a)和(b)分别为 $CuO \cdot Bi_2O_3/GO$ 的 SEM 和 TEM 照片。从图(a)可清晰看到,氧化石墨烯两片错开的、边沿轮廓相近的 $CuO \cdot Bi_2O_3/GO$ 片,表明经负载后,氧化石墨烯更容易被剥离;图中显示氧化石墨烯片上负载的氧化物颗粒粒径分布均匀,平均粒径直径约 40nm,均匀分散在氧化石墨烯的表面或层间,排布较为紧密。图(b)为 $CuO \cdot Bi_2O_3/GO$ 的 TEM 照片,图中更清晰地显示了样品中负载颗粒的形貌,其中颗粒为球形,粒径约 20~50nm,排列紧密。

采用 EDS 对 $CuO \cdot Bi_2O_3/GO$ 的组成成分进行分析(图略),由图可知,样品仅含 C、O、Cu、Bi 四种元素。

图 5 - 81 为氧化石墨(a)、未经煅烧的前驱体(b)及 $CuO \cdot Bi_2O_3/GO$(c)的氮氛 TG 图。负载量设计值为 $m(GO):m(CuO):m(Bi_2O_3) = 1:0.75:2.25$。可以看出,曲线(b)、(c)从温度为 450℃ 位置开始,质量变化曲线基本为平台,表明成分已趋于稳定;残留质量百分数分别为:曲线(b)残留 68.3%,曲线(c)残留 77.5%,曲线(c)的残留质量略大于曲线(b)的,差值质量部分主要由负载产

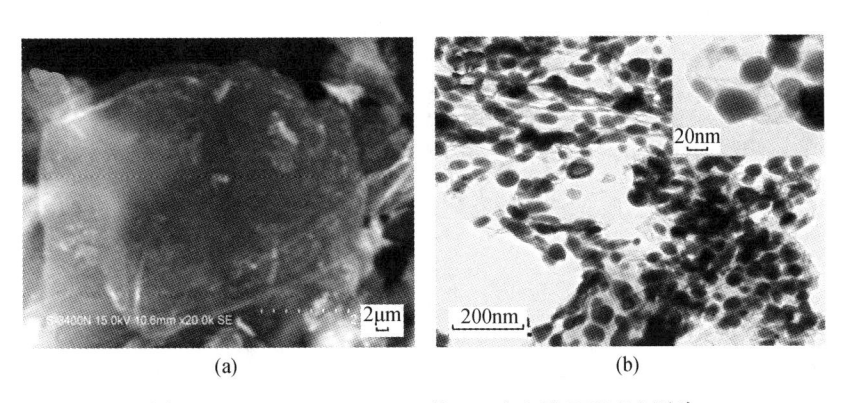

(a)   (b)

图 5-80   CuO·Bi₂O₃/GO 的 SEM(a)及 TEM(b)照片

品高温煅烧过程中,脱去的表面、层间吸附水,金属氢氧化物转化为氧化物时脱去的水的质量,氧化石墨烯部分官能团消去等构成。曲线(a)氧化石墨残留质量百分数为33.2%。综合分析得到,CuO·Bi₂O₃/GO 产品中:GO 与(CuO·Bi₂O₃)质量比约为1:3,符合原料添加值,金属原子基本负载转移到复合催化剂中。

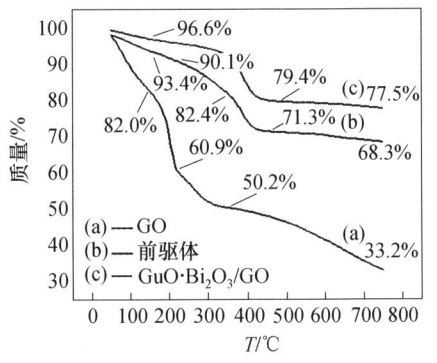

图 5-81   氧化石墨(a)、前驱体(b)及 CuO·Bi₂O₃/GO(c)氮氛 TG 图

调节液相化学沉积 pH 值分别为8.5、9.5、10.5、11.5 和12.5,研究了 pH 值对负载效果的影响。所制得的产品采用 SEM 进行分析,结果见图5-82。

图5-82(a)对应 pH=8.5,图中氧化石墨烯片上金属氢氧化物负载量少,颗粒粒径小,平均粒径约20nm。图(b)对应 pH=9.5,氧化石墨烯片上负载颗粒分散均匀,排布稀疏,颗粒平均粒径约40nm。图(c)对应 pH=10.5,此条件下氧化石墨烯片上负载氧化物颗粒较多,分散均匀,排布密集,颗粒粒径分布均匀,颗粒粒径约40nm。图(d)、(e)分别对应 pH=11.5、12.5。两图中,均出现负载颗粒团聚现象;图(d)中,部分负载颗粒粒径达300nm,图(e)中,部分负载颗粒粒径达400nm,且 pH=12.5 条件下,产品中较大负载颗粒比 pH=11.5 制得产品

353

中较大负载颗粒数量多。综合分析结果,最佳 pH 值为 10.5。

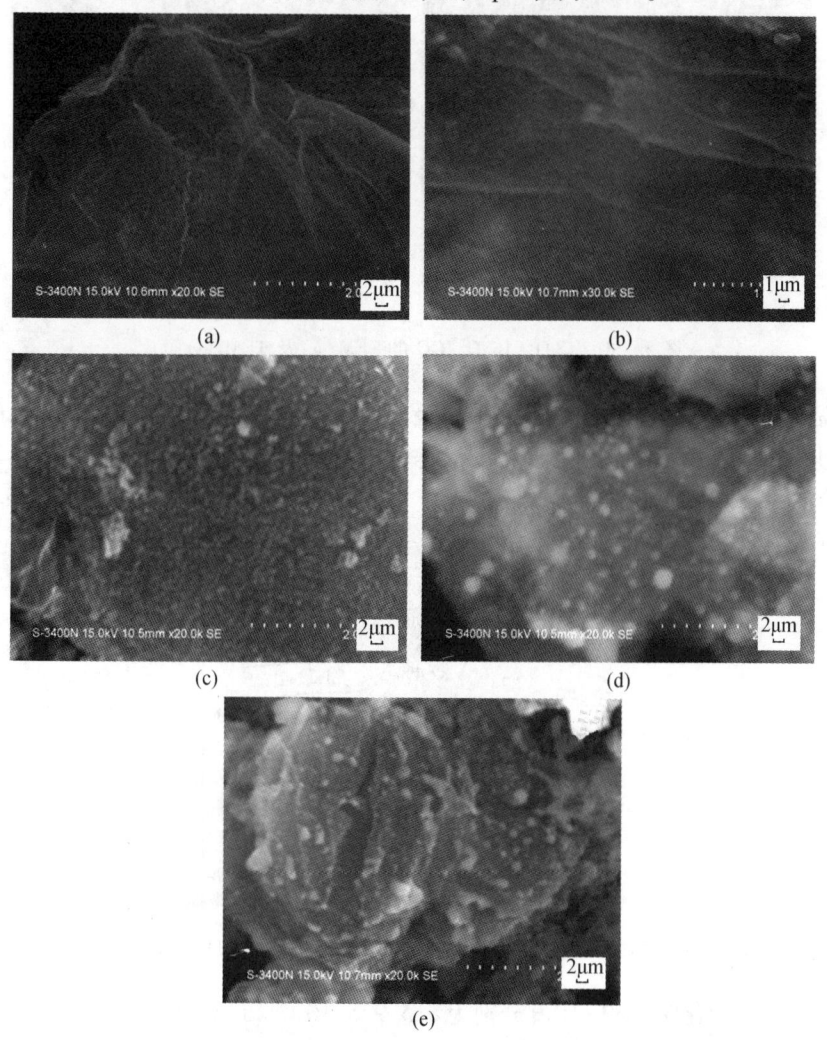

图 5 - 82　不同 pH 值条件制得 CuO · Bi$_2$O$_3$/GO 的 SEM 照片

(a) pH = 8.5;(b) pH = 9.5;(c) pH = 10.5;(d) pH = 11.5;(e) pH = 12.5。

在不改变其他反应条件的前提下,通过改变煅烧温度研究了温度对负载效果的影响。控制煅烧温度分别为 200℃、250℃、300℃、350℃和 400℃。所制得的产物采用 XRD 进行分析,结果见图 5 - 83。

图 5 - 83(a)为 200℃高温煅烧产品的 XRD 强度曲线。由图可知,在 2θ 值为 35.543°、38.708°处出现特征衍射峰,与立方晶系 CuO(PDF 卡片 48 - 1548)吻合,表明负载的铜氢氧化物已经分解成为 CuO。但是该图中未见任何铋化合

354

物及金属铋的特征峰出现,说明该温度下铋的氢氧化物仍未分解。

图5-83(b)为250°C高温煅烧产品的XRD强度曲线。在2θ值为27.954°、32.687°、46.215°、46.900°、54.265°、55.481°和57.752°位置出现明显特征峰,与单斜晶系Bi₂O₃标准谱图(PDF No.65-1209)一致;在2θ分别为35.543°、38.708°处出现特征衍射峰,与立方晶系CuO(PDF No.48-1548)一致。说明该温度下,煅烧产品为CuO·Bi₂O₃/GO。

图5-83(c)为300℃煅烧制得产品的XRD强度曲线,Bi₂O₃特征衍射峰宽而弥散,表明产物中Bi₂O₃结晶度差;图中并无CuO特征峰,CuO已分解为Cu₂O及Cu。图5-83(d)、(e)中铜元素均只以铜单质形式存在,证明煅烧温度过高。

综上所述,最佳煅烧温度为250℃。

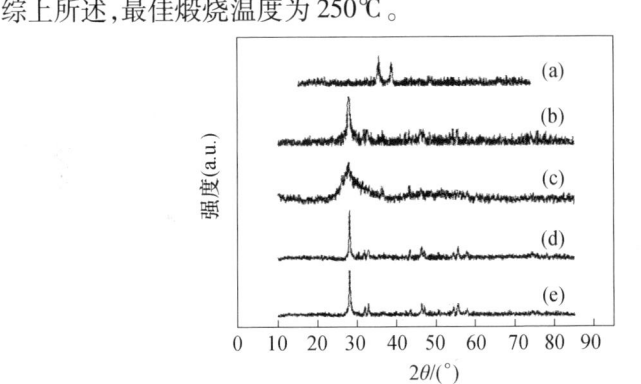

图5-83　不同煅烧温度制备的CuO·Bi₂O₃/GO的XRD图

(a)200℃;(b)250℃;(c)300℃;(d)350℃;(e)400℃。

5.2.2.6　Cu₂O·PbO/GO

取一定量的硝酸铅、硝酸铜加入蒸馏水,滴入几滴硝酸酸化,搅拌溶解。称取一定量的氧化石墨粉末于烧杯中,加入蒸馏水,超声1h,加入PEG-400,搅拌10min,使其分散均匀。室温下,在磁力搅拌下缓慢加入硝酸铅和硝酸铜的混合溶液,然后搅拌1.5h,静置2h。滴加5%NaOH调节pH值,继续搅拌1.5h,再加热搅拌1h,静置约1h后,抽滤、洗涤、烘干。在氮气保护下300℃温度下煅烧2h,即可制得CuO·PbO/石墨烯复合粉体催化剂。

图5-84是Cu₂O·PbO/GO复合催化剂的XRD图。图中2θ为28.633°、31.831°、48.595°及54.757°出现衍射峰,其对应的晶面指数分别为(101)、(110)、(112)及(211),这与四方晶系PbO标准谱图(PDF No.05-0561)一致。而2θ为36.358°、42.237°、61.284°及73.466°出现衍射峰,其对应的晶面指数分别为(111)、(200)、(220)及(311),这与标准立方晶系Cu₂O标准谱图(PDF No.

05 - 0667）一致。结果表明,所得产品是 PbO、Cu₂O 和氧化石墨烯的复合体。

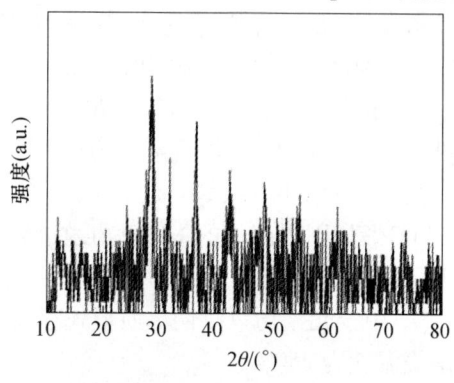

图 5 - 84　Cu₂O·PbO/GO 复合催化剂 XRD 图

　　图 5 - 85 为 Cu₂O·PbO/GO 复合催化剂的 SEM 和 TEM 照片,从图中可以看到 PbO 与 Cu₂O 在氧化石墨烯表面的负载情况。图(a)为产物的 SEM 图,可以看出负载物均匀分散在氧化石墨烯表面,颗粒很小且呈球状;图(b)为产物的 TEM 照片,从图中可以更清晰地看出负载物的颗粒形貌,颗粒为球形,均匀负载在氧化石墨烯的表面,颗粒粒径约 40nm。

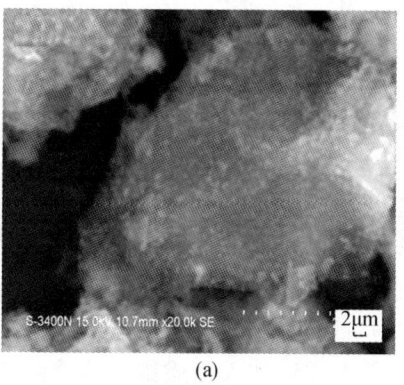

(a)

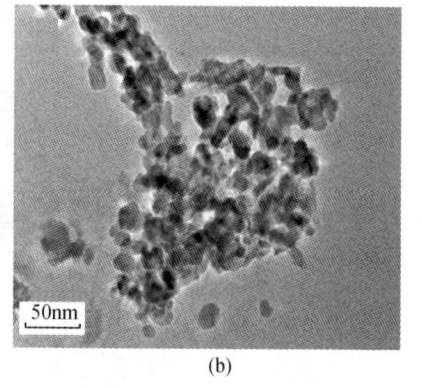

(b)

图 5 - 85　Cu₂O·PbO/GO 的 SEM 和 TEM 照片

　　为了更进一步确定 Cu₂O·PbO/GO 复合催化剂负载的成分,用 EDS 对样品成分进行分析(图略)。从 EDS 分析可知产物仅含有 C、O、Cu 和 Pb 四种元素,其中铅的质量比是最大的,达到 51.59%;因为 PbO 中 Pb 和 O 的原子比为 1:1,所以氧化铅中含有氧的原子百分比也为 8.90,铜的质量是 17.22%;因为 Cu₂O 中 Cu 和 O 的原子比为 2:1,所以氧化铜中含有氧的原子百分比也为 9.68,其余 15.61% 的氧为氧化石墨烯中的含氧官能团如—OH、—COOH 等的含量;显然,在复合物中负载上去的氧化铅和氧化铜对氧化石墨烯的质量比可以达到3.24%,有丰富的氧化铅负载在氧化石墨烯上。

在不改变其他反应条件的前提下,通过改变 GO 与 $Cu_2O \cdot PbO$ 的质量比来探索对负载效果的影响。质量比分别为 1:1、1:2、1:3、1:4 和 1:5,制备得到 5 种产品,采用 XRD 与 SEM 进行分析表征。

图 5 - 86 为 GO 与 $CuO_2 \cdot PbO$ 不同质量比所制备的产物的 SEM 照片。可

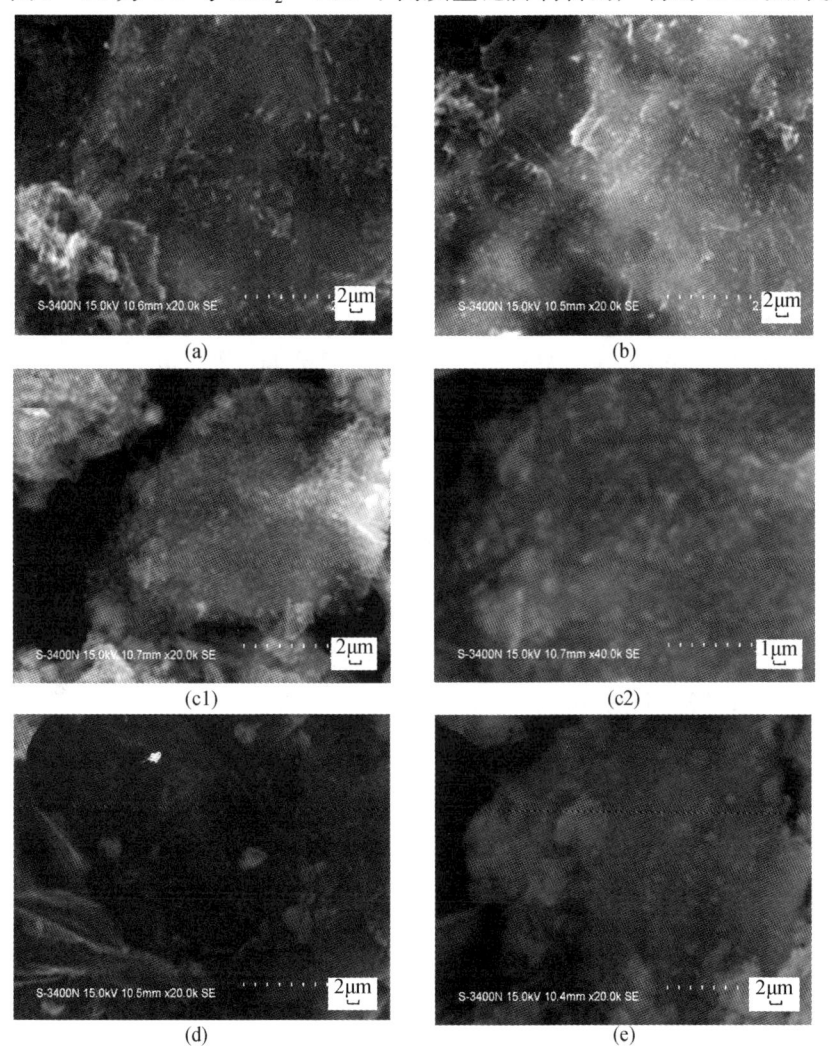

图 5 - 86　不同 GO 与 $Cu_2O \cdot PbO$ 质量比制得的 $Cu_2O \cdot PbO/GO$ 复合物 SEM 照片
(a) 1:1;(b) 1:2;(c1),(c2) 1:3;(d) 1:4;(e) 1:5。

以看出,质量比为 1:1 的产物中氧化石墨烯负载的颗粒较少,而且分布很疏松;质量比为 1:2 的产物中可以看到有一些颗粒状的物质粘在氧化石墨烯的上面负载量明显比 1:1 的多,但分布还是很疏松,粒径约 100nm。质量比为 1:3 的产物出现了很大的变化,可以看到有大量颗粒状的物质负载在氧化石墨烯的表面,且分散均匀,图(c1)中可以看出颗粒粒径约 50nm。质量比为 1:4 的产物氧化石墨烯的表面负载量也较大,但与图(c)相比分布不均匀且有部分颗粒团聚。质量比为 1:5 的产物中可以明显看出,由于质量比增大,大量颗粒负载在氧化石墨烯表面,尤其是氧化石墨烯层与层叠加在一起,导致类似图中的团聚现象。

由此可见,随着 GO 与 $Cu_2O \cdot PbO$ 质量比的减小,负载物的量随之增加。

图 5-87 为不同 pH 值的溶液制得的 $Cu_2O \cdot PbO/GO$ 复合物的 SEM 照片。从图(a)可以看出,在氧化石墨烯的表面已经负载了一些颗粒,但是负载量很少,颗粒是无定形的;图(b)中显示有一些呈球形的颗粒覆盖在表面,这些颗粒较大,粒径约 100~200nm,且分布不均;在图(c)中,可见负载情况发生了很大的变化,显示在氧化石墨烯的表面负载有大量呈球形的颗粒晶体,且分散情况很好,粒径约 50~60nm,达到了纳米级的要求;图(d)与图(c)相似,氧化石墨烯上有大量负载,分布均匀,粒径约 60nm,但个别的也达到 100nm。图(e)中负载情况也较为均匀,没有太大的差别,但是由于氧化石墨烯层与层重叠在一起,导致部分区域有类似颗粒团聚的现象。图(f)的变化与图(e)相似,虽然也可以看到有大量的颗粒负载上,但是也是氧化石墨烯层重叠,负载物都重叠在一起,呈现大面积的团聚现象。

由此可见,在溶液 pH=8.0~10.5,复合物的负载量是随着 pH 值的增大而增加的。在 pH 值较低时,由于 Pb、Cu 不能完全沉淀,所以负载量小;随着 pH 值增大,Pb、Cu 才达到充分沉淀。

图 5-88 是溶液 pH=8.0、8.5、9.0、9.5、10.0 及 10.5 时制得的 GO 复合物的 XRD 图,复合催化剂中 2θ 为 28.633° 及 31.831° 出现衍射峰,其对应的晶面指数分别为(101)及(110)这与四方晶系 PbO 标准谱图(PDF No.05-0561)一致。而 2θ 为 36.358° 及 42.237° 出现衍射峰,其对应的晶面指数分别为(111)及(200),这与标准立方晶系 Cu_2O 标准谱图(PDF No.05-0667)一致。结果表明,所得产品是 PbO、Cu_2O 和氧化石墨烯的复合体。同时特征峰的强度随 pH 值的增大而增强,这是因为 pH 增大导致 Pb、Cu 充分沉淀,PbO、Cu_2O 负载量增加。

在不改变其他反应条件的前提下,通过改变煅烧温度研究了温度对负载效果的影响。煅烧温度分别为 250℃、300℃、350℃、400℃ 和 450℃,制备得到 5 种产品,采用 XRD 进行分析表征。

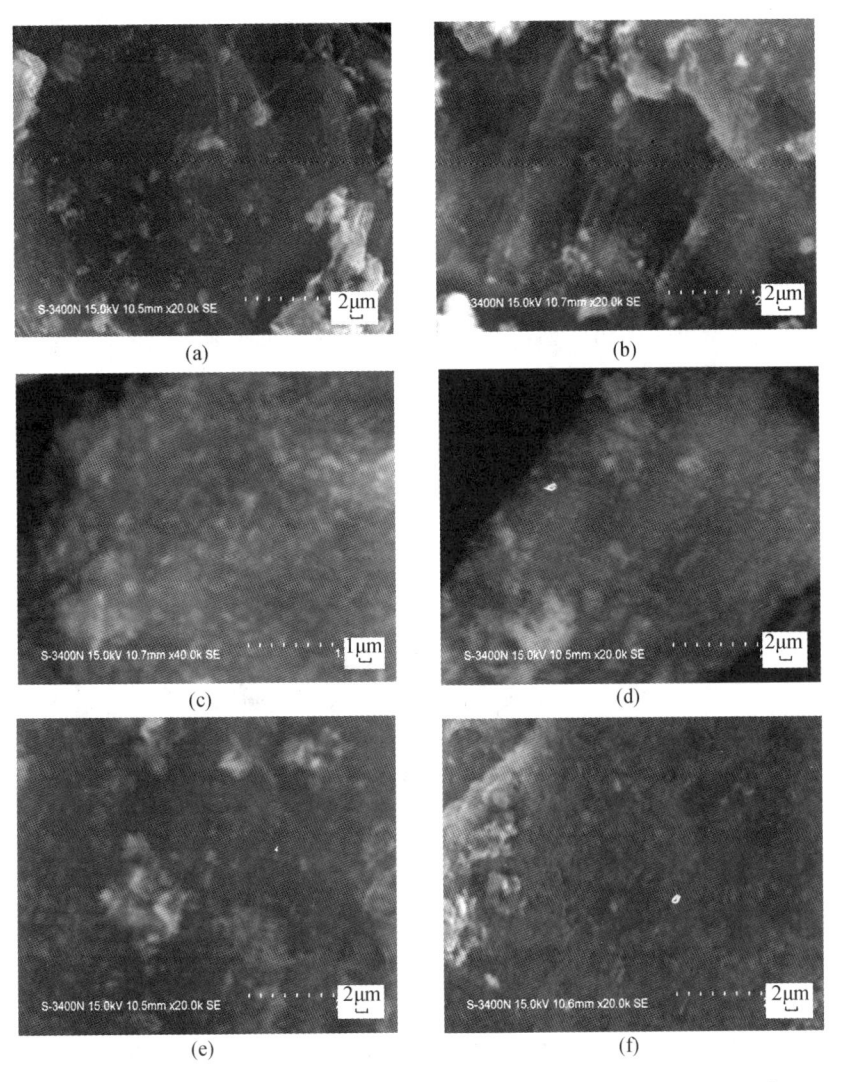

图 5 - 87 不同 pH 值的溶液制得的 $Cu_2O \cdot PbO/GO$ 复合物的 SEM 照片

(a) pH = 8.0;(b) pH = 8.5;(c) pH = 9.0;(d) pH = 9.5;(e) pH = 10.0;(f) pH = 10.5。

图 5 - 89 为不同煅烧温度制备的产物的 XRD 图, 曲线(a) 为煅烧温度 250℃ 时得到产物的强度曲线, 2θ 为 36.358° 及 42.237° 出现了不强的衍射峰, 与标准立方晶系 Cu_2O 标准谱图(PDF No.05 - 0667)一致, 说明有 Cu_2O 生成。可是 PbO 的特征峰没有显示出来, 说明在该煅烧温度下没有形成 PbO。曲线(b) 为煅烧温度 300℃ 时得到产物的强度曲线, 在 2θ 为 28.633° 及 31.831° 出现衍射峰, 其对应的晶面指数分别为(101) 及(110), 这与四方晶系 PbO 标准谱图(PDF

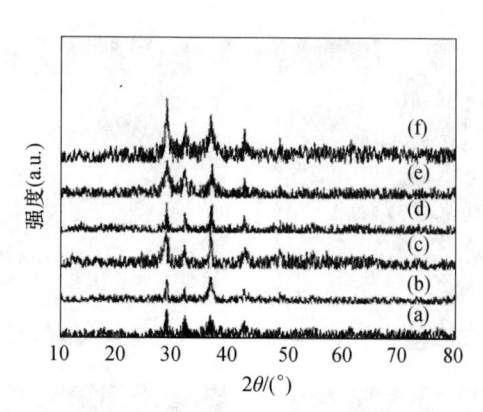

图5-88　不同 pH 值的溶液制得的 $Cu_2O \cdot PbO/GO$ 复合物的 XRD 图

（a）pH＝8.0;（b）pH＝8.5;（c）pH＝9.0;（d）pH＝9.5;（e）pH＝10.0;（f）pH＝10.5。

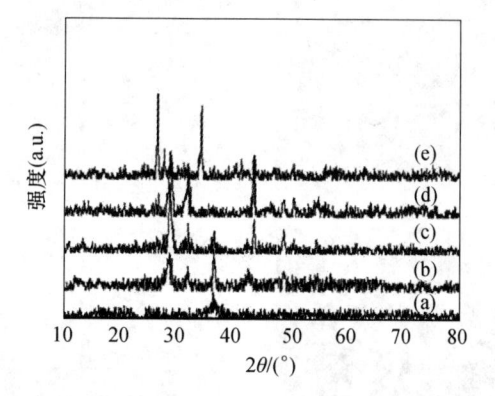

图5-89　不同煅烧温度制备的 $Cu_2O \cdot PbO/GO$ 的 XRD 图

（a）250℃;（b）300℃;（c）350℃;（d）400℃;（e）450℃。

No.05-0561)一致,说明该煅烧温度下已经形成了 PbO。同时 Cu_2O 的特征衍射峰依然存在并且增强。曲线(c)为煅烧温度350℃时得到产物的强度曲线。而 2θ 为 43.297°及 0.433°出现衍射峰,其对应的晶面指数分别为(111)及(200),这与 Cu 单质标准谱图(PDF No.04-0836)一致,说明在该煅烧温度下 Cu_2O 被氧化石墨烯的碳还原出 Cu 单质。曲线(c)与曲线(b)相比,PbO 的特征峰增强了,但 Cu_2O 的特征峰减弱了。曲线(d)为煅烧温度400℃时得到产物的强度曲线。PbO 的特征峰还在,而 Cu_2O 的特征峰很弱,同时 Cu 单质特征峰增强。曲线(e)为煅烧温度450℃时得到产物的 XRD 图。则 PbO、Cu_2O 的特征峰消失了,Cu 单质特征峰还在,在 2θ 为 26.346°及 34.034°出现衍射峰,其对应的晶面指数分别为(211)及(202),这与 Pb_3O_4 标准谱图(PDF No.08-0019)一致。因此,为了得到 PbO、Cu_2O 复合物同时保证 Cu_2O 不会被还原,应选择煅烧温度为 300℃。

5.3　轻质碳材料负载型燃烧催化剂的应用及其作用效果

5.3.1　碳纳米管负载型催化剂

本节系统地对比研究了所制备的部分碳纳米管负载型催化剂对双基推进剂和 RDX - CMDB 推进剂燃烧性能的影响。

5.3.1.1　试样组成及制备

所选用的双基推进剂和 RDX - CMDB 推进剂的基础配方与 4.5.1.1 节"纳米金属氧化物(一元)催化剂试样组成"相同。药料按 500g 配料,催化剂添加量为外加量,双基推进剂和 RDX - CMDB 推进剂外加的催化剂如表 5 - 5 所示。采用常规无溶剂压伸成型工艺制得推进剂药条。采用靶线法测定燃速。

表 5 - 5　推进剂用催化剂及含量

双基推进剂			RDX - CMDB 推进剂		
试样编号	催化剂/%		试样编号	催化剂/%	
1	—	0	MB0801	—	0
2	CuO/CNT	2.5	MB0814	$Bi_2O_3 \cdot SnO_2$/CNT	3.4
3	Bi_2O_3/CNT	2.5	MB0815	$CuO \cdot PbO$/CNT	3.4
4	Pb/CNT	2.5	MB0816	$Cu_2O \cdot Bi_2O_3$/CNT	3.4
5	NiB/CNT	2.5	MB0817	$CuO \cdot SnO_2$/CNT	3.4
6	NiPd/CNT	2.5	MB0818	$NiO \cdot SnO_2$/CNT	3.4

5.3.1.2　碳纳米管负载型催化剂对双基推进剂燃烧性能的影响

将 CuO/CNT、Bi_2O_3/CNT、Pb/CNT、NiB/CNT 和 NiPd/CNT 等 5 种碳纳米管负载型催化剂应用于双基推进剂中,测试了推进剂的燃速,计算了压力指数,数据如表 5 - 6 所示。

结果表明,5 种催化剂皆能提高推进剂的燃速。比较 6MPa 时的燃速,可以发现,加入 CuO/CNT 催化剂后,推进剂的燃速提高幅度最大,从 5.20mm/s 提高到 11.17mm/s,提高了 114.8%。除 NiB/CNT 外,其余催化剂同时还能改善推进剂的燃烧性能,使推进剂在低压下的燃速显著提高,随着压力升高,推进剂提高幅度变小。6 ~ 22MPa 范围内,CuO/CNT、Bi_2O_3/CNT、NiPd/CNT 催化剂分别使压力指数从 0.68 降低到 0.48、0.53 和 0.55,其中 CuO/CNT 催化效果最为显著,压力指数降低了 31%，并且 16 ~ 22MPa 范围内出现近似"平台"效应。可见，除 NiB/CNT 外，其余催化剂对推进剂燃烧具有优良催化作用，并且以 CuO/CNT 催化剂为最佳。

表 5 - 6 双基推进剂的燃速和压力指数

试样编号	不同压力(MPa)下推进剂的燃速 u/(mm/s)											n
	2	4	6	8	10	12	14	16	18	20	22	(6 ~ 22MPa)
1	2.15	3.19	5.20	6.49	7.81	8.99	9.77	10.30	11.22	12.24	13.23	0.70
2	2.76	6.13	11.17	13.43	15.42	16.69	17.76	19.29	19.82	20.49	20.75	0.48
3	3.43	6.27	8.05	9.38	10.66	11.74	12.77	13.81	14.56	15.21	15.85	0.53
4	3.10	5.84	7.79	9.21	10.25	11.51	12.62	13.70	14.81	15.76	16.56	0.59
5	2.18	4.10	5.66	6.99	8.83	10.23	11.51	12.54	13.74	14.82	15.84	0.80
6	3.90	6.22	7.76	9.09	10.32	11.66	12.63	13.68	14.37	15.04	15.71	0.55

5.3.1.3 碳纳米管负载型催化剂对 RDX - CMDB 推进剂燃烧性能的影响

将 $Bi_2O_3 \cdot SnO_2/CNT$、$CuO \cdot PbO/CNT$、$Cu_2O \cdot Bi_2O_3/CNT$、$CuO \cdot SnO_2/CNT$ 和 $NiO \cdot SnO_2/CNT$ 等 5 种碳纳米管复合催化剂应用到 RDX - CMDB 推进剂中，测试了推进剂的燃速，计算了压力指数，分别如图 5 - 90 和表 5 - 7 所示。

结果表明，5 种催化剂都能够不同程度地提高该推进剂的燃速，尤其是 $CuO \cdot PbO/CNT$，它能够使推进剂燃速提高 1 倍左右，压力指数降低 50%（0.40 左右）。

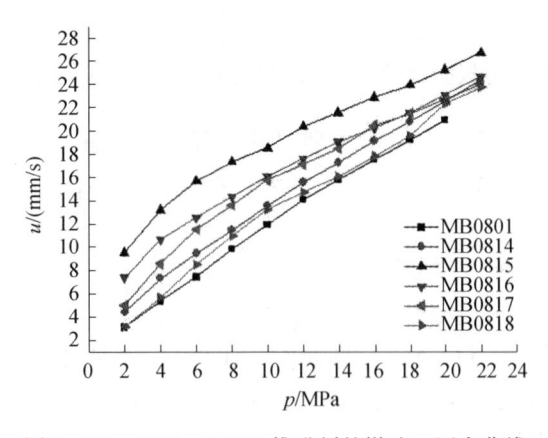

图 5 - 90 RDX - CMDB 推进剂的燃速 - 压力曲线

表 5 - 7　RDX - CMDB 推进剂的压力指数

试样编号	n（2 ~ 22MPa）	n(6 ~ 22MPa)
MB0801	0.84	0.85
MB0814	0.71	0.73
MB0815	0.42	0.41
MB0816	0.49	0.51
MB0817	0.64	0.56
MB0818	0.83	0.77

5.3.2　石墨烯负载型催化剂

本节系统地对比研究了所制备的 5 种石墨烯负载型催化剂对双基推进剂和 RDX - CMDB 推进剂燃烧性能的影响。

5.3.2.1　试样组成及制备

所选用的双基推进剂和 RDX - CMDB 推进剂的基础配方与 4.5.1.1 节"纳米金属氧化物(一元)催化剂试样组成"相同。药料按 500 g 配料,催化剂添加量为外加量,双基推进剂和 RDX - CMDB 推进剂外加的催化剂如表 5 - 8 所示。采用常规无溶剂压伸成型工艺制得推进剂药条。采用靶线法测定燃速。

表 5 - 8　推进剂用催化剂及含量

双基推进剂			RDX - CMDB 推进剂		
试样编号	催化剂/%		试样编号	催化剂/%	
D01	—	0	R01	—	0
D02	CuO/GO	3.0	R02	CuO/GO	3.0
D03	Bi_2O_3/GO	3.0	R03	Bi_2O_3/ GO	3.0
D04	PbO/GO	3.0	R04	PbO/GO	3.0
D05	$Cu_2O \cdot PbO$/GO	3.0	R05	$Cu_2O \cdot PbO$/GO	3.0
D06	$CuO \cdot Bi_2O_3$/ GO	3.0	R06	$CuO \cdot Bi_2O_3$/ GO	3.0

5.3.2.2　石墨烯负载型催化剂对双基推进剂燃烧性能的影响

含表 5 - 8 中所示的 5 种石墨烯负载型催化剂的双基推进剂试样的燃速 - 压力曲线如图 5 - 91 所示,催化剂的催化效率及双基推进剂的压力指数如

表 5 - 9 所示。

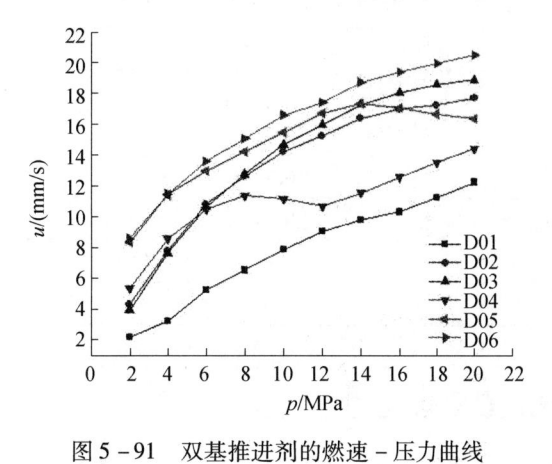

图 5 - 91 双基推进剂的燃速 - 压力曲线

表 5 - 9 催化剂的催化效率及双基推进剂的压力指数

试样编号	不同压力下(MPa)的催化效率(Z)										低 n 区/MPa	n
	2	4	6	8	10	12	14	16	18	20		
D01	1.00	1.00	1.00	1.00	1.00	1.00	1.00	1.00	1.00	1.00	10 ~ 20	0.62
D02	2.00	2.43	2.08	1.95	1.82	1.70	1.68	1.65	1.54	1.45	10 ~ 20	0.31
D03	1.83	2.39	2.05	1.96	1.88	1.78	1.77	1.75	1.66	1.54	14 ~ 20	0.25
D04	2.47	2.68	2.01	1.75	1.43	1.19	1.18	1.22	1.20	1.18	6 ~ 14	0.07
D05	3.87	3.58	2.49	2.19	1.98	1.86	1.77	1.65	1.48	1.34	12 ~ 20	- 0.05
D06	3.99	3.60	2.6	2.32	2.13	1.94	1.92	1.88	1.78	1.68	10 ~ 20	0.31

　　结果表明,5 种催化剂皆能大幅提高双基推进剂的燃速,显著降低压力指数。

　　对于石墨烯负载单氧化物催化剂,CuO/GO 使双基推进剂 4MPa 的燃速提高了 143% ,在 10 ~ 20MPa 范围内的压力指数从 0.62 降低至 0.31,降低了 50% 。Bi_2O_3/GO 使双基推进剂 4MPa 的燃速提高了 139% ,在 14 ~ 20MPa 压力范围的压力指数从 0.62 降低为 0.25,降低了 59% 。3 种催化剂中 PbO/GO 表现最为优秀:PbO/GO 使双基推进剂在 2 ~ 8MPa 范围内出现显著的超速燃烧现象,在 2 ~ 8MPa 该催化剂的催化效率 Z 分别为 2.47、2.68、2.05 和 1.75;高于 10MPa 后推进剂的燃速出现下降趋势,在 8 ~ 14MPa 范围内出现"麦撒"燃烧区,该范围内推进剂的压力指数 n 为 - 0.1505。可见,该催化剂显示了强烈的燃烧催化作用和显著降低压力指数的能力,说明 PbO/GO 是一种高效的平台燃烧催化剂。

对于石墨烯负载双氧化物催化剂,$Cu_2O \cdot PbO/GO$ 使双基推进剂在 $2 \sim$ 14MPa 范围内出现显著的超速燃烧现象,在 $2 \sim 14$MPa 范围内该催化剂的催化效率 Z 分别为 3.87、3.58、2.49、2.18、1.98、1.86 和 1.77。高于 16MPa 后推进剂燃速也出现下降趋势,在 $12 \sim 20$MPa 范围内出现"麦撒"燃烧区。在 $12 \sim$ 20MPa 范围内,推进剂的压力指数 n 为 -0.05。可见,该催化剂显示了强烈的燃烧催化作用和显著降低压力指数的能力,说明 $Cu_2O \cdot PbO/GO$ 也是一种高效的平台燃烧催化剂。$Cu_2O \cdot Bi_2O_3/GO$ 使双基推进剂出现显著的超速燃烧现象,在 2MPa 压力下,推进剂的燃速从 2.15mm/s 提高至 8.57mm/s,提高了 299%;在 $2 \sim 20$MPa 范围内该催化剂的催化效率 Z 为 3.99、3.60、2.61、2.32、2.13、1.94、1.92、1.88、1.78 和 1.68。同时,该催化剂还能显著改善推进剂的燃烧性能,在 $10 \sim 20$MPa 范围内出现平台燃烧区,该范围内的压力指数从 0.62 降低至 0.31,降低了 50%。可见,对于双基推进剂,该催化剂显示了强烈的燃烧催化作用和明显降低压力指数的能力。另外,该催化剂毒性低,是一种高效的环保型燃烧催化剂。

5.3.2.3 石墨烯负载型催化剂对 RDX - CMDB 推进剂燃烧性能的影响

含表 5 - 8 中所示的 5 种石墨烯负载型催化剂的 RDX - CMDB 推进剂的燃速如图 5 - 92 所示,催化剂的催化效率及 RDX - CMDB 推进剂的压力指数如表 5 - 10所示。

表 5 - 10　催化剂的催化效率及双基推进剂的压力指数

| 试样编号 | 不同压力下(MPa)的催化效率(Z) | | | | | | | | | | 低 n 区/MPa | n |
	2	4	6	8	10	12	14	16	18	20		
R01	1.00	1.00	1.00	1.00	1.00	1.00	1.00	1.00	1.00	1.00	10 ~ 20	0.81
R02	1.36	1.28	1.21	1.14	1.11	1.10	1.10	1.08	1.06	1.08	14 ~ 20	0.75
R03	2.33	2.02	1.83	1.44	1.49	1.38	1.35	1.27	1.21	1.21	10 ~ 20	0.51
R04	2.23	2.01	1.70	1.39	1.23	1.11	1.08	1.06	1.04	1.07	10 ~ 20	0.27
R05	3.56	2.81	2.34	1.96	1.71	1.51	1.41	1.31	1.21	1.19	8 ~ 18	0.26
R06	3.33	2.71	2.32	2.01	1.78	1.61	1.54	1.40	1.30	1.24	8 ~ 20	0.30

结果表明,5 种催化剂均能提高 RDX - CMDB 推进剂的燃速,降低压力指数。

对于石墨烯负载单氧化物催化剂,PbO/GO 对 RDX - CMDB 推进剂的燃烧催化性能最为优秀。PbO/GO 使 RDX - CMDB 推进剂的燃速显著提高,压力指

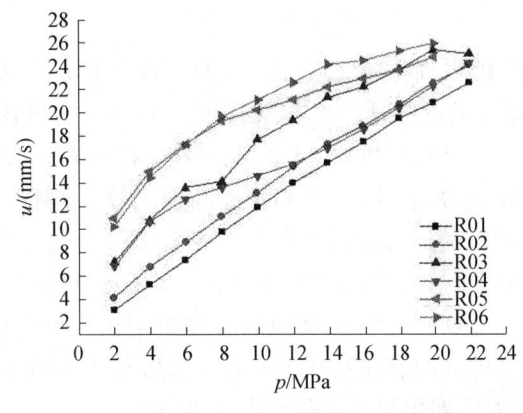

图 5 - 92 RDX - CMDB 推进剂的燃速 - 压力曲线

数明显下降,2MPa 时推进剂的燃速从 3.09mm/s 提高到 6.88mm/s,10 ～ 20MPa 范围内出现平台燃烧区,该范围内的压力指数 n 为 0.27。该催化剂显示了强烈的燃烧催化作用和显著降低压力指数的能力,说明 PbO/GO 是一种高效的高压平台燃烧催化剂。

对于石墨烯负载双氧化物催化剂,$Cu_2O \cdot PbO/GO$ 使 RDX - CMDB 推进剂出现显著的超速燃烧现象,2 ～ 14MPa 范围内该催化剂的催化效率 Z 分别为 3.56、2.81、2.34、1.96、171、1.51 和 1.41。8 ～ 18MPa 范围出现平台燃烧区,在该压力范围内的压力指数 n 为 0.26。该催化剂显示了强烈的燃烧催化作用和显著降低压力指数的能力,说明 $Cu_2O \cdot PbO/GO$ 是一种高效的高压平台燃烧催化剂。

$CuO \cdot Bi_2O_3/GO$ 使 RDX - CMDB 推进剂出现显著的超速燃烧现象,2MPa 时推进剂的燃速从 3.09mm/s 提高到 10.20mm/s,提高了 233% ;2 ～ 10MPa 范围内该催化剂的催化效率 Z 为 3.33、2.71、2.33、2.01 和 1.78。同时还能显著降低压力指数,14 ～ 20MPa 范围内出现平台燃烧区,压力指数为 0.21。可见,对于 RDX - CMDB 推进剂,该催化剂显示了强烈的燃烧催化作用和明显降低压力指数的能力。

参 考 文 献

[1] Kroto H W, Heath J R, O'Brien S C,et al. C60 - The Third Man[J]. Nature, 1985, 318;162 - 163.

[2] Iijima S. Helical microtubules of graphitic carbon[J]. Nature, 1991, 354;56 - 58.

[3] Nhut J M, Pesant L, Tessonnier J P,et al. Mesoporous carbon nanotubes for use as support in catalysis and as nanosized reactors for one - dimensional inorganic material synthesis[J]. Appl Catal A - Gen, 2003,

254：345 – 363.

[4] Serp P, Corrias M, Kalck P. Carbon nanotubes and nanofibers in catalysis[J]. Appl Catal A – Gen, 2003, 253：337 – 358.

[5] Pan X L, Bao X H. Reactions over catalysts confined in carbon nanotubes[J]. Chem. Comm. 2008, 6271 – 6281.

[6] Yao Y X, Fu Q, Zhang Z, et al. Structure control of Pt – Sn bimetallic catalysts supported onhighly oriented pyrolytic graphite (HOPG)[J]. Appl. Surf. Sci. , 2008, 254：3808 – 3812.

[7] Zhang H, Fu Q, Yao Y X, et al. Size – dependent surface reactions of Ag nanoparticles supported onhighly oriented pyrolytic graphite[J]. Langmuir, 2008, 24：10874 – 10878.

[8] Zang X, Song D. Study on the photocatalytic character of the CNT doped TiO$_2$ catalyst. Chem[J]. Res. Appl. , 2003, 15(4)：471 – 474.

[9] Peng F, Jiang J W, Wang H J, et al. Preparation of carbon nanotubes supported Fe$_2$O$_3$ catalysts[J]. Chin. Inorg. Chem. , 2004, 20(2)：231 – 235.

[10] Chen W, Li J L, Zou M H, et al. The preparation ofhighly dispersed Ag/Carbon nanotube catalyst[J]. Central China Normal Univ. (Nat. Sci.), 2003, 37(2)：211 – 214.

[11] Wang S G, Li Y H, Zhao D, et al. Studies on the preparation of alumina supported on carbon nanotubes and defluorination from absorbed water[J]. Chem. J. Chin. Univ. , 2003, 24(1)：95 – 99.

[12] 李晓东、杨荣杰. 碳纳米管催化二硝酰胺铵燃烧和热分解[J]. 新型炭材料, 2010, 25(6)：444 – 448.

[13] 白华萍、李凤生、宋洪昌, 等. 碳纳米管在 AP 热分解中的助催化性能[J]. 含能材料, 2005, 13(5)：305 – 307.

[14] 周龙梅、侯立权、刘宏英, 等. Y$_2$O$_3$/纳米碳管复合粒子的结果及其对高氯酸铵热分解性能的研究[J]. 化学学报, 2006, 64(15)：1548 – 1552.

[15] 刘建勋、姜炜、王作山, 等. 直型碳纳米管、分叉碳纳米管负载纳米 NiO 及其对高氯酸铵热分解的影响[J]. 化学学报, 2007, 65(23)：2725 – 2730.

[16] 刘翔、洪伟良、赵凤起, 等. CuO/CNTs 复合催化剂的制备及对 FOX – 12 热分解的催化作用[J]. 固体火箭推进技术, 2008, 31(5)：508 – 511.

[17] 洪伟良、朱秀英、赵凤起, 等. CuO/CNTs 的制备及其对双基推进剂燃烧的催化作用[J]. 火炸药学报, 2010, 33(6)：83 – 86.

[18] 洪伟良、赵凤起、张金霞, 等. 一种 Cu$_2$O – Bi$_2$O$_3$/碳纳米管复合粉体及其制备原理[P]. ZL 2008 1 0142777.6, 2011.

[19] 洪伟良、赵凤起、刘剑洪, 等. 一种 CuO – PbO/碳纳米管复合粉体及其制备原理[P]. ZL 2008 1 0142779.5, 2011.

[20] Yi Jianhua, Zhao Fengqi, Xu Siyu, et al. Preparation and characterization of carbon nanotubes supported copper (Ⅱ) oxide catalysts and catalytic effects on thermal behavior of N – guanylurea dianitramide[C]// 42th International Annual Conference of ICT, 2011.6.

[21] Geim A K, Novoselov K. S. The rise of graphene[J]. Nat. Mat. , 2007, 6：183 – 191.

[22] 傅强、包信和. 石墨烯的化学研究进展[J]. 科学通报, 2009, 54(18)：2657 – 2666.

[23] Geim A K. Graphene：Status and prospects[J]. Science, 2009, 324：1530 – 1534.

[24] Brumfiel G. Graphene Gets Ready for the Big Time[J]. Nature, 2009, 458：390 – 391.

［25］Balandin A A，Ghosh S，Bao W Z，et al. Superior Thermal Conductivity of Single – layer Graphene［J］. Nano. Lett.，2008，8：902 – 907.

［26］张伟娜，何伟，张新荔. 石墨烯的制备及其应用特性［J］. 化工新型材料，2010，38(4)：15 – 18.

［27］黄桂荣，陈建. 石墨烯的合成与应用［J］. 碳素技术，2009，28(1)：35 – 39.

［28］黄毅，陈永胜. 石墨烯的功能化及其相关应用［J］. 中国科学，39(9)：887 – 896.

［29］温祝亮，杨苏东，宋启军，等. 石墨烯负载高活性 Pd 催化剂对乙醇的电催化氧化［J］. 物理化学学报，2010，26(6)：1570 – 1574.

［30］张琼，贺蕴秋，陈小刚，等. 氧化钛／氧化石墨烯复合结构及其光催化性能［J］. 科学通报，2010，55(7)：620 – 628.

［31］Veca L M，Lu F S，Meziani M J，et al. Polymer Functionalization and Solubilization of Carbon Nanosheets［J］. Chem. Commun.，2009：2565 – 2567.

第6章 含能燃烧催化剂

从20世纪40年代发现少量的硬脂酸铅可使双基推进剂出现平台燃烧的现象以来,人们根据不同的推进剂品种,对许多燃烧催化剂进行了研究。传统的惰性催化剂对推进剂的能量缺乏贡献,甚至还在一定程度上降低了推进剂的能量水平。近年来,含能催化剂的合成及应用研究在国内外已得到普遍重视[1-3],含能燃烧催化剂一般是在有机金属盐催化剂分子中,引入含能基团如硝基或叠氮基等制备而得的含能盐或配合物,它不仅能调节推进剂的燃烧性能,而且能提高推进剂的能量水平,是一类新型的燃烧催化剂,也是今后固体推进剂燃烧催化剂的一个主要发展方向。

6.1 3-硝基-1,2,4-三唑酮类催化剂

3-硝基-1,2,4-三唑酮(NTO)是一种高能、致密、耐热、钝感炸药,其金属盐作为一类新型高能、钝感的含能催化剂是未来发射药、分子间炸药和固体推进剂的组分之一。这种新型催化剂加入到配方体系中,不仅大大提高了它们的燃速和比冲,而且使其燃速压力指数降低,具有非常高的应用价值[4-7]。

6.1.1 3-硝基-1,2,4-三唑酮碱金属化合物

对于具有较强碱性的化合物,可以直接与NTO发生酸碱中和反应而成盐[8-13]。其一般合成步骤为:将一定量的NTO加入去离子水中,搅拌,然后加入等量的相应碱性化合物,60℃下搅拌1h后,减压除水,残留物干燥后即为所需产物盐。

1. NTO钾化合物的合成

在乙醇中重结晶得到黄色粉末固体。

IR(KBr,v,cm^{-1}):1698(C=O),1507,1310(—NO$_2$)。

元素及荧光分析(%):

计算值:C 12.90,H 1.62,N 30.10,K 21.00;

实测值:C 12.41,H 1.59,N 30.77,K 20.82。

2. NTO 镁化合物的合成

在蒸馏水中重结晶得到黄色粉末固体。

$IR(KBr, v, cm^{-1})$: $1681(C=O)$, 1512, $1310(-NO_2)$。

元素分析(%):

计算值: C 11.26, H 4.25, N 26.27;

实测值: C 11.20, H 4.21, N 26.22。

3. NTO 铯化合物的合成

在蒸馏水中重结晶得亮黄色固体。

$IR(KBr, v, cm^{-1})$: $3364(O-H)$, $1678(C=O)$, 1542, $1331(-NO_2)$, $1264(-C-N)$。

元素及荧光分析(%):

计算值: C 8.58, H 1.08, N 20.01, Cs 47.47;

实测值: C 8.81, H 0.92, N 19.94, Cs 47.83。

4. NTO 锶化合物的合成

在乙醇–水中重结晶得到黄色粉末固体。

$IR(KBr, v, cm^{-1})$: $1681(C=O)$, 1540, $1325(-NO_2)$。

元素及荧光分析(%):

计算值: C 10.58, H 3.11, N 24.69, Sr 19.31;

实测值: C 10.51, H 3.05, N 24.76, Sr 19.17。

6.1.2　3–硝基–1,2,4–三唑酮过渡金属化合物制备

对于一些以硝酸盐或硫酸盐形式存在的金属阳离子,通常合成其盐是通过阴离子的钠盐进行复分解,利用硝酸钠或硫酸钠在水中可溶,其他金属化合物在水中不溶的特点来合成[14-17]。

其一般合成步骤为:将一定量的 NTO 加入去离子水中,搅拌,然后加入等量的氢氧化钠,60℃下搅拌 0.5h 后,再加入相应摩尔量的金属硝酸盐水溶液,65℃下搅拌 1h 后,减压除水,残留物干燥后即为所需产物盐。

1. NTO 钴化合物的合成

从水中析出,得淡黄色固体。

$IR(KBr, v, cm^{-1})$: $3401(O-H)$, $1644(C=O)$, 1509, $1311(-NO_2)$, $261(-Co-N)$。

元素及荧光分析(%):

计算值: C 10.42, H 3.92, N 24.30, Co 12.78;

实测值:C 9.85,H 4.01,N 24.78,Co 12.12。

2. NTO 镍化合物的合成

从水中析出,得绿色固体。

IR(KBr,v,cm^{-1}):3403(O—H),1652(C=O),1569,1332(—NO$_2$),1238(—C—N)。

3. NTO 铜化合物的合成

从水中析出,得红色固体。

IR(KBr,v,cm^{-1}):1697(C=O),1511,1308(—NO$_2$),426(—Cu—O),256,239(—Cu—N)。

4. NTO 铅化合物的合成

从水中析出,得黄色固体。

IR(KBr,v,cm^{-1}):1699(C=O),1509,1310(—NO$_2$),425(—Pb—O),258,242(—Pb—N)。

元素及荧光分析(%):

计算值:C 9.94,H 0.83,N 23.18,Pb 42.87;

实测值:C 9.66,H 0.79,N 23.07,Pb 41.29。

6.1.3 NTO 金属化合物的晶体结构

1. 单晶的培养

从溶液中结晶化合物是单晶生长的最常用形式。将一定量的 NTO 锶化合物、镁化合物、钴化合物、镍化合物和铅化合物分别加入一定蒸馏水中,充分搅拌,过滤,滤液在 30℃ 恒温水浴箱中放置,缓慢蒸发,生长出适合进行单晶 X 射线衍射的针状或片状晶体。

2. X 射线衍射数据的采集与修正

显微镜下切割尺寸分别为 0.24mm×0.17mm×0.08mm、0.19mm×0.25mm×0.20mm、0.30mm×0.20mm×0.18mm、0.20mm×0.15mm×0.17mm、0.27mm×0.19mm×0.14mm 的 NTO 锶化合物、镁化合物、钴化合物、镍化合物和铅化合物晶体,利用 SMART APEX CCD 单晶 X 射线仪,石墨为单色器,Mo Kα radiation($\lambda = 0.071073$nm)靶,使用 Oxford Cobra 低温仪在 296(2)K 下测量,以 ω 扫描方式在一定 θ 范围内收集衍射数据,使用 SAINT[v7.60A]和 XPREP[v2008/2]进行数据采集和晶胞的初始提取,全部强度数据利用 SADABS[v2008/1]进行了 Lp 因子和经验吸收校正,单晶结构使用 SHELXTL-plus[v2008/4]进行结构精修。非氢原子在不同的傅里叶图上找到,氢原子通过理论加氢确定。在计算机上完成所有计算。

6.2 吡啶类含能催化剂

吡啶类硝基化合物多数都具有高氮含量、高生成焓的特征,且这些氮杂芳环体系一般都能形成类苯结构的大 π 键,具有钝感、热稳定的性质,对热、摩擦、火花、撞击等外部作用具有良好的钝感性,因此成为了该研究领域的一个重要分支,在含能催化剂的研究中具有很大的潜力[18]。

羟基吡啶(互变异构体为吡啶酮)环上的羟基使得合成相应的金属盐变得较容易,因此选择多硝基吡啶酮类含能材料作为合成含能金属盐的原料,设计制备了一系列多硝基吡啶酮类含能金属盐作为燃烧催化剂。

6.2.1 2-羟基-3,5-二硝基吡啶(2DNP)金属化合物[19-24]

6.2.1.1 2DNP 碱金属化合物制备

对于具有较强碱性的化合物,可以直接与 2DNP 发生酸碱中和反应而成盐。其一般合成步骤为:在 100mL 三口瓶中分别加入 60mL 去离子水、1.85g(0.01mol)2DNP 和等量的相应碱性化合物,60℃下搅拌 1h 后,减压除水,残留物干燥后即为所需产物盐。

1. 2DNP 钾化合物的合成

在乙醇中重结晶得到黄色粉末固体 1.62g,收率 72.3%。

IR(KBr,v,cm^{-1}):1681(C=O),1616(C=C),1531,1337(—NO$_2$),1258(—C—N)。

元素分析 C$_5$H$_2$N$_3$O$_5$K(%):

计算值:C 26.91,H 0.90,N 18.83;

实测值:C 27.49,H 0.867,N 18.64。

2. 2DNP 铷化合物的合成

在乙醇中重结晶得到黄色粉末固体 2.2g,收率 81.8%。

IR(KBr,v,cm^{-1}):1685(C=O),1615(C=C),1538,1334(—NO$_2$),1263(—C—N)。

元素分析 C$_5$H$_2$N$_3$O$_5$Rb(%):

计算值:C 22.28,H 0.75,N 15.59;

实测值:C 21.46,H 0.82,N 15.71。

3. 2DNP 铯化合物的合成

在乙醇中重结晶得到黄色粉末固体 2.7g，收率 85.1%。

IR（KBr，v，cm^{-1}）：3398（O—H），1605（C=O），1530，1324（—NO$_2$），1258（—C—N）。

元素分析 $C_5H_2N_3O_5Cs \cdot H_2O$（%）：

计算值：C 17.93，H 1.20，N 12.54；

实测值：C 17.69，H 1.19，N 12.71。

4. 2DNP 镁化合物的合成

在甲醇中重结晶得到黄色粉末固体 2.7g，收率 85.1%。

IR（KBr，v，cm^{-1}）：3429（O—H），1598（C=O），1539，1334（—NO$_2$），1266（—C—N）。

元素分析 $C_{10}H_4N_6O_{10}Mg \cdot 8H_2O$（%）：

计算值：C 22.38，H 3.76，N 15.66；

实测值：C 22.44，H 3.64，N 15.23。

5. 2DNP 钙化合物的合成

乙醇重结晶，得到黄色粉末固体 1.4g，收率 68.1%。

IR（KBr，v，cm^{-1}）：3478（O—H），1602（C=O），1539，1339（—NO$_2$），1268（—C—N）。

元素分析 $C_{10}H_4N_6O_{10}Mg \cdot H_2O$（%）：

计算值：C 28.18，H 1.42，N 19.72；

实测值：C 28.21，H 1.46，N 19.77。

6. 2DNP 锶化合物的合成

乙醇重结晶，得到黄色粉末固体 1.56g，收率 68.4%。

IR（KBr，v，cm^{-1}）：3481（O—H），1608（C=O），1536，1351（—NO$_2$），1254（—C—N）。

元素分析 $C_{10}H_4N_6O_{10}Sr \cdot 2H_2O$（%）：

计算值：C 24.42，H 1.64，N 17.09；

实测值：C 24.29，H 1.66，N 17.37。

7. 2DNP 钡化合物的合成

乙醇重结晶，得到黄色粉末固体 1.66g，收率 65.6%。

IR（KBr，v，cm^{-1}）：3532（O—H），1610（C=O），1541，1337（—NO$_2$），1257（—C—N）。

元素分析 $C_{10}H_4N_6O_{10}Ba \cdot 4H_2O$（%）：

计算值:C 22.18, H 1.49, N 15.52;

实测值:C 22.36, H 1.47, N 15.44。

6.2.1.2 2DNP 过渡金属化合物制备

对于一些以硝酸盐或硫酸盐形式存在的金属阳离子,通常合成其盐是通过阴离子的钠盐进行复分解,利用硝酸钠或硫酸钠在水中可溶,其他金属化合物在水中不溶的特点来合成。

其一般合成步骤为:在 100mL 三口瓶中分别加入 10mL 去离子水、1.85g (0.01mol)2DNP 和等摩尔量的氢氧化钠至 pH = 9 ~ 10,50℃下搅拌 0.5h 后,再加入相应摩尔量的金属硝酸盐水溶液,65℃下搅拌 1h 后,减压除水,残留物干燥后即为所需产物盐。

1. 2DNP 锰化合物的合成

该产物在乙醇中重结晶,得到灰红色固体 1.8g,收率 85.1%。

IR(KBr, v, cm^{-1}): 3459(O—H), 1610(C=O), 1580, 1329(—NO$_2$), 1260(—C—N)。

元素分析 $C_{10}H_4N_6O_{10}Mn \cdot 2H_2O$ (%):

计算值:C 26.16, H 1.76, N 18.30;

实测值:C 26.02, H 1.70, N 18.58。

2. 2DNP 钴化合物的合成

该产物在乙醇中重结晶,得到暗黄色固体 1.7g,收率 79.6%。

IR(KBr, v, cm^{-1}): 3396(O—H), 1691(C=O), 1578, 1343(—NO$_2$), 1242(—C—N)。

元素分析 $C_{10}H_4N_6O_{10}Co \cdot 10H_2O$ (%):

计算值:C 22.77, H 3.31, N 15.93;

实测值:C 22.66, H 3.32, N 15.98。

3. 2DNP 镍化合物的合成

该产物在乙醇中重结晶,得绿红色固体 1.65g,收率 77.3%。

IR(KBr, v, cm^{-1}): 3421(O—H), 1691(C=O), 1549, 1324(—NO$_2$), 1263(—C—N)。

元素分析 $C_{10}H_4N_6O_{10}Ni \cdot 5 \cdot 5H_2O$ (%):

计算值:C 25.37, H 2.41, N 17.75;

实测值:C 25.29, H 2.53, N 17.74。

4. 2DNP 铜化合物的合成

得到绿红色固体 1.74g, 收率 80.7%。

IR(KBr, v, cm^{-1}): 1640(C=O), 1549, 1336(—NO$_2$), 1262(—C—N)。

元素分析 C$_{10}$H$_4$N$_6$O$_{10}$Cu(%):

计算值:C 27.82, H 0.93, N 19.47;

实测值:C 27.39, H 0.95, N 19.54。

5. 2DNP 锌化合物的合成

该产物在乙醇中重结晶, 得到黄红色固体 1.55g, 收率 70.3%。

IR(KBr, v, cm^{-1}): 1630(C=O), 1542, 1356(—NO$_2$), 1263(—C—N)。

元素分析 C$_{10}$H$_4$N$_6$O$_{10}$Zn(%):

计算值:C 27.70, H 0.93, N 19.38;

实测值:C 27.72, H 0.92, N 19.36。

6. 2DNP 铅化合物的合成

得黄红色固体 2.27g, 收率 78.8%。

IR(KBr, v, cm^{-1}): 1600(C=O), 1529, 1346(—NO$_2$), 1259(—C—N)。

元素分析 C$_{10}$H$_4$N$_6$O$_{10}$Pb(%):

计算值:C 20.87, H 0.70, N 14.61;

实测值:C 20.65, H 0.80, N 14.32。

6.2.1.3 2DNP 金属化合物的晶体结构

1. 单晶的培养

从溶液中结晶化合物是单晶生长的最常用形式。将一定量的 2DNP 铷化合物、铯化合物、钡化合物、镍化合物和铅化合物分别加入一定蒸馏水中, 充分搅拌, 过滤, 滤液在 30℃恒温水浴箱中放置, 缓慢蒸发, 生长出适合进行单晶 X 射线衍射的针状或片状晶体。

2. X 射线衍射数据的采集与修正

显微镜下切割尺寸分别为 0.26mm×0.18mm×0.08mm、0.15mm×0.12mm ×0.12mm、0.17mm×0.26mm×0.15mm、0.22mm×0.16mm×0.11mm 的 2DNP 铷、铯、钡、镍和铅化合物晶体, 利用 SMART APEX CCD 单晶 X 射线仪, 石墨为单色器, Mo Kα radiation(λ =0.071073nm)靶, 使用 Oxford Cobra 低温仪在 296 (2)K 下测量, 以 ω 扫描方式在一定 θ 范围内收集衍射数据, 使用 SAINT[v7. 60A]和 XPREP[v2008/2]进行数据采集和晶胞的初始提取, 全部强度数据利用 SADABS[v2008/1]进行了 Lp 因子和经验吸收校正, 单晶结构使用 SHELXTL –

plus[v2008/4]进行结构精修。非氢原子在不同的傅里叶图上找到,氢原子通过理论加氢确定。在计算机上完成所有计算,具体数据如表6-1所示。

表6-1 2DNP部分金属化合物的结构表征数据

化合物	2DNP 铷盐	2DNP 铯盐	2DNP 镁盐	2DNP 钡盐	2DNP 镍盐	2DNP 铅盐
分子式	$C_5H_2N_3O_5Rb$	$C_{20}H_{16}N_{12}O_{14}Cs_4$	$C_{10}H_{20}N_6O_{18}Mg$	$C_{10}H_{12}N_6O_{14}Ba$	$C_{10}H_{12}N_6O_{14}Ni$	$C_{10}H_4N_6O_{10}Pb$
相对分子质量	269.57	1340.09	536.63	577.60	498.97	575.38
晶系	三斜	单斜	三斜	三斜	单斜	单斜
空间群	P-1	P2(1)/n	P-1	P-1	P-1	P2(1)/n
a/nm	0.4225(11)	0.47828(6)	0.71859(11)	0.82036(8)	0.98344(12)	0.85253(9)
b/nm	0.9025(2)	2.0297(3)	0.76277(11)	1.06875(11)	0.6582(8)	0.92938(10)
c/nm	1.0839(3)	0.94790(13)	1.10183(16)	1.08308(11)	1.34397(17)	1.9654(2)
α/(°)	91.983(4)	90	74.795(2)	93.1500(10)	90	90
β/(°)	90.621(4)	95.573(10)	82.016(2)	92.2190(10)	96.8340(10)	102.289(2)
γ/(°)	103.047(4)	90	70.996(2)	96.0270(10)	90	90
V/nm³	0.40231(18)	0.9158(2)	0.55008(14)	0.94198(16)	873.77(19)	1.5216(3)
Z	2	4	1	2	2	4
密度/(g/cm³)	2.225	2.430	1.620	2.036	1.896	2.512
F(000)	260	632	278	596	508	1072
扫描范围/(°)	2.93~25.10	3.71~27.50	3.00~25.50	2.50~27.49	2.43~25.49	2.12~27.76
收集衍射数据	1968	5928	4105	8122	5495	9194
独立衍射数据	1333 [R(int)=0.0259]	2014 [R(int)=0.0160]	2039 [R(int)=0.0148]	4239 [R(int)=0.0134]	1620 [R(int)=0.0150]	2823 [R(int)=0.0300]
$R[I>2\sigma(1)]$	$R_1=0.0450$, $wR_2=0.1195$	$R_1=0.0156$, $wR_2=0.0351$	$R_1=0.0316$, $wR_2=0.0827$	$R_1=0.0158$, $wR_2=0.0381$	$R_1=0.0237$, $wR_2=0.0604$	$R_1=0.0254$, $wR_2=0.0565$
R(全部数据)	$R_1=0.0511$, $wR_2=0.1232$	$R_1=0.0173$, $wR_2=0.0358$	$R_1=0.0354$, $wR_2=0.0862$	$R_1=0.0168$, $wR_2=0.0386$	$R_1=0.0265$, $wR_2=0.0624$	$R_1=0.0354$, $wR_2=0.0584$
最终残留电子密度峰/eÅ⁻³	1.011, -0.808	0.398, -0.519	0.388, -0.257	0.370, -0.548	0.579, -0.262	0.742, -1.337

3. 2DNP 铷化合物的晶体结构

图6-1为2DNP铷化合物中的配体阴离子周围的铷离子配位图,图6-2为2DNP铷化合物中的铷离子的八配位结构图。

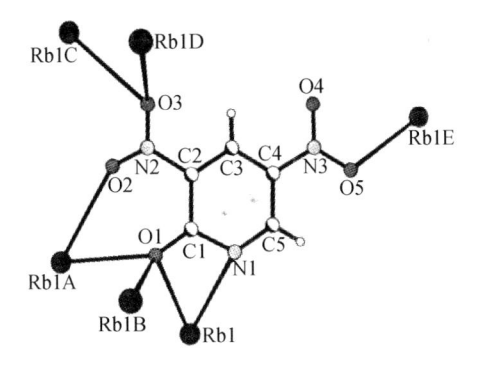

图 6-1　2DNP 铷化合物中的配体阴离子周围的铷离子配位结构图

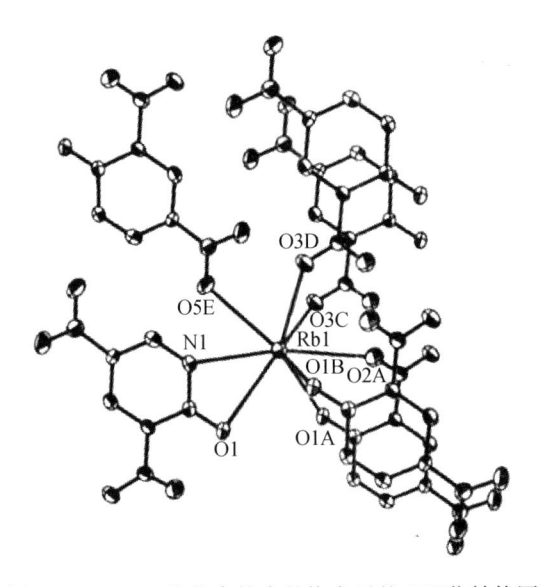

图 6-2　2DNP 铷化合物中的铷离子的八配位结构图

　　2DNP 铷化合物的晶体结构属于三斜晶系,P-1 点群,在晶胞单元中有两个分子单元。晶体的不对称单元包括一个铷离子和一个 2-羟基-3,5-二硝基吡啶阴离子。每一个铷离子和六个阴离子形成了八配位体的结构,其中有两个二齿配体和四个单齿配体。

　　两个二齿配体同铷离子连接的方式不同,一个是由羰基上的氧和硝基上的氧形成,另一个是由羰基上的氧和吡啶环上的氮形成。四个单齿配体除了一个是羰基上的氧,其余的都是硝基氧和铷离子相连。每一个配体和六个铷离子相连,来自于羰基上的 O1 和硝基上的 O3 形成了两种不同的氧桥键。O1 原子桥连了三个铷离子,形成了四面体构型,O3 原子桥连铷离子沿着 a 轴延伸,两种氧桥键将分子沿着 a 轴连成了加固了的梯形结构。

4. 2DNP 铯化合物的晶体结构

图 6 – 3 为 2DNP 铯化合物中的配体阴离子周围的铯离子配位图,图 6 – 4 为 2DNP 铯化合物中的铯离子的十二配位结构图。

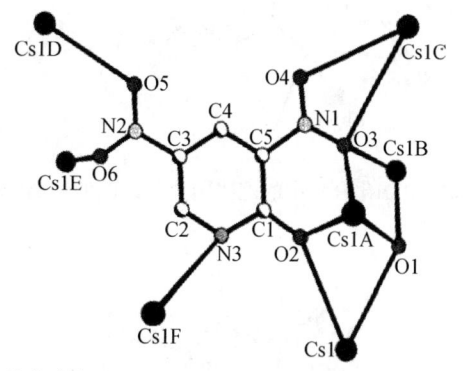

图 6 – 3　2DNP 铯化合物中的配体阴离子周围的铯离子和水分子配位结构图

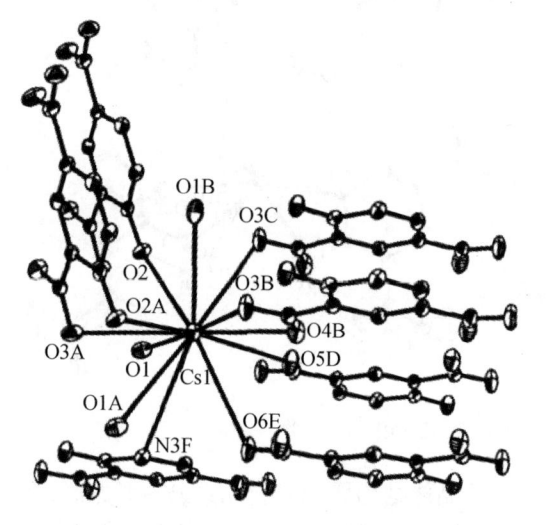

图 6 – 4　2DNP 铯化合物中的铯离子的十二配位结构图

每个铯离子周围连接了三个配位水,每个配位水又桥连了三个铯离子。2DNP 铯化合物通过离子—离子和离子—极性基团的静电力的作用,形成三明治形的层状夹心结构。阳离子和极性基团处于三明治结构的中心,芳环分别从上下包围。而层状结构中的有机非极性基团主要受空间效应和静电引力的影响,通过分子间作用力进行堆积。

378

5. 2DNP 镁化合物的晶体结构

图 6 – 5 为 2DNP 镁化合物的晶胞堆积图。

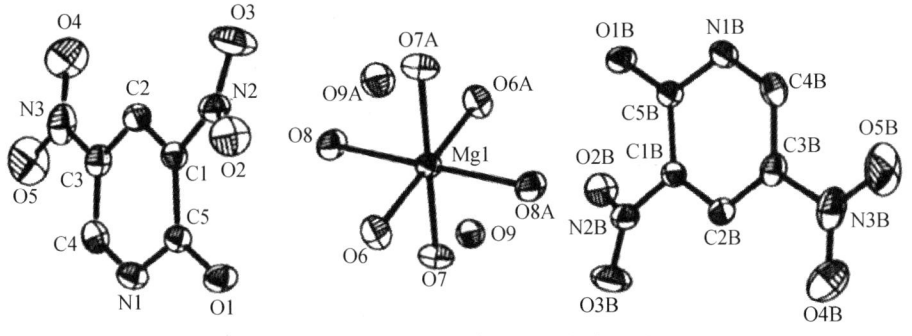

图 6 – 5　2DNP 镁化合物的晶胞堆积图

从图中可以看出,每个镁离子和六个配位水的氧原子直接形成了八面体结构中的水合络阳离子,而不是 2 – 羟基 – 3,5 – 二硝基吡啶阴离子直接与镁离子配位成盐,此外还有两个水分子以结晶水的形式通过氢键结合于晶体中。显然,由镁离子和六个氧原子配位所形成的八面体略有畸变,由于分子中氮氧氢体系的存在,为分子内和分子间形成氢键提供了有利条件,结晶水、配体和配位水之间形成了丰富的氢键,将配合物分子连接为空间三维结构。

6. 2DNP 钡化合物的晶体结构

图 6 – 6 为 2DNP 钡化合物的分子结构图,图 6 – 7 为 2DNP 钡化合物的晶胞堆积图。

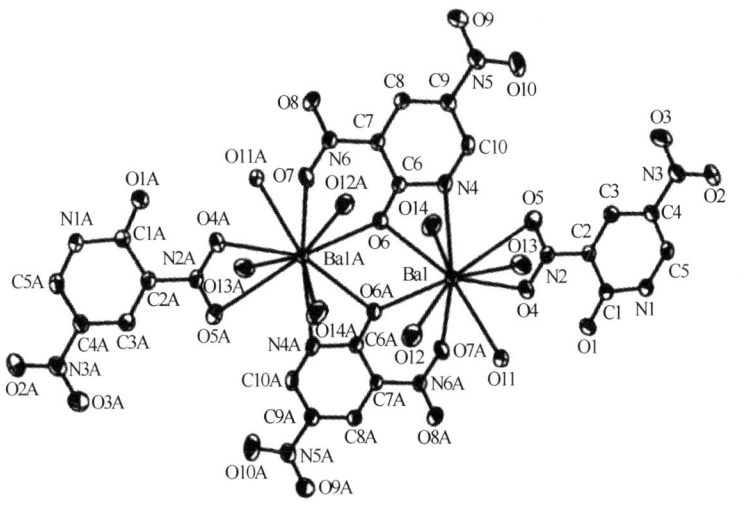

图 6 – 6　2DNP 钡化合物的分子结构图

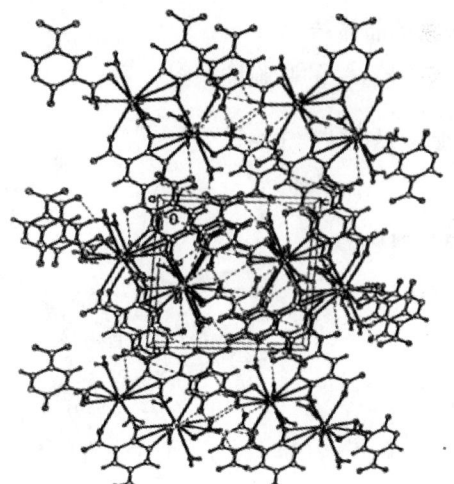

图6-7 2DNP钡化合物的晶胞堆积图

2DNP钡化合物的晶体结构属于三斜晶系,P-1点群,在晶胞单元中仅有一个分子单元。在该中心对称的分子中,钡离子同两个配体阴离子和四个配位水形成了十配位结构。羰基氧原子把两个钡原子桥连为二聚体单元。四条桥氧键Ba-O形成了一个近似平行四边形的 Ba_2O_2 单元,由于分子中氮氢氧体系的存在,为分子间形成氢键提供了有利条件,配体和配位水之间形成了丰富的氢键,将二聚体连接为空间三维结构。

7. 2DNP镍化合物的晶体结构

图6-8为2DNP镍化合物的分子结构图,图6-9为2DNP镍化合物的晶胞堆积图。

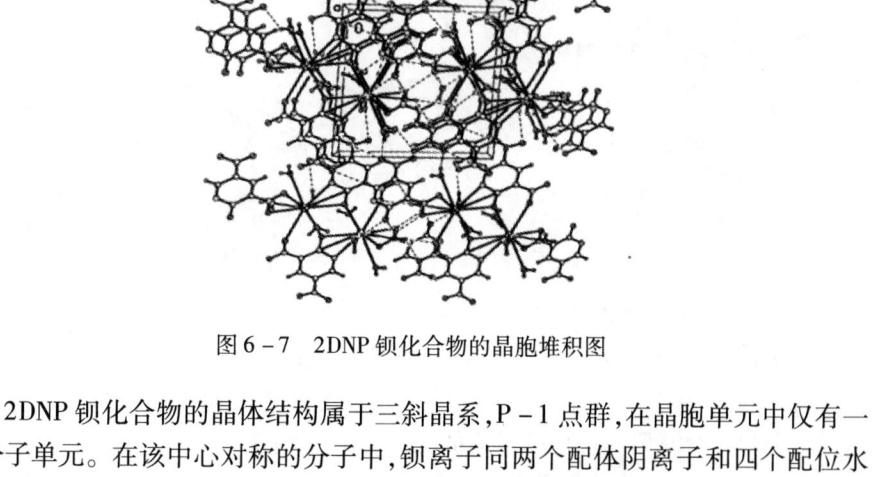

图6-8 2DNP镍化合物的分子结构图

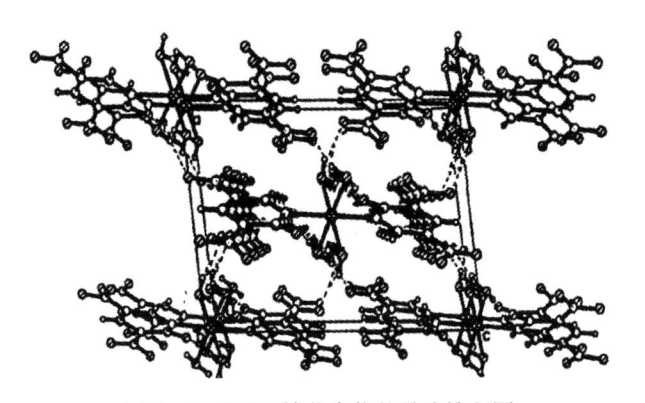

图 6 - 9 2DNP 镍化合物的晶胞堆积图

2DNP 镍化合物的镍原子采取中心堆积成的八面体的配位模式,在平面位置镍与四个配位水上的四个氧原子配位,相邻位置的 Ni - O 键长不同,平均键长为 20.173(13)nm,在轴向位置镍与两个 2 - 羟基 - 3,5 - 二硝基吡啶环上的氮原子形成单齿配体。由于分子中氮氢氧体系的存在,为分子内和分子间形成氢键提供了有利条件,配体和配位水之间形成了丰富的氢键。

8. 2DNP 铅化合物的晶体结构

图 6 - 10 为 2DNP 铅化合物的分子结构图,图 6 - 11 为 2DNP 铅化合物的晶胞堆积图。

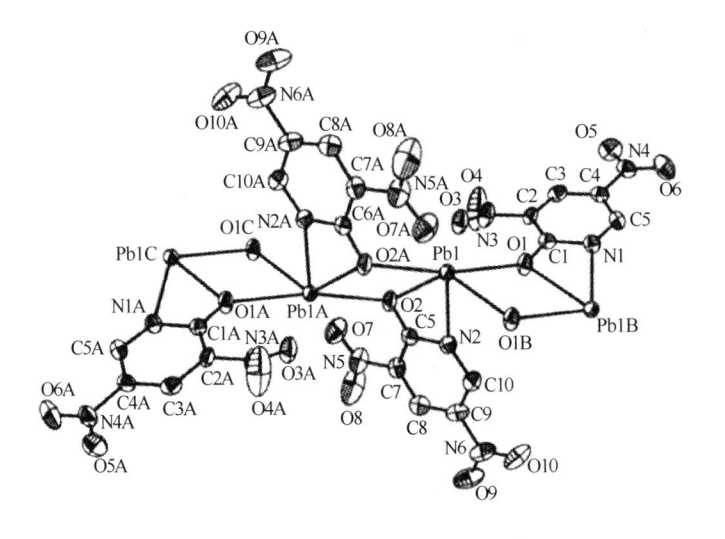

图 6 - 10 2DNP 铅化合物的分子结构图

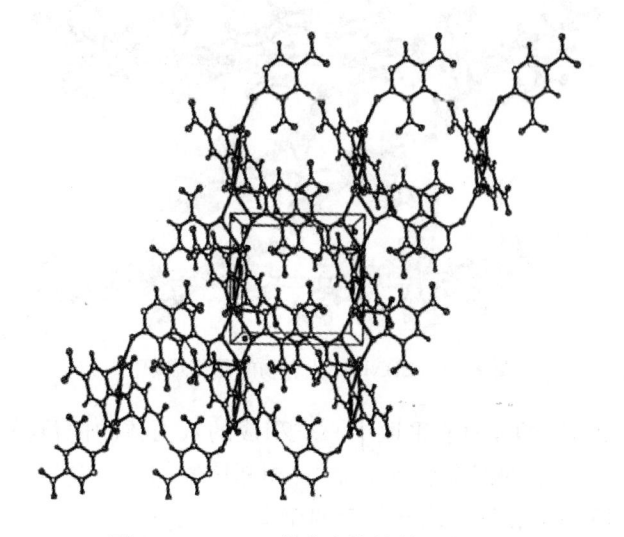

图 6 - 11 2DNP 铅化合物的晶胞堆积图

2DNP 铅化合物的铅原子同四个氧原子和两个氮原子形成了畸变的八面体结构。来自吡啶环上的氧原子桥连中心的铅原子成为一维聚合物。四条桥氧键 Pb – O 围成的一个近似平行四边形的 Pb_2O_2 结构单元。吡啶环上的碳原子和附近的配体形成氢键,桥氧键将分子连接为一个无限延伸的长链,氢键又将这个链扩展为二维面。

6.2.2 4 - 羟基 – 3,5 - 二硝基吡啶(4DNP)金属化合物

6.2.2.1 4DNP 碱金属化合物制备

对于具有较强碱性的化合物,可以直接与 4DNP 发生酸碱中和反应而成盐。其一般合成步骤为:在 100mL 三口瓶中分别加入 60mL 去离子水、1. 85g(0. 01mol)4DNP 和等量的相应碱性化合物,60℃下搅拌 1h 后,减压除水,残留物干燥后即为所需产物盐。

1. 4DNP 钠化合物的合成

在乙醇中重结晶得到黄色粉末固体 1.54g, 收率 74.3% 。

IR(KBr, υ, cm^{-1}) :3601(O—H), 1652(C=O), 1482(C=C), 1562, 1357 (—NO$_2$), 1287(—C—N)。

元素分析 $C_5H_2N_3O_5Na \cdot 4H_2O$ (%):

    计算值:C 24.70, H 2.49, N 17.28;

实测值：C 24.56，H 2.40，N 17.59。

2. 4DNP 铷化合物的合成

在乙醇中重结晶得到黄色粉末固体 1.9g，收率 70.6%。

IR（KBr，v，cm^{-1}）：1648（C＝O），1472（C＝C），1510，1356（—NO$_2$），1282（—C—N）。

元素分析 $C_5H_2N_3O_5Rb$（%）：

    计算值：C 22.28，H 0.75，N 15.59；

    实测值：C 22.66，H 0.61，N 15.59。

3. 4DNP 铯化合物的合成

在乙醇中重结晶得到黄色粉末固体 2.3g，收率 72.5%。

IR（KBr，v，cm^{-1}）：1646（C＝O），1474（C＝C），1508，1355（—NO$_2$），1280（—C—N）。

元素分析 $C_5H_2N_3O_5Cs$（%）：

    计算值：C 18.94，H 0.64，N 13.26；

    实测值：C 19.44，H 0.75，N 12.91。

4. 4DNP 镁化合物的合成

在甲醇中重结晶得到黄色粉末固体 1.28g，收率 68%。

IR（KBr，v，cm^{-1}）：3571（O—H），1649（C＝O），1474（C＝C），1550，1355（—NO$_2$），1278（—C—N）。

元素分析 $C_{10}H_4N_6O_{10}Mg \cdot 6H_2O$（%）：

    计算值：C 23.22，H 3.99，N 16.79；

    实测值：C 23.46，H 3.86，N 16.68。

5. 4DNP 钡化合物的合成

乙醇重结晶，得到黄色粉末固体 1.82g，收率 72%。

IR（KBr，v，cm^{-1}）：3395（O—H），1645（C＝O），1545，1355（—NO$_2$），1279（—C—N）。

元素分析 $C_{10}H_4N_6O_{10}Ba \cdot 4H_2O$（%）：

    计算值：C 22.18，H 1.49，N 15.52；

    实测值：C 22.30，H 1.48，N 15.50。

6.2.2.2　4DNP 过渡金属化合物制备

对于一些以硝酸盐或硫酸盐形式存在的金属阳离子，通常合成其盐是通过阴离子的钠盐进行复分解，利用硝酸钠或硫酸钠在水中可溶，其他金属化合物在水中不溶的特点来合成。

其一般合成步骤为:在 100mL 三口瓶中分别加入 10mL 去离子水、1.85g (0.01mol)4DNP 和等摩尔量的氢氧化钠至 pH = 9 ~ 10,50℃ 下搅拌 0.5h 后,再加入相应摩尔量的金属硝酸盐水溶液,65℃ 下搅拌 1h 后,减压除水,残留物干燥后即为所需产物盐。

1. 4DNP 锰化合物的合成

该产物在乙醇中重结晶,得到灰红色固体 1.74g,收率 82.3%。

IR(KBr,v,cm^{-1}):1657(C=O),1598(C=C),1578,1343(—NO$_2$),1242 (—C—N)。

元素分析 C$_{10}$H$_4$N$_6$O$_{10}$Mn (%):

计算值:C 35.83,H 3.61,N 25.07;

实测值:C 36.02,H 3.40,N 24.58。

2. 4DNP 钴化合物的合成

该产物在乙醇中重结晶,得到暗黄色固体 1.72g,收率 81.3%。

IR(KBr,v,cm^{-1}):3478(O—H),1657(C=O),1556,1358(—NO$_2$),1273(—C—N)。

元素分析 C$_{10}$H$_4$N$_6$O$_{10}$Co · 8H$_2$O (%):

计算值:C 23.85,H 2.94,N 16.69;

实测值:C 23.82,H 3.02,N 16.61。

3. 2DNP 铜化合物的合成

得到绿红色固体 1.66g,收率 70.3%。

IR(KBr,v,cm^{-1}):3534(O—H),1659(C=O),1564,1359(—NO$_2$),1282(—C—N)。

元素分析 C$_{10}$H$_4$N$_6$O$_{10}$Cu · 4H$_2$O (%):

计算值:C 23.48,H 2.40,N 16.68;

实测值:C 23.29,H 2.41,N 16.76。

4. 2DNP 铅化合物的合成

得黄红色固体 1.90g,收率 66.1%。

IR(KBr,v,cm^{-1}):1613(C=O),1529,1350(—NO$_2$),1245(—C—N)。

元素分析 C$_{10}$H$_4$N$_6$O$_{10}$Pb (%):

计算值:C 20.87,H 0.70,N 14.61;

实测值:C 21.05,H 0.76,N 14.44。

6.2.2.3　4DNP 金属化合物的晶体结构

1. 单晶的培养

从溶液中结晶化合物是单晶生长的最常用形式。将一定量的 4DNP 铷化合物、钠化合物、铯化合物、镁化合物、钡化合物、锰化合物和铜化合物分别加入一定蒸馏水中，充分搅拌，过滤，滤液在 30℃ 恒温水浴箱中放置，缓慢蒸发，生长出适合进行单晶 X 射线衍射的针状或片状晶体。

2. X 射线衍射数据的采集与修正

显微镜下切割尺寸分别为 0.18mm × 0.09mm × 0.10mm、0.24mm × 0.20mm × 0.11mm、0.20mm × 0.20mm × 0.14mm、0.23mm × 0.07mm × 0.15mm 的 4DNP 铷、钠、铯、镁、钡、钠、锰和铜化合物晶体，利用 SMART APEX CCD 单晶 X 射线仪，石墨为单色器，Mo Kα radiation（$\lambda = 0.071073$nm）靶，使用 Oxford Cobra 低温仪在 296（2）K 下测量，以 ω 扫描方式在一定 θ 范围内收集衍射数据，使用 SAINT［v7.60A］和 XPREP［v2008/2］进行数据采集和晶胞的初始提取，全部强度数据利用 SADABS［v2008/1］进行了 Lp 因子和经验吸收校正，单晶结构使用 SHELXTL – plus［v2008/4］进行结构精修。非氢原子在不同的傅里叶图上找到，氢原子通过理论加氢确定。在计算机上完成所有计算，具体数据如表 6 – 2 和表 6 – 3 所示。

表 6 – 2　4DNP 部分碱金属化合物的结构表征数据

化合物	4DNP 铷盐	4DNP 铯盐	4DNP 镁盐	4DNP 钡盐	4DNP 钠盐
分子式	$C_{10}H_4N_6O_{10}Rb_2$	$C_5H_2N_3O_5Cs$	$C_{10}H_{16}N_6O_{16}Mg$	$C_{20}H_{28}N_{12}O_{30}Ba_2$	$C_5H_6N_3O_7Na$
相对分子质量	539.13	317.01	500.60	1191.22	243.12
晶系	单斜	单斜	单斜	单斜	单斜
空间群	P2(1)/c	P2(1)/c	P2(1)/c	P2(1)/n	P2(1)/m
a/nm	0.40208(6)	4.1555(5)	0.7477(2)	0.33707(8)	0.36392(8)
b/nm	1.4651(2)	14.912(17)	1.3190(3)	1.36140(16)	1.4446(3)
c/nm	1.36379(19)	13.9319(16)	0.9880(3)	2.1401(3)	0.88594(19)
α/(°)	90	90	90	90	90
β/(°)	92.991(2)	94.262(10)	98.101(3)	92.0300(10)	98.876(2)
γ/(°)	90	90	90	90	90
V/nm³	802.4(2)	860.93(17)	0.9645(4)	1.9424(4)	0.46019(17)
Z	2	4	2	2	2
密度/(g/cm³)	2.231	2.430	1.724	2.037	1.755
F(000)	520	632	516	1168	248

化合物	4DNP 铷盐	4DNP 铯盐	4DNP 镁盐	4DNP 钡盐	4DNP 钠盐
扫描范围 /(°)	2.78 ~ 27.49	2.73 ~ 27.50	2.59 ~ 25.01	2.99 ~ 27.50	2.33 ~ 27.49
收集衍射数据	6780	7298	4895	14523	3973
独立衍射数据	1836[$R(\text{int}) = 0.0289$]	1982[$R(\text{int}) = 0.0200$]	1692[$R(\text{int}) = 0.0285$]	4386[$R(\text{int}) = 0.0152$]	1101[$R(\text{int}) = 0.0148$]
$R[I > 2\sigma(1)]$	$R_1 = 0.0258$, $wR_2 = 0.0582$	$R_1 = 0.0210$, $wR_2 = 0.0572$	$R_1 = 0.0378$, $wR_2 = 0.0968$	$R_1 = 0.0204$, $wR_2 = 0.0511$	$R_1 = 0.0380$, $wR_2 = 0.0972$
R（全部数据）	$R_1 = 0.0370$, $wR_2 = 0.0624$	$R_1 = 0.0235$, $wR_2 = 0.0588$	$R_1 = 0.0511$, $wR_2 = 0.1116$	$R_1 = 0.0223$, $wR_2 = 0.0522$	$R_1 = 0.0428$, $wR_2 = 0.1006$
最终残留电子密度峰/$e\text{Å}^{-3}$	0.358, -0.573	0.466, -0.747	0.354, -0.325	0.393, -0.555	0.305, -0.338

表 6 – 3　4DNP 部分过渡金属化合物的结构表征数据

化合物	4DNP 锰盐	4DNP 铜盐
分子式	$C_{10}H_{12}N_6O_4Mn$	$C_{10}H_{12}N_6O_{14}Cu$
分子量	495.20	503.80
晶系	单斜	单斜
空间群	P2(1)/n	P2(1)/n
a/nm	8.928(3)	9.4921(11)
b/nm	9.105(3)	8.7001(10)
c/nm	10.688(3)	10.2303(11)
α/(°)	90	90
β/(°)	97.984(3)	98.8390(10)
γ/(°)	90	90
V/nm³	860.4(4)	834.81(16)
Z	2	2
密度/(g/cm)	1.911	2.004
F(000)	502	510
扫描范围/(°)	2.79 ~ 25.50	2.73 ~ 25.49
收集衍射数据	6085	6009
独立衍射数据	1585 [$R(\text{int}) = 0.0295$]	1559 [$R(\text{int}) = 0.0165$]
$R[I > 2\sigma(1)]$	$R_1 = 0.0637$, $wR_2 = 0.1951$	$R_1 = 0.0228$, $wR_2 = 0.0626$
R（全部数据）	$R_1 = 0.0676$, $wR_2 = 0.1994$	$R_1 = 0.03256$, $wR_2 = 0.0649$
最终残留电子密度峰/$e\text{Å}^{-3}$	1.987, -0.492	0.303, -0.237

3. 4DNP 钠化合物的晶体结构

图 6 – 12 为 4DNP 钠化合物中的钠离子的六配位结构图,图 6 – 13 为 4DNP 钠化合物的晶胞堆积图。

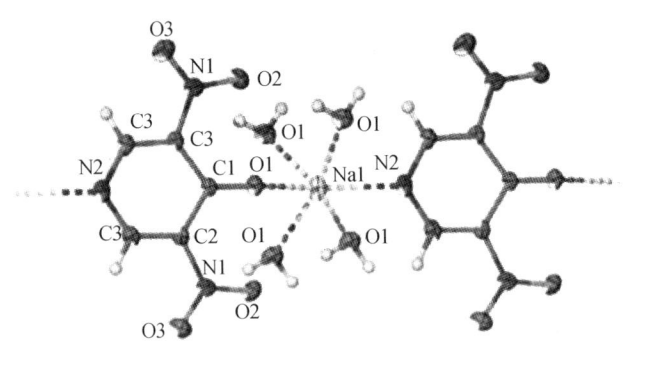

图 6 – 12   4DNP 钠化合物中的钠离子的六配位结构图

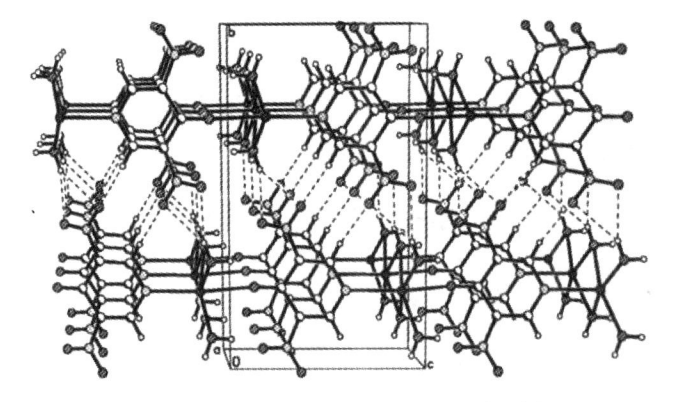

图 6 – 13   4DNP 钠化合物的晶胞堆积图

4DNP 钠化合物的晶体结构属于单斜晶系,P2(1)/m 点群,在晶胞单元中有两个分子单元。在该分子中,钠离子同两个 2 – 羟基 – 3,5 – 二硝基吡啶阴离子和四个配位水形成了六配体的四面体结构。在 c 轴方向上,配体通过其吡啶环上的氮原子和羰基氧原子连接已被四个水配位的钠离子形成了一条无限延伸的长链。链与链之间又通过水分子与钠离子形成的配位键连接成二维面,面与面之间通过氢键的作用形成三维网状结构。

4. 4DNP 铷化合物的晶体结构

图 6 – 14 为 4DNP 铷化合物中的配体的配位环境图,图 6 – 15 为 4DNP 铷化合物中的铷离子的十配位结构图。

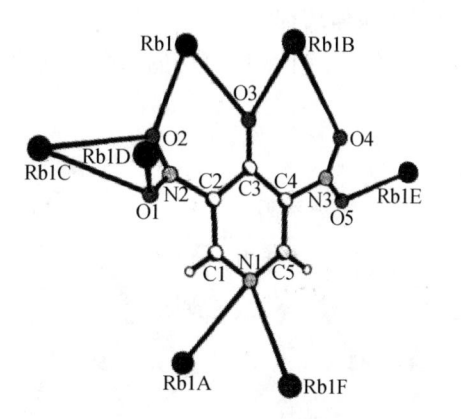

图 6 - 14　4DNP 铷化合物中的配体的配位环境图

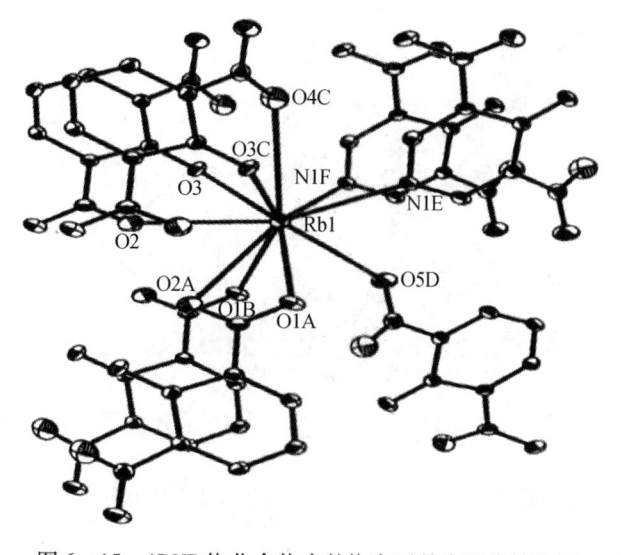

图 6 - 15　4DNP 铷化合物中的铷离子的十配位结构图

4DNP 铷化合物和 4DNP 铯化合物结构比较相似,都为单斜晶系,P2(1)/c 点群,4DNP 铷化合物中晶胞单元有两个分子,而在 4DNP 铯化合物中晶胞单元有四个分子。两种物质的阳离子和阴离子的配位环境一样,每一个不对称单元中有两个阳离子和两个阴离子。

在两个化合物中都存在氧桥键,将两个阳离子连接起来。沿 c 轴,由两个金属离子和两个桥氧原子组成的近似平行四边形结构单元 M2O2 无限延伸,其中 Rb - Rb 原子之间的距离为 0.5760nm,Cs - Cs 原子间的距离为 0.5861nm。沿着 a 轴,金属离子被两个氧桥键和一个氮桥键连接为无限长链,其中 Rb - Rb 原子之间的距离为 0.4021nm,Cs – Cs 原子间的距离为 0.4156nm,相比 c 轴的距离稍微短了一些。芳香环的距离都大于 0.4nm,所以没能形成 π – π 堆积。

5. 4DNP 镁化合物的晶体结构

图 6 – 16 为 4DNP 镁化合物的分子结构图,图 6 – 17 为 2DNP 镁化合物的晶胞堆积图。

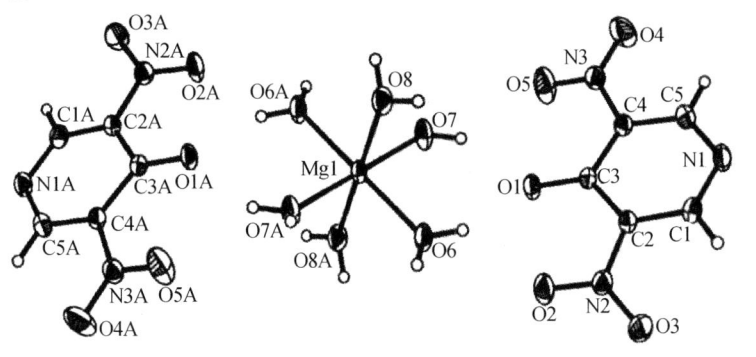

图 6 – 16　4DNP 镁化合物的分子结构图

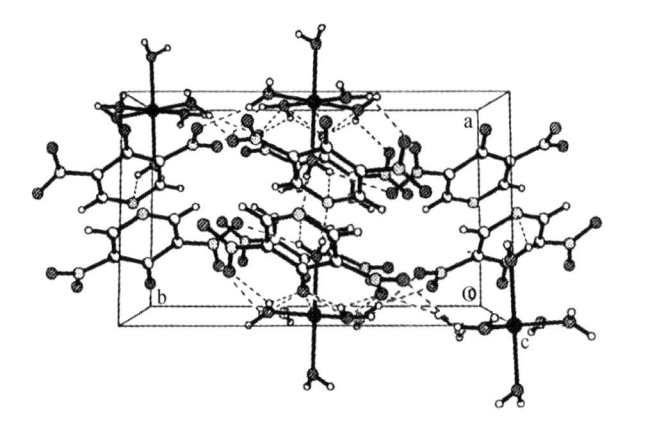

图 6 – 17　4DNP 镁化合物的晶胞堆积图

从图中可以看出,4DNP 镁化合物为单斜晶系,P2(1)/c 点群,在晶胞单元有两个分子单元。晶体的不对称单元包括一个镁离子、两个 2 – 羟基 – 3,5 – 二硝基吡啶阴离子和六个界内配位水,分子具有中心对称结构,Mg 原子位于对称中心。每个镁离子和六个配位水的氧原子直接形成了八面体结构中的水合络阳离子,而不是 2 – 羟基 – 3,5 – 二硝基吡啶阴离子直接与镁离子配位成盐。由于分子中氮氧氢体系的存在,为分子内和分子间形成氢键提供了有利条件,结晶水、配体和配位水之间形成了丰富的氢键,将配合物分子连接为空间三维结构。

6. 4DNP 钡化合物的晶体结构

图 6 – 18 为 4DNP 钡化合物的分子结构图,图 6 – 19 为 4DNP 钡化合物的晶胞堆积图。

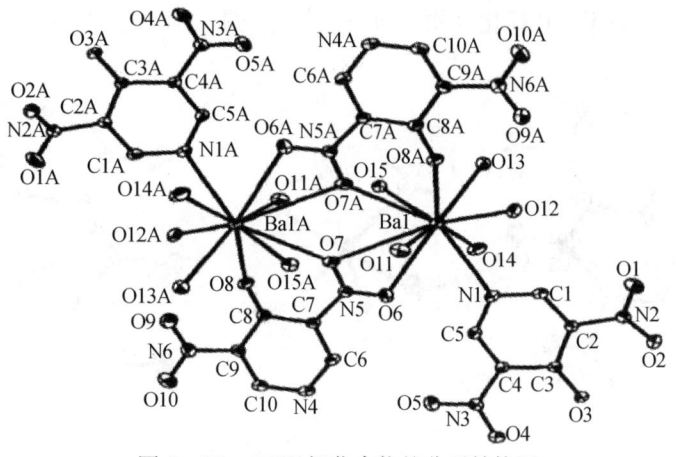

图 6 – 18　4DNP 钡化合物的分子结构图

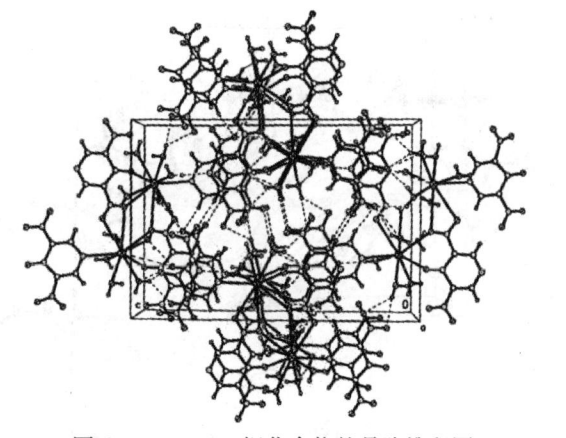

图 6 – 19　4DNP 钡化合物的晶胞堆积图

4DNP 钡化合物的晶体结构属于单斜晶系,P2(1)/n 点群,在晶胞单元中有两个分子单元。在中心对称的分子中,钡离子同两个配体阴离子和四个配位水形成了十配位结构。Ba – O 键的键长在 0.27204(16) ~ 0.32772(17) 的范围内,同文献报道的一致。羰基氧原子把两个钡原子连为二聚体单元,四条 Ba – O 形成了一个近似平行四边形的 Ba_2O_2 单元,由于分子中氮氢氧体系的存在,为分子间形成氢键提供了有利条件,配体和配位水之间形成了丰富的氢键,将二聚体连接为空间三维结构。

7. 4DNP 锰化合物的晶体结构

图 6 – 20 为 4DNP 锰化合物的分子结构图,图 6 – 21 为 4DNP 锰化合物的三维网状图。

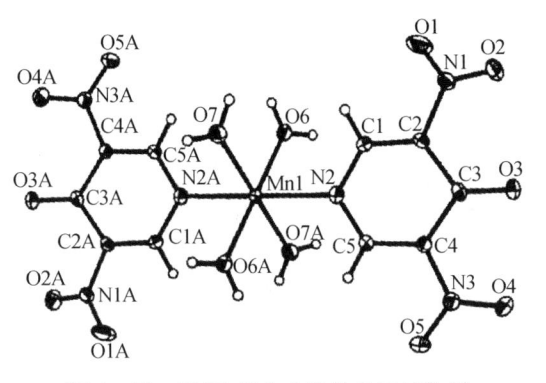

图 6 – 20　4DNP 锰化合物的分子结构图

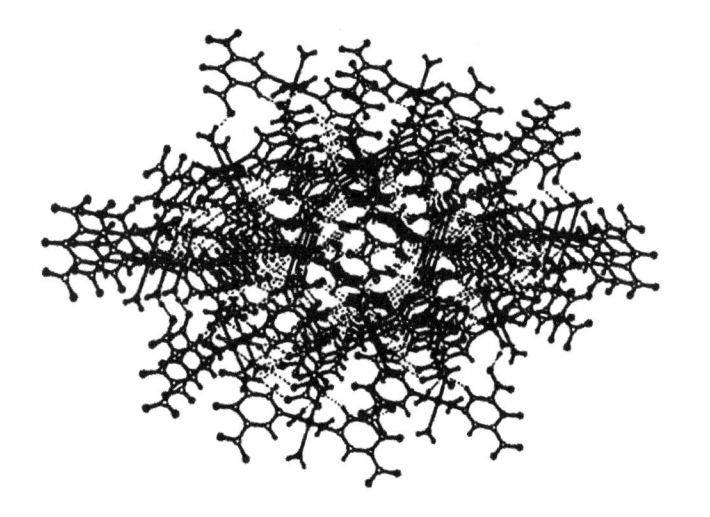

图 6 – 21　4DNP 锰化合物的三维网状图

由图可以看出,4DNP 锰化合物的锰原子分别与四个配位水中的 O 原子和来自两个不同的 4 – 羟基 – 3,5 – 二硝基吡啶配体的 N 原子配位。

在两条相邻的一维链的 4 – 羟基 – 3,5 – 二硝基吡啶配体的吡啶环之间,存在着 0.3694nm 的错位面对面的 π – π 堆积作用,一维链通过 π – π 堆积作用连接成二维超分子层,在二维超分子层与配位水之间存在的大量氢键,将配合物连接成为三维网状结构。

8. 4DNP 铜化合物的晶体结构

图 6-22 为 4DNP 铜化合物的分子结构图,图 6-23 为 4DNP 铜化合物的晶胞堆积图。

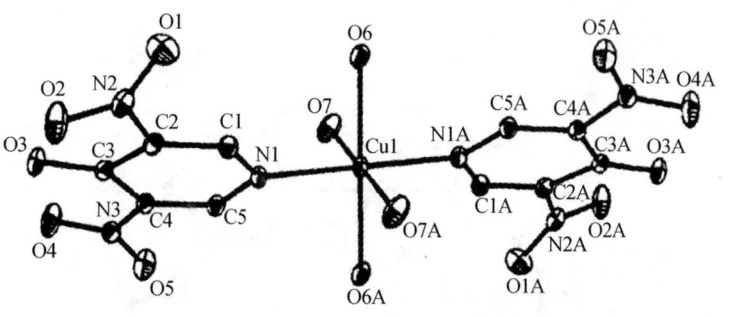

图 6-22　4DNP 铜化合物的分子结构图

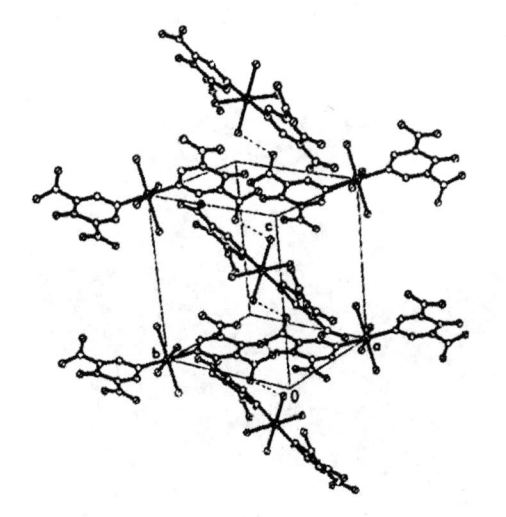

图 6-23　4DNP 铜化合物的晶胞堆积图

由图可以看出,4DNP 铜化合物的铜原子分别与四个配位水中的 O 原子和来自两个不同的 4-羟基-3,5-二硝基吡啶配体的 N 原子配位。配体和水分子之间存在分子间氢键作用,大量氢键的存在增强了分子的稳定性。

6.2.3　4-羟基-3,5-二硝基吡啶氮氧化物(4HDNPO)金属化合物

6.2.3.1　4HDNPO 碱金属化合物制备

对于具有较强碱性的化合物,可以直接与 4HDNPO 发生酸碱中和反应而成

盐。其一般合成步骤为：在 100mL 三口瓶中分别加入 60mL 去离子水、2.01g(0.01mol)4HDNPO 和等量的相应碱性化合物,60℃下搅拌 1h 后,减压除水,残留物干燥后即为所需产物盐。

1. 4HDNPO 钠化合物的合成

在乙醇中重结晶得到暗红色粉末固体 1.78g,收率 74.2%。

IR(KBr,v,cm^{-1})：1662(C=O), 1573(C=C), 1461, 1348(—NO$_2$), 1240(—C—N)。

元素分析 C$_5$H$_2$N$_3$O$_6$Na（%）：

计算值：C 26.72, H 0.90, N 18.84;

实测值：C 26.40, H 1.04, N 19.18。

2. 4HDNPO 铷化合物的合成

在乙醇中重结晶得到黄色粉末固体 2.1g,收率 74%。

IR(KBr,v,cm^{-1})：1667(C=O),1500(C=C),1598,1350(—NO$_2$),1288(—C—N)。

元素分析 C$_5$H$_2$N$_3$O$_6$Rb（%）：

计算值：C 24.68, H 1.04, N 17.27;

实测值：C 24.98, H 1.06, N 17.04。

3. 4HDNPO 铯化合物的合成

在乙醇中重结晶得到黄色粉末固体 2.3g,收率 72.5%。

IR(KBr,v,cm^{-1})：1669(C=O), 1496(C=C), 1544, 1347(—NO$_2$), 1272(—C—N)。

元素分析 C$_5$H$_2$N$_3$O$_6$Cs(%)：

计算值：C 18.03, H 0.61, N 12.62;

实测值：C 18.05, H 0.65, N 12.41。

4. 4HDNPO 镁化合物的合成

在甲醇中重结晶得到黄色粉末固体 1.44g,收率 36.7%。

IR(KBr,v,cm^{-1})：3425(O—H), 1660(C=O), 1544(C=C), 1486, 1328(—NO$_2$), 1259(—C—N)。

元素分析 C$_{10}$H$_4$N$_6$O$_{12}$Mg（%）：

计算值：C 28.31, H 0.95, N 19.80;

实测值：C 27.93, H 0.85, N 20.23。

5. 4HDNPO 钡化合物的合成

乙醇重结晶,得到黄色粉末固体 2.23g,收率 83.1%。

IR(KBr,v,cm^{-1})：3583（O—H），1660（C=O），1557（C=C），1461，1342（—NO$_2$），1249（—C—N）。

元素分析 C$_{10}$H$_4$N$_6$O$_{12}$Ba（%）：

计算值：C 23.60，H 1.70，N 14.81；

实测值：C 24.49，H 1.53，N 15.22。

6.2.3.2　4HDNPO 过渡金属化合物制备

对于一些以硝酸盐或硫酸盐形式存在的金属阳离子，通常合成其盐是通过阴离子的钠盐进行复分解，利用硝酸钠或硫酸钠在水中可溶，其他金属化合物在水中不溶的特点来合成。

其一般合成步骤为：在 100mL 三口瓶中分别加入 10mL 去离子水、2.01g（0.01mol）4HDNPO 和等摩尔量的氢氧化钠至 pH = 9～10，50℃ 下搅拌 0.5h 后，再加入相应摩尔量的金属硝酸盐水溶液，65℃ 下搅拌 1h 后，减压除水，残留物干燥后即为所需产物盐。

1. 4HDNPO 钴化合物的合成

该产物在乙醇中重结晶，得到暗黄色固体 1.66g，收率 72.5%。

IR(KBr,v,cm^{-1})：1666（C=O），1565（C=C），1492，1348（—NO$_2$），1263（—C—N）。

元素分析 C$_{10}$H$_4$N$_6$O$_{12}$Co（%）：

计算值：C 28.37，H 3.87，N 16.54；

实测值：C 27.71，H 3.63，N 17.07。

2. 4HDNPO 锌化合物的合成

该产物在乙醇中重结晶，得到灰红色固体 1.80g，收率 77.4%。

IR(KBr,v,cm^{-1})：1630（C=O），1542（C=C），1491，1346（—NO$_2$），1233（—C—N）。

元素分析 C$_{10}$H$_4$N$_6$O$_{12}$Zn（%）：

计算值：C 22.34，H 2.25，N 15.63；

实测值：C 21.72，H 2.61，N 16.06。

3. 4HDNPO 铜化合物的合成

得固体 1.15g，收率 87.4%。

IR(KBr,v,cm^{-1})：3459（O—H），1663（C=O），1569，1347（—NO$_2$），1259（—C—N）。

元素分析 C$_{10}$H$_4$N$_6$O$_{12}$Cu·4H$_2$O（%）：

计算值：C 22.35，H 2.24，N 15.90；

实测值：C 22.40，H 2.24，N 15.69。

4. 4HDNPO 铅化合物的合成

得桔色固体 1.80g，收率 88.4%。

IR（KBr，υ，cm^{-1}）：1688（C＝O），1566，1336（—NO$_2$），1240（—C—N）。

元素分析 $C_{10}H_4N_6O_{12}Pb$（%）：

计算值：C 19.77，H 0.66，N 13.84；

实测值：C 20.00，H 0.67，N 13.88。

6.2.3.3　4HDNPO 金属化合的晶体结构

1. 单晶的培养

从溶液中结晶化合物是单晶生长的最常用形式。将一定量的 4HDNPO 铷化合物、铯化合物、钴化合物、锌化合物和铜化合物分别加入一定蒸馏水中，充分搅拌，过滤，滤液在 30℃ 恒温水浴箱中放置，缓慢蒸发，生长出适合进行单晶 X 射线衍射的针状或片状晶体。

2. X 射线衍射数据的采集与修正

显微镜下切割尺寸分别为 0.15mm×0.12mm×0.17mm、0.18mm×0.16mm×0.10mm、0.20mm×0.25mm×0.14mm、0.28mm×0.08mm×0.04mm 的 4HDNPO 铷、铯、钴、锌和铜化合物晶体，利用 SMART APEX CCD 单晶 X 射线仪，石墨为单色器，Mo Kα radiation（λ＝0.071073nm）靶，使用 Oxford Cobra 低温仪在 296（2）K 下测量，以 ω 扫描方式在一定 θ 范围内收集衍射数据，使用 SAINT[v7.60A] 和 XPREP[v2008/2] 进行数据采集和晶胞的初始提取，全部强度数据利用 SADABS[v2008/1] 进行了 Lp 因子和经验吸收校正，单晶结构使用 SHELXTL - plus[v2008/4] 进行结构精修。非氢原子在不同的傅里叶图上找到，氢原子通过理论加氢确定。在计算机上完成所有计算，具体数据如表 6 - 4 和表 6 - 5 所示。

表 6 - 4　4HDNPO 部分碱金属化合物的结构表征数据

化合物	4HDNPO 铷盐	4HDNPO 铯盐	4HDNPO 钡盐
分子式	$C_{10}H_5N_6O_{12}Rb$	$C_5H_2N_3O_6Cs$	$C_{10}H_{16}N_6O_{18}Mg$
相对分子质量	486.67	500.60	645.63
晶系	三斜	单斜	正交
空间群	P - 1	C2/c	Fdd2

化合物	4HDNPO 铷盐	4HDNPO 铯盐	4HDNPO 钡盐
a/nm	0.80465(2)	1.8921(15)	2.4143(3)
b/nm	0.96263(3)	0.77396(6)	2.6133(3)
c/nm	1.05238(3)	1.52842(11)	0.65855(7)
$\alpha/(°)$	87.392(2)	90	90
$\beta/(°)$	89.515(2)	126.89(10)	90
$\gamma/(°)$	79.156(2)	90	90
V/nm^3	0.79968(4)	1.7901(2)	0.4154(8)
Z	2	8	8
密度/(g/cm)	2.021	2.471	2.064
F(000)	480.0	1248	2544
扫描范围/(°)	2.58~28.30	2.69~27.50	3.12~25.50
收集衍射数据	7758	5243	5451
独立衍射数据	2613 [$R(\text{int})$ = 0.0887]	1604 [$R(\text{int})$ = 0.0290]	1907 [$R(\text{int})$ = 0.0151]
$R[I>2\sigma(1)]$	$R_1 = 0.0483$, $wR_2 = 0.0682$	$R_1 = 0.0248$, $wR_2 = 0.0330$	$R_1 = 0.0123$, $wR_2 = 0.0309$
R(全部数据)	$R_1 = 0.1141$, $wR_2 = 0.1184$	$R_1 = 0.0696$, $wR_2 = 0.0743$	$R_1 = 0.0127$, $wR_2 = 0.0312$
最终残留电子密度峰/eÅ^{-3}	0.581, -0.490	0.689, -0.826	0.212, -0.235

表6-5　4HDNPO 部分过渡金属化合物的结构表征数据

化合物	4HDNPO 钴盐	4HDNPO 锌盐	4HDNPO 铜盐
分子式	$C_{16}H_{26}N_8O_{18}Co$	$C_{10}H_{12}N_6O_{16}Zn$	$C_{10}H_{12}N_6O_{16}Cu$
相对分子质量	677.38	537.63	535.80
晶系	单斜	单斜	单斜
空间群	P2(1)/n	P2(1)/n	P2(1)/n
a/nm	0.11696(11)	0.84154(10)	0.83705(10)
b/nm	0.99132(10)	0.99806(12)	0.99307(12)
c/nm	1.2100(12)	1.05695(13)	1.05771(12)
$\alpha/(°)$	90	90	90

化合物	4HDNPO 钴盐	4HDNPO 锌盐	4HDNPO 铜盐
$\beta/(°)$	92.1330(10)	97.3500(10)	98.021(2)
$\gamma/(°)$	90	90	90
V/nm^3	1.4020(2)	0.88045(18)	0.87062(18)
Z	2	2	2
密度/(g/cm)	1.6054	2.028	2.044
F(000)	698	544	542
扫描范围/(°)	2.66~25.50	2.82~25.50	2.83~25.20
收集衍射数据	10394	5803	4310
独立衍射数据	2603 [$R(\text{int}) = 0.0223$]	1633 [$R(\text{int}) = 0.0167$]	1375 [$R(\text{int}) = 0.0193$]
$R[I > 2\sigma(1)]$	$R_1 = 0.0391$, $wR_2 = 0.0997$	$R_1 = 0.0237$, $wR_2 = 0.0633$	$R_1 = 0.0276$, $wR_2 = 0.0797$
R(全部数据)	$R_1 = 0.0460$, $wR_2 = 0.1055$	$R_1 = 0.0257$, $wR_2 = 0.0650$	$R_1 = 0.0309$, $wR_2 = 0.0810$
最终残留电子密度峰 /eÅ^{-3}	0.902, −0.695	0.580, −0.374	0.582, −0.390

3. 4HDNPO 铷化合物的晶体结构

图 6-24 为 4HDNPO 铷化合物中的铷离子的十一配位结构图，图 6-25 为 4HDNPO 铷化合物中的配体阴离子和中性配体分子的配位结构图。

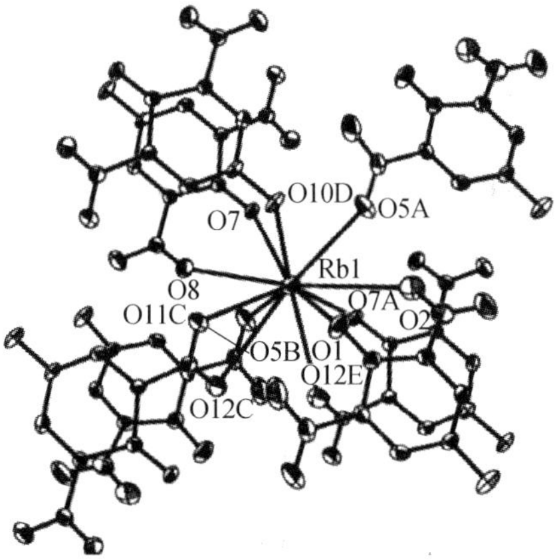

图 6-24　4HDNPO 铷化合物中的铷离子的十一配位结构图

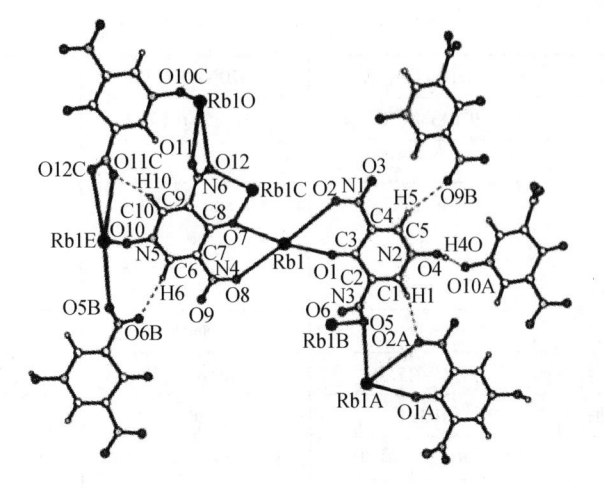

图 6 – 25　4HDNPO 铷化合物中的配体阴离子和中性配体分子的配位结构图

4HDNPO 铷化合物的晶体结构属于三斜晶系,P – 1 点群,在晶胞单元中有两分子单元。在该分子中,晶体的不对称单元包含一个铷离子、一个 2 – 羟基 – 3,5 – 二硝基吡啶氮氧化阴离子和一个 2 – 羟基 – 3,5 – 二硝基吡啶氮氧化分子。

每一个铷离子和 7 个配体形成了 11 配位结构,其中有三个中性配体和四个配体阴离子。三个中性配体和阳离子配对时有一个用硝基上的两个氧形成二齿配位,另外两个配体通过硝基上的氧形成单齿配体。四个配体阴离子中有三个以羧基氧和硝基氧形成二齿配位,另一个配体阴离子以氮氧化氧原子和铷离子配位。

在晶体结构自组装的时候,铷离子将配体阴离子和中性配体分子连接起来,同时在中性配体分子上发生了从 O1 到 O4 的质子转移。两个配体通过转移的质子形成的氢键连接为一个一价的共阴离子,O – O 之间的距离为 0.2435(3) nm。不对称的结构单元通过共阴离子的之间形成的氢键扩展为二维面。

4. 4HDNPO 铯化合物的晶体结构

图 6 – 26 为 4HDNPO 铯化合物中的铯离子的十配位结构图。图 6 – 27 为 4HDNPO 铯化合物中的配体同铯离子的配位结构图。

4HDNPO 铯化合物的晶体结构属于单斜晶系,C2/c 点群,在晶胞单元中有八个分子单元。在该分子中,晶体的不对称单元包含一个铯离子和一个 2 – 羟基 – 3,5 – 二硝基吡啶氮氧化阴离子。

每一个铯离子和 7 个配体形成了 10 配位结构。一个配体铯离子和七个金属离子配位,羧基氧原子桥连两个铯离子,吡啶环上的氮原子也桥连了两个铯离子。

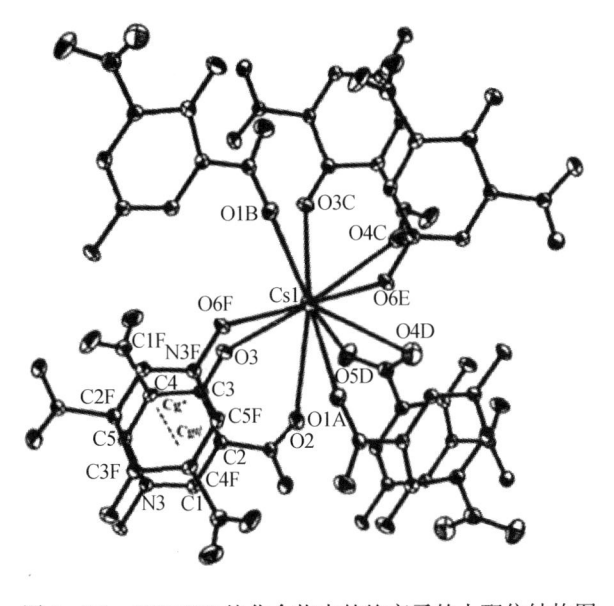

图 6 - 26　4HDNPO 铯化合物中的铯离子的十配位结构图

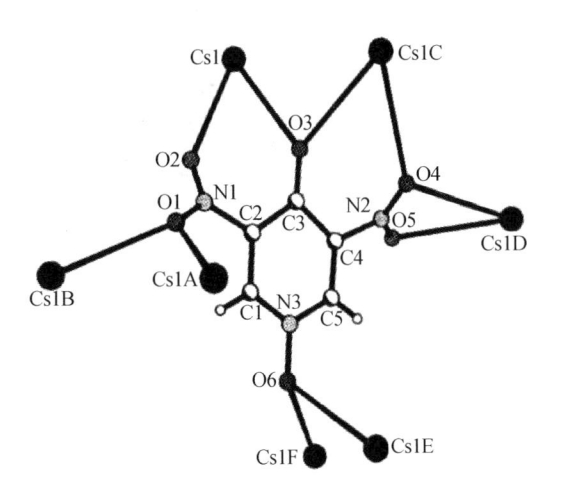

图 6 - 27　4HDNPO 铯化合物中的配体同铯离子的配位结构图

在晶体结构自组装过程中,氧桥键表现了非常重要的作用。沿着 b 轴,双氧桥键和四氧桥键交替连接铯离子形成了一个波浪形的长链。

5. 4HDNPO 钡化合物的晶体结构

图 6 - 28 为 4HDNPO 钡化合物的分子结构图,图 6 - 29 为 4HDNPO 钡化合物的晶胞堆积图。

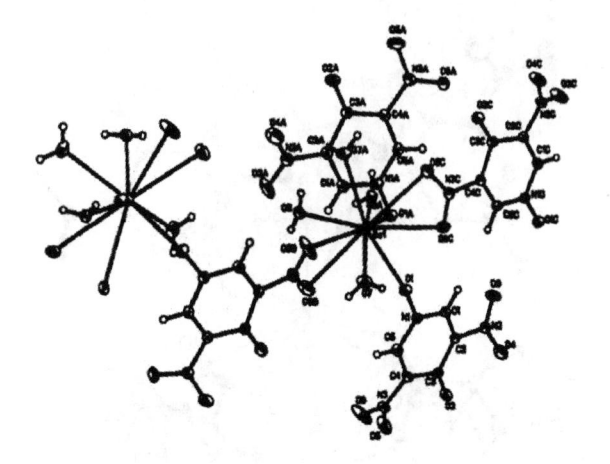

图 6 - 28　4HDNPO 钡化合物的分子结构图

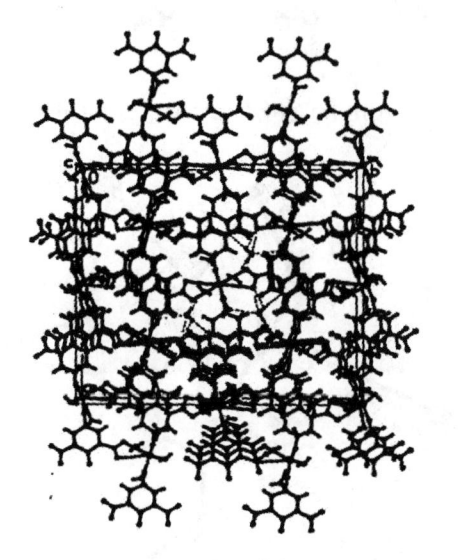

图 6 - 29　4HDNPO 钡化合物的晶胞堆积图

4HDNPO 钡化合物的晶体结构属于正交晶系,Fdd2 点群,在该分子中,钡离子同配体阴离子上的一个硝基通过 O－O 螯合,与吡啶环上的 N－O 羰基通过单齿配位,同时结合四个配位水形成了十配位结构。另外,分子中还包含四个结晶水。

6. 4HDNPO 钴化合物的晶体结构

图 6 - 30 为 4HDNPO 钴化合物的分子结构图。

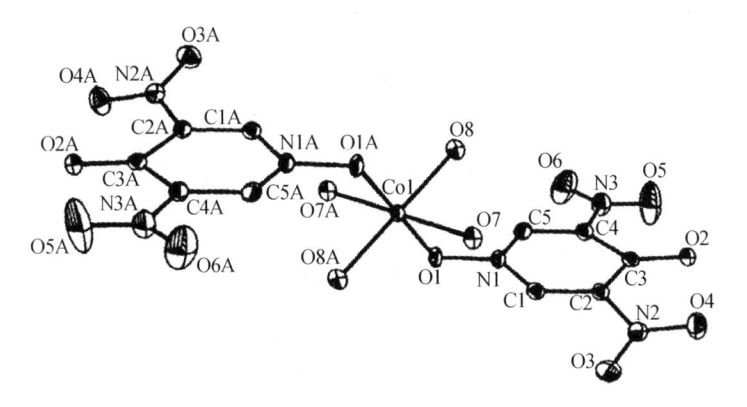

图 6-30 4HDNPO 钴化合物的分子结构图

4HDNPO 钴化合物的钴同分别来自于四个配位水和两个配体的六个氧原子形成了严重畸变的八面体结构。四个配位水的氧占据平伏位置,表明四个配位水在以钴原子为中心的赤道平面上。两个氮氧化氧原子占据着八面体的轴向位置。

7. 4HDNPO 锌化合物的晶体结构

图 6-31 为 4HDNPO 锌化合物的分子结构图,图 6-32 为 4HDNPO 锌化合物的晶胞堆积图。

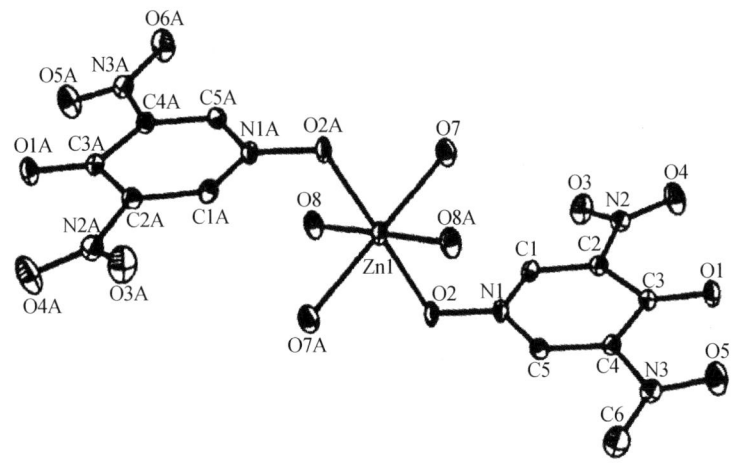

图 6-31 4HDNPO 锌化合物的分子结构图

4HDNPO 锌化合物的锌同分别来自于四个配位水和两个配体的六个氧原子形成了变形的中心对称的八面体结构。四个配位水的氧占据平伏位置,表明四个配位水在以锌原子为中心的赤道平面上。两个氮氧化氧原子占据着八面体的

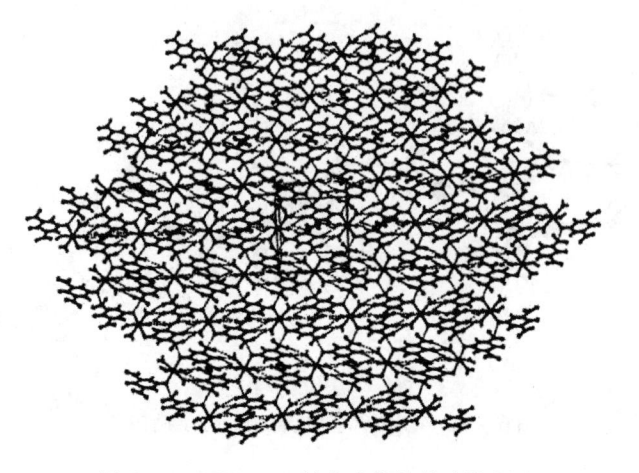

图 6 – 32   4HDNPO 锌化合物的晶胞堆积图

轴向位置。吡啶环上的氧原子除 N – O 上的 O 未参与氢键的形成外,其余的五个氧原子均参与了氢键的形成,配位水与 4HDNPO 之间的氢键使各个晶胞互相连接堆积,形成三维无线延伸结构。

8. 4HDNPO 铜化合物的晶体结构

图 6 – 33 为 4HDNPO 铜化合物的分子结构图。

Cu1 – O4 的键长短于 Cu1 – OW 的平均键长,表明铜的配合物形成了一个被压扁的八面体构型。在配体分子中存在两个非常微弱的分子内氢键,配合物的分子单元通过四个配位水与邻近的分子形成三中心氢键,将分子连接为无限延伸的一维链。一维链又通过氢键形成二维面。

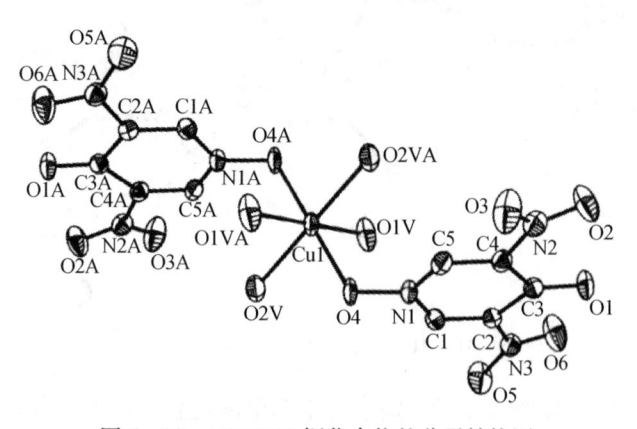

图 6 – 33   4HDNPO 铜化合物的分子结构图

6.3 二唑或三唑类含能催化剂

近十年来,多硝基吡唑和多硝基咪唑等二唑类化合物是含能材料研究的热点之一,如4-氨基-3,5-二硝基吡唑、2,4-二硝基咪唑等[25,26]。由于其热稳定好、感度较低,能量较高,因此,具有良好的应用前景。另外,由于该类化合物结构中含有酸性氢,可与金属反应制备含能燃烧催化剂。因此选择硝基二唑类含能材料作为合成含能金属盐的原料,设计制备了一系列硝基二唑类含能金属盐作为燃烧催化剂。

6.3.1 4-氨基-3,5-二硝基吡唑(LLM-116)金属化合物[27-31]

6.3.1.1 4-氨基-3,5-二硝基吡唑碱金属化合物制备

对于具有较强碱性的化合物,可以直接与4-氨基3,5-二硝基吡唑发生酸碱中和反应而成盐,反应方程式如图6-34所示。

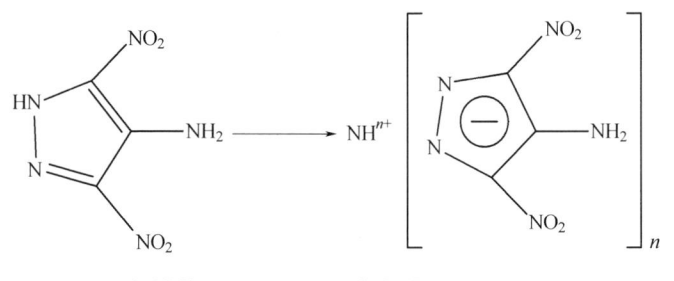

n=1 M=K n=2 M=Ba

图6-34 4-氨基3,5-二硝基吡唑碱金属化合物的制备

其一般合成步骤为:在50mL三口瓶中分别加入10mL去离子水、1.78g(0.01mol)4-氨基3,5-二硝基吡唑和等量的相应碱性化合物,50℃下搅拌1h后,减压除水,残留物干燥后即为所需产物盐。

1. 4-氨基3,5-二硝基吡唑钾化合物的合成

在乙醇中重结晶得到红色固体1.8g,收率86.3%。

IR(KBr, v, cm^{-1}):1570,1372(—NO$_2$),3446,3341,950(—NH$_2$),1638,1441,829,750(Pyrazol)。

元素及荧光分析 C$_3$H$_2$N$_5$O$_4$K·H$_2$O(%):

计算值:C 15.72, H 1.747, N 30.57, K 17.03;

实测值:C 15.69, H 1.740, N 30.09, K 17.10。

2. 4－氨基3,5－二硝基吡唑钡化合物的合成

该产物直接从水中析出,反应结束后冷却,直接过滤,甲醇洗涤得到红色固体2.1g,收率88.3%。

IR（KBr,υ,cm^{-1}）:1472,1338（—NO$_2$）,3453,3356,926（—NH$_2$）,1652,1423,846,757（Pyrazol）。

元素及荧光分析 C$_6$H$_4$N$_{10}$O$_8$Ba·3H$_2$O（%）:

计算值:C 13.56,H 1.883,N 26.37,Ba 25.80;

实测值:C 13.54,H 1.887,N 26.31,Ba 25.77。

6.3.1.2　4－氨基－3,5－二硝基吡唑过渡金属化合物制备

对于一些以硝酸盐或硫酸盐形式存在的金属阳离子,通常合成其盐是通过阴离子的钠盐进行复分解,利用硝酸钠或硫酸钠在水中可溶,其他金属化合物在水中不溶的特点来合成。反应方程式如图6－35所示。

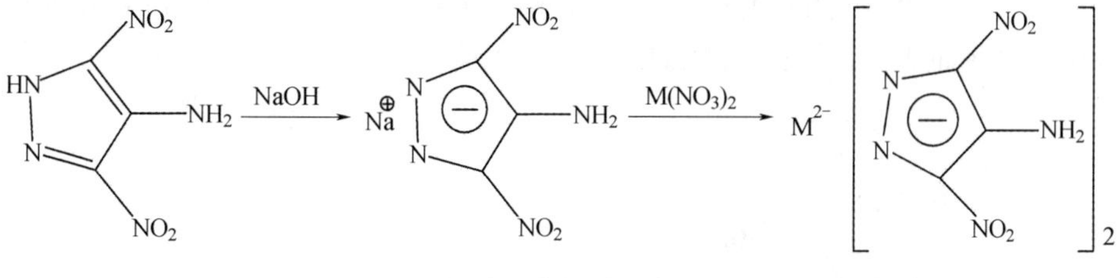

M=Co, Ni, Cu, Zn, Pb

图6－35　4－氨基3,5－二硝基吡唑过渡金属化合物的制备

其一般合成步骤为:在 50mL 三口瓶中分别加入 10mL 去离子水、1.78g(0.01mol)4－氨基3,5－二硝基吡唑和等摩尔量的氢氧化钠至 pH=9～10,50℃下搅拌 1h 后,再加入相应摩尔量的金属硝酸盐水溶液,75℃下搅拌 2h 后,减压除水,残留物干燥后即为所需产物盐。

1. 4－氨基3,5－二硝基吡唑钴化合物的合成

该产物直接从水中析出,反应结束后冷却,直接过滤,得到暗红色固体1.7g,收率85.0%。

IR（KBr,υ,cm^{-1}）:1581,1392（—NO$_2$）,3422,3322,961（—NH$_2$）,1648,1467,829,752（Pyrazol）。

元素及荧光分析 C$_6$H$_4$N$_{10}$O$_8$Co·2H$_2$O（%）:

计算值:C 16.56,H 1.840,N 32.19,Co 13.54;

实测值:C 16.52,H 1.843,N 32.16,Co 13.51。

2. 4－氨基3,5－二硝基吡唑镍化合物的合成

该产物直接从水中析出,反应结束后冷却,直接过滤,得到暗红色固体1.7g,收率85.0%。

IR(KBr,v,cm^{-1}):1583,1393(—NO$_2$),3418,3319,964(—NH$_2$),1650,1467,832,756(Pyrazol)。

元素及荧光分析 C$_6$H$_4$N$_{10}$O$_8$Ni·2H$_2$O(%):

计算值:C 16.56,H 1.840,N 32.19,Ni 13.54;

实测值:C 16.54,H 1.842,N 32.12,Ni 13.49。

3. 4－氨基3,5－二硝基吡唑铜化合物的合成

该产物直接从水中析出,反应结束后冷却,直接过滤,得到暗红色固体1.9g,收率91.6%。

IR(KBr,v,cm^{-1}):1573,1378(—NO$_2$),3446,3340,952(—NH$_2$),1638,1441,829,751(Pyrazol)。

元素及荧光分析 C$_6$H$_4$N$_{10}$O$_8$Cu·2H$_2$O(%):

计算值:C 16.38,H 1.820,N 31.85,Cu 14.45;

实测值:C 16.36,H 1.822,N 31.80,Cu 14.41。

4. 4－氨基3,5－二硝基吡唑锌化合物的合成

该产物直接从水中析出,反应结束后冷却,直接过滤,得到黄色固体1.8g,收率88.7%。

IR(KBr,v,cm^{-1}):1472,1332(—NO$_2$),3474,3362,1008(—NH$_2$),1639,1444,854,758(Pyrazol)。

元素及荧光分析 C$_6$H$_4$N$_{10}$O$_8$Zn(%):

计算值:C 17.76,H 0.987,N 34.53,Zn 16.13;

实测值:C 17.73,H 0.991,N 34.49,Zn 16.10。

5. 4－氨基3,5－二硝基吡唑铅化合物的合成

该产物直接从水中析出,反应结束后冷却,直接过滤,得到黄色固体2.5g,收率92.3%。

IR(KBr,v,cm^{-1}):1572,1377(—NO$_2$),3445,3344,953(—NH$_2$),1641,1445,833,757(Pyrazol)。

元素及荧光分析 C$_6$H$_4$N$_{10}$O$_8$Pb(%):

计算值:C 13.07,H 0.731,N 25.41,Pb 37.57;

实测值:C 12.95,H 0.758,N 25.62,Pb 37.60。

6.3.1.3 4－氨基－3,5－二硝基吡唑金属化合物的晶体结构

1. 单晶的培养

从溶液中结晶化合物是单晶生长的最常用形式。将一定量的4－氨基－3,5－二硝基吡唑钾化合物、铜化合物、钡化合物和钴化合物分别加入一定蒸馏水中,充分搅拌,过滤,滤液在30℃恒温水浴箱中放置,缓慢蒸发,生长出适合进行单晶X射线衍射的针状或片状晶体。

2. X射线衍射数据的采集与修正

显微镜下切割尺寸分别为0.16mm×0.14mm×0.14mm、0.20mm×0.17mm×0.08mm、0.25mm×0.19mm×0.09mm、0.14mm×0.12mm×0.06mm的4－氨基－3,5－二硝基吡唑钾、铜、钡和钴化合物晶体,利用SMART APEX CCD单晶X射线仪,石墨为单色器,Mo Kα radiation ($\lambda = 0.071073$nm)靶,使用Oxford Cobra低温仪在296(2)K下测量,以ω扫描方式在一定θ范围内收集衍射数据,使用SAINT[v7.60A]和XPREP[v2008/2]进行数据采集和晶胞的初始提取,全部强度数据利用SADABS[v2008/1]进行了Lp因子和经验吸收校正,单晶结构使用SHELXTL－plus[v2008/4]进行结构精修[32-35]。非氢原子在不同的傅里叶图上找到,氢原子通过理论加氢确定。在计算机上完成所有计算,具体数据如表6－6所示。

表6－6 LLM－116部分金属化合物的结构表征数据

化合物	LLM－116钾盐	LLM－116铜盐	LLM－116钡盐	LLM－116钴盐
分子式	$C_3H_4N_5O_5K$	$C_6H_{12}CuN_{10}O_{12}$	$C_6H_{10}N_{10}O_{11}Ba$	$C_6H_{12}N_{10}O_{12}Co$
CCDC号	901302	959099	902744	959098
相对分子质量	229.21	479.80	535.58	475.18
晶系	单斜	三斜	单斜	三斜
空间群	P2(1)/n	P^{-1}	P2(1)/c	P^{-1}
a/Å	12.706(3)	5.541(3)	6.7465(15)	5.394(3)
b/Å	9.3334(18)	7.926(4)	30.129(7)	7.813(4)
c/Å	13.792(3)	10.231(5)	9.286(2)	10.693(8)
α/(°)	90	103.737(8)	90	103.126(12)
β/(°)	102.513(3)	101.372(8)	108.098(3)	100.144(13)
γ/(°)	90	107.519(8)	90	107.804(9)
V/Å^3	1596.8(5)	398.3(3)	1794.1(7)	402.9(4)
Z	2	1	4	2

化合物	LLM – 116 钾盐	LLM – 116 铜盐	LLM – 116 钡盐	LLM – 116 钴盐
密度(g/cm)	1.907	2.000	1.983	1.958
F(000)	928	243	1040	241
扫描范围/(°)	1.98 ~ 29.47	2.14 ~ 25.5	2.70 ~ 28.4	2.87 ~ 25.99
收集衍射数据	9971	2083	10929	2048
独立衍射数据	4199 [R(int) = 0.0197]	1470 [R(int) = 0.0707]	4314 [R(int) = 0.0229]	1548 [R(int) = 0.0765]
$R[I > 2\sigma(1)]$	$R_1 = 0.0389$, $wR_2 = 0.1012$	$R_1 = 0.0532$, $wR_2 = 0.1005$	$R_1 = 0.0541$, $wR_2 = 0.1505$	$R_1 = 0.0363$, $wR_2 = 0.0855$
R(全部数据)	$R_1 = 0.0610$, $wR_2 = 0.1134$	$R_1 = 0.0815$, $wR_2 = 0.1068$	$R_1 = 0.0582$, $wR_2 = 0.1525$	$R_1 = 0.0434$, $wR_2 = 0.0891$
最终残留电子密度峰/e$\mathring{A}^{-3}$	0.316, −0.392	0.770, −0.580	3.590, −2.837	0.780, −0.444

3. 4 – 氨基 – 3,5 – 二硝基吡唑钾化合物的晶体结构

图 6 – 36 为 4 – 氨基 – 3,5 – 二硝基吡唑钾化合物的分子结构图,图 6 – 37 为 4 – 氨基 – 3,5 – 二硝基吡唑钾化合物的晶胞结构堆积图。

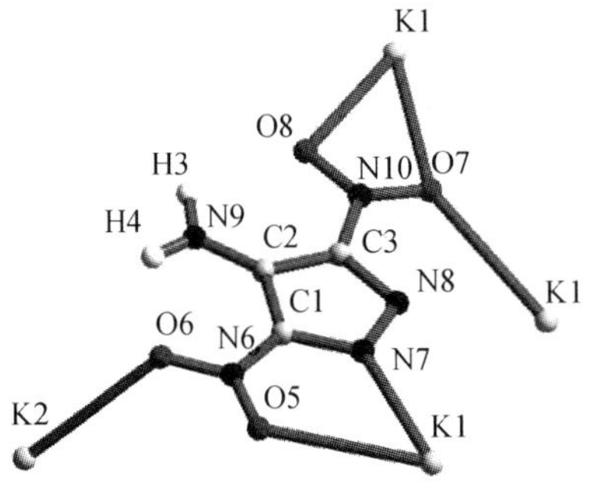

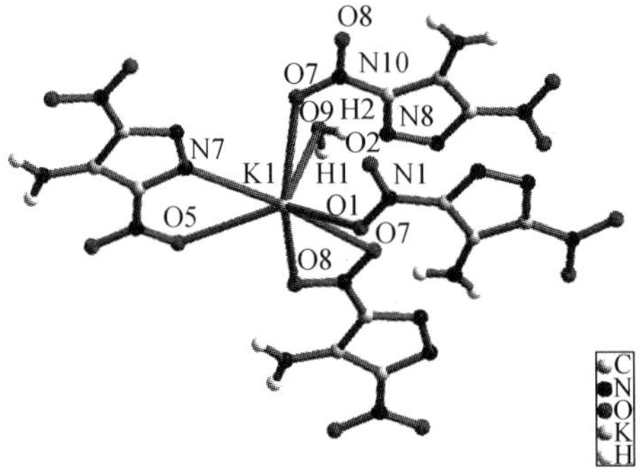

图 6 – 36 4 – 氨基 – 3,5 – 二硝基吡唑钾化合物的分子结构图

从 ADNPK 的晶体结构数据分析可知,该化合物为单斜晶系,P2(1)/n 空间群,该晶体是由一个钾阳离子、一个配体 4 – 氨基 – 3,5 – 二硝基吡唑阴离子和一个结晶水组成。每个钾离子与五个配体配位,配位数为七。其中,两个配体是双齿配体,两个配体为单齿配体,一个配体为结晶水。一个双齿配体来自硝基上的氧原子和吡唑环上的氢原子,另一个双齿配体来自于硝基上的氧原子,两个单齿配体是硝基上的氧原子。从 4 – 氨基 – 3,5 – 二硝基吡唑钾盐的键长表中可以看出,K – N 的距离为 2.8129Å,K – O 的距离介于 0.8575 ~ 2.9728Å,而结晶水上的氧原子与钾的距离为 3.190Å,这说明结晶水极易去除。从 DSC 数据(略)上也可以看出,K –

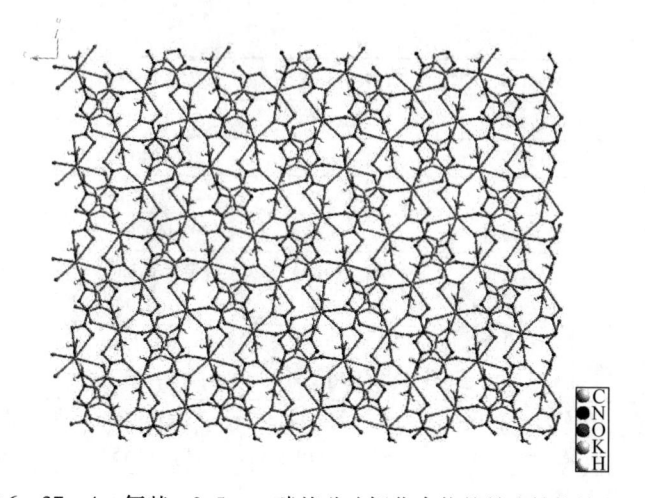

图 6-37　4-氨基-3,5-二硝基吡唑钾化合物的晶胞结构堆积图

N 的稳定性优于 K-O,其原因是 K-N 键长比 K-O 要短。

4. 4-氨基-3,5-二硝基吡唑铜化合物的晶体结构

图 6-38 为 4-氨基-3,5-二硝基吡唑铜化合物的分子结构图,图 6-39 为 4-氨基-3,5-二硝基吡唑铜化合物的晶胞结构堆积图。

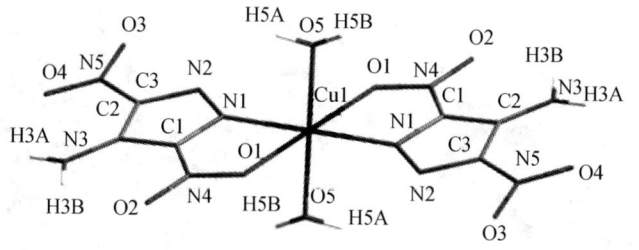

图 6-38　4-氨基-3,5-二硝基吡唑铜化合物的分子结构图

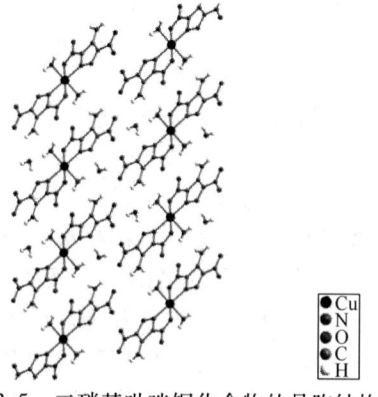

图 6-39　4-氨基-3,5-二硝基吡唑铜化合物的晶胞结构堆积图

从4-氨基-3,5-二硝基吡唑铜化合物的晶体结构数据分析可知,该化合物为三斜晶系,P^{-1}空间群,该晶体是由一个铜阳离子、两个配体4-氨基-3,5-二硝基吡唑阴离子和两个结晶水组成。每个铜离子与四个配体配位,配位数为六。其中,两个配体是双齿配体,两个配体为结晶水。两个双齿配体均来自硝基上的氧原子和吡唑环上的氢原子。从4-氨基-3,5-二硝基吡唑铜化合物的键长表中可以看出,铜原子与两个吡唑环上氮原子的结合力一样,其 Cu-N 键的键长均为1.957Å,而在硝基基团上,两个 N-O 键的键长略有差别,一方面是由于硝基基团的共轭效应,另一方面是由于氧原子与铜原子形成配位键。

5. 4-氨基-3,5-二硝基吡唑钡化合物的晶体结构

图6-40为4-氨基-3,5-二硝基吡唑钡化合物的分子结构图,图6-41为4-氨基-3,5-二硝基吡唑钡化合物的晶胞结构堆积图。

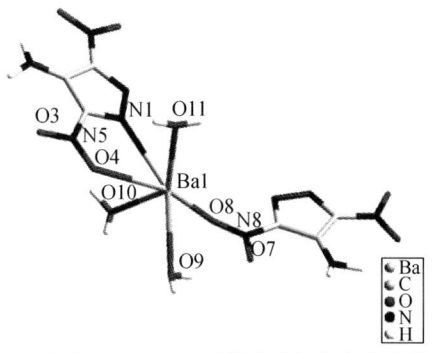

图6-40　4-氨基-3,5-二硝基吡唑钡化合物的分子结构图

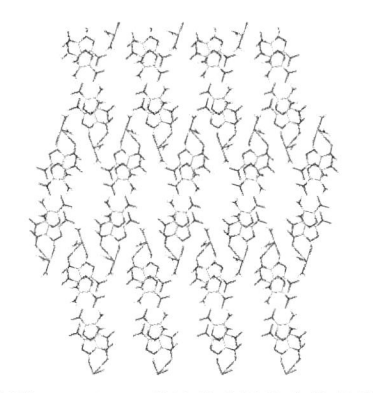

图6-41　4-氨基-3,5-二硝基吡唑钡化合物的晶胞结构堆积图

从4-氨基-3,5-二硝基吡唑钡化合物的晶体结构数据分析可知,该化合物为单斜晶系,P2(1)/c 空间群,该晶体是由一个钴阳离子、两个配体4-氨基-3,5-二硝基吡唑阴离子和两个结晶水组成。每个钴离子与四个配体配位,配

位数为六。其中,两个配体是双齿配体,两个配体为结晶水。两个双齿配体均来自硝基上的氧原子和吡唑环上的氢原子。

6. 4-氨基-3,5-二硝基吡唑钴化合物的晶体结构

图6-42为4-氨基-3,5-二硝基吡唑钴化合物的分子结构图,图6-43为4-氨基-3,5-二硝基吡唑钴化合物的晶胞结构堆积图。

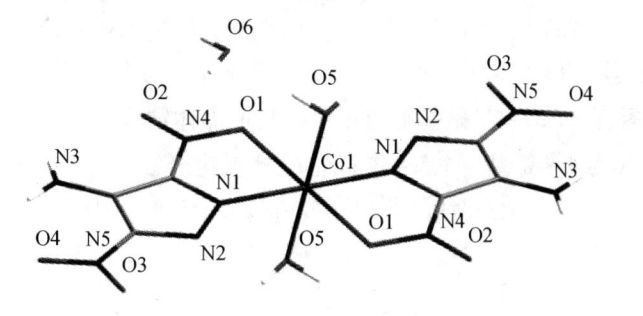

图6-42 4-氨基-3,5-二硝基吡唑钴化合物的分子结构图

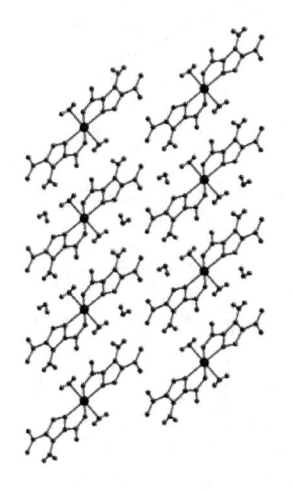

图6-43 4-氨基-3,5-二硝基吡唑钴化合物的晶胞结构堆积图

从4-氨基-3,5-二硝基吡唑钴化合物的键长表中可以看出,铜原子与两个吡唑环上氮原子的结合力一样,其Co-N键的键长均为2.072Å,钴原子与两个吡唑环的硝基上的氧配位键长均为2.1503Å,而在硝基基团上,两个N-O键的键长略有差别,一方面是由于硝基基团的共轭效应,另一方面是由于氧原子与钴原子形成配位键。

410

6.3.2 2,4 - 二硝基咪唑金属化合物[36]

6.3.2.1 2,4 - 二硝基咪唑碱金属化合物制备

对于具有较强碱性的化合物,可以直接与 2,4 - 二硝基咪唑发生酸碱中和反应而成盐。

其一般合成步骤为:在 50mL 三口瓶中分别加入 10mL 去离子水、1.58g(0.01mol)2,4 - 二硝基咪唑和等量的相应碱性化合物,50℃下搅拌 1h 后,减压除水,残留物干燥后即为所需产物盐。

1. 2,4 - 二硝基咪唑钾化合物的合成

在乙醇中重结晶得到红色固体 1.47g, 收率 75%。

IR(KBr,v,cm^{-1}):3112(C—H),3546,3372(—OH), 1500(C=C), 1473,1394(—NO$_2$), 1432(—C=N)。

元素分析(%):

计算值:C 18.35, H 0.51, N 28.55;

实测值:C 18.67, H 0.631, N 28.36。

2. 2,4 - 二硝基咪唑铷化合物的合成

在乙醇中重结晶得到红色固体 1.1g, 收率 45%。

IR(KBr,v,cm^{-1}):3143(C—H),3575(—OH), 1498(C=C), 1474,1397(—NO$_2$), 1431(—C=N)。

元素分析(%):

计算值:C 17.20, H 1.09, N 26.75;

实测值:C 16.62, H 0.812, N 24.98。

3. 2,4 - 二硝基咪唑铯化合物的合成

在乙醇中重结晶得到红色固体 2.57g, 收率 88.3%。

IR(KBr,v,cm^{-1}):3108(C—H), 1570(C=C), 1528,1295(—NO$_2$), 1466(—C=N)。

元素分析(%):

计算值:C 11.69, H 0.97, N 18.18;

实测值:C 12.37, H 1.231, N 14.12。

4. 2,4 - 二硝基咪唑镁化合物的合成

在乙醇中重结晶得到红色固体 2.26g, 收率 67%。

IR(KBr,v,cm^{-1}):3108(C—H), 1570(C=C), 1528,1295(—NO$_2$), 1466

（—C≡N）。

元素分析（％）：

计算值：C 16.14，H 3.13，N 25.11；

实测值：C 16.30，H 2.81，N 23.96。

5. 2,4‑二硝基咪唑锶化合物的合成

在乙醇中重结晶得到红色固体 2.45g，收率 61%。

IR（KBr，ν，cm^{-1}）：3143（C—H），3571（—OH），1520（C=C），1470,1311（—NO$_2$），1443（—C≡N）。

元素分析（％）：

计算值：C 15.20，H 2.11，N 23.64；

实测值：C 15.41，H 2.16，N 23.80。

6. 2,4‑二硝基咪唑钡化合物的合成

在乙醇中重结晶得到红色固体 2.81g，收率 62%。

IR（KBr，ν，cm^{-1}）：3133（C—H），3540（—OH），1525（C=C），1481,1302（—NO$_2$），1470（—C≡N）。

元素分析（％）：

计算值：C 13.75，H 1.91，N 21.39；

实测值：C 13.98，H 1.87，N 21.41。

6.3.2.2　2,4‑二硝基咪唑过渡金属化合物制备[37,38]

对于一些以硝酸盐或硫酸盐形式存在的金属阳离子,通常合成其盐是通过阴离子的钠盐进行复分解,利用硝酸钠或硫酸钠在水中可溶,其他金属化合物在水中不溶的特点来合成。

其一般合成步骤为:在 50mL 三口瓶中分别加入 10mL 去离子水、1.58g（0.01mol）2,4‑二硝基咪唑和等摩尔量的氢氧化钠至 pH=9~10,50℃下搅拌 1h 后,再加入相应摩尔量的金属硝酸盐水溶液,75℃下搅拌 2h 后,减压除水,残留物干燥后即为所需产物盐。

1. 2,4‑二硝基咪唑锰化合物的合成

该产物直接从水中析出,反应结束后冷却,直接过滤,得到暗红色固体 0.96g,收率 52.0%。

IR（KBr，ν，cm^{-1}）：3138（C—H），3494（—OH），1543（C=C），1500,1322（—NO$_2$），1465（—C≡N）。

元素分析（％）：

计算值:C 16.32, H 2.72, N 22.40;

实测值:C 16.25, H 2.75, N 22.10。

2. 2,4－二硝基咪唑钴化合物的合成

该产物直接从水中析出,反应结束后冷却,直接过滤,得到暗红色固体0.73g,收率39.0%。

IR(KBr, ν, cm^{-1}):3146(C—H), 3486(—OH), 1540(C=C), 1508, 1314(—NO$_2$), 1463(—C=N)。

元素分析(%):

计算值:C 16.86, H 1.87, N 26.23;

实测值:C 16.82, H 1.79, N 26.99。

3. 2,4－二硝基咪唑镍化合物的合成

该产物直接从水中析出,反应结束后冷却,直接过滤,得到暗红色固体1.19g,收率64.0%。

IR(KBr, ν, cm^{-1}):3146(C—H), 3430(—OH), 1527(C=C), 1492, 1382(—NO$_2$), 1459(—C=N)。

元素分析(%):

计算值:C 14.69, H 3.06, N 22.86;

实测值:C 14.60, H 3.09, N 22.81。

4. 2,4－二硝基咪唑铅化合物的合成

该产物直接从水中析出,反应结束后冷却,直接过滤,得到暗红色固体2.29g,收率88.0%。

IR(KBr, ν, cm^{-1}):3364(C—H), 3548(—OH), 1502(C=C), 1472, 1296(—NO$_2$), 1472(—C=N)。

元素分析(%):

计算值:C 12.13, H 1.68, N 18.89;

实测值:C 12.22, H 1.57, N 18.89。

6.3.2.3 2,4－二硝基咪唑金属化合物的晶体结构

1. 单晶的培养

从溶液中结晶化合物是单晶生长的最常用形式。将一定量的2,4－二硝基咪唑钾、钴、锶、镍和铅化合物分别加入一定蒸馏水中,充分搅拌,过滤,滤液在30℃恒温水浴箱中放置,缓慢蒸发,生长出适合进行单晶X射线衍射的针状或片状晶体。

2. X 射线衍射数据的采集与修正

显微镜下切割尺寸分别为 0.16mm × 0.14mm × 0.14mm、0.20mm × 0.17mm × 0.08mm、0.25mm × 0.19mm × 0.09mm、0.14mm × 0.12mm × 0.06mm 的 2,4 - 二硝基咪唑钾、铷、锶、镍和铅化合物晶体,利用 SMART APEX CCD 单晶 X 射线仪,石墨为单色器,Mo Kα radiation (λ = 0.071073nm)靶,使用 Oxford Cobra 低温仪在 296(2) K 下测量,以 ω 扫描方式在一定 θ 范围内收集衍射数据,使用 SAINT [v7.60A] 和 XPREP [v2008/2] 进行数据采集和晶胞的初始提取,全部强度数据利用 SADABS [v2008/1] 进行了 Lp 因子和经验吸收校正,单晶结构使用 SHELXTL - plus [v2008/4] 进行结构精修。非氢原子在不同的傅里叶图上找到,氢原子通过理论加氢确定。在计算机上完成所有计算,具体数据如表 6 - 7 和表 6 - 8 所示。

表 6 - 7 2,4 - 二硝基咪唑部分金属化合物的结构表征数据

化合物	DNI 钾盐	DNI 铷盐	DNI 锶盐	DNI 钡盐
分子式	$C_3HN_4O_4K$	$C_6H_5N_8O_9Rb$	$C_6H_{10}N_8O_{11}Sr$	$C_6H_{10}N_8O_{12}Ba$
相对分子质量	196.81	535.58	473.84	523.56
晶系	三斜	三斜	单斜	单斜
空间群	P^{-1}	P^{-1}	C2/c	C2/c
a/Å	6.887(3)	7.142(2)	616.778(6)	17.297(2)
b/Å	3.905(3)	7.187(2)	6.395(2)	6.5225(8)
c/Å	7.899(6)	13.345(4)	15.241(5)	15.285(2)
α/(°)	98.987(6)	95.395(3)	90	90
β/(°)	97.690(6)	99.2402(4)	110.879(3)	110.7670(10)
γ/(°)	115.264(4)	92.085(4)	90	90
V Å³	326.9(3)	672.2(4)	1527.9(9)	1610.8(4)
Z	2	2	4	4
密度/(g/cm)	1.993	2.068	2.060	2.159
F(000)	196	412	944	1016
扫描范围/(°)	2.68 ~ 24.97	2.85 ~ 25.50	2.60 ~ 25.49	2.85 ~ 25.50
收集衍射数据	2014	4670	5529	5365
独立衍射数据	1120 [$R(int)$ = 0.0143]	2429 [$R(int)$ = 0.0253]	1416 [$R(int)$ = 0.0287]	1493 [$R(int)$ = 0.0300]

414

化合物	DNI 钾盐	DNI 铷盐	DNI 锶盐	DNI 钡盐
$R[I>2\sigma(1)]$	$R_1=0.0442$, $wR_2=0.1316$	$R_1=0.0372$, $wR_2=0.0765$	$R_1=0.0239$, $wR_2=0.0581$	$R_1=0.0242$, $wR_2=0.0644$
R（全部数据）	$R_1=0.0497$, $wR_2=0.1358$	$R_1=0.0593$, $wR_2=0.0860$	$R_1=0.0269$, $wR_2=0.0651$	$R_1=0.0249$, $wR_2=0.0891$
最终残留电子密度峰/eÅ^{-3}	0.350，−0.340	0.356，−0.332		

表 6-8　2,4-二硝基咪唑部分金属化合物的结构表征数据

化合物	DNI 镍盐	DNI 铅盐
分子式	$C_{12}H_{30}N_{16}O_{29}Ni$	$C_6H_{10}N_8O_{12}Pb$
相对分子质量	979.94	593.41
晶系	单斜	单斜
空间群	C2/c	C2/c
a/Å	26.826(3)	6.5347(6)
b/Å	7.7199(9)	17.1727(17)
c/Å	18.579(2)	14.1011(14)
α/(°)	90	90
β/(°)	111.241(2)	97.724(10)
γ/(°)	90	90
V/Å^3	3586.1(7)	1568.0(3)
Z	4	4
密度/(g/cm)	1.815	2.514
F(000)	—	412
扫描范围/(°)	2.33~25.50	2.75~27.49
收集衍射数据	3329	1877
独立衍射数据	2423 [$R(\text{int})=0.0148$]	1761 [$R(\text{int})=0.0244$]
$R[I>2\sigma(1)]$	$R_1=0.0356$, $wR_2=0.0727$	$R_1=0.0233$, $wR_2=0.0552$
R（全部数据）	$R_1=0.0574$, $wR_2=0.0828$	$R_1=0.0256$, $wR_2=0.0562$

3. 2,4-二硝基咪唑钾化合物的晶体结构

图 6-44 为 2,4-二硝基咪唑钾化合物的分子结构图,图 6-45 为 2,4-二

硝基咪唑钾化合物的晶胞结构堆积图。

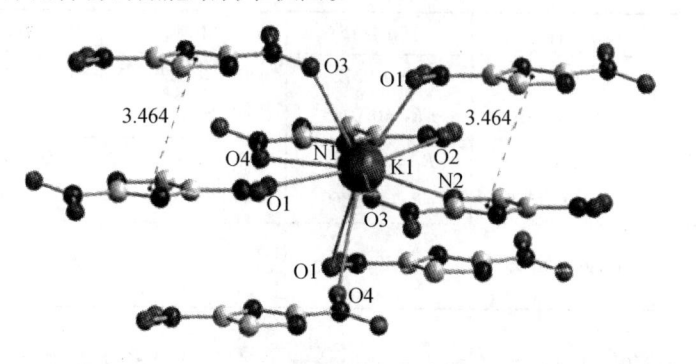

图 6 - 44   2,4 - 二硝基咪唑钾化合物的分子结构图

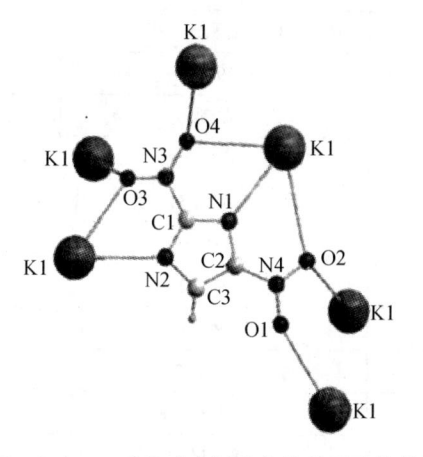

图 6 - 45   2,4 - 二硝基咪唑钾化合物的晶胞结构堆积图

从 2,4 - 二硝基咪唑钾的晶体结构数据分析可知,该化合物为三斜晶系,P - 1空间群,在一个晶胞中有两个分子单元,不对称单元中包含一个钾阳离子、一个配体 2,4 - 二硝基咪唑阴离子组成。每个钾离子与七个配体配位,配位数为十。其中,一个配体是三齿配体,一个配体为二齿配体,其余五个配体为单齿配体。三齿配位的配体通过不同的配位原子与钾阳离子相连,两个来自 NO_2 上的氧原子,另一个是咪唑环上的氮原子。二齿配体分别由 NO_2 上的氧原子和咪唑环上的氮原子来配位,嵌合钾离子所形成的环基本共面,与配体的咪唑环之间的二面角为 95.3°。五个单齿配体均由 NO_2 上的氧原子提供配位,配体分为上下三层,相邻层的配体方向相反。分子中咪唑环之间,有两组环间的错位对面的 π - π 堆积,间距均为 3.464Å。六个钾离子直接或通过桥氧原子与配体相连,O_2、O_3 和 O_4 是来自两个 NO_2 上的三个桥氧原子,各自作为两个金属钾离子与

416

配体相连的桥梁。两个金属钾离子通过来自 NO_2 的桥氧原子相连,形成了无限延伸的三维笼状结构。

4. 2,4 – 二硝基咪唑铷化合物的晶体结构

图 6 – 46 为 2,4 – 二硝基咪唑铷化合物的分子结构图,图 6 – 47 为 2,4 – 二硝基咪唑铷化合物的晶胞结构堆积图。

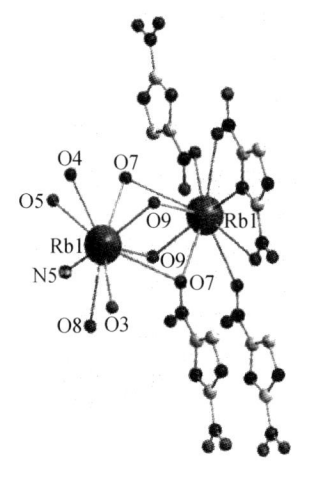

图 6 – 46　2,4 – 二硝基咪唑铷化合物的分子结构图

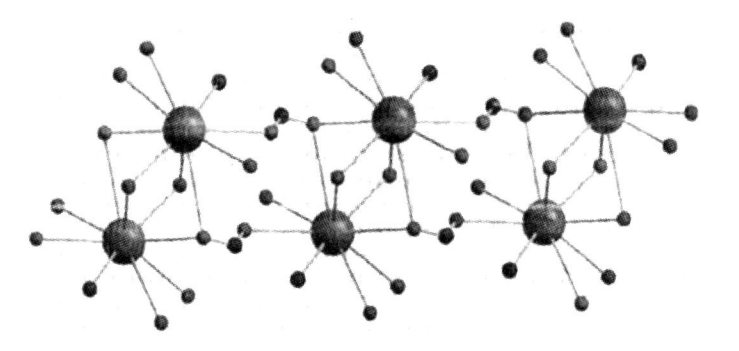

图 6 – 47　2,4 – 二硝基咪唑铷化合物的晶胞结构堆积图

从 2,4 – 二硝基咪唑铷化合物的晶体结构数据分析可知,该化合物为三斜晶系,P – 1 空间群,在一个晶胞中有两个分子单元,每个不对称单元中由一个铷离子、两个配体 2,4 – 二硝基咪唑阴离子组成,其中一个配体上的氮参与配位而失去氢离子。每个铷离子与周围的五个配体和两个水配位,其配位方式也不同。一个配体为三齿配位(两个配位点来自 NO_2 上的氧原子,另一个是咪唑环上的N),四个配体均为来自 NO_2 上氧原子的单齿配位,而两个水分子上的氧原子连

417

接了一个三齿配位的配体,也是相邻两个金属离子相连的桥氧原子。当然,充当桥原子的还有可以三齿配位的配体上 NO_2 的氧原子。

由于咪唑芳环之间不同符号电子云间的相互吸引,化合物中存在着错位面对面的 π-π 堆积,其垂直距离为 3.272Å,面中心错位夹角为 2.41°,接近于重合,产生的 π-π 作用较强,加上分子内 H...N 和 H(W)...O 两种氢键的作用,化合物的稳定性得到了提高。两个相邻金属锶离子通过 O9 和 O7 构成一个对称单元,在配体的连接下,整个分子呈无限延伸的笼三维结构。

5. 2,4-二硝基咪唑锶和钡化合物的晶体结构

图 6-48 为 2,4-二硝基咪唑锶化合物的分子结构图,图 6-49 为 2,4-二硝基咪唑钡化合物的二维网状结构。

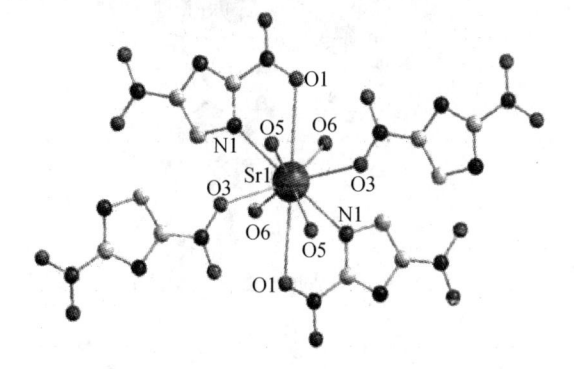

图 6-48　2,4-二硝基咪唑锶化合物的分子结构图

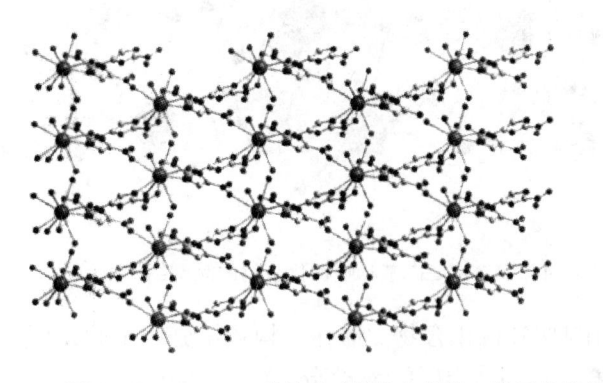

图 6-49　2,4-二硝基咪唑钡化合物的二维网状结构

2,4-二硝基咪唑锶和钡化合物的晶体结构非常相似,所以将它们放在一起来讨论。两者都是单斜晶系,C2/c 空间群,阴阳离子配位的情况也十分相似。不对称单元由一个阳离子、两个 2,4-二硝基咪唑阴离子组成,每一个金属阳离

418

子与四个配体及四个水分子形成是配位体,其中两个配体与金属阳离子二齿配合(配位点分别为NO_2上的氧原子和咪唑环上的氮原子),另两个配体以NO_2上的氧原子为配位点与金属阳离子单齿配合。

Sr-N的键长(2.741(2)Å)接近于Ba-N(2.880(3)Å),但Sr-O和Ba-O的键长范围不同,前者为2.6287(18)~3.194(2)Å,说明了锶离子和钡离子对于电负性较强的氧原子的作用力不同,钡离子的作用更为集中和稳定。围绕在金属阳离子周围的四个配体分布在空间不同方位上,以Sr1为中心对称。由于Sr-O和Ba-O键长不同,结果形成了两种不同方向的无限延伸的三维网状结构。在晶体内,除了O(6)-H(3W)...N(2)#8之外,其他来自配位水的O-H也以氢键的方式相互作用,这些氢键的距离都在合理的范围之内。

6. 2,4-二硝基咪唑镍化合物的晶体结构

图6-50为2,4-二硝基咪唑镍化合物的分子结构图,图6-51为2,4-二硝基咪唑镍化合物的晶胞堆积图。

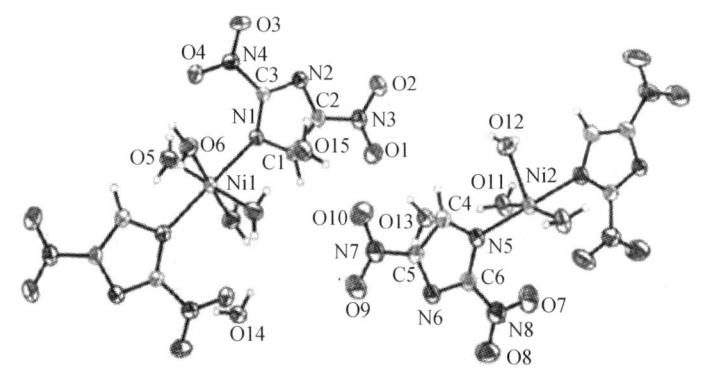

图6-50　2,4-二硝基咪唑镍化合物的分子结构图

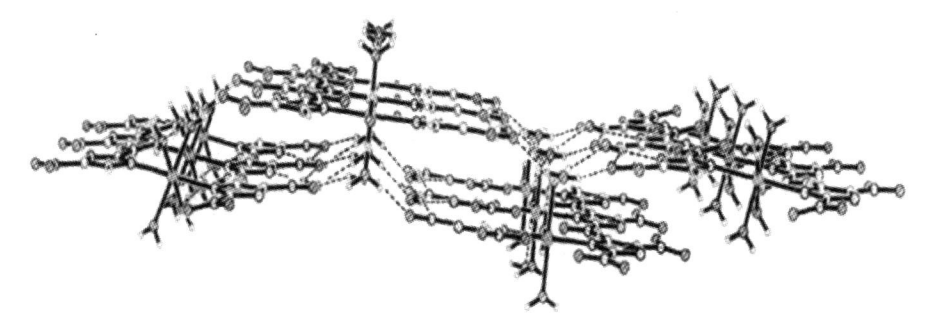

图6-51　2,4-二硝基咪唑镍化合物的晶胞堆积图

从 2,4 - 二硝基咪唑镍化合物的晶体结构可以看出,其晶体结构中包含两个以 Ni(Ⅱ)为配位中心的独立分子,一个是六配位分子,另一个是五配位分子。其中的六配位分子中,来自四个水分子的氧原子构成了赤道平面,Ni(Ⅱ)处于赤道平面的中心,而来自配体上的 N(1)和 N(1)#1 与 Ni(Ⅱ)配位,两配位键相连为 180.0°,分子以 Ni(Ⅱ)为对称中心,形成了一个反转中心的稍微扭曲的八面体几何构型。另一个五配体的分子可以看作是一个以两个配体上的 N 为顶点的扭曲的三角双锥体,Ni(Ⅱ)为中心的对称面(1.147°)上有 O(11)、O(11)#2 和 O(12),分别来自三个配位水分子。Ni(2) - O(11)#2,Ni(2) - O(11),Ni(2) - O(12) 和 Ni(2) - N(5)的值均小于对应的六配位分子的键长。O(11)#2 - Ni(2) - O(11) 165.24(12)°,严重偏离了理想三角形角度 120°,这可以归因为 Ni(Ⅱ)与 O(7)、O(7)#2 之间强的作用力,使两个配位水上的 O(11)和 O(11)#2 受到排斥而尽量分开。咪唑环与 NO_2 之间的二面角小于 3.0(6)°,表明两者之间接近水平。分子中包含 O(7)....O(7)#2 间弱的作用力。

晶体的分子间存在大量的氢键,分为三种类型:配位水与分子内结晶水之间的氢键,六配位分子中 NO_2 上的氧原子月配位水上的氢原子之间的氢键,以及结晶水上的氢与咪唑环上的氮原子和 NO_2 上的氧原子之间的氢键。正是通过这些氢键,分子间才有规律地连成了层面的三维网状结构,使分子具有了较强的稳定性。

7. 2,4 - 二硝基咪唑铅化合物的晶体结构

图 6 - 52 为 2,4 - 二硝基咪唑铅化合物的分子结构图,图 6 - 53 为 2,4 - 二硝基咪唑铅化合物的晶胞堆积图。

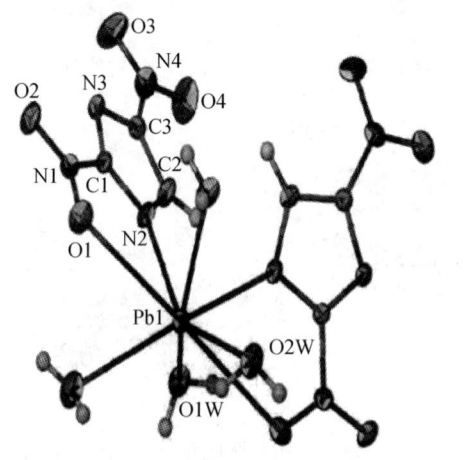

图 6 - 52　2,4 - 二硝基咪唑铅化合物的分子结构图

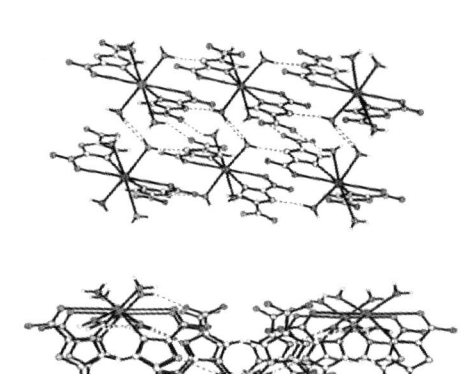

图 6 – 53 2,4 – 二硝基咪唑铅化合物的晶胞堆积图

从 2,4 – 二硝基咪唑铅化合物的晶体结构可以看出,以 Pb(Ⅱ)为中心形成八配位的扭曲四方反棱柱体。两个配体相互对称,均呈双齿配合,其中,Pb(1) – N(2)键长 2.538(3)Å,而 Pb(1) – O(1)键长 3.045(4)Å,虽然超出一般键长,但也有文献报道过 Pb – O22a 3.045(7)Å,Pb – O13b 3.194(6)Å,所以,可认为其在合理范围之内。N(2) – Pb(1) – N(2)#1 键角 80.78(15)°,N(2)#1 – Pb(1) – O(1)键角为 124.82(9)°。同时,Pb(Ⅱ)还与周围的水配位,键长分别为 Pb(1) – O(1w) 2.607(3)Å,Pb(1) – O(2w) 2.917(4)Å,比相关文献中 Pb(NTO)$_2$(H$_2$O)中的 Pb – O(w) (2.466(5)Å)要长。键角 O(1) – Pb(1) – O(1)#1 和 O(2w) – Pb(1) – O(2w)#1 分别为 177.94(10)°和 126.74(14)°。这种 Pb(Ⅱ)与四个水分子在空间的匹配位的方式较少。由于配体上 NO$_2$ 的 O 参与了配位,使 NO$_2$ 与咪唑环之间产生扭转,N1 – C1 – C3 – N4 扭角为 4.2°,而咪唑环基本共面(1.0041°)。

分子单元与周围的分子以 O...H...O 或 O...H...N 相连,形成三维网状结构,使晶体结构具有一定的稳定性。咪唑环之间存在着 π – π 堆积,同样为结构的稳定性做出贡献。

6.3.3　4 – 氨基 – 1,2,4 – 三唑铜配合物(4ATZCu)合成及表征

6.3.3.1　制备过程

(1) 将一定量的 4 – 氨基 – 1,2,4 – 三唑(4ATZ)加入去离子水中,升温至 60℃,搅拌使其完全溶解。

(2) 按照摩尔比 Cu^{2+}:4ATZ = 1:2 的比例称取 CuCl$_2$·2H$_2$O,加入并分散

于无水乙醇中,搅拌使其完全溶解。

（3）将 $CuCl_2 \cdot 2H_2O$ 的醇溶液缓慢滴加到 60℃的 4ATZ 水溶液中,滴加过程中溶液变成蓝色,滴加完毕后,继续恒温反应 2h。

（4）反应结束自然降温后,过滤放入小烧杯中静置 3 天后,出现蓝色絮状沉淀,抽滤,滤饼用无水乙醇洗涤 2 次,在 100℃烘干 24h 得蓝色产物。

6.3.3.2 结构表征

有机元素分析实测值(%)为:C 15.08,H 2.51,N 34.89,初步预测产物的化学组成为 $(C_2N_4H_4)CuCl_2$,计算值(%):C 15.84,H 2.64,N 36.96,二者数值吻合较好。

由 4ATZ 及 4ATZCu 的红外光谱可知,3314cm^{-1} 为 v_{NH_2},3128.57cm^{-1} 为 $v^s_{(N-NH_2)}$,1634.87cm^{-1} 为 $v_{C=N}$,1526.6cm^{-1},1455.8cm^{-1} 和 1380.27cm^{-1} 为 δ_{N-H} 和 $v_{N=C-N}$,1195.41cm^{-1} 为 v_{C-N},1073.14cm^{-1} 和 977.69cm^{-1} 为 $v_{N-N=C}$,865.74cm^{-1} 为 v_{N-N},680.81cm^{-1} 和 620.53cm^{-1} 为 δ_{N-H} 振动吸收峰。

由配合物红外光谱分析可知,3428.20cm^{-1} 和 3389.55cm^{-1} 为 v_{NH_2},3238.55cm^{-1}、3130.19cm^{-1} 和 3099.46cm^{-1} 为 v_{N-NH_2},1640.36cm^{-1} 为 $v_{C=N}$,1546.76cm^{-1} 为 δ_{N-H},1401.99cm^{-1},1374.17cm^{-1} 和 1340.92cm^{-1} 为 $v_{N=C-N}$,1222.42cm^{-1} 处为 v_{C-N},1081.51cm^{-1}、1060.23cm^{-1} 和 1013.59cm^{-1} 为 $v_{N-N=C}$,867.37cm^{-1}、845.35cm^{-1}、652.07cm^{-1} 和 615.94cm^{-1} 处为 v_{N-N} 和 δ_{N-H},429.25cm^{-1} 为 v_{Cl}。

比较配体和配合物红外光谱数据,配体与铜离子配位后,$v_{N-N=C}$ 的伸缩振动频率由 1073.14cm^{-1} 和 977.69cm^{-1} 变为 1081.51cm^{-1}、1060.23cm^{-1}、1013.59cm^{-1} 和 977.22cm^{-1},且 Cl 离子特征吸收峰的出现,三唑环骨架特征峰的变化,都表明一位或者二位的 N 原子与铜离子发生了配位。4ATZCu 的结构示意图如图 6-54 所示。

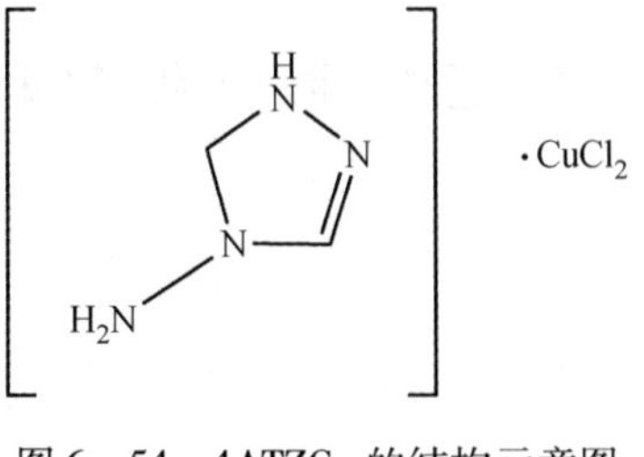

图 6-54　4ATZCu 的结构示意图

6.4　四唑类含能催化剂

四唑类化合物是一类低感度含能化合物,燃烧产物不污染环境,含四唑类组分可降低推进剂的特征信号,有望成为推进剂的一个良好组分而加以利用。对四唑类化合物的研究主要集中在高能钝感炸药、取代 RDX 和 HMX 用于低特征信号低感度推进剂、发展新型无毒高效低温气体发生剂、新型观赏性的低烟或无烟烟火技术以及无焰低温灭火剂等含能材料领域。近年来,国内外许多科研工作者把四唑类金属化合物用作固体推进剂的含能催化剂,这方面的研究也取得很大进展[39-43]。

6.4.1　5-苯基四唑金属化合物

将 0.5mol 5-苯基四唑加入蒸馏水中,搅拌下加入滴加 1mol 二价金属醋酸盐水溶液,过滤,水洗,得 5-苯基四唑金属化合物,如图 6-55 所示。

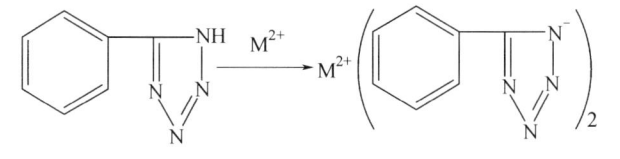

M=Cu, Pb, Sr。

图 6-55　5-苯基四唑金属化合物的制备

1. 5-苯基四唑铜化合物的合成

该产物直接从水中析出,反应结束后冷却,直接过滤,得到暗红色固体 3.25g,收率 91.8%。

元素及荧光分析 $C_{14}H_{10}N_8Cu$（%）：

计算值：C 47.52, H 2.829, N 31.68, Cu 17.96；

实测值：C 47.50, H 2.831, N 31.60, Cu 17.90。

2. 5-苯基四唑铅化合物的合成

该产物直接从水中析出,反应结束后冷却,直接过滤,得到黄色固体 4.61g,收率 92.76%。

元素及荧光分析 $C_{14}H_{10}N_8Pb$（%）：

计算值：C 33.80, H 2.012, N 22.54, Pb 41.65；

实测值：C 33.78, H 2.015, N 22.50, Pb 41.58。

3. 5-苯基四唑锶化合物的合成

该产物直接从水中析出,反应结束后冷却,直接过滤,得到黄色固体3.45g,收率91.27%。

元素及荧光分析 $C_{14}H_{10}N_8Sr$（%）：

计算值：C 44.49，H 2.648，N 29.66，Sr 23.20；

实测值：C 44.47，H 2.645，N 29.63，Sr 23.15。

6.4.2　5-亚甲基二四唑金属化合物[44]

将0.5mol 5-亚甲基二四唑加入蒸馏水中,搅拌下加入滴加0.5mol 二价金属醋酸盐水溶液,过滤,水洗,得5-亚甲基二四唑金属化合物,如图6-56所示。

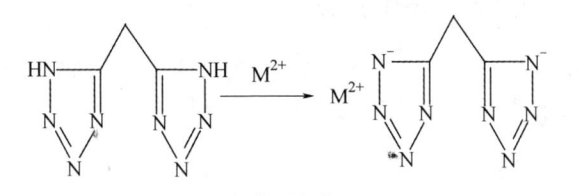

M=Cu, Pb, Sr。

图6-56　5-亚甲基二四唑金属化合物的制备

1. 5-亚甲基二四唑铜化合物的合成

该产物直接从水中析出,反应结束后冷却,直接过滤,得到暗红色固体3.25g,收率91.8%。

元素及荧光分析 $C_3H_2N_8Cu$（%）：

计算值：C 16.86，H 0.937，N 52.46，Cu 29.74；

实测值：C 16.84，H 0.939，N 52.41，Cu 29.69。

2. 5-亚甲基二四唑铅化合物的合成

该产物直接从水中析出,反应结束后冷却,直接过滤,得到黄色固体3.28g,收率91.9%。

元素及荧光分析 $C_3H_2N_8Pb$（%）：

计算值：C 10.08，H 0.560，N 31.37，Pb 57.98；

实测值：C 10.05，H 0.562，N 31.34，Pb 57.90。

3. 5-亚甲基二四唑锶化合物的合成

该产物直接从水中析出,反应结束后冷却,直接过滤,得到黄色固体2.08g,收率87.54%。

元素及荧光分析 $C_3H_2N_8Sr$（%）：

计算值：C 15.15, H 0.842, N 47.14, Sr 36.87；

实测值：C 15.14, H 0.845, N 47.12, Sr 36.84。

6.5 硝基苯类含能催化剂

目前在双基/改性推进剂中所大量使用的燃烧催化剂为 2,4-二羟基苯甲酸铅铜、3,5-二羟基苯甲酸铅铜等惰性苯环类化合物，该类燃烧催化剂能够很好地调节固体推进剂的燃烧性能，但由于其为惰性化合物，势必造成固体推进剂能量的损失，因此，研究者试图在苯环结构中引入硝基、呋咱等含能基团，以期实现推进剂能量的不损失。苯环类含能燃烧催化剂由于其结构中含有硝基等能量基团及反应性羟基或羧基，一方面硝基基团可提供能量，另一方面，羧基或羟基利用其反应性，可形成金属化合物作为燃烧催化剂。另外，由于苯环主要由碳原子组成，其分解或燃烧后能形成大量碳元素，可起到辅助催化作用，进一步改善推进剂的燃烧性能。近年来，国内外许多科研工作者把将硝基、氧化呋咱等含能基团引入苯环类燃烧催化剂结构中，使其作为含能燃烧催化剂使用，这方面的研究也取得很大进展。

6.5.1 4,6-二硝基苯并氧化呋咱金属化合物

印度研究者 J. P. Agrawal 等利用 4,6-二硝基苯并氧化呋咱结构中配位氧的活性，制备了 4,6-二硝基苯并氧化呋咱的金属盐[45-47]。

其一般合成步骤为：在 100mL 三口瓶中分别加入 30mL 去离子水、2.27g（0.1mol）4,6-二硝基苯并氧化呋咱和等摩尔量的碳酸氢钠至 pH=8~9，60℃下搅拌至二氧化碳消失，再加入相应摩尔量的金属硝酸盐水溶液，60℃下搅拌 2h 后，减压除水，残留物干燥后即为所需产物盐。

1. 4,6-二硝基苯并氧化呋咱铬化合物的合成

该产物直接从水中析出，反应结束后冷却，直接过滤，得到黄色固体 1.48g，收率 83.0%。

IR（KBr, υ, cm^{-1}）：3434（—OH）, 3082（—CH）, 1628（—NON/C=C）, 1540, 1342（—NO₂）。

元素及荧光分析（%）：

计算值：C 29.58, H 0.82, N 23.01, Cr 7.12；

实测值：C 29.32, H 0.56, N 22.93, Cr 7.02。

2. 4,6 – 二硝基苯并氧化呋咱铁化合物的合成

该产物直接从水中析出,反应结束后冷却,直接过滤,得到黄色固体 1.98g,收率 81.0%。

IR(KBr, v, cm^{-1}):3438(—OH),3082(—CH),1564(—NON/C=C),1542,1340(—NO$_2$)。

元素及荧光分析(%):

计算值:C 29.42, H 0.81, N 22.81, Fe 7.62;

实测值:C 29.16, H 0.63, N 22.76, Fe 7.53。

3. 4,6 – 二硝基苯并氧化呋咱铜化合物的合成

该产物直接从水中析出,反应结束后冷却,直接过滤,得到黄色固体 2.05g,收率 77.0%。

IR(KBr, v, cm^{-1}):3444(—OH),3082(—CH),1628(—NON/C=C),1540,1342(—NO$_2$)。

元素及荧光分析(%):

计算值:C 27.93, H 0.77, N 21.72, Cu 12.31;

实测值:C 27.57, H 0.56, N 21.62, Cu 12.26。

6.5.2 5 –(2,4 – 二硝基苯胺基)–水杨酸铅化合物[48]

宋秀铎等以 2,4 – 二硝基氯苯为原料,经缩合、复分解反应,制备了 5 –(2,4 – 二硝基苯胺基)–水杨酸铅化合物。其合成路线如图 6 – 57 所示。

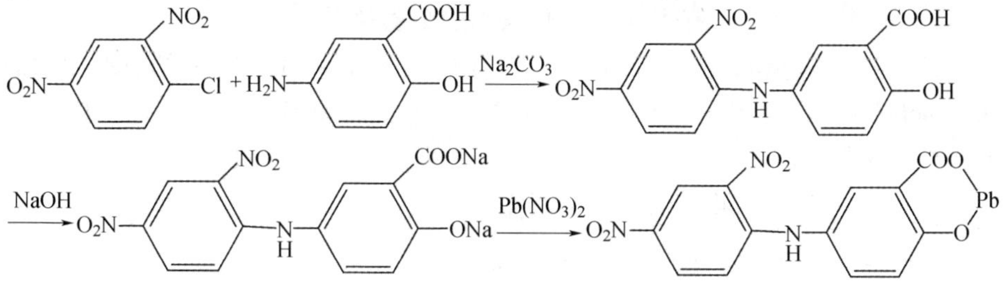

图 6 – 57 5 –(2,4 – 二硝基苯胺基)–水杨酸铅合成路线

1. 5 –(2,4 – 二硝基苯胺基)–水杨酸的合成

称取 15.3g 间氨基水杨酸和 12g 碳酸钠,加入乙醇溶液中,搅拌加热至回流,然后滴加 2,4 – 二硝基氯苯(20.2g)的热乙醇溶液,30 min 加完。搅拌回流 4 ~5h,冷却过滤,用温水和乙醇各洗涤 2 次,乙醇/水混合体系重结晶,过滤,滤饼在 80℃ 真空烘干即得产品 23.6g,收率 74.5%。

IR(KBr,v,cm^{-1}):3317(—NH—),1674,1587(—COOH),1345(—NO$_2$)。

元素分析(%):

计算值:C 48.91,H 2.842,N 13.22;

实测值:C 48.64,H 2.011,N 13.46。

2. 5 - (2,4 - 二硝基苯胺基) - 水杨酸铅的合成

将 16 g 5 - (2,4 - 二硝基苯胺基) - 水杨酸加入到适量的水中,然后加入 2 倍摩尔量的 NaOH 水溶液,搅拌升温到 60℃,滴加与 5 - (2,4 - 二硝基苯胺基) - 水杨酸等摩尔量的硝酸铅水溶液,保温 1 ~ 1.5h,过滤,滤饼用热水洗涤多次,真空烘干即得产品 24.4g,收率 96.0%。

IR(KBr,v,cm^{-1}):3328(—NH—),1623,1514(—COOH),1338(—NO$_2$)。

元素及荧光分析(%):

计算值:C 29.77,H 1.345,N 8.01,Pb 39.51;

实测值:C 29.36,H 0.962,N 8.17,Pb 40.70。

6.5.3 2,4,6 - 三硝基苯胺基对苯甲酸(TABA)金属化合物[49]

6.5.3.1 TABA 碱金属化合物制备

对于具有较强碱性的化合物,可以直接与 TABA 发生酸碱中和反应而成盐。其合成路线如图 6 - 58 所示。

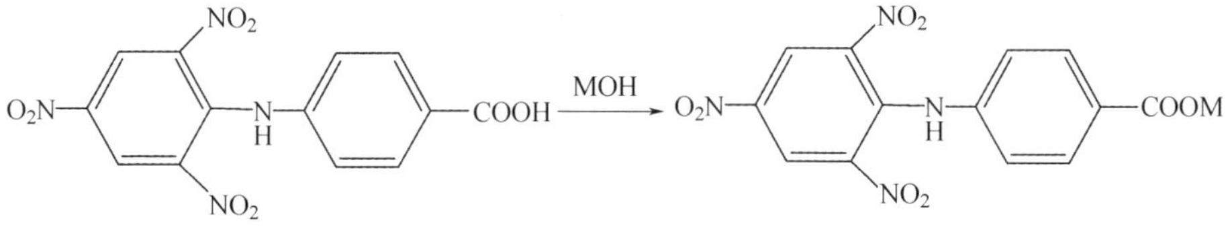

M=Li、K。

图 6 - 58 2,4,6 - 三硝基苯胺基对苯甲酸碱金属化合物合成路线

其一般合成步骤为:在 100mL 三口瓶中分别加入 60mL 去离子水、3.48g(0.01mol)TABA 和等摩尔量的碱金属化合物,55 ~ 60℃下搅拌 1h 后,减压除水,残留物干燥后即为所需产物盐。

1. TABA 锂化合物的合成

在乙醇中重结晶得到橘黄色粉末固体 3.8g,收率 90.0%。

IR(KBr,v,cm^{-1}):3259(—NH—),1630(C═O),1542,1334(—NO$_2$),1410(—C—N)。

元素及荧光分析(%):

计算值:C 44.07, H 1.977, N 15.82, Li 1.977;

实测值:C 44.05, H 1.980, N 15.80, Li 1.975。

2. TABA 钾化合物的合成

在乙醇中重结晶得到黄色粉末固体 3.5g, 收率 89.0%。

IR(KBr, υ, cm^{-1}): 3248(—NH—), 1626(C=O), 1539, 1344(—NO$_2$), 1412(—C—N)。

元素及荧光分析(%):

计算值:C 41.27, H 1.851, N 14.81, K 8.20;

实测值:C 41.22, H 1.853, N 14.83, K 8.18。

6.5.3.2 TABA 过渡金属化合物制备

对于一些以硝酸盐或硫酸盐形式存在的金属阳离子,通常合成其盐是通过阴离子的钠盐进行复分解,利用硝酸钠或硫酸钠在水中可溶,其他金属化合物在水中不溶的特点来合成(图 6-59)。

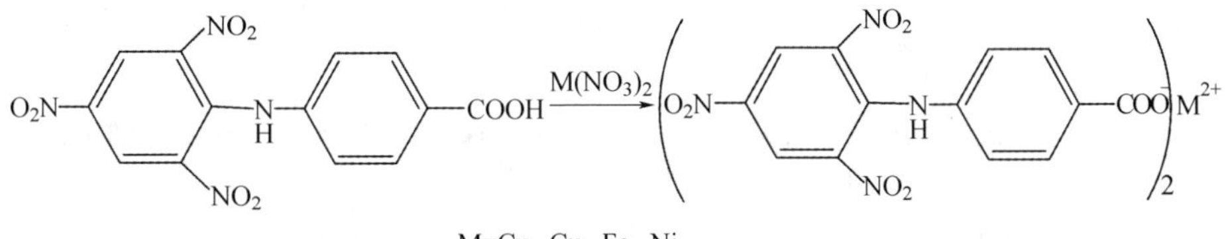

M=Cu, Cu, Fe, Ni。

图 6-59 2,4,6-三硝基苯胺基对苯甲酸过渡金属化合物合成路线

其一般合成步骤为:在 100mL 三口瓶中分别加入 60mL 去离子水、3.48g(0.01mol)TABA 和等摩尔量的过渡金属化合物,55~60℃下搅拌 1h 后,再加入相应摩尔量的金属硝酸盐水溶液,75℃下搅拌 2h 后,减压除水,残留物干燥后即为所需产物盐。

1. TABA 铜化合物的合成

该产物直接从水中析出,反应结束后冷却,直接过滤,得到暗红色固体3.2g,收率83.6%。

IR(KBr, υ, cm^{-1}): 3338(—NH—), 1601(C=O), 1542, 1344(—NO$_2$), 1412(—C—N)。

元素及荧光分析(%):

计算值:C 41.19, H 1.848, N 5.00, Cu 8.38;

实测值:C 41.17, H 1.851, N 4.98, Cu 8.36。

428

2. TABA 钴化合物的合成

该产物直接从水中析出,反应结束后冷却,直接过滤,得到暗黄色固体3.2g,收率85.6%。

IR(KBr,v,cm^{-1}):3340(—NH—),1605(C=O),1541,1345(—NO$_2$),1411(—C—N)。

元素及荧光分析(%):

计算值:C 39.54, H 2.28, N 14.19, Co 7.47;

实测值:C 39.32, H 2.40, N 14.04, Co 7.00。

3. TABA 铁化合物的合成

该产物直接从水中析出,反应结束后冷却,直接过滤,得到红色固体3.3g,收率86.5%。

IR(KBr,v,cm^{-1}):3340(—NH—),1605(C=O),1541,1345(—NO$_2$),1411(—C—N)。

元素及荧光分析(%):

计算值:C 42.66, H 1.91, N 15.31, Fe 5.10;

实测值:C 42.61, H 1.88, N 15.51, Fe 5.22。

4. TABA 镍化合物的合成

该产物直接从水中析出,反应结束后冷却,直接过滤,得到红色固体3.4g,收率87.5%。

IR(KBr,v,cm^{-1}):3336(—NH—),1614(C=O),1539,1344(—NO$_2$),1409(—C—N)。

元素及荧光分析(%):

计算值:C 37.81, H 2.66, N 13.57, Ni 7.15;

实测值:C 38.10, H 2.50, N 13.92, Ni 7.00。

6.5.4 N‐二乙酸基‐2,4‐二硝基苯金属化合物[50,51]

2,4‐二硝基氯苯是一种性能较好的含能中间体,可以和多种化合物反应,制备性能独特的含能材料。利用2,4‐二硝基氯苯结构中氯基团可以发生缩合反应的特点,与带有活泼氢的亚氨基二乙酸进行缩合反应,设计含能羧酸化合物N‐二乙酸基‐2,4‐二硝基苯的结构和合成方法,再通过N‐二乙酸基‐2,4‐二硝基苯阴离子的钠盐进行复分解,利用硝酸钠或硫酸钠在水中可溶,其他金属化合物在水中不溶的特点合成N‐二乙酸基‐2,4‐二硝基苯类含能燃烧催化剂。其合成路线如图6‐60所示。

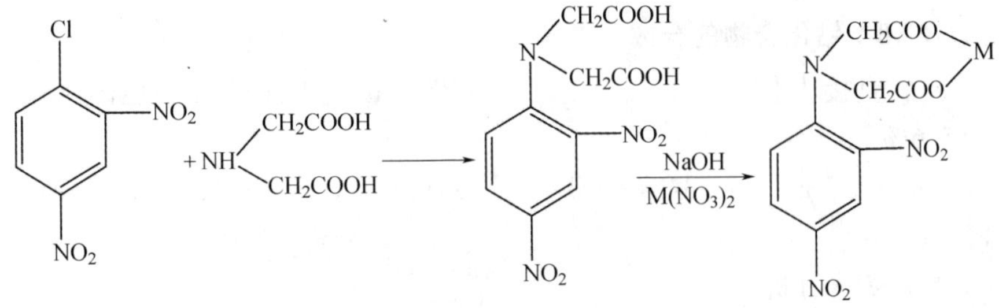

M=Ni, Cu, Zn, Pb。

图 6–60　N–二乙酸基–2,4–二硝基苯含能金属化合物合成路线

　　N–二乙酸基–2,4–二硝基苯的合成步骤为:将 4.0g(0.03mol)亚氨基二乙酸和 4.2g(0.03mol)碳酸钾加入 60mL 90%的乙醇中,搅拌下加热,再将 6.0g(0.03mol)的 2,4–二硝基氯苯分批加入上述反应液中,60℃下反应 3h,冷却,酸化,加入水中,有大量黄色固体析出,水洗,无水乙醇重结晶,干燥得黄色固体 5.5g,收率 61.3%。

　　IR 光谱(KBr,v,cm^{-1}):1549,1356(—NO$_2$),2899,2362(—CH$_2$),1710(—C≡O),3320,1247,925(—OH),1645,1220,925,770(苯环)。

　　^{1}H NMR(DMSO–d$_6$,δ,ppm):7.05(m,H,—CH),8.12(m,H,—CH),8.44(m,H,—CH),4.01(t,4H,—CH$_2$),11.52(d,2H,—OH)。

　　元素分析 C$_{10}$H$_{11}$N$_3$O$_8$(%):

　　　　理论值:C 40.13,H 3.01,N 14.05;

　　　　实测值:C 40.12,H 3.03,N 14.01。

　　金属化合数的合成步骤为:在 50mL 三口瓶中加入 20mL 去离子水和 3.0g(0.01mol)N–二乙酸基–2,4–二硝基苯,搅拌下滴加 0.84g(0.021mol)NaOH 的 10mL 水溶液,至 pH=9~10,60℃下搅拌 0.5h 后,再加入 0.01mol 的二价金属硝酸盐水溶液,75℃下搅拌 2h 后,减压除水,残留物干燥后即为所需产物盐。

1. N–二乙酸基–2,4–二硝基苯镍化合物的合成

　　该产物直接从水中析出,反应结束后冷却,直接过滤,得到红色固体 3.0g,收率 84.3%。

　　IR(KBr,v,cm^{-1}):1520,1342(—NO$_2$),1690(—C≡O),1640,1215,905,688(苯环)。

　　元素及荧光分析 C$_{10}$H$_7$N$_3$O$_8$Ni(%):

　　　　计算值:C 33.74,H 1.97,N 11.81,O 35.99,Ni 16.50;

　　　　实测值:C 33.73,H 1.99,N 11.79,O 36.01,Ni 16.48。

2. N－二乙酸基－2,4－二硝基苯铜化合物的合成

该产物直接从水中析出,反应结束后冷却,直接过滤,得到红色固体 3.2g,收率 88.9%。

IR(KBr,v,cm^{-1}):1533,1349(—NO$_2$),1689(—C=O),1638,1213,905,689(苯环)。

元素及荧光分析 C$_{10}$H$_7$N$_3$O$_8$Cu (%):

计算值:C 33.29, H 1.94, N 11.65, O 35.51, Cu 17.61;

实测值:C 33.28, H 1.96, N 11.62, O 35.54, Cu 17.59。

3. N－二乙酸基－2,4－二硝基苯锌化合物的合成

该产物直接从水中析出,反应结束后冷却,直接过滤,得到黄色固体 3.1g,收率 85.6%。

IR(KBr,v,cm^{-1}):1538,1345(—NO$_2$),1696(—C=O),1642,1218,910,679(苯环)。

元素及荧光分析 C$_{10}$H$_7$N$_3$O$_8$Zn (%):

计算值:C 33.11, H 1.93, N 11.59, O 35.32, Zn 18.05;

实测值:C 33.09, H 1.94, N 11.58, O 35.34, Zn 18.03。

4. N－二乙酸基－2,4－二硝基苯铅化合物的合成

该产物直接从水中析出,反应结束后冷却,直接过滤,得到黄色固体 4.8g,收率 95.2%。

IR(KBr,v,cm^{-1}):1529,1339(—NO$_2$),1681(—C=O),1632,1201,901,682(苯环)。

元素及荧光分析 C$_{10}$H$_7$N$_3$O$_8$Pb (%):

计算值:C 23.81, H 1.39, N 8.33, O 25.40, Pb 41.07;

实测值:C 23.80, H 1.40, N 8.31, O 25.41, Pb 41.05。

6.6 蒽醌类含能燃烧催化剂

有研究表明,在固体推进剂中加入含羰基化合物,可吸收推进剂燃烧产生的红外光,提高固体推进剂的燃速。基于这个特点,结合芳香性酸盐燃烧催化剂的催化特性和含能特点,设计了新型结构 1,8－二羟基－4,5－二硝基蒽醌母体,利用其羟基与碱性化合物的可反应性,在其结构中引入可催化的铅或铜等金属元素,合成新型燃烧催化剂[52-55]。其合成路线如图 6－61 所示。

其一般合成步骤为:在 100mL 三口瓶中加入 40mL 去离子水和 3.31g

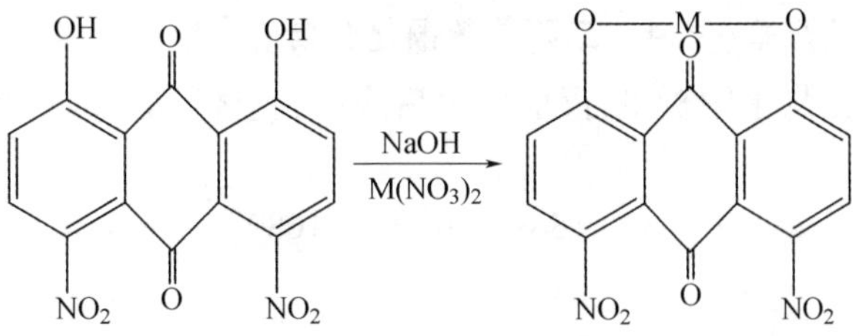

M=Ba, Mn, Co, Ni, Cu, Zn, Pb。

图6-61 1,8-二羟基-4,5-二硝基蒽醌含能金属化合物合成路线

(0.01mol)1,8-二羟基蒽醌,搅拌下滴加0.84g(0.021mol)NaOH的20mL水溶液,至pH=9~10,50℃下搅拌1h后,再加入0.01mol的二价金属硝酸盐水溶液,75℃下搅拌2h后,减压除水,残留物干燥后即为所需产物盐。

1. 1,8-二羟基-4,5-二硝基蒽醌钡化合物的合成

该产物直接从水中析出,反应结束后冷却,直接过滤,得到黑色固体4.9g,收率91.2%。

IR(KBr,v,cm^{-1}):1542,1384(—NO$_2$),1671(—C=O),1088,987,843,739(苯环)。

元素及荧光分析 C$_{14}$H$_4$N$_2$O$_8$Ba·4H$_2$O(%):

计算值:C 31.29,H 2.235,N 5.21,O 35.75,Ba 25.51;

实测值:C 31.27,H 2.242,N 5.19,O 35.77,Ba 25.43。

2. 1,8-二羟基-4,5-二硝基蒽醌锰化合物的合成

该产物直接从水中析出,反应结束后冷却,直接过滤,得到黑色固体3.5g,收率91.4%。

IR(KBr,v,cm^{-1}):1502,1349(—NO$_2$),1702(—C=O),1094,989,842,734(苯环)。

元素及荧光分析 C$_{14}$H$_4$N$_2$O$_8$Mn(%):

计算值:C 43.86,H 1.044,N 7.31,O 33.43,Mn 14.36;

实测值:C 43.84,H 1.050,N 7.29,O 33.44,Mn 14.38。

3. 1,8-二羟基-4,5-二硝基蒽醌钴化合物的合成

该产物直接从水中析出,反应结束后冷却,直接过滤,得到红色固体3.6g,收率93%。

IR(KBr,v,cm^{-1}):1500,1347(—NO$_2$),1694(—C=O),1091,995,835,731(苯环)。

元素及荧光分析 C$_{14}$H$_4$N$_2$O$_8$Co(%):

计算值:C 43.41,H 1.034,N 7.236,O 33.07,Co 15.25;

实测值:C 43.39,H 1.038,N 7.228,O 33.10,Co 15.21。

4. 1,8－二羟基－4,5－二硝基蒽醌镍化合物的合成

该产物直接从水中析出,反应结束后冷却,直接过滤,得到黑色固体 4.1g,收率 93.2%。

IR(KBr,υ,cm^{-1}):1542,1353(—NO$_2$),1636(—C=O),1101,995,835(苯环)。

元素及荧光分析 C$_{14}$H$_4$N$_2$O$_8$Ni·3H$_2$O(%):

计算值:C 38.12,H 2.269,N 6.35,O 39.94,Ni 13.32;

实测值:C 38.10,H 2.275,N 6.33,O 40.01,Ni 13.29。

5. 1,8－二羟基－4,5－二硝基蒽醌铜化合物的合成

该产物直接从水中析出,反应结束后冷却,直接过滤,得到红色固体 3.7g,收率 94.5%。

IR(KBr,υ,cm^{-1}):1542,1351(—NO$_2$),1678(—C=O),1110,989,844,717(苯环)。

元素及荧光分析 C$_{14}$H$_4$N$_2$O$_8$Cu(%):

计算值:C 42.91,H 1.022,N 7.15,O 32.69,Cu 16.22;

实测值:C 42.90,H 1.025,N 7.14,O 32.73,Cu 16.20。

6. 1,8－二羟基－4,5－二硝基蒽醌锌化合物的合成

该产物直接从水中析出,反应结束后冷却,直接过滤,得到褐色固体 3.7g,收率 94.1%。

IR(KBr,υ,cm^{-1}):1542,1349(—NO$_2$),1695(—C=O),1184,1088,993,835,734(苯环)。

元素及荧光分析 C$_{14}$H$_4$N$_2$O$_8$Zn(%):

计算值:C 42.70,H 1.017,N 7.12,O 32.54,Zn 16.62;

实测值:C 42.68,H 1.022,N 7.10,O 32.61,Zn 16.59。

7. 1,8－二羟基－4,5－二硝基蒽醌铅化合物的合成

该产物直接从水中析出,反应结束后冷却,直接过滤,得到棕色固体 5.1g,收率 95.3%。

IR(KBr,υ,cm^{-1}):1520,1344(—NO$_2$),1702(—C=O),1212,977,849,692(苯环)。

元素及荧光分析 C$_{14}$H$_4$N$_2$O$_8$Pb(%):

计算值:C 31.40,H 0.748,N 5.23,O 23.93,Pb 38.69;

实测值:C 31.39,H 0.751,N 5.21,O 23.96,Pb 38.67。

6.7 含能燃烧催化剂的应用及作用效果

6.7.1 试样组成及制备

所选用的含能金属化合物催化剂有 4 - 氨基 - 3,5 - 二硝基吡唑铅(ADN-PPb)、N - 二乙酸基 - 2,4 - 二硝基苯(NBCPb)、N - 二乙酸基 - 2,4 - 二硝基苯(NBCCu)、1,8 - 二羟基 - 4,5 - 二硝基蒽醌铅(DHDNEPb)、1,8 - 二羟基 - 4,5 - 二硝基蒽醌铜(DHDNECu)。这些含能金属化合物催化剂均为自制,且进行了表征。

双基推进剂的基础配方为:双基黏合剂 89%(其中,NC 氮含量 12.0%),邻苯二甲酸二乙酯(DEP)8.5%,其他助剂 2.5%,催化剂为外加,加入量为 3%。

RDX - CMDB 推进剂的基础配方为:双基黏合剂 66%,黑索今(RDX)26%,吉纳 5%,其他助剂 3.0%。药料按 500g 配料,RDX - CMDB 推进剂如无特别说明则外加 3% 的催化剂。

以上 2 类试样按照"吸收 - 驱水 - 放熟 - 压延 - 切成药条"的常规无溶剂压伸成型工艺制备,将已处理过的 $\phi 5 \times 150mm$ 小药柱侧面用聚乙烯醇溶液浸渍包覆 6 次并晾干,然后固定于燃烧室中,采用靶线法测定燃速。实验温度为 20℃,测试范围 2 ~ 22MPa。

燃速压力指数(n)由公式 $u = u_1 p^n$(u 为燃烧速率,u_1 为燃速系数,p 为燃烧时的压力)拟合求出。

双基推进剂外加的催化剂如表 6 - 9 所示,RDX - CMDB 推进剂外加的催化剂如表 6 - 10 所示。采用常规无溶剂压伸成型工艺制得推进剂药条。采用靶线法测定燃速。

表 6 - 9　双基推进剂用催化剂组成及含量

试样编号	催化剂	含量/%
A_0	/	0
A_1	ADNPPb	3
A_2	DHDNEPb	3
A_3	DHDNECu	3
A_4	NBCPb	3
A_5	NBCCu	3

表 6-10　RDX-CMDB 推进剂用催化剂组成及含量

编号	催化剂的种类及含量(%)	
B₀	/	0
B₁	ADNPPb	3
B₂	DHDNEPb	3
B₃	DHDNECu	0.5
	DHDNEPb	2.5
B₄	NBCPb	3

6.7.2　含能金属化合物催化剂对双基推进剂燃烧性能的影响

双基推进剂的燃速测试结果如表 6-11 所示,不同催化剂的催化效率如表 6-12所示。

表 6-11　推进剂的燃速

编号	不同压力(MPa)下试样的燃速 u/(mm/s)									
	2	4	6	8	10	12	14	16	18	20
A_0	2.15	3.59	5.2	6.49	7.81	8.99	9.77	10.38	11.22	12.24
A_1	4.63	8.15	9.49	9.65	9.24	9.78	10.69	11.69	12.85	14.26
A_2	3.45	7.13	10.17	11.79	14.12	14.40	14.69	14.60	15.06	15.64
A_3	3.02	4.29	5.80	7.59	9.24	10.05	11.41	12.29	13.02	—
A_4	4.87	8.00	10.40	10.65	9.85	10.14	11.17	12.27	13.05	—
A_5	3.42	5.30	7.23	8.44	9.73	10.36	10.98	11.21	10.96	11.53

表 6-12　各催化剂的催化效率

编号	不同压力(MPa)下试样的催化效率(Z)								
	2	4	6	8	10	12	14	16	18
A_0	1.00	1.00	1.00	1.00	1.00	1.00	1.00	1.00	1.00
A_1	2.15	2.27	1.83	1.49	1.18	1.09	1.09	1.13	1.15
A_2	1.60	1.99	1.96	1.82	1.81	1.60	1.50	1.41	1.34
A_3	1.40	1.19	1.12	1.17	1.18	1.12	1.17	1.18	1.16
A_4	2.27	2.23	2.00	1.64	1.26	1.13	1.14	1.18	1.16
A_5	1.59	1.48	1.39	1.30	1.25	1.15	1.24	1.08	0.98

6.7.2.1 ADNPPb 对双基推进剂燃烧性能的影响

图 6-62 和图 6-63 分别给出了 ADNPPb 催化的双基推进剂燃速-压力曲线和催化剂的催化效率与压力的关系曲线。

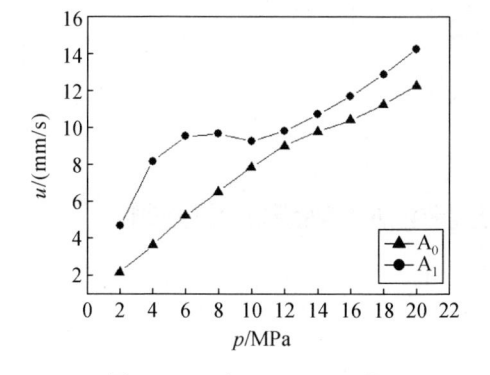

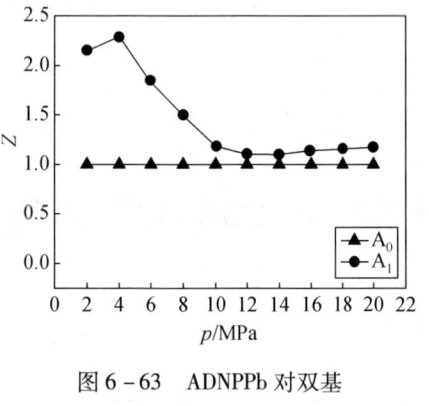

图 6-62 含 ADNPPb 双基
推进剂的燃速-压力曲线

图 6-63 ADNPPb 对双基
推进剂的催化效率-压力曲线

由图可以看出,双基推进剂中加入 ADNPPb,对双基推进剂燃烧有一定的催化作用,在 2~6MPa 压力范围内,双基推进剂燃速出现明显的超速现象;在 6~14MPa 压力范围内燃速几乎保持不变,且在 6~10MPa 压力范围内,压力指数呈现负值(-0.05),使推进剂在此压力范围内表现出"麦撒"燃烧效应。从其催化效率来看,从 2~4MPa,Z 从 2.15 升至 2.27,然后随着压力的提高,催化效率逐渐变小。分析认为这是因为 ADNPPb 结构中含有较多的能量基团,在低压下与 NC、NG 相互作用,催化其快速分解、燃烧,显著提高其燃速。由此可见,ADNPPb 是一种性能优异的双基推进剂用含能燃烧催化剂。

6.7.2.2 DHDNEPb 和 DHDNECu 对双基推进剂燃烧性能的影响

图 6-64 和图 6-65 分别给出了 DHDNEPb 和 DHDNECu 催化的双基推进剂燃速-压力曲线和催化剂的催化效率与压力的关系曲线。

由图可以看出,双基推进剂中加入 DHDNEPb 铅化合物类燃烧催化剂,对双基推进剂燃烧有一定的催化作用,能使双基推进剂的燃速得到一定幅度的提高,更为关键的是能使双基推进剂在 12~20MPa 压力范围内,压力指数为 0.16,呈现中高压宽平台燃烧。双基推进剂中加入 DHDNECu 虽对双基推进剂燃烧有一定的催化作用,但催化作用较小,难以使双基推进剂呈现平台燃烧。DHDNEPb 作为燃烧催化剂用于双基推进剂中,在 2 ~ 4MPa 压力范围内,其催化效率从1.60提高至1.99;然后,随着压力的升高,其催化效率逐渐降低,但是 Z 基本在 1.30 以上,表明 DHDNEPb 作为燃烧催化剂来说,其催化效率较高。

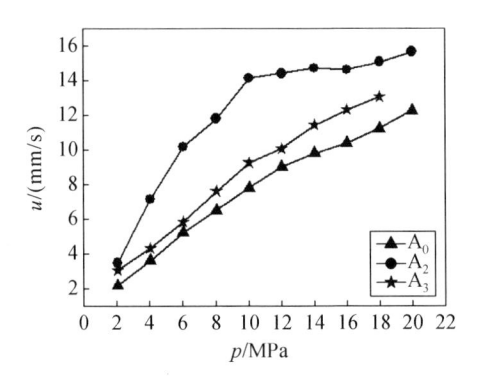

图 6-64　含蒽醌类催化剂双基推进剂的燃速 - 压力曲线

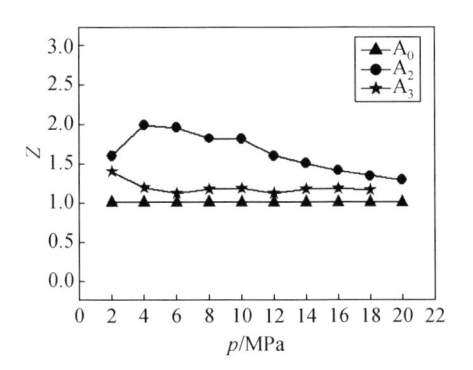

图 6-65　蒽醌类催化剂对双基推进剂的催化效率 - 压力曲线

6.7.2.3　NBCPb 和 NBCCu 对双基推进剂燃烧性能的影响

图 6-66 和图 6-67 分别给出了 N - 二乙酸基 -2,4 - 二硝基苯燃烧催化剂催化的双基推进剂燃速 - 压力曲线和催化剂的催化效率 - 压力的关系曲线。

由图可以看出,NBCPb 能使双基推进剂的燃速得到一定幅度的提高,当压力升至 8MPa 以后,燃速出现下降,然后燃速又开始升高,说明在 12MPa 以上,该

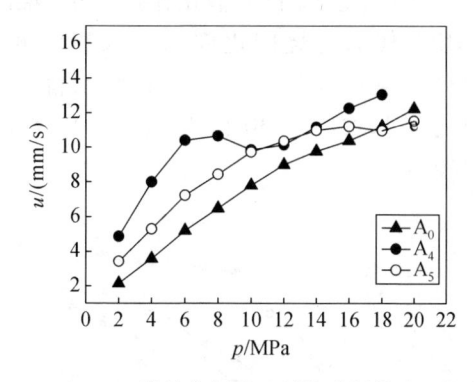

图 6 – 66 含 NBC 类催化剂的双基推进剂燃速 – 压力曲线

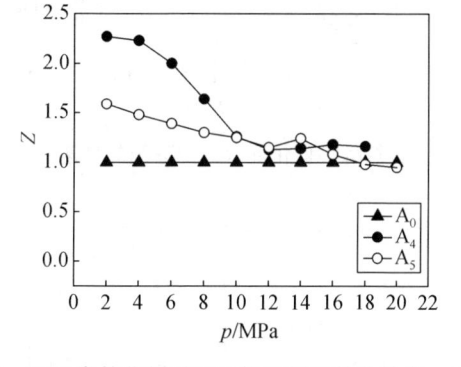

图 6 – 67 NBC 类催化剂对双基推进剂的催化效率 – 压力曲线

催化剂不能很好地调节双基推进剂的燃速,不过 NBCPb 能使双基推进剂在 8 ~ 12MPa 压力范围内,压力指数为 – 0.12,呈现"麦撒"燃烧效应。NBCCu 作为燃烧催化剂用于双基推进剂中,能使双基推进剂的燃速得到一定幅度的提高,使双基推进剂在 12 ~ 18MPa 压力范围内,压力指数为 0.14,呈现宽平台燃烧。NBCPb 使双基推进剂在 2 ~ 6MPa 压力范围内的催化效率大于 2.00,然后催化效率逐渐减小,但始终大于 1;NBCCu 作为燃烧催化剂用于双基推进剂中,使双基推进剂在 2 ~ 4MPa 压力范围内的催化效率大于 1.50,然后催化效率逐渐减小。因此,NBCPb 和 NBCCu 是对双基推进剂燃烧催化效果优良的催化剂。

6.7.3 含能金属化合物催化剂对 RDX – CMDB 推进剂燃烧性能的影响

RDX – CMDB 推进剂的燃速测试结果如表 6 – 13 所示,不同催化剂的催化效率如表 6 – 14 所示。

表 6 – 13 推进剂的燃速

| 编号 | 不同压力(MPa)下试样的燃速 u/(mm/s) | | | | | | | | | |
	2	4	6	8	10	12	14	16	18	20
B_0	3.09	5.34	7.42	9.85	11.88	14.04	15.75	17.54	19.23	20.92
B_1	5.68	8.69	10.29	10.98	11.63	12.64	13.96	15.52	17.41	19.14
B_2	6.27	10.50	13.30	14.61	15.45	15.88	16.70	18.21	19.36	—
B_3	6.44	11.34	14.52	16.10	16.65	16.62	17.06	18.34	19.44	—
B_4	4.91	7.99	10.49	12.40	13.88	15.30	16.41	18.35	19.39	—

表 6 – 14 各催化剂的催化效率

| 编号 | 不同压力(MPa)下试样的催化效率(Z) | | | | | | | | |
	2	4	6	8	10	12	14	16	18
B_0	1.00	1.00	1.00	1.00	1.00	1.00	1.00	1.00	1.00
B_1	1.84	1.63	1.39	1.11	0.98	0.9	0.89	0.88	0.91
B_2	2.03	1.97	1.79	1.48	1.30	1.13	1.06	1.04	1.01
B_3	2.08	2.12	1.96	1.63	1.40	1.18	1.08	1.05	1.01
B_4	1.59	1.50	1.41	1.26	1.17	1.09	1.04	1.05	1.01

6.7.3.1 ADNPPb 对 RDX – CMDB 推进剂燃烧性能的影响

图 6 – 68 和图 6 – 69 分别给出了 ADNPPb 催化的 RDX – CMDB 推进剂燃速 – 压力曲线和催化剂的催化效率与压力的关系曲线。

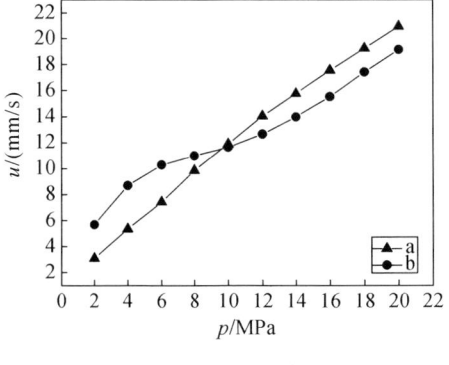

图 6 – 68 ADNPPb 催化的
RDX – CMDB 推进剂的燃速 – 压力曲线

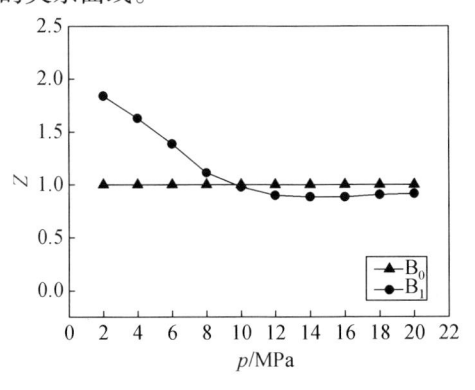

图 6 – 69 ADNPPb 对 RDX – CMDB
推进剂的催化效率 – 压力曲线

439

改性双基推进剂由于加入了硝胺化合物,而使其燃烧过程发生了变化,也导致其燃速和压力指数随着压力的升高,表现出不同的趋势。由图可以看出,RDX - CMDB 推进剂中加入 ADNPPb 对其燃烧有一定的催化作用,在 2～6MPa 压力范围内,RDX - CMDB 推进剂燃速出现明显的增速现象,在 6～10MPa 压力范围内燃速增加缓慢,但其压力指数较低(0.24),表现出平台燃烧效应。由此可见,ADNPPb 作为含能燃烧催化剂应用于改性双基推进剂,表现出良好的催化作用效果。

6.7.3.2 DHDNEPb 和 DHDNECu 对 RDX - CMDB 推进剂燃烧性能的影响

图 6 - 70 和图 6 - 71 分别给出了 DHDNEPb 和 DHDNEPb/DHDNECu 催化的 RDX - CMDB 推进剂燃速 - 压力曲线和催化剂的催化效率与压力的关系曲线。

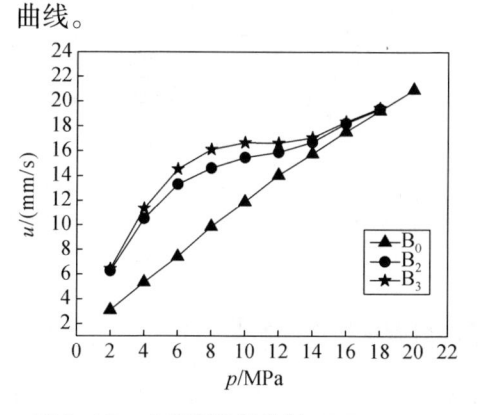

图 6 - 70　含蒽醌类催化剂 RDX - CMDB 推进剂的燃速 - 压力曲线

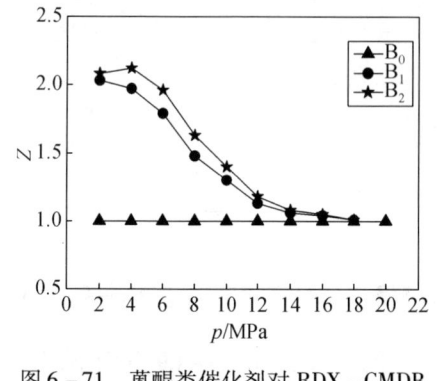

图 6 - 71　蒽醌类催化剂对 RDX - CMDB 推进剂的催化效率 - 压力曲线

由图可以看出,在 RDX - CMDB 推进剂中加入 DHDNEPb、DHDNEPb/DHDNECu 两种铅化合物燃烧催化剂,对其燃烧有一定的催化作用,其中 DHDNEPb 作为燃烧催化剂单独用于 RDX - CMDB 推进剂中(加入质量百分数为 3%),能使 RDX - CMDB 推进剂的燃速在 2～18MPa 均得到一定幅度的提高,更为关键的是能使 RDX - CMDB 推进剂在 6～14MPa 压力范围内,压力指数为 0.27(8～14MPa,$n = 0.24$),呈现宽平台燃烧;当 DHDNEPb 和 DHDNECu 作为复合燃烧催化剂使用时,加入 RDX - CMDB 推进剂中(加入质量百分数:DHDNEPb 2.5%、DHDNECu 0.5%),能使 RDX - CMDB 推进剂的燃速在 2～18MPa 均得到一定幅度的提高,且能使 RDX - CMDB 推进剂在 8～18MPa 压力范围内,压力指数为 0.23(6～18MPa,$n = 0.26$),呈现宽平台燃烧;与 DHDNEPb 单独使用相比较,

DHDNEPb 和 DHDNECu 复配使用,对 RDX-CMDB 推进剂的燃速提高更为有效,且能使 RDX-CMDB 推进剂呈现更宽的平台燃烧,说明 DHDNECu 作为燃烧催化剂使用时,不仅能提高RDX-CMDB 推进剂燃速的效果,也能在降低压力指数方面起到一定的作用。

DHDNEPb 作为燃烧催化剂用于 RDX-CMDB 推进剂中,在 2~6MPa 压力范围内,其催化效率均在 1.80 以上,然后,随着压力的升高,其催化效率逐渐降低,表明 DHDNEPb 作为燃烧催化剂,能够在低压区使 RDX-CMDB 推进剂的燃速迅速升高,可使其在中高压区实现更宽的平台燃烧;DHDNEPb 和 DHDNECu 复配使用时,能使 RDX-CMDB 推进剂的燃速提高的更多,在 2~4MPa 压力范围内,其催化效率从 2.08 提高至 2.12,然后,随着压力的升高,其催化效率逐渐降低,但在平台燃烧区间,其压力指数均在 1.00 以上。

6.7.3.3 NBCPb 对 RDX-CMDB 推进剂燃烧性能的影响

图 6-72 和图 6-73 分别给出了 NBCPb 催化的 RDX-CMDB 推进剂燃速-压力曲线和催化剂的催化效率与压力的关系曲线。

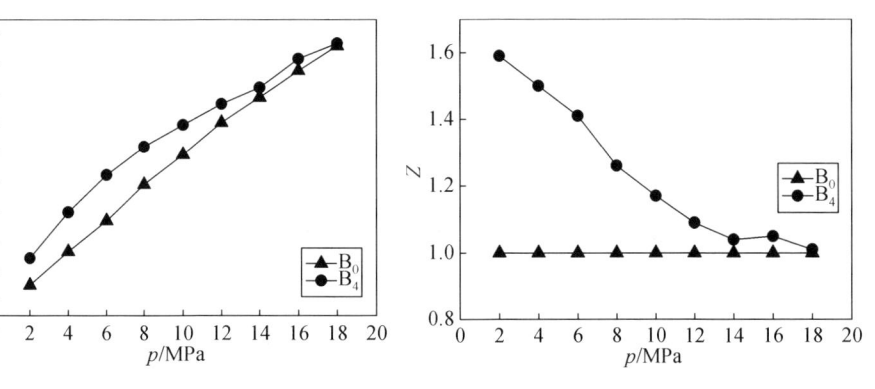

图 6-72　含 NBCPb 催化剂 RDX-CMDB
推进剂的燃速-压力曲线

图 6-73　NBCPb 对 RDX-CMDB
推进剂的催化效率-压力曲线

可以看出,NBCPb 对 RDX-CMDB 推进剂有较好的催化效果,在 2MPa 时,使 RDX-CMDB 推进剂燃速提高 60%,催化效率随着压力的升高而降低,在 12MPa 之前,催化效率始终在 1.10 以上;在 8~14MPa 压力范围内,可降低 RDX-CMDB推进剂燃速压力指数。由此可见,NBCPb 在低压下可提高 RDX-CMDB 推进剂的燃速,并且可降低其中压段的压力指数。

参 考 文 献

[1] 汪营磊,赵凤起,仪建华. 固体推进剂用燃烧催化剂研究新进展[J]. 火炸药学报,2012,35 (5):1-8.

[2] 李文,任莹辉,赵凤起,等. BTATz-Pb 复合物对双基和 RDX-改性双基推进剂的热行为、非等温动力学及燃烧性能的影响[J]. 物理化学学报,2013,35(5):1-8.

[3] 李上文,赵凤起,袁潮,等. 国外固体推进剂研究与开发的趋势[J]. 固体火箭技术,2002,25(2):36-42.

[4] Boudakian M M,Fidler D A. Process for low chloride 1,2,4-triazao-5-one[P]. US 4927940,1990.

[5] Rothgery E F,Audette D E,Wedlich R C,et al. Thermal decomposition mechanism of NTO[J]. Thermochim Acta,1991,185:235-239.

[6] 张同来. NTO 金属盐的制备、结构表征、热分解机理和非等温反应动力学研究[D]. 南京:南京理工大学,1993.

[7] 李上文,王江宁,付霞云,等. 某些 NTO 盐作为含能燃烧催化剂的探索[J]. 含能材料,1993,1(3):22-27.

[8] Singh G,Felix S P. Studies on energetic compounds 25:An overview of preparation,thermolysis and applications of the salts of 5-nitro-2,4-dihydro-3H-1,2,4-triazol-3-one (NTO)[J]. Journal of Hazardous Materials,2002,A90:1-17.

[9] Singh G,Felix S P. Studies of energetic compounds part 29:Effect of NTO and its salts on the combustion and condensed phase thermolysis of composite solid propellants,HTPB-AP [J]. Combustion and Flame,2003,132:422-432.

[10] Singh G,Felix S P. Studies on energetic compounds part 36:Evaluation of transition metal salts of NTO as burning rate modifiers for HTPB-AN composite solid propellants[J]. Combustion and Flame,2003,135:145-150.

[11] 含能燃烧催化剂 NTO 铅正盐的合成与性能[J]. 化学推进剂与高分子材料,2013,35(5):1-8.

[12] 马海霞,宋纪蓉,董武,等. Li(NTO)(H$_2$O)$_2$ 的热分解行为及其结构与性质的关系研究[J]. 化学学报,2004,62 (12):1139-1143.

[13] Ma Haixia,Song Jirong,Sun Xiaohong. et al. Preparation,crystal structure and thermodynamic properties of [Mg(H$_2$O)$_6$](NTO)$_2$2H$_2$O[J]. Thermochimica Acta,2002,389:43-47.

[14] 宋纪蓉,胡荣祖,李福平,等. 3-硝基-1,2,4-三唑-5-酮锶配合物的制备、晶体结构和热力学性质研究[J]. 化学学报,2000,58(2):222-228.

[15] Song Jirong,Ma Haixia,Huang Jie. et al. Preparation,crystal structure,thermal decomposition mechanism and thermodynamic properties of [Co(H$_2$O)$_6$](NTO)$_2$·2H$_2$O[J]. Thermochimica Acta,2004,416:43-46.

[16] Song Jirong,Huang Jie,Ma Haixia. et al. Thermal decomposition mechanism and thermodynamic properties of [Ni(H$_2$O)$_6$](NTO)$_2$·2H$_2$O[J]. Thermochimica Acta,2004,416:39-42.

[17] 宋纪蓉,胡荣祖,李福平,等. 3-硝基-1,2,4-三唑-5-酮(NTO)铅配合物 Pb(NTO)$_2$·H$_2$O 的制备和晶体结构[J]. 含能材料,1998,6(1):25-30.

[18] 佘江波. 3,5-二硝基羟基吡啶含能催化剂的合成、表征及热分析研究[D]. 西安:陕西师范大

442

学, 2007.

[19] 郑玉梅, 邓敏智, 赵凤起, 等. 4 – 羟基 – 3,5 – 二硝基吡啶氮氧化物铅及铜盐的合成[J]. 火炸药学报, 2002, 4:51 – 53.

[20] 赵凤起, 陈三平, 范广, 等. 含能配合物[Pb(AZTZ)(bpy)(H₂O)·2H₂O]n 合成、结构及燃烧催化性能[J]. 高等学校化学学报, 2008, 29(8): 1519 – 1522.

[21] 赵凤起, 高红旭, 胡荣祖, 等. 4 – 羟基 3,5 – 二硝基吡啶铅在固体推进剂燃烧中的催化作用[J]. 含能材料, 2006, 14(2): 86 – 88.

[22] 赵凤起, 陈沛, 罗阳, 等. 含能羟基吡啶铅铜盐用作 RDX – CMDB 推进剂燃烧催化剂[J]. 火炸药学报, 2003, 26(3): 1 – 4.

[23] Zhao F Q, Gao H X, Luo Y, et al. Constant – volume combustion energy of the lead salts of 2HDNPPb and 4HDNPPb and their effect on combustion characteristics of RDX – CMDB propellant[[J]. Chinese Journal of Explosives and Propellants, 2006, 85(3): 791 – 794.

[24] 赵凤起, 高红旭, 罗阳, 等. 2HDNPPb 恒容燃烧能的测定及其在 RDX – CMDB 推进剂中的应用[J]. 固体火箭技术, 2005, 28(4): 280 – 283.

[25] 汪营磊, 张志忠, 王伯周, 等. 3,5 – 二硝基吡唑合成研究[J]. 含能材料, 2007, 15(6), 574 – 576.

[26] Wang Ying – lei, Zhao Feng – qi, Ji Yue – ping, et al. Synthesis and thermal behaviors of 4 – amino – 3, 5 – dinitro – 1H – pyrazole[J]. Journal of Analytical and Applied Pyrolysis, 2012 (98): 231 – 235.

[27] Wang Ying – lei, Xu Kang – zhen, Zhao Feng – qi, et al. Synthesis, crystal structure and thermal behavior of 4 – amino – 3, 5 – dinitropyrazole potassium salt[J]. Inorganica Chimica Acta, 2013 (405) 505 – 510.

[28] Wang Ying – lei, Zhao Feng – qi, Xu Kang – zhen, et al. Synthesis, Thermal behavior and Application of 4 – Amino – 3, 5 – dinitropyrazole lead salt[J]. Journal of Thermal Analysis and Calorimetry, 2014, 115 (2): 1219 – 1225.

[29] Wang Ying – lei, Zhao Feng – qi, Ji Yue – ping, et al. Synthesis, Crystal Structure and Thermal Behaviors of 4 – amino – 3, 5 – dinitropyrazole copper salt (ADNPCu) [J]. Chinese Chemistry Letters.

[30] 汪营磊, 赵凤起, 姬月萍, 等. 4 – 氨基 – 3,5 – 二硝基吡唑铅盐合成与应用[C]//中国宇航学会固体火箭推进剂第二十九届学术年会论文集[C]// 宁波, 2012:587 – 590.

[31] 汪营磊, 张志忠, 王伯周, 等. VNS 反应合成 LLM – 116[J]. 火炸药学报, 2007, 30(6): 20 – 23.

[32] 陈小明, 蔡继文. 单晶结构分析原理与实践[M]. 北京: 科学出版社, 2007.

[33] SAINT v7.68A, Breker AXS, Madison, 2009.

[34] SPREP v2008/2, Breker AXS, Madison, 2008.

[35] Shelxtl v2008/4, Breker AXS, Madison, 2008.

[36] Damavarapu R, Jayasufiya K, Vladimiroff J. 2, 4 – Dinitroimidazolealess sensitive explosive and propellant made by thermal rearrangement of molten 1, 4 – dinitroimidazole: US, 5387297[P]. 1995 – 02 – 07.

[37] 崔荣, 郑晓东, 毛治华, 等. 2,4 – 二硝基咪唑铜配合物[Cu(DNI)2(H2O)]·3H2O 的制备和晶体结构[J]. 火炸药学报, 2007, 30(6): 27 – 30.

[38] 郑晓东, 崔荣, 李洪丽, 等. 2,4 – 二硝基咪唑铅盐的合成及性能[J]. 火炸药学报, 2006, 29(6): 23 – 26.

[39] 赵凤起, 高红旭, 胡荣祖, 等. 4 – 羟基 3,5 – 二硝基吡啶铅在固体推进剂燃烧中的催化作用[J]. 含能材料, 2006, 14(2): 86 – 88.

[40] 赵凤起, 陈沛, 罗阳, 等. 含能羟基吡啶铅铜盐用作 RDX – CMDB 推进剂燃烧催化[J]. 火炸药学

报,2003,26(3):1-4.

[41] Zhao F. Q., Gao H. X., Luo Y., et al. Constant – volume combustion energy of the lead salts of 2HDNPPb and 4HDNPPb and their effect on combustion characteristics of RDX – CMDB propellant[J]. Chinese Journal of Explosives and Propellants, 2006, 85(3):791-794.

[42] 赵凤起,高红旭,罗阳,等.2HDNPPb 恒容燃烧能的测定及其在 RDX – CMDB 推进剂中的应用[J]. 固体火箭技术,2005,28(4):280-283.

[43] 赵凤起,陈沛,李上文,等.四唑类化合物的金属盐作为微烟推进剂燃烧催化剂的研究[J].兵工学报,2004,25(1):30-33.

[44] 邓敏智,杜恒,赵凤起,等.四唑类盐的制备及其在固体推进剂中的应用初探[J].固体火箭技术,2003,26(3):53-55.

[45] Jones D E G,Lightfoot P D,Fouchard R C, et. al. Hazard Characterization of KDNBFUsinga Variety of Different Techniques[J]. Thermochim. Acta, 2002,384:57-60.

[46] Shinde P D,Mehilal,Salunke R B,et al. Some Transition Metal Salts of 4,6 – Dinitrobenzofuroxan:Synthesis, Characterization and Evaluation of their Properties[J]. Propellants,Explos., Pyrotech, 2003, 28 (2):77-80.

[47] Nair J K,Talawar M K,Mukundan T. Transition metal salts of 2,4,6 – trinitroanilinobenzoic acid – potential energetic ballisticmodifiers for propellants [J]. Journal of Energetic Materials, 2001, 19 (2):155-162.

[48] 宋秀铎,赵凤起,王江宁,等.5-(2,4-二硝基苯胺基)-水杨酸铅的合成及其对双基推进剂的催化作用[J].含能材料,2007,15(4):310-312.

[49] Kulkarni P B, Reddy T S,Nair J K,et. al. Studies on salts of 3 – nitro – 1,2,4 – triazol – 5 – one (NTO) and 2,4,6 – trinitroanilino benzoic acid (TABA):Potential energetic ballistic modifiers[J]. Journal of Hazardous Materials, 2005, 123:54-60.

[50] 汪营磊,姬月萍,赵凤起.等.一种3-(2',4'-二硝基苯基)-3-氮杂-戊二酸铅化合物及其制备方法和应用[P].中国,2014,CN201410378172.2.

[51] 汪营磊,姬月萍,汪伟.等.一种3-(2',4'-二硝基苯基)-3-氮杂-戊二酸铜化合物及其制备方法和应用[P].中国,2014,CN201410378171.8.

[52] Wang Ying – lei, Zhao Feng – qi, Ji Yue – ping, et al. Synthesis and thermal behaviors of 1, 8 – dihydroxy – 4, 5 – dinitroanthraquinone manganese salt[J]. Chemical Research in Chinese Universities, 2014, 30(3):468-471.

[53] Wang Ying – lei, Zhao Feng – qi, Ji Yue – ping, et al. Synthesis, thermal behaviors and catalytic activity of 1,8 – dihydroxy – 4, 5 – dinitroanthraquinone barium salt[J]. Journal of Analytical and Applied Pyrolysis, 2014, 105:295-300.

[54] 汪营磊,姬月萍,赵凤起.等.一种1,8-二羟基-4,5-二硝基蒽醌铅化合物及其制备方法和应用[P]. 中国,2013,CN201410455301.3.

[55] 汪营磊,姬月萍,赵凤起.等.一种1,8-二羟基-4,5-二硝基蒽醌铜化合物及其制备方法和应用[P]. 中国,2013,CN201310637571.1.

444

第7章 有关双基系推进剂的催化燃烧机理

7.1 引　言

固体推进剂催化燃烧已研究了将近 70 年(1946 年开始)[1],研究的燃烧催化剂品种成百上千。人们虽能很好地调控推进剂的燃烧性能,使之达到可在发动机中有效应用的程度,但是推进剂燃烧过程中超速－平台－麦撒燃烧效应的产生却难以得到众所公认的理论解释。尽管到目前为止已有多种机理或观点提出,然而却难以解释所观察到的诸多燃烧现象。其原因在于:①固体推进剂配方组成的复杂性,致使燃烧过程的组分和产物尤为复杂,难以用简单的宏观描述去揭示微观的繁杂的机理;②研究手段和研究方法的局限性,研究者多以自身所具有的研究手段,并由此而获得的研究结果给出对推进剂催化燃烧的认识和解释。即使如此,这些分析和解释均是有益的,对分析讨论超速－平台－麦撒燃烧效应将提供有价值的参考。故而,本章对已有的机理或现象进行了总结。

7.2　凝聚相主导催化机理

7.2.1　光化学反应机理[2, 3]

Camp 等人总结了他们 10 年的研究工作,于 1958 年完整地提出了亚表面光化学反应理论。他们认为凝聚相分解反应是双基推进剂燃速的控制步骤,因此假定双基推进剂亚表面及表面分解反应沿两条平行的途径进行:一条是火焰区的紫外线辐射引起的光化学分解反应;另一条是气相反应区传给燃烧表面的热引起的热分解反应,即:

$$反应物 \xrightarrow[\text{(2)热能}]{\text{(1)紫外线辐射能}} 有机碎片 \longrightarrow 气体$$

当双基推进剂中加入铅化物后,铅化物吸收了火焰区发射的紫外线,变成了硝酸酯降解的感光剂,从而加速了硝酸酯的分解,提高了推进剂的燃速,产生了超速燃烧。但是,随着推进剂燃速的升高,凝聚相的消失速度加快,亚表面反应区光学反应有效作用时间缩短,超速燃烧的程度降低,故导致平台燃烧产生。

Camp 等人认为,如能证明以下三点,则可认为上述假说是正确的:①火焰的紫外线辐射增强时,推进剂的燃速应增大;②亚表面吸收紫外线的能力增大时,推进剂的燃速应增加;③推进剂中含有遮光剂变为不透明时,铅化物则不能引起超速燃烧。

他们的实验表明,在平台推进剂中加入少量铅粉或炭黑时推进剂燃速增加,这是由于增强了火焰的光辐射强度,证明了第一点;但当铅粉或炭黑的浓度过高时,推进剂燃速反而降低,平台或麦撒效应消失,这是因为推进剂变得不透明,妨碍了亚表面对紫外光的吸收,证实了第三点;当推进剂中加入紫外线吸收剂2,2',4,4'-四羟基苯酮时,推进剂燃速增高,这证明了第二点。

他们也认为铅化物产生的凝聚成团妨碍了亚表面对紫外线的吸收,使推进剂燃速下降,导致麦撒燃烧效应的产生。

Camp 研究组(1975 年)发展了他们的学说。他们认为,燃烧催化剂在燃烧表面发生光化学分解,产生自由基和金属,汽化并受热激发,受激发的铅在火焰区发射出光与压力有关。在燃烧表面上,催化剂受到这种紫外光辐射,使其激发。芳香酸铅盐的 $n \rightarrow \pi^*$ 和 $\pi \rightarrow \pi^*$ 跃迁,在更长的波长和更高的压力下进行。脂肪酸铅盐只有 $n \rightarrow \pi^*$ 的跃迁,低压下就起作用。所以芳香酸铅盐使推进剂平台范围宽,并移向高压。

在很低压力下,或在嘶嘶燃烧压力下,不存在发光火焰(无焰燃烧)。但是,由于铅化物的加入使推进剂嘶嘶区反应加速,燃速增加。另外,外界光辐射通量增加,燃速也增加,但与紫外光的量无关。对于这些事实,光化学反应机理皆不能解释。至少,在无焰燃烧时的超速燃烧现象与光化学反应无关。

7.2.2 含碳物质 - 热亮球作用机理[4-7]

Brown 等人用高速显微摄影(3000 帧/s)观测了平台推进剂燃烧表面结构,发现在平台压力上限以下燃面有直径 30 ~ 60μm 的小球。它们在表面上生成,停留在表面上成长至某一大小,然后进入气相。离开表面的粒子,收集到用干冰冷却的容器中,分析后发现是金属铅。烧结的金属铅粒直径随压力增加而变小(15atm 时为 60μm,80atm 时为 20μm),但数目却增加。加 NaCl 的平台推进剂中,超速和平台效应变弱,这是由于 NaCl 与分解的铅化物反应生成 $PbCl_2$,而不易生成金属铅或氧化铅,而后者是产生平台燃烧的关键。

西安近代化学研究所(1977、1978 年)用高速摄影和热电偶测表面温度等方法,研究了双石 - 2、06# 和双乙醛等推进剂的燃烧。他们认为亮球是表面上进行的剧烈氧化还原反应所形成的,这些亮球的存在,提高了嘶嘶区的温度和温度梯度,从而增加了向凝聚相的传导热流,使推进剂产生了超速燃烧。他们对亮球在不同压力下的数目、直径和停留时间进行了观察和分析,认为随着压力增加,亮球直径变小,停留时间变短,亮球对燃烧表面的热反馈作用变小,故导致产生平台燃烧效应。分析亮球的成分,发现有铅存在。

随后,他们又用装有电子探针的扫描电子显微镜研究了熄火后燃烧表面的结构。发现在超速段压力范围内,铅和铜在表面上含量增加,所以超速机理与铅和铜在表面上的作用有关。诚然,对亮球实施定量尤为困难,且因其仅考虑了热亮球这一观测事实,而忽略了含碳物质的作用事实,故机理尚不全面。

Eisenreich 等人(1978 年)用各种摄影技术研究了双基推进剂的燃烧区及其与压力的关系。他们拍摄了泡沫区(亚表面及表面反应区)、暗区和火焰区曝光时间短的照片,用光学扫描电镜研究了推进剂熄火表面,得到了燃烧表面上产生碳物质的详细图像。他们观测到燃烧熄火表面下 $40\mu m$ 固相区的颜色从一定的透明度变化到棕色或棕红色,发现最大直径达 $50\mu m$ 的坑和碳粒覆盖着整个熄火表面,碳粒连结着 $20\sim50\mu m$ 的分枝和最大直径达 $100\mu m$ 的平板状物;碳粒是多孔的,孔径约为 $5\mu m$;压力在 2bar 以上,碳粒开始发红光,似乎是由流过的分解产物对其氧化所致,同时碳粒变小,由于飞离表面而使表面上的碳粒数量变少;在平台燃烧压力范围内,碳粒直径为 $20\sim50\mu m$,密度 300 粒/cm^2;压力在 5bar 以上,金属亮球出现在碳粒上面或燃烧表面,直径约为 $100\mu m$,飞离表面的金属亮球直径为 $20\sim50\mu m$,运动速度为 $15\sim50cm/s$。

他们认为,燃烧催化剂在低压下加速了燃烧表面硝化纤维素的分解,在燃烧表面上催化了含碳物质的氧化,从而释放出更多的热量,使推进剂出现超速燃烧现象。在麦撒和平台燃烧压力区,由于含碳以及金属的亮球离开燃烧表面,而使直接传导到燃烧表面的热量减少了。

上述机理以较精密的实验技术阐明了含碳物质和金属亮球的形状、大小、数量和运动,对平台燃烧效应的产生作了直观形象的描述。虽未确切地证明其化学本质,但暗示了可能的化学作用。碳粒上的化学反应为铅－碳催化推进剂产生超速燃烧的机理提供了依据。

7.2.3 螯合物形成机理[8]

Suh 和 Lenchitz 等人采用爆热试验并测气体产物成分的方法,发现催化推进剂其产物中的 NO 减少约 1/2,CO_2 和 CO 的总量不变,但 CO_2/CO 的比值反而稍微减小。他们用紧绷的热电偶丝测量表面温度,发现催化推进剂表面温度升高,其低压下爆热也较高,于是认为是表面附近 NO 还原量增加所致。

他们提出螯合物假设,即铅盐的铅原子和硝酸酯的硝基上的氧原子形成螯合型络合物。硝酸酯电子向二价铅转移,使 $RO-NO_2$ 键削弱,硝酸酯解离加速,产生超速燃烧。络合物的结构可能如下:

$$
\begin{array}{c}
\text{H} \\
\text{C}=\text{O} \\
\diagdown \\
\text{Pb} - \text{O} \\
\diagup \diagup \quad \diagdown \\
\text{O} \qquad \text{N} - \text{O} - \text{R}
\end{array}
$$

实验证明这种络合物可以存在。

该机理解释了共价化合物四苯基铅因不能形成螯合物,所以无催化作用。但不能解释四乙基铅、氧化铅和铅粉能使推进剂产生平台燃烧。该机理没有直接证明螯合物加速硝酸酯的分解,至于表面温度升高,低压下热量增加,可能是更多的 NO 被还原的结果。

早在 1968 年,Lenchitz 等人就用量热仪测爆热,发现低压下硬脂酸铅增加了推进剂的爆热,从而增加了燃速。高压下,硬脂酸铅起惰性添加剂的作用,使爆热降低,故导致燃速下降。平台燃烧区是硬脂酸铅从催化活性组分变为惰性组分所致。与热量一样,含硬脂酸铅的推进剂 CO_2/CO 之比提高。但是前面已经指出,他们后来测出的 CO_2/CO 之比反而略有下降。他们用高速摄影观察火焰结构和燃烧表面现象时发现,硬脂酸铅虽然增加了推进剂火焰的辐射能,但是这能量对推进剂燃烧表面附近温度影响不大。

在高压下测得双基推进剂爆热下降的原因是高压惰性气体的扩散,在低压下爆热和燃速成比例的关系是有条件的。添加 Ni 粉使低压下爆热似乎不降低,并使发光火焰产生于表面附近,爆热不受扩散效应的影响。爆热测量后分析得到的气体成分前后差异较大,螯合物形成机理仅是推测而已,仅供参考。

7.2.4 催化燃烧的碳骨架产生和消失机理[9-12]

俄罗斯专家 Denisjuk 等人通过系统深入的研究,提出了双基系推进剂催化燃烧的碳骨架产生和消失机理。他们指出,催化剂使推进剂的燃速增加是由于催化剂在燃烧表面所起的作用造成的。他们认为若使铅催化剂起作用,燃烧表面必须形成碳骨架层,这个碳骨架层可通过添加催化剂、炭黑或硝酸酯分解得到,该碳骨架层使催化剂积聚、吸附或负载在其上面,催化反应的结果,加大了向燃面的热反馈。另外,含碳骨架的烟雾气相区的导热率比一般气相导热率大约 20 倍,因而加大了向凝聚相的传热,使推进剂燃速提高。

出现碳骨架与压力有关。当压力逐渐增加时,由于形成了碳骨架使推进剂燃速增加,当达到一定程度后,压力更高,则形成碳骨架困难,所以催化剂的催化效率下降,燃速也下降,产生了麦撒燃烧效应。

碳骨架从点燃推进剂到其形成有个过程。开始点燃只有很少碳雾,烧过一段距离(这段距离约为100个加热层厚)才能形成碳骨架,这可从含催化剂的推进剂点燃后燃速随时间的变化曲线上看出,即点燃时推进剂燃速较小,经过一段时间后碳骨架形成,燃速上升并达到稳定。

加入 Pb、Cu 催化剂的双基系推进剂,再加入 2% 的 Fe_2O_3,这时 Fe_2O_3 把碳骨架中的碳"吃"掉了,因为 Fe_2O_3 催化消耗 NO + C 的反应,使 Pb、Cu 催化剂无法在碳骨架上停留,因而使 Pb、Cu 催化作用消失,推进剂燃速压力指数较高。但当加入少量(例如 0.7%) Fe_2O_3 时,可使推进剂压力指数为负值,因为在低压下燃温较低,Fe_2O_3 对 NO + C 反应不起催化作用,而此时 Pb、Cu 催化剂起作用使燃速提高,而在高压下 Fe_2O_3 催化了 NO + C,使碳骨架中的碳减少(Pb、Cu 化合物起不到催化作用),从而使推进剂燃速下降,压力指数为负值,这些已由配方实验得到证实。

对于双基系推进剂,压力指数大小取决于碳骨架的消失速度,当碳骨架随压力的增加慢慢消失时,压力指数大于 0;当消失速度合适时,压力指数等于 0;当消失速度过快时,压力指数小于 0。

无催化剂的双基系推进剂,亦能观察到燃烧表面上形成了碳物质甚至碳骨架,但碳骨架的高度和密度随压力的增加而减小。对于催化推进剂燃烧时,在表面上除了生成碳骨架外还观察到碳骨架吸附或负载了金属或氧化物现象,其负载量与压力有关。当燃烧表面上形成的碳骨架中负载大量金属时,即可观察到明显的催化效应,如果负载金属量不多,则催化作用也弱。

Denijuk 等人的碳骨架产生和消失机理来自所观察到的实验事实,对解释铅化物的催化作用具有一定的实际价值。

7.3　气相主导催化机理

7.3.1　Pb – PbO 循环催化机理[13, 14]

Steiberger(1952 年)将有机铅盐在炉内裂解后加入推进剂中,发现催化效果更好。在 350℃ 时热解产物是 Pb 或 PbO,它们与推进剂产生平台燃烧效应密切相关。而铅盐的有机部分只起到使催化剂分解产生细小金属铅或氧化铅,防止铅或氧化铅凝聚的作用。由此,他提出了一种气相催化机理:

$$NO_2 + Pb \rightarrow NO + PbO$$
$$PbO + CH_2O \rightarrow Pb + H_2 + CO_2$$

或

$$2NO + 2Pb \rightarrow 2PbO + N_2$$
$$PbO + CO \rightarrow Pb + CO_2$$

由此可见,反应过程中形成了铅和氧化铅循环出现的情况,即所谓 Pb – PbO 循环催化机理。

Preckel(1961 年)用密闭爆发器测量推进剂燃速时发现,在平台高压端压强之下,有碳的碎片掉下来,并有熔化的铅球。在平台压强范围之上则无此现象。他认为气相区到泡沫区发生以下催化反应:

$$Pb + (NO、NO_2) \rightarrow PbO$$
$$PbO + (CO、H_2、CH_2O、C_固) \rightarrow Pb$$

据此,Preckel(1965 年)对无机铅化物及脂肪酸族铅化物只能使低热值推进剂产生平台燃烧,而芳香酸族铅化物才能使高热值推进剂产生平台燃烧的现象作了解释。他认为高热值推进剂具有较高的热安定性,芳香酸族铅化物在高温下分解,而达到分解的高温度需在高压下实现,因而使高热值推进剂产生平台燃烧;无机铅化物及脂肪酸族铅化物则在低温下就分解了,所以不能使高热值推进剂产生平台燃烧,而只能使低热值推进剂产生平台燃烧。显然,这种把平台燃烧和催化剂分解温度直接相联的观点是十分牵强的,现在看来用碳物质解释比较妥当。高热值推进剂燃烧时,含碳物形成量少,而芳香酸铅盐分解中含碳颇多。

总之,铅 – 氧化铅循环反应机理较为粗糙,主要是由间接推理得来的,缺乏直接证据。该机理指出了催化作用的区域,并且发现碳的碎片与平台燃烧有关,这为以后创立碳和含碳物质相关的催化作用机理起到了先导作用。

7.3.2　铅 – 碳催化作用机理[15, 16]

Hewkin 等人(1971 年)公布了他们研究组的工作总结。他们用火焰探针测试了各燃烧区成分,用热电偶和红外光谱仪测试了燃烧表面温度,用高速摄影研究了燃烧表面。发现在低压下由于铅化物的加入,使推进剂表面附近温度增加;催化推进剂暗区分析表明 N_2 增多,NO 减少;NO 还原的反应放热量大,铅化物的作用使燃烧表面产生大量碳,在推进剂超速燃烧时碳量多,麦撒燃烧时碳量少,超过麦撒区压力则碳消失。而含催化剂的双基推进剂燃烧时,在所有压力范围内燃烧表面上均有碳生成,但在低压下非催化推进剂的碳量比催化推进剂要少很多。

由此他们认为,铅化物的作用不仅增加了碳的生成,而且使碳活化,活化的碳是 NO 放热还原的多相催化剂,使原本在暗区还原速度很慢的 NO 反应变快,结果导致向燃烧表面的热反馈增多,燃烧表面温度增加,燃速增加。

同时铅又催化 NO 与碳反应而将碳本身氧化,当压力增加时碳更易被消除,NO 还原反应减慢了,推进剂燃速降低了,故导致产生平台或麦撒燃烧效应。

这一机理可以解释许多现象:①在一定范围内,炭黑添加量增加,可提高推进剂燃速,使平台燃烧区向高压移动;②降低平台推进剂热值,使平台效应压力增大;③含硝化棉氮量低的推进剂或硝化棉含量高的推进剂平台区压力和燃速较高;④铅化物含量越高,平台区压力越低;⑤侵蚀燃烧时平台化作用降低;⑥热安定性高的铅化物,能在较高的压力和燃速下产生平台燃烧效应。

之后,Hewkin 等人又发展了这一机理。他们制备了含各种添加剂的十余个配方,研究了燃烧表面的形貌与燃烧催化剂之间的可能联系。结果证实了原来的铅-碳催化假设,也进一步说明铜化物消除的速度比铅慢,故催化反应维持到高压段。铅和铜同时作用时,碳的消除由铅决定。加入富氧物质,如 AP 和 NG,则燃烧表面上的碳大量减少,平台效应被破坏。对 NC 进行交联,则促进了碳的生成,使平台区扩展到更高压力。添加 RDX 虽然未改变火焰结构,燃烧表面仍有铅碳覆盖,但使平台化作用遭到破坏。如此看来,对于含 RDX 的推进剂仅由铅-碳催化作用是不够的,NO 和 CO 反应在 1000℃ 以下很慢,但有 CuO 时 200℃ 下反应已很快,有铅和铜时反应更容易。

铅-碳催化作用机理未交待清楚铅如何得来,从碳和铅作为 NO 还原催化剂到铅催化碳被 NO 氧化而消失的转化过程缺乏令人信服的证据。

7.3.3　π 键络合机理[17]

Fifer 等人(1975 年)用激光分别点燃了 NC(12.6% N)和 60% NC + 40% NG 的薄膜样品,以及 PbO 和水杨酸铅催化的双基推进剂,在 1atm、20atm 和 40atm 下用红外光谱仪测定最终燃烧产物。发现,在超速燃烧阶段,CO_2/CO 比值增大,使表面温度和暗区温度升高,燃速增加。下列任何反应均可使 CO_2 增加:

$$CO + CO \xrightarrow{Pb} CO_2 + C(固) \qquad \Delta H = -41kcal/mol$$

$$CO + HCHO \xrightarrow{Pb} CO_2 + C(固) + H_2 \qquad \Delta H = -40kcal/mol$$

$$CO + NO \xrightarrow{Pb} CO_2 + \frac{1}{2}N_2 \qquad \Delta H = -89kcal/mol$$

实验证明,样品中渗入水和 NO_2 对燃烧产物无显著影响,而少量 O_2 则促进了 CO 氧化成 CO_2 和 NO 还原成 N_2 的反应。

Fifer 不同意 Kubota 等人的化学当量转移的观点,因为 Fifer 在实验中发现的碳太少,不足以引起 NO_2/CH_2O 比值的显著变化。但由上述反应可知,$CO_2/$

CO 增加了,放出大量热使嘶嘶区温度升高。Fifer 借助前人的研究成果,认为 PbO 抑制烃的燃烧,大大促进烃的含氧衍生物的燃烧。催化反应的特性是 CO_2 的生成量增加,有时也使 H_2 的生成量增加,PbO 被还原成 Pb,Pb 又能被氧化。Fifer 提出了 PbO 与反应分子作用产生 π 键表面络合物,络合物接着解离,如下所示(以甲醛为例):

$$
\begin{array}{c}
\text{H} \quad \quad \text{O---------Pb}^{-} \\
\text{C} \\
\text{H} \quad \quad \text{O}
\end{array}
\longrightarrow CO_2 + H_2 + Pb
$$

在 C–OH 环境下,PbO 催化作用更强。PbO 夺取—OH 的一个 H 原子,产生一个自由基,自由基失去另一 H 原子形成醛:

$$
\begin{array}{c}
\text{H} \\
\text{R—C—OH}\cdots\cdots\text{OPb}
\end{array}
\longrightarrow
\begin{array}{c}
\text{H} \\
\text{R—C—O}\cdot \\
\text{H}
\end{array}
\longrightarrow
\begin{array}{c}
\text{O} \\
\text{R—C—H}
\end{array}
$$

醛可进行上述反应。因此,Fifer 认为 PbO 以同样的过程催化了 NC 的初级和二次固相分解反应。

这一机理可以解释如下现象:①CO_2/CO 比值的增大是该催化反应的特性;②卤化铅等除外的铅化物都有催化作用,因为在燃烧表面温度下它们均能生成 PbO;③含 N 量低的 NC 催化作用强,因其—OH 比较多;④PbO 不催化 NG 和硝酸乙酯,因为它们分子上无—OH。

由于 Fifer 测得的 NO 还原量极少,所以碳–铅催化和螯合物形成机理(认为 NO 大量被还原)与本实验结果并不相符。另外,本实验结果是由激光点燃薄膜试样得出的,与推进剂实际燃烧情况不尽相同。该机理对平台或麦撒燃烧没有给予讨论。

7.3.4 亚硝酸盐形成机理[18]

Fifer 等人(1978 年)采用专门设计的四极矩差泵质谱仪,采集 1atm 下燃烧火焰中形成的凝结物分子束,对铅铜化合物作为催化剂的研究发现,铅铜与氧结合的盐类分解时产生金属铅和铜(气态和凝聚态),而共价键化合物如苯基铅只能汽化。不能作为平台燃烧催化剂的盐如水杨酸锰,分解产物是 MnO。气态铅和铜原子可与硝酸酯反应生成 $PbNO_2$、$CuNO_2$,这些化合物在适当温度下是稳定的。亚硝酸盐进入燃烧区,发生反应,生成金属氢氧化物和氧化物,因此,$PbNO_2$ 和 $CuNO_2$ 的出现可能是导致平台燃烧产生的一个特征。

该研究支持硝酸酯分解时 $CO–NO_2$ 分解成 CO 和 NO_2,与 Prekel 的 Pb–

452

PbO 循环氧化还原反应不符,与 Suh 的假设"NO$_2$ 以某种方式与铅盐中铅作用"有类似之处,但不是形成螯合物,而是形成 PbNO$_2$。

金属亚硝酸盐的形成可解释平台燃烧现象:①PbNO$_2$ 是在推进剂点燃时生成的;②Pb(气)和 NO$_2$(气)反应可以使硝酸酯更多地产生 NO$_2$,使燃速增加;③在平衡燃烧产物中,仅发现 Pb、PbO、PbO$_2$ 和 H$_3$PO$_4$,也就是说 PbNO$_2$ 已分解了。

该研究能解释 PbO 的平台化作用,因为 PbO + C $\longrightarrow$ Pb(气) + CO(气),当然也能解释细铅粉的平台化作用。但是该机理提出的实验条件与实际燃烧差别较大,不能令人信服。

7.3.5　铜盐活性组分的气相催化机理[19]

早期人们对推进剂燃烧性能的研究中,很少涉及 14MPa 压力以上时的燃烧性能,因此没有认识到铜盐的平台催化作用。当时人们认为铜化物只能加强铅盐的平台催化效应,而本身单独作为催化剂时不产生平台燃烧效应。随着研究的深入,铜盐的平台催化作用逐渐为人们所认识,与铅盐相比,铜盐的催化规律有三点不同:①铅盐的催化发生在低压区,而铜化物的作用则发生在中高压区(12~20MPa);②炭黑对铜化物的催化效果不但没有增强作用,反而使燃速下降;③随着炭黑量增加,平台区向高压移动,但当炭黑量过大时,则推进剂平台效应消失。

西安近代化学研究所燃烧与爆炸技术重点实验室系统研究了近 20 种铜化物作为燃烧催化剂,并获得了它们的催化作用规律。他们认为,不同的铜盐其催化作用的优劣不同,其中铜盐的有机部分起到了一定作用,有机部分影响着铜盐的分解温度,也影响着铜盐分解后铜的凝聚程度。正由于铜盐催化剂有机部分的不同,在推进剂燃烧过程中所起的作用也不尽相同,就造成了催化效果上的差异。

铜化物催化作用发生的部位应该在气相区,这不仅可从前人的工作中获得证明,也可从本实验的系统研究中找到根据。实验结果表明,低压下催化推进剂和非催化推进剂燃速差异极小,而随着压力的增加,催化推进剂的燃速远远大于非催化推进剂的燃速,这说明低压下,由于铜化物在气相起作用,而此时因离燃烧表面较远不能展示较强的提高燃速能力;当压力增加时,气相区逐渐靠近燃烧表面,于是受铜的催化作用而升高了温度的气相,向燃烧面的传热剧增,造成了含催化剂的推进剂在较高压力下燃速高于非催化推进剂的事实。

像加入铅盐的推进剂,其活性组分是铅或氧化铅一样,加入铜盐的推进剂,起催化作用的活性组分应该是铜和铜的氧化物。

铜盐在推进剂燃烧过程中,于亚表面区或表面区分解出铜或铜的氧化物,并

453

产生凝聚。一旦它们的颗粒离开燃烧表面进入气相区,负载或吸附到碳物质上,就能对气相的反应起到催化作用。其催化的反应是 $NO + CO \longrightarrow \frac{1}{2}N_2 + CO_2$,不仅因为此反应是暗区和火焰区的主要放热反应,更重要的是已证实铜或铜的氧化物能催化这个反应。

分析认为,铜的氧化物是氧化亚铜。因为:①在温度大于 1273 K 时,氧化铜已反应变成氧化亚铜,而暗区的温度一般高于 1273 K;②用 63 帧/s 的高速摄影已观察到水杨酸铜催化的推进剂,在 30atm 时火焰区呈现一片"散乱"的样子;③研究铅铜复合作用的结果发现,加入水杨酸铜,推进剂燃烧暗区变窄,N_2O 消失异常快,这恰恰说明了 Cu_2O 的催化作用。

产生催化作用的原因可作如下解释:由于催化作用是气–固催化反应,故催化剂表面具有吸附能力是非常重要的,而铜和氧化亚铜有此能力。

由价键理论可知,铜原子在形成金属态时,每个原子用 n 个某型杂化轨道与周围的 n 个铜原子形成金属键,这 n 个杂化轨道的电子为成键电子。铜原子价层电子结构为 $3d^{10}s^1$,并有 11 个电子,除去成键电子剩下的电子称原子 d 电子,处于原子 d 轨道中。用 $d\%$ 表述成键轨道中的 d 轨道成分,则 Cu 的 $d\% = 36$,显然由于杂化的原因使原子 d 轨道充满程度不大。气体在铜金属表面上化学吸附时(如在 0℃,铜能吸附 O_2、C_2H_2、C_2H_4、CO 等),表面上未饱和的成键轨道的电子可被利用于成键,铜原子的 d 电子亦可被利用于成键,并且由于原子 d 电子所处的能级比杂化轨道电子所处的能级高,较之更活泼,所以吸附物首先与铜原子的 d 电子成键,被吸附并被活化。从而,铜的催化作用得以实现。当然,铜盐裂解后的铜原子状态是非常重要的,炭黑在其表面上的覆盖亦可影响它的吸附。

氧化亚铜是一种半导体。在它的形成过程中,促使其形成载流子为准自由空穴的 P 型半导体,可能是它具有较高催化活性的根本所在。氧化亚铜形成时,常会在晶格上缺少 Cu^+,为了在此部分保持电中性,就会在周围吸引一部分正电荷,此正电荷可在一定范围内运动,构成正空穴电导。由于氧化亚铜有准自由空穴,因此可使到达其表面的分子离子化,即用空穴接受电子使吸附物正离子化,完成吸附的过程。

氧化亚铜是 P 型半导体,可因在催化反应中失去电子而使准空穴增多,增加了 P 型半导体的电导,有利于催化反应的进行。而在电子向 Cu_2O 回输时,半导体用价态中的空穴接受电子,从而完成催化过程。

由此,可对加入 CuO 的推进剂不如铜盐分解出的活性组分催化效果好,找到一种可能的解释,即仅加氧化铜的推进剂在燃烧过程中,没有提供一定的条件使活性组分活化,如变成杂化型半导体等。

7.4 凝聚相－气相协同催化机理

7.4.1 自由基输运机理[20]

Sinha 等人(1968 年)总结了他们的实验结果,并利用前人的一些结论,提出了自由基反应机理。他们认为双基推进剂稳态燃烧分为三个区,推进剂燃速取决于泡沫区(凝聚相表面区)的消退速度,而消退速度受嘶嘶区对表面的传热控制,不受火焰区的影响。

他们依据前人关于铅在 400℃ 下能与自由基反应生成烷基铅,而烷基铅在 600℃ 下能分解出铅和自由基的实验结论,认为铅在燃烧过程中起到了从泡沫区向嘶嘶区输送自由基的特殊作用。

当双基推进剂加入铅化物后,金属铅便会在泡沫区(约 400℃)与硝化纤维素或硝化甘油分解出的自由基结合生成烷基铅,此烷基铅与 NO_2 一起进入嘶嘶区。烷基铅在嘶嘶区(约 600℃)中分解成铅和自由基,这些自由基一方面相互碰撞发生连锁反应,另一方面能与嘶嘶区中的 NO 反应(无铅化物时,这一反应不能在嘶嘶区中进行),放出大量热,加速了嘶嘶区向泡沫区的传热,使推进剂燃速增加,产生超速燃烧。

但是,当压力升高时,嘶嘶区中自由基浓度升高,自由基之间的碰撞次数增多,加快了自由基的消失速度,从而减少了自由基与 NO 之间反应,减少了嘶嘶区向泡沫区的传热;另一方面,当压力升高时,气体的导热系数增加,使得嘶嘶区向泡沫区的传热增加。当在某一压力范围内,这两种相反的效应相当,便产生了平台燃烧现象。

该观点解释了高热值推进剂不能产生平台燃烧的原因是由于此时自由基效应不起主导作用,而对于平台效应的消失是由于在高压下自由基效应变弱以致于可以忽略,但是无论如何,该机理无法解释麦撒燃烧效应。

硝化棉在分解过程中能产生自由基,这已有研究报道。但是在推进剂燃烧过程中捕获到硝酸酯产生的烷基自由基还没有实际发现,因此,本机理论据并不充分。另外,许多非铅的金属能与自由基反应,产生烷基金属自由基,但却并不能使推进剂产生平台燃烧效应。

7.4.2 氧化铅活性组分与碳载体催化作用机理[21, 22]

西安近代化学研究所采用高速摄影技术,得到了推进剂试样动态燃烧过程的照片,用光学显微镜和扫描电子显微镜得到了熄火表面含碳物质的清晰照片,用能谱分析仪和电子探针分析了燃烧熄火表面铅的含量以及随压力的变化情况,还进行了推进剂燃烧火焰的温度分布测定和铅化物的热分析试验,提出了铅化物燃烧催化作用的机理。

他们认为,双基平台推进剂中的硝酸酯,在亚表面反应区受热分解为 NO_2 和醛,然后 NO_2 和醛进入嘶嘶区。脂肪族或芳香族铅化物在燃烧表面附近受热分解出活性组分 PbO,该活性组分在嘶嘶区使一部分醛分解生成碳,由于碳的存在,使 PbO 不易形成凝团,增加了热稳定性和比表面积,由于 Pb 的密度较大,熔点较高,它们以很小的质点大量地分散在碳的粒子上,在这里碳起着催化剂载体的作用。新生态的活性组分 PbO 在表面的数量增多和高度的分散性,极大地提高了其催化能力。NO_2 和醛在嘶嘶区比较容易进行反应,生成 NO 和 CO 等小分子气体,NO 和 CO 的反应本来在火焰区才能进行,然而由于 PbO 的催化作用,使得一部分 NO 和 CO 的反应在嘶嘶区就得以进行,因而提高了嘶嘶区的温度和温度梯度,加速了向燃烧表面的传热,提高了亚表面反应区的硝酸酯的分解速度,产生超速燃烧。

随着压力的升高,燃速增加,PbO 作用于醛的反应时间降低,碳的生成量减少。与此同时,碳及附着在碳上的 PbO 不断地飞离表面,PbO 的数量及其催化作用时间减少,嘶嘶区中 NO 和 CO 的反应减少,放热量下降,使得燃速降低,出现平台燃烧效应。

该机理可解释诸多推进剂燃烧特征的事实:①添加炭黑的作用。实验证明,当没有铅化物存在时,炭黑对推进剂燃速的影响并不显著。当铅 – 碳复合时,会使燃速显著增加,炭黑的粒度越细,燃速越高。因为添加炭黑的作用同推进剂表面生成的碳作用是一致的,炭黑的加入,有效地阻止了 PbO 的凝结,使 PbO 分布均匀,明显地提高了催化剂的热稳定性。炭黑过少,不足以阻止 PbO 凝团作用,因此燃速增加不大;而炭黑过多,则将 PbO 包围,使 PbO 失去催化作用,因此炭黑的加入量要合适。②推进剂热值与碳含量。可以证明,由高热值推进剂所生成的醛和碳,其量通常少于由氧平衡低的组分中所生成的醛和碳。事实上,组分中硝化纤维素的含量增大,以及二硝基甲苯(DNT)、邻苯二甲酸二丁酯(DBP)和三醋酸甘油酯(TA)等低能添加物,它们在燃烧时产生更多的碳,故有利于超速和平台燃烧的形成,使平台区向低压方向移动。对于高热值推进剂,采用芳香族铅盐比较有效,因为高热值推进剂燃烧时,含碳物质形成量少,而芳香族铅盐分解时生成的碳颇多。③硝化纤维素含氮量与平台燃烧效应。若硝化纤维素含氮量低,则生成的碳较多。假定碳的生成不由其他组分而定,则有含氮量低的硝化纤维素存在时,更易出现平台燃烧或者具有较低的压力指数。因此,若想获得

456

平台推进剂,人们更愿意采用低氮含量的硝化纤维素。④催化剂的浓度和平台区。当催化剂的浓度达到适度饱和极限之前,较高浓度的催化剂能够产生较显著的作用。据此,较多铅化物的存在,可提高更低压力下的催化作用。因此,增加铅含量,可使推进剂平台区压力下降。

7.4.3　化学当量转移机理[22,23]

Kubota 等人(1973 年)用高速摄影和精细热电偶研究了燃烧波中各区的反应,发现铅盐使燃烧表面和嘶嘶区发生了重大变化。表面区积聚的含碳物质与催化时燃速的增加同时出现,同时消失。添加剂不改变表面热量的释放。火焰区传导的热流不是引起平台燃烧的原因。推进剂的燃烧行为受到嘶嘶区反馈到推进剂燃烧表面的热量控制,反馈热量增加 50% ~ 100% 是产生超速和平台燃烧的原因。

他们认为,催化剂的最初作用在凝聚相且在燃烧表面发生反应,而随着反应的进行延续到气相区。由于碳物质的形成,使硝酸酯分解历程发生改变,使醛的生成量减少,从而使醛和 NO_2 的比例更接近于化学当量,而在化学当量之下醛和 NO_2 反应最快,故从嘶嘶区反馈到燃烧表面的热流增加,产生超速燃烧。而且,由于嘶嘶区产生大量的碳物质,使嘶嘶区带来的平均热导率增加,导热增加,从而使推进剂燃速增加。随着压力的升高,催化剂作用的有效时间缩短,碳物质消失,醛的量增加,醛和 NO_2 之比离开化学当量,NO_2 与醛反应速率降低,超速燃烧消失,形成平台燃烧。

该机理主要依据 Rollard 等(1950 年)研究 NO_2 和醛的燃烧火焰速度的结果。在下列化学当量反应时燃速最大:

$$5CH_2O + 7NO_2 \rightarrow 3CO + 2CO_2 + 5H_2O + 7NO$$

即 CH_2O 与 NO_2 化学当量之比为 1∶1.4。

该机理可以解释高热值推进剂,由于分解产生的 NO_2 含量高,催化剂改变其化学当量的作用相对较弱,所以平台作用变弱。

该机理没有具体说明铅化物是如何改变硝酸酯分解途径的,只能解释平台和超速燃烧。究竟在实际燃烧系统中化学当量改变对燃烧起的作用如何,尚待验证。但无论如何,催化剂使醛生成碳,即醛减少、碳量增加,的确对超速燃烧有利。

7.4.4　铅 – 铜 – 炭复合催化剂协同作用机理[24,25]

早在 1974 年螺压 RDX – Al – CMDB(GP – 19)推进剂的研究中,李上文等人就已发现单独的邻氨基苯甲酸铅、β – 雷索辛酸铜或各种炭黑均对这种 RDX – Al – CMDB 推进剂无明显的燃烧催化作用。即使是铅盐 – 铜盐、铜盐 – 炭黑或铅盐－炭黑两两复合也无明显效果。倘若铅盐－铜盐－炭黑三者在一定的比例下复合使用，则可使该推进剂出现压力指数小于 0.3 的良好效果。在 RDX－CMDB 微烟推进剂中，李上文等人有意识地用与 GP－19 不同的铅盐 A 和铜盐 B 作催化剂进行实验，结果表明：

（1）与无任何催化剂的基础配方（$n = 0.7 \sim 0.77$）相比，铅盐 A、铜盐 B 或 CB 三者分别单独加入该配方中，或铅盐 A 与铜盐 B 同时加入，配方的燃速和压力指数均无显著的改善。

（2）当铅盐 A、铜盐 B 及 CB 三者在一定比例下联合使用时，配方的燃速猛增，并出现麦撒燃烧效应，麦撒压力区至少宽 4MPa。这进一步证明了为调节 RDX－CMDB 推进剂的燃速和压力指数，铅－铜－CB 三种催化剂复合使用是极为必要和有效的。

经过多年的研究，燃烧和爆炸技术重点实验室对铅－铜－炭复合催化剂的"协同作用"总结认为：铅盐的催化作用主要是促进表面层组分的分解反应，同时，其活性组分与硝酸酯分解的醛类碎片反应生成碳，起主导催化剂作用；铜盐的催化作用是降低铅盐的分解温度，其分解的活性组分对气相区的反应进行催化，增大向燃烧表面的热反馈，同时，氧化铜也有消耗碳的作用，总之，铜盐起到了助催化作用。关于炭黑，无论是燃烧过程形成的碳，还是加入的碳，它是催化剂活性组分的良好载体，也是气相某些反应的良好催化剂，其生成或消失的速度与超速、平台、麦撒燃烧效应的出现密切相关。上述三者，在缺碳的 RDX－CMDB 推进剂或 RDX－Al－XLDB 推进剂等体系中相互协调，缺一不可，起到了协同催化作用。

从物质结构的角度分析，铅和碳属于同一主族，碳是原子半径较小的非金属元素，可渗入铅晶体结构的间隙中，形成填隙或固溶体，而铅金属本身具有易熔并与其他金属形成合金的特点，因此铅－铜－碳能形成宏观均匀体系。

铅化物加速了硝酸酯的分解反应，这已被诸多热分解试验所证明。铅盐使得硝酸酯热分解峰温提前，热分解放热量增加，热分解放热反应活化能降低。究其原因，可这样进行解释：对于硝酸酯基，N 采取 SP^2 杂化轨道，三个杂化轨道上各有一个电子，分别和三个 O 原子的 P 电子配对形成三个 σ 键，未与原子相连的两个 O 原子则垂直于杂化轨道平等的 P 轨道，与 N 原子的 P 轨道平行，形成 π_3^4 键。由于氧的电负性大于氮的电负性，因此，大 π 键上的电子及 σ 键上的电子都趋向于氧原子，在共轭和诱导效应的影响下，使 N 原子带部分正电荷，而氧原子带部分负电荷。铅盐分解产生的铅易失去 P 轨道上的电子，形成铅离子，并接近硝酸酯盐的两个氧原子，形成 π_4^6 键，削弱了 O－NO_2 键，使其易发生断裂，因而使硝酸酯的分解加快。

另一方面，铅盐促进了表面反应区碳构体（颗粒、丝、网、簇）的生成。大量的研究观察表明,平台改性推进剂出现超速燃烧现象和燃烧时在泡沫区生成一层碳构体有关。燃烧表面覆盖的碳构体的生成主要可能有两种途径:①NC 和其他有机组分热解生成;②由铅盐热解生成的 PbO 与硝酸酯分解的醛类碎片化学反应生成。

$$NG \rightarrow 2CH_2O + 3NO_2 + CHO \quad -1323 \text{ J/g}$$
$$NC \rightarrow 3CH_2O + 3NO_2 + CHO + CO + C \quad -1684 \text{J/g}$$
$$PbO + 醛 \rightarrow C + CO + ...$$

氧化铅促进了碳的生成,同时氧化铅在碳构体中被还原成铅,这种新生态的铅有更高的活性。

铜盐的作用一方面可使铅盐的分解温度降低,另一方面铜盐分解产生的铜/氧化铜对气相区的反应起催化作用。通常认为气相区反应的主要产物为 NO、CO、CO_2、H_2O、CH_2O、N_2 等,Cu 容易和 NO 反应,促进上述气相区反应的进行,铜起催化作用的反应为:

$$4Cu + 2NO = 2Cu_2O + N_2 \qquad (7-1)$$
$$2Cu_2O + 2NO = 4CuO + N_2 \qquad (7-2)$$

用文献数据计算这两个反应的 $\Delta_f G_M^0$ 和 ΔH_M^0 可知,对于反应式(7-1),$\Delta_f G_M^0 = -466.10 \text{kJ/mol}$,$\Delta H_M^0 = -514.12 \text{kJ/mol}$;对于反应式(7-2),$\Delta_f G_M^0 = -389.46 \text{kJ/mol}$,$\Delta H_M^0 = -468.20 \text{kJ/mol}$。两个反应的 $\Delta_f G_M^0$ 和 ΔH_M^2 都远小于零,因此,认为这两个催化反应的存在是合理的。

另外,铜盐生成的氧化铜可以和碳反应,促进催化活性组分 Cu 的生成,这种作用的反应式为 $2CuO_{(s)} + C_{(s)} = 2Cu_{(s)} + CO_{2(g)}$,此反应的 $\Delta_f G_M^0 = -139.98 \text{kJ/mol} < <0$,$\Delta H_M^0 = -83.10 \text{kJ/mol} < <0$,反应易于进行。

碳物质在燃烧过程中起着举足轻重的作用,无论是有意识地加入配方中的 CB,还是在燃烧过程中形成的碳构体。加入的 CB,可以使铅盐的热分解温度移向低温,同时炭黑与铅盐的分解产物发生放热反应,随着炭黑含量的增加,此反应变得更加剧烈,故炭黑的加入有利于催化活性物质的产生,且防止铅活性组分的凝团;同时,加入的 CB 增加了燃烧表面碳构体的密集程度。而碳构体的存在可起如下作用:

(1)增加了推进剂各组分分解碎片及气态产物通过泡沫区和嘶嘶区的滞留时间,从而有利于各种分解产物的相互作用。

(2)炭黑是气相反应的良好催化剂,也是催化剂的良好载体。燃烧生成的多孔性碳构体不仅作为铅、铜催化剂的载体,而且在嘶嘶区附近吸收醛、NO、

NO_2等物质并促进了放热反应:

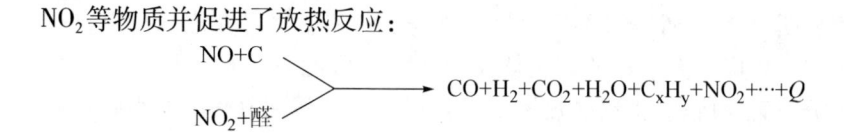

导致靠近燃烧表面处储存大量热量,使一次火焰区(嘶嘶区)温度升高,这些均引起固相分解消失过程加快,即出现超速燃烧。当压力进一步提高时,碳被氧化的速度与生成的速度达到动态平衡,则出现燃速不变的平台效应。当碳层被气流喷射出嘶嘶区时(此现象已被激光全息摄影照片所证实),导致产生燃速下降的麦撒燃烧效应。

含硝胺(RDX、HMX 等)的改性双基推进剂,其配方中的碳元素明显减少,故燃烧时生成的碳构体无论从数量、厚度和密集程度上均要较双基推进剂少。这样,即使铅–铜盐的加入促进了PbO(或Cu_2O)与醛生成碳的反应,但生成的碳量仍不足以形成超速燃烧。所以,人为地在含铅–铜催化剂的 RDX–CMDB 推进剂中加入足够量的炭黑,可有效地弥补燃烧时生成碳量的不足,从而保证了在燃烧表面附近有足够量的碳物质存在,则超速燃烧和平台或麦撒燃烧现象也自然会出现。这就从理论上解释了在 RDX–CMDB 推进剂中,炭黑的加入是必不可少的,它与铅铜催化剂三者的复合起着协同燃烧效应,对燃烧催化起着关键性的作用。

7.4.5　铅–铜–炭自由基催化机理

1986 年,宋洪昌提出了非催化双基推进剂的燃速预估理论[26]。该理论是从分析推进剂的化学结构与特征反应间的关系入手,以准一维气相反应流为基础,结合质量输运建立的一种化学–数学模型。该模型认为非催化双基推进剂燃烧时,在燃烧表面附近的气相中会裂解成五类基团:氧化性基团[NO_2]、还原性基团[CH_2O]、可裂解自由基基团[CHO]及两类中性基团[CH]和[CO]。在某特征压力(p^*)下,1kg 双基推进剂产生的这五类气体的量,可分别记为δ'、γ'、q'、β'和α',其中的[CHO]基团随压力的变化会发生不同程度的裂解,并引入函数$\eta(p)$对其自然裂解情况进行描述,且有:

$$\eta(p) = 2 - \exp[0.6931(1 - p/p^*)] \tag{7-3}$$

令$\alpha = \alpha'/\delta'$,$\beta = \beta'/\delta'$,$q = q'/\delta'$,$\gamma = \gamma'/\delta'$,则能计算出燃烧表面附近气相区域中氧化性基团的摩尔分数$\theta_0(p)$:

$$\theta_0(p) = \frac{1}{\alpha + \beta + q \cdot \eta(p) + \gamma + 1} \tag{7-4}$$

在准一维气相反应流假设、"嘶嘶"区特征反应假设和燃烧产物质量流守衡

的基础上,结合已往大量的实验数据,由化学反应动力学的碰撞原理,推导出初温20℃时的非催化双基推进剂燃速计算式:

$$u(p) = 1.709p\theta_0^2(p)/\rho_s \qquad (7-5)$$

由此式进而可推导出燃速压力指数(n)表达式。

与传统的燃烧理论模型相比,该模型是从化学反应的角度建立的,并把燃速表示为压力与推进剂组成的函数,避免了计算导热系数、反应活化能和反应热效应等参数。此模型还能根据要求的u、n指标,计算出推进剂的组成,进而指导推进剂配方设计。

燃烧与爆炸技术重点实验室深入研究了双基推进剂催化燃烧过程中表面碳生成机理[27],经分析认为燃烧表面的碳来自于两个方面:①硝酸酯分子中某些含碳基团的热解受到催化中心的抑制而未能及时分解气相产物,因而无法充分参加燃烧反应而形成炭黑;②气相分解产物中的某些含碳自由基经过催化中心时,在催化中心表面聚合,未能充分燃烧而裂解为炭黑。按照非催化双基推进剂燃速预估模型,在推进剂燃烧初期的五种气相分解产物中,[CHO]自由基具有易聚合又易裂解的特性。在非催化条件下,其自然裂解反应为:

$$[CHO] \rightarrow [CO] + [H] \qquad (7-6)$$

在催化状态下,其自然裂解过程发生改变,成为:

$$[CHO] \rightarrow [CHO]_n \rightarrow 进一步反应生成炭黑 \qquad (7-7)$$

若将[CHO]视为凝聚相中硝酸酯的某一基团,则反应式(7-7)也可代表含碳基团的裂解被催化中心所抑制。反应式(7-7)改变了推进剂燃烧麦面附近气相组成,并减少了气相分解产物的总量。因此,式(7-4)将变为:

$$\theta_0(p,X) = \frac{1}{\alpha + \beta + q[\eta(p) - g(p,X)] + \gamma + 1} \qquad (7-8)$$

式中,函数$g(p,X)$为在不同压力下催化剂对反应式(7-7)的影响程度。

从复合催化剂对推进剂燃烧性能影响的规律可知,在燃烧表面产生炭黑的助催化作用下,铅盐和铜盐对推进剂燃烧过程均有独立催化作用,因此$g(p,X)$函数可表示为:

$$g(p,X) = g_1(p,X) + g_2(p,X) \qquad (7-9)$$

式中,$g_1(p,X)$和$g_2(p,X)$分别为铅盐和铜盐对反应式(7-7)的影响作用。

燃烧熄火实验研究结果分析可知,推进剂燃烧表面的铅含量与催化活性大小相关。随着压力的升高,推进剂燃烧表面的铅有着生成、增长和消失的发展过程。推进剂燃烧表面铅含量随压力变化的规律可用正态分布函数描述:

$$g_1(p,X) = C_1(X)\mathrm{e}^{-\left(\frac{p-p_\alpha}{w_\alpha}\right)^2} \tag{7-10}$$

式中，p_α为燃烧表面新生的铅含量最大时的压力（MPa）。实验研究结果表明[28]，低压下燃烧表面的铅含量较大，假设p_α与催化剂的含量无关，并可视为常数；$C_1(X)$为催化活性系数，与催化剂的种类和含量有关，无量纲；w_α为与催化作用的压力范围有关的参量（MPa）；X为催化剂的含量，无量纲。

系数$C_1(X)$与铅盐有关，并以C_A代表。因炭黑对铅盐的热分解有促进作用并使燃烧表面的铅丰度增加，因此，当推进剂含有铅－炭催化剂时，有：

$$C_1(X) = C_A(1 + C_B) \tag{7-11}$$

式中，C_B为炭黑对铅盐催化活性的增强系数，无量纲。

当推进剂中含有铅盐和铜盐时，铜盐对铅盐催化活性有明显增强作用，增强系数记为C_C，则催化系数$C_1(X)$的数学处理过程式为：

$$C_1(X) = C_A(1 + C_B)(1 + C_C) \tag{7-12}$$

燃烧与爆炸技术重点实验室[29-31]的研究表明，铜化合物在中、高压区（14~20MPa）有较好的催化作用效果。铜化合物燃烧过程中形成的催化中心对反应式（7-7）的促进作用可表示为$g_2(p,X)$：

$$g_2(p,X) = C_2(X)\mathrm{e}^{-\left(\frac{p-p'_a}{w'_\alpha}\right)^2} \tag{7-13}$$

式中，$C_2(X)$为铜盐的催化活性系数，与铜盐的种类和含量有关，无量纲。

当催化剂种类一定时，催化活性与催化剂的含量有关。大量实验结果表明$C_1(X)$中的C_A、C_B、C_C以及$C_2(X)$可采用如下函数形式表达：

$$Y = \begin{cases} \phi\exp[-(X-X_0)/XX_0], & X > 0 \\ 0, & X = 0 \end{cases} \tag{7-14}$$

式中，Φ为权重值，与催化剂本身的性质有关，无量纲；X为推进剂中的铅含量、C/Pb之比以及Cu/Pb之比；X_0为催化剂含量特征值，无量纲。

Φ和X_0的数值通过选定一组典型双基平台推进剂体系来确定。催化作用压力范围参数w_α的大小与催化中心在燃烧表面停留的时间有关，可通过推进剂燃速规律确定。

从式（7-10）和式（7-13）可以看出，推进剂平台的燃速与催化活性系数$C_1(X)$和$C_2(X)$有关，催化剂的种类、含量和组合方式影响催化活性系数$C_1(X)$、$C_2(X)$和催化参量。一般地，推进剂的燃速随$C_1(X)$和$C_2(X)$的增加而提高；燃速压力指数随着$C_1(X)$和$C_2(X)$的增加而下降。二者之中$C_1(X)$占主导地位。$C_1(X)$值越大，推进剂在平台区内的燃速越高；推进剂的平台区间及其压力指数受到$C_1(X)$、$C_2(X)$和催化作用压力范围参数的影响。平台区压力范围

与 w_α 的大小有关,当 w_α 不变而 $C_1(X)$ 的值较大时,平台区的压力指数较低;当 w_α 增大时,低压力指数区域向高压方向移动。因此,在考察催化剂时,通过计算它的 $C_1(X)$ 值就可估计它的催化活性,通过计算它的 w_α 值就可估计平台区的位置。因此,确保催化剂的合理搭配是平台推进剂燃烧性能设计的关键之一。

对于常用的含硝胺(如 RDX)的改性双基推进剂,RDX 在一定程度上有增强燃烧的催化效果。对 RDX 的热分解研究结果表明[32,33],硝胺采取 C—N 键断裂方式或者 N—N 键断裂方式与温度有关。在低温下,主要采取 C—N 键断裂,气相产物中 N_2O 居多;高温下,主要采取 N—N 键断裂,气相产物中以 NO_2 居多。推进剂燃烧表面温度在一定范围内与压力一致,因此,硝胺采取 C—N 键断裂方式或者 N—N 键断裂方式也随压力的变化而变化。若把硝胺热分解时 C—N 键断裂到 N—N 键断裂的转化用函数 $\xi(p)$ 表示,则有:

$$\xi(p) = 1 - e^{-p/p^{**}} \qquad (7-15)$$

式中,p 为燃烧室压力(MPa),p^{**} 为 RDX 分解反应的第二特征压力。

若 1kg 推进剂中 $[N_2O]$ 的量为 X_N,$a_N = X_N/\delta'$,则式(7-8)可改写为:

$$\theta_0(p,X) = \frac{1 + \alpha_N \cdot \xi(p)}{\alpha + \beta + q \cdot [\eta(p) - g(p,X)] + \gamma + 1} \qquad (7-16)$$

推进剂中 RDX 粒径对燃烧表面积的影响,对于这种粒径大小相对增量对燃速的影响采用参数 h_H 表示:

$$h_H = 1 + 11.73(\rho_p/\rho_H)^{1/3}(\alpha_H)^{1/3}d_H \qquad (7-17)$$

式中,ρ_H 为 RDX 的密度(g/cm³),d_H 为推进剂中 RDX 的粒径(cm),α_H 为推进剂中 RDX 的含量。

由此含 RDX 的 CMDB 催化推进剂燃速计算式可表达为:

$$u(p,X) = 1.709p\theta_0^2(p,X)h_H/\rho_p \qquad (7-18)$$

由式(7-18)可知,燃速 $u(p,X)$ 与 $p\theta_0^2(p,X)$ 成正比。在催化剂作用的压力范围内,$\theta_0(p,X)$ 的值大于非催化推进剂的 $\theta_0(P)$ 值,因此催化推进剂的燃速将高于非催化推进剂燃速,而且 $p\theta_0^2(p,X)$ 与 $(p+\Delta p)\theta_0^2(p+\Delta p,X)$ 之间可能出现三种关系,相对应于三种燃烧现象:

(1) $p\theta_0^2(p,X) < (p+\Delta p)\theta_0^2(p+\Delta p,X)$,出现"超速"现象;

(2) $p\theta_0^2(p,X) = (p+\Delta p)\theta_0^2(p+\Delta p,X)$,出现"平台"现象;

(3) $p\theta_0^2(p,X) > (p+\Delta p)\theta_0^2(p+\Delta p,X)$,出现"麦撒"现象。

当压力超过催化作用压力范围时,催化的 $\theta_0(p,X)$ 约等于非催化的 $\theta_0(p)$,燃速恢复到非催化时的规律。这就是平台燃烧中出现"超速"、"平台"和"麦撒"三种现象的原因。有时在麦撒燃烧的后期,催化推进剂的燃速小于非催化推进剂的燃速,这可能是由于随着催化中心的突然消失,[CHO]自由基的裂解加速造成的。

在平台燃烧反应中,[CHO]自由基是催化作用的受体,由式(7-18)可以看出,燃烧表面[CHO]自由基的摩尔分数大小与燃速压力指数的大小密切相关,越大则压力指数越低。因此,只有在推进剂结构中含有充足的[CHO],才能保证催化反应的充分进行。推进剂的化学结构参数又是由其所含组分的化学结构决定的,对于推进剂的主要组分——单质炸药来说,每一种都有一组化学结构参数 δ'、γ'、q'、β' 和 α'。

从推进剂常用原材料的化学结构参数可知,其中硝化棉具有最大的 q' 值,若减少推进剂中硝化棉的含量,将导致推进剂化学结构中催化受体[CHO]含量的下降,若推进剂中硝化棉的含量太少必然破坏平台燃烧。这也从理论上解释了固体含量高的改性双基推进剂燃速压力指数难于调节的原因。

参 考 文 献

[1] Averay W, Hunt R E, Down M N. Burning rate studies in double-base powders. Office of Scientific Research and Development, OSRD 5827 ABL/P/1, 1946.

[2] Camp A T, Haussmawn H K, McEwan W S, et al. A decade of progress in the understanding of certain ballistic properties in double-base propellants. U. S. Naval Ordance Test Station, White Dak, NAVORD Rept 5824, Jan, 1958.

[3] 固体推进剂燃烧基础[M]. 朱荣贵, 于广经, 廉茂林, 等译 北京: 宇航出版社, 1994.

[4] 后备414部队编译. 平台推进剂译文集[M]. 北京: 国防工业出版社, 1972.

[5] 二〇四研究所. 双乙醛推进剂平台燃烧催化机理探讨[R]. Rept, 20405, 1978.

[6] 董存胜, 陆殿林, 王瑛. 用钨铼热电偶测温技术研究固体推进剂的燃烧波结构[J]. 火炸药学报, 1995, (2): 22-26.

[7] Eisenreich N. A photographic study of the combustion zones of burning double-base propellant strands[J]. Propellant and Explosives, 1978, (3): 141-146.

[8] Suh N P, Adams G F, Lenchitz C. Observations on the role of lead modifiers in super rate burning of nitrocellulose propellants[J]. Combustion and Flame, 1974, 22(3-4): 289-293.

[9] Denisjuk A P. Effect of iron and cobalt oxides on the laws governing the combustion of powders[J]. Combustion, Explosion and Shock Waves, 1974, 10(2): 197-201.

[10] Denisjuk A P. Inter-relationships of the effect of catalysts on the thermal decomposition and combustion of powders[J]. Combustion, Explosion and Shock Waves, 1974, 10(3): 338-340.

[11] Denisyuk A P, Margolin A D, Khubaev G V, et al. The role of soot in the combustion of ballistic propellants with lead-containing catalysts[J]. Fiz. Goreniya Vzryva (Physics of Combustion and Explosion), Vol. 13, No. 4, 1997, 13(4): 457-584.

［12］Denisyuk A P, Denidoval L A, Galkin V I. Theprimary zone in the combustion of solid propellants contai-ning catalysts［J］. Combustion, Explosion and Shock Waves, 1995, 31(2): 161 – 167.

［13］Preckel R F. Plateauballistics in nitrocellulose propellants［J］. ARS Journal, 1961, 31(9): 1286 – 1287.

［14］Preckel R F. Plateauballistics in nitrocellulose propellants［J］. AIAA Journal, 1965, 3(2): 346 – 347.

［15］Hewkin D J, Hicks J A, Powling J, et al. The combustion of nitric ester – based propellants: ballistic modi-fication by lead compounds［J］. Combustion Science and Technology, 1971, 2(2): 307 – 325.

［16］Hewkin D J, Stone P D. The combustion of double – base propellants: possible links between ballistic mod-ification and the appearance of the burning surface［C］// 5th International Annual Conference of ICT, 1974, pp: 35 – 51.

［17］Fifer R A, Launou J A. Effect of pressure and some lead salts on the chemistry of solid propellant combus-tion［J］. Combustion and Flame, 1975, 24: 369 – 380.

［18］Faber M, Srivastava R D. A mess spectrometric investigation of the chemistry of plateau – burning propel-lants［J］. Combustion and Flame, 1978, 31: 309 – 323.

［19］赵凤起. 含非铅催化剂的无烟平台推进剂的研究［D］. 西安: 西安近代化学研究所, 1986.

［20］马燹圻. 平台双基推进剂燃烧机理分析和评论［C］// 重庆燃烧会议论文集, 1979.

［21］李顺生, 董存胜, 刘顺有. 铅化物在平台双基推进剂燃烧中的作用［C］// 重庆燃烧会议论文集, 1979.

［22］Kubota N, Ohlemiller T J, Caveny L H, et al. The mechanism of super – rate burning of catalyzed double – base propellant［R］. Princeton University, NJ, Aerospace and Mechanical Sciences Pept 1087, March, 1973.

［23］Kubota N. Determination of plateau burning effect of catalyzed double – base propellant［R］. 17th Symposi-um (International) on Combustion, The Combustion Institute, Pittsburgh, PA, 1979, pp: 1435 – 1441.

［24］李上文, 赵凤起, 徐司雨. 低特征信号固体推进剂技术［M］. 北京: 国防工业出版社, 2013.

［25］徐司雨. 高能微烟 CMDB 推进剂燃烧机理及燃烧模拟研究［D］. 西安: 西安近代化学研究所, 2012.

［26］宋洪昌. 火药燃烧模型和燃速预估方法的研究［D］. 南京: 华东工学院, 1986.

［27］赵凤起, 徐司雨, 高红旭, 等. 固体推进剂性能计算模拟［M］. 北京: 国防工业出版社, 2015.

［28］Yang D, Dong C S, Li S W, et al. The Structure of Nitraminnne Modified double – base Propellant Burning Surface［J］. Solid Rocket Technology, 1997, 20(2): 31 – 36.

［29］Li S W, Zhao F Q. The Study on the Propellants with Non – Lead Catalysts［A］. The Fascicle of Explo-sives and Propellants of ACTA Armament, 1986, 18(1): 25 – 32.

［30］Yang Dong, Li Shangwen, Song Hongchang. The Interrelation Between the Thermal Decomposition of Lead Salt and the Platonization Mechanism of Double – Based Propellants［J］. Propellants, Explosives, Pyro-technics, 1998, 23: 1 – 5.

［31］李上文, 赵凤起. 含非铅催化剂的无烟推进剂的研究［J］. 兵工学报(火炸药专集), 1986, 1: 25 – 32.

［32］Brill T B, Patil D E. Thermal Decomposition of Energetic Materials 63. Surface Reaction Zone Chemistry of Simulated Burning 1, 3, 5, 5 – Tetranitrohera – Hydropyrimidine(DNNC or TNDA) Compared to RDX［J］. Combustion and Flame, 1993, 95(S1 – 2): 183 – 190.

［33］Palopoli S F, Brlll T B. Thermal Decomposition of Energetic Materials 52. On the Foam Zone and Surface Chemistry of Rapidly Decomposing HMX［J］. Combustion and Flame, 1991, 87(1 – 2): 45 – 60.

第8章 有关复合推进剂的催化燃烧机理

固体火箭发动机是战术火箭、战略导弹及空间飞行器重要的推进系统,其在军事工业及宇航事业中的重要性不断提高。过去由于对固体火箭发动机燃烧室内复杂的燃烧过程不了解,推进剂研制及火箭发动机的设计都是根据经验进行的,极大地制约了固体火箭的发展。

随着固体火箭发动机的广泛应用和研究的不断深入,研究者们逐渐认识到推进剂燃烧理论研究是固体火箭发动机发展的关键。世界各国在有关的科研院所或大学中设立专门的研究机构,均对复合推进剂的燃烧理论及催化燃烧机理作了一些研究。本章将介绍有关复合推进剂的催化燃烧机理或现象。

8.1 概　述

复合推进剂是由氧化剂、有机黏合剂、燃烧催化剂、金属燃烧剂及工艺添加剂等组成的非均相混合物,其燃烧是由一组同时发生在气相、液相和固相中的并发化学反应及传热、扩散等物理过程构成的一个复杂过程,每个化学反应及物理过程在燃烧中的相对重要性取决于推进剂的组成状况(氧化剂粒度及其分布状态、黏合剂类型、燃烧催化剂类型、固化程度等)及燃烧条件(压力、初始温度、周围气氛等),其中任何一个参数和条件的变化都会引起整个推进剂燃烧特性的变化。

复合推进剂中最重要的组分为氧化剂,其在推进剂中占70%以上,对推进剂的燃烧特性有着最大的影响。以高氯酸铵为氧化剂的复合推进剂是固体推进剂中应用最广泛的一类推进剂,国内外广泛深入地研究了高氯酸铵的热分解及爆燃过程以及催化剂对这些过程的影响。目前对它的热分解机理、爆燃模型有了较深入的了解,并取得了比较一致的认识。但是,对催化剂在高氯酸铵热分解及爆燃过程中的作用机理尚没有统一的看法,在实验结果及理论方面有诸多争论。

自20世纪50年代以来,国内外提出了许多关于复合推进剂的燃烧模型,这些燃烧模型大致可分为两类:①气相型燃烧模型,该模型认为维持推进剂燃烧所需的热量全部由气相放热化学反应供给。如 M. Summerfield 的粒状扩散火焰模型及 J. B. Fenn 的方阵火焰模型。这类模型提出的较早,在实验及理论两方面的发展都比较完整,但其在推导时作了许多不合理的假设。②凝聚相型燃烧模型,该模型认为维持推进剂燃烧所需的热量大部分由凝聚相的放热化学反应供给,气相放热化学反应只能供给一部分。如 C. E. Hermance 的非均相反应模型及 M. W. Beckstead 的多火焰燃烧模型,这类模型虽提出的较晚,但更科学合理。

关于燃烧催化剂在复合推进剂燃烧中的作用部位及机理尚无统一的看法。归纳起来基本上也有两类:①燃烧催化剂的作用部位在气相中,加速了气相中 $HClO_4$ 的放热分解及其分解产物的放热化学反应,增强了气相对燃烧表面的传热,从而提高了推进剂的燃速;②燃烧催化剂的作用部位在氧化剂与黏合剂的界面上,加速了高氯酸铵分解产物与固体(或液体)黏合剂的非均相放热反应,提高了推进剂燃烧表面的温度,从而提高了推进剂的燃速。另外,也有少数人认为催化剂改变了黏合剂的热解机理,这已为绝大多数实验所否定。

8.2 高氯酸铵的催化热分解机理

在固体推进剂燃烧时,都要经过由凝聚相到气相的转变过程。这种气化过程通常可由两种方式来完成,一种是物理蒸发和升华,另一种是化学分解。其中,固体推进剂各组分热分解反应尤为重要,因为它是推进剂燃烧反应的前奏和必经过程。

高氯酸铵(AP)是复合推进剂最常用的氧化剂,其热分解过程自然对推进剂的整个燃烧过程有着很大的影响。因此,人们对 AP 的热分解研究历来都很重视,自 1940 年以来,各国研究者们利用差示扫描量热法、热失重法、快速升温、原位红外、热红质联用等技术,发表了大量有关高氯酸铵热分解的研究结果,深入探讨了 AP 的热分解机理和催化机理[1, 2]。

复合推进剂的燃速还受高氯酸铵爆燃速度的控制。因此,研究 AP 的爆燃特性是了解复合推进剂燃烧机理及催化燃烧机理的重要方面。AP 的爆燃受其初温、粒度和密度以及燃烧催化剂等因素的影响,已有许多研究者研究了这一问题[3, 4]。同时,关于 AP 的燃速、燃烧波结构、燃烧的能量释放和火焰结构等燃烧特性的研究[5-7]很多,这里就不再赘述。

根据现已发表的资料看,高氯酸铵的催化分解没有统一的机理,不同类型的催化剂,其催化机理可能不同。将已发表的催化剂归纳起来基本上有三类:①过渡金属氧化物催化剂;②其他金属氧化物催化剂;③离子催化剂。此外,还有减缓高氯酸铵分解的抑制剂。本节将分别介绍这三类催化剂及抑制剂的作用机理。

8.2.1　过渡金属氧化物催化剂

这类催化剂也称作第一类催化剂,其中包括 MnO_2、CuO、Cr_2O_3、Fe_2O_3、Co_2O_3 等过渡金属氧化物及其盐类(如亚铬酸铜)。在这类催化剂中,作用最强的是亚铬酸铜及氧化铜。这类催化剂对实际推进剂来说,是最有意义的一类催化剂,国外对它们的研究比较多,对其作用机理有三种不同的解释。

8.2.1.1　按电子转移机理解释

1955 年 L. L. Bircumshaw 通过研究,分析并阐明了 MnO_2 对高氯酸铵催化分解的作用机理:

$$Mn^{4+} + ClO_4^- \rightarrow Mn^{3+} + ClO_4$$
$$Mn^{3+} + NH_4^+ \rightarrow Mn^{4+} + NH_4$$

MnO_2 加速了高氯酸铵晶体上的 ClO_4^- 向 NH_4^+ 转移电子的过程。

1959 年 P. W. M. Jacobs 研究了 MnO_2 对高氯酸铵分解的催化作用,认为催化剂存在时,ClO_4^- 向 NH_4^+ 转移的电子形成络合物 $[NH_4ClO_4]$,然后络合物分解。在高氯酸铵的催化分解过程中,催化剂 MnO_2 起了稳定络合物 $[NH_4ClO_4]$ 的作用,进而加速了 ClO_4^- 向 NH_4^- 转移电子的过程。

1973 年 E. Santacesaria 用差热分析仪研究了高氯酸铵和 MnO_2 混合物的分解,进一步证实了 P. W. M. Jacobs 的络合物 $[NH_4ClO_4]$ 形成的机理是正确的,并认为这一机理既适用于高温催化分解,也适用于低温催化分解。

A. Hermoni 认为高氯酸铵的催化分解机理与纯盐的热分解机理不相同,催化剂可能按下列方式加速了电子转移过程:

$$NH_4^+ + ClO_4^- + Me^{n+} \rightarrow NH_4^+ + ClO_4 + Me^{(n-1)+}$$
$$Me^{(n-1)+} + NH_4^+ \rightarrow Me^{n+} + NH_4$$
$$NH_4 + ClO_4 \rightarrow 1/2N_2 + ClO_2 + 2H_2O$$

由此得出结论:对高氯酸铵的热分解来说,在高温下 L. L. Bircumshaw 的机理是正确的,而在低温下 P. W. M. Jacobs 的机理是正确的。

W. A. Rosser 等人用光谱法研究了纯高氯酸铵的热分解及高氯酸铵和亚铬酸铜混合物催化分解的产物,认为纯高氯酸铵的热分解机理与催化分解机理大不相同,热分解遵循着质子转移机理,而催化分解则遵循着电子转移机理。

F. Solymosi 等人研究了 Cr_2O_3 和 TiO_2 对高氯酸铵分解的影响,发现 P 型半导体氧化物 Cr_2O_3 加速了高氯酸铵的分解,而 N 型半导体氧化物 TiO_2 则无影响。因此,他们认为 P 型半导体氧化物 Cr_2O_3 参与了高氯酸铵分解过程中的电子转移：

$$ClO_4^- + {}^{(+)}(Cr_2O_3) \leftrightarrow ClO_4 + (Cr_2O_3)$$
$$NH_4^+ + (Cr_2O_3) \leftrightarrow NH_4 + {}^{(+)}(Cr_2O_3)$$
$$NH_4 + ClO_4 \leftrightarrow 1/2N_2 + ClO_2 + 2H_2O$$

所以,可以认为氧化物的半导体性质对其催化作用的活性起着重要的影响作用。

但是,F. Solymosi 等人又于 1967 年发现,N 型半导体氧化物 CaO 能降低高氯酸铵分解的活化能,加速分解速度。并由此得出,不同类型的催化剂可能有着完全不同的催化作用机理。CaO 的催化作用可能与其形成不稳定的 $Ca(ClO_4)_2$ 盐有关,而与电子转移无关。

8.2.1.2 按质子转移机理解释

1967 年,P. W. M. Jacobs 等人研究了亚铬酸铜对高氯酸铵分解速度的影响。研究表明,当亚铬酸铜存在时,AP 低温分解速度略有提高,而高温分解速度则显著提高。催化分解活化能为 48 kcal/mol,高于纯高氯酸铵热分解的活化能(30 kcal/mol),此催化分解活化能接近于 HO—Cl 键的键能(48.3 kcal/mol)。同时测得催化分解速度高于相同压力下的升华速度,所以,认为亚铬酸铜、氧化铜及重铬酸钾等催化剂的作用是加速了质子转移后 $HClO_4$ 的非均相分解反应速度。高氯酸铵的催化分解机理为:① 在高氯酸铵晶体表面上进行 NH_4^+ 向 ClO_4 的质子转移;② NH_3 及 $HClO_4$ 扩散至催化剂表面上,$HClO_4$ 在催化表面上进行非均相分解反应,生成氯的氧化物,这是整个催化分解的控制步骤;③ NH_3 被氯的氧化物氧化,生成最终产物。

А. В. болодивева 等人的工作(研究了 NiO、ZnO、Cr_2O_3、Co_3O_4 及 CuO)也进一步证实了上述 P. W. M. Jacobs 的机理是正确的。

8.2.1.3 按形成不稳定的高氯酸盐解释

F. Solymosi 等人研究了 $HClO_4$ 在各种金属氧化物下的分解,发现 $HClO_4$ 在氧化物催化剂上的分解反应为:

$$2HClO_4 = Cl_2 + 3.5O_2 + H_2O$$

按照氧化物对 $HClO_4$ 的催化分解活性,可将其分为三类:①高活性氧化物,如 Cr_2O_3、Co_2O_3、NiO、CuO、Fe_2O_3、Al_2O_3 等;②低活性氧化物,如 SnO_2、TiO_2、ZnO 等;③无活性氧化物,如 CdO、MgO、CaO 等。发现氧化物对 $HClO_4$ 的催化分解活性与其对应的高氯酸盐的稳定性有严格的关系,即活性最高的氧化物,其高氯酸盐最不稳定。因此,认为氧化物催化 $HClO_4$ 的分解过程是通过催化剂表面上高氯酸盐的形成与分解过程进行的。在此过程中,使 $HClO_4$ 的分解活化能降低了,从而加速了分解速度。

由上述分析可以看出,对高氯酸铵分解起催化作用的氧化物,对 $HClO_4$ 的分解反应也起催化作用,但是对 $HClO_4$ 分解反应起催化作用的某些氧化物(如 TiO_2、Al_2O_3 等),则对高氯酸铵的分解反应不起催化作用。因此,认为在高氯酸铵的催化分解过程中,$HClO_4$ 的非均相催化分解是很重要的,但是它不是唯一的催化分解途径。所以,P. W. M. Jacobs 的质子转移机理不是完全正确的。

F. Solymosi 等人及 S. H. Inami 分别研究了亚铬酸铜、CuO 及 Cr_2O_3 对高氯酸铵、$HClO_4$ 的分解的影响,发现 Cr_2O_3 和亚铬酸铜在 $HClO_4$ 的催化分解过程中,于高温下其活性会降低,颜色也发生了变化。他们认为这是因为在高温下 Cr^{3+} 变成了 Cr^{6+},这就证实了高温下 $HClO_4$ 与 Cr_2O_3 发生了化学反应,形成了不稳定的高氯酸铬。但是,在 $HClO_4$ 和 NH_3 的系统中或者在高氯酸铵中,在高温下 Cr_2O_3 的活性并不降低,颜色也不发生变化。这是因为催化剂同样加速了 NH_3 的氧化反应,消耗了 $HClO_4$ 分解时放出的氧,从而不使催化剂氧化。所以认为亚铬酸铜催化剂在高氯酸铵分解中起了双重作用:①催化了 $HClO_4$ 的非均相分解反应;②同时催化了 NH_3 的氧化反应。

上述电子转移机理、质子转移机理以及形成不稳定高氯酸盐的机理都有一定的实验依据,也都能解释一些现象,但都有其不能说明的现象,究竟哪一种机理是正确的,现在尚无定论,有待进一步深入研究。

8.2.2 其他金属氧化物催化剂

这类氧化物也称作第二类催化剂,其中包括 MgO、ZnO、CaO、PbO 等,它们的活性顺序为 MgO < CaO < ZnO < PbO。

F. Solymosi 等人研究了 CaO 及 $Ca(ClO_4)_2$ 对高氯酸铵分解的催化作用,测得催化分解活化能降低至 29 kcal/mol,符合电子转移机理对活化能的要求。CaO 为 N 型半导体,所以不能用电子作用机理及 P 型半导体催化作用机理来解释。他们认为,CaO 的催化作用在于它能与高氯酸铵作用形成 $Ca(ClO_4)_2$,$Ca(ClO_4)_2$ 与高氯酸铵形成低共熔混合物,使高氯酸铵熔化,从而加速了高氯酸铵的分解。此外,阳离子的极化作用也起着重要的作用,如 $LiClO_4$ 也能降低高氯酸铵的熔点,但它不能加速高氯酸铵的分解,这是因为 Li^+ 离子的极化作用能力弱。金属离子的极化能力为 $Mg^{2+} < Ca^{2+} < Zn^{2+}$,则其氧化物的催化活性为 MgO < CaO < ZnO。

P. W. M. Jacobs 等人研究了高氯酸铵在 MgO、ZnO、CaO 及 PbO 上的熔化分

解,认为高氯酸铵在这类氧化物上的催化分解机理为:①高氯酸铵与氧化物作用形成对应金属的高氯酸盐表面层;②在氧化粒子与高氯酸铵粒子之间,由于高氯酸盐的作用使高氯酸铵的熔点降低,形成了一层熔化液层;③在熔化液层中进行着下列反应:

$$ClO_4^- \rightarrow ClO_3^- + O$$
$$ClO_3^- \rightarrow ClO_2^- + O$$
$$ClO_2^- \rightarrow ClO^- + O$$
$$O + O \rightarrow O_2$$
$$2ClO^- \rightarrow O^{2-} + Cl_2 + O$$

生成了 O^{2-} 离子,O^{2-} 是很强的质子接受体;④在熔化液层中,质子 H^+ 从 NH_4^+ 离子上转移至 O^{2-} 离子上,生成了 NH_3 及 H_2O,反应过程为:

$$NH_4^+ + O^{2-} \rightarrow OH^- + NH_3$$
$$OH^- + NH_4^+ \rightarrow H_2O + NH_3$$

图 8-1 比较了几种催化剂的催化活性。可以看出,高氯酸镁的催化活性优于三氧化二铁和炭黑,接近于亚铬酸铜的催化活性。亚铬酸铜及过渡金属氧化物催化高氯酸铵分解的作用在于它们加速了气相中 $HClO_4$ 的非均相催化分解及加速了 NH_3 的氧化反应;而 MgO、CaO、ZnO、PbO 等氧化物催化高氯酸铵分解的作用在于它们能与高氯酸作用形成可放出强质子接受体 O^{2-} 离子的低熔点高氯酸盐。可见不同类型的催化剂,其催化机理是不相同的。

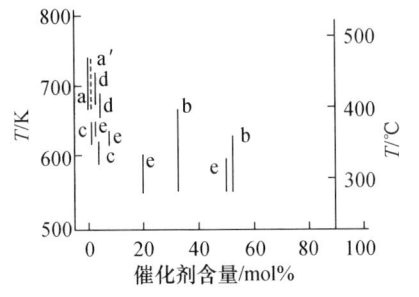

图 8-1 各种催化剂对高氯酸铵分解温度范围的影响

(a,a′) 纯高氯酸铵(分别来自美国 Fisher 公司和 Potash Chemical 公司);
(b) 炭黑;(c) 亚铬酸铜;(d) 三氧化二铁;(e) 高氯酸镁。

8.2.3 离子催化剂

这类催化剂也称作第三类催化剂,其中包括某些金属阳离子(如 Ag^+、

Cu^{2+}、Fe^{2+}、Cd^{2+} 等)及某些非金属阴离子(如 I^-、Br^-、ClO^{3-}、MnO_4^- 等)。这些离子都能缩短高氯酸铵的分解感应期,并加速高氯酸铵的分解速度。

F. Solymosi 等人研究了 200~240℃ 及 260~330℃ 下,高氯酸铵在离子催化剂作用下的分解反应动力学,发现金属离子的催化活性远远高于卤离子的催化活性,它们可使感应期缩短并加速分解反应 4~7 倍。虽然金属离子与卤离子的催化活性不同,但它们却有下列共同特点:①都能使分解率提高 10%;②在 240℃ 以下,催化分解反应的活化能等于按照电子转移机理计算出的纯高氯酸铵的热分解活化能;③在 260~290℃ 下,分解速度极快,并发生爆炸,它们可使纯高氯酸铵的爆炸温度(440℃)降低 150~180℃。

由于催化分解活化能等于按电子转移机理计算出的纯高氯酸铵热分解的活化能,所以认为全属离子及卤离子都在电子转移过程中起了作用。

全属离子起了电子接受体的作用,加速了 ClO_4^- 向 NH_4^+ 转移电子的过程:

$$Me^{n+} + ClO_4^- = Me^{(n-1)+} + ClO_4$$
$$Me^{(n-1)+} + NH_4^+ = Me^{n+} + NH_4$$

形成了自由基 ClO_4 及 NH_4,然后自由基再进行下列反应:

$$NH_4 + ClO_4 = 1/2N_2 + ClO + 2H_2O$$

金属离子的催化作用在于它们能俘获 ClO_4^- 上的电子,增长 ClO_4 寿命,并加速了 ClO_4 的分解。

卤离子起了电子给予体的作用,加速了 ClO_4^- 向 NH_4^+ 转移电子的过程:

$$Br^-[I^-] + NH_4^+ = Br[I] + NH_4$$
$$Br[I] + ClO_4^- = Br^-[I^-] + ClO_4$$

形成了自由基 NH_4 及 ClO_4,然后自由基再进行反应。卤化物的催化活性小于金属离子的催化活性,其原因是高氯酸铵在卤化物上分解时,还可同时进行非催化分解反应。

F. Solymosi 认为在 260~290℃ 下发生爆炸,其原因是催化剂加速了放热反应而造成的。

J. C. Petricciani 等人研究了氯酸盐对高氯酸铵分解的影响。研究发现,加入 0.1% 的氯酸钾或氯酸钠,可使高氯酸铵的分解温度降低 150℃。认为可用电子转移机理解释氯酸盐的催化作用。当氯酸盐加入后,电子转移将发生在 ClO_3^- 与 NH_4^+ 之间:

$$ClO_3^- + NH_4^+ \rightarrow ClO_3 + NH_4$$
$$NH_4 \rightarrow NH_3 + H$$

然后,

472

$$ClO_3 \rightarrow ClO + O_2$$
$$ClO + H_2O \rightarrow H_2ClO_2$$
$$H_2ClO_2 + ClO \rightarrow HClO_3 + HCl$$
$$ClO + ClO \rightarrow Cl_2 + O_2$$

将此催化反应历程与纯高氯酸铵的热分解电子转移机理相比较,有如下几点差别:①在纯高氯酸铵的热分解中,需经过三步反应才能生成ClO_3自由基,而在催化分解中,只经过一步反应便生成了自由基ClO_3;②在纯高氯酸铵热分解中,升华与热分解相竞争,而在催化分解中,由于K^+或Na^+取代NH_4^+,使升华过程减弱;③纯高氯酸铵的热分解主要在表面上进行,而氯酸盐的分解则在高氯酸铵内部进行,这就使分解反应的热损失减小了。

正是基于上述三点原因,高氯酸铵的分解速度加快了。

此外,F. Solymosi等人还研究了X射线照射过的高氯酸铵的分解速度。认为其之所以加速,是因为高氯酸铵在X射线照射时产生了中间体ClO_3,而ClO_3是高氯酸铵分解的催化剂。

8.2.4 高氯酸铵分解的抑制剂

除了大量研究高氯酸铵分解的催化剂外,还有一些人研究了高氯酸铵分解的抑制剂,该项研究对可控固体火箭发动机的发展有着重要的作用。

E. K. Weinborg及S. W. Mager等人用差热分析研究了高氯酸铵分解的抑制剂,发现含氟阴离子络合物的铵盐(如NH_4PF_6、NH_4BF_4、$(NH_4)_2TiF_6$等)能抑制高氯酸铵的低温分解。

根据对NH_4PF_6、NH_4BF_4、$(NH_4)_2TiF_6$的差热分析及纯高氯酸铵分解机理的研究,推断出了抑制机理。

8.2.4.1 按质子转移分解机理解释

含氟阴离子络合物铵盐的热分解反应为:
$$NH_4PF_{6(s)} = NH_{3(g)} + HF_{(g)} + PF_{5(g)}$$
$$NH_4BF_{4(s)} = NH_{3(g)} + HF_{(g)} + BF_{3(g)}$$
$$(NH_4)_2TiF_{6(s)} = 2NH_{3(g)} + 2HF_{(g)} + TiF_{4(g)}$$
式中,s表示固体,g表示气体。

这些络合物分解释放出来的气体NH_3可以抑制高氯酸铵分解过程中的质子转移:
$$NH_4^+ + ClO_4^- = NH_3 + HClO_4$$

其次，Lewis 酸（PF_5、BF_3 及 TiF_4）能与 $HClO_4$ 及 NH_3 形成络合物，抑制 $HClO_4$ 的分解及 NH_3 的氧化反应。而且，Lewis 酸—HF 对是强质子给予体，还能抑制 $HClO_4$ 的离解。

8.2.4.2 按电子转移分解机理解释

Lewis 酸—HF 对是强质子给予体，它可中和 ClO_4^- 离子放出的电子，进而抑制高氯酸铵的分解过程。

含氟阴离子络合物的铵盐不但可以抑制纯高氯酸铵的分解，而且可以抑制高氯酸铵的催化分解。因为含氟阴离子络合物铵盐分解出的 Lewis 酸能与过渡金属氧化物形成络合物，从而消除催化剂的催化作用。

W. G. Schmidt 的实验表明碱（如 Na_3PO_4、NaH_2PO_4、Sb_2O_3、As_2O_3 等）能抑制高氯酸铵的低温分解及升华，而且还可以改变分解及升华产物的此例；同时，还发现这种抑制作用随着压力的升高而增强，但不能抑制高温分解。可按质子转移机理解释这种抑制作用。

高氯酸铵低温分解的质子转移机理为：

碱（如 Sb_2O_3）能与 $HClO_4$ 形成络合物，从而抑制了高氯酸铵的分解：

但是，高氯酸铵的高温分解不按质子转移机理进行，所以不能抑制高温分解。

上述解释有一定的局限性，因为现已证实高氯酸铵在高温下也按质子转移机理分解。

8.3　催化剂对 AP 复合推进剂的催化作用

8.3.1　对 AP 的热分解特性的催化作用[8-11]

热分解是推进剂燃烧的前提,是燃烧过程的能量和反应物提供者,二者之间的关系一直受到广泛关注。研究表明,从热分析特征量的变化可以探索燃烧催化剂对推进剂热分解的影响,同时,研究该特征量与燃速的关系,不但可以了解热分解与燃烧性能的关系,预测催化剂对推进剂燃烧性能的影响,而且还能进一步探索燃烧催化剂在推进剂中的作用机理。

已有许多学者从燃烧基础理论的传热、传质、传动和化学反应出发,推导出了推进剂燃速与其组分化学反应动力学参数之间的关系方程,初步建立了热分解与燃速关系的物理和数学模型。因此,研究燃烧催化剂对推进剂主要组分和配方热分解的影响具有重要的意义。

高氯酸铵(AP)的热分解直接影响着含 AP 复合推进剂的热分解和燃烧特性,因此,研究纳米催化剂对 AP 热分解的催化作用可有助于复合推进剂对燃烧催化剂的选择。本节主要介绍了几类自主研制的纳米燃烧催化剂对超细 AP 热分解特性的影响,预估了催化效果和催化剂作用部位,依此确定了燃烧催化剂种类的匹配,并分析了其作用机理。

超细 AP(1μm)在当前高燃速推进剂中具有广阔的应用前景,超细 AP 具有很大的比表面积,在其表面上吸附有大量的 NH_3 和 $HClO_4$ 气体,且吸附力相对较强,因此,小粒度(约 1μm)AP 只存在一个高温热分解阶段,不存在转晶过程,其最大分解放热峰为 634.5K,图 8-2 给出了超细 AP 的 TG-DTG 曲线。

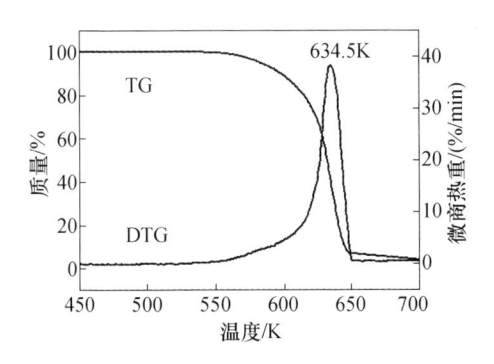

图 8-2　超细 AP 的 TG-DTG 曲线

8.3.1.1 纳米铬酸盐

8.3.1.1.1 对超细 AP 热行为的影响

1. nano - CoCr$_2$O$_4$

nano - CoCr$_2$O$_4$ 与超细 AP 混合物(质量比 1:6)的 TG - DTG 曲线见图 8 - 3。从图 8 - 3 可以看出,在 AP 中加入 nano - CoCr$_2$O$_4$,能使 AP 的起始分解温度提前,分解机理未发生变化。nano - CoCr$_2$O$_4$ 使 AP 的分解放热峰温向低温方向移动了 45.0K,这说明 nano - CoCr$_2$O$_4$ 对 AP 热分解有一定的催化效果,这将有利于超细 AP 推进剂燃速的提高。

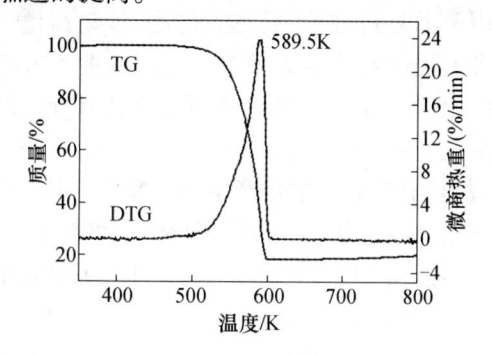

图 8 - 3　nano - CoCr$_2$O$_4$/AP 混合体系的 TG - DTG 曲线

2. nano - NiCr$_2$O$_4$

nano - NiCr$_2$O$_4$ 与超细 AP 混合物(质量比 1:6)的 TG - DTG 曲线见图 8 - 4。从图 8 - 4 可以看出,在超细 AP 中加入 nano - NiCr$_2$O$_4$,能使 AP 的起始分解温度提前。nano - NiCr$_2$O$_4$ 使 AP 的分解放热峰温向低温方向移动了 24.9K,这说明 nano - NiCr$_2$O$_4$ 对 AP 热分解有一定的催化效果,加速了 AP 的热分解。

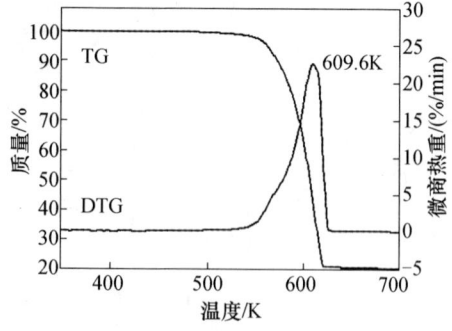

图 8 - 4　nano - NiCr$_2$O$_4$/AP 混合体系的 TG - DTG 曲线

3. nano – CuCr₂O₄

nano – CuCr₂O₄ 与 AP 混合物(质量比 1:6)的 TG – DTG 曲线见图 8 – 5。从图 8 – 5可以看出,在超细 AP 中加入 nano – CuCr₂O₄,能使 AP 的分解放热峰温向低温方向移动了 57.7K,这说明 nano – CuCr₂O₄ 对 AP 热分解有一定的催化效果,加速了 AP 的热分解。

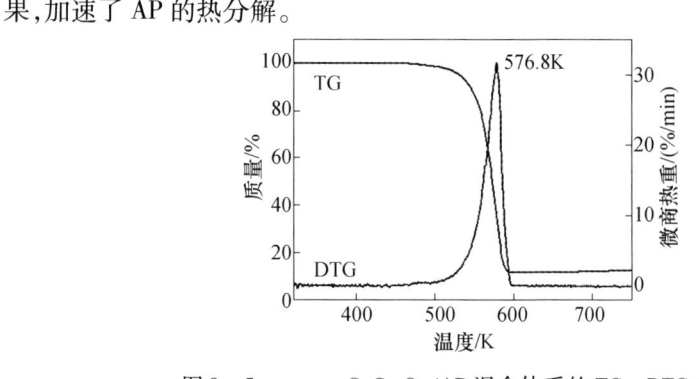

图 8 – 5   nano – CuCr₂O₄/AP 混合体系的 TG – DTG 曲线

4. nano – ZnCr₂O₄

nano – ZnCr₂O₄ 与超细 AP 混合物(质量比 1:6)的 TG – DTG 曲线见图 8 – 6。从图 8 – 6可以看出,在 AP 中加入 nano – ZnCr₂O₄,能使超细 AP 的分解放热峰温向低温方向移动 38.8K,这说明 nano – ZnCr₂O₄ 对 AP 热分解有一定的催化效果,加速了 AP 的热分解。

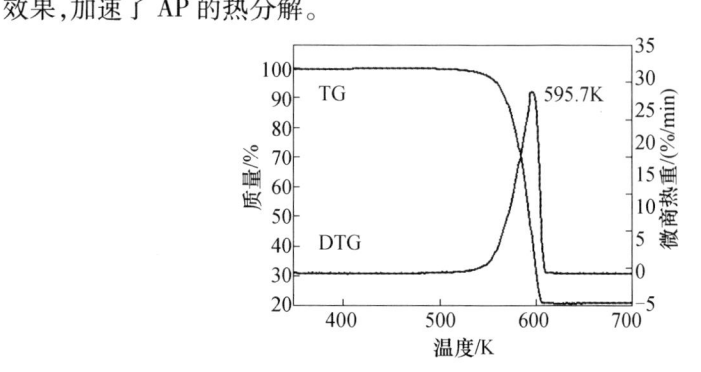

图 8 – 6   nano – ZnCr₂O₄/AP 混合体系的 TG – DTG 曲线

综上可看出,纳米铬酸盐在一定程度上均能使超细 AP 的热分解峰温向低温方向移动,对 AP 的热分解起到一定的催化作用。由于纳米铬酸盐结构中二价金属原子和 Cr^{3+} 可引发电子迁移,从而使其具有独特的化学性质。此外,纳米铬酸盐粒径较小、离子表面存在晶格缺陷、比表面积较大,更容易与 AP 形成良好的接触界面,致使小粒径 AP 迅速解析成 NH_3 和 $HClO_4$ 气体;纳米铬酸盐中阳离子的多价态性,可提供良好的电子转移轨道,导致 AP 热分解过程中电荷迁移速度加快,生成的金属高氯化物中间体在热力学上的不稳定性,使 AP 在较低温度下就发生热分解,从而表现出良好的催化作用。

在 $nano-CoCr_2O_4$、$nano-NiCr_2O_4$、$nano-CuCr_2O_4$ 和 $nano-ZnCr_2O_4$ $nano-PbCr_2O_4$ 四种纳米铬酸盐催化剂,对 AP 热分解温度降低值由大到小的次序为:$nano-CuCr_2O_4$(57.7K) > $nano-CoCr_2O_4$(45.0K) > $nano-ZnCr_2O_4$(38.8K) > $nano-NiCr_2O_4$(24.9K)。其中,效果最好的为 $nano-CuCr_2O_4$。

8.3.1.1.2 对超细 AP 热分解动力学参数的影响

在常压(0.1MPa)和氮气气氛中,采用不同升温速率 5K/min、10K/min 和 20K/min 研究了纳米铬酸盐对超细 AP 热分解活化能的影响。研究发现,随着升温速率的增大,样品的分解放热峰的峰高和峰温均相应增加,这与一般热分解反应规律相符。表 8-1 列出了利用 Kissinger 和 Ozawa 两种方法计算出的表观活化能(E_a)和表观指前因子(A)。

表 8-1 纳米铬酸盐/AP 混合体系的热分解动力学参数

参数 体系组成	E_K/(kJ/mol)	$\lg A_K$/(s^{-1})	r_K	E_0/(kJ/mol)	r_0	E_M/(kJ/mol)
AP	225.3	16.6	0.9948	224.3	0.9952	224.8
$nano-CoCr_2O_4$/AP	129.5	9.71	0.9606	132.2	0.9655	130.9
$nano-NiCr_2O_4$/AP	129.2	8.98	0.9736	132.4	0.9771	130.8
$nano-CuCr_2O_4$/AP	140.4	10.2	0.9999	142.9	0.9999	141.7
$nano-ZnCr_2O_4$/AP	157.0	11.9	0.9999	158.6	0.9999	157.8

注:E_K、$\lg A_K$、r_K 分别为 Kissinger 法算出的表观活化能、指前因子(对数值)和相关系数,E_0、r_0 分别为 Ozawa 法算出的表观活化能和相关系数,E_M 为两种方法计算出的表观活化能的平均值。下同

由表 8-1 可以看出,纳米铬酸盐都能大幅度降低超细 AP 的热分解活化能,这意味着这些纳米铬酸盐能够很好地加速 AP 的热分解,也可能大幅度提高含 AP 推进剂的燃速。

8.3.1.2 纳米铁酸盐

8.3.1.2.1 对超细 AP 热行为的影响

1. $nano-CoFe_2O_4$

$nano-CoFe_2O_4$ 与超细 AP 混合物(质量比 1:6)的 TG-DTG 曲线见图 8-7。

从图8-7可以看出,在AP中加入nano-$CoFe_2O_4$,能使AP的起始分解温度提前,分解机理未发生变化。nano-$CoFe_2O_4$使AP的分解放热峰温向低温方向移动了28.7K,这说明nano-$CoFe_2O_4$对AP热分解有一定的催化效果,可加速AP的热分解。

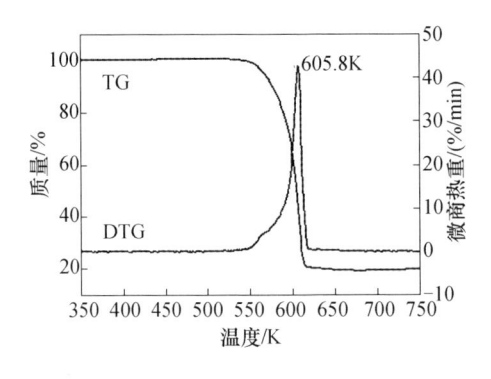

图8-7   nano-$CoFe_2O_4$/AP混合体系的TG-DTG曲线

2. nano-$NiFe_2O_4$

nano-$NiFe_2O_4$与超细AP混合物(质量比1:6)的TG-DTG曲线见图8-8。从图8-8可以看出,随着nano-$NiFe_2O_4$的加入,能使AP的热分解峰温提前18.4K,这说明nano-$NiFe_2O_4$对AP热分解有一定的催化效果,可加速AP的热分解。

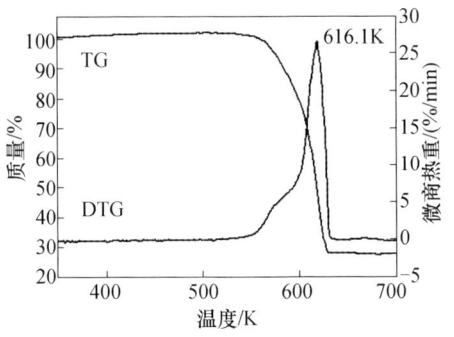

图8-8   nano-$NiFe_2O_4$/AP混合体系的TG-DTG曲线

3. nano-$CuFe_2O_4$

nano-$CuFe_2O_4$与超细AP混合物(质量比1:6)的TG-DTG曲线见图8-9。从图8-9可以看出,随着nano-$CuFe_2O_4$的加入,能使AP的热分解峰温提前28.4K,这说明nano-$CuFe_2O_4$对AP热分解有一定的催化效果,可加速AP的热分解。

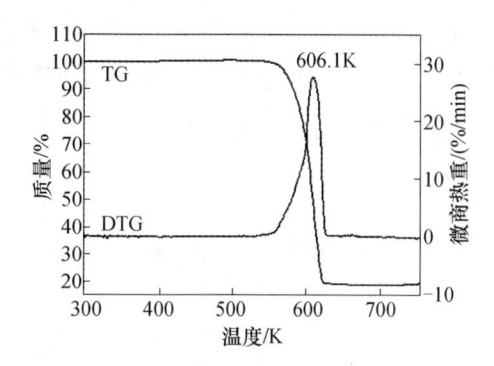

图 8 - 9　nano - CuFe$_2$O$_4$/AP 混合体系的 TG - DTG 曲线

综上所述,纳米铁酸盐和纳米铬酸盐一样,均能在一定程度上使超细 AP 的热分解峰温向低温方向移动,对 AP 的热分解起到一定的催化作用。由于纳米铁酸盐结构中二价金属原子和 Fe^{3+} 可引发电子迁移,从而使其具有独特的化学性质。此外,纳米铁酸盐粒径较小、离子表面存在晶格缺陷、比表面积较大,更容易与 AP 形成良好的接触界面,致使小粒径 AP 迅速解析成 NH$_3$ 和 HClO$_4$ 气体,从而表现出良好的催化作用。

在 nano - CoFe$_2$O$_4$、nano - NiFe$_2$O$_4$、nano - CuFe$_2$O$_4$ 三种纳米铬酸盐催化剂,对 AP 热分解温度降低值由大到小的次序为:nano - CoFe$_2$O$_4$(28.7K) > nano - CuFe$_2$O$_4$(28.4K) > nano - NiFe$_2$O$_4$(18.4K)。从能使 AP 热分解峰温提前的角度上讲,催化效果最好的为 nano - CoFe$_2$O$_4$。

8.3.1.2.2　对超细 AP 热分解动力学参数的影响

在常压(0.1MPa)和氮气气氛中,采用不同升温速率 5K/min、10K/min 和 20K/min 研究了纳米铁酸盐对超细 AP 热分解活化能的影响。研究发现,随着升温速率的增大,样品的分解放热峰的峰高和峰温均相应增加,这与一般热分解反应规律相符。表 8 - 2 列出了利用 Kissinger 和 Ozawa 两种方法计算出的表观活化能(E_a)和表观指前因子(A)。

表 8 - 2　纳米铁酸盐/AP 混合体系的热分解动力学参数

参数 体系组成	E_K/ (kJ/mol)	lgA_K/ (s^{-1})	r_K	E_O/(kJ/mol)	r_O	E_M/ (kJ/mol)
AP	225.3	16.6	0.9948	224.3	0.9952	224.8
nano - CoFe$_2$O$_4$/AP	170.4	12.5	0.9881	169.0	0.9866	169.7
nano - NiFe$_2$O$_4$/AP	169.8	12.4	0.9801	171.1	0.9836	170.5
nano - CuFe$_2$O$_4$/AP	181.9	13.8	0.9887	182.5	0.9888	182.2

由表 8 − 2 可以看出,纳米铁酸盐都能不同程度降低超细 AP 的热分解活化能,对 AP 的热分解有很好的催化作用,有望用于含 AP 的推进剂中,以提高其燃速。

8.3.1.3　纳米催化剂对 AP 热分解机理的影响

从前面的热分解研究可以看出,纳米催化剂可以使超细 AP 的热分解温度降低,表现出较好的催化特性。也有很多研究表明,纳米金属氧化物如氧化铜和氧化铁等也可以加速 AP 的热分解。但是纳米催化剂的加入,是否改变了 AP 的热分解历程和热分解机理目前尚无研究。

利用原位红外技术,研究了纳米催化剂对 AP 热分解机理的影响,对比 AP 和 nano − $CuCr_2O_4$/AP 随时间变化的红外谱图(图 8 − 10 和图 8 − 11),观察红外谱图随时间的变化。

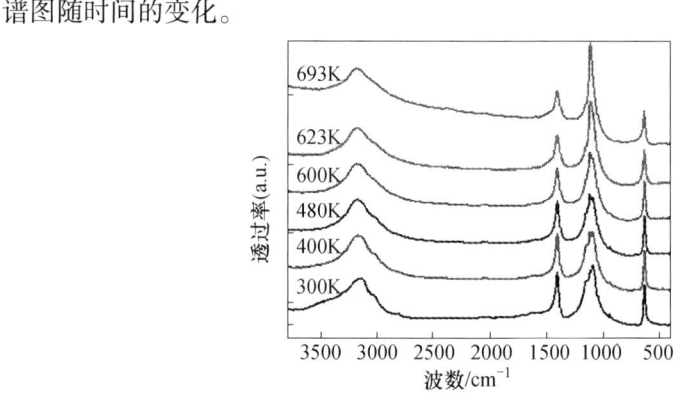

图 8 − 10　超细 AP 随温度变化的 FTIR 谱图

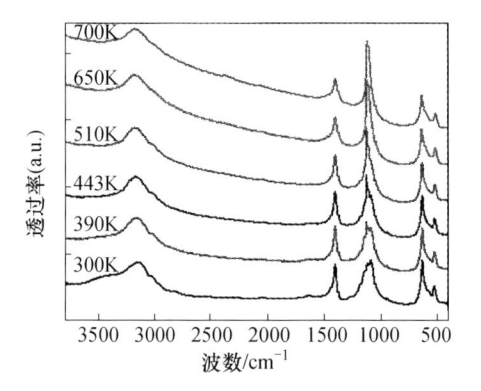

图 8 − 11　nano − $CuCr_2O_4$/AP 随温度变化的 FTIR 谱图

由图 8 - 10 和图 8 - 11 可以看出,在 600K 以下,AP 的红外吸收峰未发生变化,说明超细 AP 在低温下没有分解过程现象,随着温度升高 AP 的特征吸收峰 $1401cm^{-1}$、$1083cm^{-1}$ 和 $630cm^{-1}$ 开始减弱,当温度升至 650K 时,AP 基本完全分解,这与 TG - DTG 实验结果一致。在添加催化剂 nano - $CuFe_2O_4$ 的 AP 试样随时间变化的红外谱图中可以看出,其分解过程与 AP 相比,未发生明显变化,但是分解温度有所提前。nano - $CuCr_2O_4$/AP 的红外吸收峰在温度为 510K 时开始减弱,570K 附近剧烈减小,说明 nano - $CuCr_2O_4$/AP 的热分解峰温与 AP 相比有所降低,这也与 TG - DTG 结果一致。

图 8 - 12 为高氯酸根的特征吸收强度随温度的变化曲线。从图 8 - 12 可看出,在 AP 中添加纳米铬酸铜之后,高氯酸根的红外吸收峰形变化发生在 510K 附近,而纯 AP 的高氯酸根的变化要更为滞后,但是两条曲线的趋势未发生变化,说明纳米催化剂的加入,仅加速了 AP 的热分解速度,不能改变 AP 的热分解机理。但是,这仅是一种初步研究,仍需进一步验证。

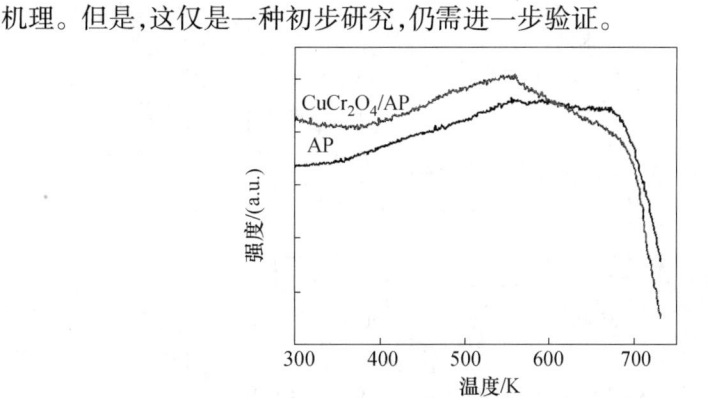

图 8 - 12　$630cm^{-1}$ 特征吸收峰强度随温度变化的曲线

8.3.2　催化的 AP 复合推进剂

8.3.2.1　铁催化剂

加入可增加 AP 分解速率的催化剂后,AP 复合推进剂的燃速增加。由于催化剂在 AP 粒子表面发挥作用,所以一定浓度的催化剂的总表面积是提高催化效率的一个重要因素。超细铁氧化物被用来提高 AP 复合推进剂的燃速,其在分解过程中生成铁氧化物的有机铁化合物更为有效。典型的铁化合物是氧化铁(Fe_2O_3 和 Fe_3O_4)、水合氧化铁[$FeO(OH)$]、n - 丁基二茂铁(nBF)、二 - n - 丁基二茂铁(DnBF)、2,2 - 二(乙基二茂铁)丙烷(BEFP)和醋酸铁。有机铁化合物也可以同聚合物(如聚丁二烯和聚酯)化学结合。

文献[12]给出了燃烧催化剂对燃速起作用的典型例子,所用推进剂配方组成为:双峰分布小粒度 AP 或双峰分布大粒度 AP 以及有或无催化剂,催化剂是 2,2 - 二(乙基二茂铁)丙烷(BEFP),推进剂配方组成见表 8 - 3。

表 8 - 3　AP 复合推进剂配方化学组成(质量分数)

推进剂	黏合剂 HTPB	AP 粒度/μm				催化剂 BEFP
		400	200	20	3	
AP(fn)	20	0	0	40	40	0
AP(cn)	20	40	40	0	0	0
AP(fc)	20	0	0	40	40	1.0
AP(cc)	20	40	40	0	0	1.0

图 8 - 13 和图 8 - 14 给出了 AP - HTPB 复合推进剂在 243K 和 343K 的燃速。由图可以看出,在 1.5 ~ 5MPa 范围内,所有的燃速都是线性增长,并且一定压力下随推进剂初始温度增加而增长。燃速随 AP 粒度减小而增大,温度敏感性随 AP 粒度减小而降低,也就是说,温度敏感性随燃速增加而降低。添加 1% BEFP 后,对含小粒度和大粒度 AP 的推进剂来说,它们的燃速均增加了大约 2 倍。一般来说,当添加的催化剂少于 3% 时,燃速增加的程度与催化剂的量成正比,而催化剂达到饱和效应的量为 5% 。

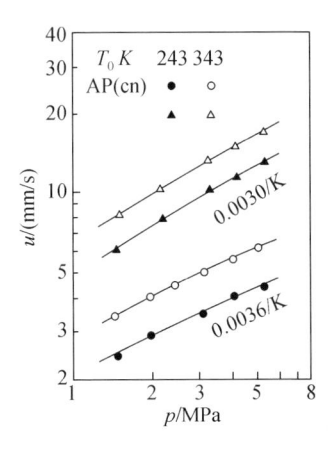

图 8 - 13　由细或粗粒度 AP 组成的 AP - HTPB 复合推进剂的燃速和温度敏感度

铜氧化物对提高 AP 复合推进剂的燃速十分有效,但其也会降低推进剂的热稳定性,且会产生自发的点火现象。有机硼化合物如碳硼烷、n - 己基碳硼烷

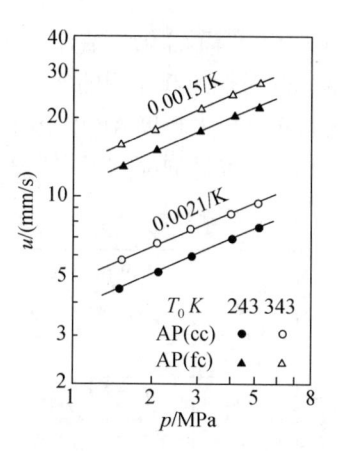

图 8 - 14 含有细或粗粒度 AP 和 BEEP 催化剂的
AP - HTPB 复合推进剂的燃速和温度敏感度

(n - HC)也是非常有效的催化剂。如图 8 - 15 所示,添加 13% 的 n - HC 后,推进剂燃速急剧上升但燃速压力指数保持不变。在 7MPa 时,AP - HTPB 推进剂燃速从 1mm/s 增加到 9mm/s,而压力指数在 2 ~ 10MPa 压力范围内基本不变。由于加入推进剂中 n - HC 的质量分数是 13%,因此,n - HC 中的硼原子在燃烧波中可看作是燃料组分。n - HC 热分解形成硼原子可被 AP 分解的碎片氧化并在燃烧表面产生热量,从而引起热流增加,热流增加又会加快燃烧表面上 AP 粒子和黏合剂的分解。

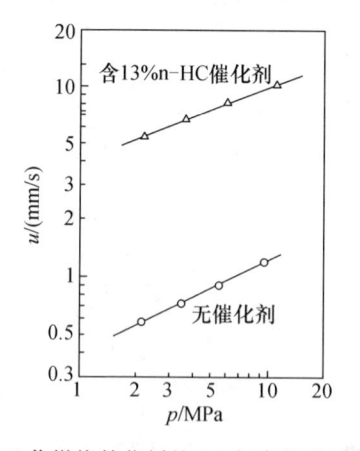

图 8 - 15 用 n - HC 作燃烧催化剂的 AP 复合推进剂的燃速 - 压力曲线

当有机铁和有机硼化物加入后,AP 复合推进剂的摩擦感度显著增加。AP 复合推进剂的点火与摩擦感度和推进剂燃速有关。因此,一些有效的催化剂,如

n‑HC、二茂铁和铜氧化物等对机械摩擦非常敏感,含有这些催化剂的推进剂在制备过程中很容易点燃。

8.3.2.2 负催化剂 LiF

8.3.2.2.1 AP 与 LiF 的反应

当 10% LiF 与 AP 粒子混合后热分解过程发生显著变化,见图 8 – 16。没有 LiF 的 AP 约在 570K 开始分解,在 667K 质量损失为 50%,这个过程对应一个放热分解峰。TG 曲线由两个质量损失阶段构成。第一阶段对应在 635K 处的第一个放热分解反应,第二个阶段对应 DTA 实验中 723 ~ 786K 高温范围内的第二个放热分解反应。

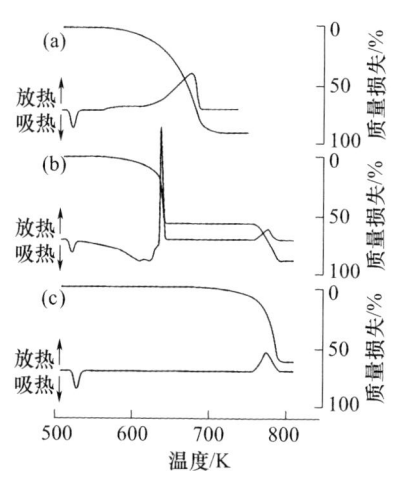

图 8 – 16　AP(a)、AP + LiF(10%)(b)和高氯酸锂(LP)(c)的 TG – DTA 曲线

当将 10% LiF 加入到 AP 中,在 516K 处可观察到一个吸热峰。但是,725K 处的放热峰降到 635K。在 520 ~ 532K 范围内出现了吸热反应。而在较高的温度范围 720 ~ 790K,则可观察到另外一个放热峰。

高氯酸锂(LiClO$_4$,LP)热分解过程中观察到了 525K 的吸热峰,这是由 LiClO$_4$ 从固相到液相发生相变引起的吸热反应。当温度升高,熔化的 LiClO$_4$ 在 680K 开始分解,并且在 720 ~ 790K 温度范围内质量快速损失,这一分解过程与含 10% LiF 的 AP 的分解过程相似。

含 10% LiF 的 AP 的第一阶段分解质量损失为 56.7%,第二阶段为 28.5%。790K 以上残渣质量百分数为 14.8%,如图 8 – 17 所示,两个阶段的热分解过程可描述如下:

485

1. 初始吸热反应

$$1.0NH_4ClO_{4(s)} + 0.503LiF_{(s)}$$
$$\longrightarrow 0.497NH_4ClO_{4(l)} + 0.503NH_4F_{(g)} + 0.503LiClO_{4(l)}$$

2. 第一阶段分解

$$\longrightarrow 0.497NH_{3(g)} + 0.497HClO_{4(g)} + 0.503LiClO_{4(1)}$$

3. 第二阶段分解

$$\longrightarrow 1.06O_{2(g)} + 0.503LiCl_{(s)}$$

反应式中,下角标 $_{(s)}$、$_{(1)}$ 和 $_{(g)}$ 分别为固相、液相和气相。

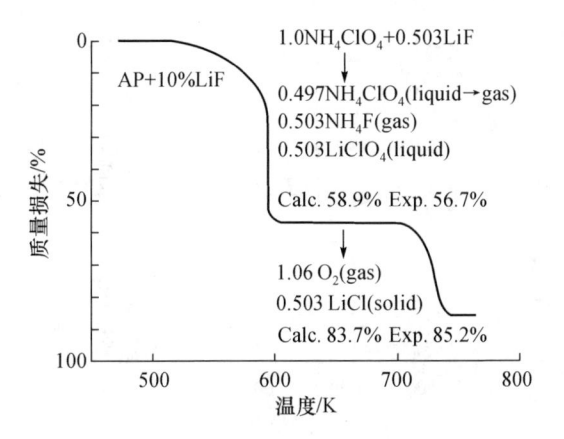

图 8-17　AP + 10% LiF 的两阶段分解过程(热重分析法测得)

AP 分解过程在很大程度上受添加的 LiF 的影响。在 630K 的快速分解和汽化反应之后,留下液态的剩余物。这一剩余物与 640~720K 间观察到的物质是一样的。当温度进一步升高,液态剩余物在 750K 又开始分解并在 790K 产生固体剩余物,经化学分析确定该剩余物为 LiCl。

8.3.2.2.2　有和无 LiF 时的燃烧波结构

有和无 LiF 时的 AP 复合推进剂的燃速特性见图 8-18。不含 LiF 时,燃速随压力增大而增大,但含 LiF 时,在恒压下燃速随 LiF 含量增加而降低。在给定压力下,进一步提高 LiF 的含量最终导致推进剂自动熄火。因此,有人认为 LiF 不仅降低推进剂的燃速而且也抑制推进剂在较低压力下的稳定燃烧。

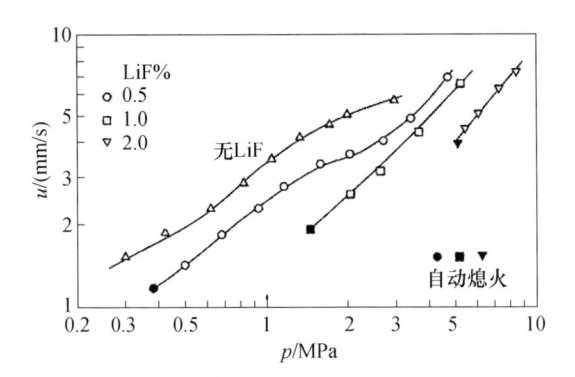

图 8 – 18　含 LiF 燃烧催化剂的 AP 复合推进剂的燃速 – 压力曲线

对未催化和含 0.5% LiF 催化剂的推进剂来说,紧靠燃烧表面上方的温度梯度是燃速的函数,见图 8 – 19。含 0.5% LiF 时,从气相反馈到燃面的传导热流保持相对不变。由于添加 0.5% LiF 而导致燃速降低,主要是因为 AP 粒子在凝聚相的反应发生了变化。在压力快速下降的燃烧过程中,当两种推进剂都熄火,在含 0.5% LiF 推进剂的熄火表面看不到 AP 粒子,见图 8 – 20。在压力降低的燃烧过程中,所有的 AP 粒子在燃烧表面分解,只在熄火燃烧表面残留了 LiCl 粒子,这与 DTA 和 TG 实验结果一致。

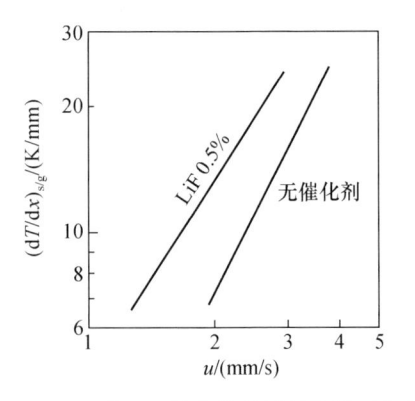

图 8 – 19　未催化和含 0.5% LiF 的 AP 复合推进剂紧靠燃面上方的气相中的温度梯度

8.3.3　催化的 AP – GAP 推进剂

叠氮基缩水甘油聚合物(GAP)是一种侧链上含有叠氮甲基基团的含能聚合物,其作为复合推进剂的新型含能黏合剂,已广泛应用于战术导弹火箭发动机上。GAP 具有正的生成热(957kJ/mol)和较高的密度(1.3kg/cm³),用 GAP 取

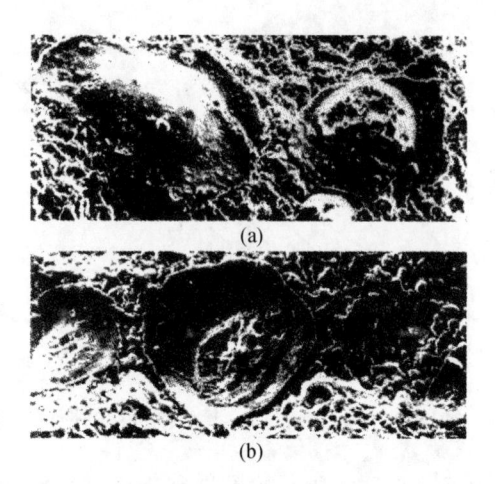

(a)

(b)

图 8 - 20　压力从 2MPa 下降到 0.1MPa 时获得的不含 LiF(a) 和含 0.5% LiF(b)
的 AP 复合推进剂熄火燃烧表面的扫描电镜图

代 HTPB 就能达到较高的比冲[13-15]，GAP 推进剂燃速也高于 HTPB 推进剂。本节介绍氧化铁对 GAP 推进剂的燃烧催化作用。

图 8 - 21 所示为 GAP/AP 推进剂的燃速 - 压力曲线。能量计算表明，当 GAP 与 AP 的质量比为 20: 80 时(AP 颗粒尺寸为 200μm 和 15μm，AP 颗粒的质量比为 70: 30)，这类推进剂的 I_{SP} 达到最大值。加入少量 Al 作为一种振荡燃烧抑制剂，Al 加入量非常小，不会影响推进剂的燃速特性。添加氧化铁作为提高燃速的改良剂。当不加氧化铁时，在压力范围 3~5MPa 间，燃速受压力的影响很小，为平台区域。当加入 Fe_2O_3 后，在实验压力范围内平台区域消失，但高压区域的燃速压力指数减小，这意味着可能是 Fe_2O_3 使平台区域移动到高压范围。

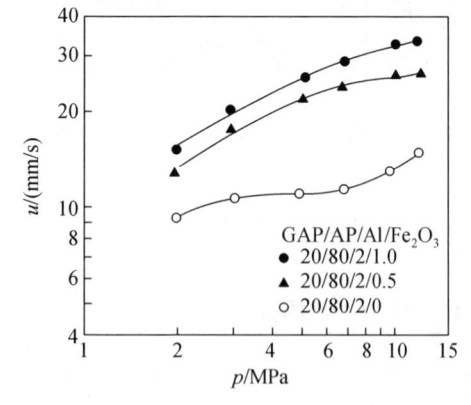

图 8 - 21　含 Fe_2O_3 的 GAP 推进剂燃速 - 压力曲线

GDF 理论(粒状扩散火焰理论)[16]常用来解释 HTPB/AP 推进剂的燃烧机理,在这个理论中,燃速的化学反应效应和扩散效应是各自独立的:

$$l/u = a/p = b/p^{\frac{1}{3}} \tag{8-1}$$

式(8-1)可改写为:

$$p/u = a + bp^{\frac{2}{3}} \tag{8-2}$$

式中,a 为在扩散火焰中与化学反应速率有关的参数,b 为与扩散速率有关的参数。

若式(8-2)右边首项较大,则燃速由化学反应来支配;若方程式右边第二项较大,燃速则由气相扩散来支配。

图 8-22 所示为方程式(8-2)的曲线图,横轴为 $p^{\frac{2}{3}}$,纵轴为 p/u。研究对象为 GAP/AP 推进剂,该推进剂含有 HTPB/AP 推进剂的典型燃速改良剂 Fe_2O_3。

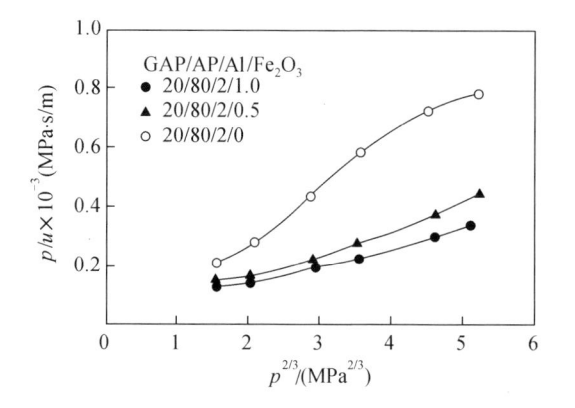

图 8-22 在含 Fe_2O_3 的 GAP 推进剂中 GDF 理论 $p^{\frac{2}{3}}$ 与 p/u 方面的关系

如果在不加 Fe_2O_3 的 AP-GAP 推进剂平台区域应用式(8-2),则 a 值为负数。因此在这种情况下,GDF 理论不能使用。对于这种推进剂来说,仅在压力低于 3MPa 和高于 6MPa 范围内才能应用 GDF 理论。当加入 Fe_2O_3 后,实验数据显示的是一条直线,直至压力接近 6MPa 左右。当压力高于 6MPa 时,p/u 有所增大,这说明加入 Fe_2O_3 扩大了直线的区域。

表 8-4 总结了在符合直线关系的压力范围内,参数 a 和 b 的数值。当未加 Fe_2O_3 时,a 值非常小,扩散现象起主导作用。当加入 Fe_2O_3 后,a 值增大,b 值变小。Fe_2O_3 的加入加速了 AP 在接近燃烧表面处的分解,因而导致气相扩散速率增加。

表 8 - 4   方程式(8 - 1)中 a 与 b 的计算结果

推进剂配方组成 （GAP/AP/Al/Fe$_2$O$_3$）	压力区 /MPa	a /（MPa·s/m）	b /（MPa$^{1/3}$·s/m）
20/80/2/0	~3	0	135
20/80/2/0.5	~6	43	65
20/80/2/1.0	~6	48	50
20/80/2/1.0	~13	20	54

8.3.4   催化的 AP - AMMO 推进剂

有机叠氮聚合物分子中的叠氮基团可分解生成氮气,故叠氮聚合物热分解时释放出较高的热量,且其在没有任何氧化剂存在时仍能维持燃烧[17],这与端羟基聚丁二烯(HTPB)的热分解性能有显著不同。有机叠氮聚合物用作火箭推进剂和枪炮发射药的高能增塑剂或黏合剂,具有光明的应用前景[17-19]。

热分解研究表明,GAP 在 393K 时放出氮气,3,3 - 二叠氮甲基氧杂环丁烷聚合物(BAMO)403K 时放出氮气,而 560K 时 3 - 叠氮甲基 - 3 - 甲基氧杂环丁烷聚合物(AMMO)分子中叠氮基团的吸收峰仍然存在,这表明 AMMO 较 GAP 和 BAMO 有更好的热稳定性。本节重点介绍燃烧催化剂对 AP - AMMO 推进剂的燃烧催化作用。

推进剂配方中 AP 由 10μm(34%)、200μm(33%)和 400μm(33%)三种粒径的粒子组成,平均粒径为 201.4μm,具有三重峰分布。作为 AP/AMMO 推进剂的对照,AP/HTPB 推进剂配方采用的 AP 与之完全一致,具有同样的粒径分布。两种推进剂均采用异佛尔酮二异氰酸酯(IPDI)作为固化剂。为了确定催化剂对 AP/AMMO 推进剂燃速的影响效果,推进剂配方中加入 1% 的 Fe$_2$O$_3$(粒径 1μm)。研究中所用推进剂的配方见表 8 - 5。

表 8 - 5   AP - AMMO 复合推进剂的配方组成

AP/wt%	AMMO/wt%	HTPB/wt%	Fe$_2$O$_3$/wt%
80	20	0	0
80	20	0	1
80	0	20	0
80	0	20	1

8.3.4.1 催化剂的燃烧催化作用

金属氧化物被广泛用于改变 AP 基复合推进剂的燃烧方式,有报道[20]认为铁的氧化物作催化剂可加速 AP 粒子在推进剂燃烧表面的热分解。为了研究催化剂对 AP/AMMO 推进剂燃速的影响,本研究工作中选用 Fe_2O_3 作催化剂。研究结果见图 8 - 23,加入 Fe_2O_3 后,两种推进剂燃速及燃速 - 压力指数均升高。Fe_2O_3 对两种推进剂的催化效率 Z(定义如式(8 - 3)),结果见图 8 - 24。

$$Z = u_{Fe}/u_o \tag{8 - 3}$$

式中,u_{Fe} 为 Fe 盐催化的推进剂的燃速,u_0 为不含催化剂的推进剂的燃速。

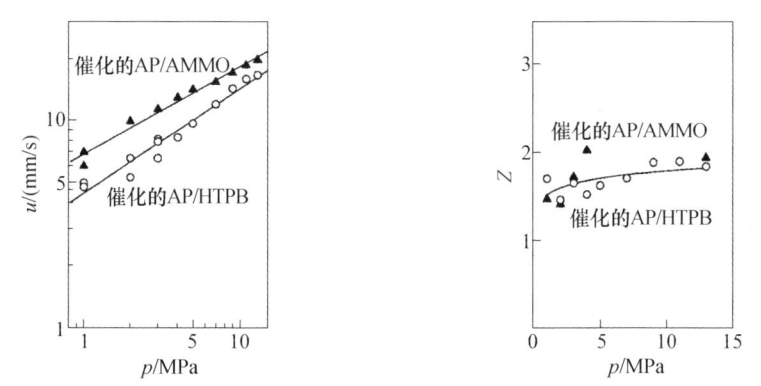

图 8 - 23　含 Fe_2O_3 的 AP/AMMO 和 AP/HTPB　图 8 - 24　Fe_2O_3 对 AP/AMMO 和 AP/HTPB
　　　　推进剂的燃速 - 压力曲线(293K)　　　　　　　推进剂燃速的催化效率

虽然数据有些发散,但很明显,在整个测试压力范围内,Fe_2O_3 对两种推进剂的催化效率水平在同一个数量级。Fe_2O_3 对 AP/AMMO 推进剂的燃烧催化效果是很明显的,初温为 293K 时,5～11MPa 压力之间未出现药条的熄火现象。随着压力增大,催化效率也提高,故 Fe_2O_3 在增加燃速方面显得更有效。加入 Fe_2O_3 后,推进剂平台燃烧现象消失,表明 Fe_2O_3 对 AP 的热分解反应及 AMMO 分解产物与 AP 之间的反应均有催化作用。当加入 Fe_2O_3 时,燃烧表面的反应放热增加,气相区向燃烧表面的热反馈也增加,故 AP/AMMO 推进剂燃烧表面的黏合剂熔融层减少,从而燃速增大,同时平台燃烧现象消失。

不同初温时含 Fe_2O_3 的 AP/AMMO 和 AP/HTPB 推进剂的燃速也被测定,结果见图 8 - 25 和图 8 - 26。当加入 Fe_2O_3 时,推进剂能持续稳定的燃烧,且平台燃烧现象消失。从图 8 - 27 可知,两种推进剂燃速温度敏感系数随压力增大而稍微有所增大;有 Fe_2O_3 存在时,AP/AMMO 推进剂的燃速温度敏感系数仍然高

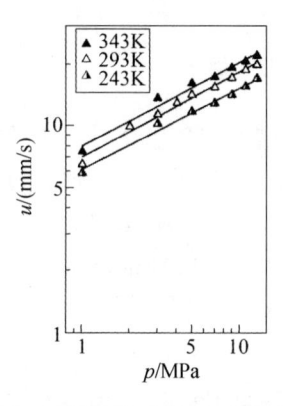

图 8 - 25　不同初温时 AP/AMMO 推进剂
（含 Fe₂O₃）的燃速 - 压力曲线

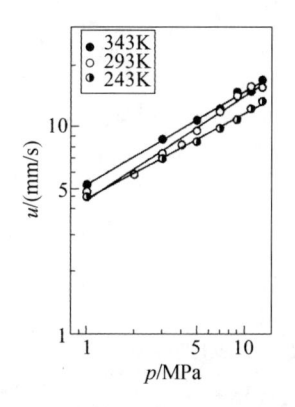

图 8 - 26　不同初温时 AP/HTPB 推进剂
（含 Fe₂O₃）的燃速 - 压力曲线

于 AP/HTPB 推进剂；加入 Fe₂O₃ 后，压力对两种推进剂燃速温度敏感系数的影响降低。

Price 等[21]报道在 AP 复合推进剂燃烧过程中，Fe₂O₃ 不仅催化 AP 的分解反应，同时也催化黏合剂的分解反应。如图 8 - 28 所示，差热分析和热重分析结果表明，对于 AMMO 黏合剂，加入 Fe₂O₃ 后，其第一阶段的放热反应和失重过程被加速，其 700K 附近的分解放热峰也加大，HTPB 黏合剂的热分解也有相似的结果（图 8 - 29）。DSC 研究表明，加入 Fe₂O₃ 后，AP 与叠氮聚合物组成推进剂的分解放热也增加，然而研究中没有关于催化剂促进分解放热行为的详细分析。

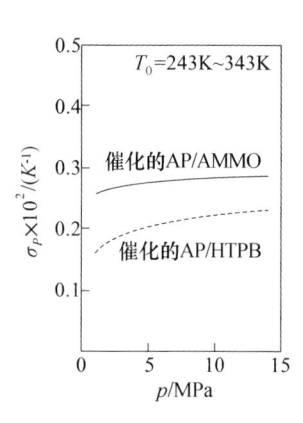

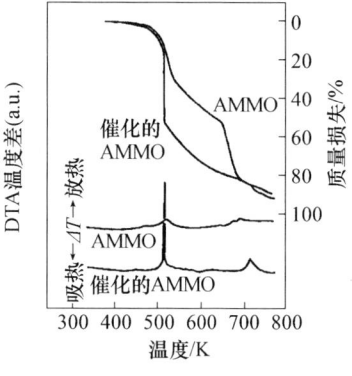

图 8 - 27　含 Fe$_2$O$_3$ 的 AP/AMMO 和
AP/HTPB 推进剂燃速对初温的敏感性

图 8 - 28　Fe$_2$O$_3$ 对
AMMO 热分解的影响

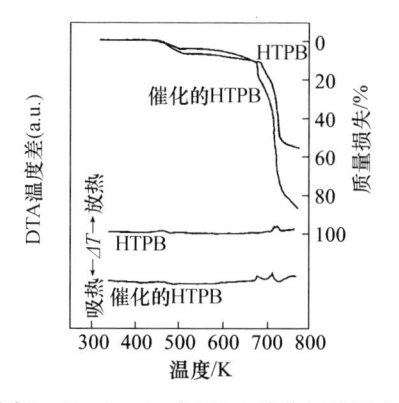

图 8 - 29　Fe$_2$O$_3$ 对 HTPB 热分解的影响

8.3.4.2　催化推进剂的温度敏感性分析

为了更好地理解图 8 - 27 所示的推进剂燃速对初温的敏感特性,下面对燃速温度敏感系数进行具体分析。Kubota 等人[22]所定义的燃速温度敏感系数(σ_P)可表述为:

$$\sigma_P = (\partial \ln\alpha_s / \partial T_0)_P + (\partial \ln\varphi / \partial T_0)_P - (\partial \ln\psi / \partial T_0)_P \qquad (8-4)$$

因为 α_s 为与初始温度(T_0)无关的常数,故方程(8-4)可表述为:

$$\sigma_P = \Phi + \Psi \qquad (8-5)$$

考虑到燃速可通过燃烧表面热分解的阿伦尼乌斯方程来表述,故凝聚相反应温度敏感系数(Ψ)可通过如下方程式来计算:

$$\Psi = (1 - \sigma_P R T_s^2 / E_s) / (T_S - T_0 - Q_S / C_P) \qquad (8-6)$$

然后根据方程式(8-5)的变形式 $\Phi = \sigma_P - \Psi$ 来计算气相反应温度敏感系数(Φ)。

含 Fe_2O_3 催化剂和不含催化剂的 AP/AMMO 和 AP/HTPB 推进剂凝聚相反应和气相反应温度敏感系数(Ψ,Φ)的计算结果见图 8-30 ~ 图 8-33。两种不含 Fe_2O_3 推进剂的 Φ 值随压力增大而增大,且在测试压力范围内 AMMO 推进剂的 Φ 值总高于 HTPB 推进剂(图 8-30);但这两种推进剂的 Ψ 值随压力增大而降低,且在测试压力范围内两种推进剂的 Ψ 值相近(图 8-31)。另一方面,对于含 Fe_2O_3 的 AP/AMMO 和 AP/HTPB 推进剂,前者 Φ 值大于后者(图 8-32);从图 8-31 和图 8-33 可知,对于含 Fe_2O_3 和不含 Fe_2O_3 的 AP/AMMO 和 AP/HTPB 推进剂,其 Ψ 值均大致相等。尽管实验结果显示 Ψ 值是影响两种推进剂燃速温度敏感系数的主要方面,但通过比较图 8-27 和图 8-32 之间的数据,可以很明显地发现 Φ 值主要由黏合剂的类型决定。从图 8-30 和图 8-32 可知,AP/AMMO 推进剂较 AP/HTPB 推进剂有更高的 Φ 值,这表明采用 AMMO 黏合剂后显著增加了 AP 复合推进剂的 Φ 值。

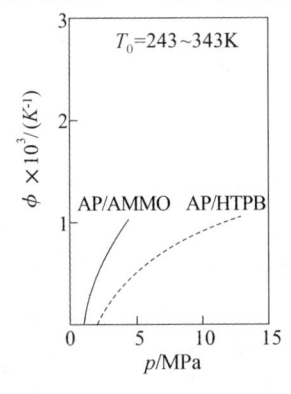

图 8-30　AP/AMMO 和 AP/HTPB 推进剂燃烧气相反应对初温敏感性的比较

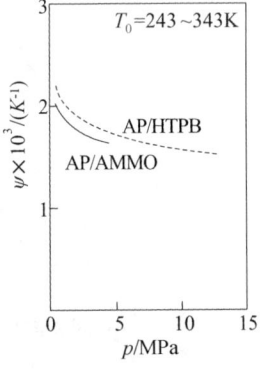

图 8-31　AP/AMMO 和 AP/HTPB 推进剂燃烧凝聚相反应对初温敏感性的比较

当 AP 复合推进剂中 HTPB 黏合剂被 AMMO 代替后,推进剂表现出燃速对压力的不敏感性平台燃烧现象。推进剂燃烧表面的熔融层引起了这种平台燃烧现象。243K 初温时,在 5 ~ 13MPa 压力之间,AP/AMMO 推进剂药条不能持续稳定地燃烧。AP/AMMO 推进剂较 AP/HTPB 推进剂有更高的燃速温度敏感系数;两种推进剂的燃速温度敏感系数均随压力增大而增大。Fe_2O_3 可提高两种推进剂的燃速。虽然两种推进剂的燃速温度敏感系数主要由其凝聚相反应温度敏感系数决定,但用 AMMO 代替 HTPB 后,推进剂气相反应的温度敏感系数显著增大。

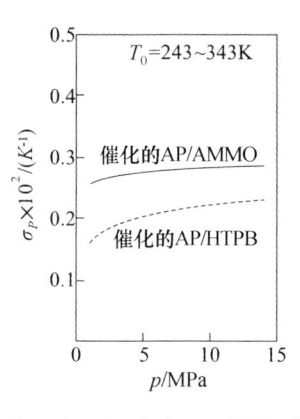
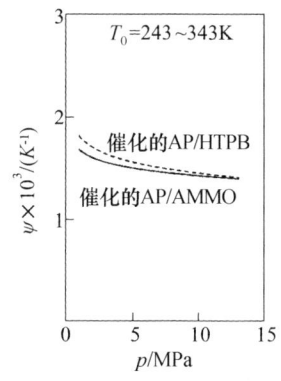
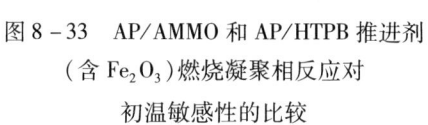

图 8 - 32　AP/AMMO 和 AP/HTPB 推进剂
（含 Fe₂O₃）燃烧气相反应对
初温敏感性的比较

图 8 - 33　AP/AMMO 和 AP/HTPB 推进剂
（含 Fe₂O₃）燃烧凝聚相反应对
初温敏感性的比较

8.4　催化剂对硝酸铵(AN)复合推进剂的催化作用

高能、低特征信号、低易损性、低污染是当前固体推进剂发展的主要趋势[14,23-25]。目前广泛应用的 HTPB/AP 推进剂燃烧产物中含有大量有毒的 HCl 气体,同时也无法满足推进剂高能、低特征信号的要求。硝酸酯增塑的聚醚推进剂(NEPE)和以硝胺炸药(HMX、RDX)为基的少烟推进剂虽然达到了高能和低特征信号的目的,但在安全性能方面还不尽人意,在强冲击条件下有爆炸的危险。

硝酸铵作为氧化剂曾用于第一代复合固体推进剂,具有感度低、特征信号低、价格便宜和不引起生态污染等优点,AN 复合推进剂由 AN 和 PB 或 PU 黏合剂组成,对该复合推进剂已广泛进行研究[23-26],在无烟火箭推进剂中利用了它的许多弹道特性。因为推进剂是由不含氯元素的组分组成,理论上认为火箭喷管的排气是无烟的。然而,对先进的火箭推进剂应用来说其比冲太低,燃速相当有限(7MPa 下 0.8 ~ 10mm/s)。而且,AN 粒子的相转变降低了推进剂药柱的力学性能,其生产受湿度影响非常严重。

相稳定硝酸铵(PSAN)解决了该类推进剂在使用温度范围内因硝酸铵的晶型转变而导致的体积变化问题,而用含能黏合剂 GAP 取代 PB 或 PU,同时引入大剂量的硝酸酯增塑剂,则可使 AN 复合推进剂获得较高的能量和更高的燃速。因此,AN - GAP 复合推进剂成为低成本、高能、低特征信号推进剂的主要发展方向。

AN – GAP 推进剂需要燃烧催化剂来获得完全的燃烧,催化剂如铬化合物:氧化铬(Cr_2O_3)、重铬酸铵$[(NH_4)_2Cr_2O_7]$和铜铬复合物($CuCr_2O_4$)。碳(C)作为燃烧催化剂的燃速改良剂也需要加入。作为一种相稳定剂 NiO 也可以改变燃速。Lessard 研究了 BDNPF/A 增塑的 AN – GAP 推进剂[27],其燃速为 5.2mm/s (6.89MPa),燃速压力指数为 0.63(6.89 ~ 27.56MPa);加入燃烧催化剂后,AN – GAP 推进剂的燃速增加至 8mm/s,而压力指数则降低至 0.50 左右。Oyumi 研究了 AN/GAP/TMETN 低特征信号推进剂[28],发现 CuO 及 B 是非常有效的燃烧催化剂,组合燃烧催化剂可以显著降低推进剂的燃速压力指数,但提高燃速的效果不显著。Menke 等人[29]研究了含有不同相稳定剂的 AN – GAP 推进剂的燃速特性及火焰结构,燃烧催化剂 MOVO 可以显著提高推进剂的燃速、降低压力指数,燃速可达 7 ~ 8mm/s(7MPa),压力指数为 0.50 ~ 0.58(2 ~ 20MPa)。

尽管对 AN – GAP 复合推进剂开展了大量的研究,但其燃速低、压力指数高的缺点仍然没有得到很好的解决。尤其是随着硝酸酯增塑剂的引入,这一问题变得更为突出。赵孝彬[26, 30]利用热分析方法和现代燃烧诊断技术研究了 AN – GAP 推进剂的燃烧机理,分析了其低燃速、高压力指数的原因,并且采用燃烧催化剂显著提高了该类推进剂的燃速、降低了燃速压力指数。

8.4.1 推进剂配方设计及制备

通过文献查阅和能量特性预估,设计了如表 8 – 6 所示的 AN – GAP 复合推进剂配方。采用氧化镍稳定的硝酸铵作为氧化剂,GAP 的分子量为 3000,MO 作为燃烧催化剂。将 AN – GAP 推进剂组分按照混合工艺加入到 VKM – 5 型立式混合机中混合,真空浇注到模具中 50℃ 固化 5 天。推进剂制成 4mm × 4mm × 80mm 的样品,采用氮气声发射法测量推进剂的燃速,利用 Vieille 方程 $u = u_1 p^n$ 计算推进剂的燃速压力指数 n。

表 8 – 6　AN – GAP 复合推进剂的配方组成

推进剂配方	GAP	AN	MNE	Al	AP	MO
ZXB – 52	25.0	70.0	0.0	5.0	0	0
ZXB – 54	8.3	70.0	16.7	5.0	0	0
ZXB – 91	8.3	40.0	16.7	5.0	30.0	0
ZXB – 106	15.0	65.0	15.0	5.0	0	0
ZXB – 110	15.0	61.0	15.0	5.0	0	4.0

将用于燃烧波温度分布、单幅火焰摄影的推进剂样品装在点火架上,然后置

于四视窗透明式燃烧室内充氮气使燃烧室达到预定的压力。采用20V直流电源通过程序控制器用 $\Phi0.15mm$ 的镍铬合金丝从样品上端点燃推进剂样品,通过示波器记录热电偶的输出信号给出推进剂的燃烧波温度分布曲线,利用高速摄影设备得到推进剂的单幅火焰照片。该部分工作已在西安近代化学研究所燃烧与爆炸技术重点实验室开展。

8.4.2 硝酸铵的热分解

表8-7给出了GAP、GAP/MNE(混合硝酸酯增塑剂)及PSAN(相稳定硝酸铵)在不同压力下的分解温度及放热量。由表可以看出,PSAN在0.1MPa压力下为吸热分解,随着压力增加逐渐转变为放热过程,这是由硝酸铵的分解特性所决定的。对硝酸铵的分解机理已经进行了广泛的研究,但由于硝酸铵的热分解取决于实验条件,如压力、温度、样品的状态以及加热速率等多个因素,因此提出了很多硝酸铵的分解机理。一般认为硝酸铵的分解是由质子转移引发的,但也有诸如离子反应机理和自由基反应机理的解释。

表8-7 GAP/AN推进剂组分的热分解特征参数 (10℃/min)

压强	0.1MPa		3MPa		7MPa	
	T_p/℃	H/(J/g)	T_p/℃	H/(J/g)	T_p/℃	H/(J/g)
GAP	248.4	2696	251.8	2948	255.9	2600
GAP/MO	230.3	2322	230.8	2664	230.8	2308
GAP/MNE	203.0[1]/233.3[2]	1789	204.9[1]/220.1[2]	2541	204.2[1]/220.8[2]	3934
GAP/MNE/MO	202.8[1]/217.9[2]	2662	203.6[1]/218.6[2]	2211	203.0[1]/218.9[2]	3823
AN	260.7	−1395	323.2	746	323.0	1795
AN/MO	234.6	1018	331.2	3563	314.3	4942
[1] MNE的分解峰温;[2] GAP的分解峰温						

根据质子转移机理,硝酸铵在分解过程中首先发生质子转移反应,离解生成 NH_3 和 HNO_3,生成的 NH_3 和 HNO_3 可以吸附在硝酸铵晶体的表面然后经过解吸进入气相,解吸进入气相的速率主要取决于环境压力。低压下 NH_3 和 HNO_3 很容易解吸通过扩散进入气相,使得进一步参加化学反应的气体产物很少。硝酸铵的离解和升华占主导地位,因此过程为吸热。NH_3 和 HNO_3 在硝酸铵晶体表面的吸附为物理吸附,根据吸附定律吸附量取决于环境的温度及压力。在一定温度下,吸附量将随压力增加而增加直至达到吸附平衡,这时吸附与解吸的速率相等。高压下 NH_3 和 HNO_3 从硝酸铵晶体表面解吸扩散进入气相的速率很低,因

此随压力升高,硝酸铵晶体表面气体产物的浓度增加。HNO_3 是不稳定的,很容易分解成 NO_2,而 NO_2 能够和 NH_3 反应释放出大量的热,从而导致硝酸铵在高压下发生放热分解反应,而且放热量随压力增加而增大。

由表 8 - 7 可以看出,压力对 GAP/MNE 的分解温度几乎没有影响,但对其放热量影响特别显著。GAP/MNE 混合物在 7MPa 时的放热量几乎为 3MPa 时的 2 倍,GAP 在混合物中的质量分数只有 0.33,而且 GAP 在高压及低压下的放热量差别不大,说明 MNE 分解的放热量对压力比较敏感,这是由于硝酸酯在不同压力下分解机理不同导致的。硝酸酯在低压下分解为单分子反应,反应进行比较缓慢。此外,硝酸酯在低压下存在挥发现象,因此硝酸酯在低压下的分解为吸热反应。随着压力增加,硝酸酯的分解产物与硝酸酯的接触面积增大,其分解过程很快由单分子反应过渡到自加速反应。分解产物如 NO_2 对硝酸酯的分解具有强烈的自催化作用,从而导致硝酸酯的分解速率增大、放热量急剧增加,因此硝酸酯的分解放热量在高压下对压力非常敏感。

由 AN – GAP 复合推进剂的燃速数据可知,压力小于 5MPa 时,混合硝酸酯的引入导致推进剂的燃速降低;压力大于 5MPa 时,则能显著提高推进剂的燃速,最终导致 AN – GAP 推进剂的燃速压力指数升高。因此,AN – GAP 推进剂在保证能量的前提下,应尽可能地减少硝酸酯的含量,否则将很难降低推进剂的压力指数。

8.4.3　金属氧化物(MO)催化硝酸铵分解的作用机理

为了探讨燃烧催化剂 MO 的作用机理,采用热重方法研究了 PSAN、AN、PSAN/MO 及 AN/MO 的热分解过程。PSAN 的热分解分为两个阶段,由计算结果可知第二阶段的质量损失量与硝酸镍分解为氧化镍的质量损失量相同。因此可以认为,PSAN 第二阶段的质量损失为硝酸镍的分解,说明 PSAN 的第一阶段分解过程中形成了硝酸镍。PSAN/MO 混合物的热分解分为三个阶段,MO 的加入导致出现第三个质量损失阶段。但是由于 MO 为金属氧化物本身并不会发生质量损失,因此 MO 有可能也与 PSAN 的分解产物发生反应形成新的物质,这种物质的分解导致出现第三质量损失阶段。纯 AN 的分解过程只有一个质量损失阶段而且质量损失几乎为 100%,这表明 PSAN 的第二质量损失阶段是由于硝酸镍的分解引起的。而 AN/MO 的分解过程则出现两个质量损失阶段,因此可以认为 AN/MO 的第二质量损失阶段也是由 MO 引起的。上述现象表明,氧化镍或 MO 与硝酸铵之间一定存在某种化学反应,从而加速了硝酸铵的分解过程。

利用 Kissinger 法和 Ozawa 法计算,获得的 GAP 及 PSAN 的热分解动力学参数如表 8 – 8 所示,由 Ozawa 方法计算的表观活化能比 Kissinger 方法大一些。由

表 8 - 8 可以看出,加入燃烧催化剂 MO 后,GAP 及 PSAN 在 500K 的分解速率分别增加了 1.7 倍及 15.7 倍,而且 PSAN 在 0.1MPa 下的分解由吸热转变为放热过程,低压下的放热量有显著增加。PSAN 分解的表观活化能没有显著变化,表明加入燃烧催化剂 MO 前后 PSAN 的分解机理相同。指前因子增大是由于分解过程中分子碰撞的几率增加,从而导致 PSAN 的分解速率增大。热分解动力学研究结果表明,在 AN - GAP 推进剂燃烧过程中,燃烧催化剂 MO 主要催化了 PSAN 的分解,进而促进了推进剂的燃烧。

表 8 - 8 GAP 和 PSAN 的热分解动力学参数

动力学参数 $\beta/(\,^{\circ}\!C/min)$	GAP	GAP/MO	PSAN	PSAN/MO
5	505.40	485.53	497.70	462.27
10	513.92	495.52	510.17	467.85
20	524.11	505.96	521.50	472.94
30	531.90	514.72	527.31	477.12
40	543.48	524.13	532.39	491.60
$Ea/(\,kJ/mol)$	117.99[①]	108.78	124.54	124.61
	120.37[②]	111.42	126.43	125.63
$A/(\,min^{-1}\times10^{12}\,)$	0.5082	0.1515	3.4130	58.480
$t/(\,min^{-1}\,)(500K)$	0.2392	0.6500	0.3328	5.6000

注:①表示 Kissinger 法;②表示 Ozawa 法;A 为指前因子,t 为时间

根据质子转移机理,硝酸铵首先分解为 NH_3 和 HNO_3,HNO_3 进一步分解为氮的氧化物,这两个反应都是可逆的。在硝酸铵的分解过程中,相稳定剂氧化镍与 HNO_3 反应生成了硝酸镍。由于 MO 也为金属氧化物,因此其与 HNO_3 反应生成硝酸盐的可能性是存在的。假定 MO 在硝酸铵分解过程中形成硝酸盐,通过对 PSAN、AN 及其与 MO 混合物分解过程的失重量进行计算,结果表明计算值与实际值很接近。这说明 MO 在硝酸铵的分解过程中形成了硝酸盐,证实了上述假定。因此燃烧催化剂 MO 在硝酸铵的分解过程中首先与质子转移反应生成的 HNO_3 发生反应形成硝酸盐,然后硝酸盐分解形成金属氧化物,这一过程促进了质子转移反应的进行,从而加快了硝酸铵的分解速率,显著提高了 AN - GAP 推进剂的燃速。加入燃烧催化剂 MO 以后,AN - GAP 推进剂的燃速从 4.45mm/s提高到 12.7mm/s(6.86MPa)。燃烧催化剂 MO 的作用机理如式(8 - 7)～式(8 - 10)所示。MO 与 HNO_3 反应加速了反应式(8 - 7)的正向反应速率,使逆

反应受到抑制。

$$NH_4NO_3(s) \Leftrightarrow HNO_3 + NH_3(吸附态) \qquad (8-7)$$
$$2HNO_3 \Leftrightarrow 2NO_2 + H_2O + 1/2O_2 \qquad (8-8)$$
$$MO + 2HNO_3 \rightarrow M(NO_3)_2 + H_2O \qquad (8-9)$$
$$M(NO_3)_2 \rightarrow MO + 2NO_2 + 1/2O_2 \qquad (8-10)$$

8.4.4 催化的 AN – GAP 推进剂燃烧特性

8.4.4.1 燃烧波温度分布

推进剂燃烧波温度分布研究,是探究推进剂燃烧机理的一个重要手段。图 8 – 34 是 AN – GAP 复合推进剂(ZXB – 52)的燃烧波温度分布曲线,燃烧波结构中存在着明显的暗区。图 8 – 35 是引入混合硝酸酯增塑剂 MNE 的 AN – GAP 推进剂(ZXB – 54)的燃烧波温度分布曲线。由图可看出,加入混合硝酸酯 MNE 后,燃烧波暗区厚度显著增大,这表明暗区的增强与硝酸酯的引入有关,混合硝酸酯 MNE 的引入导致 AN – GAP 推进剂的燃速降低,压力指数升高。AN – GAP 推进剂中加入 30% AP 以后,燃烧波温度分布曲线发生显著变化,暗区消失,加入 AP 后 AN – GAP 推进剂燃速提高,压力指数显著降低。

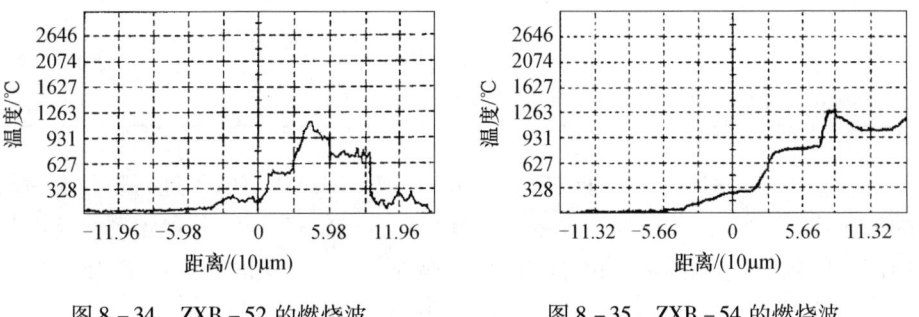

图 8 – 34　ZXB – 52 的燃烧波
温度分布曲线(5MPa)

图 8 – 35　ZXB – 54 的燃烧波
温度分布曲线(5MPa)

AN – GAP 推进剂的燃速特性与暗区厚度的关系如表 8 – 9 所示,暗区越薄推进剂的燃速越高,压力指数越低。上述研究结果表明,暗区的存在及其厚度是影响 AN – GAP 推进剂燃速特性的主要因素。暗区的存在使气相向燃面的热反馈受到抑制,而且暗区的厚度与压力有关,压力增大暗区变薄,气相向燃面的热反馈增加,导致推进剂的燃速升高。但高压下燃速增加的幅度大于低压下,因而 AN – GAP 推进剂的燃速压力指数较高。

表 8 - 9　　AN - GAP 复合推进剂的燃速特性与暗区厚度

推进剂配方	暗区厚度/μm	燃速/(mm/s)(5MPa)	燃速压力指数 (2.94~8.83MPa)
ZXB - 52	22.4	2.99	0.69
ZXB - 54	39.5	2.83	0.91
ZXB - 88	31.0	2.30	0.88
ZXB - 91	0.00	5.47	0.63

8.4.4.2　火焰结构

　　火焰结构是研究推进剂燃烧机理的另一个重要手段。通过推进剂的火焰结构可以得到火焰的高度及亮度、暗区及其厚度、燃面的形态等重要信息,因此火焰结构是比燃烧波温度分布更为直观的研究推进剂燃烧机理的方法。

　　图 8 - 36 是不含燃烧催化剂的 AN - GAP 复合推进剂(ZXB - 106)的火焰结构照片。可以看出,推进剂中铝粒子向各个方向溅射,火焰中存在大量的燃烧碎片,火焰周围存在大量烟雾,这说明推进剂燃烧不充分。而且推进剂燃烧表面存在局部熄火现象,这是由于燃面温度较低,凝聚相的分解速度较慢,在气相中不能形成足够浓度的可燃性混合气体,没有气相火焰形成,只能过渡到表面燃烧,结果导致推进剂存在局部熄火现象。这种现象也被称为振荡燃烧,即火焰反应中消耗的气体量与热分解生成的气体量的平衡被破坏。在火焰结构中没有观察到暗区,但是根据燃烧温度分布曲线可知火焰结构中应存在较厚的暗区。

图 8 - 36　ZXB - 106 的火焰结构照片(5MPa)

　　加入燃烧催化剂 MO 后,AN - GAP 复合推进剂(ZXB - 110)的火焰结构发生显著变化,如图 8 - 37 所示。推进剂的火焰高度增加并且充满整个燃面,没有观察到图 8 - 36 中所出现的局部熄火现象。推进剂燃烧稳定,没有发现铝粒子的溅射现象,火焰离开燃面形成明显的暗区。燃烧催化剂 MO 消除了 AN - GAP 推进剂的振荡燃烧现象,提高了铝粒子的燃烧效率,使推进剂燃烧更加充分。暗区下面存在着熔融层,为熔化的硝酸铵颗粒及铝粒子的凝团,说明燃烧表面的温度升高。

图 8 - 37 ZXB - 110 的火焰结构照片(5MPa)

董存胜等人[31]通过研究认为近表面的温度梯度是影响推进剂燃速及燃速压力指数的主要因素。近表面的温度梯度增加将显著提高推进剂的燃速,同时降低燃速对压力的敏感性。燃烧催化剂 MO 加速了 AN - GAP 推进剂燃烧过程中硝酸铵的热分解速率,提高了燃烧表面的温度,降低了暗区的厚度,从而显著提高了 AN - GAP 推进剂的燃速,降低了压力指数。加入 MO 以后硝酸铵的放热量显著增加,但不同压强下增加的比例不同,如表 8 - 10 所示。低压下放热量增加的比例显著大于高压下,因此低压下的放热量对燃速具有更大的贡献。燃烧催化剂 MO 能够显著提高推进剂的低压燃速,因此使得 AN - GAP 推进剂的燃速压力指数降低。

表 8 - 10 PSAN 及 PSAN/MO 在不同压强下的放热量(J/g)

样品 \ 压强	0.1MPa	1MPa	3MPa	5MPa	7MPa
PSAN	- 1395	296	746	1391	1795
PSAN/MO	1018	1927	3563	4040	4942

8.4.4.3 热分解与燃速的关联性

在热分解实验及燃速测试过程中发现,加入燃烧催化剂 MO 后,AN - GAP 复合推进剂的燃速与硝酸铵/MO 混合物的放热分解温度密切相关。混合物中

502

硝酸铵的放热分解温度越低,AN - GAP 推进剂的燃速越高。将 AN - GAP 推进剂的燃速与硝酸铵/MO 混合物的放热分解温度作图,如图 8 - 38 所示。由图可看出,推进剂的燃速与硝酸铵的放热分解温度存在良好的线性关系,表明 AN - GAP 推进剂的燃速与放热分解温度密切相关。这是由于硝酸铵是 AN - GAP推进剂的主要组分,其在推进剂中的质量分数大于等于0.7,因此在一定程度上 AN - GAP 推进剂的燃速特性是由硝酸铵决定的。

加入燃烧催化剂 MO 后,硝酸铵的放热分解温度降低的幅度越大,其提高 AN - GAP 推进剂燃速的效果越好。结果表明,燃烧催化剂 MO 具有优良的效果,其可以使硝酸铵的放热分解温度降低54℃。燃速测试结果也表明 MO 是最有效的燃烧催化剂,其不仅可以显著提高 AN - GAP 推进剂的燃速,而且可以降低压力指数。燃烧催化剂 MO 的含量对 AN - GAP 推进剂燃速特性的影响如图 8 - 39 所示。加入燃烧催化剂 MO 以后,AN - GAP 推进剂的燃速由 4.45mm/s 增加到12.70mm/s,压力指数由 0.88 降至 0.60(2.94 ~ 8.83MPa)。

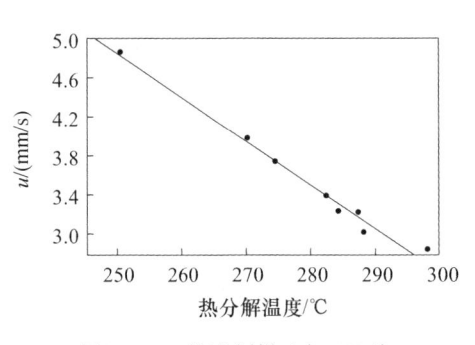

图 8 - 38　推进剂燃速与 AN 放热分解温度的相关性

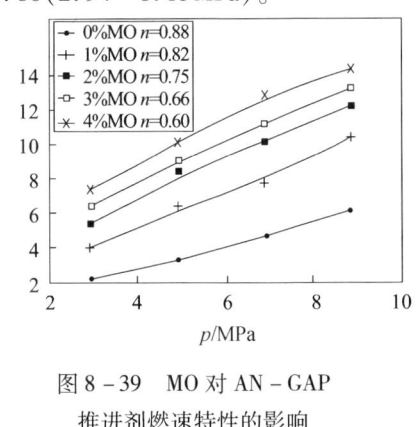

图 8 - 39　MO 对 AN - GAP 推进剂燃速特性的影响

8.5　燃烧催化剂在复合推进剂燃烧中的作用机理

为了适应各种固体火箭发动机的要求,常常需要对推进剂的燃速进行调节。目前国外常用的调节燃速的方法有三种:①合理地选择推进剂的组分、粒度及结构;②嵌入长金属丝或混入短金属纤维;③加入有效的燃烧催化剂。这三种方法中以加入催化剂的方法为最佳,它既不影响推进剂的能量,也不用改变推进剂的工艺过程。

目前,用于高氯酸铵复合固体推进剂的燃烧催化剂大致可分为六类:①亚铬酸盐(Chromite)及重铬酸盐(Chromate);②无机氧化物;③金属有机化合物;

④二茂铁及其衍生物;⑤金属螯合物;⑥表面活化剂。近几年来,国内外在燃烧催化剂品种及性能的研究方面有些进展,寻找了一些既能提高燃速又能改善力学性能或工艺性能的燃烧催化剂。这些研究为扩大固体推进剂的应用范围及改善固体火箭发动机的性能开辟了广阔的前景。

为了更有效地寻找高效推进剂及提高燃烧催化剂的作用效能,国内外学者对复合推进剂的催化燃烧机理进行了大量的研究[32-46],并在实验的基础上提出多种催化燃烧理论(表8-11)。理论的提出一般经历以下的步骤:催化剂作用部位的判断→催化哪一类型的反应及如何催化→催化哪个反应。目前大多数人认为催化剂加速了推进剂燃烧过程中的放热化学反应速率,进而增大了传至燃烧表面上的热量,或者提高了燃烧表面上的温度,因而提高了推进剂的燃速。但是,在燃烧催化剂以何种方式加速了哪些放热化学反应以及催化剂的作用部位等问题上,还有着极大的分歧和争论。

表8-11 AP/HTPB复合推进剂催化燃烧机理研究概况[①]

燃烧催化剂	研究者及研究手段	实验现象	机理推断
Fe_2O_3	(1) Boggs[34],夹层燃烧器	催化剂加入 AP 片中时,燃速只在高压下提高;加在黏合剂片中时,燃速不变;加入 AP/黏合剂界面上时,燃速在全压强范围均提高	Fe_2O_3 主要加速 AP/黏合剂的界面反应
	(2) 标准定量化学分析[35],SEM	低压(0.02MPa)无气相火焰,气相热反馈减少时燃速仍有明显提高;积烟中有燃速调节剂氯的衍生物;存在 Fe_2O_3 时,采用细 AP 使积烟中可燃成分下降	Fe_2O_3 通过加强表面和亚表面的反应来提高燃速,通过气态氮化物调节气相反应,使燃料分子的分解更好
	(3) Wang[32],降压熄火、精细热电偶、SEM、XPS、DSC	在 AP 泡沫区和白色残留物中均有铁元素;使 HTPB 分解的放热量减小,吸热量增加,加入催化剂的 HTPB 可用 CO_2 激光点火并持续燃烧;燃面温度降低,火焰区温度及温度梯度升高	催化作用发生在催化剂与 AP、HTPB 的分解产物之间,对凝聚相反应的影响很小,主要催化气相反应
	(4) 王永寿[33],高压 DSC	推进剂分解放热峰值随压强的增加成正比增大	催化作用发生在气相
Cr_2O_3、Cu_2O	很少有人进行专门研究,一般延用催化热分析的结果,认为催化作用发生在凝聚相		

燃烧催化剂	研究者及研究手段	实验现象	机理推断
C.C（亚铬酸铜）	同 Fe_2O_3 的（1）、（2）		
CaCO₃	（1）标准定量化学分析[35]，SEM	含 1% 的 $CaCO_3$ 时推进剂燃速随 AP 粒度降低而增加，当 $CaCO_3$ 含量为 2% 时，燃速随 AP 粒度降低而降低；积烟中存在调节剂氯的衍生物	通过气态氧化物调节气相反应
	（2）江兴宏、涂永珍[36,37]，夹层燃烧器、爆破膜片法快速降压的熄火、XPS、高速摄影、SEM	催化剂加在黏合剂中的夹心件（S3）燃速在 3.92MPa 的燃速较不加催化剂的夹心件（S1）高，所有压强下燃速均比催化剂加在 AP 中的夹心件（S2）高；S2 在低压下（低于 1.96MPa）燃速随压强升高而增大，在 1.96～2.94MPa 下，燃速随压强增大而降低；推进剂燃速趋势与 S2 一致，S2 燃烧表面熔化量增多，S3 燃烧表面熔化量减少；$CaCO_3$ 在 AP 中各压强下均使 AP 熔化，推进剂燃面上存在 $CaCl_2$	$CaCO_3$ 主要通过 AP 起降速或增速作用；$CaCO_3$ 首先与 AP 反应生成 $Ca(ClO_4)_2$，它与 AP 形成低熔点的共熔体，促进 AP 熔化，有利于 AP 的分解，进而提高燃速；同时处于强氧化性高温液层中的 $Ca(ClO_4)_2$ 又很快分解，最后生成稳定的 $CaCl_2$，期间反应消耗了强质子接受体 O^{2-}，使 NH_4^- 氧化反应削弱，AP 分解受到抑制从而使燃速降低，两种竞争机制使含 $CaCO_3$ 的推进剂出现麦撒燃烧效应
			很多文献延用 AP 分解抑制剂的抑制机理
二茂铁衍生物	（1）大弓义夫、桑原卓雄[38,39]，DTA、精细热电偶、显微照相	NBF、DMF、DNBF 可降低推进剂的活化能，NBF 可增加气相的反应	二茂铁类催化剂主要在气相起作用
	（2）王永寿[33]，高压 DSC	添加卡托辛的推进剂的放热峰值不随压强的变化而变化	卡托辛主要控制固相反应，在气相中无催化作用
	（3）Wang[32]，降压熄火、精细热电偶、SEM、XPS、DSC	含卡托辛的推进剂燃烧后，在 AP 泡沫区和白色残留物中均有铁元素；使 HTPB 分解的放热量减小，吸热量增加，加入催化剂的 HTPB 可用 CO_2 激光点火将持续燃烧；燃面温度降低，火焰区温度及温度梯度升高；卡托辛在推进剂中是极细（<1000Å）活性 Fe_2O_3 源，并且不断喷入气相	催化机理与 Fe_2O_3 类似
① 考虑到借鉴作用，该表中也包括了个别非 HTPB 黏合剂体系的催化推进剂			

根据燃烧催化剂的作用部位不同,现已形成两大类催化理论,即气相催化理论和界面非均相催化理论(凝聚相催化理论):①气相催化理论认为燃烧催化剂加速了推进剂燃烧过程中的气相化学反应,或者加速了嵌在推进剂燃烧表面内的催化剂表面上的气相放热化学反应速度,从而增强了由气相区向燃烧表面的热传递,使推进剂燃速提高;②界面非均相催化理论(凝聚相催化理论)认为燃烧催化剂在推进剂燃烧过程中主要是加速氧化剂的分解反应、黏合剂的分解反应以及氧化剂与黏合剂之间的界面反应中的一种或几种反应,从而提高推进剂燃烧表面及其附近的气相温度,结果使推进剂燃速提高。

国内外用于研究燃烧催化剂在推进剂燃烧中作用部位及机理的实验方法很多,但最为有效的是夹层燃烧器。这种夹层燃烧器的优点在于它能使催化剂加入到推进剂的不同部位,便于鉴别催化剂的作用部位及机理。通常用高速摄影技术观察夹层燃烧器的火焰结构,用扫描电子显微镜观察熄火表面,用电子探针研究熄火表面组成的变化,用质谱或光谱测定气相组成。

目前,虽然对燃烧催化剂的作用部位及机理尚没有形成统一的看法(可能不同的催化剂具有不同的作用机理),但是研究所得出的某些结论已可用于指导推进剂燃速等燃烧性能的调节。各类燃烧催化剂的作用效果已有报道,在本书的前面章节也有涉及,本节将重点介绍几种不同的燃烧催化机理。

8.5.1　气相催化理论

气相催化理论有两种:①认为催化剂加速了气相中 $HClO_4$ 的放热分解及其分解产物的放热反应;②认为催化剂加速了嵌在推进剂燃烧表面上的催化剂表面上的放热化学反应。气相催化理论是建立在推进剂气相型稳燃模型基础之上的,认为推进剂燃烧表面上分解反应所需的热量全部由气相供给,催化剂加速了气相放热反应,提高了传至燃烧表面上的热量,因此使推进剂的燃速提高。

C. U. Pittman. Jr 于 1969 年研究了各类铁催化剂对推进剂燃速的影响,发现如下四点现象:

(1) 共沉淀于高氯酸铵中的催化剂,其活性不高于混合在黏合剂中催化剂的活性;

(2) 化学涂覆在高氯酸铵上的催化剂,其活性不高于混合在黏合剂中催化剂的活性;

(3) 若将氧化剂包覆在 Viton – A 壳中,则其催化推进剂与非催化推进剂之燃速不变;

(4) 用甲基取代的高氯酸铵作氧化剂,只要还留有一个 N—H 键[如 $(CH_3)_3HNClO_4$],则催化剂仍能充分发挥作用;若用四甲基高氯酸铵作为氧化剂,则催化剂的作用是很微弱的。因此,认为催化剂不能在推进剂燃烧表面之下加速高氯酸铵的分解或催化氧化剂 – 黏合剂之间的非均相反应。催化剂的作用只可能在气相中,它加速了气相中高氯酸铵的放热分解及其分解产物间的化学反应。

N. N. Bakkman 也于 1974 年证明,Fe_2O_3 是高氯酸铵 – 聚合物混合物的良好催化剂,这种催化剂加速了气相中 $HClO_4$ 的放热分解或加速了气相中 NH_3 的氧化反应。

G. S. Pearson 等人研究了复合固体推进剂的催化点火问题,发现当亚铬酸铜催化剂存在时,极易将燃料点燃,因此也认为催化剂的作用可能是加速了 AP 的分解,$HClO_4$ 生成了活泼的氯氧组分,这些活泼的氯氧组分能与氨或燃料进行催化反应,从而引发了点火。

G. S. Pearson 用热重分析法及差热分析法研究了亚铬酸铜($CuCr_2O_2$ 催化剂,其中 CuO 83% , Cr_2O_3 17%) 及铬酸铜 [$CuCrO_4 \cdot 2Cu(OH)_2$] 的热分解,发现在 1100℃ ,亚铬酸铜及铬酸铜的分解过程为

$$CuCrO_4 \rightarrow CuCr_2O_4 \rightarrow Cu_2Cr_2O_4 \rightarrow CuO$$

若温度再升高,则 $CuO \rightarrow Cu_2O$。

当将亚铬酸铜或铬酸铜催化剂交替暴露于燃料(NH_3、异丁烯、乙烯)及氧气中时,则发生了氧化铜及铜之间的氧化还原循环反应:

$$CuO \underset{\text{氧化}}{\overset{\text{还原}}{\rightleftharpoons}} Cu_2O \underset{\text{氧化}}{\overset{\text{还原}}{\rightleftharpoons}} Cu$$

在此氧化还原循环反应中,氧化与还原均为放热反应。当用 CH_4 作燃料时,不发生这种氧化还原循环反应。当用 $HClO_4$ 作氧化剂时,则 CuO 的氧化是不可逆的。因此,他认为嵌在推进剂燃烧表面上的催化剂粒子参与了燃烧过程中的氧化还原循环,加速了催化剂表面上放热的气相化学反应,提高了气相传至燃烧表面上的热量,从而使推进剂的燃速提高。

J. A. Steinz 等人也认为燃烧催化剂加速了催化剂表面上的气相反应,这是推进剂燃速升高的主要原因。

各种气相催化机理与推进剂的气相型稳燃模型及高氯酸铵分解的质子转移机理相一致。但是,许多现代实验证明气相型稳燃模型是不合理的,指出凝聚相反应在推进剂燃烧中起着重要作用。所以,气相催化理论也与气相型稳燃模型一样是不合理的。同时,许多夹层燃烧器实验也直接证明催化剂加入在黏合剂中和氧化剂中,其催化效果不同。

8.5.2 界面非均相催化理论

界面非均相催化理论认为燃烧催化剂加速了氧化剂、黏合剂的分解反应或

二者界面间的放热化学反应,从而提高了燃烧表面或燃烧表面附近气相中的温度,因此使推进剂的燃速提高。

T. L. Boggs 等人于1973年用高氯酸铵－黏合剂夹层燃烧器研究了亚铬酸铜及 Fe_2O_3 催化剂在推进剂燃烧中的作用机理。他们将催化剂分别加入到高氯酸铵、黏合剂中或氧化剂－黏合剂界面上。发现将催化剂加入到黏合剂中时,催化剂对夹层燃烧器的燃速影响很小;将催化剂加入到高氯酸铵中时,在高压下,催化剂能使夹层燃烧器的燃速显著增大;将催化剂加入到氧化剂－黏合剂界面上时,在所有压力下,催化剂能使夹层燃烧器的燃速有中等程度的增大。因此,他们认为催化剂不能改变黏合剂的热分解过程,而是加速了氧化剂分解气体与固体黏合剂之间的非均相放热反应。

W. C. Strahle 等人于1972年采用与 T. L. Boggs 同样的方法研究了高氯酸铵－端羟基聚丁二烯(或端羧基聚丁二烯)夹层的催化燃烧过程。实验发现:① 亚铬酸铜在低压下是高氯酸铵爆燃的有效催化剂;在高压下,它能加速氧化剂－黏合剂的界面过程;在所有压力下,它对黏合剂的热分解过程无影响;② 三氧化二铁在所有压力下均能加速氧化剂－黏合剂的界面过程,在高压下也能加速高氯酸铵的爆燃过程,在所有压力下均不能改变黏合剂的热分解过程;③ 高氯酸铵－端羟基聚丁二烯夹层燃烧器与高氯酸铵－端羧基聚丁二烯夹层燃烧器之间的差别极小。因此,他们认为燃烧催化剂加速了高氯酸铵热分解气体与固体黏合剂之间的放热化学反应。

G. S. Pearson 等人作了关于固体推进剂的催化点火实验,也证实了催化推进剂点火时,发生了氧化剂分解气体与固体黏合剂之间的非均相催化反应。

T. L. Boggs 等人及 W. C. Strahle 等人根据上述氧化剂分解气体与固体黏合剂之间的非均相催化机理,指出了提高复合推进剂燃速的方向:①通常在制造推进剂时,都将燃烧催化剂加入到黏合剂中,而催化剂作用的部位在氧化剂中或氧化剂－黏合剂界面上。所以,为了提高燃烧催化剂的作用效率,通常采用超细的高氯酸铵,以增大氧化剂－黏合剂的界面,扩大催化反应的部位。②寻找将燃烧催化剂加入到高氯酸铵中的方法,或将催化剂涂覆在高氯酸铵上的方法,以使催化剂直接作用于氧化剂。

W. C. Strahle 等人用夹层燃烧器研究了亚铬酸铜、Fe_2O_3、二茂铁及铁兰四种催化剂在推进剂燃烧中的作用机理。他们用高速照相观察了催化夹层燃烧器与非催化夹层燃烧器的燃烧区结构,用扫描电子显微镜观察了夹层燃烧器熄火试样的表面结构,用电子探针分析了夹层燃烧器熄火表面组成的变化。通过实验得出以下几点结论:

(1) 不同类型的燃烧催化剂对高氯酸铵的爆燃及氧化剂－黏合剂界面过程

有着不同程度的催化作用和抑制作用。一般来说,铜化合物是高氯酸铵爆燃的有效催化剂,而铁化合物是氧化剂-黏合剂界面过程的有效催化剂。

（2）在不同压力下,燃烧催化剂的作用机理也不尽相同,如 Fe_2O_3 在低压下抑制高氯酸铵的爆燃,而在高压下则加速高氯酸铵的爆燃。

（3）燃烧催化剂不存在时,黏合剂熔化液可流至高氯酸铵表面上,覆盖高氯酸铵表面,阻止了高氯酸铵的爆燃;而当有催化剂存在时,黏合剂熔化液的流动受到抑制,从而提高了高氯酸铵的爆燃速度。

（4）燃烧催化剂存在时,高氯酸铵的爆燃表面发生了明显变化。

因此,他们认为燃烧催化剂抑制黏合剂熔化液的流动,是燃烧催化剂提高推进剂燃速的唯一机理;但是对于燃烧催化剂为什么能抑制黏合剂熔化液的流动,现在尚不清楚。他们推测燃烧催化剂加速了氧化剂与黏合剂熔化液之间的非均相放热反应,抑制了黏合剂熔化液的流动,提高了高氯酸铵的爆燃速度,并增强了推进剂燃烧表面的传热过程,从而提高了推进剂的燃速。

J. C. Handly 等人也进行了与 W. C. Strahle 等人类似的研究,发现了如下几点现象:

（1）燃烧催化剂加入到高氯酸铵中,夹层燃烧器的亚表面出现了起泡结构。

（2）燃烧催化剂加入到黏合剂中,氧化剂的表面结构没有发生任何变化,而黏合剂的熔化液则变得更加黏稠了。

（3）铜化合物有效地增大了高氯酸铵的爆燃速度,铁化合物有效地加速了氧化剂-黏合剂的界面过程,铜化合物也中等程度地增大了氧化剂-黏合剂的界面过程。

（4）燃烧催化剂加入到氧化剂中或氧化剂-黏合剂的界面上,都能抑制黏合剂熔化液的流动,使夹层燃烧器的燃速增大。

（5）夹层燃烧器的最大消失速度在氧化剂内黏合剂熔化液流到达的位置上。

这一实验进一步证实了燃烧催化剂加速了氧化剂与黏合剂熔化液之间的化学反应,从而阻止了黏合剂向氧化剂上的流动,增大了高氯酸铵的爆燃速度,因此,提高了推进剂的燃速。

根据 W. C. Strahle 等人及 J. C. Handly 等人研究的结果分析得出,对真实推进剂来说,将燃烧催化剂放在氧化剂内,使推进剂在较高压力下燃烧或将催化剂放在黏合剂中,采用超细氧化剂等措施,均可使推进剂的燃速提高。

H. E. Jones 研究了亚铬酸铜及三氧化二铁用作燃烧催化剂时,对高氯酸铵-端羟基聚丁二烯夹层燃烧器的影响。发现,亚铬酸铜是最有效的燃烧催化剂,它能使高氯酸铵爆燃速度增大,同时亚铬酸铜及三氧化二铁加入到高氯酸铵中均能使夹层燃烧器燃速增大。他们认为燃烧催化剂加速了固体氧化剂与固体黏合剂之间缝隙内的气相放热反应,从而提高了推进剂的燃速。

上述几种界面非均相催化机理与推进剂的凝聚相型稳燃模型及高氯酸铵分解的质子转移机理相符合。许多夹层燃烧器实验都证明了这类理论是正确的,它对于推进剂的燃烧催化剂发展具有一定的指导意义。但是,这类理论目前发展尚不完善,有许多问题还不清楚,如高氯酸铵分解气体与固体黏合剂或液体黏合剂之间的催化反应还没有得到实验证明,黏合剂熔化液流被催化剂抑制的机理也没有确定等。这些问题有待于进一步研究。

此外,还有一些研究者认为燃烧催化剂改变黏合剂的热分解机理。这种看法已被大多数夹层燃烧器实验结果所否定。因此,这里就不再叙述了。

8.5.3 多气道多相催化燃烧理论

据文献分析,界面非均相催化理论发展得更为完善,气相催化理论则几乎没有发展,因为对凝聚相反应物的了解要比气相容易得多。即使是这样,界面非均相催化理论的进一步分析也只是推断,并没有获得足够的有关中间产物的证据。田德余等人在文献调研和大量燃烧机理实验的基础上[40-43],借助于对前人所提催化机理的分析,提出了复合推进剂催化燃烧的多气道多相催化燃烧理论,该理论将燃烧催化剂的非均相催化作用与气相催化作用有机地结合起来,认为无论是凝聚相物质还是气相物质均存在气、液、固三相。据此理论对催化剂的催化燃烧历程进行推断,并解释了催化剂粒度与催化效率的关系、夹层燃烧等实验现象。

8.5.3.1 实验基础

通过在丁羟复合推进剂(基础配方为:HTPB 黏合剂体系 14% 、AP 70% 、Al l6%)中,加入不同的燃烧催化剂进行燃烧规律、燃烧波结构、常压和高压 DSC、燃烧熄火表面形貌及元素分析等实验,获得了大量的数据和图谱信息,由此成为燃烧理论分析的基础。

1. 固体推进剂燃烧的表面状态

为研究固体推进剂燃烧的表面状态,田德余等人对各推进剂样品(含纳米 Fe_2O_3)进行了中止燃烧实验,得到 6MPa 下燃烧熄火特征表面的电镜照片及相应的能谱图,从电镜照片看有熔融层、凸起或凹陷、白色丝状物等,熔融层中有大量的裂缝和孔。对熄火表面进行元素分析表明,其存在燃烧催化剂中的金属元素,见表 8 - 12。

表 8 – 12 各类催化剂及粒度对推进剂燃烧表面元素丰度的影响

配方号	催化剂	部位	元素百分含量 /%						
			C	O	Al	Cl	Cr	Ca	Fe
8 – 0	无催化剂空白配方	全貌	0	39.07	42.47	18.47	0	0	0
		小球	0	39.16	58.28	2.56	0	0	0
		熔融层	0	44.80	35.36	19.84	0	0	0
8 – 1	普通 Fe_2O_3	全貌	0	46.61	43.42	7.76	0	0	2.41
		菜花状	0	32.66	57.45	5.66	0	0	0
		丝状	0	35.67	63.86	0	0	0	0.47
8 – 2	纳米 Fe_2O_3	全貌	0	42.66	33.85	20.59	0	0	2.90
		花状	0	44.49	24.65	29.14	0	0	1.72
		熔融层	0	43.33	42.20	12.60	0	0	1.87
8 – 3	普通 $CaCO_3$	全貌	22.66	45.24	26.47	4.56	0	1.07	0
		熔融 + 丝状	41.17	33.45	19.21	3.26	0	2.92	0
8 – 4	纳米 $CaCO_3$	全貌	26.74	39.58	24.81	7.98	0	0.89	0
		熔融层	26.64	40.41	24.63	7.35	0	0.98	0
8 – 5	纳米 $CaCO_3$ + 普通 Cr_2O_3	全貌	29.86	41.19	23.99	3.91	0.41	0.64	0
		丝状小球	15.45	39.11	42.31	1.25	0	1.89	0
		熔融层	22.11	42.67	22.72	11.23	0.75	0.52	0

实验结果表明,凝聚相不断有气态物质逸出,故造成了裂缝和孔的出现。经过上述实验,虽不能够确定燃烧熄火表面催化剂的物理状态,但在有黏合剂熔流的情况下其团聚的可能性是非常大的。文献[44]中指出,淬熄的推进剂的电子扫描照片结果表明,催化剂大块地聚集在黏合剂表面上。

2. 催化剂粒度与催化效率的关系

催化剂的粒度减小,催化效率增大,推进剂燃速提高,其原因有来自凝聚相反应的增强,也有来自气相反应的增强。也就是说,气相反应的激烈程度与催化剂粒度有关。在燃烧表面有催化剂团聚的情况下(而且在燃烧火焰的高温下,纳米催化剂的团聚更加不可避免),含不同粒度催化剂的推进剂燃烧时,其气相中被溅射的催化剂的粒度不具有可比性,因此推进剂气相反应的激烈程度与催化剂粒度有关并不是因为不同粒度的催化剂直接参与了气相反应,而更有可能是不同粒度的催化剂通过参与凝聚相反应而改变离开燃烧表面的燃烧产物的浓度场分布,从而影响气相反应的激烈程度。

3. 催化剂及其氯的衍生物直接参与气相反应的可能性

由于催化剂在燃烧表面聚结,若催化剂直接参与气相反应,而气相中催化剂是通过燃烧表面物质溅射而来,那么气相反应的激烈程度应与催化剂粒度无关,这与实验结果相矛盾,因此催化剂不可能直接作用于气相。文献[35]根据积烟中存在催化剂(Fe_2O_3)氯的衍生物而推断有可能通过气态氯化物调节气相反应。有关金属氯化物的物理性质列于表8-13,从中可看出只有$FeCl_3$在燃烧表面温度下可发生气化。因此,若一种催化剂是通过其氯的衍生物来调节气相反应的,则气相中催化剂的氯的衍生物也只能是通过燃烧表面溅射而来。由于催化剂与含氯的活性物反应生成的氯的衍生物粒度与催化剂的粒度无对应关系,因此若催化剂的氯的衍生物直接参与气相反应,则气相反应的激烈程度应与催化剂粒度无关。同理,氯的衍生物也不可能直接作用于气相。

表8-13 金属氯化物的物理性质

氯化物	熔点/℃	沸点/℃	氯化物	熔点/℃	沸点/℃
$FeCl_2$	670-674	升华	$CrCl_2$	824	0
$FeCl_3$	306	315	$CuCl$	430	1490
$CaCl_2$	782	>1600	$CuCl_2$	620	993(分解)

4. 氧化性产物对黏合剂分解及气相反应的影响

Kuo等人[44]通过激波管实验推断,在惰性气氛中推进剂的点火,主要由AP的分解所控制,即AP分解释放出的氧化性气氛维持推进剂的燃烧。Pearson等人[45]的研究表明$HClO_4$较O_2更易使黏合剂点燃,铬酸催化剂催化分解了$HClO_4$,产生短时存在的活性媒介物,媒介物促使黏合剂发生点火。俄罗斯学者[46]系统研究了$HClO_4$分解机理。发现其分解机理很复杂,期间产生了大量的自由基,自由基可使NH_4氧化,更可使黏合剂氧化。$HClO_4$与黏合剂不起反应,但是其分解的自由基产物可与黏合剂作用反应。

气相火焰结构可以用下列两种反应历程来描述:

(1) $NH_3 + HClO_4$分解产物 $\xrightarrow{AP火焰}$ 惰性产物 + 氧化性产物 + 黏合剂热分解产物 $\xrightarrow{最终扩散火焰}$ 燃烧产物

(2) 黏合剂热分解产物 + $HClO_4$分解产物 $\xrightarrow{主扩散火焰}$ 燃烧产物

从中可看出凝聚相分解的氧化性产物(包括$HClO_4$)直接影响气相反应的激烈程度,若凝聚相氧化性产物释放速率越快或氧化性越强,则气相反应越激烈,放热速率越快。

8.5.3.2 多气道多相催化燃烧理论

通过以上分析,田德余等人认为推进剂燃烧过程中凝聚相分解产物的浓度场分布直接影响气相反应的强弱,凝聚相反应与气相反应密切相关。宏观表现的气相反应增强归根结底是因为添加剂对凝聚相反应产物的改变,这种改变主要是使凝聚相中 AP 分解的氧化性产物释放速率加快或产物的氧化性增强。这一方面使凝聚相中的界面反应和黏合剂的分解速度加快,另一方面增强气相反应。

1. 有关概念

凝聚相:燃烧意义上的反应区域,包括燃烧表面及亚表面。

气相:燃烧意义上的反应区域,指燃烧表面以上火焰区。

多相催化:催化剂和反应物处于不同的相(气、液、固三相),而且反应发生于这些相的界面。

2. 理论要点

(1)凝聚相反应的气态产物扩散,在凝聚相形成纵横交错的毛细气体通道,燃烧表面存在大量的熔融层,其中有液态的黏合剂、氧化剂、Al 粉和金属氯化物等,因此凝聚相物质存在气、液、固三相。

(2)燃烧表面的液态或固态物质有可能汽化或被喷射至气相,因此气相物质也存在气、液、固三相。

(3)燃烧催化剂对固体推进剂的凝聚相催化作用可分为两大类:物理催化作用和化学催化作用。物理催化作用主要指催化剂通过直接或间接地影响氧化剂的熔化和黏合剂对氧化剂的覆盖,即影响燃烧表面的物理状态来调节推进剂的燃速。化学催化作用是指催化剂通过参与凝聚相反应而直接影响推进剂的凝聚相分解特性,可分为两类:①影响凝聚相分解反应的热效应和(或)分解温度;②改变凝聚相产物中氧化性产物的浓度分布或氧化性。

(4)燃烧催化剂在宏观上无论表现为凝聚相催化还是气相催化,都是通过对凝聚相反应的作用而起催化作用的,对气相的催化作用则是由于增加了凝聚相反应的氧化性产物的释放速率和氧化性所致。

(5)燃烧催化剂对凝聚相的化学催化作用属于多相催化,且主要通过直接参与凝聚相分解产生的气态物质间的反应来作用于凝聚相。因为气态物质更容易扩散至催化剂和其他液、固两相物质表面,从而使催化剂的活性中心得到充分利用。多相催化反应有以下几个必经阶段:①反应物向催化剂表面扩散;②反应物向催化剂内表面(内孔)扩散;③反应物的吸附;④在表面上反应;⑤产物脱附;⑥产物由孔内扩散到催化剂颗粒表面;⑦产物扩散到环绕催化剂的气流中;⑧反应伴随着放出或吸收热量。

3. 过渡金属氧化物(TMO)燃烧催化历程

凝聚相中发生的反应主要有 AP 的放热分解反应、界面放热反应和黏合剂吸热分解反应。

AP 的放热分解反应:

$$NH_4^+ ClO_4^- \Leftrightarrow NH_3 + HClO_4$$

$$HClO_4 \xrightarrow{\text{TMO}} Cl_2O_7 + O\cdot + Cl_2 + Cl\cdot + ClO\cdot + O_2 + \cdots$$

界面放热反应:

$$(Cl_2O_7 + O\cdot + Cl_2 + Cl\cdot + ClO\cdot + O_2 等) + (CH_2)_n(燃料分子) \longrightarrow 产物 + 热量$$

黏合剂吸热分解反应:

$$聚合物 \longrightarrow (CH_2)_n \xrightarrow{\text{TMO}} 单基物$$

Cu_2O 使 AP 的高温分解温度降低,分解活化能升高,却使推进剂的第二分解温度及活化能降低同时增大其分解热,另外还加剧了气相反应。根据多气道多相催化燃烧理论进一步推断 Cu_2O 对凝聚相的作用为:通过催化 HO—Cl 的断裂来催化 $HClO_4$ 的分解,降低凝聚相反应的表观活化能。凝聚相反应的增强使得氧化性气体释放速率加快,因此气相也得到加强。Fe_2O_3 对凝聚相催化历程与 Cu_2O 类似,只是并未使单位推进剂分解的放热量增加。

普通 Cr_2O_3 对凝聚相无催化作用,而对气相有催化作用,因此推断它通过改变 $HClO_4$ 分解产物分布,增加强氧化性产物的释放速率和氧化性使气相反应得到增强。

对于气相催化的细节,则有如下分析:有研究者采用 BDP 模型计算了 10MPa 下 AP 的气相与凝聚相的放热比与 AP 粒度的关系,结果表明 AP 粒度越大,放热比越大。粒度为 $225\mu m$ 时,气相放热为凝聚相放热的 25 倍。因此可推断,当氧化剂粒度较大时,高压的燃速增长主要依赖于气相放热的大小。本研究的配方体系中 AP 平均粒度为 $190\mu m$,符合粒度较大的情况。

推进剂气相火焰在高压下由扩散过程(扩散焰)控制,低压下由化学反应(预混焰)控制。因此若催化剂使燃速提高,则高压增速主要因为催化扩散焰,低压增速主要因为催化预混焰或凝聚相。据此,对普通催化剂的气相催化机理作如下推断:普通 Cr_2O_3 只稍微提高低压燃速,且其对凝聚相无催化作用,则可推断它主要催化预混焰;普通 Cu_2O 提高燃速的同时降低压力指数,但由于它对凝聚相和气相均有催化作用,则难于判断;普通 Fe_2O_3 提高燃速而使压力指数不变,且它对凝聚相和气相均有催化作用,因此可推断它主要催化扩散焰。

与普通催化剂相比,纳米 Cr_2O_3、Cu_2O 和 Fe_2O_3 在高压下的粒度效应更大,由此可推断纳米催化剂使扩散焰的催化效率得到更大的提高(与凝聚相及预混焰的催化效率相比)。

4. $CaCO_3$ 的燃烧催化历程

低压下 AP 热分解速度较慢,$HClO_4$ 可较快地逸出燃烧表面,步骤(1)的降速效率很低,可忽略;压强升高,AP 分解速度加快,由于存在反向气化过程,$HClO_4$ 逸出速度又慢,导至步骤(1)的降速效率急剧升高,逐渐变为不可忽视,同时步骤(2)的增速效率也增大。正是由于高压下存在增、降速反应历程的竞争,使得低压燃速增幅和高压燃速增幅的优势对比产生逆转,推进剂的压力指数由升高变为降低(与基础配方相比)。

$CaCO_3$ 的燃烧催化历程:

$$NH_4ClO_4 \Longleftrightarrow HCl_4 + NH_3$$
$$\downarrow CaCO_3$$

消耗氧化性气体 ← $Ca(ClO)_2 + NH_4ClO_4$ → 低熔点的共熔体

(1) 气相放热速率减慢,黏合剂分解速度减慢	(2) AP分解速率加快,氧化性气体释放速率和气相放热速率加快

$CaCO_3$ 粒度降低使步骤(2)的增速效率提高,低压燃速提高幅度更大,因此压力指数更低。$CaCO_3$ 含量升高使步骤(2)的增速效率提高的同时使步骤(1)的降速作用不可忽略的压强点前移,因此压力指数降低,高压燃速显著降低。

5. 对某些实验现象的解释

(1)催化剂粒度减小,推进剂气相反应增强。

对于 Cu_2O 和 Fe_2O_3 粒度减小、表面积增大,使得催化剂表面的催化活性中心增加,$HClO_4$ 催化分解速度加快,导致凝聚相中氧化性产物释放速率加快,浓度增大,因此气相反应得到增强;$CaCO_3$ 粒度减小,表面的催化活性中心的增加使得强氧化性的自由基生成量更大,气相反应得到增强,同时也促进了黏合剂的分解。$CaCO_3$ 粒度减小使单位时间内生成了更多的 $Ca(ClO_4)_2$,对 AP 的助熔作用更加显著,AP 分解加快,导致凝聚相中氧化性产物释放速率加快,气相反应得到增强。

（2）表8－11中，不同研究者对 Fe_2O_3 催化燃烧机理推断的不一致。

对于文献[33]中的机理推断论据"推进剂分解放热峰值随压强的增加成正比例增大"，田德余等人通过高压 DSC 实验，证明不含催化剂的推进剂也存在相同的实验现象，因此仅根据这一实验现象来判断催化作用发生在气相显得牵强，而且作者也没有对催化剂的凝聚相作用作进一步的研究，与文献[33]一样，文献[32]也没有对催化剂的凝聚相作用作进一步的研究，所得出的判断也是片面的，文献[34]中没有研究催化剂对气相反应的影响，仅根据夹层燃烧的有关现象来判断催化剂在凝聚相的催化细节，这种机理推断本身就隐含"催化剂只对凝聚相有作用"的假设，因此也是片面的。文献[35]中有关"通过气态氯化物调节气相反应"的推断显得证据不足，原因如前所述。由上分析可知，文献[32－34]的研究者均将催化剂的催化作用部位割裂开来，而且没有建立催化剂对某部位有无作用的统一标准，也没有对催化剂宏观作用部位进行多方面的取证，因此他们得出了不一致的结论。

此外，利用多气道多相催化燃烧理论可以很好地解释夹层燃烧现象：当催化剂加在 AP 片中时，催化剂被 AP 所包裹，低压下 AP 分解出的气态产物可以很快地逸出燃烧表面，难以扩散至催化剂表面，催化剂的催化活性中心没有被利用，因此燃速得不到提高。高压时，燃烧产物存在反向气化过程。AP 分解产物得以扩散至催化剂表面，催化活性被激发，燃速提高；当催化剂加在黏合剂片中时，催化剂被黏合剂所包裹，AP 和黏合剂分解的气体产物难以扩散至催化剂表面；氧化性产物的浓度场分布没有改变，因此 AP 分解、HTPB 的分解和气相反应均未得到增强，燃速不变化；当催化剂加在 AP/黏合剂界面上时，燃烧时 AP 和黏合剂的分解产物可以及时地扩散至催化剂表面，催化剂的催化活性中心得到充分利用，燃速升高。

8.5.3.3　催化理论的基本观点

（1）凝聚相反应的气态产物扩散，从而在凝聚相形成纵横交错的毛细气体通道，在凝聚相和气相物质均存在气、液、固三相。

（2）固体催化剂在宏观上无论表现为凝聚相催化还是气相催化，它都是通过对凝聚相反应的作用而起催化作用的。该作用可分为物理催化作用和化学催化作用，对气相的催化作用是由于催化剂增加了凝聚相反应的氧化性产物的释放速率和氧化性。

516

（3）物理催化作用主要是指催化剂通过直接或间接地影响氧化剂的熔化或黏合剂对氧化剂的覆盖，即影响燃烧表面的物理状态来调节推进剂的燃速。

（4）催化剂对凝聚相的化学催化作用属于多相催化，且主要通过直接参与凝聚相分解产生的气态物质间的反应来作用于凝聚相，直接影响凝聚相反应的热效应、分解温度和产物的浓度分布。因为气态物质很容易扩散至催化剂和其他液、固两相物质表面，从而可使催化剂的活性中心得到充分利用。

该理论将凝聚相和气相的催化作用有机地结合起来，可以解释催化剂的粒度减小使气相催化效率提高等实验现象，并对深入研究催化作用机理、寻求更好的燃烧催化剂具有指导意义。

参 考 文 献

［1］刘子如. 含能材料热分析［M］. 北京：国防工业出版社，2008.

［2］胡荣祖，高胜利，赵凤起，等. 热分析动力学(第二版)［M］. 北京：科学出版社，2008.

［3］彭培根，等. 固体推进剂性能及原理［M］. 长沙：国防科学技术大学出版社，1987.

［4］王克秀，李葆萱，吴心平. 固体火箭推进剂及燃烧［M］. 北京：国防工业出版社，1983.

［5］Arden E A, Powling J, smith W A W. Observations on the Burning Rate of Ammonium Perchlorate［J］. Combustion and Flame,1962,6(1):21 –33.

［6］Tanaka M, Beckstead M W. A Three Phase Combustion Model of Ammonium Perchlorate［C］// AIAA 96 – 2888, 32nd AIAA Joint Propulsion Conference, AIAA, Reston, VA,1996.

［7］Kubota N, Hirata N, Sakamoto S. Combustion Mechanism of TAGN, Twenty – first Symposium(International)on Combustion. The Combustion Institute, Pittsburgh, PA,1986,1925 –1931.

［8］汪营磊. 新型燃烧催化剂的设计、合成及其催化作用规律研究［D］. 西安：西安近代化学研究所，2014.

［9］汪营磊，赵凤起，姬月萍 等. 纳米亚铬酸钴的制备及对 CL –20 和 AP 热分解的影响［C］// 中国国际纳米研讨会，成都，2013.

［10］Ying – lei Wang, Feng – qi Zhao, Yue – ping Ji, et al. Preparation, characterization and catalytic properties of nano – chromate［J］. Journal of Alloys and Compounds, submitted.

［11］Ying – lei Wang, Feng – qi Zhao, Yue – ping Ji, et al. Preparation, characterization and catalytic properties of nano – ferrite［J］. Solid State Sciences, submitted.

［12］Kubota N, Miyazaki S. Temperature Sensitivity of Burning Rate of Ammonium perchlorate propellants［J］. Propellants, Explosives, Pyrotechnics,1987,12:183 –187.

［13］蔚红建. 星形 GAP 推进剂燃烧性能研究［D］. 西安：西安近代化学研究所，2013.

［14］李上文，赵凤起，袁潮，等. 国外固体推进剂研究与开发的趋势［J］. 固体火箭技术，2002, 25(2)：36 –42.

［15］赵凤起. 固体推进剂燃烧机理研究最新进展［M］. 西安：火炸药燃烧国防科技重点实验室，2002.

［16］Steinz J A, Stang P L, Summerfield M. Burning Mechanisms of Ammonium Perchlorate – Based Composite Propellants. AIAA Paper 68 – 658, June 1968.

［17］Kubota N, sonobe T. Combustion Mechanism of Azide Polymer［J］. Propellant, Explosive, Pyrotechnic, 1988,13:172 – 177.

［18］裴江峰，赵凤起，焦建设，等. 含金属氢化物的 p(BAMO – AMMO)基推进剂能量特性［J］. 爆破器材，2014，43(4):11 – 15.

［19］裴江峰，赵凤起，宋秀铎，等. BAMO/AMMO 共聚物基高能固体推进剂能量特性计算［J］. 含能材料，2015，23(1):37 – 42.

［20］Oyumi Y, Anan T, Bazaki H, et al. Plateau Burning Characteristics of AP Based Azide Compo – site Propellants［J］. Propellant, Explosive, Pyrotechnic,1995,20:150 – 155.

［21］Price E W, Sambamurthi J K. Mechanism of Burning Rate Enhancement by Ferric Oxide［C］// Proceedings of the 21st JANNAF Combustion Meeting, Publ. 412, Vol. I, Chemical Propulsion Information Agency, Laurel, MD, 1984, pp. 213 – 231.

［22］Kubota N, Ishihara A. Analysis of the Temperature Sensitivity of Double – Base Propellants［C］// Twentieth Symposium(International) on Combustion Inst. , Pittsburgh, PA, 1984,2035 – 2041.

［23］赵凤起. 含非铅催化剂的无烟平台推进剂的研究［D］. 西安：兵器工业第二○四研究所，1986.

［24］李上文，孟燮铨，张蕊娥. 硝胺无烟改性双基推进剂燃烧性能调节和控制规律初探［J］. 推进技术，1995，(3)：63 – 69.

［25］付小龙，李吉祯，樊学忠，等. 铅盐对高能无烟改性双基推进剂燃烧性能的影响［J］. 含能材料，2007.15(4)：329 – 331.

［26］赵孝彬，张小平，侯林法. GAP/AN 推进剂燃烧波温度分布研究［J］. 推进技术，1999，20(6)：92 – 95.

［27］Lessard P. Development of minimum smoke propellant based on GAP and AN. AGARD – CP – 511 78th spec. meeting, Bonn, May 1991.

［28］Oyumi Y, et al, Insensitive munitions (IM) and combustion characteristics of GAP/AN propellants. Propellants, Explosives, Pyrotechnics,1996,121:271 – 275.

［29］Menke K, et al, Characteristic properties of GAP/AN propellants［J］. Propellants, Explosives, Pyrotechnics, 1996,21:139 – 145

［30］Zhao X – B. Study of application base of azide propellants. Master's Thesis, HuBei Red Star Institute of Chemistry, 1998.

［31］董存胜，张珊珊. 固体推进剂燃烧波结构与燃速及压力指数的关系研究［J］. 火炸药，1995，3：6 – 12.

［32］Wang S Y, Wang S S, Lin F, et al. 19th Int. Annu Conf. ICT, 1988.8 – 1/8 – 14.

［33］王永寿，戴耀松. 飞航导弹，1995，(3)：40.

［34］Boggs T. L. , et al. AD 766467, 1973.

［35］王长起，译. 刘克晰，校. 飞航导弹，1993，(2)：18.

[36] 江兴宏, 李葆萱, 涂永珍, 等. 固体火箭技术, 1992, (2): 53.

[37] 涂永珍, 李葆萱, 王朝珍. 推进技术, 1993, 14(3): 55.

[38] 大弓义夫, 等. 工业火药协会志, 1951, 42(3): 144.

[39] 桑原卓雄. 工业火药协会志, 1986, 47(2): 61.

[40] 邓鹏图. 纳米过渡金属氧化物的制备及其在固体推进剂催化燃烧中的应用[D]. 长沙:国防科技大学, 1997.

[41] 田德余, 朱慧, 等. 新型含铜催化剂对 RDX/HTPB 推进剂燃烧影响的研究[J]. 推进技术, 16(6), 74 - 78, 1995.

[42] 邓鹏图, 田德余, 等. 超细 $CaCO_3$ 与金属氧化物 Mn_2O_3 对 Al/AP/HTPB 推进剂燃烧的催化协同效应研究[J]. 火炸药, 1997, 20(4), 1 - 2.

[43] 刘静峰, 田德余, 等. 超微细 Cu_2O 对 RDX/AP/HTPB 推进剂组分热分解特性影响的研究[J]. 火炸药学报, 1998, 21 (2), 1 - 4.

[44] Kuo K K. Summerfield M. 固体推进剂燃烧基础(上册). 宋兆武译, 金如山校. 北京, 宇航出版社, 1988.

[45] Pearson G. S. Combustion science and Technology. 1971, 3: 155.

[46] 李上文, 刘子如, 赵凤起, 编译. 俄罗斯科学院切诺哥洛夫化学物理研究所. Manelis G. B. 院士讲学资料汇编, 1996.

内 容 简 介

本书针对国防科技和武器装备对固体推进剂的实际应用需求,结合作者20余年来在固体推进剂领域的研究成果,系统全面地介绍了当前常用的几类燃烧催化剂的合成、表征及其应用研究的进展,包括:含单金属的新型燃烧催化剂、双金属有机化合物燃烧催化剂、纳米燃烧催化剂、轻质碳材料负载型燃烧催化剂、含能燃烧催化剂等。同时本书还分析了典型催化剂的催化作用,阐述了有关双基系推进剂和复合推进剂的催化燃烧机理。

本书对从事固体推进剂研发的工程技术人员将提供有益的技术借鉴,也可作为高等院校有关专业教师和研究生的教学参考书。

The book satisfies the practical requirement of defense technology and weapons on solid rocket propellant, it combines the research results of authors in recent 20 years. It presents systematically the development in synthesis, characterization and application of the current and commonly used combustion catalysts, including mono – metallic combustion catalyst, bi – metallic combustion catalyst, nano – combustion catalyst, lightweight carbon materials supported combustion catalyst and energetic combustion catalyst. Meanwhile, the catalytic effects of typical catalysts are analyzed, and the catalytic combustion mechanisms for double – base propellant and composite propellant are stated.

It could provide beneficial technical guidelines for engineers in the field of solid rocket propellant, and could be used as a reference book for undergraduates and graduation students.